L'ESPACE CÉLESTE

ET

LA NATURE TROPICALE

PARIS. — TYP. SIMON RAÇON ET COMP , RUE D'ERFURTH, 1.

EMM. LIAIS.

EMM. LIAIS

ASTRONOME DE L'OBSERVATOIRE IMPÉRIAL DE PARIS

L'ESPACE CÉLESTE

ET LA NATURE TROPICALE

DESCRIPTION PHYSIQUE DE L'UNIVERS

d'après

DES OBSERVATIONS PERSONNELLES FAITES DANS LES DEUX HÉMISPHÈRES

PRÉFACE DE M. BABINET

DESSINS DE

YAN' DARGENT

DÉPÔT LÉGAL
Seine
1865

PARIS

GARNIER FRÈRES, LIBRAIRES-ÉDITEURS

6, RUE DES SAINTS-PÈRES ET PALAIS-ROYAL, 215

1865

PRÉFACE

L'ouvrage de M. Liais, *l'Espace céleste*, est à la fois un traité complet d'astronomie et de physique céleste et terrestre. C'est en même temps un voyage pittoresque, écrit d'un style excellent, et, pour la partie artistique, illustré de dessins et de vues prises dans la nature équatoriale. L'éditeur n'a reculé devant aucun soin et aucune dépense.

M. Liais s'est montré aussi bon observateur pour la terre que pour le ciel. Quand il décrit les phénomènes météorologiques qui exigent la physique la plus avancée, on peut le croire sur parole, aussi bien que pour les observations du ciel. C'est un double attrait et une double sécurité pour le lecteur.

a

M. Liais, en 1858, avait demandé d'être détaché de l'observatoire de Paris, où il avait fait pendant quatre ans de nombreuses observations et d'importants travaux d'astronomie. Des difficultés s'étant élevées sur le traitement attaché à sa mission, il partit sans rétribution aucune. Arrivé au Brésil, où l'attendait une éclipse totale de soleil, il trouva dans le souverain de ce vaste empire un amateur zélé des sciences, et qui pouvait lui-même mériter le titre de savant plutôt que d'amateur couronné. M. Liais fut et est encore attaché aux travaux géographiques du Brésil, sans cependant avoir renoncé à sa nationalité française. On lui doit l'hydrographie de l'immense fleuve du San Francisco; il a aussi travaillé à l'hydrographie marine. Sa femme, artiste et vaillante, l'a suivi dans ses explorations, au travers de toutes les fatigues imaginables, dans des régions presque désertes, sans routes, sans voitures, au travers des forêts vierges, et le crayon à la main à toutes les stations. Elle a payé de sa santé ce dévouement au-dessus de ses forces.

On a conservé le souvenir de Bouguer, La Condamine et Godin, envoyés au Pérou pour déterminer la figure de la terre. M. Liais a exploré la partie sud de l'équateur, et, fort d'une science perfectionnée et d'un séjour prolongé, il a fait infiniment mieux que ses prédécesseurs, qui n'avaient pas, comme lui, résidé à poste fixe dans les contrées équatoriales. L'empire du Brésil, qui dépasse des deux côtés l'espace compris entre l'équateur et le tropique méridional, lui offrait un vaste

champ d'explorations, auquel son activité n'a point fait défaut.
Ses descriptions indiquent un naturaliste exercé, qui observe
avec avidité et qui écrit avec passion.

On n'imagine pas ce qu'il faut d'énergie à un voyageur,
fatigué d'une longue course, pour se refuser au sommeil et au
repos, et pour se mettre au télescope toute la nuit ou tenir la
plume plusieurs heures. Il est, comme on dit, des grâces
d'état, l'état de voyageur explorateur sérieux en a fort peu.

J'ai plusieurs fois décrit les sensations heureuses qu'éprouve
un artiste au milieu d'une belle nature, un physicien au milieu
de la scène sans cesse variée des météores, un astronome
sondant le ciel, un géographe fixant la position exacte des rivages, des fleuves, des montagnes et des lieux habités. C'est
une des mille formes de ce noble élément de l'âme humaine,
la soif de la connaissance de la vérité.

Qui des deux offre le plus d'intérêt, le spectacle des montagnes ou celui de la mer? Question indécise. L'ouvrage de
M. Liais nous initie à un troisième point de vue, les forêts
tropicales, avec cette vie végétale que le soleil semble verser
avec ses rayons perpendiculaires. Les forêts vierges, où le
sol manque à la végétation et où d'âge en âge les arbres et
les végétaux s'entassent par assises séculaires. La population
animale de ces étranges localités, bêtes féroces et bêtes inoffen-
sives, singes de cent espèces, oiseaux, reptiles et papillons
d'une richesse de couleurs inexprimable. En quoi le spectacle
des forêts tropicales le cède-t-il à celui des mers et des mon-

tagnes? Le texte et les illustrations de l'ouvrage de M. Liais nous mettent toutes ces merveilles sous les yeux.

Dès son départ de France, l'observateur est en activité : la mer et le ciel, les vents, les courants maritimes d'eau chaude et d'eau froide marchant vers l'ouest ou en sens contraire, les teintes variées de l'atmosphère; les pluies réglées, les variations de l'aiguille aimantée, l'électricité et les orages. C'est un monde entier d'observations dans le monde de la nature terrestre, sans préjudice de ce que réserve à l'astronome le monde entier des phénomènes célestes.

La liste seule des divisions scientifiques qui se sont partagé les travaux de M. Liais dépasserait les limites d'une préface. Je mentionnerai cependant les observations sur la constitution du soleil, sur la lumière zodiacale et l'aurore boréale, sur les éclipses, sur la hauteur de l'atmosphère et la température des espaces célestes; enfin sur la comète de 1861, dont la queue a enveloppé notre globe, sans que, du reste, cette rencontre ait rien produit de fâcheux pour nous, à cause de la ténuité extrême de ces vastes appendices qui ont fait caractériser une comète par ce mot emprunté à la chimie : une comète est un rien visible. Les chimistes disaient du pompholix : c'est un rien tout blanc (*nihil album*).

Je n'ose pas entamer le chapitre de l'astronomie descriptive, encore moins ce que j'appelle la physique des corps célestes, destinée suivant le jugement de Fontenelle à une éternelle ignorance. La science, depuis un demi-siècle, s'est fort enrichie dans cette branche où, d'après le même Fontenelle, l'art d'observer, qui n'est que le fondement de la science, est lui-même une très-grande science. En général, les astronomes se sont montrés peu physiciens et ont admis d'incroyables explications, et notamment pour les étoiles variables. Par des études consciencieuses et par d'incessants travaux d'expérience, M. Liais s'est acquis, au contraire, un des premiers rangs comme astronome-physicien.

C'est un symptôme honorable pour notre époque que de voir de grandes maisons de librairie entreprendre des ouvrages scientifiques illustrés à grands frais, et l'expérience a prouvé que cette spéculation n'était pas ruineuse. Les Anglais nous ont précédés dans cette voie ; j'ai devant moi tel livre anglais de science *illustré* au prix de trois ou quatre pièces d'or. Mais alors on doit considérer ces publications comme des œuvres d'art et non de science. Le volume des *Espaces célestes* ne laisse, du reste, rien à désirer dans les limites les plus étendues de l'illustration scientifique.

On m'a demandé mille fois quel livre d'astronomie lisible pour d'autres que pour des savants de profession je voudrais indiquer. D'après ce que je viens d'écrire, ma réponse est toute faite.

En résumé, l'ouvrage de M. Liais se recommande à plusieurs titres. Comme tableau fidèle de l'état de la science, comme description enrichie de découvertes personnelles, il nous donne les déterminations les plus exactes de tous les éléments du sys-

tême du monde. Dans la géographie physique et la météorologie, il a de même le mérite de joindre la théorie à l'observation. Enfin, comme voyageur, l'auteur a exploré (avec de
longues résidences) un vaste empire situé dans une position
exceptionnelle de climat, de population et de progrès, sous un
souverain qui connaît le passé, qui comprend le présent et qui
prépare l'avenir. L'empire du Brésil bien conduit peut devenir
l'honneur de la civilisation humaine.

BABINET
De l'Institut.

AVERTISSEMENT

L'ouvrage que je publie aujourd'hui est un traité d'astronomie physique écrit, pour ainsi dire, l'œil au télescope et au milieu d'un voyage dans l'Amérique du Sud. Comme l'indique le titre, je n'ai pas cru devoir séparer de la description des corps célestes celle de mon observatoire, qui n'était autre que la riche nature équatoriale au milieu de laquelle j'exécutais mes recherches, et dont j'ai essayé de faire comprendre le caractère.

Il n'est personne que les merveilles du ciel n'intéressent. Malheureusement l'astronomie est hérissée de difficultés mathématiques qui en ferment l'accès à presque tous. Je me suis efforcé d'écarter cette barrière. Ce volume, débarrassé de formules et de figures géométriques, s'adresse spécialement aux gens du monde et à la jeunesse,

Mais il importait de ne pas faire double emploi avec les traités existants. Ici, l'observation personnelle est venue à mon secours. On a
quelquefois comparé la nature à un livre auquel il reste et restera toujours bien des pages à feuilleter. Grâce à des voyages lointains, observant sous des cieux à peine explorés, j'ai été frappé moi-même de la
multitude de recherches encore à entreprendre. J'ai attaqué avec
ardeur quelques-uns des nouveaux problèmes, et le petit nombre de
secrets qu'une observation attentive m'a permis de dérober au ciel des
deux hémisphères, est toutefois assez considérable pour que mon ouvrage
diffère dans presque toutes ses parties des autres livres sur le même
sujet. J'espère donc que les astronomes pourront lire l'espace céleste et
y trouver autre chose que des faits connus. Si, pour pouvoir être compris de tout le monde, j'ai été obligé de sacrifier la forme d'exposition
usitée et par trop scientifique, je les prie de me le pardonner et de n'y
voir qu'une preuve de mon désir de vulgariser la belle science à laquelle ils se sont dévoués.

J'ai inséré dans le présent volume un assez grand nombre de fragments de voyages, je n'ai pu toutefois y introduire le récit de l'expédition entière. Ma femme, qui m'a toujours accompagné, s'était proposé
d'écrire l'histoire anecdotique de nos explorations sous une forme abré-
gée, pour servir d'introduction. Mais l'état de sa santé, altérée par les
fatigues de la route, ne lui a pas permis de tirer encore parti des nombreuses notes qu'elle a prises à cet égard. Par compensation, ses cro-
quis et les remarquables dessins d'un jeune naturaliste Brésilien,
M. Ladislao Netto, l'un de nos compagnons de voyage, ont servi de
renseignements à un de nos peintres en renom, M. Yan' Dargent, pour
donner un cachet de vérité aux belles illustrations dont il a orné mon
ouvrage, et qui représentent dans sa réalité et sans aucune exagération
la brillante nature de l'équateur.

Les figures astronomiques ont été faites d'après mes dessins, sauf quelques-unes qui renferment alors dans leur légende le nom de l'astronome à qui elles ont été empruntées. L'interprétation de toutes ces figures sur le bois a été effectuée avec fidélité et talent par M. Ch. Noël.

A l'astronomie j'ai joint la physique du globe et l'étude des météores. Ces sciences présentent des alliances trop intimes pour être complétement séparées.

EMM. LIAIS

Astronome titulaire de l'Observatoire de Paris,
chargé d'une mission scientifique par le gouvernement.

L'ESPACE CÉLESTE

ET

LA NATURE TROPICALE

Ara dans la forêt vierge.

CHAPITRE PREMIER

L'ESPACE CÉLESTE

ÉTUDES FAITES EN VOYAGEANT DANS UN DÉSERT.
APERÇUS GÉNÉRAUX

Avant d'entrer dans la description des corps célestes qui peuplent l'espace, présentons quelques considérations philosophiques sur l'espace lui-même. Mais ici, il faut éviter les sentiers battus. Nous allons donc rechercher la solitude, et je prierai le lecteur de vouloir bien m'accompagner au lieu où j'ai élaboré les idées que je vais lui exposer. Qu'il ne s'effraye pas si ce lieu est un désert, car il ne s'agit pas ici des déserts africains où les terrains brûlés par le soleil, où les sables et les rochers nus forment un ensemble aussi triste qu'effrayant. Tout au contraire, le désert vers lequel nous allons diriger nos pas est rem-

1

pli de brillants paysages. Une végétation jeune et vigoureuse s'y montre sous les formes les plus splendides; et, quoique nous y trouvions la tranquillité nécessaire à la méditation parce que nous serons seuls devant la nature, parce que nous ferons de la philosophie et de la science sans nous inquiéter des luttes académiques, cependant la vie ne manquera pas autour de nous, car notre désert est peuplé d'animaux nombreux, les uns aux formes étranges, les autres couverts des couleurs les plus variées. Si quelquefois leurs chants ou leurs bruits viennent nous troubler au milieu de nos pensées et nous rappeler à la contemplation des magnificences du paysage, peut-être ce rappel nous sera utile en nous arrêtant dans l'abstraction et nous faisant souvenir du monde réel.

Traversons donc l'Atlantique et pénétrons dans le nouveau monde, non dans sa partie boréale, où, malgré de notables différences, nous trouverions encore une nature qui nous rappellerait plus ou moins l'Europe, mais dans sa région tropicale. Abordons aux rivages du Brésil, avançons en profitant des routes tracées par la civilisation au milieu de la bande de forêts vierges qui s'étend jusqu'à quarante à cinquante lieues des côtes, et, après avoir traversé la double chaîne de montagnes qui sépare de Rio de Janeiro le plateau central de la province de Minas Geraes, situé à 1,100 mètres au-dessus du niveau de la mer, descendons sur le versant nord de ce plateau dans le grand bassin du Rio de San Francisco. Nous laisserons derrière nous plusieurs petites villes; puis, à mesure que nous progresserons, nous trouverons une population de moins en moins nombreuse. Enfin, nous atteindrons le confluent du Rio de San Francisco et de l'Abaété. Là, vivent seulement quelques chercheurs de diamant habitant sur les marges de la rivière, et profitant de la saison des basses eaux pour recueillir dans son lit les pierres précieuses qu'on y trouve mêlées aux graviers. Ce sont les derniers hommes que nous verrons dans notre voyage, car nous sommes à l'entrée de la région déserte dont nous allons faire notre cabinet de travail, et qui s'étend sur la rive gauche du Rio de San Francisco jusqu'à une très-grande distance de cette rivière, entre l'Abaété et la cascade, ou mieux, le rapide de Pirapora.

Vue du Rapide de Pirapora (p. 3).

Le Rio de San Francisco occupe le troisième rang parmi les fleuves gigantesques de l'Amérique méridionale. L'Amazone et la Plata seuls le surpassent en longueur. Au point où nous nous sommes arrêtés, il a déjà 700 kilomètres de cours, et ses eaux ont encore 2 200 kilomètres à parcourir avant d'atteindre l'Océan. La largeur varie entre 300 et 400 mètres dans la région limite de notre voyage, et des arbres immenses ombragent ses deux rives. En général, les eaux limpides du San Francisco coulent avec lenteur, mais de temps à autre cependant des rochers dispersés dans le lit du fleuve donnent lieu à des remous violents, ou, comme à Pirapora, à de petites chutes et des rapides. Le nom de Pirapora est indien, il signifie poisson qui saute. Entre les rochers surgissant du sein des eaux dans le rapide, on voit en effet fréquemment des poissons qui s'élancent pour éviter d'être entraînés par le courant, et qui, retombant sur les rochers, y trouvent la mort. Des nuées d'urubus planent sans cesse au-dessus de la cascade, ou bien reposent sur les arbres, tandis que des hérons blancs (*Ardea candidissima*), des Mycteria et d'autres échassiers restent sur les pierres, attendant une proie facile à saisir.

A 1 700 kilomètres au-dessous de Pirapora, en descendant le cours du fleuve, existe la magnifique cascade de Paulo Affonso, qu'on ne peut comparer qu'à la célèbre chute de Niagara; mais nous n'allons pas entreprendre un nouveau voyage. Il faut nous arrêter et examiner la nature qui nous entoure.

Quittons la rive gauche du San Francisco, traversons la bande de grands bois qui la longe, et nous entrerons dans une vaste plaine parfois ondulée, montrant à l'horizon quelques montagnes que leur éloignement nous fait paraître bleuâtres. Un épais tapis de graminées couvre le sol, et nous avons une vue de ce qu'on appelle les *campos*. L'aspect des campos est très-varié : tantôt ce sont de vastes prairies unies, sillonnées de petits ruisseaux sur les bords desquels croissent des lignes de palmiers Mauritia, colonnes élevées et surmontées d'un chapiteau de vastes feuilles en éventail; ailleurs des bouquets de grands arbres sont disséminés çà et là dans la plaine, au milieu du tapis de verdure, comme dans un beau parc anglais. Parmi ces arbres, souvent on rencontre d'immenses Bombax couverts de leurs larges et brillantes fleurs, ou bien des Pao d'arco, superbes bignoniacées chargés de bouquets de corolles roses à l'extrémité des rameaux ou des Bignonia pentaphylla aux fleurs jaunes d'or. Les élégants et vaporeux feuillages des mimosées, les masses sombres des myrtacées et des térébinthacées donnent à ces groupes d'arbres un aspect particulier et étrange aux yeux de l'Européen, mais séduisant et gracieux. D'autres fois, et c'est

surtout dans les petits plateaux, quand les campos sont ondulés, quand le sol est pierreux, les graminées sont moins touffues, des arbustes tortueux et peu élevés couvrent tout le terrain. Plusieurs espèces de palmiers nains, des Hymenæa courbaril rabougris, le curieux Cochlospermum insigne, des Kielmeyera aux grandes fleurs roses, de nombreux Bauhinia, des apocynées, des Vochysia, etc., composent la masse de la végétation. Le Caryocar brasiliense domine parfois les arbustes que je viens de citer. Cet arbre intéressant, aux grandes feuilles palmées d'un vert clair, aux fleurs qui rappellent au premier aspect celles des Bombax, donne un fruit nutritif, précieux dans ces régions. Enfin, dans les vallées, des bandes étroites de grands arbres d'espèces variées et couverts de fleurs de mille couleurs accompagnent

Autruche Nandou dans les Campos de Minas Geraes (p. 8).

les marges des rivières, affluents du fleuve principal, aussi bien que
celles de ce dernier. Lorsqu'on rencontre une petite colline d'où
la vue puisse s'étendre, on voit ces lignes de grands bois dessiner au
milieu des campos, par une verdure luxuriante, le cours du fleuve et
de ses affluents.

Dans l'immense jardin naturel et toujours fleuri formé par les
campos, circulent des légions d'oiseaux aux plus vives couleurs, des
troupials à la tête et aux ailes d'un noir de velours, et au corps orangé,
des guitguits bleus, des ramphocèles d'un rouge vif, des jacamars
aux reflets verts, des tangaras variés, des nuées de perruches et
les délicats et brillants oiseaux-mouches. Tandis que les espèces que
je viens de citer voltigent au milieu des buissons, l'autruche d'Amérique ou Nandou, le Cariama cristata de l'ordre des échassiers, et de
nombreux gallinacés courent sur le sol.

C'est un fait bien digne d'attention que, sous les climats tropicaux,
le coloris des fleurs et des animaux atteint un degré de vivacité remarquable, si on le compare à celui des régions tempérées. Les insectes
et surtout les papillons et les coléoptères offrent, sous ce rapport, des
éclats nacrés ou métalliques, des associations de vives couleurs non
moins notables que chez les oiseaux. Le monde des reptiles lui-même
a voulu emprunter à la lumière d'un soleil perpendiculaire quelques-uns de ses rayons les plus brillants. Les belles couleuvres vertes
ou rouges annelées de noir, le terrible élaps ou serpent corail dont la
couleur désignée par son nom même est interrompue par des anneaux
noirs irréguliers, peuvent lutter par leur éclat avec les autres classes
du règne animal. Disons toutefois ici que les reptiles seraient une des
ombres du tableau, si, en général, ils ne fuyaient la présence de
l'homme. Parmi eux se trouve le redoutable serpent à sonnettes dont la
morsure donne immédiatement la cécité, et peu d'instants après la
mort; plusieurs grands trigonocéphales presque aussi vénéneux, enfin
le boa scytale qui n'est pas moins dangereux à cause de sa grande taille,
bien qu'il ne possède pas de venin. Sa longueur atteint quelquefois
jusqu'à vingt mètres et même au delà [1], et il reste en général immobile

---

[1] On n'a pas encore vu en Europe de grandes peaux du boa scytale; aussi les natura-

dans les lieux marécageux, attendant une proie qu'il puisse y enlacer.

Marchons maintenant au milieu des campos sans nous inquiéter des reptiles qui fuiront au simple bruit de nos pas, avançons dans le tapis de verdure émaillé par les fleurs des verveines et des Ruellia formosa. A chaque buisson que nous rencontrerons, à chaque grand bouquet d'arbres, nous verrons des fleurs nouvelles, un aspect et un port différent, car la variété est le caractère essentiel de la flore du tropique, et les grandes masses de verdure elles-mêmes n'y ont pas cette constance d'aspect qui donne à la plupart des paysages européens, malgré leurs beautés particulières, une sorte d'uniformité générale. Dans ce

Ouistitis.

désert enchanteur errent des troupeaux de daims, des pacas, des tapirs. Fréquemment on voit sur le sol les traces du jaguar ou tigre d'Amérique qui les poursuit, et celui des autres animaux du genre Felis, ses congénères. Mais eux aussi ne s'attaquent pas aux hommes, du moins

listes se trompent beaucoup sur sa taille. M. Magalhaēs de Pirapora m'a dit en avoir mesuré plusieurs de plus de cent palmes de longueur (22 mètres); sa taille ordinaire est de soixante palmes. Il porte le nom de Sucuriu dans le pays. Le boa constrictor, ou giboia, ne dépasse guère trois mètres; il vit dans les lieux secs, tandis que le Sucuriu habite les marécages.

de jour ; ils trouvent des proies plus faciles, et ce n'est que quand ils sont blessés qu'ils deviennent redoutables ; seulement ils sont alors aussi acharnés contre le chasseur qui les a frappés, qu'auparavant ils étaient indifférents à son approche. Des singes, de charmants ouistitis courent et sautent dans les arbres, et à terre on rencontre fréquemment le

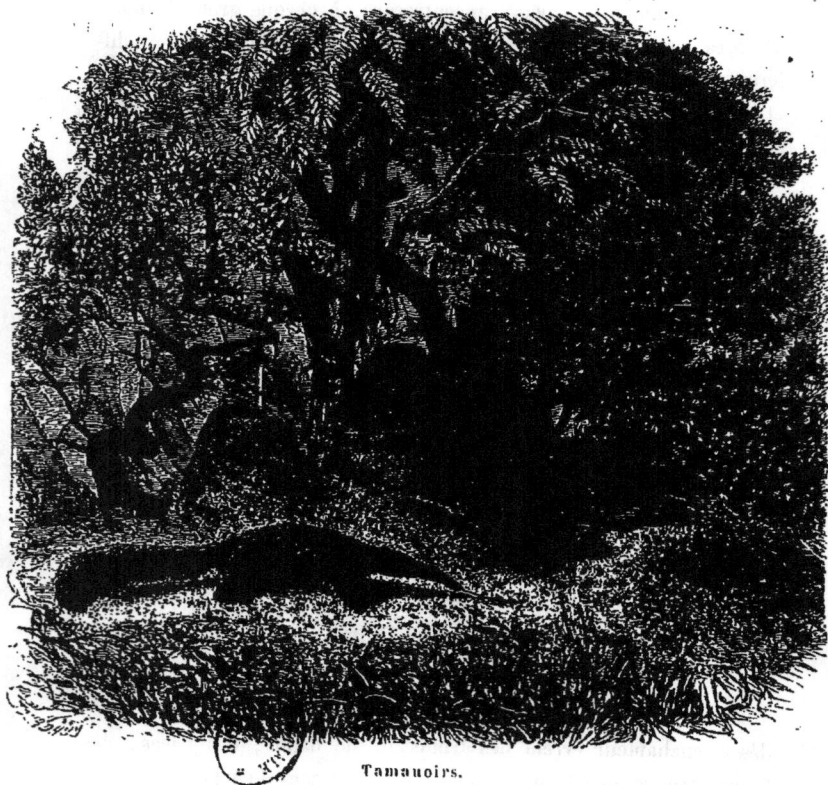

Tamanoirs.

tatou, curieux mammifère à écailles, protégé par sa cuirasse contre ses nombreux ennemis. D'autres édentés, tels que le tamanoir et le tamandua, restent aussi sur le sol à la recherche des termites et des fourmis, tandis que les bradypes, l'aï et l'unau vivent blottis sur les Cecropia dont ils dévorent le feuillage pendant la nuit. A ces singulières formes animales, joignons encore les nombreuses espèces de sarigues, dont les femelles, à l'approche d'un danger, transportent leurs petits dans un repli de la peau, qui forme une sorte de poche sous l'abdomen.

En 1862, je circulais dans les campos brésiliens que je viens de décrire succinctement. Sans cesse de nouveaux horizons se déroulaient devant moi au milieu de leurs vastes solitudes. En voyant continuellement des tableaux variés mais indéfinis se succéder, ma pensée se reportait invinciblement vers l'immensité, et mon attention se fixait sur les idées que nous nous faisons de l'espace. Je me proposai alors un problème que je vais maintenant exposer. Ce problème, qui n'a jamais été traité dans sa généralité, consiste à tâcher de reconnaître si les lois de la nature qui régissent la partie du système du monde facilement accessible à nos observations, s'étendent à l'immensité que nous ne faisons qu'entrevoir aux limites de la visibilité.

L'espace, en effet, au point de vue physique, est tout autre chose qu'au point de vue mathématique. L'espace physique est le milieu, presque inconnu pour nous, qui renferme l'univers. Je dis *presque inconnu*, car nos sens ne nous mettent directement en relation qu'avec une seule de ses propriétés, celle de l'étendue. Mais l'espace paraît posséder d'autres propriétés non moins importantes. C'est par lui que s'exerce à un éloignement incommensurable l'action des forces de la gravitation, et il ne les transmet qu'en en modifiant les intensités en raison inverse du carré des distances parcourues. Les relations de la matière avec l'espace constituent le mouvement, et le mouvement est le point de départ de tous les phénomènes visibles. Toutes les forces de la nature organique elle-même, celles dont l'essence nous est la plus cachée, sont en relation avec l'espace dans l'intérieur duquel elles se produisent. Physiquement donc, l'espace doit être considéré comme un milieu réel, inconnu, doué de propriétés nombreuses, dont une, l'étendue en trois dimensions, est seule directement accessible à nos sens par l'intermédiaire de la matière.

Tel n'est pas le point de vue sous lequel on envisage mathématiquement l'espace. On le dépouille de toutes les propriétés physiques dont il doit être doué, et, lui conservant seulement la propriété d'étendue, on le transforme en abstraction. Rien alors n'arrête plus le mathématicien dans ses hypothèses. A chaque instant, pour ses démonstrations, il superpose deux parties de son espace imaginaire. Mais l'espace physique réel n'est pas superposable. La matière seule est superposable à l'espace, quoiqu'elle ne le soit pas à elle-même.

Toutefois, considérant son espace fictif, son espace abstrait, *comme identique dans toutes ses parties et comme superposable*, le géomètre en prend une portion quelconque pour unité arbitraire, et avec cette unité il mesure le reste d'une manière relative.

Les choses ne se passent pas comme cela dans l'espace physique. Pour prendre une unité, il faut choisir un corps matériel dont la longueur est supposée fixe, et à coup sûr peut être regardée comme invariable dans une immense extension. Mais est-il certain que, transporté aux limites de notre nébuleuse, ce corps n'aurait pas subi progressivement dans sa constitution interne des modifications assez profondes pour n'être plus comparable à ce qu'il était d'abord. Un corps solide, en effet, n'est, comme nous l'apprend la physique, qu'un assemblage de points matériels ou de centres de forces (attraction, répulsion, inertie), lesquels centres, s'ils ont des dimensions, ce que nous ignorons, sont au moins situés, par rapport à ces dimensions, à des distances énormes les uns des autres. L'état d'équilibre intérieur de ces points centres de forces détermine la grandeur du corps. Or ces forces agissent les unes sur les autres par l'espace interposé dont elles sont entièrement dépendantes [1], et au moyen des propriétés physiques de cet espace. Si donc les propriétés en question ne sont pas partout identiques, le corps solide sera modifié dans sa constitution interne, et pourra, par son déplacement, cesser d'être comparable à ce qu'il était primitivement. Dans ce cas, il n'existerait aucune unité d'étendue pouvant servir à la mesure de l'espace physique. Ne perdons pas de vue qu'une extension immense par rapport à l'homme est elle-même négligeable devant l'immensité totale. De ce que l'espace réel nous semble mesurable, parce qu'à cause de son caractère essentiel de con-

---

[1] En termes mathématiques, dont elles sont fonction.

tinuité, les variations qu'il peut éprouver dans sa nature intime
et presque complétement ignorée, sont excessivement lentes et insensibles dans la région de cet espace accessible pour nous, il ne s'ensuit pas que ces variations, indéfiniment prolongées, n'arrivent à
tellement changer sa nature intime, qu'aucune comparaison possible
ne puisse plus exister entre deux portions très-distantes de lui-même.
Alors l'espace physique ne serait mesurable qu'en apparence et nullement en réalité.

L'idée d'infini est essentiellement dépendante de l'idée de mesure,
si l'espace n'est pas mesurable en réalité, on ne peut pas le considérer
comme infini, mais seulement comme *indéfini*. En d'autres termes, on
doit le regarder comme ne possédant pas de dimensions absolues, mais
comme manifestant seulement des grandeurs apparentes relatives, dont
la conception ne vient même que de notre ignorance sur ses qualités.

Malheureusement les nébuleuses échappent trop complétement à
nos investigations pour pouvoir servir à résoudre la question que
je viens de poser. L'existence de la plupart d'entre elles ne se
manifeste même qu'aux limites de la visibilité. C'est à peine si nous
pouvons suivre la preuve de l'existence de la gravitation jusqu'aux
étoiles doubles les plus rapprochées, car on n'a pas pu reconnaître,
comme il le faudrait pour une vérification complète, la valeur des
mouvements dirigés suivant le rayon visuel.

Mais remarquons que même à la surface de la terre nous ne pouvons
rien mesurer avec exactitude. Nos règles n'y sont pas constantes, car
outre les vibrations de leurs molécules limites et l'imperfection du poli
de leurs extrémités, imperfection à cause de laquelle elles ne représentent
même rien de défini, nous ne pouvons rigoureusement tenir compte du
changement de longueur par la température. D'un autre côté, la petite
variation de la pesanteur avec la latitude ou avec l'altitude au-dessus du
niveau des mers, est suffisante pour modifier leur état intérieur d'équilibre de quantités bien petites, il est vrai, mais cependant réelles. Ces
quantités sont certainement négligeables au point de vue de la pratique,
c'est-à-dire au point de vue du degré d'exactitude que nous avons à
apporter dans les arts pour nos usages, mais au point de vue de l'absolu,

avons-nous le droit de n'en pas tenir compte? Que représente en effet, à ce dernier point de vue, ce que nous appelons petit et grand?

Je traçais dans mes notes les lignes qui précèdent, un jour qu'après un long voyage à cheval au milieu des campos et sous un soleil ardent, nous étions arrivés harassés de fatigue au bord d'un ruisseau où nous allions dresser nos tentes pour la nuit. Pendant que mes compagnons de voyage s'occupaient de notre campement, j'avais cherché l'ombre pour écrire, car il y avait encore deux heures de jour, et je m'étais réfugié au milieu d'un groupe de jeunes palmiers Mauritia, dont les immenses éventails me protégeaient. Bientôt je m'aperçus que j'étais assis près d'une fourmillière de fourmis rouges, et au moment où j'allais m'éloigner, je remarquai un groupe de ces insectes qui transportait avec grande peine un petit bois. Ces fourmis parcouraient quelques centimètres, s'arrêtaient, puis quelques-unes, sans doute plus fatiguées, allaient avec leurs antennes appeler des compagnons pour continuer le transport. Mon cheval, pensai-je en les voyant, vient de marcher pendant plusieurs lieues en me portant. Que lui importait à lui quelques centimètres de route de plus ou de moins, et cependant dans cet inter-

valle les petits êtres qui s'agitent sous mes yeux, arrivent à la fatigue.

N'y a-t-il pas dans le fait que je viens de citer et dans mille autres exemples semblables, que nous montre tous les jours la nature, la réponse directe à la question que nous avons posée? Ce qui est petit pour la fourmi, n'est-il pas immense encore pour ces animalcules que les plus forts microscopes ne nous font distinguer que comme des points? Pour ces derniers, les erreurs que nous commettons quand nous supposons nos règles constantes, représentent d'énormes grandeurs. Au point de vue de l'absolu, ces erreurs ne sont donc pas négligeables, elles sont immenses.

Quand nous voyons ainsi qu'il ne peut exister d'unités de longueur définies, quand nous remarquons que, même en faisant abstraction du rôle des variations probables de la nature intrinsèque de l'espace sur l'équilibre des corps, cependant les simples forces de la matière répandue dans l'univers suffisent à rendre impossible l'existence d'unités fixes, parce qu'elles en modifient l'équilibre par leurs actions à distance, il est clair que nous avons déjà là comme un avertissement de nous défier de la possibilité de la mesure absolue de l'espace. Le raisonnement alors doit venir à notre aide. Nous devons remarquer que la propriété d'étendue, que nous attribuons à l'espace physique et par laquelle il se manifeste à nous, peut elle-même n'être qu'un cas particulier d'une autre propriété plus générale que nous ne soupçonnons pas, parce qu'il n'est pas nécessaire de la connaître pour les conditions de vie où nous sommes. Nous devons surtout tenir compte de ce que notre intelligence est beaucoup plus satisfaite en regardant l'espace physique comme non mesurable en réalité, qu'en le considérant comme infini, conception contre laquelle, pour ainsi dire, la raison se révolte.

Remarquons en outre que ce que nous avons dit de la mesure de l'espace peut également se dire de la mesure du temps, autre espèce de milieu dans lequel se déroulent à la fois tous les phénomènes de l'espace et de la matière, et dont les propriétés nous sont aussi inconnues. Rien ne prouve que le temps soit comparable à lui-même à deux époques différentes. Il paraît comparable dans la courte période de la vie d'un homme, de celle même de l'humanité entière, mais dans des extensions très-différentes, il peut devenir progressivement tout autre que ce qu'il nous paraît, à nous qui soupçonnons à peine ce qu'il est. D'ailleurs l'intellect par lequel le temps se manifeste directement à notre être, grâce à la propriété de la mémoire qui rappelle l'ordre de succession des idées, ne renferme en lui-même aucun moyen de mesurer le temps. Nous cherchons alors notre unité dans les phénomènes physiques du monde extérieur. C'est au mouvement que nous l'empruntons. Mais qui nous prouve que des phénomènes successifs et en apparence identiques répondent vraiment à des intervalles de temps égaux, c'est-à-dire en tout semblables? De certaines relations constantes entre la variabilité de la nature intrinsèque de l'espace, du temps et des forces, satisfont pleinement à tous les phénomènes du monde extérieur, sans d'ailleurs supposer rien de fixe dans chacune de ces choses elles-mêmes. L'idée de mesure de l'espace renferme implicitement l'idée de temps, car il faut supposer le transport successif d'une unité, et l'idée de mesure du temps contient l'idée d'espace. L'espace peut donc lui-même varier avec le temps dans sa constitution intime, comme le temps peut varier progressivement suivant les régions de l'espace. Des rapports et seulement des rapports, voilà tout ce que nous distinguons avec même bien peu de netteté. Or la conception de temps mesurable seulement en apparence et non en réalité fait disparaître l'idée d'un temps infini dans le passé, idée en contradiction avec elle-même, comme à la fois fondée en entier sur la notion de mesure et négative de la mesure; idée enfin qui résulte nécessairement de celle de temps mesurable en réalité. L'absurdité si évidente, si choquante d'un passé infini, équivaut ici à une démonstration. Le temps et l'espace sont donc indéfinis et non mesurables. Ils ne sont pas infinis et leur nature intime varie dans leur développement progressif.

La relativité du temps aux espèces organiques est aussi évidente que celle de l'espace. Ce qui est durable pour l'une est court pour l'autre.

Que de fois j'ai eu occasion dans les campos de remarquer la valeur différente du temps pour les divers animaux, en comparant la lenteur des mouvements de l'aï et de l'unau à la rapidité de ceux des cou-

gouars et surtout de ceux des oiseaux-mouches. Les ailes de ces derniers frappent l'air avec tant de vivacité qu'elles cessent d'être visibles,
et qu'elles font entendre une sorte de bourdonnement. En moins d'une
seconde, ces charmants oiseaux se transportent à plusieurs mètres de
distance et volent au milieu des buissons en évitant toutes les branches qui se trouvent sur leur passage. Combien de mouvements particuliers leur a-t-il fallu effectuer pour dévier un si grand nombre de

Cougouar.

fois, dans un temps si court, et arriver à la fleur qu'ils voulaient
atteindre et devant laquelle ils restent suspendus par le battement de
leurs ailes! Notre œil ne peut saisir la totalité de leurs changements
de direction; à peine les distingue-t-il aux éclats métalliques que
lance leur plumage, dans certaines directions et qui s'effacent dans
d'autres, surtout chez quelques espèces, telles que la huppe d'or et
le rubis-topaze, dont les noms rappellent les métaux et les pierres
précieuses auxquels peut seulement être comparé le brillant de ces
petits êtres. Ainsi donc un instant à peine sensible pour nous leur a
suffi pour l'exécution d'un grand nombre d'actes; conséquemment
l'appréciation de la durée n'a rien de plus absolu que celle de l'éten-

due, et tout est indéterminé dans les mesures de ces deux grands éléments du système du monde, *espace* et *temps*.

Un troisième élément, la force, se joignant aux deux premiers, constitue la matière. Bien qu'elle se manifeste à nous sous des formes beaucoup plus variées que l'espace et le temps, la force n'en est pas moins aussi inconnue qu'eux dans sa nature intime.

L'homme doit donc être prudent dans ses généralisations. Les vérités qu'il appelle abstraites, les vérités mathématiques n'ont rien de plus absolu que les autres vérités physiques. Comme ces dernières, elles ont pour point de départ les données expérimentales qui leur fournissent les axiomes primitifs. Elles ne peuvent être regardées comme certaines que dans les limites de temps et d'espace où elles ont été reconnues et où la nature intime des éléments, *espace* et *temps*, n'a pas assez varié pour que des différences sensibles soient appréciables. Supposer le contraire, comme les anciens philosophes, c'est ne pas mettre en compte les erreurs possibles de l'intelligence humaine, dont l'ignorance surpasse de beaucoup le génie. Né pour une vie essentiellement relative, l'homme ne perçoit que le relatif. L'absolu est pour lui une chimère qu'il cherche sans cesse et n'atteint jamais.

N'essayons donc pas de franchir la barrière que la nature a posée aux spéculations humaines, aussi vaines que hardies. Restons dans les limites de l'univers visible et contentons-nous de l'étudier et de le décrire.

En commençant ce chapitre, nous nous sommes transportés par la pensée jusque dans l'hémisphère austral, au milieu des campos du Brésil, et nous avons jeté un coup d'œil rapide sur cette nature vierge et d'un caractère tout nouveau pour l'Européen; mais nous ne nous sommes occupés que de la terre. Cependant le ciel étoilé a pris aussi un nouvel aspect dont nous allons dire quelques mots; et, pour cela, nous suivrons les changements progressifs qui s'y font remarquer depuis l'Europe jusqu'au delà de l'équateur.

Les personnes qui, en France, ont examiné le ciel avec un peu d'attention, ont nécessairement remarqué du côté du nord, au milieu à peu près de la distance comprise entre l'horizon et le zénith[1], une étoile assez brillante qu'on a appelée la *polaire*, et autour de laquelle semblent tourner toutes les autres étoiles en conservant leurs positions relatives et en formant par leur réunion ces configurations de forme constante que l'on appelle des constellations. Entre cette étoile et l'horizon nord se montrent, à une époque quelconque de l'année, les astres qui, six mois auparavant, étaient situés entre elle et le zénith. Du côté du sud, au contraire, à deux époques distantes de six mois, apparaissent des étoiles entièrement différentes, mais toujours les mêmes à un an d'intervalle.

Si, quittant la France, on se dirige au midi vers l'équateur, on voit la polaire descendre et se rapprocher de l'horizon nord à mesure qu'on s'éloigne de nos climats. Du côté austral, au contraire, les constellations montent, et de nouvelles étoiles apparaissent au-dessous de celles que l'on notait auparavant. Enfin, quand on atteint l'équateur, l'étoile polaire rase l'horizon, et une belle et vaste région céleste remplace au sud l'espace qu'en France on aperçoit; au nord, au-dessous de la polaire.

A l'équateur, ce n'est donc plus d'un côté seulement que des étoiles nouvelles apparaissent à six mois d'intervalle, mais bien dans toutes les directions possibles. Dans ces belles régions favorisées de l'été perpétuel et où la nature organique déploie toutes ses richesses, l'espace céleste se montre dans la totalité de son étendue.

Franchissons maintenant l'équateur et pénétrons dans l'hémisphère austral. Les étoiles méridionales vont continuer de s'élever. Au nord, les constellations descendent sous l'horizon, et le ciel paraît tourner autour d'un autre point fixe situé au sud; de sorte que la portion de l'espace céleste toujours visible est précisément celle qu'en France on ne voit pas.

C'est ainsi que, pour nous, dans les campos, à l'attrait de l'observation d'une faune et d'une flore spéciales se joignait le plaisir de con-

---

[1] Le zénith est le point du ciel qui est verticalement au-dessus de l'observateur.

templer un ciel tout différent de celui que nous avions si souvent étudié à l'Observatoire de Paris.

La vue d'un beau ciel étoilé a toujours quelque chose de suave. Mais c'est surtout au milieu du désert, quand, après les chaleurs brûlantes de la journée, on respire la fraîcheur d'une belle nuit, que l'œil parcourt avec satisfaction et avec charme le tableau des lumières du firmament, en se perdant, pour ainsi dire, au milieu de cette multitude de petits points lumineux qui émaillent l'intervalle des grands groupes d'étoiles.

Dans les régions basses des campos, mille bruits divers se font entendre pendant l'obscurité ; mais ils ne sont pas, comme se sont plu à le raconter quelques voyageurs, dus aux animaux féroces : ces derniers cherchent, au contraire, leur nourriture en silence. Le jaguar et l'once sont même tellement habiles pour ne pas éveiller leur proie, qu'on peut à peine les entendre marcher au milieu des feuilles sèches dont le sol est jonché dans les forêts. C'est uniquement aux nombreuses espèces des modestes et innocents batraciens qu'il faut attribuer les bruits de la région des bois et des lieux humides et marécageux. Tantôt ces bruits simulent des voix humaines qui s'appellent, ou bien des coups de marteau sur une enclume ; tantôt ce sont des roulements plaintifs et prolongés, ou des croassements variés. Mais dans les parties sèches et élevées, dans les plateaux, règne, au contraire, en général pendant la nuit un silence profond, troublé seulement de temps à autre par le cri de quelque oiseau nocturne, et très-rarement par les hurlements du loup du Brésil (*Canis jubatus*), ou de quelque singe de nuit.

Humboldt a dit que dans les régions équatoriales de l'Amérique, au milieu du continent, la scintillation des étoiles s'efface et disparaît presque entièrement. Il a ajouté que cette disparition donne au ciel de ces régions un aspect particulier et quelque chose de doux et de spécial. Il y a quelquefois du vrai dans cette remarque ; mais elle n'est pas générale. Souvent, au contraire, la scintillation est des plus prononcées. Disons ici que les éclats instantanés des étoiles ne sont pas un phénomène réellement présenté par elles : ces éclats proviennent de notre atmosphère, et ils varient avec l'état d'humidité plus ou moins grand de cette dernière.

Sous le ciel austral, on voit la continuation de la grande bande blanche qui traverse le ciel de nos régions et que nous appelons la voie lactée; et on arrive ainsi à reconnaître que cette bande forme un cercle entier divisant en deux parties la voûte céleste apparente. Un coup d'œil sur la distribution générale des étoiles sur le ciel montre qu'elles vont en diminuant de nombre à mesure que le regard se porte sur des régions plus écartées de ce grand cercle blanc. Si, en outre, on examine la voie lactée à l'aide d'un puissant instrument grossissant, on reconnaît que la nébulosité qui la compose est due à la réunion d'une quantité immense d'étoiles dont l'éloignement explique à la fois la petitesse et le rapprochement apparent.

D'après le rapport de la superficie totale de la voie lactée à celle de la petite portion de cette nébulosité visible dans le champ de son télescope, et d'après la quantité d'étoiles qu'il a comptées dans ce champ, Herschell a, le premier, évalué le nombre de ces étoiles, qu'il porte à quarante millions. Ce nombre est plutôt au-dessous qu'au-dessus de la vérité. Mais, quoi qu'il en soit du nombre réel, que nous ne pourrons jamais connaître exactement, son immensité, entrevue par cette estimation, a quelque chose d'effrayant pour l'imagination quand on songe que chacune de ces étoiles n'est autre qu'un soleil comme celui qui nous éclaire.

Supposons une multitude de points à peu près également espacés entre eux, mais distribués uniquement dans l'espace compris entre deux plans parallèles et dans une extension incomparablement plus grande que la distance de ces deux plans; si l'œil d'un observateur est placé dans cet intervalle, à un éloignement suffisant des limites du système de points considéré, mais dans l'intérieur de ce système, et si le regard se dirige dans une direction parallèle aux deux plans limites, il est évident que le nombre des points aperçus sera immense, et même ces points se confondront en une sorte de zone continue. Si, au contraire, l'œil s'éloigne de cette direction, on verra le nombre des points diminuer progressivement à mesure que le regard se rapprochera de la perpendiculaire aux plans en question; position dans laquelle le nombre des points visibles sera le plus petit possible. Or, ce sont là précisément les apparences que nous montre le ciel.

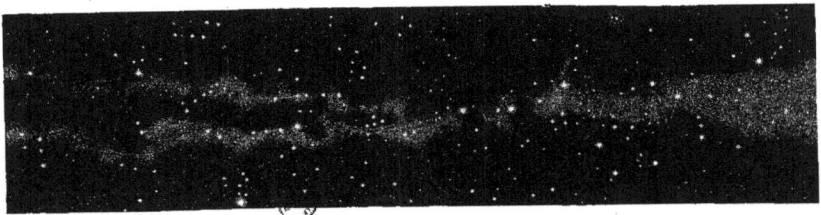

Partie comprise dans l'hémisphère Nord.

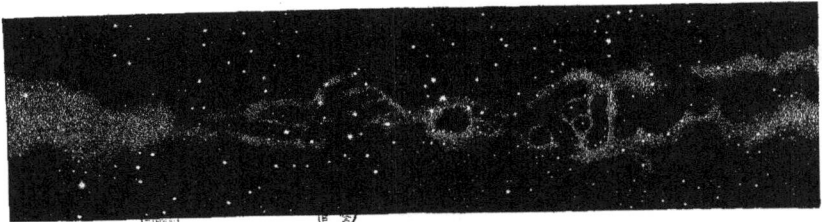

Partie comprise dans l'hémisphère Sud. (p. 18).

L'ensemble des étoiles constitue donc une couche étendue dont l'épaisseur immense est cependant très-petite relativement à ses autres dimensions, et qui, vue de l'extérieur, présenterait l'aspect d'une nébulosité aplatie. Toutefois nous ne pouvons connaître ni la forme du contour de cette nébulosité, ni la profondeur à laquelle nous sommes plongés dans son intérieur : son immensité s'y oppose.

Pour juger de cette immensité, rappelons qu'on sait déterminer l'éloignement d'un objet sans en approcher. Pour cela, on mesure la distance qui sépare deux points d'où cet objet soit visible, et de ces deux points on mesure l'angle du rayon visuel de l'objet et de la ligne joignant les deux points d'observation. Un calcul simple donne alors la distance cherchée. Cette distance peut même être obtenue sans calcul ; car en marquant sur une feuille de papier une ligne représentant l'intervalle des deux points d'observation, traçant aux extrémités de cette ligne d'autres lignes faisant avec la première les angles mesurés, et prolongeant ces lignes jusqu'à leur intersection, ce point d'intersection représente la position relative de l'objet en question par rapport aux deux premiers. Il est donc facile de voir le rapport de la distance de cet objet à l'écartement des deux points d'où il a été observé ; et comme cet écartement est connu, en le multipliant par le rapport trouvé, on obtient la valeur de la distance cherchée.

Cette méthode, avec quelques légères modifications destinées à la rendre encore plus exacte, a été appliquée à la mesure de la distance du soleil à la terre ; et on a trouvé, dans le siècle dernier, que cette distance est d'environ 38 000 000 de lieues de 4 000 mètres. Une nouvelle détermination que j'ai faite en 1860 m'a donné 37 584 000 lieues, nombre plus approché que le précédent[1]. Par suite de son mouvement annuel autour du soleil, la terre occupe donc, à deux époques distantes de six mois, des positions éloignées de 75 000 000 de lieues. Si de deux positions ainsi espacées on fixe la direction des rayons visuels à une même étoile, on trouve que ces deux rayons visuels sont sensiblement parallèles. Les différences de parallélisme observées sont de l'or-

[1] Voir la deuxième partie de ce chapitre.

dre de grandeur des erreurs d'observation. Pour qu'il en soit ainsi, il faut que la distance des étoiles les plus rapprochées soit au moins égale à 200 000 fois celle de la terre au soleil. La lumière, qui fait 75 500 lieues par seconde, emploierait trois ans à parcourir cet intervalle[1]. Que l'on juge par là de la distance des étoiles les plus éloignées, des étoiles que les télescopes les plus puissants nous font à peine entrevoir, de celles surtout qui restent encore confondues en une masse nébuleuse dans les plus grands de ces instruments. Ajoutons que, vu de la région où peuvent être ceux de ces astres les plus rapprochés de nous, le soleil, comme on peut s'en convaincre par des calculs fondés sur la mesure de l'intensité de sa lumière, n'atteindrait pas l'éclat des étoiles de première grandeur. Il n'est donc qu'un des petits soleils de son vaste système.

Mais l'immense nébuleuse aplatie à laquelle notre monde appartient et qui est formée par la réunion de toutes les étoiles visibles, y compris celles qui composent la voie lactée, n'est pas seule à peupler l'espace. En dehors d'elle on distingue des milliers d'autres nébuleuses de toutes formes. Parfois nos lunettes parviennent à résoudre partiellement en étoiles ces nébulosités éloignées. D'autres fois, l'éloignement est tel que les plus puissants instruments ne font encore apercevoir qu'une vague lueur continue. En outre, plus on augmente les dimensions des instruments, plus on aperçoit de nébuleuses, dont quelques-unes restant encore à la limite de la visibilité nous indiquent que nous sommes loin d'atteindre les bornes de l'univers.

[1] La détermination des distances des étoiles à la terre est un des problèmes les plus difficiles de l'astronomie. Les mouvements propres des étoiles jettent un doute énorme sur les résultats. Les procédés d'observation employés jusqu'à présent n'ont pas, surtout à cause des équations personnelles et des incertitudes sur l'aberration et la nutation, une exactitude suffisante pour les mesures absolues, et la méthode des déplacements relatifs est sujette à des objections capitales. Bien que dans quelques ouvrages d'astronomie on donne la distance de plusieurs étoiles à la terre, la plupart des résultats ne doivent être acceptés qu'avec réserve. Les différences sur lesquels on a calculé sont le plus souvent de l'ordre de grandeur des erreurs d'observation et même plus petites encore; de sorte que les distances obtenues peuvent être en erreur dans le rapport du simple au double et même plus. Il est toutefois bien certain que la limite inférieure de la distance des étoiles est de l'ordre de grandeur que nous donnons ici.

Parmi les nébuleuses, il en est deux plus grandes et plus remarquables que toutes les autres, sans doute à cause de leur rapprochement, et qui ne peuvent manquer de frapper les regards des personnes les plus inattentives aux phénomènes célestes. Mais elles appartiennent au ciel austral, plus riche que le ciel boréal en phénomènes et en belles étoiles. Ces deux nébuleuses qui ont l'aspect de deux nuages blancs, très-brillants, sont appelées Nuées de Magellan. Dans nos climats, on ne voit rien de semblable. C'est aussi l'hémisphère austral qui nous présente la plus remarquable portion de la voie lactée. Au milieu d'elle se montre une région noire, près de l'étoile triple α de la Croix du Sud que la lunette décompose en deux étoiles blanches presque égales en intensité et accompagnées d'une autre petite étoile d'une belle couleur bleue.

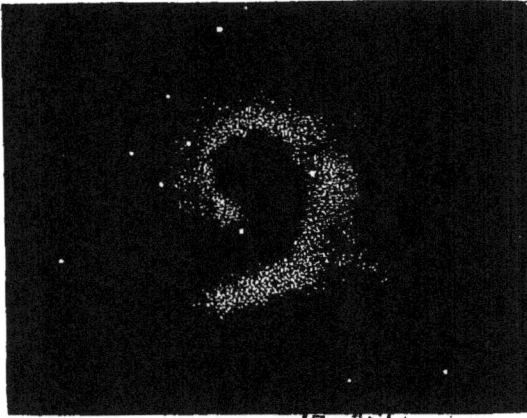

Nuées de Magellan (grand nuage).

La beauté et la variété des phénomènes du ciel austral sont utiles à connaître pour l'astronome. Comme les autres sciences naturelles, l'astronomie réclame donc des voyages de la part de ceux qui se livrent à son culte. Malheureusement cette science est bien négligée de l'autre côté de l'équateur, où une foule de faits curieux passent inaperçus. Pour faire juger de la rareté des voyages des astronomes dans l'hémisphère sud, il me suffira de dire qu'en France, parmi les personnes ayant fait de l'astronomie une profession, je suis le seul qui, depuis le commencement de ce siècle, ait franchi l'équateur pour observer le ciel austral.

Dans les voyages astronomiques, tantôt, comme nous l'avons fait à

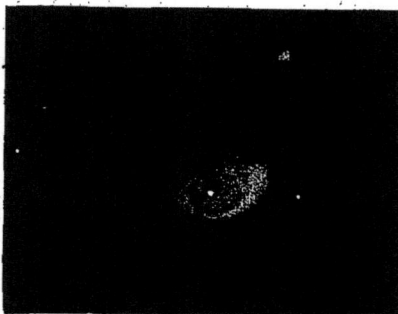

Nuées de Magellan (petit nuage.)

Olinda, on établit avec de grands instruments des stations fixes dans des lieux renommés à cause de la pureté de leur atmosphère, et on y sonde les profondeurs de l'espace, soit que l'on choisisse des sommets de hautes montagnes, sur lesquelles on est débarrassé de l'extinction de la lumière par les couches inférieures de l'air, soit qu'on profite de la transparence des beaux ciels de l'équateur sur les rivages de l'Océan. D'autres fois, comme dans notre voyage de Paranagua, le choix des stations est déterminé par l'existence de phénomènes rares et prévus d'avance au moyen du calcul pour certains points du globe; tels sont les éclipses de soleil ou les passages de planètes inférieures. D'autres fois encore, comme il nous est arrivé en fixant notre station à Rio de Janeiro pour mesurer la parallaxe de la planète Mars, en 1860, afin d'en déduire une nouvelle détermination de la distance du soleil à la terre, le choix d'une certaine latitude, de préférence à une autre, permet d'obtenir pour les mesures un degré d'exactitude supérieur.

Mais outre les travaux dans les stations fixes que l'on établit temporairement à l'aide d'un grand matériel, il se trouve qu'en route, et avec les petits instruments portatifs de voyage, on a l'occasion de faire une multitude d'observations nouvelles. C'est même de cette manière seulement que peuvent être bien vues les lueurs célestes comme la lumière zodiacale à laquelle nous consacrerons plus loin un chapitre spécial. On suit ainsi leur aspect sous des latitudes variées et on arrive à se rendre compte de leur vraie forme. C'est d'ailleurs uniquement dans les déserts et au milieu de l'Océan, où la transparence atmosphérique n'est pas troublée par les fumées des villes et où aucune lueur étrangère au ciel ne répand de clarté dans l'air, que l'œil peut suivre ce beau phénomène jusqu'à ses limites. Mille autres observations optiques se font dans les mêmes conditions et puis il faut compter avec les cas imprévus. Quelquefois, et cette circonstance s'est produite pour moi en 1862 au milieu des campos du San Francisco, ce sera une comète, visible à l'œil nu, qu'on pourra observer avec le simple théodolite servant à des opérations géographiques, et dont on distinguera encore bien des particularités, même avec la lunette de voyage. D'autres fois, ce seront des occultations d'étoiles ou de planètes par la lune; des éclipses, soit de ce dernier astre, soit des satellites de Jupiter; ou bien de brillants bolides ou globes de feu, traversant les régions atmosphériques. Enfin les déterminations de positions géographiques elles-mêmes sont d'un immense intérêt pour les progrès de la science, et j'ajouterai ici que, surtout quand on voyage dans les déserts, ces observations prennent pour le voyageur lui-même un attrait tout particulier. C'est par elles en effet qu'on peut calculer le chemin que l'on a fait, c'est par elles qu'on sait à quelle distance on est du but de son voyage, car on n'a pas comme en France des routes numérotées en kilomètres. Loin de là, dans le désert, il n'y a pas de routes du tout, et c'est ce qui fait que les peuples nomades ont toujours noté avec attention et nommé quelques-unes des étoiles qui leur servaient de point de repère et leur tenaient lieu de boussole quand ils marchaient la nuit.

J'étonnerai peut-être bien des lecteurs en leur disant qu'au point de vue de la précision des observations, j'ai été bien plus satisfait des observations que je faisais au milieu des campos avec un simple théodolite répétiteur que de celles que nous faisions à l'Observatoire de Paris,

Mais avant tout, je dois dire que le théodolite répétiteur, dont je donne ici la figure, est un instrument précieux qui représente un observatoire complet, pourvu qu'on y joigne un chronomètre, et surtout qu'on

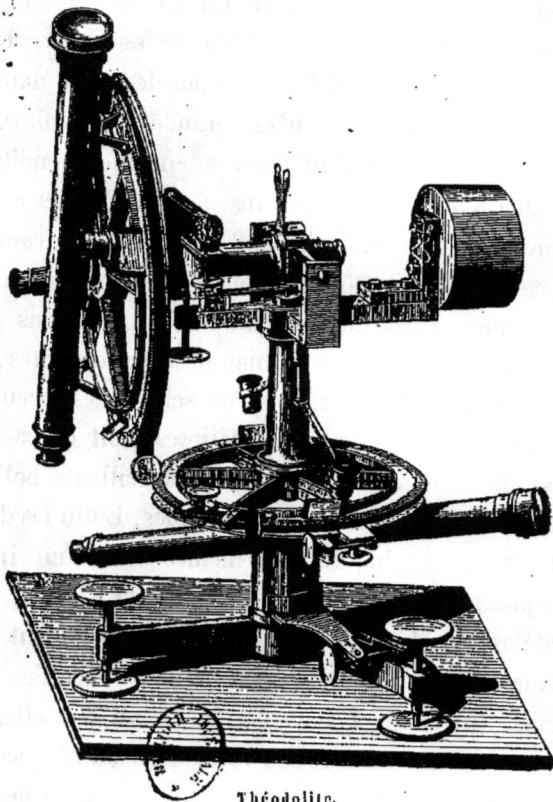

Théodolite.

sache s'en bien servir. On voit qu'il est composé d'un double système de cercles gradués, l'un horizontal pour la mesure des angles azimutaux, l'autre vertical pour les angles de hauteur. Deux niveaux à bulle d'air et deux lunettes dont l'inférieure a pour but de vérifier la stabilité en azimut, en la pointant sur un objet éloigné, complètent l'instrument dont la dimension permet le transport en voyage. La disparition des flexions par suite de la petitesse des cercles compense argement les inconvénients de l'infériorité des dimensions par rapport aux instruments d'observatoire; et d'ailleurs, en employant la répétition avec des précautions convenables, on évite l'influence des erreurs de graduation mieux que dans les grands cercles non répétiteurs. Or, en observant en plein air, loin des édifices, je n'avais pas l'inconvénient qu'on a à l'Observatoire de Paris en visant par des fentes dans les murailles, d'observer à travers une couche d'air de température variable et différente de celle de l'atmosphère ambiante. De cette dernière et mauvaise condition résultent souvent pour les images des aspects tremblotants, et des déviations inconnues qui altèrent les mesures; aussi en un instant, dans les campos, j'obtenais la latitude de ma station à moins d'une seconde près, tandis que celle de l'Observatoire de Paris n'a pu être encore déterminée avec le même degré d'exactitude.

Il faut dire toutefois que les observations dont je parle ont été faites sous la zone intertropicale, où l'atmosphère possède une fixité remarquable à cause de l'absence des variations barométriques irrégulières. En comparant mes observations de l'Observatoire de Paris et celles que j'ai faites dans l'Amérique du Sud, j'ai remarqué une différence très-notable au point de vue de la précision qu'on peut atteindre, et je n'hésite pas à attribuer aux variations du baromètre dans les régions tempérées et à l'existence dans ces mêmes régions d'un système de petites vagues atmosphériques se croisant en tous sens comme celles de la mer, la cause qui aujourd'hui limite la précision, et qu'on ne pourrait écarter qu'en transportant le matériel de l'Observatoire de Paris dans une de nos colonies de la zone intertropicale, si on voulait que cet établissement pût fournir pour le progrès de la science ce qu'il devrait donner.

Quoi qu'il en soit, au reste, de la précision comparée des observations dans les zones tempérées et sous les tropiques, il est incontestable que l'astronomie faite dans le désert a un charme particulier. L'absence forcée des très-grands instruments par suite des nécessités du voyage, y est rachetée par d'autres avantages; et, après avoir travaillé dans les grands observatoires et dans des stations fixes temporaires bien organisées, j'ai éprouvé encore un grand plaisir au milieu des vastes horizon des campos à attaquer de nouveaux problèmes et à monter, le soir, mon théodolite, à une petite distance des feux que nous allumions pour éloigner les jaguars.

Au sujet de cet animal, j'ai déjà dit qu'il n'attaque pas l'homme pendant le jour ; mais il n'en est pas de même la nuit si l'homme est cou-

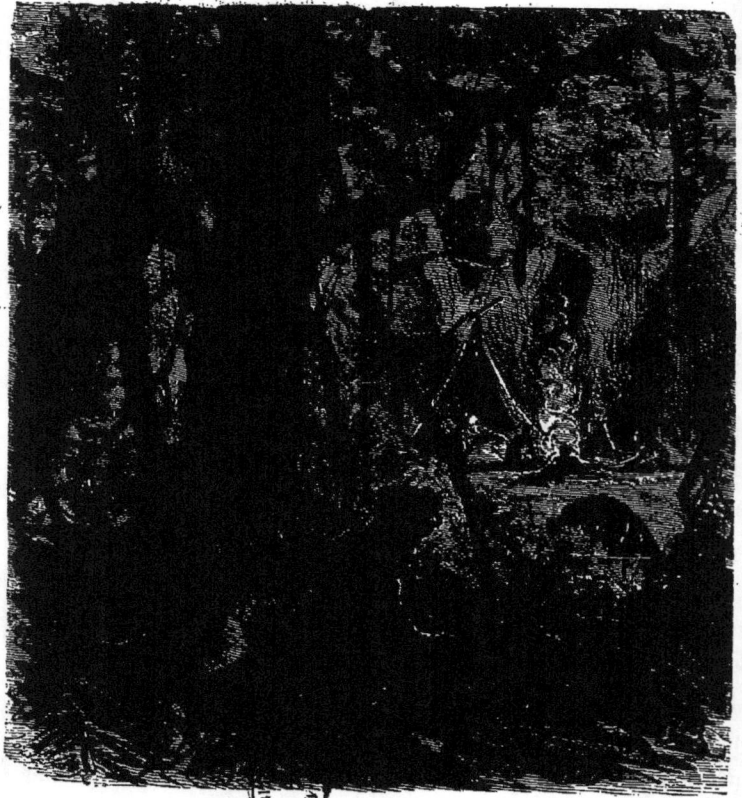

Tigre du Bengale arrêté par la vue du feu.

ché et endormi. Il suffit, au reste, en général, de tenir des feux allumés pour empêcher les jaguars d'approcher. Contrairement aux insectes que la lumière attire, le jaguar comme le tigre indien fuit la clarté.

Il règne parmi les habitants de l'intérieur du Brésil une opinion singulière, relativement à la préférence du jaguar pour certaines races humaines. Ce fait, que je me félicite de n'avoir pas eu occasion de vérifier, m'a été raconté par des canotiers du Rio de San Francisco, un soir, que, pendant mon exploration de ce fleuve, j'étais arrivé dans un canot d'un seul tronc d'arbre, avec un officier du génie brésilien, M. Ed. José de Moraes, mon aide et collaborateur, aux environs du confluent du Rio de San Francisco et du Rio Paraopeba. Nous étions seuls avec quatre hommes, un soldat et trois canotiers du village de Morada Nova, tandis que ma femme et le reste de notre caravane étaient restés à ce village, à douze lieues en arrière, où nous devions les rejoindre pour prendre ensuite une autre direction. Comme la nuit arrivait, nous songeâmes à débarquer et nous aperçûmes, sur la rive gauche, un chemin battu, formé par les animaux sauvages en venant boire au fleuve, chemin au moyen duquel nous pouvions monter sur la marge qui était assez élevée et couverte par une forêt. En approchant de ce débarcadère, nous vîmes une troupe de tapirs qui s'enfuit à notre approche ; et comme nous montions sur la rive, une bande de singes qui sautait dans les arbres, commença à faire un ramage bruyant et se décida à fuir quand nous tirâmes deux coups de revolvers. Au même moment, un de nos hommes vint nous dire que le sol était jonché de traces de jaguars, et que nous étions près du lieu où quelques-uns de ces animaux avaient l'habitude de venir boire à la rivière. Mais il était trop tard pour chercher un autre campement, et nous nous décidâmes également à rester en ce point et à nous contenter de la précaution de bien entretenir les feux. Au bout d'un instant, quand après avoir dressé notre tente, nos hommes, dont trois étaient mulâtres, se mirent à causer, je les entendis désigner parmi eux celui qui était le plus foncé en couleur et lui dire : « Quant à nous, nous n'avons rien à craindre ; si le jaguar vient, c'est toi qu'il emmènera. » Nous demandâmes alors l'explication de cette conversation, et ils nous dirent que quand il y a des Indiens, des nègres et des blancs réunis, le tigre choisit toujours l'Indien de préférence. A défaut d'Indien, il prend le nègre ; à défaut de nègre, le mulâtre et il ne se décide pour les blancs que s'il n'y a pas d'hommes des autres races. Quoi qu'il en soit, en l'absence d'Indiens et de nègres, le plus foncé de nos mulâtres se considérant le plus intéressé à éviter l'approche des jaguars, veilla toute la nuit pour entretenir les feux, pendant que le reste de nos hommes et nous-même nous dormions d'un profond sommeil.

Mais laissons la forêt, revenons aux campos et jetons de nouveau un regard sur le ciel et ses nébulosités, dont, comme nous l'avons dit, les deux Nuées magellaniques, invisibles en Europe, sont les plus grandes. Outre ces deux nébuleuses, il en existe plusieurs autres, telles que la nébuleuse d'Orion, celle du Navire, etc., également visibles à l'œil nu, mais incomparablement plus petites. Ce n'est qu'avec des instruments puissants qu'on peut les étudier; et les mêmes instruments sont nécessaires pour distinguer les milliers d'autres nébuleuses invisibles sans eux, et qui remplissent l'espace. Nous reviendrons plus tard sur les nébulosités observées avec les grands télescopes, et alors nous décrirons leurs principales variétés de forme et d'aspect.

La science ne nous fournit, du moins quant à présent, aucun moyen de mesurer la distance immense des nébuleuses. Mais, pour en donner une idée, Herschell a fait remarquer avec raison que, sur plusieurs milliers de ces vastes groupes d'astres, il est très-peu probable que celui auquel nous appartenons soit précisément le plus grand. Il doit bien en exister quelques autres de même dimension. Or, d'après la plus petite grandeur qu'on puisse attribuer au système dont notre soleil fait partie, il est facile de calculer qu'il faudrait qu'une nébuleuse égale à lui, pour ne sous-tendre que l'angle de 10' sous lequel nous voyons la majeure partie de ces lueurs célestes, fût à une distance telle que la lumière, avec sa vitesse de 75 500 lieues par seconde, emploierait un million d'années pour nous parvenir. La lumière que nous recevons de ces systèmes d'astres est donc, suivant toute probabilité, en route depuis un million d'années; et si une de ces nébuleuses lointaines venait à disparaître subitement aujourd'hui, elle resterait encore visible, pendant la même durée, pour les habitants de la terre.

Des groupes de millions de soleils placés entre eux à des distances telles que la lumière doit employer plusieurs années pour franchir les intervalles qui les séparent; un ensemble de milliers de groupes semblables, immensément distants entre eux par rapport à leurs dimensions; telle est l'idée que l'astronomie moderne nous donne de la disposition des corps lumineux qui remplissent l'espace céleste dans l'étendue visible pour nous, laquelle probablement n'est encore qu'une fraction bien petite de l'univers.

Sans nul doute tous ces soleils ont autour d'eux, comme le nôtre, un cortége d'astres nombreux qu'ils éclairent. Plus loin, en traitant des étoiles variables périodiques, nous reviendrons sur ce sujet et nous allons pour le moment énumérer brièvement les corps célestes appartenant à notre système solaire, c'est-à-dire les astres qui, comme la terre que nous habitons et comme la lune, son satellite, reçoivent du soleil la chaleur et la lumière.

Depuis le commencement du dix-neuvième siècle, les connaissances sur le nombre des corps du système solaire ont été considérablement augmentées. Avant 1800, sept planètes seulement, c'est-à-dire sept terres comme la nôtre, Mercure, Vénus, la Terre, Mars, Jupiter, Saturne et Uranus étaient connues. Le premier jour du siècle, Piazzi trouva à Palerme une huitième planète, dont la découverte fut bientôt suivie de celle de trois autres. Ces quatre nouvelles planètes, beaucoup plus petites que les précédentes, toutes situées entre Mars et Jupiter, et présentant des orbites peu différents entre elles, furent regardées par le célèbre astronome Olbers comme des éclats d'une grosse planète qui se serait brisée.

Depuis 1845, soixante-dix-neuf autres planètes plus petites encore ont été aperçues dans la même région, et tout porte à croire qu'il en existe des centaines, peut-être même des milliers de dimension moindre encore et qui échappent et échapperont toujours à la puissance de nos instruments. Nous sommes maintenant certains de l'existence d'un immense anneau de ces astéroïdes entre Mars et Jupiter. Outre cette multitude de petites planètes, un des gros corps du système solaire, la planète Neptune, autour de laquelle circule un satellite, a été trouvée en 1846 par M. Galle de Berlin.

Quant aux satellites, on en connaissait, avant notre siècle, quatre autour de Jupiter, sept autour de Saturne et deux[1] autour d'Uranus.

---

[1] Herschell avait cru voir six satellites autour d'Uranus; mais deux seulement des six satellites qu'il avait indiqués ont été revus depuis. Par compensation, on en a découvert deux autres.

En 1848, un huitième satellite a été trouvé autour de Saturne; et, en 1851, M. Lassell a découvert deux nouveaux satellites d'Uranus.

Le nombre des comètes dont l'orbite était déterminée avant 1800 est de 115. Depuis cette époque, on en a observé un grand nombre; de sorte qu'on connaît aujourd'hui l'orbite d'environ 250 de ces astres curieux.

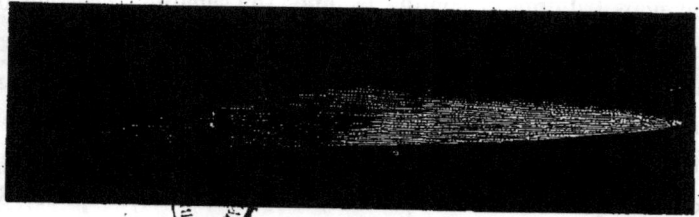

Comète Donati. 23 octobre 1858.

Outre les planètes, les satellites et les comètes, il existe dans notre système solaire une autre classe de corps dont l'existence certaine n'a été reconnue que récemment et auxquels une théorie ingénieuse assigne un grand rôle dans l'économie de notre système solaire. Je veux parler de ces corpuscules en nombre immense qui remplissent l'espace en obéissant, comme les grosses planètes, aux lois de la gravitation, et donnent naissance, lorsque la terre les rencontre dans son mouvement annuel, aux traînées lumineuses que l'on voit dans l'atmosphère, traînées désignées, suivant leur éclat, sous le nom de bolides ou d'étoiles filantes. Quelquefois, ces corpuscules atteignent la surface du sol, et ils reçoivent alors le nom d'aérolithes.

Dès l'antiquité, le phénomène des aérolithes ou pierres tombées du ciel a été connu. Pythagore, Pausanias, Pline, Plutarque, etc., en ont parlé. On en trouve également des citations dans les auteurs du moyen âge; mais toutes ces assertions ont été le plus souvent regardées comme fabuleuses jusqu'à la fin du dernier siècle. L'incrédulité ne cessa totalement qu'après la pluie de pierres qui eut lieu à Laigle en Normandie, le 26 avril 1803. Observé par un grand nombre de témoins, le phénomène ne put être révoqué en doute, et sur la demande de Chaptal, alors ministre de l'intérieur, l'Institut désigna un commissaire, M. Biot,

ui fut chargé de se rendre sur les lieux et de vérifier l'exactitude des
aits. Depuis lors, l'existence des aérolithes a été universellement reconnue.

Le soleil est entouré d'une nébulosité désignée sous le nom de lumière zodiacale, et sur laquelle J. D. Cassini a fait de nombreuses
observations. Nous verrons plus loin qu'on a été conduit à admettre que
cette nébulosité n'est pas due à un gaz, mais à des milliards de corpuscules indépendants, obéissant séparément aux lois de la gravitation.
Cette considération a paru à M. Biot établir un lien entre les aérolithes
et la lumière zodiacale, qu'il a considérée comme la source des météores
cosmiques que nous observons dans l'atmosphère. Ces relations probables ont donné naissance à une théorie récente sur la cause de la lumière et de la chaleur du soleil, théorie dont nous parlerons plus loin.

Nous nous hâterons d'ajouter, au reste, que plusieurs observateurs
ont noté, et que nous-même nous avons observé des bolides animés de
vitesses telles qu'ils devaient certainement provenir de régions situées
au delà des limites de la lumière zodiacale. L'espace entier paraît donc
rempli de ces corpuscules, dont la lumière zodiacale indique une condensation autour du soleil.

On voit par ce qui précède combien, pendant les soixante-cinq dernières années, les découvertes astronomiques ont compliqué pour nous
le système solaire, et combien est grand le nombre des corps qui le
composent. Si, comme il y a tout lieu de le croire, chacune des étoiles
est le centre d'un système aussi vaste, le nombre des planètes, c'est-
à-dire des astres semblables à la terre contenus dans la nébuleuse
dont notre globe fait partie, est quelque chose de prodigieux. Le
nombre des comètes est plus fabuleux encore; et cependant la nébuleuse en question n'est qu'un point au milieu de l'espace occupé par
des milliers et peut-être des millions de nébuleuses semblables. Il n'est
pas douteux, en effet, que les nébuleuses les plus éloignées que nous
voyons sont encore bien loin des limites du groupe qu'elles forment par
leur ensemble, puisqu'à mesure que nous augmentons le pouvoir de nos
instruments nous en découvrons de nouvelles. En voyant l'insignifiance,
dans l'univers, du globe que nous habitons, et qui nous semble pourtant

si vaste et nous montre tant d'horizons variés, il y a bien lieu pour l'homme de se défier de la généralisation de ses abstractions qui sont, après tout, fondées sur le point de vue incomplet sous lequel il voit et observe la nature. L'espace, le temps et la force seront toujours pour nous trois inconnues, aux lois apparentes desquelles nous ramènerons plus ou moins complétement les phénomènes du monde visible. Mais nos solutions ne seront jamais complètes, parce que dans tous nos problèmes resteront ces trois inconnues que nous n'en pourrons pas éliminer.

Heureusement toutefois que cet inconvénient ne diminue en rien l'avantage pratique de la science, ni le plaisir séduisant de l'observation de la nature. Étudions donc maintenant avec détails les astres que nous avons énumérés ; voyons ce que nous pouvons apprendre sur leur constitution en commençant par le système solaire, dont nous entreprendrons l'examen par l'observation du soleil, après avoir justifié en quelques mots l'emploi de la nouvelle valeur que nous avons adoptée pour la distance de la terre à cet astre.

II

SUR LA DISTANCE DE LA TERRE AU SOLEIL ET SUR LA VITESSE DE LA LUMIÈRE

La valeur de 38 000 000 de lieues de 4 000 mètres pour la distance de la terre au soleil, valeur admise jusqu'à ces dernières années, a été obtenue au moyen des mesures prises en 1769, lors du dernier passage de la planète Vénus sur le soleil. Quelques très-petites erreurs étaient toutefois soupçonnées dans les observations de ce passage. Aussi, il y a un certain nombre d'années, M. Babinet proposa d'obtenir une nouvelle détermination en revenant à la méthode de Cassini,

éthode qui consiste à déduire la parallaxe du soleil de celle de la pla-
ète Mars, lorsque, dans ses oppositions, cette planète se trouve à sa plus
etite distance de la terre. On connaît, en effet, les rapports des distances
es planètes, et Mars, dans les circonstances favorables, est deux fois
, demie plus rapproché de nous que le soleil. En mesurant donc di-
ectement sa parallaxe au lieu de celle de ce dernier astre, on a l'avan-
age d'opérer sur une quantité plus grande, ce qui diminue l'effet des
rreurs d'observation, lesquelles sont divisées par ce facteur deux et
emi, lorsqu'on déduit la parallaxe du soleil de celle de la planète Mars.

En juillet 1860, Mars se trouvait précisément en opposition à sa
lus petite distance de la terre, et il s'écoulera dix-sept ans avant qu'il
e se retrouve dans des conditions aussi favorables qu'il était alors.
A cette même époque, sa déclinaison australe était de 27°, de sorte
que cette planète passait presque au zénith de la ville de Rio de Janeiro,
où je me trouvais alors. J'entrepris donc la détermination de la paral-
axe en question, en mesurant le soir à l'est et le matin à l'ouest, à
l'aide d'un grand nombre d'observations au théodolite répétiteur, les
différences de hauteur de la planète et d'une étoile voisine. Cette opération, répétée quatre fois matin et soir, m'a donné, par une méthode
connue des astronomes, la parallaxe de la planète en ces instants, et
l'en ai déduit 8″,76 pour la parallaxe du soleil [1], au lieu de 8″,576,
valeur donnée par le passage de Vénus de 1769. De la parallaxe que
j'ai obtenue, on déduit, par un calcul facile, que la distance moyenne
de la terre au soleil est de 37 584 000 lieues.

Depuis cette époque, une nouvelle opposition de Mars a eu lieu
en 1862. En comparant les observations de déclinaison faites en divers

---

[1] Pour que les personnes qui s'occupent spécialement d'astronomie puissent juger du degré d'approximation de ces observations, j'indique ici les résultats donnés par chaque série
séparément. Les quatre séries du soir sont composées de 40 observations, nombre que
'avais choisi. La 1re et la 3e série du matin ont aussi 40 observations ajoutées sur le limbe
du théodolite répétiteur, quoique la lecture des angles ait eu lieu pour chaque observation
individuellement, comme moyen de contrôle. La 2e série du matin comprend 32 observations; la 4e, 37; le brouillard ayant interrompu ces deux séries. Le théodolite était placé
sur un pilier en pierre, et le niveau était lu après chaque pointé de la planète et chaque
pointé de l'étoile de comparaison, afin de corriger les observations de ses variations, dont il
a été tenu compte, quoiqu'elles aient été presque nulles. Le rapport de la parallaxe de hau-

lieux de la terre par divers observateurs lors de cette nouvelle opposition, M. Winnecke, astronome de l'observatoire de Saint-Pétersbourg, a trouvé que la moyenne de ces observations donnerait 8″,96 pour la parallaxe du soleil, et, par conséquent, un nombre encore plus petit que le mien pour la distance de la terre au soleil, puisque les plus grandes parallaxes répondent aux plus petites distances.

Les recherches de M. Winnecke montrent donc que c'est avec raison qu'au moyen de mes observations j'avais déjà augmenté la valeur de la parallaxe du soleil, déduite du passage de Vénus de 1769. Mais il ne me paraît pas qu'il faille pousser l'augmentation jusqu'au chiffre de M. Winnecke, parce que ce chiffre est déduit d'observations faites par des observateurs différents et avec des instruments différents, et conséquemment il doit être altéré par l'effet des équations personnelles, relatives à la diversité des pointés sur une étoile sans disque sensible et sur une planète à disque très-apparent, et il est de plus affecté par les erreurs instrumentales constantes, surtout par celles qui s'introduisent dans la détermination des valeurs des divisions des micromètres. Ma méthode, qui permet de n'employer que les observations d'un seul observateur, faites avec un seul instrument, est exempte de cet inconvénient, parce que les équations personnelles et les erreurs instrumentales disparaissent du résultat. Les conditions dans lesquelles j'observais étaient en outre plus favorables. Mars était plus près de la terre en 1860 qu'en 1862, et sous le beau ciel tropical, où les variations barométriques sont presque nulles, les astres ont une fixité apparente qui accroît singulièrement l'exactitude

leur à la parallaxe horizontale a été calculé individuellement pour chaque observation au moyen de la distance zénithale correspondant à chaque pointé, distance calculée à l'aide de l'heure de ce pointé, et c'est avec la moyenne des rapports ainsi obtenus que, pour chaque série, on a effectué le calcul de la parallaxe horizontale de Mars.

Voici les parallaxes du soleil conclues de chaque série.

1re série.	(17 juillet)	8″,725	} pointés sur la planète alternativement aux 2 bords.
2e —	(18 juillet)	8″,777	
3e —	(21 juillet)	8″,832	} pointés sur la planète au centre.
4e —	(23 juillet)	8″,700	
	Moyenne.	8″,769	

On voit que le plus grand écart avec la moyenne n'a été que de 0″,072.

es pointés, phénomène qui n'a pas lieu au même degré dans les régions tempérées où ont été faites les observations employées par M. Winnecke dans son calcul. Il est surtout très-important de remarquer que par suite de l'action contraire de la parallaxe sur la différence de hauteur de la planète et de l'étoile à l'est et à l'ouest du méridien, c'est le double de la parallaxe qui se manifeste dans la méthode que j'ai employée[1], tandis que d'après les différences de latitude des observatoires où Mars a été observé, c'est la parallaxe simple qui est mesurée par la méthode des déclinaisons. Mon nombre en outre se rapproche de celui qui a été calculé par M. Encke pour le passage de Vénus de 1769, et dont l'erreur ne peut être très-grande, vu l'accord remarquable des observations anciennes avec ce même nombre[2]. Il me paraît donc prudent de ne pas altérer, au delà du chiffre que j'ai trouvé, cette dernière valeur; mais, toutefois, on peut admettre mon nombre sans crainte, vu que les calculs de M. Winnecke viennent confirmer que la modification à introduire est dans le sens où je l'ai trouvée, et au moins de la valeur que je lui ai assignée. Ce sont ces considérations qui m'ont engagé à substituer définitivement dans cet ouvrage, à l'ancienne détermination par le passage de Vénus, la valeur plus approchée que j'ai obtenue en 1860, au moyen de la parallaxe de Mars.

La distance de la terre au soleil étant connue, la vitesse de la lumière se déduit immédiatement de cette distance et de la constante de l'aberration, dont la mesure faite par Struve est de 20″,4451; c'est

---

[1] Ne pouvant observer à l'horizon même, il est vrai que la parallaxe n'agit pas par sa grandeur totale, mais entre 15° et 50° de hauteur, elle influe par plus des 0,9 de sa valeur en moyenne ou en comparant l'est et l'ouest par plus de 1,8 de sa valeur, c'est-à-dire, presque le double.

[2] Il est très-curieux de voir qu'anciennement, quand la parallaxe 8″,57 était adoptée, on trouvait toujours que toutes les autres déterminations que l'on faisait s'accordaient avec elle. Suivant la remarque très-judicieuse de M. Babinet, cela venait de ce qu'on rejetait tous les résultats qui discordaient, les croyant erronés. Il ne faut pas trop se fier à ces accords pour une valeur donnée. Aujourd'hui n'a-t-on pas trouvé pendant deux ans que toutes les déterminations donnaient 8″,95 ou 8″,96 ! La distance de la terre au soleil ne change pas cependant comme la mode. Le fait est qu'on a trouvé jusqu'ici des séries de valeurs comprises entre 8″,57 et 8″,96. Il est assez curieux de voir que la moyenne des valeurs que j'ai obtenues par une méthode très-exacte tombe précisément à peu près à égale distance de ces deux valeurs extrêmes. C'est un motif de plus pour qu'elle inspire confiance.

de cette manière que j'ai obtenu pour la vitesse de la lumière par
seconde, la valeur de 302 000 kilomètres ou 75 500 lieues, au lieu de
308 000 kilomètres, nombre antérieurement admis, et qui corres-
pondait à l'ancienne détermination de la distance de la terre au
soleil.

On a essayé de mesurer directement à la surface de la terre la
vitesse de la lumière. L'idée de déterminer ainsi cette vitesse appartient à Arago. Ce grand astronome a proposé d'employer dans ce but
un miroir tournant avec une vitesse connue, et dont la grandeur de
la rotation, pendant que la lumière ferait un chemin déterminé avant
de l'atteindre, se manifesterait par la déviation du rayon lumineux
réfléchi sur ce miroir, et indiquerait le temps employé à parcourir
l'espace en question.

Au moyen d'une expérience fondée sur une autre méthode,
M. Fizeau a le premier effectué la mesure directe de la vitesse de la
lumière à la surface de la terre. Le nombre qu'il a trouvé diffère
peu de celui qu'ont donné les observations astronomiques anciennes ;
mais un certain défaut de netteté dans les images obtenues par le procédé de cet ingénieux physicien laisse au fond, sur la mesure en
question, une incertitude plus grande que celle des déterminations
sur le ciel.

En 1862, M. Foucault a essayé une nouvelle mesure en employant la méthode du miroir tournant d'Arago à laquelle il a fait
quelques modifications de détail ayant pour but de faciliter l'expérience, et il a trouvé, pour vitesse de la lumière, 298 000 kilomètres,
ou 74 500 lieues de 4000 mètres par seconde. Mais cette détermination est sujette à de très-graves objections. En effet, M. Foucault
n'a fait parcourir à la lumière qu'un espace de 20 mètres. Dans cette
étendue, il lui a fait subir cinq réflexions et traverser un objectif. Or ces
conditions ne sont pas celles du mouvement de la lumière dans l'espace,
où elle se meut librement. Non-seulement en traversant un objectif
il y a diminution de vitesse, mais encore, dans les réflexions, il se
produit des retards d'abord de la part des gaz condensés sur les surfaces, ensuite parce que la lumière ne se réfléchit pas sur une surface

athématique, mais pénètre un peu dans les corps pour se réfléchir. ersonne ne peut même dire quelle est la totalité des phénomènes i se passent dans une réflexion. Or, suivant toute probabilité, ces vers retards ne sont pas négligeables par rapport à l'espace de 0 mètres, et conséquemment M. Foucault a dû obtenir, pour la vi- sse de la lumière, une valeur trop petite. Mais il y a encore une tre objection non moins grave. La mesure de la vitesse de la lumière, ans cette expérience, repose sur celle d'une déviation dont la gran- eur est une fraction de millimètre. Cette mesure est faite au moyen 'un millimètre divisé en dix parties égales. Sur l'exactitude et la leur de ces divisions d'un dixième de millimètre, repose la mesure 'une grandeur de 75 500 lieues! La remarque que je fais ici est 'autant plus fondée que M. Foucault déclare lui-même que les micro- ètres n'ont pas une précision suffisante, et alors, au lieu de la esure au micromètre, il a disposé l'expérience de telle sorte que déviation fût d'un nombre entier des divisions de son millimètre ivisé sur verre. Mais ces divisions sur verre sont faites aussi par un ppareil micrométrique, et certainement elles sont moins sûres encore ue les divisions d'un micromètre. Dans de pareilles conditions, il st impossible de compter sur la bonté de la mesure qui est bien nférieure sous ce rapport à la précision des déterminations astro- omiques. Tels sont les motifs pour lesquels je n'ai pas employé dans et ouvrage la valeur de la vitesse de la lumière trouvée par M. Fou- ault, mais bien celle qui s'obtient astronomiquement.

Je reconnais, toutefois, qu'il serait très-intéressant de pouvoir éterminer directement à la surface de la terre la vitesse de la umière. Moi-même, j'ai travaillé dans ce but, et, tout récemment (23 janvier 1865), j'ai communiqué à l'Institut une méthode entière- ment différente de toutes les autres [1] et à laquelle on ne peut faire les

---

[1] Voici en quelques mots la description de mon procédé : Considérons deux petites ouver- ures placées en regard l'une de l'autre à une distance de quelques mètres. Supposons que eux faisceaux lumineux, émanés du même point, soient amenés, au moyen de miroirs plans, à traverser en sens inverse ces deux ouvertures, de manière à parcourir exactement e même chemin dans des directions opposées, et à venir interférer, après déviation par une glace transparente. Plaçons maintenant entre les deux ouvertures, sur le trajet du parcours

objections que j'ai faites à l'expérience de M. Foucault relativement à la réflexion de la lumière. Je n'ai pas eu encore l'occasion d'appliquer cette méthode, à cause de mes voyages ; mais elle serait d'une très-grande précision.

On pourrait au reste tirer de la méthode d'Arago un beaucoup meilleur parti que ne l'a fait M. Foucault. Il faut mesurer non pas la déviation absolue d'un faisceau lumineux, mais la différence des déviations de deux faisceaux lumineux ayant subi les mêmes réflexions et passé par toutes les mêmes causes de retard après avoir parcouru des chemins très-différents. On obtient cette condition en faisant en sorte que les miroirs soient inégalement séparés pour chaque faisceau. Par là seront complétement éliminées les influences des réflexions sur la mesure. En outre, l'emploi des deux faisceaux permet d'éviter le retour des rayons sur eux-mêmes, retour par lequel M. Foucault a cru rendre

lumineux, deux prismes de même angle, mais inverses, de manière à former, par leur réunion, une glace à faces parallèles. Écartons-les l'un de l'autre de quelques mètres et faisons-les porter excentriquement par un même axe, de telle sorte qu'en tournant ils passent à chaque rotation entre les deux ouvertures fixes que l'interposition des prismes, à cause de leur écart, nous obligera à dévier un peu, afin que les rayons lumineux puissent traverser à la fois le système des deux ouvertures fixes et des deux prismes. Faisons ensuite tourner les prismes, avec une vitesse de douze à treize tours par secondes, en faisant accuser la fin de chaque tour par un courant électrique, inscrivant chimiquement sur une bande de papier, bande sur laquelle une horloge pointe la seconde par l'électricité. De cette manière, on connaîtra exactement la vitesse de rotation du système. Plaçons, en outre, sur l'axe des deux prismes un obturateur interceptant les rayons lumineux quand les parties centrales des prismes ne sont pas sur leur trajet. Il est clair que l'image paraîtra continue à cause de la vitesse de rotation. Or, suivant le sens de cette dernière, les franges d'interférence seront déviées d'un côté ou de l'autre. En effet, pendant le temps que l'un des faisceaux emploie à passer du prisme A au prisme B, le prisme B a marché, et il présentera au faisceau, si son angle est en avant, une épaisseur plus grande que si le système était resté en repos pendant le parcours des rayons entre les deux prismes. Le rayon opposé, au contraire, après avoir traversé le prisme B rencontrera dans le prisme A une épaisseur à traverser moindre que dans le cas du repos. L'un des rayons aura donc été retardé plus que l'autre ; et, de la valeur de l'angle des prismes, jointe à la vitesse connue de rotation et à la mesure du déplacement des franges d'interférence, on peut aisément déduire la vitesse de la lumière.

Il est à remarquer que, dans cette méthode, les deux rayons ayant passé par toutes les mêmes réflexions et toutes les mêmes causes de retard, sauf celles qui proviennent du mouvement des prismes et sur lesquelles repose la mesure cherchée, toutes ces réflexions et causes de retard n'influent en rien sur la différence de marche, de sorte que la mesure en est indépendante, ce qui n'a pas lieu dans la méthode de M. Foucault.

ienne la méthode d'Arago, mais qui en détruit en grande partie la
valeur, en obligeant à n'observer les rayons qu'après réflexion sur une
glace transparente, ce qui affaiblit considérablement les images, chose
qu'Arago craignait beaucoup et avec raison. Cet affaiblissement de
l'image oblige, en effet, à observer la déviation avec un objectif de
court foyer, et fait tomber dans les inconvénients des petits micromètres dont M. Foucault déclare lui-même qu'il a tant à se plaindre.
Avec un objectif de très-long foyer on aura, au contraire, des déviations
de plusieurs centimètres qui pourront être mesurées avec exactitude.

Le seul perfectionnement essentiel à introduire à la méthode
d'Arago consiste à assujettir les images déviées à paraître dans un
azimut donné, sans pour cela ni faire revenir les rayons sur eux-
mêmes, ni multiplier les réflexions, comme l'a fait M. Foucault. Or ceci
s'obtient très-simplement en faisant porter par l'axe du miroir tournant et à sa partie supérieure un obturateur cylindrique percé d'une
fente. Le rayon ne serait lancé que quand cette fente et une fente d'un
obturateur fixe se trouveraient en regard, ce qui correspondrait toujours à une même position du miroir tournant. La moitié inférieure des
rayons émanant de cette fente serait, après réduction au parallélisme
par un objectif, réfléchie immédiatement vers le miroir tournant par
un miroir fixe placé près de ce dernier; les rayons de la partie supérieure iraient de même, après parallélisme, rencontrer un autre miroir
fixe, placé à 100, 200 ou 1000 mètres plus loin, suivant la base qu'on
voudrait donner à l'expérience, et reviendraient vers le miroir tournant. On règlerait la direction des miroirs fixes, de telle sorte que
les deux images fussent sous le fil vertical d'une même lunette, quand
l'appareil serait au repos. En faisant tourner le miroir, les images
seraient déviées inégalement, puisque leurs rayons auraient fait des
chemins différents avant de venir au miroir tournant, qui se serait
alors déplacé inégalement pour chacun d'eux. De la grandeur de
la différence des déviations, ainsi que de celles des chemins parcourus
et de la vitesse de rotation du miroir, on tirerait la vitesse de la
lumière. Avec des bases suffisantes et un objectif de foyer convenable,
la vitesse de rotation de cinquante tours par seconde serait suffisante,

et elle pourrait être très-exactement mesurée électriquement de la manière indiquée dans la note précédente. On serait ainsi débarrassé du réglage de la vitesse à une grandeur définie, comme l'a fait M. Foucault. C'est un grand avantage, car ce réglage est une expérience toujours difficile et délicate.

Je terminerai cette digression sur la détermination de la vitesse de la lumière en disant quelques mots de l'emploi des éclipses des satellites de Jupiter pour en obtenir une mesure. Entre les calculs et l'observation de ces éclipses, on observe des différences suivant que la terre, dans son mouvement annuel, est plus ou moins rapprochée de cette planète. Plus la distance est grande, plus la lumière emploie de temps pour venir de Jupiter à la terre. Lorsque la terre est à son plus grand éloignement de Jupiter, les éclipses semblent donc en retard par rapport au calcul fait d'après les observations aux époques où la terre est à sa distance minimum. Divisant la différence des distances de la terre à Jupiter à ces deux époques, par le retard observé, on obtient la vitesse de la lumière. Bien que, jusqu'à présent, ce genre d'observation n'ait pas donné des résultats parfaitement concordants, à cause, en grande partie, des erreurs des tables des satellites, il serait cependant intéressant de le reprendre, ce qui m'invite à signaler une remarque nouvelle, consistant en ce que le procédé doit toujours, à moins de précautions particulières, donner une valeur trop grande pour la vitesse de la lumière. En effet, la disparition des satellites de Jupiter n'est pas instantanée. Un observateur muni d'une puissante lunette peut voir un satellite pendant quinze à vingt secondes et plus, après qu'il a cessé d'être visible pour une personne n'employant qu'un instrument faible. Or, quand la terre s'éloigne de Jupiter, l'intensité lumineuse des satellites diminue pour nous. Elle est environ deux fois plus petite dans le plus grand éloignement où les observations sont possibles, que dans le plus grand rapprochement de notre globe et de Jupiter. Donc, avec le même instrument, on observera la disparition des satellites dans le premier cas plus tôt que dans le second, et conséquemment le retard observé est égal au retard provenant du temps employé par la lumière pour parcourir la distance en question, moins l'avance de la

disparition provenant de la faiblesse plus grande de l'astre. Pour éliminer cette avance, il faudrait observer dans le cas du plus grand
éloignement, avec une lunette de plus grande ouverture, et dont l'objectif, pour un même grossissement, posséderait une surface deux fois
plus grande que celle de la lunette employée dans le cas du rapprochement. Cela n'a pas encore été fait, personne jusqu'ici n'ayant signalé
cette cause d'erreur.

CHAPITRE II

LE SOLEIL

I

SUR LES CONDITIONS PHYSIQUES DE LA SURFACE DU SOLEIL.
FAIT-IL CHAUD DANS LE SOLEIL?
EST-IL ADMISSIBLE QUE CE CORPS PUISSE ÊTRE HABITÉ?.

Il doit paraître bien singulier à la plupart des lecteurs que nous posions ici la question de savoir s'il fait chaud dans le soleil. Notre réponse négative étonnera bien davantage encore.

Il y a un siècle, il eût été très-compromettant d'avancer que l'astre qui nous éclaire n'est pas un corps en ignition. On peut citer à ce sujet une anecdote curieuse.

En 1787, un docteur anglais, Elliot, soutint que le soleil pouvait être habité, parce que sa lumière provenait de lueurs analogues à celles de l'aurore boréale, et qu'il appelait *une aurore dense et universelle*. Lorsque ce docteur se trouva plus tard accusé dans un procès célèbre, ses amis, le docteur Simmons entre autres, soutinrent qu'il était fou en se basant uniquement sur ce qu'il avait émis l'opinion que nous venons de rapporter.

La science a maintenant tant habitué notre époque à se défier des idées *a priori*, que l'habitabilité du soleil est une question que l'on peut sérieusement se proposer d'examiner. Les hommes les plus illustres, entre autres Herschell et Arago, n'ont pas dédaigné de s'en occuper, et se sont prononcés pour l'affirmative. Au reste, un aperçu sur les phénomènes observés à la surface du disque solaire va prouver que ce n'est pas sans raison que nous avons posé la question : *Fait-il chaud dans le soleil?*

Il arrive quelquefois qu'en regardant cet astre à travers un verre coloré, on aperçoit à sa surface de petites taches noires. Ce phénomène, qui se voit rarement à l'œil nu, peut être au contraire très-fréquemment observé en faisant usage d'une petite lunette. Si on fixe le soleil pendant quelques jours consécutifs, on remarque que ces taches paraissent se mouvoir à sa surface en se dirigeant du bord oriental vers le bord occidental. Une étude suivie de ces points noirs a montré que le soleil est un corps sphérique qui tourne sur lui-même en vingt-cinq jours, et que l'inclinaison de son équateur sur le plan de l'orbite terrestre est d'environ sept degrés.

Les points noirs en question ne font aucune saillie sur la surface solaire. Cette dernière remarque est due à Galilée. Ce célèbre astronome observa qu'un petit intervalle lumineux séparant deux taches vues au centre du disque subsiste encore quand le mouvement de rotation de l'astre l'amène près du bord. Si les taches étaient dues à des montagnes, elles se projetteraient au contraire l'une sur l'autre dans ce dernier cas, et ne sembleraient former qu'un seul point noir. La même considération prouve aussi que les taches ne sont pas dues à des nuages interceptant la lumière. Sur le bord du soleil, les nuages se projetteraient pour nous les uns sur les autres aussi bien que les montagnes.

Les taches solaires sont entourées généralement d'une bordure moins lumineuse que la surface de l'astre, et moins noire que la tache elle-même. Cette bordure est désignée sous le nom de pénombre,

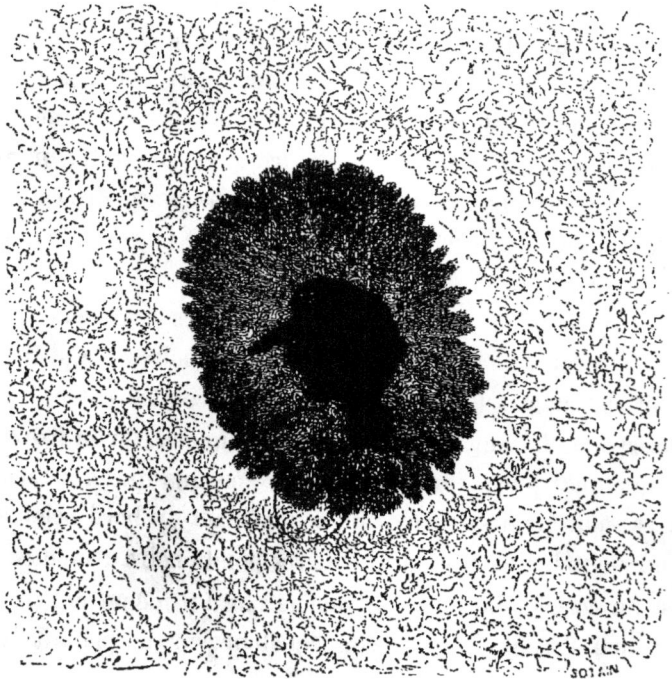

Tache du soleil, 7 septembre 1858

tandis que la partie noire centrale s'appelle le noyau. Lorsque, par le mouvement de rotation du soleil, une tache entourée de sa pénombre approche du bord et paraît diminuer de largeur en vertu de l'obliquité, on reconnaît que c'est le côté de la pénombre le plus voisin du centre de l'astre qui disparaît le premier. Cette remarque, due à Wilson, prouve que la pénombre n'est pas située à la surface lumineuse du soleil, car, dans ce cas, ce serait le côté le plus rapproché du bord du

disque qui disparaîtrait d'abord. Pour expliquer le phénomène, Wilson
fit remarquer qu'il faut admettre que les taches solaires sont de grandes
excavations dans la matière lumineuse, les taches proprement dites
étant le fond des cavités, et les talus formant la bordure demi-lumi-
neuse ou pénombre. Partant de là, il calcula, d'après la position où
s'évanouissait une pénombre dont il avait antérieurement mesuré la
largeur au centre du disque, l'abaissement de la couche inférieure
des pénombres par rapport à la surface supérieure de la photosphère,
et il trouva en décembre 1769, que cet abaissement était d'environ
6,000 kilomètres.

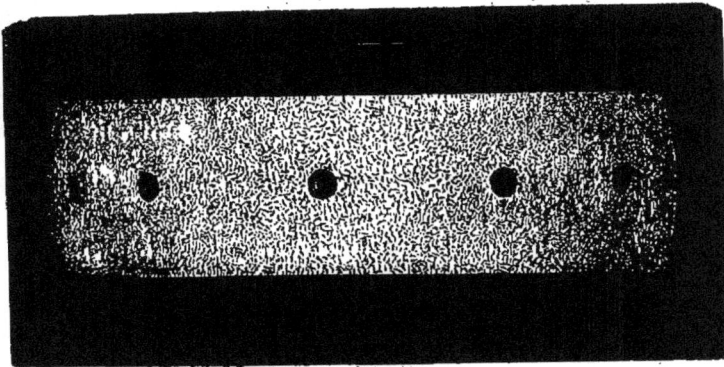

Bande prise sur le disque solaire et montrant les variations d'aspect de la pénombre
des taches en approchant du bord de ce disque.

D'après ces recherches, le soleil serait donc un globe obscur entouré
d'une mer de feu. Cette dernière, en s'entr'ouvrant quelquefois, laisserait apercevoir le sol sur lequel elle repose.

Quelle est la nature de la matière lumineuse qui paraît ainsi
recouvrir le soleil de toutes parts, et dont l'écartement accidentel permet de distinguer le corps central et obscur de l'astre? Par une étude
sur la lumière solaire, Arago a pu trouver la réponse à cette question.
Les physiciens ont, en effet, reconnu que tous les rayons lumineux ne
jouissent pas des mêmes propriétés. Un phénomène désigné sous le nom
de polarisation fournit le moyen de distinguer les uns des autres,
par la manière dont ils se comportent dans leur passage à travers les

cristaux, les rayons émanant perpendiculairement d'une source lumineuse, et ceux qui ont été réfléchis ou réfractés.

Les premiers rayons sont désignés sous le nom de *lumière naturelle*,
les seconds sous celui de *lumière polarisée*. Or, on a démontré théoriquement, et en même temps reconnu par expérience, que les rayons
lancés par les corps lumineux, solides ou liquides, sont partiellement
polarisés lorsqu'ils émanent en faisant un petit angle avec la surface,
tandis que les rayons provenant de sources gazeuses ou de particules
solides ou liquides répandues dans les gaz comme une sorte de nuage,
ne renferment pas de traces sensibles de lumière polarisée, quelque
soit l'angle sous lequel ils sortent. La question qui nous occupe pouvait
donc être résolue en étudiant les propriétés des rayons partant des
bords du soleil puisque ces bords se présentent obliquement à nous.
Cette belle expérience due à Arago a prouvé que l'enveloppe lumineuse
du soleil est ou un gaz lumineux, ou un gaz porté à une haute température et tenant en suspension des particules solides ou liquides formant une sorte de nuage éclairant.

Recherchons maintenant lequel de ces deux cas est le véritable.

Tous les astronomes ont remarqué que les limites de la pénombre et
de la surface brillante du soleil ou photosphère sont nettement tran-
chées. Partant de ce fait, W. Herschell a conclu que la pénombre ne
pouvait provenir, comme le supposait Wilson, des talus des ouvertures dans l'enveloppe lumineuse ou photosphère, car alors il existerait
un passage insensible de cette dernière à la pénombre. Mais il a fait
remarquer qu'on peut rendre compte du phénomène découvert par
Wilson, c'est-à-dire de la disparition du côté de la pénombre le plus
voisin du centre de l'astre quand une tache approche du bord du limbe,
et qu'on peut expliquer en même temps la netteté de séparation de la
photosphère et de la pénombre, en admettant que cette dernière est due
à une seconde couche photosphérique moins lumineuse que la première et inférieure à elle, ou à une couche de nuages réfléchissants situés au-dessous de la photosphère. La cause qui ouvre la photosphère
pour former les taches agit alors à la fois pour percer les deux enveloppes photosphériques dans la même verticale.

Après avoir ainsi concilié le phénomène si frappant de la netteté de séparation de la limite apparente de la photosphère et de la pénombre, avec la grande et incontestable découverte de Wilson, dont l'interprétation montre clairement que les taches sont des ouvertures dans une enveloppe lumineuse entourant le soleil [1], W. Herschell a fait remar-

quer que la netteté de séparation entre la photosphère et la pénombre exige nécessairement que la matière lumineuse de la photosphère soit peu transparente. Si, en effet, cette matière était très-transparente comme dans le cas d'un gaz lumineux, l'éclat serait à peu près proportionnel à son épaisseur, et, en regardant obliquement les ouvertures dans la photosphère, on verrait les talus de

Explication du phénomène de Wilson dans la théorie d'Herschell.

cette ouverture devenir de moins en moins lumineux vers le bord de la pénombre et se réduire insensiblement à une intensité nulle. Il n'y aurait alors aucune limite tranchée entre la photosphère et la pénombre, contrairement aux observations. La photosphère ne peut donc être qu'un gaz tenant en suspension des nuages lumineux, et conséquemment dénué par là de transparence.

A cette première considération déjà si probante, Herschell en a joint deux autres non moins importantes. La première est fondée sur la durée des taches solaires qui persistent souvent très-longtemps. Il est impossible de concevoir qu'une enveloppe gazeuse aussi épaisse que la photosphère solaire puisse s'ouvrir et rester ouverte pendant un temps aussi considérable, car les gaz se précipiteraient avec une grande vélocité dans les dépressions et donneraient lieu à une disparition ra-

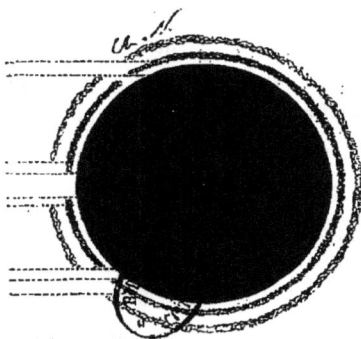

[1] Le stéréoscope a dernièrement fourni à M. de la Rue le moyen de rendre, pour ainsi dire, visible la démonstration de Wilson. Si on prend, à deux jours d'intervalle, les photographies d'une même tache solaire, et si on place ces deux photographies derrière les deux ouvertures du stéréoscope, on obtient immédiatement, en mettant les yeux à l'instrument, une vue de la tache en question laquelle donne une sensation parfaitement définie d'ouverture dans la photosphère.

pide des taches, au lieu d'une diminution graduelle comme l'observation l'indique. On comprend, au contraire, que des nuages puissent s'écarter et rester longtemps séparés.

La seconde remarque d'Herschell est fondée sur l'existence de certaines taches plus lumineuses que le reste de la photosphère et que l'on désigne sous le nom de *facules*. En observant attentivement les facules, Herschell a reconnu, d'après la manière dont elles se projettent l'une sur l'autre en approchant du bord du soleil, qu'elles sont dues à des élévations de certaines parties de la photosphère au-dessus du niveau général; j'ai eu moi-même dans les mois de juin et juillet 1859 l'occasion de vérifier sur trois facules une observation anciennement faite par Lahire et qui conduit au même résultat. Cette observation consiste en ce que le milieu de certaines facules, en approchant du bord par le mouvement de rotation de l'astre, s'avance plus rapidement que les extrémités, de manière à offrir de plus en plus le profil d'une montagne. Dans ces dernières années, un habile observateur anglais, M. Dawes, a même noté plusieurs fois des facules qui se projetaient sur le bord extrême du soleil en dehors de ce bord de la même manière que pourraient le faire des montagnes ou des vagues immenses. Le soulèvement des facules admis par Herschell se trouve donc confirmé de la manière la plus nette par les observations modernes. Or, Herschell a fait remarquer que l'existence de ces vagues immenses qui persistent quelquefois pendant plusieurs jours à une élévation considérable au-dessus du niveau général de la photosphère est inconciliable avec l'hypothèse d'un gaz lumineux, car ce gaz se répandrait immédiatement sur la photosphère. Elle est au contraire facile à concevoir dans l'hypothèse de nuages lumineux flottant dans un gaz, lesquels nuages peuvent être élevés au-dessus de leur niveau général par des courants ascendants.

A ce sujet je ferai remarquer que ce soulèvement suffit même à expliquer l'excès d'intensité des facules sur le reste de la photosphère, car, pour nous parvenir, les rayons lumineux des nuages soulevés ont à traverser une épaisseur d'atmosphère moindre que ceux des nuages plus bas formant la couche photosphérique générale. Ils sont donc moins éteints par l'absorption des couches atmosphériques traversées que les rayons de cette dernière. Il est en outre facile de voir que la différence des épaisseurs atmosphériques parcourues par les faisceaux lumineux d'une facule et par ceux de la photosphère dans son voisinage va en croissant quand la facule approche du bord de l'astre. Avec cette différence d'épaisseur, croît l'inégalité des intensités lumineuses des facules et de la photosphère, inégalité d'où provient la visibilité des premières. On conçoit ainsi que les facules soient plus visibles dans le voisinage du bord du soleil que près du centre du disque, comme l'ont constaté les observateurs. C'est seulement en approchant très-près de l'extrême bord que les sommets des vagues consécutives se projettent les uns sur les autres et que les facules peuvent cesser d'être nettement perçues. Dans le dessin de la page 50, dessin représentant l'état de la surface du soleil le 9 septembre 1858 d'après mes observations, on remarquera les facules visibles surtout près des deux bords et dans la zone d'apparition des taches, lesquelles, comme nous le verrons plus loin, sont toujours dans la région équatoriale de l'astre.

Beaucoup d'autres considérations en faveur des nuages lumineux peuvent être jointes aux précédentes déjà développées par Herschell. Ainsi il est difficile de concevoir que la vive lumière du soleil puisse émaner d'une substance simplement gazeuse. On sait, en effet, que les gaz purs élevés à une haute température, comme cela a lieu par l'effet de leur combustion, ne sont que faiblement lumineux; tandis que si on place dans leur flamme une particule d'un corps solide, on voit cette petite parcelle de matière lancer immédiatement un vif éclat, même dans le cas où elle ne se consume pas. Le gaz d'éclairage ne doit sa vive lumière qu'aux corpuscules solides et liquides qu'il dépose en brûlant. La photosphère solaire paraît donc être composée par des nuages de poussière à l'état solide ou liquide, flottant dans un gaz très-chaud, lequel émet lui-même peu de lumière, de sorte que l'écartement des nuages en question donne lieu à l'apparence des taches du soleil.

D'un autre côté, on observe quelquefois dans les taches solaires des variations tellement rapides qu'il est impossible, vu la grande échelle sur laquelle s'opèrent ces changements, de les attribuer à un transport de matière. Il devient facile, au contraire, de les concevoir par des

4

effets de dissolution ou de condensation sur place de la substance des
nuages lumineux, comme, sur la terre, on voit quelquefois le ciel se

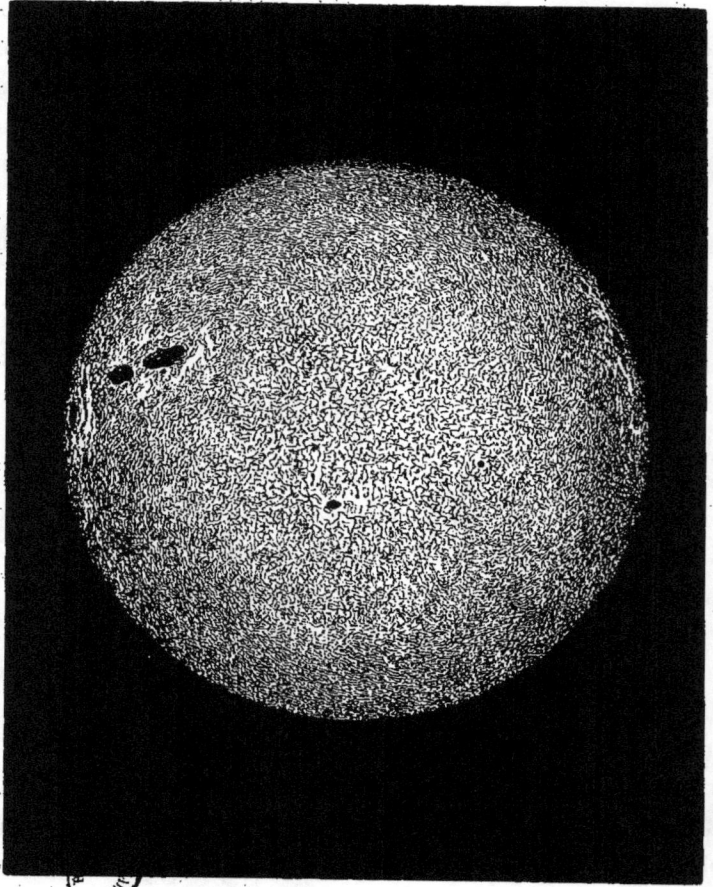

Surface du soleil le 9 septembre 1858.

couvrir ou se découvrir presque instantanément par condensation ou
dissolution des vapeurs contenues dans l'air. Ces phénomènes de dissolution de la matière photosphérique ont été vus directement par
M. Chacornac. En parlant des petites lignes lumineuses de la pénombre

à son bord interne, il dit dans une de ses communications à l'Institut :
« Je les ai aperçues plusieurs jours comme des cirrus déliés paraissant
fondre et se diviser en fragments. » Il faut noter aussi que la surface
du soleil est dans un état d'agitation continuelle. Cet état d'agitation
a été comparé par quelques observateurs à celui que présente un liquide dans lequel se fait une précipitation chimique.

Mais, à toutes les considérations précédentes, qui montrent l'exactitude de l'opinion d'Herschell d'après laquelle la photosphère est
formée de nuages lumineux, on peut aujourd'hui joindre une démonstration directe fondée sur les découvertes récentes de MM. Kirchhoff
et Bunsen.

On savait depuis longtemps qu'un faisceau de lumière, en traversant
un prisme de verre, se divise dans ses couleurs primitives, et c'est de
cette manière qu'on avait reconnu que la lumière blanche du soleil est
due à la réunion de toutes les couleurs de l'arc-en-ciel.

Or, MM. Kirchhoff et Bunsen ont remarqué que la lumière émise
par les corps solides ou liquides se comporte dans son passage à travers le prisme de verre différemment de celle que produisent les corps
gazeux. Dans le cas des solides et des liquides, l'image colorée et appelée
spectre est continue, c'est-à-dire que chaque couleur forme une bande
large non interrompue qui se fond insensiblement avec la bande de la
couleur suivante. Dans le cas des gaz, au contraire, l'image ou spectre
se compose de bandes lumineuses étroites, séparées par de larges intervalles noirs.

Les gaz jouissent encore d'une autre propriété curieuse. Si on fait
passer le faisceau lumineux provenant d'un corps solide ou liquide en
ignition à travers un gaz à une température trop basse pour être lumineux lui-même, et si ensuite on examine, à l'aide du prisme, la distribution des couleurs, on voit que le spectre, toujours composé de larges
bandes lumineuses et colorées passant insensiblement de l'une à l'autre,
est traversé par des lignes étroites obscures. Or, en notant la position
de ces dernières dans l'image, on reconnaît qu'elles répondent précisément aux lignes lumineuses que ce gaz produirait si, sa température
étant suffisamment élevée, il était lui-même source de lumière. D'où il

suit qu'à basse température les gaz absorbent précisément les rayons de la nature de ceux qu'ils émettent quand ils sont très-chauds.

Si donc, par son passage dans un prisme de verre, un faisceau lumineux produit un spectre continu à larges bandes lumineuses, on peut affirmer que le corps qui l'a émis est solide ou liquide. Si ce même spectre est traversé de petites lignes noires étroites, on peut ajouter que le faisceau a traversé des gaz non lumineux par eux-mêmes à cause de leur basse température, car si le gaz était assez chaud pour donner de la lumière, les rayons émis par lui remplaceraient les rayons absorbés puisqu'ils seraient de même nature, et il n'y aurait pas de lignes obscures étroites dans le spectre des corps solides ou liquides en question. Si, au contraire, le faisceau lumineux se divise en bandes colorées et étroites, séparées par de larges intervalles obscurs, on est sûr qu'il provient d'un gaz assez chaud pour émettre de la lumière.

Or, les rayons solaires se décomposent en spectres composés de larges bandes colorées, traversées de lignes obscures très-fines ; donc la lumière du soleil émane de substances solides ou liquides et non de substances gazeuses. De plus, la présence des lignes obscures très-fines montre que les rayons ont traversé des gaz non lumineux. Ce dernier fait ne doit pas nous étonner, puisque pour nous parvenir ils ont eu à cheminer à travers 1° l'atmosphère extérieure du soleil ; 2° la matière formant la lumière zodiacale dont nous parlerons plus loin ; 3° notre propre atmosphère. Il est évident d'ailleurs, d'après ce que nous avons dit précédemment, que l'atmosphère solaire ne peut intervenir dans la formation des petites lignes obscures en question que par ses couches extérieures et refroidies, car la portion de cette atmosphère dans laquelle est plongé le nuage lumineux étant à la même température que ce dernier, est aussi lumineuse par elle-même et fournit des rayons qui remplacent précisément ceux qu'elle absorbe.

Mais si le spectre du soleil nous prouve que la lumière de cet astre provient de substances solides ou liquides, l'expérience d'Arago sur l'absence de polarisation au bord de l'astre montre que ces substances solides ou liquides ne peuvent être continues, mais se trouvent à l'état de particules suspendues dans un milieu gazeux. Donc comme le pen-

Imp. Becquet à Paris.

SPECTRES D'ÉTOILES ET DE MÉTAUX.

SPECTRES SIDÉRAUX — 1 Soleil. _ 2 α Orion. _ 3 Aldébaran. _ 4 Sirius.
5 Rigel. _ 6 Pollux. _ 7 Nébuleuse d'Orion.
SPECTRES MÉTALLIQUES — 8 Sodium. _ 9 Cæsium. _ 10 Rubidium.
11 Potassium. _ 12 Barium.

sait Herschell, la photosphère est composée de nuages lumineux.

A la suite de la découverte de MM. Bunsen et Kirchhoff, si nettement confirmative cependant, comme nous venons de le voir, des idées d'Herschell sur les nuages lumineux, on a cru au contraire, par une confusion incroyable, trouver dans la nouvelle expérience le renversement de toutes les idées admises sur la nature du soleil, et nous avons vu apparaître dans ces dernières années les idées les plus bizarres sur la mer de feu solaire. Sans s'occuper de concilier l'épreuve récente avec ce que l'on savait déjà, on a mis de côté à la fois et la célèbre expérience d'Arago et la belle remarque de Wilson sur le creux des taches solaires, quoique l'une et l'autre ne fussent cependant pas moins positives que les nouvelles recherches. Dans un remarquable travail inséré dans les comptes rendus du commencement de cette année, M. Faye a fait pleinement justice de ces exagérations, et il a rétabli la théorie des nuages lumineux qui, comme nous venons de le voir, appartient à Herschell et était déjà démontrée avant les nouvelles expériences de l'analyse spectrale et indépendamment d'elles. Ces nouvelles expériences n'ont donc fait que confirmer la théorie antérieure. Elles n'y ont rien ajouté.

On aperçoit souvent dans les taches solaires des nuages réels présentant diverses formes et couvrant partiellement le noyau dont ils modifient l'éclat. Bode, qui avait remarqué ces variations de teinte, les expliquait en admettant que les portions découvertes du soleil étaient tantôt de vastes mers, tantôt des vallées resserrées ou des plaines unies et sablonneuses; mais depuis que des mouvements de rotation ont été trouvés par M. Dawes dans ces apparences, l'explication de Bode n'est plus admissible, et le phénomène rentre dans la classe des nuages. Le père Secchi, M. Chacornac et moimême, nous avons observé dans les noyaux des taches solaires des nuages semblables à ceux qui ont été signalés par M. Dawes. Il existe donc entre le corps obscur du soleil et les deux enveloppes nuageuses et lumineuses que l'on désigne sous les noms de pénombre et de photosphère, une couche atmosphérique renfermant

fréquemment des nuages de diverses natures, assez semblables par
leur aspect à ceux de notre atmosphère. La manière dont les bords
de la pénombre recouvrent ces nuages du côté du centre du soleil

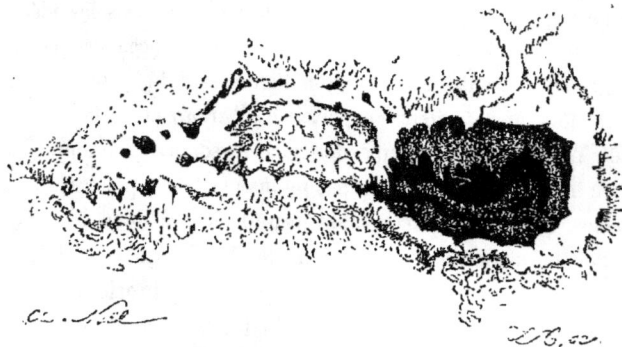

Tache du 6 mars 1865 avec nuages superposés, par M. Chacornac.

et les découvrent du côté opposé quand les taches approchent du
bord du disque, est en tout semblable à celle dont la photosphère
recouvre et découvre la pénombre dans la même circonstance. Ce
fait, signalé d'abord par M. Chacornac, a été observé plusieurs
fois par moi-même. Une belle tache qui se montrait le 16 juin

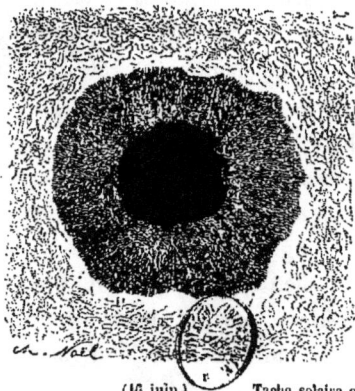 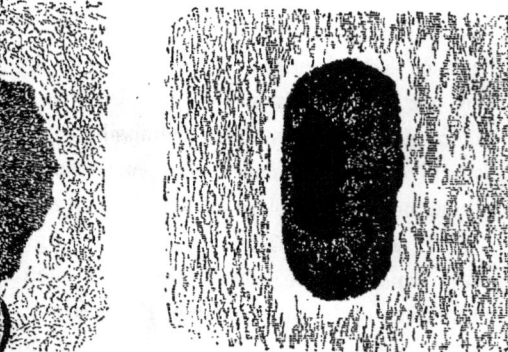

(16 juin.)   Tache solaire observée en juin 1859.   (12 juin.)

1859 dans le centre du soleil m'en a offert le plus bel exemple.
Je donne les dessins de cette tache, le 12, alors qu'elle était près

du bord du soleil, et le 16, quand elle était près du centre. La comparaison des deux dessins montre clairement que les nuages en question sont bien réellement inférieurs à la pénombre, de même que celle-ci est inférieure à la photosphère. Il est évident d'ailleurs que ces nuages ne peuvent être extérieurs à la photosphère, sans quoi on les verrait souvent se projeter en dehors du disque quand par le mouvement de rotation de l'astre ils en atteindraient le bord. Du moment, en effet, où leur intensité lumineuse est assez grande pour nous permettre de les apercevoir sur le fond éclairé des taches, elle les ferait à plus forte raison distinguer sur le fond noir du ciel.

Mais là ne se borne pas encore la constitution atmosphérique de l'astre qui nous éclaire. Lorsque la lune vient accidentellement le recouvrir et nous dissimuler sa photosphère, auquel cas il y a ce que l'on appelle éclipse totale de soleil, on aperçoit, en dehors du contour des deux disques, des couronnes lumineuses et des nuages tantôt rouges, tantôt blancs, qui nous apprennent qu'une autre atmosphère existe au-dessus de l'enveloppe lumineuse ou photosphère. Hors les cas d'éclipse, l'éclat de l'atmosphère terrestre empêche de distinguer ces curieuses apparences. L'existence de l'atmosphère extérieure du soleil se manifeste encore lorsqu'on envisage la distribution apparente de la lumière et de la chaleur à sa surface. Ce corps serait aussi chaud et aussi lumineux vers le bord que vers le centre de son disque, contrairement au résultat des observations, sans l'absorption de cette enveloppe gazeuse extérieure. Ajoutons toutefois ici que l'atmosphère absorbante ou deuxième atmosphère du soleil est très-basse comme nous le verrons plus loin. Elle se compose probablement des couches limites de la première atmosphère dans le haut de laquelle flottent les nuages lumineux de la photosphère et elle est complètement distincte de la matière d'une densité incomparablement plus faible qui forme la couronne des éclipses et qui se montre sur une épaisseur considérable. La densité de la matière de cette couronne est tellement minime que des comètes, celle de 1843 par exemple, ont pu la traverser sans avoir leur marche arrêtée, ni même sensiblement modifiée. C'est un point sur lequel nous reviendrons ultérieurement.

En résumé, le soleil se compose d'un corps obscur comme notre
terre, entouré d'une première atmosphère analogue à la nôtre, et
dans les régions inférieures de laquelle flottent diverses sortes de
nuages. Dans les couches supérieures de cette atmosphère existent
deux couches de nuages-lumineux, les pénombres et la photosphère.

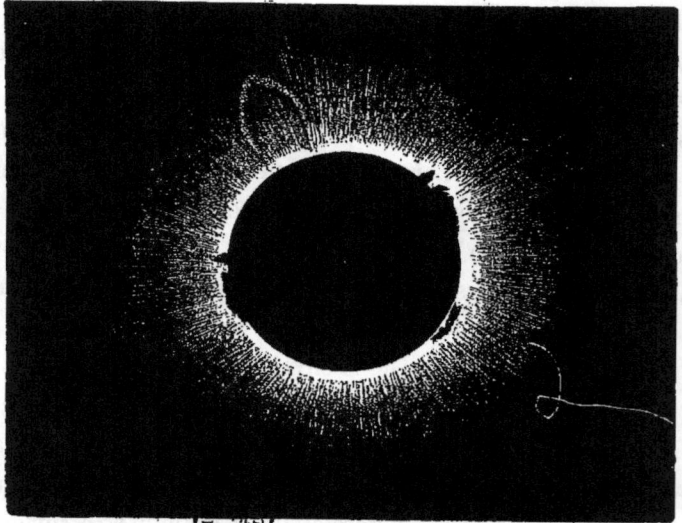

Éclipse totale de soleil, du 18 juillet 1860, observée par Feilitzsch.

Sur la première atmosphère repose une couche de gaz qui exerce une
forte absorption sur la radiation photosphérique. Au-dessus de cette seconde atmosphère il en existe une troisième très-étendue, mais d'une
densité excessivement faible, visible seulement dans les éclipses totales
de soleil.

Lorsqu'à l'aide d'une lunette on obtient dans une chambre noire
l'image du soleil projetée sur un écran, on peut étudier avec des
appareils délicats la distribution de la température dans les diverses
parties du disque solaire. Des observations de cette nature ont été
faites en Amérique par Henry, vers 1845, et depuis à Rome par le
père Secchi. Ces recherches ont montré que les taches solaires donnent

beaucoup moins de chaleur que les autres parties du disque. Ce fait nous indique que le corps central n'est pas seulement moins lumineux, mais qu'il est aussi moins chaud que la photosphère. C'est un résultat auquel on devait s'attendre, car des expériences de physique prouvent que tous les corps commencent à devenir lumineux dès que leur température atteint cinq à six cents degrés. Il est donc parfaitement évident que si le noyau central et la couche gazeuse qui le sépare de la photosphère, étaient aussi chauds que cette dernière, les ouvertures dans l'enveloppe extérieure nous paraîtraient remplies par la lumière du noyau et de l'atmosphère en contact avec lui, de sorte que nous ne verrions jamais de taches noires sur le soleil.

Mais la démonstration précédente et relative à la basse température du corps central du soleil est fondée sur l'hypothèse que ce corps central est solide ou liquide. Si le corps central était gazeux, le même raisonnement ne pourrait plus être fait.

Or M. Faye, dans son travail récent sur le soleil, travail que j'ai déjà cité plus haut, pense que cet astre pourrait ne pas posséder de noyau solide. Toute sa masse dans cette théorie serait gazeuse et à une température trop élevée pour l'existence de corps liquides ou solides, sauf sur le contour où par l'action du refroidissement extérieur existerait la condensation donnant naissance aux nuages lumineux de la photosphère. M. Faye explique alors l'obscurité des noyaux des taches solaires par la propriété que possèdent les gaz même à très-haute température d'être peu lumineux comparativement aux corps solides ou liquides. On comprend alors que dans les cas où les nuages de la photosphère viendraient à s'ouvrir, leur intervalle ne laissant apercevoir que des gaz chauds paraîtrait relativement obscur, et on pourrait de cette manière expliquer le noyau noir des taches solaires sans admettre que l'intérieur de la masse de l'astre soit plus froid que la photosphère.

Ainsi, suivant qu'on regarde le noyau central du soleil comme solide ou liquide, ou suivant qu'on le suppose gazeux, l'existence de l'obscurité relative des taches reçoit des explications différentes.

Dans le premier cas, elle est nécessairement due à une température très-inférieure à celle de la photosphère. Dans le second cas, la température peut être quelconque, l'état de gaz suffit à expliquer le noir des noyaux des taches.

Voyons maintenant s'il n'existe pas quelque moyen de reconnaître laquelle des deux explications est la vraie.

Lorsqu'une tache solaire est très-grande on peut arriver en rétrécissant le champ de la lunette à faire occuper à cette tache le champ entier de l'instrument. Dans ce cas l'œil n'est plus ébloui par la lumière de la photosphère ; on peut abandonner le verre noir avec lequel on observait le soleil et regarder la tache à l'œil nu. On voit ainsi que les noyaux ne sont pas obscurs, mais qu'ils donnent une grande quantité de lumière. Par des procédés photométriques, j'ai mesuré le rapport de l'intensité de la lumière de plusieurs noyaux à l'intensité de la photosphère, et j'ai trouvé constamment des nombres inférieurs à un centième, excepté une seule fois où j'ai trouvé dix-huit millièmes par une moyenne de trois comparaisons. Quoique très-petite par rapport à celle de la photosphère, cette quantité de lumière est cependant considérable.

Or, lorsque par un procédé d'observation tel que celui que je viens de décrire, on cesse d'être ébloui par l'éclat de la photosphère, on peut se proposer d'analyser avec le prisme de verre la lumière émise par le noyau d'une tache du soleil. Si cette lumière émane d'un gaz chaud, le spectre obtenu doit être composé de bandes lumineuses étroites séparées par de larges intervalles obscurs. Si, au contraire, elle émane d'un corps solide ou liquide, le spectre sera continu et composé de larges bandes colorées contenant des lignes noires très-fines et provenant des gaz traversés tant dans l'atmosphère solaire que dans l'atmosphère terrestre. On a donc là un moyen de résoudre directement la question de savoir si le noyau solaire est solide ou liquide.

Cette expérience a été faite par M. Chacornac. Dans une communication adressée à l'Académie des sciences le 9 janvier 1865, cet habile observateur fait savoir qu'il a trouvé dans des noyaux de taches

solaires, les 14, 15, 17, 18 et 19 décembre 1864, un spectre semblable à celui de la photosphère, c'est-à-dire un spectre de substances
solides ou liquides ; et cependant alors le fond de l'astre, déclare-t-il,
était nettement découvert sur une grande surface. Il n'y avait donc
pas à craindre l'intervention des nuages inférieurs ou fragments de
pénombres. Ainsi le noyau central du soleil est solide ou liquide.
Conséquemment il est nécessairement beaucoup plus froid que la
photosphère, sans quoi il serait aussi brillant qu'elle.

On n'échapperait pas à cette dernière conséquence même en supposant le milieu solide ou liquide discontinu, c'est-à-dire de nature
nuageuse, car alors ce milieu serait analogue à la photosphère et, à
égalité de température, il serait aussi brillant qu'elle. Si sa température était plus élevée comme dans la théorie de M. Faye, il serait
encore plus brillant.

Quelles que soient les hypothèses que l'on fasse, l'expérience que je
viens de rapporter prouve donc que le corps du soleil est beaucoup
plus froid que sa photosphère. Du moment où sa température est
basse, il n'est pas possible qu'il soit formé d'un milieu discontinu, à
cause des énormes pressions qu'il supporte. Donc le noyau solaire
est composé d'un milieu solide ou liquide continu à une température très-inférieure à celle de la photosphère.

La lumière que donnent les noyaux solaires provient donc de la
réflexion de la lumière de la photosphère par le noyau central solide
ou liquide et par l'atmosphère interposée. A cette lumière se joint
en outre celle de la couche mince de gaz transparent et à haute température, qui remplit au niveau de la photosphère l'intervalle des
nuages photosphériques. Cette couche doit avoir d'ailleurs sa température plus basse que celle du reste de la zone lumineuse, vu que
les gaz dont elle est composée, ont été, comme nous le verrons plus
loin, amenés par des courants ascendants et proviennent de régions
plus froides que la photosphère. Quand même au reste sa température
serait aussi grande, la quantité de lumière fournie, d'après la judicieuse
remarque de M. Faye, resterait très-petite. Ainsi donc, bien que la
théorie ingénieuse de ce savant astronome n'ait pas reçu la sanction de

l'expérience, elle a cependant été très-utile à nos connaissances sur la constitution du soleil, comme servant de point de départ pour la démonstration de la solidité du globe central de cet astre.

Il existe du reste d'autres considérations prouvant que la température du globe central du soleil est plus basse que celle de la photosphère. En effet, une discussion soignée des variations diurnes de la boussole observées sous tous les climats montre, comme l'a fait voir le général Sabine, que cet astre exerce une action directe sur l'aiguille aimantée comme corps magnétique. Or, une substance n'est magnétique qu'à de basses températures. Tous les corps, y compris le fer, le plus magnétique de tous, perdent complétement leur magnétisme dès que leur température approche du rouge sombre. A bien plus forte raison, cela aurait-il lieu à la température de la photosphère solaire. Donc puisque le soleil est magnétique, son globe central est peu chaud [1].

D'un autre côté, si à une faible densité et sous une mince épaisseur, les gaz sont peu lumineux, il n'en serait pas de même quand par la compression cette densité approcherait de la densité moyenne du soleil qui est supérieure à celle de l'eau, et surtout si ce gaz était vu sur une épaisseur indéfinie, comme dans le cas où une tache se montre vers le centre du soleil. En outre, quand une grande tache approche du bord, si l'intérieur de l'astre était un gaz transparent, on arriverait nécessairement à distinguer la photosphère du côté opposé, et alors la tache disparaîtrait en approchant du bord pour reparaître plus tard comme une échancrure sur la limite du disque. Or, Lahire en 1703, Cassini en 1719, Herschell en 1800, Lawson en

---

[1] C'est en vain qu'on chercherait à éviter cette dernière conclusion en admettant que le magnétisme solaire aurait pour origine des courants électriques. Des courants électriques ne peuvent produire l'effet des actions magnétiques que dans deux cas : 1° celui où des conducteurs de forme définie leur maintiennent les directions nécessaires ; 2° celui où un corps magnétique les rappelle au parallélisme, en agissant sur eux comme force directrice. Or, le premier cas ne peut être celui du soleil considéré comme globe gazeux, car alors les courants auraient toutes les directions possibles. On retombe donc sur le second cas, qui nécessite le magnétisme solaire. Donc, dans le soleil, des courants électriques peuvent augmenter mais non créer le magnétisme.

1846, et beaucoup d'autres astronomes ont observé de grandes taches
solaires qui, en atteignant le bord, apparurent comme une échancrure. Jamais il n'a été signalé que la tache eût disparu pour reparaître
plus tard. De plus, dans la théorie qui regarde le soleil comme gazeux, les pénombres seraient plus lumineuses que la photosphère,
puisqu'elles seraient des nuages situés dans des régions plus basses
et par conséquent plus chaudes que cette dernière. Par la même
raison les nuages que l'on aperçoit au-dessous des pénombres seraient
encore plus lumineux qu'elles. La faible absorption d'un gaz transparent ne pourrait changer cet effet, car ce gaz à cause de sa haute
température, remplacerait lui-même, par d'autres identiques, les
rayons qu'il absorberait. Enfin l'existence des nuages que je viens
de citer en dernier lieu, nous donne la preuve que dans les
crevasses des taches on voit autre chose que du gaz transparent.

L'ensemble de ces considérations vient donc encore confirmer
la conséquence que nous avions déduite de l'analyse spectrale relativement à la solidité ou liquidité et par suite la basse température
du globe central du soleil.

Ainsi, les expériences directes nous apprennent que le noyau de
l'astre possède une température peu élevée.

Il paraît bien surprenant, au premier abord, qu'un corps, en-
vironné de toutes parts par une atmosphère de feu, n'en prenne
pas la température; mais la physique permet de rendre compte de
ce phénomène, dont nous allons tenter de donner ici une explication.

De même qu'il existe des rayons de lumière de beaucoup de couleurs, il existe des rayons de chaleur de beaucoup d'espèces. Nous
n'avons aucun sens destiné à nous faire apprécier la diversité des
rayons de chaleur, qui tous nous affectent de la même manière.
Mais dans son passage à travers les corps, la chaleur rayonnante
se comporte d'une manière variable suivant la source dont elle
émane. On reconnaît cette propriété en interposant des lames de
diverses substances sur le trajet des rayons calorifiques provenant
de corps de nature et de températures différentes, et tombant sur

un appareil thermométrique. On voit alors qu'une lame d'une substance arrête presque complétement les rayons d'une certaine source et laisse passer en grande quantité ceux qui émanent d'un autre corps, tandis qu'une substance différente laissera passer les rayons de la première source et arrêtera ceux de la seconde. Jusqu'à présent, on n'a trouvé qu'un seul corps, le sel gemme ou sel fossile, qui laisse passer les rayons de chaleur dans la même proportion, quelles que soient la nature et la température de la source. Le sel gemme se comporte donc pour les rayons de chaleur comme les verres incolores pour la lumière. Toutes les autres substances sont pour ainsi dire colorées par rapport à la chaleur, c'est-à-dire livrent passage à certains rayons et arrêtent les autres, de même que les verres de couleur se laissent aisément traverser par les rayons de lumière d'une certaine coloration et retiennent le reste. A la surface de la terre, tous les corps, à l'exception du sel gemme, laissent plus facilement passer les rayons des sources de haute température que ceux qui proviennent de sources de température peu élevée. C'est ce qui explique l'échauffement des serres. Le verre laisse entrer presque librement la chaleur du soleil et arrête la plus grande partie de la chaleur rayonnante émanant du sol et des végétaux que les faisceaux solaires viennent d'échauffer. L'atmosphère qui environne notre globe se comporte de la même manière. Tandis qu'elle laisse entrer les huit dixièmes de la chaleur du soleil sous l'incidence perpendiculaire, elle absorbe presque tous les rayons du sol. La couche d'air qui recouvre notre globe remplit donc pour nous exactement les fonctions du verre d'une serre; aussi tandis que la température moyenne de la surface terrestre est de 15 degrés, celle des couches supérieures de l'atmosphère et de l'espace planétaire est de 100 degrés au-dessous de zéro. Tout le monde sait, en effet, que l'air est d'autant plus froid qu'on s'élève davantage au-dessus du sol, et que les hautes montagnes sont toujours couvertes de neige. Les propriétés de notre atmosphère maintiennent donc la terre chaude au centre d'une enceinte froide, phénomène inverse de celui que nous observons dans le soleil, mais qui s'explique de la même manière.

Si nous supposons, en effet, une propriété inverse de celle de l'atmosphère terrestre, à l'atmosphère qui sépare du noyau du soleil l'enveloppe lumineuse de cet astre, c'est-à-dire si cette atmosphère ne se laisse que difficilement traverser par les rayons de la photosphère, et livre un passage facile aux rayons émanés des sources de basse température, tels que ceux du corps central obscur, on voit que ce dernier peut perdre sa chaleur plus aisément qu'il ne reçoit les rayons de la photosphère, et dès lors sa température reste beaucoup inférieure à celle de l'enveloppe lumineuse. La constatation par expérience de la faible température du noyau solaire paraît nous prouver qu'effectivement l'atmosphère inférieure du soleil jouit de la propriété que nous venons d'indiquer. Cette atmosphère ne serait donc pas formée des mêmes gaz que la nôtre. A la surface de la terre il existe, d'après Melloni, un corps qui possède la propriété que nous venons de reconnaître comme probable pour l'atmosphère solaire, mais il est solide. Ce corps est le sel gemme recouvert de noir de fumée[1].

[1] Nous avons dit précédemment que, parmi les rayons colorés, chaque corps absorbe précisément ceux de la nature des rayons émis par lui lorsque la température est élevée suffisamment. Au premier abord, ce fait paraît en opposition avec l'explication que nous venons de donner; mais il n'en est rien. En effet, un corps qui est en équilibre de température perd autant de chaleur qu'il en reçoit. Si la chaleur qu'il reçoit vient d'une source de haute température, les rayons qu'il absorbe sont parmi ceux qui l'atteignent les rayons que lui-même émettrait à cette même température; le reste sera réfléchi ou bien traversera le corps en question. Mais les rayons que le corps rayonnera si sa température est basse seront nécessairement compris dans le spectre possible à cette température. Ce seront bien des rayons de la nature de ceux qu'il peut absorber dans la partie de ce dernier spectre comprise en dessous du rouge, mais non des rayons appartenant à la partie lumineuse du spectre total comme ceux qu'il a absorbés et qui venaient de la source de haute température. On voit donc que l'identité des rayons absorbés et émis n'empêche pas, comme d'ailleurs nous en avons la preuve dans notre propre atmosphère, qu'un corps de basse température ne change en rayons de la partie correspondante du spectre les rayons qu'il reçoit d'un corps de haute température. On sait même que les rayons invisibles des deux extrémités du spectre peuvent être transformés en rayons visibles; ainsi les rayons ultra-violets deviennent visibles sous l'action du sulfate de quinine, et les rayons ultra-rouges provenant d'un spectre ayant traversé une dissolution opaque d'iode peuvent, lorsqu'ils sont condensés par une lentille, échauffer un corps au point de le rendre lumineux, phénomène inverse de celui que nous montre notre atmosphère. Compris donc comme il doit l'être, le principe de l'identité des rayons émis et absorbés s'accorde parfaitement avec l'explication que nous avons donnée du

Toutefois, l'explication que nous venons de donner n'est pas la seule que l'on puisse trouver pour rendre compte du curieux phéno-mène du froid du globe central solaire au centre de la photosphère chaude. W. Herschell avait pensé jadis que la couche de nuages infé-rieurs à la photosphère et formant les pénombres des taches suffisait à protéger le noyau central du soleil contre la radiation de la pho-tosphère, et, pour rendre son explication plus efficace, le même astro-nome supposait que ces nuages étaient doués d'un pouvoir réfléchis-sant considérable, de telle sorte qu'ils renvoyaient directement vers la photosphère, en vertu de ce pouvoir, la plus grande partie des rayons qu'ils recevaient.

À l'époque d'Herschell, cette théorie parut sujette à de nombreuses objections. Mais aujourd'hui l'action de la chaleur sur les liquides a été mieux étudiée, et il y a lieu d'examiner avec soin l'explication d'Herschell. On est parvenu en effet non-seulement à protéger un corps placé dans une enceinte portée au rouge contre le rayonnement de cette enceinte, mais même à développer au centre d'un fourneau à la température rouge blanc une source de froid assez intense pour faire congeler de l'eau.

Lorsqu'on projette un liquide sur la surface d'un corps solide à la

---

fait physique incontestable de l'existence dans le soleil d'un noyau obscur et par conséquent froid au milieu d'une photosphère chaude et lumineuse. Il suffit pour cela que, soit sous l'influence de la densité, soit sous celle de la température elle-même, la nature de l'atmo-sphère inférieure comprise entre le noyau obscur et la photosphère varie de telle sorte que le rayonnement des couches inférieures à basse température soit successivement différent de celui de toutes les couches supérieures à la même température, de manière à pouvoir tra-verser ces dernières couches sans être absorbé. En même temps toutes les espèces de rayons du spectre de haute température seraient absorbées successivement par les couches infé-rieures, de sorte que la totalité à peu près de ces rayons finirait par disparaître avant d'ar-river au sol. Mais ce résultat ne pouvant être obtenu que par une épaisseur considérable de l'atmosphère inférieure du soleil, l'accroissement de température assez petit qui se produi-rait par seconde dans chaque couche serait compensé par le rayonnement de température plus basse de la même couche atmosphérique de manière à maintenir l'équilibre. Ceux des rayons de la photosphère qui ne lui seraient pas directement renvoyés par réflexion, seraient alors tous absorbés avant d'atteindre le corps central ; et les couches atmosphériques infé-rieures qui recevraient déjà très-peu de ces rayons restant à une basse température renver-raient la chaleur directement sans absorption à la photosphère et à l'extérieur sous la forme de rayons de basse température.

mpérature ordinaire, ce corps, suivant la nature du liquide em-
oyé, pourra ou non être mouillé par ce dernier. En général l'eau
imecte les corps à la température ordinaire, le mercure au con-
aire se réunit en globules à leur surface. Mais si la température
un corps solide est très-élevée, ce corps n'est plus mouillé quel que
,it le liquide employé. Ce dernier se réunit alors en gouttelettes; et si
n fait passer un faisceau de lumière en rasant la surface du solide
hauffé, de manière à pouvoir projeter sur un écran au moyen d'une
ntille l'image agrandie du globule, on voit que ces gouttelettes ne
uchent pas la surface en question, mais qu'un petit intervalle les
n sépare.

Quand des liquides sont ainsi isolés de toute surface solide, on
,eut alors mieux étudier leurs propriétés, et on constate que presque
n contact avec des corps à la température rouge-blanc, ils ne mani-
estent plus le phénomène de l'ébullition. Leur évaporation se fait
,vec lenteur par la surface du globule seulement; et la température
Ie ce dernier, malgré la forte radiation calorifique qui frappe sa surface,
este inférieure à celle qui lui serait nécessaire pour bouillir. La presque totalité des rayons de chaleur tombant sur les gouttelettes est
'éfléchie par elles et le peu qui est absorbé est employé à produire la
aible évaporation observée, évaporation suffisante toutefois pour empêcher la température du liquide d'aller sans cesse en croissant.

C'est en partant des propriétés que nous venons d'énumérer, que
M. Boutigny a réalisé la belle expérience de la formation de la glace
au milieu d'un creuset de platine chauffé au rouge-blanc, expérience
dont j'ai déjà parlé plus haut. Pour cela, il a projeté dans le creuset de
l'acide sulfureux liquide, corps dont l'ébullition se fait à plusieurs,
degrés au-dessous de zéro. A cause de la haute température du creuset
cet acide s'est isolé de la surface de ce dernier et est resté en s'évaporant seulement avec lenteur à une température inférieure à
celle de son ébullition et de 11 degrés au-dessous de zéro. Or, en
plongeant dans l'acide sulfureux un petit ballon de verre contenant un
gramme d'eau, M. Boutigny en a retiré un glaçon au bout d'une
minute. Cette expérience, l'une des plus belles de la physique, a depuis

été répétée un grand nombre de fois par une multitude d'observateurs avec le même succès.

Revenons maintenant aux nuages d'Herschell. N'est-il pas évident que ces nuages, en présence de la photosphère, se comporteront comme l'acide sulfureux en présence de la radiation du creuset. Leur température restera inférieure à celle de leur ébullition ; la majeure partie des rayons de chaleur que leur enverra la photosphère seront par eux réfléchis vers cette dernière. La petite quantité de chaleur qu'ils absorberont sur cette radiation sera employée à déterminer leur évaporation lente. Les vapeurs ainsi formées tendront à monter, elles dépasseront les régions supérieures de la photosphère, et là elles se condenseront de nouveau par l'effet du rayonnement vers l'espace. Les gouteléttes ainsi formées, sollicitées par la pesanteur vers l'astre, tomberont, traverseront la photosphère en restant isolées d'elle comme l'acide sulfureux reste isolé du creuset, et elles arriveront dans les régions plus denses des pénombres, où elles s'accumuleront de nouveau. La condensation à la limite supérieure de la photosphère compensera donc pour les pénombres la perte par évaporation, et la couche nuageuse pourra ainsi être entretenue indéfiniment.

De même donc que dans l'expérience de M. Boutigny, la température de l'acide sulfureux, presque en contact avec une source de chaleur, reste à plus de 1500 degrés au-dessous de cette dernière, de même, dans le soleil, la couche des pénombres peut rester à une température immensément inférieure à celle de la photosphère, et cela, comme nous venons de le voir, sans se détruire, puisqu'elle se reforme à mesure qu'elle se dissout. Enfin, nous savons reproduire dans nos laboratoires le curieux phénomène que nous montre le soleil, c'est-à-dire, celui d'un corps froid au milieu d'une enceinte chaude.

Suivant toute probabilité ce n'est donc pas seulement sous forme de radiation calorifique de basse température que la chaleur de la photosphère est renvoyée vers cette dernière par le noyau central et l'atmosphère qui le recouvre, mais c'est encore sous forme de calorique directement réfléchi et sous forme de calorique latent de vaporisation de la matière des pénombres et des autres couches de nuages inférieurs à elles. Il n'est nullement nécessaire de supposer que la matière de ces nuages inférieurs soit de l'eau, elle peut être un liquide tout différent.

Nous venons de voir qu'il n'y a pas dans le soleil de conditions de température qui puissent s'opposer à son habitabilité. Mais toutefois, un habitant de la terre n'y pourrait pas vivre, non-seulement à cause de la composition très-probablement différente de l'atmosphère, mais encore par suite de l'énorme intensité de la pesanteur dans cet astre.

Les astronomes ont reconnu que le soleil est environ quatre fois moins dense que la terre[1], mais son diamètre égale cent neuf fois et huit dixièmes celui de notre globe : ce qui fait un volume d'un million trois cent vingt-quatre mille fois plus grand. Malgré la faible densité, cette grande dimension fait que l'attraction exercée par le soleil sur les objets placés à sa surface, attraction qui n'est autre que la pesanteur, est vingt-sept fois et cinquante-sept centièmes plus grande que sur la terre. Un homme du poids de 70 kilogrammes, transporté dans le soleil, y pèserait donc 1 930 kilogrammes, et sa force musculaire, capable de lui faire faire sur la terre un saut d'un mètre, ne lui permettrait qu'un saut d'environ trois centimètres. S'il tombait sur le sol, son poids l'empêcherait de se relever. A la surface de la terre, un corps dans sa chute parcourt 4^m,905 pendant la première seconde. A la surface du soleil, il tombe de 155^m,17 dans le même temps. Les projectiles de l'artillerie n'y auraient donc que très-peu de portée. Ils décriraient des lignes présentant une grande courbure et toucheraient le sol à quelques mètres de la pièce.

L'atmosphère du soleil est beaucoup plus haute que celle de la

[1] La densité du soleil est 0,251, celle de la terre étant prise pour unité ; mais, à cause de son volume, sa masse est 352 370 fois plus grande que celle de notre globe. Les nombres que je donne ici relativement à la masse, au diamètre et au volume du soleil, ainsi que pour la pesanteur à sa surface, sont un peu différents de ceux qu'on indique dans les traités d'astronomie antérieurs, mais cela provient de ce que ces derniers avaient été calculés avec l'hypothèse d'une distance du soleil à la terre plus grande que la distance réelle. J'ai corrigé les chiffres anciens des erreurs qui provenaient de cette fausse distance, et je les ai mis en relation avec la nouvelle parallaxe que j'ai obtenue. La densité seule reste indépendante de cette parallaxe, tous les autres éléments varient avec elle. En traitant de la lumière zodiacale, je développerai une autre considération nouvelle et d'une importance majeure relativement à la masse du soleil.

terre. Cette condition, jointe à l'intensité de la pesanteur dans ce corps, doit donner lieu à une pression atmosphérique considérable, nouvelle cause d'inhabitabilité pour des hommes constitués comme nous.

Ainsi, si le soleil est habité, il doit être peuplé par des espèces animales beaucoup plus robustes que celles qui vivent à la surface de la terre ; mais il est possible que cet astre renferme des êtres animés présentant même un certain degré de ressemblance avec ceux du globe terrestre.

On peut donc dire maintenant, sans craindre de passer pour fou, comme au temps d'Elliot : il ne fait pas chaud dans le soleil, il est admissible que ce corps puisse être habité.

II

VENTS ALIZÉS SOLAIRES
ATMOSPHÈRE ABSORBANTE DU SOLEIL

En étudiant, comme je l'ai déjà indiqué, la distribution de la température sur l'image projetée du soleil, le P. Secchi a reconnu que dans cet astre l'équateur est plus chaud que les régions polaires. Il serait donc naturel de supposer que la différence de température de l'équateur et des pôles y agirait comme elle le fait à la surface de la terre pour produire dans les régions équatoriales des vents réguliers ou vents alizés. Sur notre globe, l'air de l'équateur, dilaté par la chaleur et devenu plus léger, tend à monter et à occuper les régions supérieures de l'atmosphère, tandis que celui des pôles, plus froid et plus lourd, vient le remplacer d'une manière incessante en occupant les zones inférieures. Un double courant se produit donc, l'un en haut allant de l'équateur vers les pôles, l'autre en bas se dirigeant des pôles à l'équateur. Mais la vitesse que possèdent les molécules d'air dans le sens de l'ouest à l'est par l'effet de la rotation de la terre, varie du pôle à l'équateur, où elle atteint sa plus grande valeur. Les courants venant des pôles marchent donc toujours moins vite dans le sens de cette rotation que la région vers laquelle ils se dirigent, de sorte que pour l'observateur placé à la surface de la terre, ces courants paraissent venir de l'est en même temps que du pôle. Pour les courants supérieurs se dirigeant de l'équateur vers les pôles, l'effet inverse a lieu, l'air progresse plus vite que le sol dans le sens de la rotation de la terre.

Il résulte donc de là qu'à la surface du sol, l'air, dans les régions équatoriales, effectue sa révolution autour de l'axe terrestre moins vite que dans les régions polaires. Dans les couches supérieures de l'atmosphère le contraire a lieu : le contre-courant de l'alizé qui existe dans les basses latitudes, mais qui ne se prolonge pas jusqu'au pôle, marche dans le sens de la rotation du globe, de sorte que l'air des régions atmosphériques supérieures effectue sa révolution plus vite dans les basses que dans les hautes latitudes, où ce courant cesse d'exister.

Dans le soleil, nous ne pouvons voir les courants inférieurs, qui sont précisément ceux que nous observons sur notre globe. Placés hors de l'astre, nous ne distinguons que les courants supérieurs ou contre-courants des alizés, lesquels marchent en sens contraire de ces derniers. Si le phénomène se passe comme sur notre globe, nous devons donc voir les courants se diriger de l'équateur vers les pôles et en même temps marcher dans le sens de la rotation de l'astre, de sorte que les régions équatoriales où existent ces courants doivent nous paraître tourner plus vite que les régions polaires où ils cessent de se produire.

Or, il résulte d'observations faites avec suite sur les mouvements des taches solaires pendant plusieurs années par M. Carrington et par M. Spœrer, que ces taches tournent plus vite dans les basses que dans les hautes latitudes, et qu'en outre elles ont une tendance à se porter vers les pôles, exactement comme les contre-courants des vents alizés sur notre globe. Ces observations vérifient donc l'existence des vents alizés dans le soleil.

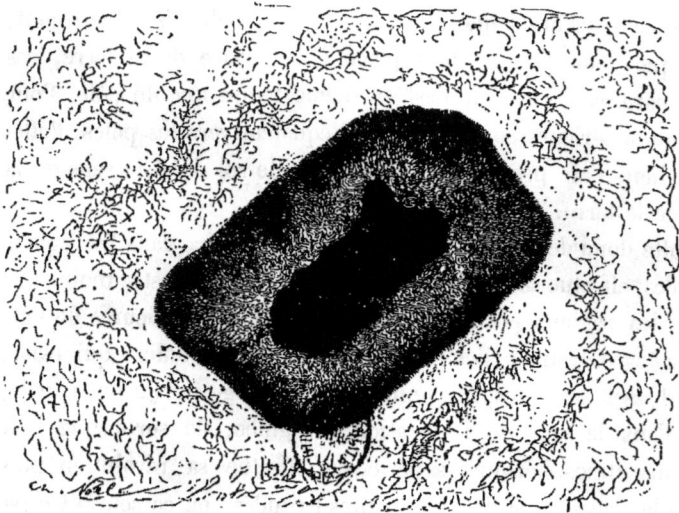

Tache du soleil, 9 septembre 1858.

Nous ajouterons toutefois que si le phénomène découvert par MM. Carrington et Spœrer était exclusivement dû aux vents alizés solaires, la diminution de la vitesse de rotation des taches ne serait observée qu'à partir d'une certaine distance de l'équateur en allant vers les pôles, tandis qu'ils l'ont reconnue presque depuis l'équateur. Ceci nous oblige donc à admettre qu'indépendamment des vents alizés il existe une cause spéciale accélérant le mouvement de rotation de la photosphère à l'équateur. Nous reviendrons plus loin sur ce fait après avoir traité de la lumière zodiacale.

Les taches solaires n'apparaissent pas indistinctement sur toute la surface du disque, mais seulement dans les basses latitudes. Leur zone d'apparition est comprise entre 35° de latitude nord et sud. Cependant deux taches ont été vues à 50° de latitude, l'une par M. Schwabe, l'autre par M. Carrington. La Hire en a même observé une à 70° de l'équateur solaire. Les facules ne se montrent que dans la région des taches. Le plus communément elles accompagnent et même entourent ces dernières en s'accumulant surtout derrière elles par rapport au sens de la rotation de l'astre. Comme, ainsi que nous

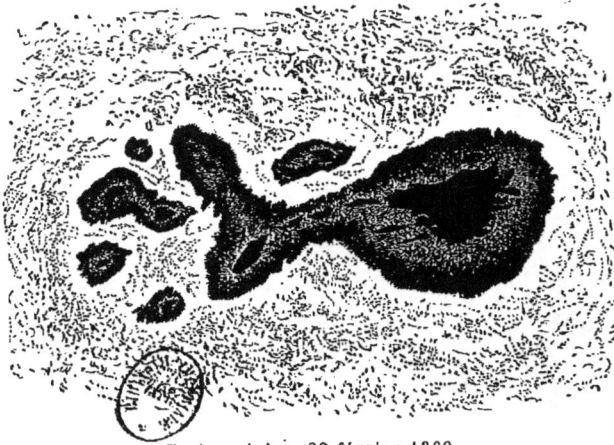

Tache solaire, 22 février 1860.

l'avons vu, les facules sont des élévations de la photosphère au-dessus du niveau général, le fait de leur retard par rapport aux taches se conçoit aisément. En effet, les parties soulevées doivent, à cause de leur écart de l'axe de rotation de l'astre, rester en retard par rapport aux autres, puisque leur vitesse n'a pas changé par le soulèvement, tandis que dans la rotation elles ont à parcourir un chemin plus grand qu'auparavant. En même temps la relation des taches et des facules nous montre qu'il existe dans les ouvertures de la photosphère une action de soulèvement à laquelle il faut attribuer, suivant toute apparence, la cause de ces ouvertures. Les taches proviendraient ainsi de courants ascendants.

Le rôle des courants ascendants dans la formation des taches se manifeste encore en ce que l'apparition de celles-ci est ordinairement précédée dans la photosphère d'une sorte de boursouflement caractérisé par l'existence de facules sur le point où plus tard la tache va se montrer. Ces courants ascendants ouvrent à la fois dans la même verticale la couche des pénombres et la photosphère, et ainsi se comprend la relation de forme que montrent ordinairement les deux ouvertures. A l'origine, l'écartement dans la couche des pénombres est le plus grand, comme ayant commencé le premier. Aussi quand les taches débutent, elles se montrent d'abord sous la forme d'un ou de plusieurs petits trous noirs sans pénombre, parce que les ouvertures de la photosphère sont plus petites que celles de la couche nuageuse inférieure. Plus tard, les crevasses dans la photosphère grandissent

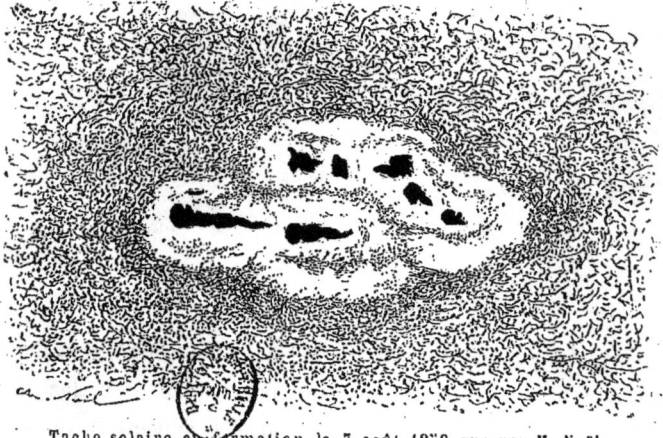

Tache solaire en formation le 7 août 1858, vue par M. Noël.

plus que celles de la pénombre et les dépassent en grandeur, parce que c'est à la partie supérieure que les courants divergent le plus. On a alors l'aspect de taches avec pénombre. Mais le courant ascendant et divergent à la partie supérieure, est accompagné de contre-courants qui, dans les régions inférieures de l'atmosphère solaire, convergent vers le centre des taches. Quand le courant ascendant cesse, ces courants convergents gagnent de bas en haut toute l'atmosphère solaire pour faire disparaître les taches, et on voit ainsi généralement les pénombres se fermer avant la photosphère. Par l'effet de la rotation de l'astre, les courants convergents et divergents ne peuvent avoir lieu sans être accompagnés de mouvements rotatoires comme dans les ouragans à la surface de la terre, et ainsi s'expliquent les mouvements giratoires directement observés dans les taches par MM. Dawes ou se manifestant par la forme spirale des nuages des pénombres comme l'a observé le P. Secchi et comme je l'ai vu moi-même plusieurs fois.

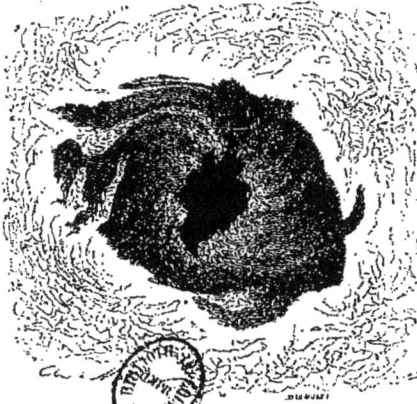

Tache solaire, 14 juin 1859.

Puisque les taches sont produites par des courants ascendants, il est facile de comprendre pourquoi elles se montrent de préférence dans les régions équatoriales du soleil. Nous savons en effet que ces régions sont plus chaudes que les zones polaires. Par conséquent l'atmosphère y est moins dense et tend à monter. Les contrées équatoriales du soleil sont donc dans des conditions plus favorables que les autres à la production des courants ascendants nécessaires à la formation des taches. Ajoutons aux considérations qui précèdent que la disposition du bord de la photosphère et de celui de la pénombre en filets rayonnant du centre de la tache, manifeste encore l'action des courants que nous avons indiqués. Il en est de même de l'accumulation des nuages des pénombres dans le voisinage des noyaux, accumulation qui rend toujours ces dernières plus brillantes sur leur bord interne que sur leur bord externe.

Outre les taches et les facules, on distingue sur la surface du soleil une multitude de petites lignes noires nommées *lucules*. Ces lignes très-fines divisent la surface solaire en une infinité de petits nuages assez analogues à ceux qui donnent au ciel, sur notre globe, l'aspect que nous appelons *pommelé*. On distingue des lignes plus grosses formant de grandes divisions, d'autres plus fines formant des divisions secondaires, de même que dans nos amas de nuages pommelés, parfois groupés en longues bandes, on distingue des lignes principales séparant les séries et d'autres plus petites limitant individuellement chacun des petits nuages. Des observateurs ont récemment donné à cette apparence de la surface solaire le nom bizarre de *Feuilles de saule*, en présentant leurs observations comme se rapportant à un nouveau phénomène. Mais il n'y a de nouveau que le nom. Le phénomène était depuis très-longtemps connu sous le nom de lucules ou de pointillé du soleil. Moi-même je l'avais observé bien des fois avant le nouveau nom, et je n'ai jamais rien trouvé qui le justifiât, sinon que chacun des petits amas de matière lumineuse est généralement allongé dans un sens au lieu d'avoir ses deux dimensions égales.

Les lucules présentent au reste une variabilité extraordinaire, et montrent, comme nous l'avons déjà dit, que la surface de l'astre est dans un état d'agitation continuelle. Les taches solaires aussi changent rapidement d'aspect. On peut s'en convaincre en comparant les dessins des pages 44 et 70, dessins qui représentent la grande tache de septembre 1858 vue à deux jours d'intervalle. Cette tache est une de celles dans lesquelles j'ai pu observer des nuages inférieurs aux pénombres.

Les taches solaires atteignent parfois des dimensions considérables. Assez fréquemment on en voit à l'œil nu. Dans ce cas, elles ont un diamètre égal à plusieurs fois celui de notre globe. En 1843, M. Schwabe, de Dessaw, a mesuré une tache dont la largeur était de 167″, c'est-à-dire de plus de neuf fois le diamètre de la terre, puisque ce dernier entrevu du soleil ne sous-tendrait qu'un angle de 17″,5. On peut juger par là de la grandeur de l'échelle sur laquelle s'opèrent dans le soleil les phénomènes des ouragans. Quelquefois il existe sur cet astre des taches très-nombreuses, d'autres fois sa surface est parfaitement uniforme. Ces variations sont soumises à une période dont la durée est d'environ onze ans et quarante jours. Nous reviendrons plus tard sur cette curieuse périodicité.

Les taches se réunissent souvent de manière à former des groupes très-étendus. Dans ce cas fréquemment elles sont renfermées dans la même pénombre. Cette réunion de noyaux dans une même pénombre a lieu surtout dans la période de disparition des grandes taches quand la couche des pénombres tend déjà à se fermer.

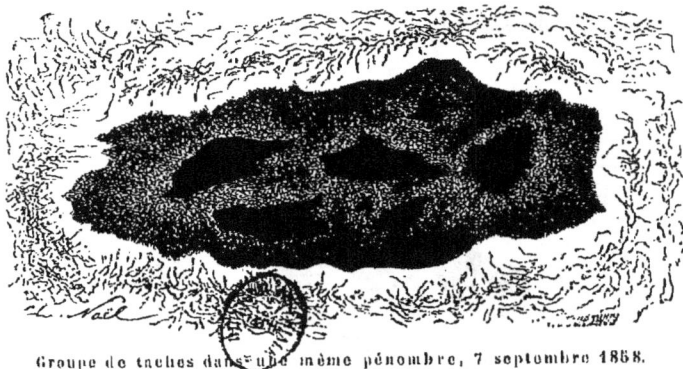

Groupe de taches dans une même pénombre, 7 septembre 1858.

Quelquefois aussi on voit les courants de la photosphère diviser une tache en plusieurs autres. J'en donne un exemple dans une crevasse que j'ai observée le 4 décembre 1859 et qui est figurée page 76.

La photosphère solaire d'après sa nature de nuages éclairants, nous présenterait l'apparence d'un disque également chaud et également lumineux dans toutes ses parties, si elle n'était pas entourée d'une atmosphère absorbante. Si, au contraire, il existe une atmosphère absorbante en dehors d'elle, il est évident que le trajet des rayons dans cette atmosphère sera plus grand sur les bords du disque qu'au centre du limbe. L'absorption sera donc plus considérable au bord qu'au centre, et la température paraîtra décroître dans l'image solaire depuis le milieu jusqu'à la circonférence. Or, un décroissement de ce genre a été observé par le P. Secchi, et même ce décroissement est assez rapide. Ce fait montre que l'atmosphère extérieure du soleil absorbe

une portion notable de la chaleur de la photosphère. Or, pour l'équilibre de température de cette atmosphère, il faut que la quantité de
chaleur perdue à chaque instant par rayonnement soit égale à la quantité reçue dans le même temps. Conséquemment l'atmosphère extérieure du soleil fournit une fraction notable de la chaleur que nous recevons de cet astre.

Cette remarque nous donne un moyen de reconnaître par expérience
si l'atmosphère absorbante du soleil est très-haute, si, par exemple,
elle se confond avec la couronne des éclipses dont l'épaisseur est égale
au diamètre du globe solaire.

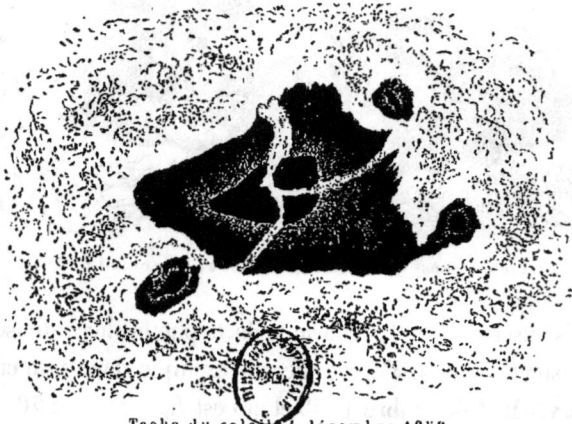

Tache du soleil, 4 décembre 1859.

Si, en effet, l'atmosphère absorbante s'étendait à une certaine distance
du limbe de l'astre, on devrait observer un accroissement très-rapide de
température sur un thermomètre placé dans l'ombre d'un écran, lorsqu'on viendrait à approcher ce thermomètre de la limite apparente de
cette ombre, car près de cette limite il ne serait pas à l'abri du rayonnement calorifique de l'atmosphère solaire. Or l'expérience ne fournit
aucun accroissement semblable de température près de la limite de
l'ombre visible, et on reconnaît ainsi que l'atmosphère absorbante du
soleil est très-peu étendue et qu'elle est très-distincte de la couronne
observée dans les éclipses de soleil.

Le phénomène de l'apparition de facules par suite d'un soulèvement d'une portion de la photosphère, conduit à la même conséquence, en nous montrant que ce soulèvement diminue d'une notable fraction de sa valeur la grandeur de l'absorption, de telle sorte que la petite quantité dont la facule est soulevée est une fraction très-grande de la hauteur de l'atmosphère absorbante.

L'épaisseur de l'atmosphère absorbante du soleil est d'ailleurs en relation avec le rapport des intensités lumineuses et calorifiques au bord et au centre du disque. En soumettant au calcul une série d'observations photométriques que j'ai faites par une méthode nouvelle sur le décroissement de l'intensité lumineuse depuis le centre jusqu'au bord du soleil, j'ai trouvé que l'épaisseur de l'atmosphère absorbante ne peut dépasser un deux-cent-quatre-vingt-septième du rayon de l'astre, c'est-à-dire qu'elle sous-tendrait à peine un angle de $3'',5$. Elle doit donc se confondre entièrement pour nous dans l'irradiation du bord du soleil et être complétement invisible hors le cas d'éclipse. Dans cette dernière circonstance, plusieurs observateurs ont noté à la base de la couronne solaire une bande blanche de quelques secondes d'épaisseur, apparaissant seulement sur les bords de la lune vers l'instant des deux contacts intérieurs. Cette bande, conformément aux recherches qui précèdent, serait l'atmosphère absorbante du soleil. D'après mes observations photométriques, cette atmosphère absorbante laisserait passer au centre du disque, lorsqu'elle est traversée normalement, les 97 centièmes de la lumière et les 49 centièmes de la chaleur de la photosphère, en calculant pour le calorique d'après les expériences du P. Secchi et en ayant égard au rayonnement de l'atmosphère absorbante elle-même, rayonnement égal à son absorption.

Par le même procédé photométrique, j'ai trouvé que l'intensité de la pénombre des taches est très-voisine de la moitié de celle de la photosphère, ce qui s'accorde avec l'estimation faite par Herschell. J'ai cependant constamment obtenu un nombre un peu plus grand que la moitié, tandis qu'il donne un nombre un peu plus faible. Le rapport varie au reste dans des proportions assez grandes, car j'ai plusieurs fois observé des valeurs comprises entre 6 et 7 dixièmes; mais le plus communément elles étaient renfermées entre 5 et 6 dixièmes.

Puisque l'atmosphère absorbante du soleil est très-basse, il est évident que l'épaisseur traversée dans cette atmosphère par les rayons lumineux est beaucoup plus grande sur les bords de l'astre qu'au centre du disque. Au premier abord, il semble, d'après cette remarque, que l'atmosphère en question doit produire dans le spectre solaire des raies beaucoup plus obscures au bord qu'au centre du soleil. Mais un examen plus approfondi montre que cette conséquence n'est pas exacte. En effet, si le pouvoir d'absorption de l'atmosphère solaire sur les rayons qui auraient occupé dans le spectre la place des bandes obscures, est assez grand pour que, dans le trajet perpendiculaire ou le plus petit possible, la presque totalité de ces rayons soit absorbée, il est clair qu'un accroissement du chemin parcouru ne produira plus aucun effet appréciable sur l'intensité des bandes obscures, puisqu'il n'y aura plus rien ou à peu près rien à absorber dans le surplus du trajet en question. Si, de plus, on remarque qu'il faut déjà des expériences d'une délicatesse extrême pour mesurer la différence d'intensité lumineuse du centre et des bords du soleil, il devient évident que pour apprécier la différence d'intensité des bandes dans le cas que nous considérons, tous nos moyens photométriques deviennent impuissants. On comprend ainsi comment le spectre du centre et celui des bords de l'astre peuvent être parfaitement identiques, conformément à une ancienne observation de M. Forbes et aux observations récentes de M. Jansen. Il ne pourrait régner de différence entre les deux spectres que s'il existait dans l'atmosphère solaire une substance particulière en quantité trop petite pour pouvoir déterminer des bandes appréciables dans l'épaisseur normale, mais suffisante pour en créer sous une épaisseur huit à dix fois plus grande, comme cela a lieu pour la vapeur d'eau contenue dans notre atmosphère. L'identité des deux spectres ne peut servir qu'à prouver que ce cas n'existe pas dans l'atmosphère absorbante du soleil.

Par la même raison, nous ne pouvons pas conclure de ce qu'une certaine raie solaire paraît avoir la même intensité quand l'astre est à l'horizon et au zénith, que cette raie n'est pas due à l'absorption de notre propre atmosphère, car toutes les raies que l'épaisseur de l'atmosphère terrestre, traversée normalement, suffit à produire avec une grande intensité, sont identiques à l'horizon et au zénith. Ce fait est tellement vrai que, même parmi les raies produites par la vapeur d'eau, il en est qui se caractérisent immédiatement par leur différence d'intensité à l'horizon et à de grandes hauteurs, parce qu'il s'agit de rayons sur lesquels l'absorption de la vapeur d'eau est très-faible; mais il est d'autres raies qu'on ne peut distinguer de cette manière. Ainsi, sur le Faulhorn, M. Jansen[1] a pu reconnaître que certaines raies, qui ne variaient pas dans la plaine avec la hauteur du soleil, changeaient au contraire sur la montagne et accusaient par là que leur origine est dans l'atmosphère terrestre. Cela se comprend aisément, d'après les considérations que je viens de développer. Sur la montagne, la couche agissante de vapeur d'eau est diminuée de toute l'épaisseur comprise entre les niveaux de la plaine et de la montagne. L'absorption normale, qui était suffisante dans la plaine pour produire les raies, peut devenir trop faible sur la montagne pour déterminer le même effet, et alors les raies augmentent d'intensité par l'abaissement du soleil. Sur des montagnes plus hautes que le Faulhorn, il est probable que beaucoup de raies qu'on attribue à l'atmosphère solaire seraient encore reconnues comme appartenant à notre propre atmosphère, surtout si on s'en rapporte à une assertion de M. Glaisher, d'après laquelle, dans une ascension aérostatique, on voit en général l'intensité des raies du spectre solaire diminuer à mesure qu'on s'élève. Ajoutons encore que certaines raies atmosphériques à peine visibles en hiver, deviennent très-nettes en été, quand la quantité de vapeur d'eau contenue dans l'air est plus grande.

MM. Bunsen et Kirchhoff ont reconnu que chaque substance donne des raies spéciales dans le spectre du faisceau lumineux qui la traverse, de telle sorte que, d'après la position des raies d'un spectre, on peut reconnaître la nature des substances que les rayons ont traversées. On a alors comparé les raies du spectre solaire aux raies des divers

---

[1] Comptes rendus du 50 janvier 1865.

métaux, et on a cru pouvoir en conclure qu'un certain nombre de
corps communs à la surface de la terre existaient dans le soleil.

Mais les considérations que je viens de développer montrent que cette
conclusion est très-douteuse. Nous ne sommes certains de l'origine
solaire d'aucune des raies du spectre, et nous savons au contraire que
tous les métaux en question existent dans notre atmosphère. L'air renferme des vapeurs de toutes les substances existant à la surface de la
terre, car l'existence des odeurs des métaux et des roches nous montrent
que les corps les plus réfractaires sont susceptibles de développer des
vapeurs à la température ordinaire. En outre, les volcans et les bolides
remplissent notre atmosphère de vapeurs précisément des mêmes corps
qu'on a cru reconnaître dans le soleil.

Avant tout, il serait très-important de bien connaître le spectre atmosphérique, et pour cela il n'y a guère d'autre moyen que d'observer
une lumière donnant un spectre continu à une distance de 7 à 8 kilomètres, distance pour laquelle la masse d'air interposée à la surface du
sol est égale à celle que traverse un faisceau lumineux dans l'atmosphère. Cette épreuve même serait insuffisante, quoique meilleure que
tout ce que l'on a fait jusqu'ici, car lorsque l'air est à une densité très-
faible et une très-basse température, comme aux limites de notre atmosphère, il est possible qu'il donne, ainsi que les matières qu'il contient,
des raies différentes de celles qu'il donne sous grande densité. On a,
en effet, reconnu que chaque corps présente plusieurs états allotropiques différents, dans chacun desquels il donne des bandes obscures
spéciales. Le spectre de l'azote lui-même change avec la température.

Ce n'est pas tout encore. Après même être parvenu à distinguer les
raies qui ne sont pas dues à notre atmosphère, il y aura encore de
grandes difficultés à vaincre. Il est possible que le soleil renferme des
corps que nous ne connaissons pas et qui donneraient une partie des mêmes bandes obscures que certains corps que nous connaissons. L'identité n'a même pas besoin d'être complète pour nous jeter dans l'erreur;
il suffit pour cela que les différences soient peu sensibles. En traitant
plus tard de la densité des planètes nous reviendrons sur cette considération qui est très-importante. De plus, à la température de l'atmo-

phère absorbante du soleil qui repose sur la photosphère, nous ignorons complétement quelles seraient les bandes que donneraient les
métaux connus, vu que nous ne pouvons reproduire cette même température, et le spectre de beaucoup de corps change avec cet élément.
Ajoutons qu'en augmentant la puissance de nos appareils certaines
raies regardées jusqu'ici comme simples peuvent être dédoublées.
Avec des appareils très-petits, comme ceux qu'on a employés, de
grandes erreurs ont pu être commises. Tout dernièrement encore,
M. Rutherford, de New-York, en photographiant le spectre solaire, a
reconnu que plusieurs bandes gravées comme simples par M. Kirchhoff
se montrent formées d'amas de petites raies dans les photographies
agrandies.

Enfin, et surtout, nous ne devons pas oublier que pour nous parvenir,
les rayons du soleil traversent autre chose que l'atmosphère solaire et
l'atmosphère terrestre, mais qu'ils parcourent en outre sur une immense
épaisseur la lumière zodiacale, dont nous parlerons plus loin. Bien
que la lumière zodiacale paraisse composée de corpuscules solides, chacun de ces corpuscules a son atmosphère de vapeur de la même substance, excessivement ténue, il est vrai, mais l'épaisseur traversée
compense l'excessive ténuité. Donc, quant à présent, l'analyse spectrale
ne nous autorise nullement à affirmer l'existence dans le soleil de telle
ou telle substance.

La relation de la lumière zodiacale et des aérolithes, la probabilité
de la chute d'un grand nombre de ces derniers corps dans le soleil, leur
composition chimique, qui nous montre qu'ils sont formés d'éléments
communs à la surface de notre globe, sont des indications puissantes
en faveur de l'existence dans le soleil des métaux qu'on a cru y reconnaître par l'analyse spectrale. Mais ces relations comme cette analyse ne
sont que des inductions, et non une démonstration complète, comme on
l'a cru pour cette dernière.

J'ajouterai, en terminant, que la comparaison des spectres du soleil et
des étoiles pourra nous aider en la combinant avec l'expérience que j'ai
déjà indiquée, à distinguer les raies solaires et les raies de notre atmosphère. On a déjà reconnu que les bandes obscures ne sont pas les mêmes

dans toutes les étoiles. Malheureusement pour ces dernières, à cause
de la faiblesse de la lumière, les lignes faibles et les lignes très-étroites
ne peuvent être sûrement distinguées, et la position des raies est très-
difficile à fixer avec assez de certitude pour faire une comparaison soignée avecles raies solaires. On conçoit, au reste, que les bandes
atmosphériques doivent se montrer dans tous les spectres sidéraux suffisamment intenses dans toutes leurs parties.

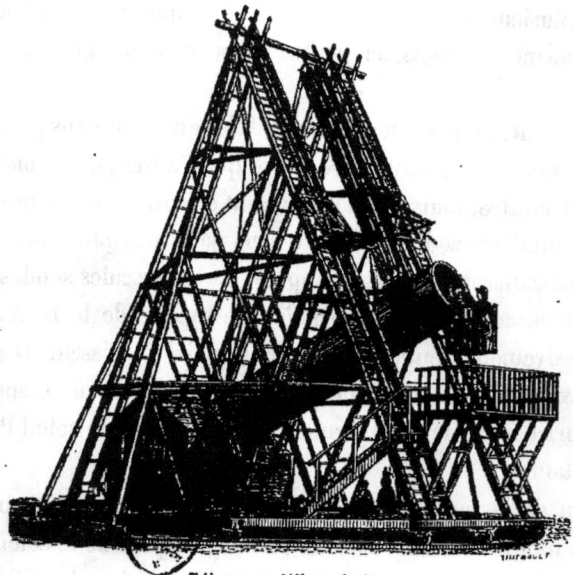

Télescope d'Herschell.

Montagnes de glace des pôles.

CHAPITRE III

LES CLIMATS

—◦◇◦—

DISTRIBUTION DE LA CHALEUR
ET DE LA LUMIÈRE DU SOLEIL A LA SURFACE DE LA TERRE
EFFETS DES CLIMATS SUR LES ÊTRES ORGANISÉS

Nous venons de jeter un coup d'œil sur la constitution intime du soleil. Nous avons de plus indiqué les particularités remarquables que présente la distribution de la chaleur et de la lumière à sa surface. Maintenant examinons la manière dont cet astre répand ses rayons sur les divers points de la surface de notre globe.

La terre est sphérique; elle tourne sur elle-même en vingt-quatre heures, et se transporte en outre dans l'espace en décrivant, dans l'intervalle d'une année, autour du soleil, une ellipse presque circulaire. Ces trois faits, bien longtemps ignorés, sont aujourd'hui trop universellement connus pour que je croie devoir en rappeler ici les nombreuses démonstrations accumulées par la science et relatées dans une multitude d'ouvrages de cosmographie et de traités élémentaires d'astronomie. Je tâcherai seulement de faire concevoir en quelques mots, dans la deuxième partie de ce chapitre, parce que c'est un point qu'on n'explique généralement que par les mathématiques transcendantes, pourquoi la route décrite annuellement par notre globe autour du soleil, ou en d'autres termes, pourquoi l'orbite de la terre est une ellipse presque circulaire et non un cercle parfait.

A cause de sa sphéricité, la moitié seulement de la surface terrestre peut être atteinte à la fois par les rayons solaires. L'autre moitié est dans l'ombre. Mais par l'effet de la rotation tous les points de cette surface passent en vingt-quatre heures du côté de la lumière et du côté de l'obscurité. Il y a toutefois une exception pour les régions polaires. Elle vient de ce que l'axe de rotation reste toujours parallèle à lui-même dans le transport annuel de la terre autour du soleil, et de ce que cet axe est en même temps incliné par rapport au plan dans lequel se meut le centre de notre globe. Il en résulte que, pendant la moitié de l'année, un des pôles est continuellement compris dans l'hémisphère éclairé, et l'autre dans l'hémisphère obscur. Celui des pôles qui a reçu les rayons solaires pendant six mois est privé du jour pendant les six autres mois et inversement. En même temps, les lieux situés loin de l'équateur, dans l'hémisphère du pôle qui reçoit la lumière, sont, pendant l'éclairage de ce pôle, beaucoup plus rapprochés à midi du centre de la région éclairée que les points analogues situés dans l'hémisphère opposé. Il résulte de là qu'en ces points le soleil paraît beaucoup plus élevé sur l'horizon pendant l'éclairage du pôle correspondant, lequel répond à l'été de leur hémisphère, que pendant l'éclairage du pôle opposé, lequel répond à leur hiver. Tout le monde a remarqué, dans nos climats, la différence énorme de la longueur des ombres à midi en hiver et en été, différence qui provient de cette élévation apparente du soleil sur l'horizon. Il résulte

encore de ce que nous venons de dire que l'un des hémisphères de
la terre, l'hémisphère nord par exemple, jouit de l'été quand l'autre
a l'hiver et réciproquement. C'est ainsi que dans le sud de l'Afrique
et de l'Amérique les mois de décembre, janvier et février, qui répondent à notre hiver, sont les mois les plus chauds de l'été.

La quantité de rayons solaires qui atteignent à un instant donné
une même étendue de la surface terrestre est très-différente suivant
que les points que l'on considère sont au centre de l'hémisphère
éclairé ou sur les bords de ce même hémisphère. Il est évident, en
effet, que dans le premier cas un faisceau solaire ne frappe qu'une
surface égale à sa section, tandis que dans le second cas il rencontre
une extension beaucoup plus grande sur laquelle il se répartit. L'éclairage et l'échauffement par les rayons solaires sont donc toujours beaucoup moindres sur les bords qu'au centre de l'hémisphère éclairé.
Or, malgré la rotation de la terre, les régions polaires ne peuvent
jamais atteindre ce centre, elles sont toujours près des bords, de telle
sorte que pendant la moitié de l'année où le soleil les éclaire, ce
dernier ne les échauffe que très-faiblement. Aussi les glaces accumulées près des pôles pendant les six mois d'obscurité et de refroidissement auxquels ces portions de la terre sont soumises, ne parviennent à fondre que très-imparfaitement sous l'action des rayons
obliques et pâles du soleil. Les bancs qu'elles forment près des côtes
pendant l'hiver laissent seulement, par un commencement de fusion,
se détacher d'immenses glaçons, dont les uns, entraînés par les courants de la mer dans les zones tempérées, arrivent à y fondre complétement, tandis que d'autres, restant dans les mers glaciales, s'y
accroissent pendant l'hiver suivant et arrivent à former les redoutables montagnes de glace si souvent décrites dans les voyages des navigateurs aux régions polaires.

Les contrées situées près de l'équateur, au contraire, passent chaque jour au centre de l'hémisphère éclairé ou dans son voisinage, et
elles y reçoivent les rayons du soleil sous une incidence voisine de la
perpendiculaire. Dans ces pays on jouit d'un été perpétuel, sous l'influence duquel, dans les deux règnes organiques, les forces vitales

déploient leur *summum* d'action. Le mot d'été perpétuel que je viens d'employer ne signifie pas toutefois que les saisons ne soient pas marquées dans la zone intertropicale. Loin de là, elles sont en général très-distinctes et très-prononcées; mais, comme dans la totalité de l'année et même dans la période qui répond à l'hiver, la température reste haute, on peut dire que toutes les saisons sont estivales.

C'est au point de vue de l'humidité et des pluies, bien plus qu'à celui de la température, que les saisons se distinguent les unes des autres dans les contrées intertropicales, du moins près de l'équateur. Là il n'y a pas de saisons chaudes et froides, mais des saisons sèches et humides, en général bien prononcées et très-régulières en chaque lieu. Des vents différents règnent d'habitude pendant les périodes de sécheresse et d'humidité. Dans l'Inde, ils sont connus sous le nom de moussons. J'ai pu m'assurer, dans l'Amérique du Sud, que de nombreuses irrégularités ont lieu en passant d'un point à un autre. Par exemple, dans l'intérieur du Brésil, la saison sèche répond à l'hiver, tandis qu'à Pernambuco, à 8 degrés au sud de l'équateur et sur la côte, l'hiver est la saison des pluies. Près de la mer, plus au sud, comme à Rio de Janeiro, les saisons sèches et humides sont moins marquées que dans l'intérieur ou à Pernambuco, mais cependant c'est en hiver que la sécheresse domine surtout. Ces différences proviennent de la forme du continent et de la nature plus ou moins boisée de sa surface.

L'intensité maximum de la chaleur dans la zone intertropicale dépend aussi beaucoup de la nature du sol. C'est dans les déserts arides comme ceux de l'Afrique que la température atteint sa plus grande valeur pendant le jour. Sur l'Océan elle s'élève moins, mais elle est plus constante. Le sol américain, couvert de végétation tient le milieu entre les deux extrêmes. L'évaporation y est abondante, et les vapeurs enlèvent l'excès de la chaleur sous la forme de calorique latent.

De même que la température, les effets de lumière produits par le soleil sur notre atmosphère présentent des différences très-grandes suivant la distance à l'équateur. Mais là encore la nature du sol joue un rôle important. Dans les régions où existent de vastes surfaces pres-

Boa constrictor (P. 87).

que dénuées de végétation, comme dans une grande partie de l'Afrique, l'air est très-sec et perd une partie de sa transparence, à cause surtout des poussières enlevées par les vents et de l'absence des grandes pluies pour nettoyer l'atmosphère. Dans les autres parties de la zone intertropicale, sur l'Atlantique, sur le continent américain, dans les îles de la mer du Sud et dans certaines parties de l'Inde, la vapeur d'eau à l'état de gaz transparent est abondamment mêlée à l'air, et au lieu de la couleur bleu-grisâtre qu'il possède dans nos climats et dans les déserts sablonneux, le ciel présente une teinte d'un bleu d'azur vigoureusement accentué qui lui donne un caractère spécial dans la région du zénith. A l'horizon même, la couleur bleue, quoique plus pâle, est encore prononcée d'une manière remarquable, tandis que dans les zones tempérées, la nuance est toujours blanchâtre.

Quand, sous ce ciel fortement azuré, les rayons verticaux du soleil de midi, à peine éteints dans leur trajet à travers l'atmosphère, viennent frapper les masses du feuillage vert sombre et vernissé des forêts, quand les ombres, presque anéanties par la perpendicularité de l'éclairage, disparaissent du tableau, l'observateur attentif aux beautés naturelles promène avec charme le regard sur le brillant paysage de lumière qui se déploie devant lui. C'est le moment où les grandes et nombreuses espèces de papillons diurnes des zones tropicales voltigent par milliers autour des fleurs dont ils ont les vives couleurs et l'éclat. C'est l'instant où les sensitives possèdent au plus haut degré leur curieuse faculté de fermer leur feuillage délicat au moindre souffle du vent, au moindre attouchement d'un insecte. Leurs feuilles alors grandement ouvertes et étalées, tant qu'aucune irritation ne les atteint, cherchent dans la lumière la force à l'aide de laquelle elles décomposent l'acide carbonique de l'air. Le soir, au contraire, elle se ferment comme pour éviter le refroidissement des nuits, et présentent avec celles des autres mimosées, des cassias, de toutes les légumineuses à feuilles pinnées, et des oxalis, le curieux phénomène du sommeil des plantes. C'est aussi sous le soleil perpendiculaire que les reptiles semblent se réveiller de leur vie d'engourdissement général, et que leurs mouvements atteignent une vivacité égale à celle des autres classes d'ani-

maux. La belle couleur des écailles de quelques-unes des espèces mérite
aussi d'attirer les regards, mais il faut de la prudence, surtout si on
approche des touffes de bambous ou de bananiers, ou si on pénètre
dans les plantations de cannes à sucre. Sur les eaux, des nuées de libellules annelées de bleu, de rouge, de vert ou de jaune se croisent en
tous sens, tandis que dans les lieux boisés de nombreux passereaux

voltigent à la poursuite des mille insectes brillants à reflets d'or que
l'on voit en abondance circuler dans l'air.

Il y a loin de l'aspect de ces splendides paysages tropicaux au moment même de la plus grande action solaire, du spectacle de la vie qui
sous mille formes diverses les anime, à l'idée des anciens au sujet des
régions équatoriales, regardées par eux comme brûlées par les feux du
soleil. De cette idée bizarre est venu le nom de *torride* donné à la zone

Coucher du Soleil (p 89).

terrestre comprise entre les tropiques. Mais partout où il y a humidité dans l'atmosphère, les rayons du soleil, loin d'être destructeurs, sont générateurs des phénomènes vitaux.

Dans les contrées chaudes du globe, la présence de l'humidité dans l'air n'agit pas seulement pour donner au ciel pendant le jour la teinte foncée d'azur, ou pour faire développer par les rayons solaires la puissance vitale ; elle agit encore pour joindre aux mille merveilles de la nature de l'équateur des effets de lumière d'une beauté incomparable au lever et au coucher du soleil. Le coucher de cet astre surtout offre des spectacles d'une magnificence impossible à décrire, et il doit la supériorité qu'à cet égard il possède sur le lever du soleil à la présence d'une humidité plus abondante le soir après la chaleur de la journée, que le matin après le dépôt en rosée d'une partie des vapeurs par l'effet du refroidissement de la nuit. Ce n'est pas non plus sur le continent qu'on observe les plus beaux couchers du soleil. Toutefois sur la terre le bleu céleste des montagnes lointaines, les teintes roses ou violettes que montrent ensemble et suivant leur distance les collines plus rapprochées, les tons chauds du sol, s'harmonisent d'une manière merveilleuse, quand l'astre vient de disparaître sous l'horizon, avec le jaune brillant de l'occident, avec les nuances rouges ou roses qui le surmontent dans le ciel, l'azur foncé du zénith et la couleur plus sombre encore et souvent verdâtre par effet de contraste qui règne à l'orient. Ces teintes douces et fondues, jointes à la variété des formes du terrain, à la richesse de la végétation des premiers plans, donnent des images gracieuses dans lesquelles le pinceau de l'artiste peut trouver de grandes inspirations. Parfois des nuages roses et légers ou des nuages plus épais, frangés de jaune d'or ou de rouge cuivre, produisent des effets particuliers se rapprochant de certains couchers de soleil de nos climats ; mais toutes les fois que le ciel est pur, les nuances diffèrent entièrement de celles de la zone tempérée et présentent un caractère spécial. Quelquefois encore, les dentelures des montagnes situées sous l'horizon ou des nuages invisibles, interceptant une partie des rayons solaires qui, après le coucher de l'astre, atteignent encore les hautes régions atmosphériques, donnent lieu au curieux phénomène des rayons

crépusculaires. On voit alors partir du point où le soleil a disparu une
série de rayons, ou plutôt de grandes bandes roses divergentes, s'étendant parfois jusqu'à 90 degrés et même, dans quelques cas, se prolongeant jusqu'au point antisolaire.

Rayons crépusculaires.

Mais sur l'Océan, quand près de l'équateur le ciel est dégagé de nuages dans la partie visible, et quand les rayons divergents se mêlent aux
arcs crépusculaires, les jeux de lumière prennent des proportions et un
éclat qui défie toute description et toute représentation sur un tableau.
Comment en effet dépeindre d'une manière satisfaisante les teintes rouges et roses de l'arc frangé par les rayons crépusculaires bordant le
segment encore fortement éclairé de l'occident, segment coloré lui-
même d'un jaune d'or éclatant? Comment surtout décrire la teinte d'un
bleu inimitable différent de celui du milieu du jour et qui occupe la
portion céleste comprise entre l'azur ordinaire mais foncé du zénith,
et l'arc crépusculaire? A toute cette splendeur du ciel occidental il
faudrait joindre la description de ses feux réfléchis sur la surface des

eaux agitées par le vent alizé, la couleur bleu-noir de la mer à l'orient, l'écume blanche de la vague qui tranche sur ce fond obscur, l'arc rose pâle du ciel oriental et le segment sombre et verdâtre de l'horizon.

Arrêtons-nous donc devant l'impossibilité d'une description de phénomènes aussi splendides. A ceux qui les ont vus, ils laissent dans l'esprit un souvenir ineffaçable; mais, pour en rendre l'effet, on sent l'impuissance de la parole. Laissons donc la question des effets de la lumière solaire dans notre atmosphère et revenons à celle de la distribution de la température dans les diverses contrées du globe.

Si on considère la température moyenne de l'année, on voit d'abord que cette température va en décroissant depuis l'équateur jusqu'aux pôles. Si on suit ce décroissement sur un seul méridien, on trouve des anomalies nombreuses dans la loi de sa variation, anomalies qui viennent de l'état plus ou moins aride du sol ou de l'interposition des mers. Mais si on prend la moyenne du décroissement sur tous les méridiens, une compensation s'établit entre les diverses anomalies et la loi devient régulière. J'ai effectué cette moyenne en calculant la température de chaque parallèle au moyen des observations existantes, et j'ai reconnu de cette manière que la différence des températures de deux parallèles donnés est précisément proportionnelle à celle de leurs rayons, c'est-à-dire de leurs distances à l'axe de rotation de la terre, distances dont le rapport au rayon de l'équateur porte en mathématiques le nom de cosinus de la latitude. D'après cette loi, j'ai trouvé que la température moyenne d'un parallèle donné est en degrés du thermomètre centigrade égale au nombre 56°,7 multiplié par le cosinus de la latitude et diminué ensuite de la quantité constante 28°,8.

Mais la température moyenne ne détermine pas seule le climat. Les températures extrêmes qui peuvent se produire en un lieu donné jouent un rôle immense dans la distribution des êtres organisés à la surface du globe. Comme la chaleur moyenne, pour une même latitude ces températures extrêmes varient beaucoup suivant la nature du sol. Sur les mers, elles restent dans des limites d'écart beaucoup moins étendues que sur les continents. Cela provient en grande partie des condensations nocturnes de vapeur et de l'évaporation diurne qui absorbe beaucoup de calorique. Ces dernières causes influent aussi dans le même sens, quoiqu'à un degré moindre, dans les régions couvertes de forêts et de végétation. En outre, sur les mers et pendant le jour, les rayons solaires, au lieu d'être absorbés entièrement par la couche superficielle comme sur le sol dénué de transparence, répartissent leur action sur une grande épaisseur. La nuit, le refroidissement aussi se fait dans une grande masse et non sur une couche superficielle. Les eaux de la surface, à mesure qu'elles se refroidissent, se contractent, deviennent plus denses et descendent dans les régions inférieures en même temps qu'elles sont remplacées par d'autres eaux plus chaudes. Ces diverses causes réunies ont pour effet de maintenir la température de la surface de l'Océan presque constante pendant le jour et la nuit. Aussi, sous l'équateur, en mer, j'ai trouvé que la température des eaux varie à peine d'un degré pendant les vingt-quatre heures de la journée. D'un autre côté, le mélange des eaux équatoriales et polaires, par l'effet des courants océaniques, courants dus à la différence de densité des eaux chaudes et froides, tend à diminuer sur les mers les chaleurs extrêmes des régions équatoriales et les froids intenses des contrées polaires. Les courants marins, modifiés dans leur marche par la forme des continents et par la rotation de la terre, de la même manière que les vents alizés dont nous expliquerons plus loin les causes, agissent d'une manière très-variable sur les températures moyennes et extrêmes des diverses régions. C'est à eux, ainsi qu'aux vents dominants, modifiés, suivant les localités, par les reliefs du sol, qu'il faut attribuer les anomalies que j'ai déjà signalées dans les températures moyennes des divers points d'un parallèle et celles qui existent aussi dans les températures extrêmes. Ainsi, les côtes occidentales des continents jouissent à la fois de climats plus constants et de températures moyennes plus élevées que les côtes orientales. Au contraire, dans les déserts arides et sablonneux, comme ceux de la Syrie, règnent parfois des chaleurs immenses ou des froids très-grands par rapport à leur latitude. Là, l'humidité du sol et de l'atmosphère n'existe pas pour régulariser le climat.

Au milieu de toutes les variations anormales, on constate toutefois

que les écarts entre les températures extrêmes et la température
moyenne d'un lieu vont en croissant considérablement à mesure qu'on
s'éloigne de l'équateur. C'est ainsi, par exemple, qu'à Paris, quoique
la température moyenne de l'année soit de 17 degrés plus basse que
celle de la zone équatoriale, on y observe souvent en été des chaleurs
égales. A Paris, cependant, le soleil n'atteint pas le zénith, il n'en
approche que jusqu'à 26 degrés. Mais, par compensation, tandis qu'à
l'équateur le soleil se lève toujours régulièrement à 6 heures du matin
et se couche à 6 heures du soir, nous le voyons en France durant l'été
rester sur notre horizon pendant environ 16 heures sur 24. S'il est
un peu moins chaud dans le milieu du jour que dans la région des
tropiques, en revanche, son action, en se prolongeant aux dépens de la
longueur de la période du refroidissement, permet d'atteindre un
même degré de chaleur. Disons toutefois qu'à Paris les températures
vraiment équatoriales n'ont lieu qu'avec des vents du sud, lesquels
viennent des déserts africains dont ils amènent la chaleur suffocante.

A l'équateur, quand le soleil atteint le zénith, il le dépasse rapidement pour se porter dans l'hémisphère opposé, car cette époque de
l'année est celle où le mouvement de cet astre en déclinaison est le plus
rapide. Près des tropiques, au contraire, le soleil séjourne très-longtemps dans la position voulue pour passer au zénith, et pendant un mois
il en est très-peu éloigné à midi. Cette circonstance, jointe au fait d'une
durée des jours plus longue que celle des nuits à cette époque,
est la cause de l'existence de chaleurs estivales plus grandes sous les
tropiques que sous l'équateur même. Ce phénomène remarquable,
et que j'ai eu l'occasion de vérifier, n'a guère été signalé. Par compensation, la diminution de la durée des jours et l'éloignement du soleil
jusqu'à 47 degrés du zénith pendant l'hiver des régions tropicales amènent des températures hibernales très-notablement inférieures à la température presque constante de l'équateur. La réunion de ces dernières
aux températures estivales donne une moyenne un peu inférieure à
celle qu'on observe près de la ligne équatoriale. Disons toutefois, pour
donner une idée nette des saisons sous les tropiques, que la température de l'hiver y est celle de l'été de France, débarrassé seulement des

quelques journées étouffantes qu'il présente accidentellement. La température de l'été s'en distingue par la présence de ces grandes chaleurs, lesquelles sont alors beaucoup plus soutenues que chez nous. C'est la saison des orages, qui modèrent toutefois de temps à autre cette température élevée.

Dans les latitudes très-hautes, comme en Laponie, la présence constante du soleil sur l'horizon pendant le milieu de l'été permet encore à la température, malgré l'obliquité des rayons solaires, d'atteindre un degré suffisant pour la maturation des fruits de quelques céréales. Mais la nuit presque continue du milieu de l'hiver, où le jour ne s'accuse que par quelques traces d'un crépuscule déjà avancé, amène un refroidissement intense qui couvre de glaces et de neiges ces tristes régions. Plus au nord encore, les traces du crépuscule lui-même arrivent à manquer en hiver, et on entre dans la région des glaces éternelles.

A la diversité des climats du globe terrestre, diversité qui a pour origine le mode de distribution des rayons solaires, se lie celle des productions animales et végétales. Mais les climats ne semblent être que la cause indirecte de cette diversité et ne paraissent pas avoir contribué à la produire eux-mêmes, c'est-à-dire que certains êtres organisés ne peuvent vivre que dans certains climats, mais ce ne sont pas les changements de climat qui ont donné naissance à la variété des formes. Tous les jours, en effet, nous transportons des animaux et des végétaux d'un climat dans un autre, et alors les uns périssent en refusant complétement de se modifier pour s'acclimater, les autres continuent de vivre et vont même jusqu'à se reproduire, mais avec une constance complète de leurs caractères génériques et spécifiques, constance qui nous prouve que ces êtres n'ont pas eu d'acclimatation réelle à subir, mais que leur nature pouvait déjà et d'avance s'arranger du nouveau climat. Il n'est pas jusqu'aux caractères de race et même de variété qui ne se conservent intacts. On a cru jadis que la différence de couleur des diverses races d'hommes venait des climats. Aujourd'hui il est bien prouvé que l'Européen conserve sous le ciel équatorial les caractères de sa race, et que l'Africain transporté en

Amérique, où les indigènes étaient jaunâtres, et en Europe, où ils sont blancs, y reste aussi noir que dans son pays. Le soleil sans doute brunit le teint des hommes qui s'exposent constamment à ses rayons, mais il suffit de s'y soustraire pendant quelque temps pour que cet effet disparaisse. Il n'y a donc là rien de constant et qui ait quelque rapport avec la couleur des races humaines. D'un autre côté, nos animaux domestiques transportés dans l'Amérique y ont conservé leurs caractères, ou du moins ceux des variétés qu'on y a introduites. Le prétendu retour des espèces redevenues sauvages, à un type unique supposé primitif est un fait qui me paraît, d'après tout ce que j'ai observé, devoir être rangé

parmi les contes des voyageurs. Du moins, j'ai vu dans les campos déserts du Brésil, dans ce qu'on appelle le *fond du Sertao*, des bœufs et des chevaux errants aussi variés que dans notre pays, et cependant il faut les attraper au lazzo. J'ai pris dans le pays même des renseignements près de personnes dignes de foi et ayant visité les régions que je n'ai pas parcourues dans les provinces du Sud et jusque dans les Pampas, et j'ai su que des variations analogues y ont lieu. D'ailleurs, en admettant même que sur quelques points une certaine uniformité aurait pu se produire, n'y a-t-il pas à en donner des explications autres que le climat? Les animaux de couleurs différentes ont des tempéraments inégalement robustes. Les parasites qui détruisent tant de bœufs et de chevaux dans l'Amérique n'attaquent pas toutes les couleurs et toutes les variétés avec le même degré d'énergie. N'aurait-il pas pu résulter de là une cause de prédominance pour certaines variétés, seulement même pour certaines couleurs plus résistantes, et conséquemment un certain degré de tendance à l'uniformité? Les maladies épidémiques qui frappent l'homme et les animaux n'agissent pas non plus également sur toutes les races. J'en puis citer un exemple très-curieux à propos de l'homme. Vers 1850, la fièvre jaune et le choléra sont apparus simultanément à Rio de Janeiro avec le caractère épidémique. Or, tandis que la première ne frappait que les hommes de race blanche, le choléra s'attaquait à peu près uniquement à la race noire. Dans les diverses causes que je viens de citer et qui auraient pu faire prédominer certaines races ou variétés de préférence aux autres, fait qui, je le répète, me paraît très-douteux d'après ce que j'ai vu, il y aurait des actions du genre de celles que Darwin a qualifiées de sélection naturelle plutôt qu'une intervention directe du climat.

On a souvent dit aussi que dans les régions intertropicales les moutons perdaient leur laine, qui était remplacée par du poil. Je n'ai rien vu de semblable dans le Brésil, même près de l'équateur, à Pernambuco. La laine est au contraire l'obstacle qui empêche ces animaux de se répandre abondamment dans ce pays, où certains parasites, tels que les ixodes, abondent dans les campos. Ces insectes, cachés au milieu de l'épaisse toison laineuse qui favorise leurs ravages, poursuivent de telle manière les moutons, qu'ils les rendent maladifs. Sur les points où on élève ces animaux, on les soigne au reste autant pour leur laine que pour leur chair. Quant aux poulets, qui, dit-on, naissent dépourvus de duvet dans ces mêmes régions, le fait est facile à expliquer. On ne le voit que sur une race introduite de l'Inde et sur les variétés qu'elle a données par croisement avec d'autres. C'est un caractère que cette race possédait dans son pays et qu'elle a conservé dans l'Amérique. Il est probable que, transportée en Europe, elle y présenterait le même phénomène, car les poulets appartenant à nos races européennes et transportés en Amérique y naissent aussi couverts de duvet que chez nous. Dans nos contrées, les poulets naissent en été alors que la température est égale et même quelquefois supérieure à celle de l'hiver du tropique où on fait souvent couver les poules. On ne voit donc pas comment la différence de climat ferait qu'en Europe ils auraient un duvet qu'ils ne posséderaient pas dans l'Amérique tropicale.

Pour les végétaux, il y a également à relever de nombreuses erreurs ou exagérations au sujet de l'influence des climats. Je n'en citerai ici qu'une seule. Elle est relative au ricin.

Tous les traités de botanique disent que cette plante est ligneuse dans les contrées chaudes, tandis qu'elle n'est qu'annuelle et vivace dans nos climats. Ainsi présenté, le fait n'est pas exact. Dans les pays chauds, le ricin de première année est en tout semblable au ricin cultivé chez nous. Il y donne ses graines; mais, de même qu'en Europe, il ne meurt pas par le fait seul d'avoir fructifié, et c'est en cela qu'il diffère nettement des plantes annuelles. La plante proprement dite annuelle est celle qui meurt nécessairement par le fait même de la maturation de ses graines : telle est la reine-marguerite de nos jardins. On a beau l'entourer de soins et lui conserver de la chaleur après la fructification, sa mort arrive également. Le ricin, au contraire, après avoir donné ses fruits, continue de végéter en ramifiant. Il fleurirait de nouveau et donnerait de nouvelles graines, comme il le fait sous les tropiques, si, en Europe, le froid de l'hiver ne venait le faire mourir. Mais cette mort accidentelle ne constitue pas un changement dans les caractères essentiels de la végétation de la plante, en un mot une modification due au climat. C'est un accident qu'on peut empêcher en entrant la plante dans une serre ou une orangerie pour la préserver du froid pendant l'hiver. Alors elle peut en Europe végéter durant une seconde, et même une troisième année comme dans les contrées chaudes, et elle y présente identiquement le même caractère. Elle devient ligneuse à sa base et dans ses rameaux inférieurs, mais elle est toujours, comme sous les tropiques, herbacée dans ses nouveaux rameaux. Il m'est arrivé à Cherbourg de voir un ricin résister en pleine terre à un hiver pendant lequel aucune gelée ne s'était produite ; il poussa de nouveau l'année suivante, où il présenta complétement l'aspect que je viens de décrire tel que je l'ai observé dans la région tropicale. Donc, le

7

climat ne modifie en rien les caractères du ricin. Ce que je viens de dire du ricin pourrait aussi se dire du réséda et des autres exemples de variations analogues cités dans les traités de botanique pour montrer le peu d'importance de la consistance des tiges dans la classification des plantes.

Tout en reconnaissant que le climat n'agit que très-peu sur la variabilité des caractères des êtres organisés, je n'ai nullement l'intention de présenter ces considérations comme une preuve de la persistance indéfinie de l'espèce, de la race ou de la variété, questions vivement débattues en ce moment entre les naturalistes. Au moins, dans les races et les variétés, il existe des changements incontestables, car ceux-là, on les voit directement, mais ils sont soumis à d'autres lois que celle de l'influence climatérique. Ces lois, à peu près inconnues, se lient aux phénomènes mêmes de la reproduction, en même temps qu'agissent sur les produits tantôt la sélection de l'homme opérant dans un sens déterminé, tantôt la sélection naturelle beaucoup plus importante et décrite avec talent par Darwin.

Pour terminer la question du rapport des climats et des êtres organisés, je présenterai quelques considérations sur la vie de l'homme sauvage dans les contrées chaudes du globe, où notre espèce paraît avoir pris naissance, car il est évident que l'homme n'a pu habiter nos climats avant la découverte du feu et la création d'un certain degré d'industrie, au moins pour se bâtir de chétives habitations et pour préparer des peaux d'animaux sauvages afin de se couvrir. Ne voyons-nous pas en effet fréquemment en Europe, en France même, des hommes périr de froid au milieu des neiges, malgré les vêtements qu'ils possèdent? Comment alors, dans son état de nudité primitive, et sans le secours du feu et la construction d'abris, l'espèce humaine aurait-elle pu résister à nos frimas? Quelque simple qu'il nous paraisse d'obtenir le feu à nous qui en faisons tant usage, nous devons penser que sa découverte a présenté une grande difficulté à l'humanité. Il a dû s'écouler bien du temps avant que l'homme ne trouve qu'un frottement prolongé de deux morceaux de bois peut les enflammer. La connaissance de ce seul fait a suffi pour constituer le premier degré de l'échelle de la civilisation sur laquelle nous progressons aujourd'hui avec tant de rapidité.

Quoique les forêts tropicales offrent un peu plus de ressources pour l'alimentation de l'homme que celles de nos climats à cause des fruits des palmiers et des racines de certaines fougères ou aroïdées et de quelques autres plantes, on reconnaît cependant en les parcourant que les substances alimentaires s'y trouvent en très-petite quantité. A l'état de sauvagerie complète et sans l'établissement d'aucune trace de culture, il ne peut pas conséquemment exister de population nombreuse. La pêche dans les rivières, une des principales ressources des nations sauvages, a dû manquer aussi à l'origine, et la chasse elle-même a nécessairement présenté de grandes difficultés avant que l'homme n'ait découvert les engins à l'aide desquels il la pratique. Encore de nos jours, malgré la connaissance du feu, malgré celle d'appareils divers pour la chasse et la pêche, les sauvages mènent dans les forêts la vie la plus misérable possible, en souffrant à chaque instant de la faim qui a toujours dû les décimer quand leur nombre tendait à augmenter. C'est très-probablement à cette circonstance qu'il faut attribuer l'origine de l'anthropophagie, qu'on a trouvée chez tous les peuples des régions tropicales non civilisés à un certain degré. Ces faits d'anthropophagie se sont montrés à la fois dans l'Amérique, dans l'Afrique et dans les îles de la mer du Sud à des degrés divers. Chez certains peuples, ils étaient arrivés à se limiter aux prisonniers de guerres accidentelles ; chez d'autres ils s'appliquaient à tous les individus surpris d'une autre tribu, et un état de guerre permanent avait lieu entre les diverses nations voisines.

Partout où des habitudes de culture ont commencé à s'introduire, la population s'est accrue dans des proportions considérables. L'Inde nous en offre un exemple, comme en Amérique, le Mexique et le Pérou à l'époque de leur découverte. Grâce à l'invention des moyens de faire du feu, l'espèce humaine a pu envahir les régions tempérées et les coloniser. La nécessité de lutter avec des climats plus rigoureux a amené un degré d'industrie plus grand. Même les hordes restées sauvages ont été obligées d'atteindre cependant un certain degré de civilisation. La culture était nécessaire, et l'anthropophagie a disparu hors des tropiques, en même temps qu'avec des moyens d'existence plus assurés la population a pu s'accroître considérablement. Sous les tropiques, au contraire, un état plus sauvage s'est maintenu. Aujour-

Mangliers.

d'hui, si on excepte l'Inde, avec sa civilisation spéciale, les régions tropicales sont encore très-peu habitées. La colonisation européenne est trop récente pour leur avoir fourni une population en rapport avec leur immense surface, et leurs races primitives peu nombreuses continuent de mener la vie sauvage dans les forêts.

Le Brésil renferme encore sur son vaste territoire des hordes indigènes à l'état de barbarie. Sa population insuffisante de race européenne n'a pu se répandre que sur une partie de son étendue, et le reste est peuplé d'Indiens errants. Ces Indiens appartiennent à deux races distinctes, les nombreuses tribus du groupe Guarani et les féroces Botocudos. Les premiers, qui possédaient des tendances à la vie pastorale, ont pu sur beaucoup de points être réunis, par les soins du gouvernement brésilien, dans des villages nommés *aldeias*, où ils se livrent un peu à la culture et pratiquent de petites industries. J'ai visité une de ces aldeias, près de la côte sud de Pernambuco, à l'époque où je relevais la carte hydrographique de cette côte. L'aldeia en question est à peu de distance de Villa de Barreira, village situé sur le Rio Una. Je remontai dans un canot en partant de son embouchure cette rivière dont les rives tantôt couvertes de mangliers ou garnies d'immenses arundinacées en fleur et de grands feuillages d'aroïdées, tantôt longeant de belles masses granitiques ou chargées d'une luxuriante végétation m'offraient à chaque instant un spectacle nouveau, et après deux heures et demie de route je débarquai à Villa de Barreira, d'où je me rendis à pied au village indien qui n'en est qu'à une demi-lieue. Ce village se compose d'une trentaine de maisons de paille de palmier formant une sorte de rue : la majeure partie de ces chaumières accuse par son mauvais état la paresse des habitants. En traversant le village, je vis la plupart d'entre eux couverts de guenilles et couchés sur des paquets de jonc ou bien se reposant dans des hamacs. Quelques-uns assis les jambes croisées devant leurs portes étaient occupés à tisser des nattes ou des paniers qu'ils vendent au village de Barreira. C'est cette petite industrie qui sert à les faire vivre, car leurs cultures sont très-insignifiantes ; j'aperçus seulement quelques rares et petits enclos avec des bananiers ou des plants de manioc et de tabac. Quoique le type de la majeure partie des Indiens de l'aldeia soit encore de race pure, cependant de

profondes traces de mélange avec les noirs et les créoles' se font
déjà remarquer chez beaucoup d'entre eux. Ils parlent d'ailleurs portugais; et avec leur idiome primitif ils ont perdu bien des caractères qui eussent été intéressants à étudier. Malheureusement le
contact avec les tribus entièrement sauvages présente trop de difficultés,
à cause de leurs habitudes farouches, pour qu'on puisse dans les rares
relations possibles avec elles se faire une idée bien précise du degré
de perfectibilité de la race américaine. Ce point intéressant pour
l'anthropologie ne peut guère être vu que dans les aldeias où les

efforts pour les civiliser se sont produits, mais le mélange qui s'opère
alors immédiatement entre les races jette une grande incertitude sur
ce genre d'études. J'ai toutefois cherché à lier conversation avec les
Indiens de l'aldeia. Une pluie d'orage qui est survenue pendant que
je circulais dans leur village m'en a facilité les moyens. L'un d'eux
m'invita à entrer dans sa chaumière. Ce mouvement, que je pris d'a-
bord pour une politesse, n'était au fond que de la curiosité. Il voulait
savoir ce qu'un étranger venait faire au milieu de leur village; il me
posa une multitude de questions à cet égard. Sa femme, assise sur
un des bancs de bambous qui formaient l'unique mobilier de la cabane, était occupée à bercer son enfant dans un petit hamac. L'un
et l'autre, d'une couleur jaune olivâtre, présentaient complétement le

type Guarani sans aucun mélange. Ce type, qui n'a guère de la
race mongolique que la couleur, mais qui n'en montre ni l'obliquité
des yeux ni les pommettes saillantes, manque d'ailleurs de beauté.
Les yeux bridés et les lèvres minces nuisent beaucoup à l'expression
de la physionomie. Les cheveux sont noirs et longs. La plupart les
portent pendants sur les épaules. De plus, la taille chez les hommes
est petite, et la barbe peu fournie se montre surtout au menton.

Lorsque je fus installé dans la cabane, plusieurs autres Indiens
hommes et femmes entrèrent. Leur conversation était animée, car
ils sont très-loquaces. A propos de chaque question et réponse, ils
contaient, les femmes surtout, mille anecdotes sur les gens qui avaient
passé au village, mais ils sautaient sans cesse d'un sujet à un autre
sans que leur verve tarît, et assez fréquemment la superstition se
mêlait aux récits. En voyant leur manque de suite dans les idées,
leur caractère défiant, leur esprit d'indépendance farouche qui a persisté malgré leur organisation en villages et enfin leur paresse, il m'est
resté l'impression que les tribus américaines n'auraient pu parvenir
d'elles-mêmes à un état de civilisation avancé sans un grand nombre de
siècles, et qu'elles n'y parviendraient pas, malgré le contact de la race

caucasique, sans la fusion avec la colonisation européenne qui a peuplé l'Amérique. Incapables de réflexions profondes et prolongées, l'esprit de ces hommes, ne perçoit que des images matérielles. Ils ont toutefois acquis avec le christianisme la notion du bien et du mal qui semble même manquer aux farouches Botocudos.

Les Indiens de ce dernier nom, dont quelques tribus errent encore aux limites des provinces de Minas Geraes et d'Espirito Santo, ont dans leur type une assez grande ressemblance avec les autres, mais ils sont plus robustes et beaucoup plus rebelles encore à la civilisation. Ils se percent les lèvres et les oreilles et y introduisent de gros morceaux de bois. Ils sont complétement nomades. Un voyageur français, aujourd'hui habitant Barbacena, et qui a traversé avec une escorte, il y a une trentaine d'années, la région qu'ils occupent, M. Victor Renault, a pu, par un séjour prolongé sur les rives du Mucury qu'il explorait, étudier à fond leurs habitudes. Je lui dois de nombreux documents sur ces peuplades qui, depuis cette époque, ont été bien refoulées par les progrès de la colonisation, mais ont cependant continué de persister dans leurs usages féroces de cannibalisme. S'attaquant sans cesse entre eux par trahison, marchant toujours en alerte l'arc bandé, dévorant leurs victimes, ces êtres dégoûtants, dont les deux sexes sont entièrement nus et toujours couverts de boue, offrent l'aspect le plus hideux que puisse présenter l'humanité. Chaque jour ils changent de lieu, et, après leurs chétifs repas de racines de fougères et de gibier grillé qu'ils déchirent avec leurs ongles, ou après leurs horribles festins d'anthropophages, ils se jettent pêle-mêle sur la terre comme un troupeau de sangliers, l'un servant d'oreiller à l'autre. Cette vie nomade leur est nécessaire pour trouver leurs aliments. Leur industrie se borne à la fabrication d'arcs et de flèches et à celle de colliers de dents de cabiai et de jaguar ; elle ne va pas jusqu'à la construction de huttes de palmier. Ils restent exposés à l'action des pluies comme à la famine.

Il y a loin de cet ignoble tableau, de cette vie misérable de guerre et de famine aux images de la vie sauvage dépeintes par quelques philosophes et quelques poëtes du dernier siècle. Certainement les

Botocudos sont au plus bas degré de l'échelle des peuples existants; ils sont inférieurs à la presque totalité des peuplades africaines et océaniennes. Ils ont moins de perfectibilité que les dernières races nègres elles-mêmes qu'on peut dresser au travail, ce qui montre que le prognathisme de la face est loin d'être le signe d'infériorité intellectuelle le plus caractéristique. La capacité crânienne, la nature du tissu cérébral et mille autres causes, la plupart inconnues, jouent un rôle non moins important.

Mais quelque grand que nous semble le degré d'infériorité des Botocudos, cependant un peu de réflexion nous indique qu'ils ne sont déjà plus à un état complétement primitif. Ils connaissent le feu et les armes. Leur langue a des expressions assez nombreuses; ils possèdent des chants, et bien que la plupart de nos idées morales et philosophiques fussent inexprimables dans leur langue, cependant des images empruntées à la nature qui les entoure leur servent déjà pour représenter et faire naître chez eux les rudiments d'idées d'un autre ordre. Ils savent les propriétés de beaucoup de plantes, enfin ils montrent des traces d'organisation sociale puisqu'ils ont des sortes de chefs, mais on ne leur connaît aucun culte religieux. A peine soupçonne-t-on chez ces sauvages tribus, bien différentes des Indiens proprement dits, quelque chose d'analogue aux premiers rudiments du fétichisme africain dans lequel réside, au moins à l'origine, non la croyance à la divinité, comme on le dit généralement, mais une sorte de crainte mêlée de respect et inspirée par certains animaux, le serpent, par exemple, dont le venin redoutable provoque par ses effets extraordinaires une sorte d'étonnement mêlé de terreur; c'est plus tard que, par voie de généralisation et d'abstraction, conséquence du développement intellectuel progressif, naît l'idée d'esprits indépendants de ces êtres matériels et les animent, ce qui représente le second degré du fétichisme, point de départ de la croyance au merveilleux chez les peuples sauvages.

En assistant à l'horrible spectacle que présentent les tribus Botocudos, avec le cannibalisme dominant leur existence, en songeant cependant à tout ce qu'ils ont déjà d'acquis par rapport à un état vraiment primitif, on se demande ce que doivent être les misères de la vie dans cette situation d'absence complète de la civilisation vantée avec tant d'irréflexion et de folie par des auteurs qui n'avaient jamais vu errer le sauvage dans ses forêts. Que penser aussi de certains naturalistes qui n'ont pas voulu classer l'homme dans le règne animal auquel le lient son organisation physique, ses sens, ses passions et même la nature de ses facultés intellectuelles se retrouvant toutes de leur aveu, sauf une différence immense de développement, à l'état rudimentaire chez les animaux? On se demande comment ces naturalistes ont pu chercher dans l'idée du bien et du mal et dans la croyance au merveilleux des caractères qu'ils ont trouvés suffisants pour créer le règne humain. N'y a-t-il pas lieu de sourire quand on voit attribuer au cannibale l'idée développée du bien et du mal, quand on voit supposer la notion de la pudeur et de la moralité au sauvage brutal dans ses passions et qui erre nu dans les déserts, vivant de rapines et de la chair de ses semblables, et trouvant cet état de choses le plus naturel possible?

Laissons donc cette innovation absurde. Continuons de classer l'homme, comme on l'a fait universellement jusqu'ici, à la tête du règne animal qu'il domine par la perfectibilité immense de son intelligence, tandis que celle de l'animal est toujours rudimentaire. Il y a dans cette perfectibilité un caractère spécifique de premier ordre, mais non un caractère de règne. Ne perdons pas de vue que le classement de l'espèce humaine dans le règne animal ne nuit en rien à la dignité de cette espèce, car il n'implique aucune égalité. Son unique signification est la constatation des analogies irrécusables de l'organisation physique de l'homme et des animaux, de l'identité de sensations et de passions.

II

SUR L'ÉQUILIBRE DU SYSTÈME DU MONDE DANS L'ELLIPTICITÉ DES MOUVEMENTS

Des expériences très-délicates, faites dans les cabinets de physique, ont montré que toutes les parties de la matière s'attirent les unes les autres. Ces attractions réciproques diminuent à mesure que les corps s'éloignent, et leur intensité est en raison inverse du carré de la distance, c'est-à-dire que si la distance vient à doubler, la force attractive sera deux fois multiplié par deux fois plus petite, ou le quart de ce qu'elle était d'abord. Si la distance triple, elle sera trois fois multiplié par trois fois moindre, ou le neuvième de la première valeur, et ainsi de suite.

Il résulte des attractions de la matière qu'un corps placé à la surface de la terre est attiré par tous les points de la masse de ce globe. Mais comme les attractions sont symétriques autour de la ligne qui joint le corps en question au centre de la sphère terrestre, toutes ces forces réunies se combinent pour attirer ce corps vers le centre de la terre. Cette attraction n'est autre que la pesanteur, laquelle alors se trouve sur toute la superficie terrestre perpendiculaire au point le plus voisin de cette surface sphérique.

En raisonnant relativement à tous les astres, comme nous venons de le faire pour la terre, on voit qu'il existe aussi à la superficie de chacun d'eux une pesanteur dirigée vers leur centre. Or, cette force de la pesanteur, appelée aussi force de gravitation, ne cesse pas à une petite distance de la surface de chaque corps céleste. Nous avons dit qu'elle diminue quand l'intervalle entre les corps qui s'attirent augmente, mais la loi même de sa diminution montre qu'elle ne s'éteint pas. Le soleil attire donc la terre en vertu de la force de pesanteur dont il est doué, comme la terre attire le soleil au moyen de la force de même nature qu'elle possède. Si, en un instant donné, ces deux astres étaient immobiles, ils commenceraient immédiatement à se précipiter l'un vers l'autre par l'action de leur attraction réciproque. Mais la terre tourne autour du soleil[1] dans l'intervalle d'une année, et ce fait suffit, comme nous allons le voir, pour l'empêcher de tomber sur le soleil.

Tout le monde sait qu'en attachant une pierre à un cordon et en la faisant tourner en fronde, on sent une résistance assez forte sur la main. Cette résistance nous montre que la pierre tend à s'écarter et à fuir, et nous voyons ainsi que pour courber le mouvement d'un corps il faut employer une force très-notable et d'autant plus grande que le rayon du cercle décrit est plus petit et que la vitesse du mobile est plus considérable. Or la terre se mouvrait en ligne droite dans l'espace au lieu de circuler autour du soleil, si elle n'était soumise à aucune force. La force attractive de ce dernier astre, laquelle dans le cas de repos initial l'aurait fait tomber sur lui, est dans le cas de mouvement uniquement dépensée à courber la route de la terre et à la maintenir dans un mouvement presque circulaire.

Nous pouvons maintenant nous rendre compte pourquoi la circularité n'est pas parfaite. Il faudrait, en effet, pour l'existence de cette circularité, que la direction du mouvement de la terre fût exactement perpendiculaire à la ligne joignant son centre à celui du soleil, quand ces deux astres seraient à la distance où leur attraction est précisément égale à la force centrifuge avec laquelle la terre résiste comme la pierre de la fronde à la courbure de son mouvement.

Or, parmi tous les cas possibles qui ont pu se produire dans le système du monde, il y a bien peu de chances pour cette perpendicularité rigoureuse, qui, au reste, n'aurait pu se maintenir, à cause des mille petites actions perturbatrices provenant des attractions des autres corps répandus dans l'espace. Il résulte donc de là que les mouvements des

---

[1] En réalité, ces deux astres tournent autour de leur centre commun de gravité, mais, comme, à cause de l'énorme masse du soleil, ce centre de gravité est dans l'intérieur du volume de ce dernier corps, on peut dire que la terre tourne autour du soleil.

cords célestes les uns autour des autres ne peuvent être rigoureusement circulaires.

Mais, quoique la direction du mouvement de la terre ne soit pas
exactement perpendiculaire à la ligne joignant son centre à celui du
soleil pour la distance où l'attraction est égale à la force centrifuge,
cependant la stabilité de notre globe dans son mouvement n'en est pas
moins bien assurée, et il ne fait qu'osciller autour du cercle qu'il aurait
décrit si la perpendicularité avait été rigoureuse, et qu'on pourrait
appeler son cercle d'équilibre. Quand, en effet, les deux astres sont à une
distance égale au rayon de ce cercle, il résulte du défaut de perpendicularité de la direction du mouvement par rapport à la ligne joignant les
centres, que ce mouvement peut être considéré comme composé de deux
autres, l'un transportant la terre autour du soleil, et l'autre modifiant
la distance des deux corps. L'attraction agissant sur cette dernière
portion de la vitesse, la modifie en la diminuant quand ils tendent à
s'éloigner, en l'augmentant, au contraire, quand ils tendent à se rapprocher. Or, ces variations de vitesse, bien que déterminées suivant la
ligne des centres, cessent de lui appartenir par l'effet du transport de
l'astre, et elles modifient la vitesse tangentielle à la courbe et par
conséquent la force centrifuge d'une manière indépendante du changement qui a déjà lieu par l'effet de la variation des distances.
Elles la font croître plus rapidement que l'attraction quand la
terre se rapproche du soleil, et diminuer plus vite, au contraire, dans
le cas d'éloignement. La force centrifuge l'emporte donc quand la terre
est en dedans de son cercle d'équilibre, et elle est moindre que l'attraction quand notre globe est en dehors de ce cercle. On voit ainsi comment la terre tend à revenir sans cesse à sa distance moyenne ou distance d'équilibre quand elle s'en est éloignée, et elle s'y arrêterait si elle
ne la dépassait chaque fois en vertu de la vitesse acquise dans le mouvement fait pour y revenir. Elle oscille donc autour de sa distance
moyenne, comme nous voyons à la surface de la terre tous les corps
déplacés de leur position d'équilibre osciller autour de cette position, à
laquelle ils ne reviennent que par l'effet des résistances qui annulent à
la longue ces oscillations. Mais les astres se meuvent dans le vide. Pour

les planètes, les résistances sont nulles, les oscillations se prolongent indéfiniment; et de ces oscillations résulte, au lieu d'une courbe circulaire, une courbe elliptique.

Ce que nous venons de dire de l'équilibre de la terre dans son mouvement autour du soleil peut se dire de tous les astres. La lune et les autres satellites tournent autour de leurs planètes respectives en obéissant à des lois semblables, de même que le système de chaque planète et de ses satellites circule autour du soleil en restant maintenu, malgré le défaut de circularité des mouvements, par l'antagonisme des forces attractives et centrifuges. Le soleil lui-même est emporté dans l'espace avec le nombreux cortége d'astres qu'il retient autour de lui par son attraction, et il circule à son tour autour du centre de gravité du système qu'il forme, soit avec quelque autre corps plus volumineux, soit plutôt avec quelque groupe d'astres de notre nébuleuse. Toujours la loi des mouvements est celle que nous venons d'essayer de faire concevoir.

CHAPITRE IV

LA LUNE

PHASES — THÉORIE DES ÉCLIPSES
CONSTITUTION PHYSIQUE — CLAIR DE LUNE SUIVANT LES CLIMATS
ÉCLIPSES DE LUNE

Une observation attentive du mouvement apparent de la lune sur le ciel et la mesure de sa distance à la terre par des procédés analogues à celui que j'ai décrit dans le chapitre premier ont appris aux astronomes que la lune est un corps rond d'un diamètre quatre fois plus petit environ que celui de la terre, et qui tourne autour de notre globe en revenant à la même direction par rapport au soleil dans l'intervalle de vingt-neuf jours et demi. De même que la terre, la lune, son satellite, n'est pas lumineuse par elle-même, mais l'une des moitiés de sa surface, celle qui regarde le soleil, est éclairée par cet astre. L'autre hémisphère est dans l'ombre. Quand dans sa rotation la lune se trouve pour nous du même côté que le soleil, c'est précisément sa face dans l'obscurité qui est tournée vers la terre; alors elle ne nous paraît pas lumineuse, et on dit qu'elle est nouvelle.

Toutefois, dans la nouvelle lune, la face obscure de cet astre dirigée vers le côté éclairé de la terre reçoit quelques rayons réfléchis par notre globe. Ces rayons répandent sur elle une faible lueur qu'on a appelée *lumière cendrée* et sur laquelle nous reviendrons plus loin. A mesure que par l'effet de son mouvement la direction de notre satellite s'écarte de celle du soleil, on aperçoit une partie de plus en plus grande de sa surface éclairée. Cette surface présente alors l'aspect d'un croissant lumineux. Le septième jour a lieu le *premier quartier*. Pendant les jours suivants jusqu'au quinzième, la lune continue de se transporter vers la région du ciel située du côté opposé au soleil, et lorsqu'elle a atteint cette région, elle nous montre dans son entier sa face éclairée, et nous avons la *pleine lune*. Après avoir enfin dépassé la position correspondant à cette apparence, la lune parcourt l'autre moitié du ciel pour revenir de nouveau, au bout de quinze jours, dans la direction du soleil, et dans ce parcours son côté éclairé disparaît successivement pour nous, et elle offre dans un ordre inverse toutes les phases qui ont eu lieu pendant la première quinzaine.

Lorsque la lune est nouvelle, c'est-à-dire lorsqu'elle est située du côté du soleil, et présente à la terre, comme nous venons de le dire, son côté obscur, il peut se faire qu'elle passe devant cet astre, et nous cache un instant sa lumière. C'est là l'explication des éclipses de soleil. Lorsqu'au contraire la lune est pleine, c'est-à-dire, lorsqu'elle est du côté opposé au soleil, de sorte que sa face éclairée est dirigée vers nous, il peut arriver qu'elle traverse l'ombre de la terre qui, dans ce cas, lui dérobe un instant la lumière qui la rendait visible. Elle s'obscurcit alors, et on a ce qu'on appelle éclipse de lune.

Il semble résulter de ce qui précède qu'il devrait se produire une éclipse de soleil chaque fois que la lune est nouvelle, et une éclipse de lune chaque fois que la lune est pleine. Il n'en est pourtant pas ainsi, de sorte qu'après avoir indiqué comment il peut se faire qu'il y ait des éclipses, nous sommes maintenant obligés d'expliquer pourquoi il n'y en a pas toujours.

Par l'effet du mouvement de translation de la terre autour du soleil, nous voyons cet astre dans la direction de régions du ciel étoilé différentes suivant la saison. De même, le mouvement de révolution de la lune autour de la terre fait que ce satellite nous paraît également se déplacer au milieu des étoiles. Il suffit de le regarder pendant un instant pour reconnaître son déplacement. Pour qu'il y eût éclipse solaire à chaque lunaison, il faudrait que la lune nous parût suivre exactement sur le ciel la route que le soleil décrit en un an, de sorte qu'elle viendrait le recouvrir chaque fois qu'elle serait nouvelle; mais ce n'est pas ce qui a lieu.

Les deux routes apparentes du soleil et de la lune sur le ciel étoilé, quoique assez peu différentes, ne se confondent pas; elles sont inclinées l'une à l'autre de 5 degrés, et ne se rencontrent qu'en deux points. Pour qu'il y ait éclipse, il faut donc que la nouvelle lune arrive quand le soleil est près de l'un de ces points d'intersection. Lorsque la lune est nouvelle dans une autre situation, elle passe pour nous un peu au-dessus ou au-dessous du soleil, et cette petite déviation, qui ne l'empêche pas de ne nous montrer que son côté obscur, et par conséquent d'être nouvelle, suffit pour empêcher l'éclipse.

La même cause explique comment il arrive souvent, quand la lune est pleine, qu'elle passe un peu au-dessus ou au-dessous de l'ombre de la terre, quoique cette petite déviation de la direction diamétralement opposée au soleil ne l'empêche pas de ne nous montrer que son côté éclairé.

Si les points d'intersection des routes apparentes des deux astres ne se déplaçaient pas sur le ciel, les éclipses ne pourraient avoir lieu qu'à deux époques de l'année, celles où le soleil serait voisin de ces points d'intersection, mais la route que suit la lune varie de telle manière que, tout en conservant à peu près la même inclinaison sur celle du soleil, les points d'intersection font le tour du ciel en dix-huit ans et demi.

Une étude suivie des mouvements apparents du soleil et de la lune en a fait connaître les lois, qui sont très-régulières. Aussi peut-on fixer d'avance pour un instant quelconque la position occupée sur le ciel par ces deux astres. Il est donc très-facile de reconnaître quand les conditions voulues pour qu'il y ait éclipse se produisent et d'en assigner l'heure avec exactitude.

D'après ce que nous avons dit des circonstances particulières qui amènent une éclipse de soleil, on voit qu'il peut arriver, dans une nouvelle lune, ou que ce satellite se projette pour nous tout à fait en dehors du disque solaire, ou qu'il en cache une partie ou enfin que son centre recouvre exactement le centre du soleil. Dans le premier cas, il n'y a pas d'éclipse; dans le second cas, il y a *éclipse partielle*; dans le troisième cas, il y a *éclipse centrale*.

Les éclipses centrales sont de deux espèces, à cause des variations de distance de la lune à la terre. Ce satellite, en effet, ne se meut pas dans un cercle autour de notre globe, mais son orbite est un peu allongée, ou, en d'autres termes, elliptique. Or, tout le monde sait que si un corps s'éloigne, il nous paraît plus petit, et la lune qui, dans sa moyenne distance, sous-tend environ le même angle que le soleil, ne fait pas exception à la règle. Suivant donc qu'elle est à sa plus petite ou à sa plus grande distance de la terre, quand l'éclipse centrale se produit, nous la voyons plus grande ou plus petite que le disque solaire. Dans le premier cas, ce disque est entièrement couvert, et il y a ce qu'on appelle éclipse totale; dans le second cas, son centre seul est caché, et le soleil nous présente l'aspect d'un anneau lumineux. L'éclipse est alors dite annulaire.

Il est évident que l'éclipse ne peut être centrale qu'en un seul lieu de la terre à la fois. Dès qu'on s'éloigne du point où la ligne qui passe par les centres du soleil et de notre satellite coupe la surface terrestre, on voit nécessairement la lune dévier d'un côté ou de l'autre; conséquemment elle couvre seulement en partie le disque solaire. A une distance suffisante du point qui a l'éclipse centrale, on aperçoit même le soleil entier. Toutefois, par suite du mouvement de la lune, il existe une série de points qui voient consécutivement, mais non simultanément, l'éclipse centrale.

L'effet d'une forte éclipse partielle sur l'intensité du jour est à peu près celui d'un nuage épais passant sur le soleil; mais il y a une différence assez curieuse et qui provient de ce que, généralement, il

se produit une altération de la couleur de certains objets. On a remarqué que souvent les figures prenaient une teinte bronzée. J'ai
remarqué moi-même, dans l'éclipse de juillet 1851, que des verveines
rouge vif paraissaient d'une couleur brun violacé. Diverses autres
fleurs de couleur rouge ou rose, entre autres des dahlias, des fuchsias, des œillets, des mufliers, etc., étaient toutes devenues plus ou
moins brunes ou violettes, tandis que celles de couleurs différentes ne
semblaient pas altérées. Des observations analogues ont été faites dans
beaucoup d'autres éclipses. Arago a donné une explication ingénieuse
de ce phénomène. Elle repose sur ce que la lumière réfléchie par
l'air et provenant du sol éclairé dans les lieux voisins de celui de l'observateur et où l'éclipse est moins forte, devient, par suite de la
diminution de la lumière directe du soleil, plus prépondérante dans
l'éclairage restant que dans l'éclairage ordinaire et normal; et comme
cette lumière est colorée, elle produit sur les objets les effets des lumières de couleur.

Les éclipses totales de soleil ne peuvent être vues que sur une ligne
étroite; il s'ensuit qu'en un lieu donné, elles sont très-rares. La dernière éclipse totale visible à Paris a eu lieu en 1724. Pendant le dix-
neuvième siècle, on n'y en verra pas.

Dans les éclipses de lune, une lueur rougeâtre couvre souvent la
portion de l'astre éclipsée. Sur le bord toutefois la couleur rougeâtre est
moins prononcée comme je l'ai remarqué dans plusieurs éclipses, notamment dans celles du 1er mai 1855 et du 6 février 1860. Dans cette
dernière la teinte semblait même bleuâtre sur le bord, peut-être par
effet de contraste. Quoi qu'il en soit, cette lumière provient des rayons
qui ont traversé l'atmosphère terrestre sur son contour. Dans l'éclipse
de lune du 27 février 1858, on remarquait que la portion obscure
offrait par places une teinte rosée plus ou moins saillante suivant
les instants. La région ombrée paraissait bleuâtre, dans les points
sur lesquels ne s'étendait pas la teinte rose.

On a remarqué que les éclipses impressionnent fortement les animaux. Jadis elles étaient aussi pour les hommes un objet de terreur.
L'histoire fourmille d'exemples de l'effroi qu'elles ont causé. A di=

verses époques, des intelligences supérieures ont profité de l'épouvante occasionnée par des éclipses dont elles avaient prévu l'arrivée. C'est ainsi que Christophe Colomb, réduit à faire vivre ses soldats à l'aide d'échanges faits avec une nation sauvage, et voyant se déclarer chez cette nation des sentiments hostiles, annonça aux chefs du pays qu'il ferait disparaître la lune à une certaine heure où il avait calculé d'avance qu'il y aurait éclipse de ce satellite. Au moment indiqué, la lune disparut. Les sauvages effrayés vinrent supplier Colomb de la faire revenir, et apportèrent des vivres en abondance.

En 1654, sur la simple annonce d'une éclipse de soleil, une multitude d'habitants de Paris allèrent se cacher au fond des caves. Actuellement, au contraire, ils ouvrent leurs fenêtres, et l'œil armé d'un verre enfumé, ils regardent le phénomène avec une fort louable curiosité, pendant que la diminution du jour entrave les travaux délicats.

La surface de la lune est couverte de montagnes élevées. Dans les éclipses de soleil, on voit souvent en projection le profil de ces mon-

Fragment de la surface de la lune, près de la montagne de Bayer
au sud-est de Tycho, vu avec fort grossissement (p. 117).

tagnes, pourvu qu'on fasse usage d'une lunette d'un grossissement
suffisant. Dans la partie ombrée de la lune, près de la limite de l'ombre et de la lumière, se montrent fréquemment des points lumineux

isolés; ces points ne
sont autres que les
sommets éclairés de
montagnes dont la
base est encore dans
l'obscurité. A la sur-
face de la terre nous
voyons de même la
lumière du soleil à
son lever atteindre les
sommets des monta-
gnes avant leur base,
ou, à son coucher,
frapper encore les
points élevés, alors
que les vallées sont
déjà abrités contre ses
rayons. MM. Beer et
Mœdler ont, d'après
la longueur des om-
bres, calculé la hau-
teur de mille quatre-
vingt-quinze monta-
gnes lunaires. Ils en
ont trouvé six au-des-
sus de 5,800 mètres et vingt-deux au-dessus de 4,800 mètres, hauteur
du mont Blanc. La plus grande hauteur qu'ils aient déterminée est
celle du mont Dœrfel, qui a 7,600 mètres de hauteur.

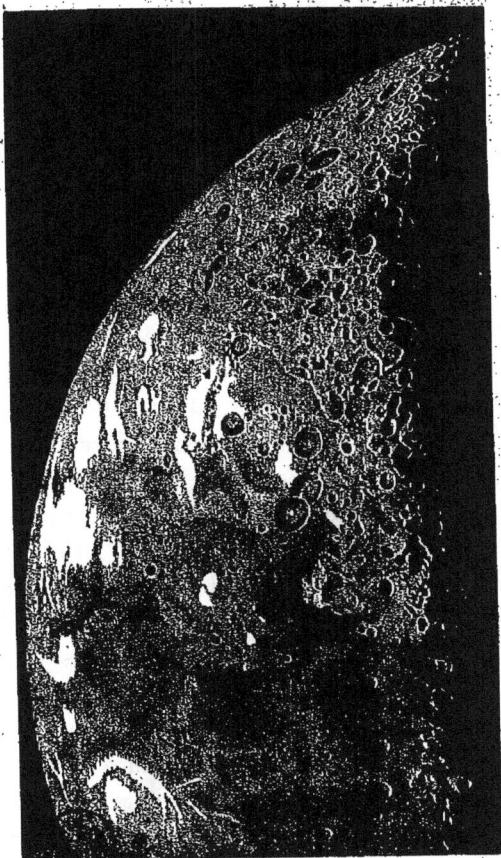

Les montagnes lunaires sont souvent alignées en forme de chaînes
comme celles de la terre. Toutefois la plupart d'entre elles affectent
une forme circulaire ou de cratère, quoiqu'il ne soit pas prouvé avec

certitude qu'il y ait des volcans dans la lune. Cependant W. Herschell croit y en avoir aperçu trois en ignition, le 19 avril 1787.
D'autres apparences vues par divers observateurs seraient aussi attribuables à des volcans, mais elles peuvent également recevoir d'autres
explications.

La lune ne paraît pas renfermer de mers, au moins sur ses bords,
bien qu'on ait donné le nom de mers à certains espaces grisâtres de
sa surface. Si ces régions grises étaient couvertes d'eau, elles devraient
sur les bords du disque, manifester une forte polarisation, car elles
transmettraient de la lumière réfractée, et nous avons vu que la lumière réfractée se distingue par sa polarisation. Or, dans la pleine
lune, aucune trace notable de polarisation par réfraction n'est perceptible sur les bords de l'astre.

On a beaucoup discuté sur la question de l'existence d'une atmosphère dans la lune. Il est toutefois très-certain que notre satellite ne
possède pas d'atmosphère étendue comme celle de la terre, sans quoi
la séparation de l'ombre et de la lumière ne serait pas aussi nette qu'elle
nous paraît, et les étoiles que la lune couvre dans son mouvement de
révolution sur le ciel seraient fortement déviées et progressivement
éteintes près du bord de notre satellite avant de disparaître derrière
lui. De plus, la lune ne renferme pas de nuages, car jamais aucun
des sommets de ses montagnes n'est caché par des amas de vapeurs.

Si la lune possède une atmosphère, elle est excessivement rare.
Schrœter a toutefois observé que pendant le crépuscule l'apparition
de la partie de la lune ombrée et éclairée seulement par la lumière
cendrée a lieu plus tôt pour les parties du contour voisines de la région
qui reçoit les rayons du soleil que pour le reste de la circonférence.
Il semblerait donc que cette région reçoit plus de lumière que les
autres parties. Ce fait, que j'ai également reconnu, est conforme à
l'existence d'un petit crépuscule, et par suite à celle d'une atmosphère
peu élevée.

Dans quelques éclipses, et en particulier pendant celle du 7 septembre 1858, à Paranaguá, lorsque la lune approchait des taches ou
des facules, on a remarqué diverses apparences peu prononcées et

attribuables à l'atmosphère lunaire; mais elles pourraient aussi s'expliquer par irradiation, contraste, réfraction anormale ou diffraction. Ces faits consistaient, pour l'éclipse du 7 septembre 1858, en une légère déformation observée à Paranaguá avec fort grossissement, en une variation d'intensité notée à l'observatoire de Rio de Janeiro, et en un changement de teinte remarqué au palais impérial de Saint-Christophe.

On pourrait encore citer, en faveur des traces d'atmosphère dans la lune, un phénomène observé par Arago et consistant en ce que les signes de polarisation de la lumière sont plus marqués au premier quartier qu'aux autres phases. Or c'est précisément au premier quartier que les rayons directs et réfléchis font entre eux l'angle de 90° qui répond au maximum de polarisation des gaz et des vapeurs.

La lune présente toujours la même face à la terre. Ce fait est devenu le point de départ d'une bien singulière hypothèse au sujet de l'atmosphère lunaire.

Dans la *Mécanique céleste*, Laplace a démontré qu'il suffit, pour l'égalité des mouvements de rotation et de révolution de la lune, qu'à l'origine ces deux mouvements aient été peu différents. Alors l'attraction terrestre a fait prendre à cet astre une forme un peu allongée dans la direction de la terre, forme qui assure le maintien de l'égalité observée. En outre, M. Hansen a fait voir que le centre de gravité de la lune ne peut, d'après les observations sur l'accélération séculaire de son mouvement et d'après la théorie de la gravitation, coïncider avec le centre de figure, et qu'il doit se trouver par rapport à la terre en arrière de ce dernier centre d'une distance d'environ 59,000 mètres.

Or, partant de ces faits, un astronome allemand a émis l'idée originale que le côté de notre satellite dirigé vers la terre et faisant ainsi saillie peut se trouver plus haut que l'atmosphère de la lune. Cet astre pourrait alors posséder une atmosphère sur la face opposée à notre globe, bien que nous n'en apercevions aucune trace du côté visible.

Cette hypothèse est absurde, car la pesanteur dans la lune est la résultante de deux attractions, celle de ce corps lui-même et celle de

la terre, laquelle n'est pas négligeable à la surface de notre satellite par rapport à la force attractive de ce dernier. C'est par l'effet des
deux actions combinées (savoir, l'attraction sur elle-même, plus celle de
la terre) que la lune a pris la forme d'équilibre indiquée par la théorie
et qu'on lui constate effectivement. Or, d'après les lois de l'hydrosta-
tique, la résultante des forces attractives a dû être partout normale à
la surface d'équilibre, et cette résultante n'est autre que la pesanteur.
Celle-ci ne se règle donc point exclusivement sur le centre de gravité,
mais elle reste partout perpendiculaire à la surface de la lune, surface
dont la forme a été réglée par son action. Les couches de niveau dans
l'atmosphère lunaire doivent donc être parallèles à la surface de l'astre,
malgré la déviation de son centre de gravité.

Donc, s'il existe une atmosphère dans la lune, elle enveloppe ce
corps de toutes parts. Elle est très-basse et très-peu dense, et ne renferme jamais de nuages. Elle ne donne pas de polarisation sensible
sur les bords de l'astre, et conséquemment elle ne peut faire naître
l'apparence de la couronne sous forme de gloire qui entoure le soleil
dans les éclipses totales, couronne fortement polarisée, comme nous
le verrons dans le chapitre suivant.

L'absence sinon complète, au moins presque complète d'atmosphère
dans la lune, donne lieu à une particularité très-intéressante relativement
à son éclairage. Cette particularité consiste en ce que les ombres sont
entièrement obscures : au lieu d'être fondues, elles tranchent nettement
sur les parties éclairées; sur la terre, au contraire, l'atmosphère illuminée par le soleil devient pour ainsi dire une seconde source de lumière dont l'extension permet aux rayons de pénétrer en tous sens
au milieu des régions abritées contre l'action directe de l'éclairage
solaire et d'effacer la dureté des ombres. M. Bulard a admirablement
rendu l'effet très-frappant des ombres lunaires vues avec une lunette puissante dans ses beaux dessins de plusieurs montagnes de la
lune, dessins dont nous reproduisons quelques-uns. Sur notre satellite le passage de la lumière à l'obscurité a lieu presque instantanément. Le diamètre du soleil seulement influe un peu pour fondre
très-légèrement les ombres sur le bord extrême, mais cette transition

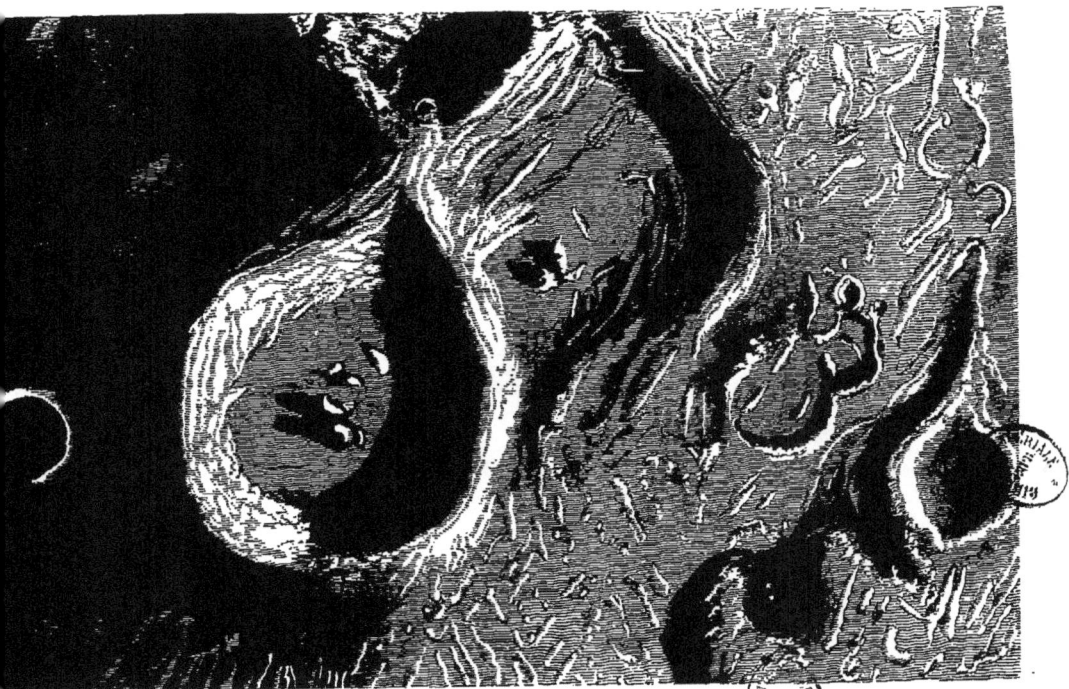

Theophilus cinq jours après la pleine lune, d'après M. Bulard (p. 160).

est elle-même tellement rapide qu'à peine si elle se fait remarquer.

S'il était possible à un observateur de se transporter en un point élevé de la surface lunaire et à la limite de séparation de la lumière et

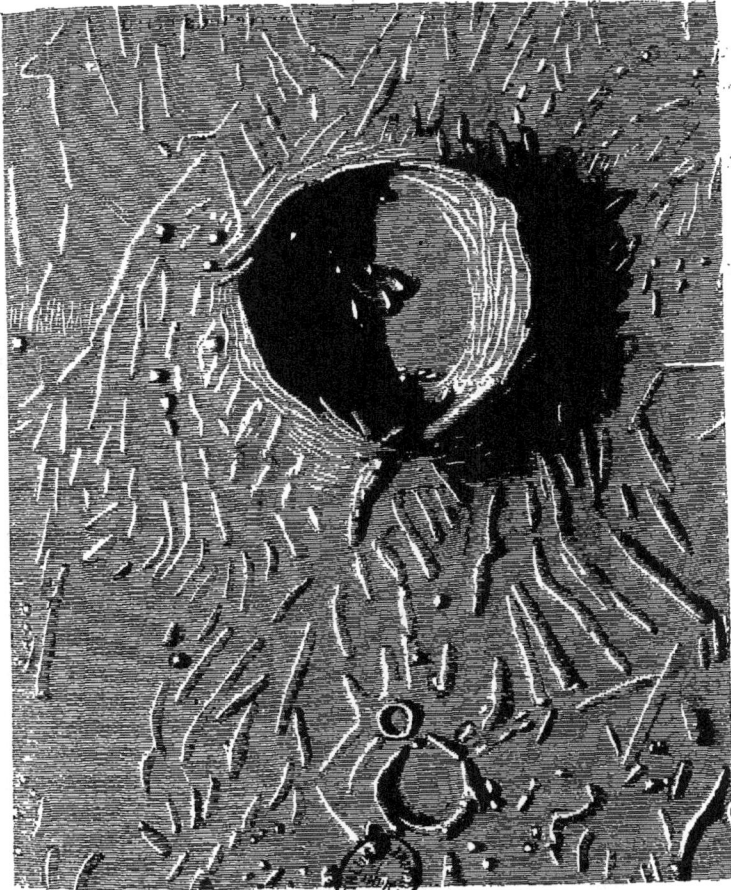

Copernicus et ses environs, d'après M. Dulard.

de l'ombre, quel singulier tableau n'aurait-il pas en voyant la moitié de son horizon dans la nuit la plus profonde, et l'autre moitié de ce même horizon réfléchissant avec force les rayons d'un soleil éclatant, car aucune interposition d'atmosphère n'en a diminué l'intensité.

A part cette particularité que nous savons avec certitude exister dans la lune, il nous est assez difficile de nous représenter ce que peut être un passage lunaire. Il est incontestable que le manque d'une atmosphère analogue à la nôtre s'oppose à l'existence de végétaux et d'animaux semblables à ceux de notre globe. Beaucoup de personnes ont considéré qu'un astre dénué d'atmosphère comme notre satellite ne peut même posséder aucun être organisé, car les gaz et les liquides jouent l'un des rôles principaux dans les phénomènes vitaux. Mais, indépendamment de ce qu'il doit se rencontrer quelques très-légères traces d'atmosphère dans la lune, d'après les observations que j'ai citées et d'après la considération que les corps solides émettent tous des vapeurs légères, comme le prouve le phénomène des odeurs, nous ne savons pas s'il n'existerait pas en outre dans cet astre d'autres conditions particulières y permettant le développement de la vie. Notre satellite ne peut-il pas renfermer par exemple des substances solides devenant liquides sous l'influence vitale ? La terre elle-même nous offre un cas de ce genre dans les régions des neiges éternelles, où par l'effet de la basse température, l'eau est devenue corps solide. Cependant un champignon, le Protococcus nivalis y vit dans la neige elle-même qu'il colore en rouge, et l'eau y est rendue fluide dans son intérieur. En voyant ainsi la vie s'arranger sur notre globe des conditions les plus anormales en apparence pourvu qu'elles soient durables, il est clair qu'on doit être prudent dans ses conclusions relativement à l'habitabilité des corps célestes. Or, si les phénomènes vitaux existent dans la lune, ils peuvent influer considérablement sur l'aspect de la surface de l'astre, et par conséquent sur les paysages ; de même que sur la terre, la végétation joue le rôle principal dans leur physionomie. Malheureusement nos lunettes ne sont pas assez puissantes pour que nous puissions voir des êtres organisés dans notre satellite, et l'atmosphère terrestre, par son agitation, ne permet que bien rarement l'emploi d'instruments à l'aide desquels on puisse apercevoir cet astre autrement qu'on ne le distinguerait à 80 lieues de distance.

Mais s'il n'existe pas dans la lune des conditions de vie autres que sur notre globe, il est certain que, faute d'une atmosphère dense, son sol doit être entièrement nu. Il offre alors l'aspect de quelques déserts

africains, dépourvus même des oasis qui en corrigent çà et là l'effrayante
uniformité, aspect qu'on retrouve aussi dans quelques-unes des îles
d'origine volcanique de cette même partie du monde. Pour ajouter à
la ressemblance avec les paysages lunaires, ces dernières îles reproduisent précisément la forme des cratères des montagnes de la lune.
Les cirques réguliers qu'elles renferment, les formes déchiquetées des
montagnes, leurs fissures, les restes des coulées de laves ou de trachytes
composent un ensemble bizarre et grandiose, il est vrai, mais dans
lequel manque cette harmonie particulière que répandent les végétaux.
Le regard se perd au milieu de la multitude des formes du terrain,
mais il ne rencontre aucun tableau gracieux qui l'arrête. Au milieu
du groupe africain des îles du Cap-Vert couvertes en général d'une
active végétation, et dont l'une, l'île de Fogo, contient encore un
volcan en activité, s'élève une de ces masses de pierres arides et
désolées. A peine renferme-t-elle quelques rares et chétifs tamarix dans le sable maritime. Cette île, appelée *San Vicente*, a été
soulevée par l'action des feux souterrains, et le fond de son ancien
cratère, inférieur aux eaux de l'Océan, forme aujourd'hui le port dans
lequel mouillent les navires. La bonté de ce port l'a fait choisir comme
une escale pour les bâtiments à vapeur qui traversent l'Atlantique en
se rendant dans toutes les parties du monde. Un grand dépôt de
charbon y est établi, ainsi qu'un petit village dont les habitants, attirés
en ce lieu par le passage des navires, mourraient de faim s'ils n'allaient
avec des barques chercher des vivres à l'île voisine de San Antonio.
Une seule petite source est connue dans l'île San Vicente ; elle est à
une lieue du village. En débarquant sur ce sol brûlé par le soleil et
en m'éloignant un peu pour pénétrer dans l'intérieur, cette terre
nue avec ses montagnes escarpées, sillonnées de nombreuses crevasses et bariolées de diverses couleurs, avec sa disposition de terrain
fantastique et son absence complète de la vie, m'offrait l'image que
souvent jadis je m'étais faite de la nature lunaire lorsque, à l'observatoire de Paris, je contemplais avec un fort grossissement la surface
de notre satellite. Il me semblait voir un fragment arraché à cet astre
et jeté au milieu de l'Océan.

L'existence d'une île si aride au milieu d'un archipel aussi remarquable par sa végétation que celui du Cap-Vert, dont Adanson a décrit la brillante flore et les gigantesques baobabs [1], est un phénomène très-digne d'intérêt et San Vicente n'est pas le seul exemple semblable qu'offrent les archipels africains. Toutefois les îles de la

Vue de l'île de Palma (Canaries).

côte d'Afrique, quoique toutes d'origine volcanique, sont au contraire, pour la plupart, très-fertiles. Il est inutile de rappeler ici tout ce qu'on a écrit à cet égard sur le beau groupe des *Canaries*, jadis appelé *îles Fortunées*. Mais qu'elles soient ou non couvertes de végétaux, ces réunions d'îles rapprochées et qui renferment de nombreux cratères, la plupart inactifs, manifestent une grande ressemblance avec la disposition des cirques accumulés dans certaines portions de la lune, ressemblance telle qu'on a de la peine à s'empêcher de regarder les cirques lunaires comme autre chose que des volcans éteints. Toutes les autres régions de notre globe où existent de nombreux volcans, comme

[1] Le baobab est l'*Adansonia digitata* des naturalistes. C'est la plus grande espèce d'arbre connue.

les Antilles, Java, Sumatra, etc., nous font voir, aussi bien que les îles de la côte occidentale d'Afrique, des assemblages de cratères, des systèmes de chaînes volcaniques et un sol accidenté présentant un relief en tout analogue à celui de diverses parties de notre satellite. Aussi, malgré le manque de constatation avec certitude de

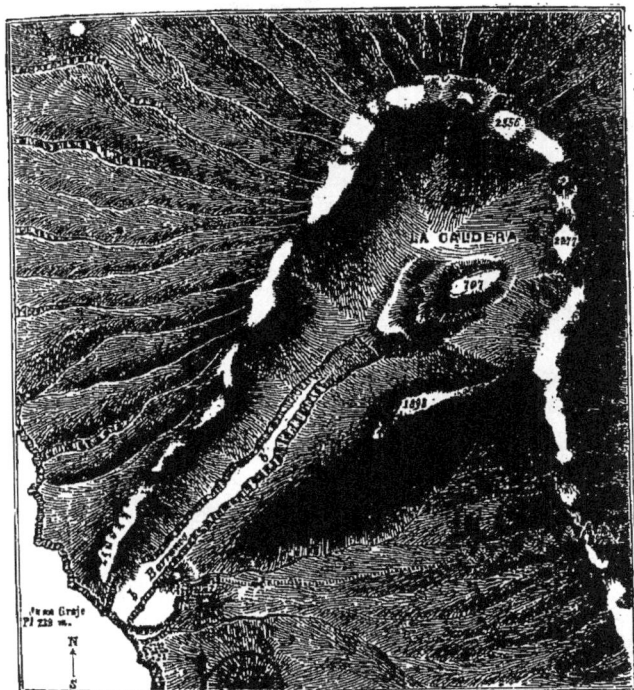

Plan du cratère de l'île de Palma.

la présence de volcans en activité dans cet astre, tous les astronomes, se fondant sur cette identité de formes, se sont accordés à considérer les cirques de la lune comme de véritables cratères. Nous donnons ici le dessin d'un des plus grands de ces cratères lunaires, celui de Tycho, dont le diamètre maximum est de 87 kilomètres.

Il y a toutefois une considération qui semblerait établir une différence essentielle entre les volcans de notre satellite et ceux de la terre.

Nous avons vu qu'on n'a pas pu constater l'existence de mers dans la lune. Or, à la surface de notre globe, les volcans sont toujours dans des îles ou dans le voisinage de l'Océan, sauf quelques-uns dans l'Asie centrale; mais par compensation ces derniers sont situés près de grands

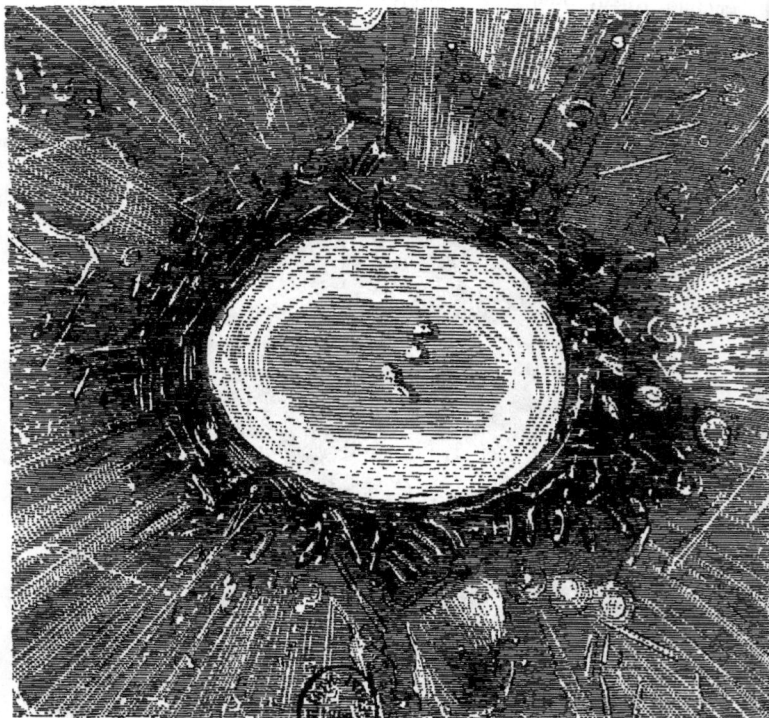

Tycho pendant la pleine lune, d'après M. Bulard.

lacs, sortes de mers intérieures. Or la vapeur d'eau paraît jouer un rôle considérable dans les actions volcaniques, et très-probablement même les eaux ne sont pas sans influence sur les phénomènes chimiques intérieurs, d'où résulte la cause elle-même des volcans, suivant l'idée de beaucoup de géologues, à moins qu'on n'attribue les phénomènes éruptifs à un reste de l'action d'une chaleur primitive de fusion du globe terrestre, conformément aussi à l'opinion d'autres géologues distingués, opinion qui paraît prédominer aujourd'hui. A la dernière manière de voir, il y a toutefois à faire deux graves objections, dont nous parlerons en traitant des marées et de la précession.

Aurait-il jadis existé dans la lune des mers, dont l'eau serait disparue en entrant dans des combinaisons chimiques solides? ou bien existerait-il encore des mers sur la face opposée à la terre? Ce sont là des questions auxquelles il est difficile de répondre avec certitude. Quant à la dernière toutefois, je ferai remarquer qu'il n'y a pas à faire ici l'objection que j'ai signalée relativement à l'existence d'une atmosphère sur la face de la lune qui nous est opposée conjointement avec son absence sur le côté vu de la terre. La distribution des continents et des mers sur notre globe n'est pas elle-même égale dans les deux hémisphères. L'hémisphère nord est en grande partie continental, celui du sud est au contraire océanique. Il

Chaîne de montagnes dans le Mare Nubium au coucher du soleil.

est admissible que, dans la lune, la division soit plus prononcée encore que sur la terre, sans qu'on voie à cela aucune impossibilité physique. La terre même a pu, par son action attractive, favoriser les soulèvements sur la face qui la regarde plus que sur la face opposée, et cela suffirait à expliquer la répartition des mers en question. Mais en outre, nous n'avons pas de preuve bien certaine de l'absence de traces de mers ou de lacs sur le centre de la partie de la lune tournée de notre côté. Cette preuve n'existe que pour les bords près desquels on peut faire l'expérience de polarisation que j'ai citée. Les inégalités de surface des grandes régions sombres de la lune sont le seul argument à invoquer contre la présence de mers dans la partie centrale de son disque, et, d'une part, il pourrait se faire que ces inégalités fussent visibles sous une couche d'eau transparente, ou plutôt encore qu'elles provinssent d'îles; d'autre part, elles n'existent pas partout. Il y a de grandes portions sombres paraissant de niveau et dont la nature nous est bien réellement inconnue. Si les régions en question ne sont pas des mers, leur nivellement donnerait alors l'idée de plaines d'alluvion dont les mers se seraient retirées. Nous donnons la figure d'un

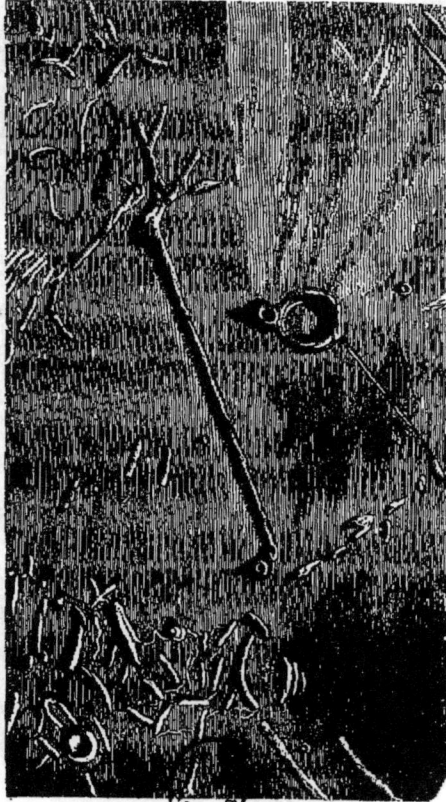

Chaîne de montagnes dans le Mare Nubium avant le coucher du soleil.

fragment très-amplifié d'une de ces plaines qui renferme une belle chaîne de montagnes. Ce fragment est pris dans l'espace sombre nommé Mare Nubium. Il est représenté ici deux fois, la première au coucher du soleil, la deuxième un peu avant ce coucher, afin que le lecteur puisse juger du jeu de l'éclairage.

Objecterait-on à la présence de mers dans la lune l'atmosphère très-faible de vapeur d'eau qui en serait la conséquence? Mais cette couche de vapeur serait à peine perceptible pour nous, et nous avons même vu qu'il paraît exister dans notre satellite des traces d'atmosphère qui sont bien de l'ordre de grandeur dont pourrait être une telle atmosphère aqueuse. En l'absence d'air pour transporter de grandes masses de vapeurs et amener leur condensation, il ne peut se produire d'ailleurs ni nuages, ni neiges de montagnes, ni glaces polaires, à moins que les mers ne fussent elles-mêmes aux pôles de la lune. Mais, en outre, il faut remarquer, quant aux glaces polaires, que l'axe de rotation de notre satellite est très-peu incliné à l'écliptique et plus de quatre fois moins que celui de la terre. Ainsi donc, nous devons conclure qu'il est possible que la lune renferme des mers sur la face opposée à notre globe, et même vers la région centrale du côté dirigé vers nous, sans que leur présence se manifeste par aucun phénomène bien sensible.

La lune ne répand que très-peu de chaleur sur notre atmosphère. Son effet calorifique est même dissimulé pour nous par le refroidissement nocturne provenant du rayonnement de la terre vers l'espace dans les nuits sereines, rayonnement dont l'intensité l'emporte de beaucoup sur l'action de la chaleur de notre satellite. Toutefois, en condensant avec une grande lentille les rayons lunaires sur un appareil thermo-électrique, protégé d'ailleurs par des écrans contre le refroidissement nocturne dans toutes les directions autres que celle de ces rayons eux-mêmes, Melloni a réussi à mettre parfaitement en évidence l'effet calorifique produit par la lune sur notre atmosphère.

Mais si la chaleur de notre satellite est tellement dissimulée pour nous qu'il faut des appareils délicats pour la distinguer, sa lumière au contraire, ou plutôt la lumière solaire réfléchie à sa surface répand sur certaines de nos nuits un charme spécial; elle donne à la nature un aspect particulier et mystérieux qui en fait ressortir mille beautés sous un caractère nouveau et différent de celui qui s'offre au regard avec la vive lumière du soleil.

Aussi bien au point de vue de la science qu'à celui de l'art, la clarté

9

répandue par la lune sur notre atmosphère mérite une étude détaillée à cause de la variété qu'elle présente selon les climats.

Aux pôles, pendant la longue nuit hibernale d'une demi-année, la lune se lève une fois par mois, et elle reste quinze jours au-dessus de l'horizon. Au milieu même de l'hiver, la phase du lever est celle du premier quartier. Après son apparition, l'astre s'élève peu à peu en décrivant, pendant la moitié de la durée de sa présence, sept tours et demi autour de l'horizon. En même temps la phase augmente. Au bout de cet intervalle, arrive enfin la pleine lune, et le globe lunaire possède sa hauteur maximum, laquelle, dans les conditions les plus favorables du nœud de l'orbite, ne dépasse jamais 29°. Il redescend alors en faisant encore une fois sept tours et demi de spire autour de l'horizon, et au dernier quartier la lune se couche et disparaît pour quinze jours, après quoi elle se montre de nouveau.

Le phénomène du long séjour de la lune sur l'horizon des pôles s'explique identiquement par l'inclinaison de l'astre terrestre sur le plan de l'écliptique, qui diffère peu de celui de l'orbite lunaire, de la même manière que la longue durée des jours et des nuits dans les mêmes régions.

En quittant les pôles, on voit la lune se lever et se coucher plus d'une fois par mois, mais le séjour de l'astre sur l'horizon est encore très-prolongé au milieu de la période pour toute la région comprise autour de ces points jusque vers les cercles polaires. Puis enfin, en continuant de s'éloigner de l'axe terrestre pour venir vers nos climats, on voit la lune finir par se lever et se coucher tous les jours, caractère qu'elle continue de montrer jusqu'à l'équateur. En même temps elle atteint des hauteurs maximum de plus en plus grandes au-dessus de l'horizon.

D'après cette dernière remarque, on voit donc que les régions polaires ne reçoivent jamais que très-obliquement les rayons de notre satellite. Les pâles reflets de la lune s'y répandent sur l'épaisse couche de neige qui couvre et dissimule le sol. Les flancs parfois abrupts de masses gigantesques de glace varient seules l'uniformité de ce spectacle avec leurs stalactites aux formes bizarres, tantôt délicates et simulant les dentelles de nos monuments gothiques, tantôt reproduisant leurs amas de colonnades. De beaux effets de lumière attirent toutefois le regard au milieu de cette nature morte et désolée. Fréquemment de petits cristaux de glace flottant dans l'at-

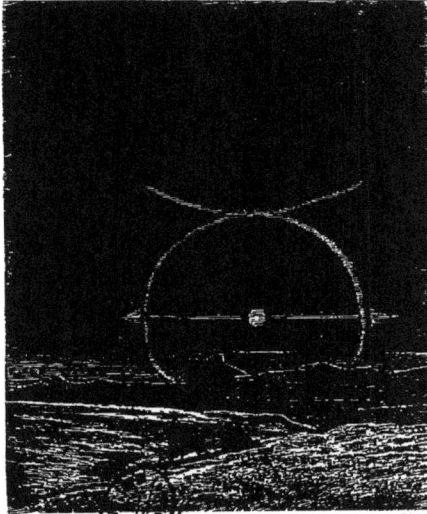

mosphère donnent lieu à de grands cercles blancs entourant la lu
et à l'immense variété des arcs des halos, ou encore à ces espèces
répétitions de l'image lunaire appelées *parasélènes*. Souvent mêm
faible lueur de l'astre ne peut arriver à éteindre les brillants ref
de l'aurore boréale, dont les rayons et les arcs alors affaiblis se
gnent aux cercles blancs ou colorés produits par la lumière de la l
traversant les cristaux atmosphériques. Ailleurs, sur le sol, des
guilles de glace situées dans l'ombre réfléchissent comme une lu
pâle et phosphorescente les neiges éclairées, ou bien les stalactites
cristal exposées à l'action directe des rayons lunaires renvoient
points lumineux, tantôt blancs, tantôt colorés par une décomp
tion prismatique, quelques fragments de l'image de la lune.

Dans nos climats, nous avons bien aussi quelquefois le specta
des rayons lunaires tombant sur une épaisse couche de neige, et mêm
dans ce cas, la lumière est beaucoup plus intense que dans les régi
polaires, car l'astre est plus élevé sur l'horizon, mais nous n'av
ni les vastes montagnes de glaces avec leurs curieuses aiguilles, ni u
variété aussi grande dans les halos, ni la remarquable intensité
l'aurore boréale. Par compensation, notre été nous donne des nu
chaudes et agréables où la présence de la lune éclairant des camp
gnes couvertes de vie, où les rayons de cet astre se jouant dans
feuillage des arbres, répandent sur une nature fraîche et anim
une sorte de douce mélancolie invitant à la pensée et à la méditatio
Je ne m'arrêterai pas à décrire les effets du clair de lune dans nos c
mats. Tout le monde les a admirés et en a ressenti les impressio
particulières. Je me contenterai donc de faire remarquer qu'en E
rope, comme dans toutes les zones tempérées, la lune, à l'époqu
la pleine, atteint une hauteur au-dessus de l'horizon beaucoup pl
grande en hiver qu'en été. Cela vient, comme nous l'avons déjà d
de ce que son orbite, c'est-à-dire la route qu'elle décrit autour de
terre, est très-peu inclinée au plan de l'écliptique dans lequel no
voyons toujours le globe solaire. Or, quand notre satellite nous mont
sa face éclairée, il est précisément à l'opposé du soleil, c'est-à-di
dans la partie de l'écliptique où ce dernier était situé six mois plus tô

Clair de lune dans la forêt vierge. (P. 133).

Ainsi, en été, la pleine lune est dans la région du ciel occupée en hiver par le soleil, région qui pour nos pays apparaît très-près de l'horizon sud. En hiver, au contraire, la pleine lune a lieu dans la portion de l'écliptique où le soleil brille en été.

Il résulte de cet effet que, dans nos climats, l'éclairage lunaire le moins intense est précisément celui de la saison où nos arbres sont en feuilles. Aussi nos clairs de lune d'été, les seuls qui auraient pu être comparés à ceux des tropiques à cause du charme spécial répandu par la blanche clarté de notre satellite sur une nature à végétation active, sont cependant très-inférieurs à ceux de la zone torride où la lune arrive jusqu'à lancer du zénith même des rayons condensés sur des paysages de verdure. La transparence de l'atmosphère tropicale vient encore favoriser l'intensité de l'éclairage, et, sous une lumière plus que triple de celle qui existe en été dans nos climats, les formes majestueuses des grandes monocotylédonées se dessinent au milieu de la masse générale des feuillages avec un caractère de beauté indescriptible.

Il faut avoir, par un beau clair de lune, voyagé au milieu d'une des forêts vierges de l'Amérique tropicale pour se rendre compte des effets merveilleux de cette lumière s'égarant peu à peu dans les mille guirlandes formées par les lianes. Quelquefois la voûte de verdure atteint un tel degré d'épaisseur que l'observateur est plongé dans une nuit profonde, mais autour de lui un rayon lumineux pénétrant par une trouée vient frapper l'élégant parasol d'une fougère arborescente, ou atteint les grandes feuilles veloutées de quelque begonia, ou bien encore s'arrête dans les touffes épaisses des marantas. Ailleurs, sur les points où dominent les grands arbres de la famille des légumineuses, les cassia, les cæsalpinia, etc., leur feuillage fermé la nuit laisse tamiser la lumière qui arrive jusqu'au rang inférieur d'arbustes de toute nature sur lesquels se répandent les rayons épars d'une lueur devenue nébuleuse par son passage dans le haut de la forêt. D'autres fois, dans une éclaircie, le spectateur placé dans le jour aperçoit une quantité de végétaux curieux, des palmiers, des musacées, des caladium, des agaves, des dracœnas, dont les vastes feuilles accusées sur le premier plan

se perdent bientôt peu à peu dans la nuit sombre des arbres gigantesques
de l'entourage. D'autres fois encore, l'observateur gravit un point élevé
jusqu'où monte l'air embaumé par les vanilles, et duquel la vue plonge par une échappée sur la masse supérieure de la forêt fortement illuminée. Les feuilles vernissées des ficus et des guttifères, les folioles luisants des cent espèces de palmiers s'élèvant majestueusement au-dessus du niveau général, réfléchissent çà et là un vif rayon de lumière qui tranche sur la teinte mystérieuse de l'ensemble relevée par le noir profond des ombres. Et quand la forêt s'étend dans une région vraiment montagneuse, quand des aiguilles de granit laissant dans chaque crevasse, dans chaque anfractuosité sortir des asclépiades, des broméliacées, des amaryllis, souvent même de grands arbres arrivent à dominer l'ensemble de la scène, quand des cascades avec leur écume blanche descendent de toutes parts dans la vallée, alors l'harmonie du paysage sous la douce lueur qui l'éclaire plonge l'esprit du spectateur dans une sensation de ravissement inexprimable.

Combien d'autres souvenirs délicieux laissent les voyages effectués au clair de la lune sous les zones favorisées des tropiques ! Sur les rivages, auprès de l'équateur, quel beau spectacle s'offre au regard lorsque, du milieu d'un groupe d'immenses cocotiers, on aperçoit le sable blanc et uni de la plage à la marée basse, contrastant avec la surface sombre de la mer, dont les vagues en brisant se couvrent d'une bordure d'argent ! Ou bien, dans les montagnes, quel autre coup d'œil

grandiose présente une couche de nuages inférieurs quand elle dissimule les plaines basses et forme un rideau dont la surface fortement blanchie par des rayons perpendiculaires est percée de place en place par un sommet s'élevant comme une île dans cet océan de vapeurs ! Que de fois, à l'intérieur du Brésil, en me réveillant la nuit et voyant la vive lumière de la lune sur le toit de ma tente, je suis sorti pour jouir de l'admirable effet de ses rayons sur les vastes horizons des campos et au milieu de leurs gracieux bosquets ! C'est l'instant où circulent dans les plaines les cerfs à cornes simples (cervus simplicicornis et cervus rufus) qui viennent dévorer les fleurs des cordia. C'est le moment où le chasseur peut les disputer au cougouar ou lion d'Amérique (felis puma) qui vient les poursuivre. Dans les lieux habités aussi, au milieu des plantations sombres des caféiers, ou dans les groupes de bananiers et les gerbes immenses des bambous, mille formes, les unes nettes et définies, les autres indécises et vaporeuses, se dessinent sous les jeux variés de la lumière lunaire. Partout ce sont de nouveaux tableaux qui créent d'agréables réminiscences.

De même que la lune renvoie à la terre quelques-uns des rayons de lumière qui tombent sur sa surface, la terre à son tour réfléchit vers son satellite une fraction de ceux qu'elle reçoit du disque solaire. C'est quand la lune est nouvelle, c'est-à-dire quand, placée pour nous du même côté de l'espace que le soleil lui-même, elle présente à nos regards son côté obscur, que précisément ce côté obscur voit la face éclairée de la terre dont il reçoit les rayons lumineux. Inversement, quand la lune est pleine, et conséquemment pour nous opposée au soleil, elle voit la terre du côté de ce dernier astre, et alors c'est le côté obscur de notre globe qui est tourné vers elle. Aux quartiers de la lune, ce corps voit la moitié de la portion éclairée de la surface de la terre et la moitié de la partie obscure de la même surface. En résumé, d'une manière générale, les phases que la terre montre à son satellite sont complémentaires de celles que ce dernier lui présente. Mais comme le diamètre de notre globe est presque quatre fois plus grand que celui de la lune, le disque terrestre vu de celle-ci possède aussi un diamètre presque quatre fois plus grand que le disque lunaire tel qu'il est visible pour nous. Or les surfaces des cercles sont proportionnelles aux carrés de leurs diamètres. La surface du disque terrestre vu de la lune serait donc jusqu'à seize fois plus grande que celle du disque lunaire apparent pour nous, si le rapport des diamètres était exactement quatre, mais comme il est un peu inférieur à ce nombre, le rapport des surfaces est un peu moindre que seize, mais il atteint jusqu'au chiffre treize. Cette considération nous fait voir que la terre quand elle se montre à son satellite dans son plein lui envoie beaucoup plus de lumière qu'elle n'en reçoit de lui dans le même cas. C'est pourquoi l'éclairage de la lune par notre globe est assez intense pour se manifester à nous sur les parties du disque lunaire placées dans l'ombre de la lumière du soleil. C'est à cet éclairage que nous devons de voir, au premier croissant, le disque entier de notre satellite, dont la partie

Clair de lune dans un bois de Palmiers, près du bord d'un fleuve.

Imp. Bergeret Paris

non atteinte par les rayons solaires se montre alors couverte de la lueur pâle désignée sous le nom de lumière cendrée.

D'après ce que nous venons de dire des conditions qui produisent la lumière cendrée, on voit que c'est à la nouvelle lune que cette lumière présente son maximum d'intensité. Mais le jour même de la nouvelle lune, notre satellite est, par rapport à la terre, dans une direction tout à fait voisine de celle du soleil, de sorte qu'il se lève et se couche avec ce dernier astre, et, conséquemment, la lumière atmosphérique empêche de l'apercevoir. Ce n'est que deux jours après la nouvelle, ou, en d'autres termes, après la conjonction, que la lune est à une distance angulaire assez grande pour pouvoir être aperçue à l'ouest pendant un instant après le coucher du soleil, dans une obscurité suffisante pour la distinction nette de la lumière cendrée. En Europe, trois jours seulement après la nouvelle, la lumière cendrée se montre avec sa plus grande intensité apparente; mais alors elle a déjà perdu de son intensité réelle. Sous les tropiques, on l'observe après la fin complète du crépuscule dès le deuxième jour. C'est donc dans la zone équatoriale qu'elle se distingue le mieux. Trois causes y contribuent : la courte durée des crépuscules; l'élévation plus grande de l'astre sur l'horizon, de sorte que les rayons ont à traverser une moindre épaisseur atmosphérique; enfin, la grande transparence de l'atmosphère elle-même. A l'approche de la nouvelle lune, la lumière cendrée se voit également; mais c'est alors le matin, avant le lever du soleil.

Près de l'équateur, deux jours après la conjonction, quand les beaux phénomènes de lumière qui accompagnent le crépuscule viennent de cesser, le globe lunaire, couvert de la lumière cendrée, qui est assez intense encore pour permettre de bien distinguer les taches de l'astre, produit à l'occident, avec son faible croissant éclairé directement par le soleil, un effet nouveau continuant la série des brillants changements par lesquels vient de passer le ciel occidental. La lueur douce et indécise émanant alors de notre satellite et rasant la surface du sol pour se distribuer sur la nature forte qui entoure l'observateur, donne aux objets un aspect fantastique. Au milieu des teintes légères répandues sur le sol et l'atmosphère, et formant le fond du tableau, se déta-

che le globe de la lune avec un bord lumineux et le reste de la surface
en clair-obscur faiblement azuré. Peu à peu, ce globe descend sous l'influence du mouvement apparent du ciel; mais la transparence
de l'air est quelquefois si parfaite que la lueur cendrée se distingue encore quand le disque arrive à toucher l'horizon.

Il résulte d'une série de mesures que j'ai faites à Rio de Janeiro sur
l'intensité de la lumière cendrée, comparée à celle de la partie éclairée du
disque le deuxième jour de la lune, que la lumière cendrée égale à très-
peu près la trois mille cinq centième partie de l'intensité de la lumière
réfléchie par le bord lunaire. La méthode employée a été celle d'Arago,
décrite dans son *Astronomie populaire* (tome II, page 477).

En général, la lumière cendrée est bleue. On l'a cependant quelquefois vue verdâtre. J'ai moi-même observé ce phénomène; mais alors la
lune était près de l'horizon, et la teinte de la région céleste sur laquelle
elle se projetait était rougeâtre par l'effet de l'atmosphère. J'attribue
dès lors la teinte verdâtre à un effet de contraste. C'est aussi l'opinion
d'Arago. L'astronome Lambert ayant vu une coloration du même genre
en 1774, lui donnait une autre explication. Il remarqua, d'après la
position qu'occupait la lune le jour de son observation, que la lumière
était en grande partie renvoyée par le continent américain, dont la surface est couverte de verdure; et il attribuait la teinte verte à l'influence
prédominante des rayons provenant de ce continent en l'absence de
nuages. Si cette explication peut convenir aux cas notés en Europe,
il n'en est plus de même pour les observations qui, comme les miennes,
ont eu lieu en Amérique, car alors c'était l'océan Pacifique qui réflé-
chissait la lumière sur la lune. Je pense donc qu'il ne faut voir que
des contrastes dans toutes ces apparences.

Vue à l'horizon, la lune nous semble plus grosse qu'au zénith. Cependant, si on mesure son diamètre angulaire dans les deux cas,
on reconnaît que la plus grande valeur répond à la position de la lune
au zénith, et en cela les mesures sont d'accord avec la théorie; car,
dans la verticale, la lune est plus près de l'observateur qu'à l'horizon,
de toute la valeur du rayon de la terre. Il paraît, au premier abord,
très-bizarre que nous jugions le disque lunaire plus grand à l'ho-

rizon qu'au zénith. Cependant l'explication de ce fait est facile. Cela provient de ce que la grosseur que nous attribuons à un objet ne dépend pas seulement de la valeur de l'angle qu'il sous-tend, mais aussi de l'appréciation de la distance à laquelle nous semble cet objet. Or le ciel nous produit l'impression d'une voûte surbaissée. C'est là un effet de perspective aérienne dû à ce que le regard rencontre moins de lumière suivant le zénith que dans la direction de l'horizon, parce que la couche d'air réfléchissant de la lumière est peu épaisse dans le premier cas, tandis qu'elle est très-étendue dans le second. D'ailleurs, dans le sens de l'horizon on distingue ordinairement des séries d'objets de plus en plus éloignés. Ces objets nous donnent des points de repère qui nous permettent d'apprécier les distances dans la direction horizontale, et ils contribuent en cela à l'impression de voûte surbaissée que nous laisse le ciel; mais ils n'en sont pas la cause, comme on le dit généralement, car l'impression en question a également lieu devant une muraille rapprochée nous cachant l'horizon. La vraie cause est l'effet de perspective aérienne que j'ai décrit d'abord. Or, par suite de l'apparence de voûte surbaissée que laisse le ciel, la lune donne la sensation d'un plus grand éloignement à l'horizon qu'au zénith, et alors nous lui attribuons instinctivement des dimensions plus grandes. La même chose a lieu pour les constellations dont les étoiles semblent d'autant plus écartées entre elles qu'elles sont plus loin du zénith.

L'énorme dimension apparente de la lune à l'horizon, jointe à la couleur rougeâtre que l'atmosphère lui communique quelquefois à son lever et à son coucher, donne lieu à de très-beaux spectacles naturels. Parfois notre satellite semble un immense globe de feu suspendu dans l'espace. Quand, sur mer, ce globe surgit du sein des eaux, et quand les vagues qui se projettent sur son disque paraissent courir sur lui, ses rayons pâles et rougeâtres, rasant la surface de l'Océan, donnent lieu à des jeux de lumière d'un très-bel effet. Puis, quand le globe est arrivé à sortir tout entier au-dessus de l'horizon, il semble, par l'action de la marche rapide du navire, rouler en sens inverse sur la superficie de la mer. Si on examine le disque avec soin quand il vient ainsi de se lever, on remarque qu'il est elliptique; son plus grand diamètre est

horizontal. Rien de semblable n'a lieu au zénith, où l'astre est sensiblement rond. Cette ellipticité à l'horizon est encore une illusion. Elle
provient de ce que les objets que nous voyons à travers l'atmosphère ne
nous paraissent pas dans la direction où ils sont réellement, mais toujours un peu plus haut, sous l'influence de ce qu'on appelle la réfraction
atmosphérique. Il se passe à l'entrée des rayons dans l'atmosphère une
déviation semblable à celle qu'ils éprouvent en pénétrant dans un liquide.

Tout le monde a remarqué cette dernière déviation en voyant qu'un bâ-
ton plongé dans l'eau semble rompu au point de rencontre de la surface
aqueuse. C'est là ce qu'on appelle la réfraction. Sa valeur est d'autant
plus grande que les rayons lumineux sont plus obliques à la surface du
milieu dans lequel ils pénètrent. Or il arrive que précisément les rayons
du bord inférieur de la lune sont plus inclinés à la direction des couches
atmosphériques de niveau que les rayons du bord supérieur. Ils sont alors
plus relevés que ces derniers, et l'effet de cette différence est de diminuer

pour nous le diamètre vertical. De là l'ellipticité apparente de l'astre à l'horizon. Quelquefois encore des perturbations dans la température des couches d'air traversées donnent lieu à des anomalies dans la réfraction. Certains points du contour du disque sont plus soulevés que d'autres, et l'astre apparaît avec une forme irrégulière, parfois même frangée. Mais ce cas est assez rare. Le soleil offre aussi des illusions semblables à celles que produit la lune ; mais, en général, elles sont moins visibles parce que l'éclat de ses rayons nous les dissimule, à moins qu'on ne fasse usage d'un verre noir.

Je ne puis m'empêcher de rapprocher du phénomène des réfractions anormales de notre atmosphère une observation très-curieuse, faite sur l'éclipse totale de lune de la nuit du 11 au 12 juin 1862.

Quant à moi, à cause de l'état de l'atmosphère pendant la nuit du phénomène dans la station que j'occupais, je n'ai pu voir que d'une manière très-incomplète cette éclipse, sur laquelle j'avais projeté tout un plan d'observations. J'étais alors dans l'intérieur du Brésil, sur les rives du Rio das Velhas, un des grands affluents du Rio de San Francisco dont j'ai déjà parlé. Bien que le mois de juin soit au milieu de la saison sèche de ces régions, la nuit du 11 au 12 se trouva précisément appartenir à une des deux seules journées de pluie que je rencontrai pendant près de six mois. A Paris, cette éclipse était invisible. Dans ma station, la phase totale devait, d'après le calcul, commencer à deux heures cinquante-deux minutes et finir à trois heures cinquante-quatre minutes du matin. Vers onze heures du soir, il tomba une petite pluie qui fut suivie d'un brouillard humide ou d'une faible bruine, jusqu'à trois heures de la nuit. A ce dernier instant toutefois, la bruine cessa ; mais l'atmosphère restait couverte de nimbus, et avec ce voile épais de nuages, l'obscurité, sous l'influence de l'éclipse, était devenue profonde. Toutefois, quelques petites éclaircies se montrèrent bientôt ; et vers trois heures trente-cinq minutes, je pus pendant quelques secondes à deux ou trois reprises apercevoir la lune éclipsée qui se montrait au milieu de lambeaux de nuages. Ceux-ci, poussés par le vent, venaient sans cesse la recouvrir. L'instantanéité et le peu de durée de ces apparitions ne me permirent pas de faire les observations que j'avais projetées spéciale-

totale de lune du 19 mars 1848, pendant laquelle il remarqua des variations rapides d'intensité dans la couleur rougeâtre de notre satellite. Le 1er mai 1855, dans une autre éclipse totale de lune, le même astronome qui observait avec moi à Paris, appela mon attention sur la rénovation du même phénomène. Je constatai comme lui les changements brusques de lumière qui eurent lieu surtout dans le voisinage des bords de l'ombre pendant que celle-ci s'étendait progressivement sur le disque. Quoique ces ondulations aient été rarement remarquées, leur reproduction le 12 juin 1862, à si peu de distance des deux dernières observations, montre que cependant elles ne laissent pas que d'être assez fréquentes. Or, les lueurs mobiles sont une objection à l'opinion d'Herschell, d'après laquelle la lumière de la lune pendant les éclipses serait une lumière propre de cet astre, une sorte de phosphorescence; car, dans cette hypothèse, les changements presque instantanés sur de vastes portions de la surface de la lune seraient complétement inexplicables.

Nous avons déjà, au commencement de ce chapitre, signalé une cause qui pouvait porter de la lumière directe du soleil dans le cône d'ombre de la terre. Elle consiste dans la réfraction de notre atmosphère à laquelle est due la déviation des rayons qui rasent la surface terrestre sur la limite de son hémisphère éclairé. Cette cause certainement joue un grand rôle dans le phénomène; mais suffit-elle? Herschell a calculé que dans l'éclipse du 22 octobre 1790, où la surface éclipsée de la lune se voyait très-bien, il aurait fallu que les rayons solaires eussent éprouvé dans l'atmosphère terrestre une réfraction de 54′ 6″ pour arriver au centre de l'astre, et ce célèbre astronome fait remarquer que notre atmosphère ne réfracte pas la lumière à ce degré. Ce fut même ce calcul qui le détermina à admettre la phosphorescence lunaire, dont l'observation que je viens de citer montre aussi l'insuffisance. Mais Herschell ne s'était pas aperçu que c'est, comme l'a fait voir M. Babinet, non pas la réfraction simple atmosphérique, mais bien le double de cette réfraction horizontale qui influe sur les rayons ayant rasé la surface terrestre. Or le double de la réfraction atteint jusqu'à 67′. Seulement ce sont les rayons bleus et indigo qui étant les plus réfrangibles, sont portés en plus grand nombre vers le centre du cône d'ombre, tandis que l'observation montre que les rayons rouges au contraire y prédominent. Donc la réfraction ne peut suffire à expliquer le phénomène. Mais M. Babinet a en outre fait remarquer qu'il doit y avoir diffraction sur le contour terrestre, et la diffraction, à l'inverse de la réfraction, doit faire parvenir de préférence les rayons rouges vers le centre du cône d'ombre. Nous noterons toutefois qu'il est douteux que la diffraction puisse à elle seule assez surpasser la réfraction pour que le rouge devienne aussi prononcé que l'indique l'observation et que je l'ai noté moi-même dans l'éclipse du 1er mai 1855.

Arago, qui n'admettait pas comme Herschell, la phosphorescence de la lune, a pensé qu'il fallait faire intervenir la réflexion de la lumière par notre atmosphère. Mais, avec son esprit judicieux, il n'a pas manqué de remarquer que la lumière de la lune éclipsée devait, dans ce cas, être polarisée par réflexion. Or, il n'a pu apercevoir cette polarisation qu'une seule fois le 31 mai 1844, et encore d'une manière douteuse[1]. J'ai moi-même pendant l'éclipse du 27 février 1858, effectué à Paris, la recherche de la polarisation de la lumière secondaire de la lune, et je n'ai pu en trouver aucune trace. Depuis cette époque, j'ai fait, à Olinda, la même observation sur l'éclipse de lune du 6 février 1860, et je suis parvenu au même résultat négatif.

On voit donc que les explications données jusqu'ici de la lumière secondaire de la lune pendant les éclipses totales laissent beaucoup à désirer. Nous allons essayer de combler cette lacune en introduisant une considération, qu'on a négligée, et qui me paraît jouer le rôle principal dans ce phénomène.

Tout le monde a remarqué qu'après le coucher du soleil, la nuit se fait longtemps attendre. Quand l'astre est à sept ou huit degrés au-dessous de l'horizon, le jour est encore très-intense, et il faut même que le soleil descende de quinze à dix-huit degrés au-dessous de ce plan, pour que la nuit close arrive. Ce jour intense crépusculaire a pour origine les couches d'air élevées encore illuminées par le

---

[1] M. Zantedeschi annonce aussi avoir vu des traces de polarisation dans la lumière secondaire de la lune pendant l'éclipse totale du 24 novembre 1844.

ment sur la polarisation et l'intensité relative de la lumière des diverses parties de l'astre. Je n'eus que le temps de contempler le spectacle intéressant que me présentait notre satellite avec sa couleur d'un rouge sombre. La lueur excessivement faible que la lune répandait sur l'atmosphère dessinait à peine les bords déchiquetés des nimbus par une teinte très-légèrement rougeâtre. Le sol restait obscur et semblait, à cause du brouillard à l'occident, se fondre avec la masse noire des nuages. La nuance sinistre de la lune, sa couleur ensanglantée, la teinte blafarde répandue au premier plan par nos feux presque éteints dont la lueur indécise se disséminait sur les grandes feuilles d'un groupe d'énormes bananiers, et sur des touffes de bambous sauvages qui se perdaient bientôt dans une nuit profonde, formaient un tableau d'un caractère étrange et d'un effet des plus pittoresques. C'était un de ces spectacles rares dont le souvenir reste gravé dans la mémoire, et grâce auquel, quoique je n'aie pu faire les observations projetées, je ne regrettai pas ma nuit passée dans l'attente du phénomène.

Quelque temps après cette éclipse, en faisant remettre à Sa Majesté l'empereur du Brésil diverses informations scientifiques sur les régions de son vaste empire que je venais de parcourir, je mentionnai l'insuccès, à cause de l'état atmosphérique, de mes observations sur la lumière de la lune pendant l'éclipse du 12 juin. Sa Majesté, sachant combien les recherches d'astronomie physique ont d'attrait pour moi, eut alors la bonté de combler la lacune que cet accident laissait dans mon programme en m'envoyant ses propres observations, faites à son palais de Saint-Christophe, près de Rio de Janeiro, où le ciel avait été plus favorable. Le monde savant me saura gré de l'indiscrétion que je commets en en publiant ici les résultats. L'importance de leurs conséquences pour l'astronomie physique sera mon excuse près de l'auguste observateur, et ses vastes connaissances scientifiques, dont il sait tirer un parti si utile pour ses États, en y provoquant un progrès à la fois intellectuel et matériel des plus remarquables, donnent à l'observation en question une haute valeur [1].

---

[1] C'est aussi à S. M. l'empereur dom Pedro II qu'est due l'observation faite le 7 septembre 1858 au palais impérial de Saint-Christophe, et dont j'ai parlé plus haut, page 119.

C'est à minuit cinquante-quatre minutes de Rio de Janeiro que d'après le calcul la lune commença à entrer dans la pénombre de la terre. L'heure d'entrée dans l'ombre proprement dite avait été calculée pour une heure cinquante minutes. Mais dès une heure quarante-sept minutes, Sa Majesté dom Pedro II en vit la première impression appréciable sur le disque de l'astre. Bientôt l'ombre s'étendit sur la surface de ce disque; sa teinte était d'une couleur brun foncé, et la portion éclipsée se distinguait très-bien sur le fond céleste, malgré le voisinage de la partie encore éclairée directement par le soleil. A deux heures cinquante-neuf minutes quatre secondes, l'ombre de la terre couvrait l'astre entier. La partie orientale de la lune était la plus sombre. Sa couleur était d'un rouge de brique obscur, et il semblait osciller quelque chose devant elle. Cette oscillation ne provenait pas de vapeurs flottant dans l'air et passant devant la lune, mais c'était un jeu de lumière sur la surface même de l'astre. A trois heures neuf minutes, la même oscillation se faisait encore remarquer. A trois heures et demie, alors que l'instant du milieu de l'éclipse était arrivé, on voyait pourtant du côté du sud un très-petit ménisque, presque de la couleur de la lune non éclipsée. L'obscurité toutefois semblait plus généralisée qu'auparavant; quoiqu'il y eût toujours un minimum d'intensité lumineuse du côté des taches principales de la lune où la couleur restait rougeâtre. A trois heures cinquante-neuf minutes, près de l'heure assignée par le calcul pour la fin de la totalité, il y avait un ménisque déjà bien clair du côté du sud-est; mais il était très-étroit, et le maximum d'obscurité s'était transporté du côté opposé aux taches principales de l'astre. Plus tard, quand la phase totale eut cessé, la partie qui restait dans l'ombre présentait de nouveau la couleur foncée de brun chocolat.

Le fait qui, dans cette observation, appelle l'attention en premier lieu, est celui des ondulations lumineuses sur le disque éclipsé de la lune. En recherchant dans les annales anciennes de la science, je ne retrouve qu'une observation analogue. Elle est due à Messier. Cet astronome dit avoir aperçu dans une éclipse de lune, en 1783, des lueurs mobiles autour du centre de l'astre. Dans les temps récents, il n'y a guère à citer que l'observation de M. Goujon lors de l'éclipse

soleil du côté de l'ouest. Les rayons émanant de ces couches aériennes éclairent le sol et les autres parties de l'atmosphère situées sur l'horizon des points qui ont le soleil très-peu au-dessous de ce plan. Ces autres régions atmosphériques, illuminées secondairement, deviennent à leur tour sources de lumière pour les régions qui les suivent, jusqu'à ce que peu à peu l'intensité s'affaiblisse au point que la lumière cesse d'être sensible. Il résulte de ce phénomène que plus de la moitié de la surface de la terre est éclairée en un instant donné ; tout le pourtour de l'hémisphère qui ne reçoit pas directement les rayons solaires est cependant dans un jour intense. Sol et atmosphère sont lumineux. De la position occupée par la pleine lune, ce pourtour éclairé de l'hémisphère terrestre est visible aussi bien que l'anneau lumineux atmosphérique éclairé directement, et sa lumière possède les teintes rougeâtres crépusculaires. Or il émane de toute cette zone éclairée, soit directement, soit secondairement, des rayons lumineux se propageant dans tous les sens, aussi bien dans l'intérieur qu'en dehors du cône d'ombre de la terre. Ces rayons remplissent le cône d'ombre en question d'une lumière rougeâtre, et conséquemment ils atteignent la totalité de la surface de la lune, quelle que soit la largeur du cône. A cette lueur générale émise directement par des corps éclairés ou réfléchie par eux[1], se joint surtout sur les bords du cône d'ombre, et jusqu'à une assez grande profondeur, la lumière directe du soleil, réfrac-

[1] Dans la lumière du centre du cône d'ombre, il n'y a pas, en général, de polarisation parce que les réflexions ont lieu dans tous les points du pourtour, et par conséquent dans tous les plans possibles passant par le centre de la terre et du soleil. Alors les polarisations perpendiculaires deux à deux se dissimulent. Il ne peut exister de polarisation que dans des cas bien particuliers, et si par suite de l'état atmosphérique sur le pourtour de la terre la lumière devenait plus intense et par conséquent en excès dans un seul sens. Toutefois hors du centre du cône d'ombre il est évident qu'il y a prédominence de la lumière d'un seul côté, de sorte que surtout dans les éclipses partielles de lune et sur les bords de l'ombre, on pourrait espérer trouver des traces de polarisation. D'après les observations de M. Poey à la Havane et celles de M. Zantedeschi à Padoue, ces traces de polarisation auraient été visibles dans l'éclipse partielle de lune du 6 février 1860. Mais elles ont dû être bien faibles, car quant à moi je ne les ai pas reconnues. Je dois dire au reste que mon atmosphère à Olinda n'était pas très-belle ce jour-là, et l'éclairage atmosphérique par la partie de la lune non éclipsée rend le phénomène bien peu visible surtout si l'air n'est pas parfaitement pur. Il importe d'ailleurs de remarquer que dans ce cas les traces de polarisation pourraient être attribuées à notre propre atmosphère.

tée et affaiblie par l'atmosphère terrestre. Comme la couleur bleue
domine dans cette dernière, la teinte rougeâtre se trouve, au moins
en partie, anéantie vers la limite du cône d'ombre qui alors paraît
blanche, comme M. Goujon et moi nous l'avons noté le 1er mai 1855.
On peut alors quelquefois les juger bleus par effet de contraste, mais
on voit aussi qu'il peut arriver dans certaines circonstances que le bleu
y devienne prédominant réellement.

D'après l'explication que nous venons de donner du phénomène, on
voit que les régions de l'ombre qui reçoivent en plus grande quantité des
rayons directs du soleil réfractés par l'atmosphère, doivent être notablement plus brillantes que les autres. Or c'est précisément ce qu'on notera
dans la remarquable observation de Sa Majesté l'empereur dom Pedro II.
En effet, l'illustre observateur nous apprend que le côté sud de l'astre a
montré un petit ménisque très-brillant et moins rougeâtre que le reste.
Or la lune était précisément dans le sud du cône d'ombre; car sa déclinaison australe était plus grande que celle du point antisolaire de
près de vingt-cinq minutes. La partie sud de son disque recevait donc
en abondance les rayons directs du soleil après réfraction, tandis que
la partie nord n'était éclairée que par le pourtour lumineux de la terre.

Quant aux ondulations, inexplicables dans le cas d'une phosphorescence de la lune, leur théorie est très-simple. La terre tourne avec rapidité sur elle-même. Les points situés sur le contour éclairé changent
continuellement. Or, suivant l'état de leur atmosphère, l'éclairage qu'ils
peuvent fournir est très-différent. Cet éclairage varie donc avec ces points
eux-mêmes.

Quelquefois on a observé dans des éclipses de lune la disparition
complète de notre satellite. Ce fait ne peut avoir lieu que dans le cas
où il existe de très-forts brouillards sur tout le pourtour de l'hémisphère éclairé de la terre; et probablement encore faut-il que l'astre
soit observé à travers une atmosphère chargée de vapeur vésiculaire et
peu transparente. Dans notre siècle, ce phénomène n'aurait été observé
qu'une seule fois, en juin 1816, mais à travers l'air brumeux de Londres et de Dresde. Depuis cette époque, on a toujours noté l'éclairage
du disque lunaire pendant les éclipses. Il est probable qu'il ne dispa-

raît jamais entièrement quand il est vu par un ciel très-pur. Antérieurement à notre siècle, les observations de disparition complète du disque
lunaire sont aussi très-rares. Il n'y aurait guère à citer à cet égard
qu'une observation d'Hevelius, du 25 avril 1642, et le dire de Ma-
raldi qui aurait vu plusieurs fois ce phénomène, mais sans en rapporter les dates. Il me paraît très-douteux, d'après la constance de la
lumière secondaire notée dans toutes les observations récentes avec le
même caractère, que cette disparition soit possible quand l'astre est
observé par un beau ciel.

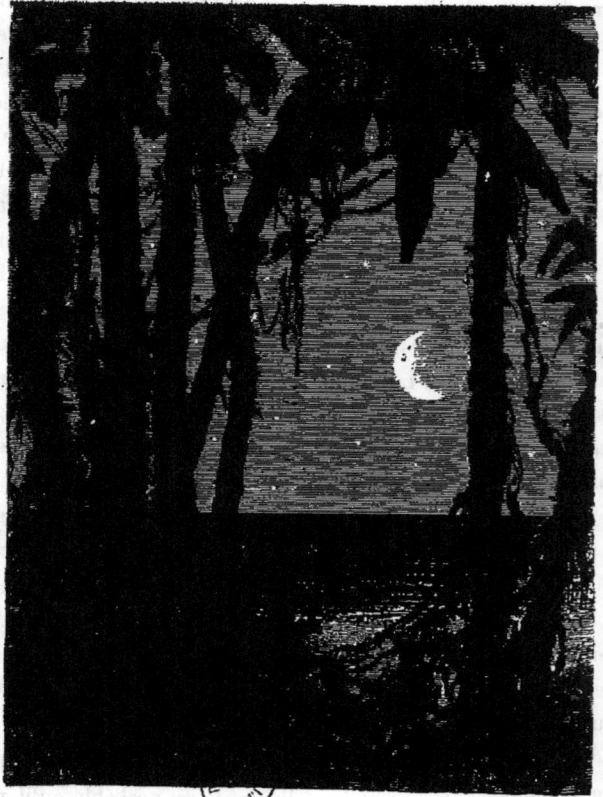

CHAPITRE V

ÉCLIPSE TOTALE DE SOLEIL DE 1858

—◆◇◆—

LA BAIE DE PARANAGUA
EXISTENCE DE LA TROISIÈME ATMOSPHÈRE SOLAIRE

Dans le chapitre deuxième, nous avons indiqué comment, par une observation attentive du soleil, on a pu reconnaître que cet astre est composé d'un immense globe obscur et conséquemment peu chaud, entouré d'une première atmosphère pleine de nuages comme la nôtre et dans les régions supérieures de laquelle flottent deux couches de nuages lumineux formant les pénombres et la photosphère. Cette dernière qui est recouverte d'une mince épaisseur de gaz atténuant légèrement l'éclat de ses rayons et composant l'atmosphère absorbante ou deuxième atmosphère du soleil, s'entr'ouvre parfois, et par ses ouvertures elle nous laisse distinguer la masse aérienne qui la supporte et le globe obscur de l'astre. Dans le même chapitre, nous avons ajouté que là ne se borne pas la constitution physique du soleil ; nous avons dit que dans les éclipses totales, c'est-à-dire, dans les circonstances où, par l'effet de son mouvement, la lune vient se poser comme un écran pour dérober à nos yeux la vue de la photosphère, on aperçoit, au lieu de l'obscurité que l'on croirait devoir se produire, une immense auréole qui paraît entourer le soleil et semble indiquer l'existence d'une troisième atmosphère extérieure aux nuages lumineux et à la couche absorbante.

La visibilité de l'auréole solaire, dans cette circonstance, provient de ce que le diamètre de la lune, assez grand pour couvrir la photosphère, est cependant trop petit pour nous cacher ce qui est extérieur à cette couche lumineuse. Au premier abord, il peut paraître étonnant que l'auréole, appelée couronne par les astronomes, ne soit pas aperçue autour du soleil tant que cet astre est sur l'horizon, et qu'on doive, pour la voir, attendre les éclipses ; mais cela vient de ce que nous n'apercevons les astres qu'à travers l'atmosphère terrestre qui est, pendant le jour, brillamment illuminée par les rayons lancés par la photosphère. Éblouis par cette vive lumière atmosphérique, surtout quand nous regardons dans les environs du soleil, nous ne pouvons voir les lumières faibles qui sont placées derrière la couche d'air qui nous environne. C'est par la même raison que nous n'apercevons pas les étoiles en plein jour. Pendant les éclipses, au contraire, la lune projette son ombre sur l'atmosphère terrestre, qui devient obscure. On peut alors distinguer ce qui est placé derrière cette couche aérienne, c'est-à-dire la couronne solaire et les étoiles situées de son côté. Il est, d'après cela, facile de comprendre l'intérêt que les astronomes mettent à l'observation des éclipses totales.

Comme les mouvements de la lune sont parfaitement étudiés et connus, les astronomes calculent facilement en quels instants l'ombre de cet astre arrivera sur notre globe, et en quels lieux elle en atteindra la surface. Mais ces phénomènes sont très-rares, par suite de diverses causes que nous avons indiquées précédemment. Cette rareté ne fait qu'ajouter au prix que les astronomes attachent à l'observation des éclipses totales, qui seraient déjà très-importantes quand même elles seraient communes. Une autre considération, augmentant encore la valeur de ces observations, est leur emploi pour la fixation des positions géographiques et la correction des tables des mouvements de la lune et du soleil, mouvements si importants à connaître pour les vaisseaux qui ne se dirigent sur l'Océan qu'à l'aide de ces astres. Mais je n'entrerai pas ici dans le détail de ces applications scientifiques entièrement du ressort des praticiens.

Or les calculs nous avaient appris que le 7 septembre 1858 une éclipse totale de soleil serait visible dans l'Amérique du Sud sur une bande de terrain qui, partant des côtes du Pérou, aboutissait à Paranaguá, port de la côte du Brésil. Ce point est situé à cent cinquante lieues environ au sud-ouest de Rio de Janeiro, capitale de l'empire. D'après ce que nous venons de dire de l'importance de l'observation des éclipses, on ne devra donc pas être surpris que les savants de diverses contrées de l'Europe s'en soient vivement préoccupés, et surtout que le Brésil n'ait pas voulu laisser passer sur son territoire un phénomène si remarquable sans qu'il fût observé avec soin.

Chargé d'une mission scientifique par le gouvernement français, je suis arrivé à Rio de Janeiro au moment même où allait partir de cette capitale, pour se rendre à Paranaguá, une commission scientifique.

Sa Majesté l'empereur du Brésil m'a fait l'insigne honneur de m'adjoindre à elle, et la commission nommée définitivement le 6 août était composée de MM. les conseillers impériaux C. B. d'Oliveira, sénateur, ancien ministre de la marine, A. M. de Mello, général du génie, directeur de l'observatoire astronomique de Rio de Janeiro, ancien ministre de la guerre, et de moi. Plusieurs des adjudants de l'observatoire astronomique de Rio de Janeiro, établissement naissant, déjà muni d'instruments précieux, faisaient également partie de la commission.

Deux navires de guerre, la corvette à vapeur de 220 chevaux, *Pedro II*, et la canonnière *Tyeté*, furent mis entièrement à la disposition de la commission pour toute la durée de l'expédition. De nombreux instruments appartenant à l'observatoire de Rio de Janeiro furent embarqués, et l'arsenal de la guerre fournit à la commission, avec la plus grande libéralité et pour le cas où aucune habitation ne se serait trouvée près des localités choisies pour l'observation, tout le matériel né-

cessaire à l'établissement des stations, tels que tentes d'officiers généraux et de soldats, lits, etc. J'avais moi-même apporté de Paris une
lunette photographique, une collection de polariscopes et de photo-
mètres, et divers autres instruments.

L'expédition partit de Rio de Janeiro le 18 août, à quatre heures du
soir. Du *Pedro II*, sur lequel nous étions embarqués, j'admirai, en sortant, la côte pittoresque et accidentée que nous rasions, laissant à notre
gauche les petites îles placées à l'entrée de la baie. A la nuit, nous
avions atteint la haute mer. Le 19, au soir, il s'éleva un pampero, ou
coup de vent de sud-ouest de ces régions, qui souffla avec violence.

On amena les mâts de hune et les vergues sur le pont. La tempête
fut très-intense, car elle démâta, près de Rio de Janeiro, un grand
trois-mâts. Quant à nous, nous en fûmes quittes, grâce à l'habileté
du commandant, M. T. R. de Brito, pour rouler sur les vagues pendant la nuit du 19 au 20. Dans la matinée du 20 août, le vent se
calma, et nous aperçûmes l'île de Bom Abrigo, à l'entrée de la grande
baie de Cananea. Quelques heures après, nous reconnaissions, à l'ouverture de la baie de Paranaguá, les îles das Palmas, ainsi nommées

à cause des palmiers élevés qui les recouvrent. On tira un coup de canon pour appeler un pilote, qui ne tarda pas à arriver, et à la nuit tombante nous entrions dans l'immense baie de Paranaguá, et nous jetions l'ancre à la pointe ouest de la grande île de Cotinga, à cinq lieues dans l'intérieur de la baie.

La baie de Paranaguá, nom qui, dans l'ancienne langue des Indiens, signifie *entrée de la grande mer*, est un des points les moins connus et les moins fréquentés de la côte du Brésil. Les navires de commerce européens n'y entrent guère. Nous n'y avons vu que des navires brésiliens et américains. Cette baie est cependant une des plus vastes de la côte d'Amérique, mais elle est malheureusement peu profonde, surtout à l'entrée, que nous n'avons pu franchir qu'en consultant toujours la sonde. De ses trois passes, une seule, celle du milieu, est praticable pour les grands navires. Elle est défendue par une forteresse. Des bâtiments supérieurs aux corvettes ne peuvent y pénétrer faute d'eau. Il paraît cependant qu'une frégate française est parvenue jadis à entrer dans la rade.

La baie se divise en trois branches. Celle du sud, dans laquelle nous étions mouillés, renferme deux petites villes, Paranaguá et Antonina. Ces villes sont visitées deux fois par mois par un bateau à vapeur qui établit une communication entre elles et la capitale de l'empire.

Dès le lendemain de l'arrivée, la commission s'occupa du choix d'un lieu convenable pour établir son observatoire. Le temps pluvieux dans cette saison, qui répond au mois de février de l'Europe, ne la favorisa pas dans ses opérations. Il nous fallait un temps clair, car la position géographique de Paranaguá n'était pas fixée avec une grande certitude, et nous devions, au moyen d'observations astronomiques, déterminer les localités qui se trouvaient sur la ligne centrale de l'éclipse. Dans ce but, nous débarquâmes sur plusieurs points avec des instruments. Ces débarquements étaient généralement difficiles parce que les côtes de la baie sont sablonneuses et en pente douce; les embarcations échouaient longtemps avant qu'on ne pût descendre de pied sec, et les matelots sautaient alors dans l'eau pour tirer les canots ou nous transporter à terre. Arrivés là, de nouvelles difficultés se présentaient pour établir les instruments sur un terrain sablonneux et mouvant dans lequel une végétation active nous permettait souvent à peine de trouver la place de nos théodolites.

Cette végétation commence par des mangliers, dont le pied est dans la mer, et dont les nombreuses racines qui s'élèvent au-dessus du sol en se croisant en tous sens supportent le tronc à une certaine hauteur en laissant les eaux remplir leurs intervalles. Les bois s'étendent ensuite sans interruption jusqu'au sommet des montagnes élevées qui entourent la baie. Près de Paranaguá, seulement, de petits sentiers permettaient de circuler à une seule personne à la fois; ailleurs c'étaient d'immenses forêts dans lesquelles il fallait se frayer un chemin en coupant les lianes qui pendaient de tous côtés.

L'aspect de cette végétation encore tropicale, car Paranaguá n'est qu'à deux degrés du tropique du Capricorne, est admirable. A chaque pas, on rencontrait couvertes de fleurs, dans les forêts, ces curieuses orchidées épiphytes, ces broméliacées, billbergias et pictairnias, qui font l'ornement de nos serres d'Europe et qui croissent là en parasites

sur des arbres gigantesques. Des bois entiers de palmiers s'élèvent à
d'énormes hauteurs. Sous leurs voûtes, dans les lieux humides, on se
perdait dans d'immenses touffes de balisiers, de costus, d'héliconias, etc.
Les fougères en arbres, actuellement si rares et qui dominèrent dans
la première végétation de notre globe, se voyaient aussi au milieu des
forêts vierges que nous traversions. Des oiseaux nombreux, couverts
des plus vives couleurs, des pics, des toucans, des perruches, etc.,
remplissaient ces bois, et nous avons entendu de loin la voix forte et
vibrante du singe hurleur.

Si nous cherchons à analyser le caractère général d'une forêt vierge
américaine, nous devons d'abord signaler que sa masse générale se
compose d'une réunion d'arbres dicotylédonés appartenant à un nombre considérable de familles du règne végétal. Au point de vue de l'aspect et du port, il y a lieu de distinguer plusieurs formes particulières. En premier lieu, nous devons citer les arbres à feuilles
doublement composées appartenant à la famille des légumineuses,
arbres qui atteignent pour la plupart des dimensions gigantesques.
Leurs feuilles, souvent très-grandes et formées par la réunion d'un
nombre immense de fines et délicates folioles, laissent souvent apercevoir
le ciel au milieu de leur ensemble. C'est un feuillage un peu vaporeux,
à verdure assez claire en général, et dont le gracieux effet manque complétement dans nos forêts. A cette première forme, nous devons opposer les grandes feuilles palmées ou digitées, tantôt cotonneuses, tantôt
vernissées d'une multitude de malvacées, de bombax, de quelques eu-
phorbiacées et de certains bignonia, espèces donnant des arbres touffus
et à ombre épaisse. Une troisième forme prédominante est celle des végétaux à feuilles lancéolées de grandeur petite ou moyenne, et à verdure
noirâtre, mais luisante, lesquels produisent également des amas de
feuillage impénétrables. A ce groupe considérable appartiennent les myrtacées, les lauriers, la plupart des térébinthacées, les ficus, un grand
nombre de malpighiacées, etc. Les grands arbres de la famille des
mélastomacées, l'une des plus dominantes dans les forêts, avec leurs
troncs droits et élevés supportant une vaste tête arrondie, avec leurs
feuilles également lancéolées à nervures longitudinales caractéristiques,

mais de dimensions beaucoup plus grandes que les précédentes et d'un vert plus clair et blanchâtres au-dessous, avec leurs belles et grandes fleurs roses, violettes ou blanches réunies à l'extrémité des rameaux, composent un quatrième groupe très-remarquable. A ces quatre formes principales de grands arbres présentant d'ailleurs mille variations de détail, il faudrait encore joindre le groupe des méliacées et des cédrélacées, avec leurs grands feuillages délicatement découpés, et celui de certains arbres à feuilles vastes, épaisses et charnues, groupe auquel appartiennent diverses guttifères, quelques ficus, plusieurs myrsinées, etc.

Pour se bien figurer l'aspect d'une forêt tropicale, il faut mélanger par la pensée de toutes les manières ces six formes caractéristiques de grands végétaux avec leur multitude de variétés ; il faut s'imaginer les troncs et les branches gigantesques de ces arbres séculaires couverts d'une infinité de parasites, les unes aux fleurs éclatantes comme celles de la majeure partie des broméliacées et des tillandsiées, ou bizarres comme celles des orchidées épiphytes, les autres aux feuilles délicates comme mille fougères, ou grandes et charnues comme cent aroïdées diverses; il faut se représenter en outre les admirables chapiteaux formés par une multitude d'espèces de palmiers, tantôt élancés et portant leurs cimes au niveau supérieur de la forêt comme les palmistes, tantôt à tronc court et à feuillage condensé comme les acrocomia, qui se mêlent à une multitude de plantes toutes à port spécial et remplissant le bas de la forêt, cannées, musacées, agaves, pipéracées, begonias, etc. Ensuite, qu'aux vastes parasols des palmiers on joigne, dès qu'on s'élève un peu au-dessus du niveau de la mer, ceux des fougères arborescentes et de quelques jeunes cassia à grandes feuilles pinnées, qu'on y mêle les formes bizarres des cecropia et des carica, qu'on s'imagine encore les immenses faisceaux produits par les cuscutes et les loranthes, parasites curieux, tombant comme des crinières gigantesques des branches qui les supportent, puis que l'on se figure le tout rempli par une multitude de lianes appartenant à vingt familles végétales différentes, passiflores, malpighiacées, sapindacées, dilléniacées, guttifères, légumineuses, apocynées, aristoloches, etc., etc.;

Forêt vierge à Paranaguá (p. 133).

enfin, que l'on place cet ensemble sur un sol accidenté comme celui du Brésil, et on aura une image de la forêt vierge et de son caractère incroyable de variété dont nos bois d'Europe, avec leurs essences d'ar-

bres peu nombreu-
ses, ne peuvent pas
donner la plus lé-
gère idée.

Les lianes, les unes
munies de vrilles,
les autres volubiles,
d'autres encore sim-
plement sarmenteu-
ses, forment un lacis
inextricable. Leur as-
pect varie plus en-
core que celui des
milliers d'espèces
d'arbres qui les
supportent. On en
trouve en abondance
dans toutes les ré-
gions intertropica-
les, mais nulle part
elles ne sont aussi
nombreuses que
dans l'Amérique.
Des familles en-
tières, comme les
passiflores, les mal-
pighiacées, les aris-
toloches, les ampéli-

dées, etc., appartiennent presque complétement à ce continent, et chacune d'elles contient des centaines d'espèces. Il en est, comme la
clusia insignis, parmi les guttifères, qui arrivent à étouffer et faire

périr complétement les arbres autour desquels elles s'enroulent, aussi leur a-t-on donné au Brésil le nom de *mata-pao* (tueur d'arbres). C'est la multitude étonnante de parasites, dont les plus remarquables, les broméliacées et tillandsiées, sont aussi presque exclusivement américaines, qui, jointe à cette profusion de lianes, donne surtout aux forêts vierges de l'Amérique leur caractère spécial parmi les autres forêts des contrées chaudes et les distingue nettement de celles de l'Afrique, de l'Inde et de l'Australie.

Tous les alentours de la baie de Paranaguá étaient remplis de forêts du caractère que je viens de décrire, mais cette végétation si magnifique, si luxuriante, constituait pour nous une sérieuse difficulté, car, dès que nous quittions le rivage, nous ne pouvions plus distinguer le ciel. Aussi nous fut-il très-difficile de choisir notre station principale, et fûmes-nous aussi obligés de nous limiter dans le nombre des stations secondaires que nous désirions établir. Sur les montagnes, en particulier, nous aurions bien voulu organiser un petit observatoire, mais le travail nécessaire pour couper ces arbres séculaires qui se soutiennent les uns les autres en s'enlaçant, était trop considérable, et équivalait, vu la proximité du phénomène, à une impossibilité. Le temps aussi, comme je l'ai déjà dit, nous contraria beaucoup.

Je ne m'arrêterai pas à décrire ici les nuits passées sur le rivage et à la lisière des bois, près de nos instruments montés dans l'attente des éclaircies, attente pendant laquelle nous nous réchauffions aux feux de bivouac allumés par les matelots. Je dirai seulement que nous reconnûmes que nous pouvions prendre pour observatoire central la maison de campagne de M. le docteur suisse Reichsteiner, située à peu de distance de la ville de Paranaguá, et que nous y établîmes nos instruments quelques jours avant l'éclipse. Deux autres stations furent formées, l'une dans le bras nord de la baie nommée *Bahia dos Pinheiros*, et sur l'île du même nom; l'autre à Campinas, lieu situé dans l'intérieur du pays, au delà des montagnes. Ces deux stations étaient aux limites nord et sud de la bande terrestre sur laquelle l'éclipse était visible.

Le 7 septembre enfin arriva le phénomène attendu. Le ciel était pluvieux le matin, mais il se découvrit pour l'heure de l'éclipse et nous laissa voir le spectacle le plus grandiose.

Dès que la lune commença à cacher le disque solaire, un coup de canon parti d'une des pièces de 68 du *Pedro II* annonça aux habitants de Paranaguá le commencement du phénomène. Peu de temps après, le soleil présentait l'aspect d'un croissant qui allait en diminuant de largeur. Lorsqu'il ne resta plus que le quart de sa surface découverte, vers dix heures quarante minutes, une couleur jaune commença à se répandre sur toute la nature, et le ciel prit au-dessus du soleil cette belle couleur d'azur foncé, inconnue en France, et qui se fait remarquer dans les régions intertropicales, pendant le crépuscule, entre la première et la deuxième coloration rose. La couleur bleu clair régnait encore près de l'horizon. Au nord et au-dessous du soleil, car dans l'hémisphère austral le soleil se voit au nord, on remarquait des nuages blancs qui avaient une coloration singulière. En ce moment, les six dixièmes du ciel environ étaient découverts, et le sommet des montagnes restait engagé dans les nuages.

À mesure que le croissant solaire continuait de se réduire, le ciel s'assombrissait de plus en plus et la couleur jaune augmentait; la mer et l'écume blanche de la vague prirent bientôt la teinte du soufre, le vent diminua, les oiseaux cessèrent de voler, toute la nature offrit un aspect effrayant.

Il ne reste plus bientôt qu'un point solaire. Le soleil peut être regardé fixement et produit sur l'œil exactement l'effet de la lumière électrique. En même temps, les ombres des objets deviennent nettes et définies comme avec cet éclairage.

Enfin ce dernier point solaire disparaît. La scène change plus rapidement que dans un théâtre. L'obscurité succède au jour, et à la place du soleil, on voit un gros corps circulaire noir entouré d'une auréole jaune et argentée de la plus grande magnificence. Des gerbes de rayons brillants partent en tous sens de ce corps noir, et par places, sur sa circonférence, des points les uns rosés, les autres blancs, se font remarquer. Le tapage des bois a fini. Les oiseaux et les insectes effrayés ont cessé leurs chants, l'air est complétement calme. Un silence profond règne autour de nous, troublé seulement par le bruit éternel et intermittent de la vague qui se brise au rivage.

Ce moment solennel dure une minute et demie, puis la scène change encore. Un point du soleil apparaît, c'est de nouveau la nature entière éclairée par une lumière électrique. Peu à peu, ce point grandit. Les oiseaux de mer qui s'étaient posés à la surface de l'eau prennent leur vol, le bruit des forêts recommence, autour de nous les grillons reprennent leurs chants. La nature semble se réveiller. Pendant ce temps, le soleil continue de se découvrir peu à peu, et tout rentre enfin dans l'état normal. Au moment où le limbe du soleil se montre entier, un coup de canon part du *Pedro II*, et presque aussitôt la canonnière *Tyeté*, couverte de ses pavillons, tire une salve de vingt et un coups de canon en l'honneur de l'indépendance du Brésil, car le 7 septembre est l'anniversaire de l'indépendance, et c'est la plus grande fête nationale de l'empire.

Je viens de décrire le phénomène tel qu'il s'est montré pour les spectateurs non astronomes; car, pour nous, il a fallu nous arracher à la contemplation de la beauté de ce spectacle pour nous occuper d'observations tendant à faire connaître la nature de la brillante couronne qui entourait la lune, et qu'on soupçonne n'être autre, comme je l'ai déjà dit, qu'une atmosphère solaire extérieure à la photosphère. On n'avait toutefois, avant l'éclipse de Paranaguá, aucune certitude à cet égard, parce qu'on pouvait aussi supposer que cette couronne était le résultat d'une déviation des rayons solaires ayant rasé la surface de la lune. Des expériences de physique nous ont appris, en effet, que quand des rayons lumineux passent près des bords des corps opaques, il se produit divers phénomènes de franges et de gerbes brillantes, qui peuvent avoir quelque analogie avec le phénomène observé pendant les éclipses. Dans l'état actuel de nos connaissances, nous avions donc à résoudre la question de savoir si la couronne des éclipses appartient à la lune ou au soleil. Or une certaine disposition qui s'est manifestée dans les rayons de cette couronne, et par laquelle quelques-uns d'entre eux se présentèrent inclinés au sens dans lequel se mouvait la lune, nous a permis de reconnaître nettement que ces rayons ne suivaient pas le mouvement de notre satellite, mais que ce dernier passait devant eux.

Donc la couronne appartient réellement au soleil. Mais quelle est sa nature? Est-ce une lumière électrique environnant la photosphère, ou bien la réflexion des rayons photosphériques par une atmosphère extérieure? C'est encore un point sur lequel la science était muette. Or, dans son passage à travers les cristaux naturels, la lumière se comporte différemment, comme nous l'avons déjà dit dans le chapitre deuxième, suivant qu'elle est directe, ou bien suivant qu'elle est soit réfléchie soit réfractée, en d'autres termes, pour me servir de l'expression scientifique, suivant qu'elle est directe ou *polarisée*.

Pour résoudre le problème en question, il fallait donc analyser avec un cristal la lumière de la couronne. Cette expérience a été faite à Paranaguá, et il été reconnu que la couronne est polarisée, c'est-à-dire que sa lumière est réfléchie ou réfractée. Il faut en conclure que l'auréole des éclipses n'est autre qu'une troisième atmosphère solaire extérieure à la photosphère. De plus, les points lumineux et rosés dont j'ai parlé dans la description de la couronne, points assez semblables à ceux qu'on a vus dans les éclipses antérieures et qu'on a nommés *protubérances*, ne peuvent guère être expliqués que par des nuages flottants dans cette troisième atmosphère.

Diverses observations, propres à confirmer ce que l'on sait déjà sur la nature de ces protubérances rosées, ont eu lieu pendant la durée du phénomène. De plus, il a été fait des recherches sur la distribution de la lumière à la surface du soleil, sur l'intensité de la lumière de la couronne, etc. Enfin, le croissant solaire a été photographié douze fois à divers instants de l'éclipse. Toutes ces opérations ont conduit à des résultats très-nombreux qui ont été communiqués à l'Institut de France, et dont on trouvera le détail dans les comptes rendus. Je ne m'y arrêterai pas davantage ici. J'ai seulement voulu, dans cette note sur l'éclipse de Paranaguá, appeler l'attention sur l'existence de la troisième atmosphère du soleil, existence reconnue le 7 septembre 1858, à 2,500 lieues de la France.

Lorsqu'on réfléchit à la rareté des éclipses, et au concours particulier de circonstances nécessaires pour qu'un de ces phénomènes permette de résoudre le problème dont nous venons de parler, on doit grandement se féliciter de la noble initiative du gouvernement brésilien, initiative qui a permis de ne pas laisser échapper une circonstance favorable pour résoudre une des plus importantes questions de l'astronomie physique. Peut-être qu'une circonstance aussi favorable sera plus d'un siècle avant de se reproduire !

Le soir du 7 septembre, un bal brillant donné en l'honneur de l'indépendance, et auquel conduisait depuis le rivage une allée de grands palmiers coupés dans les bois, réunissait l'élite de la population, les officiers de l'escadrille et les membres de la commission. La musique a joué l'hymne national, et au même instant la canonnière *Tyeté*, qui était entrée dans le port après l'éclipse, s'est brillamment illuminée en feux de bengale dans sa mâture, en même temps qu'elle faisait des décharges de mousqueterie et lançait des fusées.

Trois jours après, le 10 septembre, au retour des expéditions envoyées à Pinheiros et à Campinas, l'escadrille a levé l'ancre, et le dimanche 12, à quatre heures du soir, elle entrait dans la baie de Rio de Janeiro.

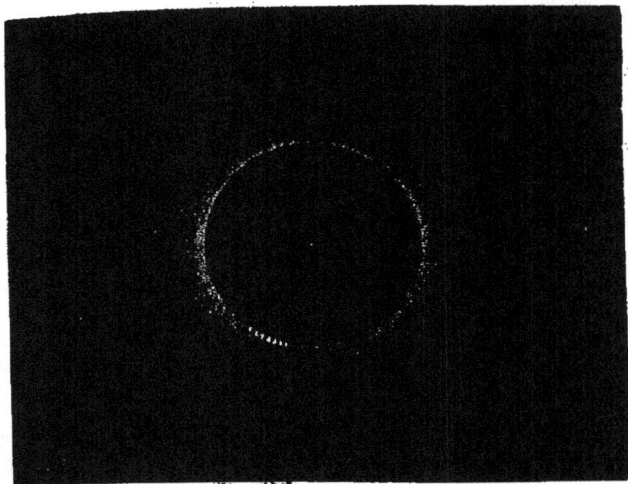

Éclipse de soleil avec chapelet.

CHAPITRE VI

ÉCLIPSE DE SOLEIL DU 25 AVRIL 1865

NOUVELLE VÉRIFICATION
DE L'EXISTENCE DE LA TROISIÈME ATMOSPHÈRE SOLAIRE

A peu près dans la région où, en 1858, je fis les observations que je viens de relater dans le chapitre précédent, a eu lieu, le 25 avril 1865, une autre éclipse totale de soleil. Deux expéditions ont été envoyées de Rio de Janeiro sur des points de la côte du Brésil situés sur la ligne centrale ou dans son voisinage, mais le ciel couvert a empêché leurs observations. Ce n'est que dans la ville de Rio de Janeiro elle-même, qui se trouvait d'après ce calcul un peu en dedans, mais tout près de la limite de la bande éclipsée, que l'état atmosphérique a permis de recueillir quelques données. Toutefois, là aussi le temps a contrarié les recherches. Ainsi, au palais impérial de Sau Christovão, résidence de l'empereur du Brésil, Sa Majesté, qui a daigné me communiquer ses observations, n'a pu voir que le premier contact intérieur. Il a eu lieu à 10^h 24^m 7^s, 3 du matin (temps de l'observatoire de Rio où un chronomètre du palais avait été comparé). Immédiatement après ce contact, les nuages, dans cette station, ont recouvert la lune et la couronne, si bien qu'aucune observation n'a été praticable sur cette dernière et que le retour de la lumière solaire n'a pu être enregistré. A l'observatoire on a été plus heureux : une éclaircie a permis de bien voir la phase maximum et d'étudier la couronne, mais en ce point l'éclipse n'a pas été rigoureusement totale. Nous avons dit cependant que, d'après le calcul, la ville de Rio devait se trouver à quelques kilomètres en dedans de la limite de la totalité. Mais il règne toujours une légère incertitude sur la fixation à l'avance de la limite réelle des éclipses, à cause de très-petites erreurs dont on n'a pu jusqu'ici affranchir les tables astronomiques et la détermination des diamètres réels du soleil et de la lune. C'est à cela qu'il faut attribuer que, dans le cas présent, l'éclipse, au lieu d'être totale pour la ville de Rio de Janeiro tout entière, n'a été complétement totale que dans certains quartiers. Ainsi cette ville a été traversée par la limite de l'ombre de notre satellite. Sur les points où, comme à l'observatoire impérial, le disque du soleil n'a pas entièrement disparu, l'extrême bord resté visible était toutefois réduit à un tel degré de ténuité que les phénomènes généraux de la couronne solaire ont pu être observés intégralement : cet extrême bord lui-même se trouvait rompu en points lumineux comme des grains de chapelet.

La rupture de l'extrême bord du soleil en points lumineux est un fait qu'on observe très-fréquemment dans les éclipses de soleil quand il ne reste plus qu'un très-mince filet de ce bord. Jusqu'à présent on a assigné comme cause unique à ce phénomène les dentelures du limbe de la lune dues aux montagnes. Mais ce n'est pas évidemment la seule cause, car nous avons vu que les facules du soleil font saillie au-dessus du niveau général de la photosphère, au point même quelquefois que, malgré l'irradiation de l'astre, M. Dawes a pu en voir une se projeter nettement sur le contour du disque. Il est donc clair que c'est la combi-

naison des dentelures des deux limbes, celles du soleil dues à ses facules
et celles de la lune provenant de ses montagnes, qui produit l'apparence
de rupture du dernier filet lumineux en grains excessivement petits,
mais que l'irradiation grossit considérablement. D'après cette remarque, on voit donc qu'une éclipse qui, d'après le calcul, aurait été
rigoureusement à la limite de la totalité, peut être complète en effet et
montrer cependant un chapelet lumineux provenant des facules solaires
débordant le niveau général du limbe de l'astre.

Toutefois, dans le cas présent, si on remarque que le palais impérial de San Christovão était plus loin de la ligne centrale que l'observatoire de Rio de Janeiro, et si on considère de plus que ces deux stations étaient assez rapprochées pour que les mêmes facules se montras-
sent pour elles, vu le peu d'intervalle de temps séparant la phase
maximum de ces deux points, on ne peut s'empêcher de noter l'existence d'une anomalie fort curieuse. Il est évident que, du moment
où l'éclipse était totale à San Christovão, elle devait être également
totale à l'observatoire. Or, puisqu'on a aperçu en ce dernier lieu quelques grains lumineux sur le contour lunaire (grains excessivement
petits il est vrai, car leur ensemble vu à l'œil nu a été comparé par
l'un des observateurs à une lumière électrique située à grande distance),
il faut en conclure que cette apparition de points lumineux à l'observatoire est provenue d'une sorte de mirage atmosphérique. Ce mirage
devait être dû aux réfractions anormales dont nous parlerons plus loin
et qui auraient dévié et porté sur divers quartiers de la ville de Rio,
des rayons lumineux destinés à la limite même de la totalité située à
peu de distance. La visibilité de points lumineux solaires dans des
lieux où l'éclipse devait être totale n'est pas une chose inconnue dans
les annales de la science. Ulloa a vu dans une éclipse un point brillant
ainsi transporté en apparence jusque sur le disque lunaire, et M. Valz
a été postérieurement, dans une autre éclipse totale, témoin d'un phénomène semblable. Ces deux faits indiquent des déviations bien plus
grandes encore que celle qui paraît avoir eu lieu dans l'éclipse du
25 avril dernier, et il existe même, comme nous le dirons plus loin,
des observations de transport apparent des protubérances rosées sur le

limbe lunaire, circonstance qui est encore du même ordre. L'éclipse du 25 avril a d'ailleurs été totale en d'autres points de la ville de Rio de Janeiro que San Christovão.

Outre l'anomalie intéressante sur laquelle je viens d'appeler l'attention, l'éclipse du 25 avril a donné lieu, à la station de l'observatoire de Rio de Janeiro, à des observations du plus grand intérêt sur la couronne solaire. Ces observations sont dues à un savant distingué, M. le baron de Prados[1]. Je transcris ici un fragment de la lettre qu'il m'a écrite à cet égard, et dans lequel on verra la description du phénomène.

« L'éclipse n'a pas été tout à fait complète à l'observatoire. Un filet de lumière, qui prit la forme en chapelet au plus fort de la phase, empêcha peut-être que l'on pût voir tous les détails de la couronne. Celle-ci se manifesta pourtant pendant quelques instants dans toute sa splendeur. Voici les particularités que j'ai pu remarquer pendant la courte durée du phénomène.

« Au moment où le filet lumineux prenait l'apparence de chapelet, le bord occidental de la lune présentait un magnifique anneau de quelques secondes de largeur et d'un bleu violacé. Sa régularité était parfaite. C'était un trait de lumière d'un effet admirable.

« Rien de semblable ne se manifesta sur le bord oriental. L'anneau de la couronne était cependant bien terminé. Sa couleur était d'un blanc de perle parfait, excepté du côté de l'Est, où le faible filet de lumière solaire lui donnait la teinte habituelle de l'atmosphère près des bords du soleil.

« Cinq faisceaux de rayons parallèles sans entrelacement aucun, d'une blancheur parfaite, partaient presque normalement du bord de l'anneau de la couronne. Aucun de ces faisceaux ne me semblait contigu au limbe lunaire.

[1] M. le baron de Prados est un homme d'État en même temps qu'un savant. En ce moment il est président du Corps législatif du Brésil. Dans sa jeunesse, il s'est fait recevoir médecin à Paris. Depuis, il a créé à ses frais et il entretient encore aujourd'hui un hôpital pour les pauvres dans la ville de Barbacena. Naturaliste en même temps que physicien, il a recueilli des observations du plus grand intérêt sur les productions naturelles et sur la climatologie du Brésil. Il est à regretter qu'il ne les ait pas publiées. Aujourd'hui, les importantes fonctions publiques qu'il remplit avec conscience ne lui en laissent guère le temps.

« Si l'on excepte le trait bleu violacé qui se manifesta sur le bord occidental de la lune au plus fort de l'éclipse, je n'ai rien aperçu qui ressemblât à ces flammes ou protubérances que l'on remarque presque constamment dans les éclipses totales, à moins que l'on ne suppose comme tel ce magnifique trait lumineux d'un bleu violacé dont je viens de parler.

« Malgré l'instantanéité du phénomène, j'ai cherché à vérifier l'existence de la polarisation de la lumière de la couronne. A cet effet, je me suis servi du polariscope à bandes colorées de Savart et de celui de M. Babinet. C'est avec le premier instrument que j'ai le mieux reconnu la polarisation. Les bandes se sont bien colorées en le dirigeant sur la couronne. La coloration a même été assez sensible pour que je ne puisse admettre ici l'intervention de la polarisation atmosphérique, car elle était imperceptible lorsqu'on dirigeait l'instrument sur le centre lunaire. Il va sans dire que l'atmosphère était fortement polarisée dans toutes ses régions pendant la durée du phénomène et de la manière dont elle l'est ordinairement.

« Une circonstance qui se manifesta avec assez de netteté fut la visibilité du bord de la lune hors du disque solaire, même pendant la première phase de l'éclipse. Du reste, Arago l'avait déjà notée en 1842, et vous l'avez aussi fait remarquer dans votre observation de 1858 pour les épreuves photographiques et en faisant tomber l'image solaire sur la glace dépolie.

« J'ai exploré avec soin, pendant toute la durée de l'éclipse, la surface du soleil. Elle montrait le plus grand calme dans la photosphère. Pas une tache remarquable; les facules étaient à peine sensibles dans mon instrument. Si les observations de Santa Catharina et du Cabo Frio constatent l'absence des protubérances, l'opinion qui les suppose formées par les courants ascendants des vapeurs solaires, qui entraînent alors par leur impulsion la couche nuageuse et extraphotosphérique, trouvera ici un fort argument en sa faveur. La photosphère était tranquille, et seulement une ligne lumineuse bleu violacé, une véritable couche de niveau se faisait apercevoir.

« Rien n'a pu être constaté quant à l'existence des ombres mouvantes, quoique elles aient été cherchées avec soin.

« Le ciel était si nuageux que l'on ne put apercevoir dans notre station que la planète Vénus. Cependant les habitants des quartiers qui sont plus au sud ont, disent-ils, aperçu plusieurs étoiles de première grandeur.

« La couleur plombée tirant sur le violet prédominait dans l'air et sur la mer, qui ressemblait à du plomb fondu, » etc.

Les brillantes apparences des éclipses avaient été déjà notées plusieurs fois dans les deux derniers siècles et au commencement du nôtre; mais on n'y avait pas attaché une importance suffisante, et, en outre, on les avait assez mal décrites, lorsqu'à l'occasion de l'éclipse totale de soleil de 1842, visible dans le sud de la France, Arago rédigea une indication d'observations à faire au moment du phénomène. Grâce à cette publication de l'illustre astronome, les observations furent plus complètes qu'aux époques antérieures, et l'intérêt de ces observations augmenta encore beaucoup quand Arago vint à publier dans l'*Annuaire du Bureau des longitudes de 1846*, sa remarquable notice sur les phénomènes vus en 1842. C'est à partir de cette époque seulement que l'attention a été sérieusement appelée sur les éclipses totales. Au lieu de diminuer par les recherches de 1842, le nombre des problèmes à résoudre avait augmenté, et le travail d'Arago devint le programme des observateurs des éclipses ultérieures.

Parmi les faits notés en 1842 s'en trouvait un très-digne de remarque. La couronne solaire avait offert l'apparence d'anneaux concentriques au soleil, et, d'après la plupart des observateurs, le bord de ces anneaux d'où partaient les rayons de l'auréole, présentait des lignes définies, comme l'auraient fait des surfaces de niveau dans une atmosphère solaire. (Voir à la fin du chapitre la figure donnée par Arago.) A l'exception de la date de 1853, rien de semblable n'a été noté dans les autres éclipses observées ultérieurement, et qui eurent lieu dans les années 1850, 1851, 1858, 1860 et 1861. Lors de ces derniers phénomènes, au contraire, aucun anneau défini inférieur aux rayons de l'auréole, aucune ligne de niveau ne put être remarquée, et les parties de la couronne voisines du limbe se fondaient insensiblement avec les rayons. En 1853, la moitié de l'auréole, d'après M. Moesta, avait une régularité parfaite.

Or, dans l'éclipse du 25 avril dernier, les observations de M. le baron de Prados nous apprennent que les lignes de niveau ont reparu comme en 1842 et comme elles le firent partiellement en 1853. Cette remarque, comme nous allons le voir, est d'une grande importance pour la théorie de la couronne. En effet, la surface solaire paraît être dans un état d'agitation périodique. Du moins, la période s'accuse d'une manière très-nette par les variations du nombre et de la grandeur des taches qui naissent sur cette surface, et la durée de cette période, comme nous l'avons déjà dit, est de onze ans. Si on partage cet intervalle en deux parties de cinq ans et demi chacune, et répondant l'une au maximum des taches solaires et l'autre au minimum, on reconnaît que les années 1842, 1853 et 1865 appartiennent à la période du minimum des taches solaires; et même les éclipses de ces époques ont eu lieu tout près de l'instant du minimum même, tandis que toutes les autres éclipses observées depuis 1842 se sont produites pendant les périodes de maximum.

Ainsi, la nouvelle observation nous met en possession de la connaissance du fait suivant : « Dans les éclipses observées avec soin jusqu'ici, la couronne du soleil a été régulière ou au moins a montré de la tendance à la régularité dans les années de minimum des taches solaires; elle a au contraire toujours été irrégulière dans les années de maximum. » C'est au moyen des observations futures qu'il deviendra possible de vérifier si cette loi se maintient toujours; mais, quoi qu'il en soit à cet égard, la remarque de M. le baron de Prados soulève aujourd'hui l'un des problèmes les plus intéressants à résoudre à l'avenir au sujet des éclipses.

Un autre point essentiel à noter dans l'observation du même savant est la vérification de l'existence de la polarisation.

L'importance des observations sur la polarisation de la couronne des éclipses a été signalée par Arago dans les termes suivants : « Supposons, en effet, dit-il dans l'*Astronomie populaire*, tome III, page 609, que la lumière blanchâtre de la couronne bien observée offre des traces sensibles de polarisation. La polarisation ne pouvant procéder de la diffraction, il sera indispensable de l'attribuer à la lumière provenant par voie de réflexion de l'atmosphère diaphane dont le soleil serait alors *indubitablement* entouré. »

Avant 1858, la polarisation de la lumière de la couronne avait déjà été étudiée ; mais, malgré les instances d'Arago, la direction du plan dans lequel elle s'opère n'avait pas été indiquée, et, conformément à une remarque de cet illustre astronome, il en résultait encore quelques doutes sur son existence. L'importance des observations de polarisation de la couronne me détermina donc à faire de ce sujet la partie principale de mon programme particulier dans l'observation de l'éclipse de 1858, et j'ai employé dans ce but deux procédés distincts : un polariscope d'intensité, consistant en une tourmaline, et un polariscope de Savart, qui l'un et l'autre m'ont accusé de la façon la plus nette l'existence de la polarisation et la direction de son plan, direction que j'ai trouvée normale au limbe. Le prisme biréfringent à petit angle m'a servi à reconnaître que les protubérances ou nuages flottants dans la troisième atmosphère donnaient deux images égales, malgré la polarisation du fond sur lequel avait lieu leur projection, parce que la petite séparation des deux images faisait que cette polarisation du fond était sensiblement égale pour elles.

La polarisation de la couronne et celle des rayons était d'autant plus évidente à Paranaguá, que la polarisation atmosphérique, comme il est relaté dans le rapport que j'ai adressé à l'Académie des sciences et aux *Astronomische Nachrichten*, présentait, pendant l'éclipse du 7 septembre 1858, un point neutre dans la région du soleil. Il n'y avait donc aucune confusion possible, indépendamment, d'ailleurs, de la variation du plan de polarisation, qui restait normal au bord de l'astre dans tout le pourtour du limbe.

Dans l'éclipse de 1860, en Espagne, les observations du P. Secchi ainsi que celles de M. Prazmowski, confirmèrent mes observations de 1858 sur la polarisation de la couronne. D'après les termes de la note

de M. Prazmowski, ce dernier observateur paraît avoir même trouvé
la proportion de lumière polarisée plus grande que je ne l'avais remarqué. Peut-être cela vient-il de ce que la région des deux astres ne
devint pas, en Espagne, un point neutre de la polarisation atmosphérique, comme à Paranaguá. Au reste, si j'ai trouvé faible la polarisation de la couronne solaire par rapport à celle que l'atmosphère
possède en général, je n'en déclare pas moins qu'elle était incontestablement beaucoup plus grande que d'autres polarisations bien
constatées, par exemple celle de la surface de la lune. Elle fut accusée
même par un petit polariscope Savart, qui ne laisse pas voir les bandes
sur ce dernier astre dans les conditions du maximum de polarisation.

La lettre de M. le baron de Prados vient donc encore confirmer
l'exactitude de mon observation. Ainsi dans trois éclipses consécutives
la polarisation a été constatée par quatre observateurs différents de la
manière la plus nette, et conséquemment il devient impossible de continuer d'attribuer la couronne solaire à des illusions d'optique. D'ailleurs,
si la couronne était due à de la lumière réfléchie par les montagnes
lunaires et diffractée par l'effet des échancrures du bord de notre satellite, un rayon devrait, pendant la durée d'une éclipse, émaner constamment du même point du contour de la lune. Or ce fait est directement
contraire à une de mes observations. Pendant l'éclipse de 1858, j'ai vu
de la manière la plus nette, comme le relate le rapport déjà cité, un
rayon incliné, recouvert progressivement à sa base par la lune. Conséquemment le point de départ apparent se déplaçait sur le contour
lunaire. Arago et d'autres observateurs, en 1842, ont vu, comme
nous, dans l'éclipse de 1858, des rayons entremêlés qui, prolongés,
n'auraient pu même couper le limbe lunaire. Pareille observation
paraît avoir été faite dans l'éclipse de 1860, par M. Lespiault.
Dans presque toutes les éclipses on a aussi noté des rayons courbes.
L'impression qui m'a été produite était celle de la projection les
uns sur les autres de nombreux arcs et rayons entourant le soleil, et
offrant une grande analogie d'aspect avec les arcs et les rayons de l'aurore boréale. La figure que nous donnons ici, représente l'aspect de la

couronne telle qu'elle a été vue à Paranaguá. Les grands rayons partaient de derrière le limbe même de la lune, et c'est ce qui m'a permis de bien suivre le mouvement du bord de cette dernière devant le
faisceau blanc conique incliné qu'on voit du côté est, placé ici dans le
haut de la figure. On remarquera en outre sur le dessin des groupes

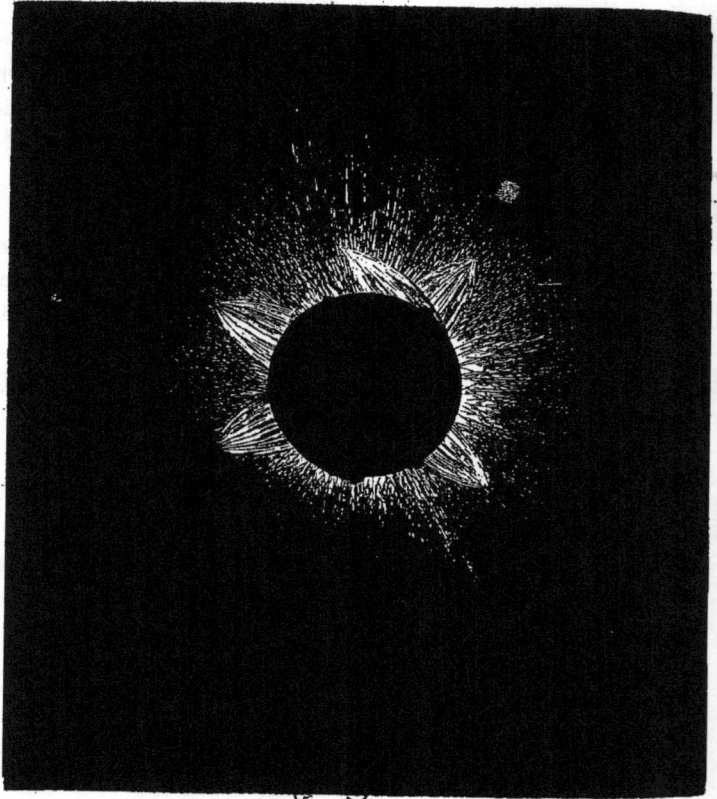

Éclipse du 7 septembre 1858, à Paranaguá.

de rayons parallèles et divergents, des rayons courbes et entremêlés,
des taches nébuleuses et surtout quatre grands faisceaux coniques
radiés dont la base s'appuie sur le limbe lunaire. Un faisceau semblable a été vu dans l'éclipse de 1860, par M. Feilitzsch. (Voir son
dessin que nous avons reproduit page 56.)

Dans les éclipses la grande variation dans l'aspect des rayons d'une station à l'autre ne peut être considérée comme un obstacle à la supposition d'une existence réelle pour cette apparence ; car la surface du soleil, comme l'indique le pointillé variable à cette surface, est dans un état d'agitation extrême. On a quelquefois attribué les variations du pointillé à notre atmosphère ; mais j'ai fait au Brésil des observations qui ne peuvent guère se concilier avec cette hypothèse. Au commencement de janvier 1859, à San-Domingos, baie de Rio de Janeiro, j'ai observé plusieurs fois le pointillé du soleil au zénith, par une atmosphère très-calme, où les bords de l'astre étaient d'une grande tranquillité. Or, dans cette condition, j'ai vu ce pointillé aussi variable, mais plus net et mieux prononcé qu'avec un soleil bas, contrairement à la scintillation des étoiles.

Il faut, dans les déductions qu'on tire des observations d'une éclipse, tenir compte de la multiplicité des apparences et de la courte durée du phénomène, durée qui ne permet pas à chaque observateur de noter tous les détails. Chez les uns, l'attention se concentre sur certains rayons ; chez d'autres, sur des rayons différents ; et pour distinguer ces objets, dont quelques-uns sont à limite de la visibilité, il faut une concentration de l'attention. N'a-t-on pas été de longues années avant de reconnaître l'anneau diaphane de Saturne ? Depuis qu'il a été signalé, tout le monde le voit. Que l'on compare deux dessins d'une même tache solaire, faits au même instant par deux observateurs différents, on trouve dans ceux des détails intérieurs du noyau et de la pénombre, dont le degré de visibilité est le moins accentué, d'énormes différences. J'ai été à même de faire cette remarque pour plusieurs taches. Or là, il ne s'agit pourtant pas d'un phénomène limité à moins de cinq minutes. Il faut d'ailleurs remarquer que par l'effet de la rotation solaire, les points situés sur l'extrême limbe varient d'un instant à l'autre. Quelques minutes de différence dans l'heure des observations de deux stations suffisent à amener déjà des différences très-appréciables.

Outre les variations dans le soleil même, outre les différences d'appréciation résultant de la concentration de l'attention des observateurs sur des points différents, outre les réfractions normales dans l'atmosphère du soleil sur les bords de cet astre, il y a encore à considérer les réfractions anormales signalées par M. Faye à l'occasion des éclipses antérieures et dues à ce que l'atmosphère terrestre n'est pas constituée pendant l'éclipse dans une condition régulière, car les couches d'égale densité sont inclinées. De là, de nombreux effets de mirage qui, en des points très-voisins, doivent souvent modifier profondément les apparences réelles. La réfraction intérieure aux instruments, souvent exposés longtemps aux rayons solaires, réfraction également signalée par M. Faye, peut aussi intervenir. Sans ces diverses réfractions anormales, il serait difficile de concilier les observations qui donnent pour le recouvrement et le découvrement des *protubérances* ou nuages solaires par la lune, des nombres sensiblement en rapport avec le mouvement de l'astre; il serait, dis-je, difficile de concilier ces observations avec celles qui donnent, au contraire, des résultats complétement différents, avec les circonstances qui ont même fait voir, en 1842, à M. Parès et à quelques observateurs italiens, les *protubérances* ou nuages de la troisième atmosphère, projetées en dedans de la lune.

En présence de la polarisation de la couronne des éclipses, reconnue avec certitude pour la première fois par moi en 1858, vérifiée depuis dans les éclipses de 1860 et 1865, il n'est plus possible, suivant la judicieuse remarque d'Arago, citée plus haut, de mettre en doute la réalité de l'auréole solaire, réalité démontrée en outre par mon observation du passage de la lune devant cette auréole.

La comète de 1843 a dû traverser la couronne solaire; mais il est facile de voir, d'après l'intensité relative de cette comète et de l'auréole du soleil, que cette dernière n'a pu opposer de résistance sensible au passage de la première.

En effet, on se rend aisément compte du rapport des densités de la comète de 1843 et de l'atmosphère extérieure du soleil formant la couronne des éclipses. La comète de 1843 a été aperçue en plein jour jusqu'à une distance réelle du soleil à peu près égale à seize rayons solaires et à laquelle elle voyait cet astre sous un angle de 7° environ; tandis que les régions inférieures de l'atmosphère extérieure ou couronne du soleil

voient la photosphère sous un angle de 180°, et avec le même éclat, puisque
l'éclat est indépendant de la distance. D'après les surfaces occupées par
ces angles sur des sphères égales, il est facile de voir que chaque molécule de la comète recevait alors cinq cents fois moins de lumière que
l'atmosphère du soleil près de l'astre. Mais tandis que la nébulosité de
la comète avait pour diamètre seulement les vingt-un centièmes du rayon
solaire, la couronne, d'après la largeur que je lui ai trouvée à Paranaguá, dans l'éclipse du 7 septembre 1858, était vue tangentiellement
au bord du soleil sur une épaisseur égale à trois fois et demie le rayon
de cet astre, ou seize fois et demie le diamètre de la comète. A égalité
de densité, la couronne solaire, cinq cents fois plus éclairée et seize fois et
demie plus épaisse que la nébulosité de la comète, aurait donc dû paraître plus de huit mille fois plus brillante, si toute son épaisseur avait
été aussi fortement éclairée que sa base. Mais les limites supérieures de
l'auréole du soleil reçoivent moins de lumière que les couches inférieures. Le cas du plus petit éclairage moyen de cette auréole répond
à celui dans lequel sa densité serait constante dans toute son épaisseur. Dans cette circonstance, le calcul fait voir que l'éclairage moyen
serait égal aux quatre dixièmes de l'éclairage de la base. Ainsi, à
égalité de densité, la couronne solaire aurait dû paraître au moins huit
mille fois multiplié par quatre dixièmes, c'est-à-dire trois mille deux
cents fois plus brillante que la nébulosité de la comète. Or, la couronne est beaucoup moins intense que ne l'était alors la nébulosité en question, puisqu'on voyait cette dernière en plein jour, tandis
qu'on n'aperçoit la première que dans les cas d'éclipse, où l'éclairage atmosphérique est très-diminué. Donc, l'auréole du soleil est
beaucoup plus de trois mille deux cents fois moins dense que ne
l'était la nébulosité de la comète de 1843. On peut donc dire avec certitude que la densité de la comète était à celle de la couronne au moins
ce que la densité du fer et même du plomb est à celle de l'air à la
surface de la terre.

Si maintenant on remarque que la comète n'a eu à traverser dans
l'atmosphère du soleil qu'une épaisseur égale à une vingtaine de fois
son diamètre, on voit que la couronne solaire ne lui opposait pas

plus de résistance qu'une couche d'air de deux mètres d'épaisseur n'en présente à un boulet de canon de dix centimètres de diamètre. Donc, non-seulement la comète de 1843 a pu traverser facilement l'auréole du soleil, mais encore sa marche n'a pas été sensiblement modifiée par son passage dans ce milieu. Ainsi tombe la seule objection plausible qu'on eût faite à la réalité de la couronne des éclipses; réalité, je le répète, incontestablement prouvée par la polarisation de sa lumière.

L'existence dans la couronne solaire de rayons courbes, de rayons divisés en plusieurs branches, de rayons entremêlés, etc., est complétement inconciliable avec l'hypothèse que cette apparence proviendrait d'un effet de diffraction. Une observation du P. Secchi, faite en Espagne, en 1860, pendant l'éclipse du 18 juillet, vient aussi, en montrant que l'auréole est centrée sur le soleil, confirmer mon observation du 7 septembre 1858, relativement au mouvement de la lune devant les rayons de la couronne. D'après le P. Secchi, pendant que l'éclipse n'était encore que partielle, et avant l'obscurité totale, le champ de la lunette était bien plus clair du côté du bord du soleil que du côté de la lune : ce fait indique nettement l'existence d'une auréole autour du premier astre et non autour du second. Ce genre d'observation est très-intéressant, et je ne puis me dispenser d'en rapprocher une remarque inédite d'un jeune et habile observateur, M. Charles Noël, qui a déjà publié plusieurs travaux dans les mémoires de l'Académie de Belgique.

Il y a quelques années, M. Porro a eu l'ingénieuse idée de substituer aux verres noirs destinés à éteindre par absorption la lumière du soleil afin de permettre de regarder cet astre, un système polariseur formé de deux glaces noires perpendiculaires et recevant l'une et l'autre les rayons solaires sous l'angle de polarisation. Ce nouvel instrument a été nommé *hélioscope*, et il a sur le verre noir l'avantage de ne pas, comme ce dernier, répandre sur la totalité du champ de la lunette une portion de la lumière solaire réfléchie dans l'intérieur du système absorbant. Or M. Charles Noël, en employant un hélioscope, a reconnu que le soleil se montre entouré d'une auréole en tous temps et hors de toute éclipse. On pourrait être tenté d'attribuer cette auréole à notre atmosphère, mais alors avec un ciel chargé de légers nuages ou de vapeurs, elle devrait augmenter d'intensité. Le contraire a lieu, comme l'a remarqué M. Charles Noël, et dès lors il ne reste plus d'explication possible autre que la visibilité de la couronne des éclipses, laquelle se voit ainsi hors de la présence de la lune et consé-quemment hors des circonstances où on pourrait la soupçonner due à la diffraction ou à une atmosphère lunaire. La nouvelle observation du P. Secchi confirme celle de M. Charles Noël, et tous ces faits viennent encore se joindre à ceux que nous avons antérieurement cités et qui prouvent d'une manière irrécusable l'existence de la troisième atmos-phère solaire.

Je terminerai ce chapitre en rappelant que parmi les nombreuses ob-servations faites à Paranaguá, c'est là-où, pour la première fois, la pho-tographie a été appliquée à l'astronomie de précision. Dans les Comptes rendus de l'Académie des sciences du 1er et du 29 juillet 1861, j'ai dé-crit la méthode que j'ai employée dans ce but. J'ai fait voir aussi que les observations de l'éclipse du 7 septembre 1858 sur les deux côtes de l'Amérique, combinées avec quelques autres observations faites par moi sur divers points de la côte orientale, montrent que l'ensemble du continent américain du Sud était tracé trop à l'ouest, de six à sept minutes, sur les diverses cartes géographiques.

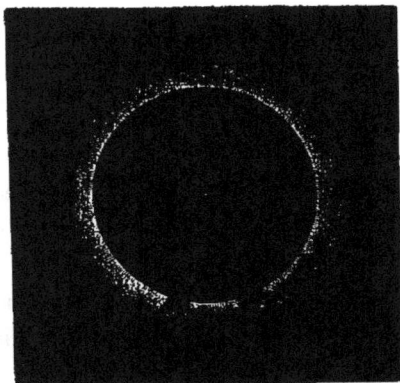

Éclipse de soleil de 1842

CHAPITRE VII

LA LUMIÈRE ZODIACALE

SON APPARENCE — SON ÉTENDUE — SES RELATIONS AVEC LA CHALEUR
TERRESTRE ET LA CHALEUR SOLAIRE

Pour le voyageur quittant l'Europe et se dirigeant vers l'hémisphère austral, ce n'est pas seulement sur la terre qu'il y a des impressions nouvelles à recueillir. Le ciel aussi, comme nous l'avons indiqué dans le chapitre premier, offre de nouveaux aspects, et la limpidité de l'atmosphère dans la zone intertropicale facilite à un haut degré les recherches que l'on veut entreprendre.

Cette limpidité toutefois n'appartient pas à toutes les régions situées entre les tropiques. Le nord de l'Afrique, nous l'avons déjà dit, fait exception. Le vaste désert de Sahara, immense mer sans eau, pour me servir d'une épithète qu'on lui a souvent donnée, dessèche l'air, le remplit de particules de sable qui, portées par les vents, troublent l'atmosphère à une grande distance et même jusqu'au milieu de l'Océan. Mais si, après avoir dépassé les îles du Cap-Vert, on se dirige vers l'Amérique du Sud, on ne tarde pas à voir l'aspect blanchâtre du ciel disparaître; les étoiles brillent d'un éclat extraordinaire pour ceux qui n'ont vu que les cieux européens, et la lune, non-seulement par sa grande hauteur dans ces régions, mais encore par l'effet de la transparence de l'air, répand une clarté admirable qui permet de lire sans aucune fatigue. Cette pureté si remarquable de l'atmosphère n'est pas le partage exclusif de l'Océan. Les provinces du Brésil voisines de l'équateur en profitent également; et si on réfléchit au double avantage qu'elles présentent de jouir de la vue de tous les astres des deux hémisphères, et de permettre d'observer les planètes toujours près du zénith où les rayons traversent la plus petite épaisseur possible d'atmosphère, on reconnaît sans peine que c'est là la patrie que l'astronomie aurait dû choisir. Un observatoire dans l'Amérique du Sud, près de l'équateur, offrirait d'immenses avantages sur les observatoires européens, et surtout sur ceux qui sont situés dans les grandes villes; car pour l'astronomie il faut, non pas de beaux salons dans de vastes édifices, mais un ciel limpide et l'éloignement de l'éclairage et de la fumée des villes.

À ce sujet, nous allons parler d'un phénomène que nous avons vu fréquemment assez bien en France, jamais passablement à l'observatoire de Paris, et toujours parfaitement sur l'Océan et au Brésil. Ce phénomène est la lumière zodiacale.

Si en Europe on regarde le ciel après le coucher du soleil dans les mois de janvier, février, mars et avril, et avant le lever de cet astre dans le mois de novembre, on remarque une bande de lumière inclinée à l'horizon, et couchée dans le zodiaque, c'est-à-dire dans la route apparente que, par son déplacement annuel, le soleil nous semble tracer sur le ciel : cette lumière n'a pas été remarquée par les anciens, et la découverte en est due à Childrey qui en parle dans son *Histoire*

naturelle d'Angleterre, publiée vers 1659. Mais les premières recherches scientifiques faites sur ce phénomène ne remontent qu'à 1683, et
sont dues à J. D. Cassini.

Lorsque la lumière zodiacale commence à apparaître le soir après le
coucher du soleil, elle se mêle près de l'horizon aux dernières traces
de la lueur crépusculaire, et la réunion de ces deux lumières offre
l'aspect d'un cône à côtés convexes. Ce cône incliné, du moins dans
nos climats, a sa base sur l'horizon et son sommet à une certaine hauteur au-dessus. En général, on prend cette forme pour celle de la
lumière zodiacale, et, partant de l'ensemble de nombreuses observations
faites sous des cieux défavorables et avec cette opinion erronée, on
est arrivé à croire que la lumière zodiacale est une matière légère
formant une espèce de sphéroïde très-aplati qui entoure le soleil et
s'étend au delà de l'orbite de la planète Vénus, mais sans atteindre la
terre. On a même cherché à déterminer l'inclinaison de ce sphéroïde
par rapport à l'équateur solaire.

Telle était l'opinion que, comme tous les astronomes, j'avais moi-
même de la lumière zodiacale, lorsqu'au mois de juillet 1858, dans
la traversée de l'Europe à l'Amérique du Sud, je remarquai que cette
lumière perdait rapidement son aspect conique à mesure que les dernières traces du crépuscule disparaissaient, et qu'il restait en définitive, quand la nuit close était arrivée, une bande de lumière faisant
le tour entier du ciel et rendant, pour ainsi dire, le zodiaque lumineux. Je remarquai de plus que cette bande était visible sans interruption depuis le coucher jusqu'au lever du soleil. Les portions les
plus rapprochées de ce dernier astre atteignent en éclat l'intensité de
la voie lactée; les autres parties sont faibles, et leur visibilité dans la
zone intertropicale est due à la grande limpidité de l'atmosphère dans
ces régions dès que les nuages disparaissent, et à ce que les divers
points du zodiaque sont toujours à une très-grande hauteur au-dessus
de l'horizon.

Appréciant toute l'importance de la visibilité de la lumière zodiacale jusque dans la région antisolaire, je m'empressai de faire vérifier
mon observation à bord par les officiers du navire sur lequel j'étais

passager, et à terre à mon arrivée à Rio-de-Janeiro par plusieurs personnes se livrant aux recherches scientifiques, et je communiquai mes
remarques à l'Institut de France au mois de septembre 1858.

Dans le mémoire que j'ai rédigé à cet égard, j'ai fait voir qu'on
ne peut se rendre compte de l'apparence de la lumière zodiacale
qu'en admettant qu'elle est due à une matière légère formant une
sorte de nébulosité autour du soleil, nébulosité dans laquelle la terre
est entièrement plongée. L'aspect annulaire de cette nébulosité résulte de ce qu'elle forme autour du soleil une sorte d'ellipsoïde très-
aplati, c'est-à-dire une couche mince de matière très-peu inclinée à

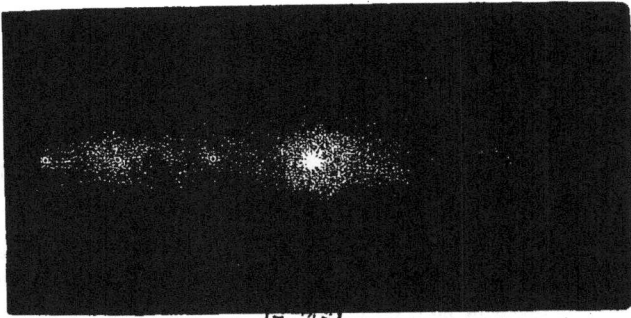

Coupe théorique de la lumière zodiacale.

l'orbite terrestre, qui est entièrement contenue dans l'intérieur de
cette couche. Par conséquent, si nous regardons dans le sens de
l'aplatissement, lequel sens n'est autre alors que la direction de l'é-
cliptique, nous voyons une plus grande épaisseur de matière que
dans toute autre direction. Nous recevons donc plus de lumière du
côté du zodiaque que dans les autres sens, ce qui nous fait paraître
cette zone lumineuse par rapport au reste du ciel, lequel d'ailleurs
est lumineux aussi. Tout le monde en effet a pu remarquer que, par
un temps clair, aucune partie de la voûte céleste n'est complétement
sombre. A cause de la limpidité de l'air, la lumière du fond du ciel
est aussi plus sensible entre les tropiques que dans les régions tempé-

rées. Elle provient de la nébuleuse solaire à la lueur de laquelle se joint la faible quantité de lumière que nous envoient les étoiles.

La lumière zodiacale, quand on peut la bien voir, comme dans la zone intertropicale, est le plus beau des phénomènes célestes. Sa couleur est d'un blanc pur. Quelques observateurs en Europe ont cru quelquefois lui reconnaître une teinte rougeâtre. Cette teinte n'a rien de réel. Si elle existait, ce serait entre les tropiques qu'on la distinguerait le mieux, car la coloration devient toujours de plus en plus sensible avec l'intensité. Je crois que les observateurs ont confondu dans ce cas, avec la lumière zodiacale, les dernières traces rougeâtres du crépuscule. Sous les tropiques mêmes, aux mois de juillet et d'août pour celui du Capricorne, aux mois de janvier et février pour le tropique du Cancer, la lumière zodiacale se montre le soir, après le coucher du soleil, perpendiculairement à l'horizon. Alors, quand la nuit close est arrivée, on voit s'élever à l'occident une belle colonne blanche verticale dont l'axe central atteint et dépasse même en intensité les parties les plus brillantes de la voie lactée. Sur les bords de cette colonne, la lumière va en se fondant doucement avec la faible lueur du ciel. Elle se distingue en cela de la voie lactée dont les bords en certains points présentent une opposition de lumière notable avec le fond général, comme dans le trou noir de la croix du sud, nommé sac à charbon.

Cette belle colonne verticale de lumière céleste, avec sa teinte blanche, appelle l'attention des personnes les plus inattentives aux phénomènes naturels, tandis qu'en Europe nous avons vu qu'on a été un grand nombre de siècles sans soupçonner son existence. Dans une soirée des tropiques, par un ciel pur de tout nuage, l'effet de la colonne du zodiaque est admirable au milieu des milliers d'étoiles scintillantes qui percent la voûte céleste apparente, tandis que sur la terre des centaines d'insectes phosphorescents [1] émaillent le sol d'autres étoiles mobiles, les unes à lumière constante, les autres à éclats. Les rayons réunis de tous les feux du ciel répandent sur les groupes de verdure une faible lueur qui permet d'en distinguer les formes

---

[1] Ces insectes, appelés cucuyos par les Indiens et cucujos dans l'Amérique espagnole, sont de jolis coléoptères de diverses espèces, appartenant au genre Pyrophorus d'Illiger.

La lumière zodiacale sous le tropique (p. 182).

diffuses sur les premiers plans. Plus loin, le regard se perd dans leurs masses indécises jusqu'à l'horizon qui se dessine de nouveau comme une ombre forte sur le fond céleste. La lueur fixe et tranquille de la lumière zodiacale contraste avec la mobilité des autres lumières du ciel et de la terre; elle éteint dans son intérieur les étoiles de sixième et de septième grandeur que, dans leur scintillement, l'œil perçoit à la limite de visibilité comme de faibles nébulosités répandues sur toute l'étendue du champ interposé entre les autres astres plus brillants, surtout dans les régions qui approchent du zénith. Aussi, dans la partie la plus intense de la lumière zodiacale, disparaissent ce sablé lumineux et cet éclat variable que font sur le reste du ciel et dans la voie lactée des milliers d'étoiles imperceptibles. Là règne, au contraire, une teinte constante sur laquelle se détachent seulement les étoiles de grandeur supérieure à la cinquième. Mais, en approchant du zénith, la lumière zodiacale peu à peu s'affaiblit; il faut beaucoup d'attention pour suivre ses traces au milieu du sablé céleste et des étoiles qui se multiplient. Puis elle se perd dans la voie lactée, pour reprendre au-dessous comme une lueur pâle et indécise.

En mer, comme sur les côtes, ou les plateaux élevés, ou bien dans les vastes campos du Brésil, j'ai passé de longues heures à observer la lumière zodiacale et à chercher dans cette apparence la mobilité signalée par quelques observateurs. Toujours j'ai vu ce brillant phénomène dans l'état de calme le plus complet. Je suis aujourd'hui convaincu que les élancements de lumière, que de Humboldt a cru remarquer dans la lumière zodiacale, n'étaient autres que les reflets par l'atmosphère de quelques éclairs lointains de chaleur. Quant aux variations lentes d'intensité, elles sont plus réelles, mais elles dépendent de l'état atmosphérique qui exerce sur la visibilité de la lumière zodiacale une très-grande influence. C'est après les grandes pluies que ce phénomène est le plus intense, et cela vient de ce que l'air est débarrassé des poussières qui troublent sa limpidité en même temps qu'il est chargé de vapeur d'eau transparente. Dans certains états de l'atmosphère, quand des condensations ou des dissolutions de vapeur se font rapidement et donnent lieu à des variations de diaphanéité, de

grands changements s'observent en un instant sur la lumière zodiacale. Mais toutes les fois que l'air est très-pur, elle offre une stabilité
remarquable.

En Europe, on ne voit pas la lumière zodiacale pendant l'été. Cela
tient à sa position inclinée sur l'horizon sud que rase alors la partie
du zodiaque visible la nuit, et à la longueur des crépuscules. Dans les
contrées chaudes du globe, le peu de durée de ces derniers et la position toujours élevée de l'écliptique permettent d'observer le phénomène pendant toute l'année. Il y a toutefois des périodes de maximum
de beauté pour cette magnifique lueur céleste ; elles répondent toujours
aux positions du soleil pour lesquelles le zodiaque, après le coucher de
cet astre ou avant son lever, s'élève de l'horizon de manière à approcher le plus près possible du zénith.

Les observations de Cassini et de Mairan, qui ont vu quelquefois la
lumière zodiacale jusqu'à plus de 100° du soleil, indiquent, comme
mes observations, que ce beau phénomène s'étend au delà de l'orbite
terrestre. Mais on n'avait pas jusqu'ici suivi sa visibilité jusqu'au point
antisolaire, et il fallait cette confirmation pour vérifier l'exactitude de
la déduction des deux astronomes. Du moins, on n'avait pas suffisamment appelé l'attention sur l'importance de leur observation, car on
verra dans l'appendice inséré à la fin de ce chapitre, que de Humboldt et Brorsen avaient remarqué un filet lumineux unissant le phénomène de l'est à celui de l'ouest. Or, de la manière dont ce filet était
décrit, il restait du doute sur la question de savoir si c'était une autre
apparence ou la continuation même de la lumière zodiacale. Mes observations m'ont prouvé nettement qu'il n'y a qu'un seul et unique phénomène, et que c'est à tort que ce filet lumineux a été signalé à part.
Il ne se distingue en rien du reste de la lumière zodiacale dont il fait
partie. La forme générale de la matière du zodiaque n'est peut-être pas
exactement celle d'un sphéroïde aplati de révolution. Je la crois allongée dans le sens de la position occupée par la terre vers les mois de
juillet et d'août, parce que j'ai cru remarquer que c'est dans cette
saison qu'on voit le mieux la lumière zodiacale dans la région opposée au soleil. C'est l'époque de la plus grande visibilité du soir pour l'hé-

misphère austral. C'est donc dans cet hémisphère qu'on perçoit avec le plus de netteté la lumière zodiacale antisolaire.

Examinons maintenant quelle est la nature de cette nébulosité qui environne le soleil. Plusieurs astronomes du dernier siècle ont pensé qu'elle n'était autre que l'atmosphère de cet astre, laquelle s'étendrait à une immense distance dans le sens de l'équateur. En partant de considérations géométriques, Laplace a fait voir que cette hypothèse n'est pas admissible, et que l'atmosphère solaire ne peut pas s'étendre au delà de la limite à laquelle la force centrifuge due à la rotation ferait équilibre à l'attraction du soleil. Le calcul indique que, dans cette condition, le rayon de cette atmosphère vu de la terre serait de beaucoup en dessous des limites d'étendue de la lumière zodiacale.

Quelque géométrique qu'elle paraisse au premier abord, lorsqu'on lit les œuvres de Laplace, cette conclusion n'est toutefois pas rigoureuse, car l'immortel auteur de la *Mécanique céleste* a oublié de tenir compte des forces moléculaires qui, au delà d'une certaine limite de dilatation, empêchent les particules des gaz de s'écarter indéfiniment, et font que les atmosphères ne se perdent pas dans l'espace. En ayant égard à ces forces moléculaires, les mêmes considérations géométriques qui ont guidé Laplace nous apprennent qu'il est possible que l'atmosphère solaire s'étende jusqu'à la distance où la force centrifuge devient égale à l'attraction du soleil augmentée de l'action des forces moléculaires (cohésion ou viscosité) qui existent dans cette atmosphère au delà d'un certain degré de dilatation. Or, comme ces dernières forces nous sont inconnues et peuvent être très-grandes, la distance en question nous est pareillement inconnue, de sorte que les considérations qui ont guidé Laplace ne nous prouvent plus rien quant à la non-identité de l'atmosphère solaire et de la lumière zodiacale.

Mais les observations nous ont permis d'établir une distinction entre ces deux substances. Pendant l'éclipse totale de soleil du 7 septembre 1858 que nous avons observée à Paranaguá, nous avons aperçu l'atmosphère solaire dans le voisinage de cet astre, et, comme nous l'avons rapporté plus haut, nous avons reconnu qu'elle fait éprouver à la lumière qu'elle réfléchit la modification désignée par les physiciens sous le nom de polarisation. La lumière zodiacale, au contraire, n'offre rien de semblable.

Les physiciens ont reconnu que toutes les lumières réfléchies, ou, en d'autres termes, les lumières empruntées ont acquis les propriétés particulières à la polarisation, mais que toutefois ces propriétés peuvent se trouver dissimulées dans le cas où la réflexion provient non d'un gaz ou d'une surface continue, mais d'une série de particules distinctes, comme dans les nuages, par exemple, qui sont composés de globules d'eau.

L'absence de polarisation dans la lumière zodiacale nous prouve donc ou que cette lumière n'est pas réfléchie et vient directement d'une matière lumineuse par elle-même, ou, si elle provient du soleil, qu'elle résulte de la réflexion de la lumière de cet astre par une multitude de corpuscules n'ayant entre eux aucune connexion, mais obéissant comme toute matière aux lois de la gravitation universelle, c'est-à-dire circulant autour du soleil en décrivant des orbites elliptiques comme les planètes ou les comètes. Or, si la lumière zodiacale provenait d'une matière lumineuse par elle-même, la propriété d'être lumineuse n'empêcherait pas cette substance de réfléchir en outre une certaine quantité de lumière solaire, de telle sorte qu'on apercevrait des traces de polarisation dans la lumière zodiacale, du moment où elle ne serait pas composée de corpuscules distincts. Donc, dans tous les cas, nous pouvons regarder comme un fait démontré que la lumière zodiacale est due à des corpuscules sans connexion entre eux et circulant suivant les lois de la gravitation autour du soleil qui les éclaire. Vu la faible intensité de la lueur qu'ils répandent, il est peu probable qu'ils possèdent en outre une lumière propre.

Nous avons déjà vu que la terre est plongée au milieu de la lumière zodiacale. Notre planète doit donc fréquemment rencontrer quelques-uns des corpuscules qui la composent. Que se passe-t-il alors? Pour nous en rendre compte, remarquons que la vitesse de la terre dans son orbite est supérieure à soixante-dix fois celle d'un boulet de canon, et que les corpuscules en question doivent avoir des vitesses analogues et même souvent plus grandes encore pour qu'on puisse concevoir leur équilibre autour du soleil. Ces vitesses, qui ne sont pas généralement dans la même direction que celle de notre globe, se combinent avec cette dernière pour nous donner le mouvement relatif des corpuscules par rapport à la terre. Donc, pour nous, ceux-ci se comportent généralement comme s'ils avaient des vitesses de cinquante à cent fois plus grandes que celles d'un boulet de canon. Dans ce cas, la théorie nous apprend que la chaleur due à la résistance qu'ils éprouvent dans l'air est de deux mille cinq cents à dix mille fois plus grande que celle qu'éprouverait un boulet. Les corpuscules cosmiques en entrant dans l'atmosphère atteignent donc facilement une température de plusieurs milliers de degrés, et, comme toute matière connue passe au rouge blanc à la température de 800° seulement, l'explication que nous avons donnée de la lumière zodiacale prouve que l'on doit fréquemment apercevoir dans l'air des globes incandescents se mouvant avec vitesse et laissant souvent des traînées lumineuses en se consumant sous l'influence de leur haute température. D'autres fois ces globes ne se consument pas entièrement dans l'atmosphère, et ils atteignent le sol sur un point où on trouve alors la pierre qui leur a donné naissance. L'expérience confirme cette déduction de la théorie, car l'apparence que nous venons de décrire n'est autre que celle que nous nommons *étoiles filantes* ou *bolides*, et les musées renferment de nombreuses pierres tombées du ciel et désignées sous le nom d'*aérolithes*.

Le phénomène de la lumière zodiacale, si longtemps ignoré, paraît jouer cependant un grand rôle dans la température de notre globe, et, sans lui, tout semble indiquer que la terre ne serait pas habitable pour l'espèce humaine. On a, en effet, mesuré la quantité de chaleur qu'annuellement le soleil donne directement à la terre, et on a reconnu que cette quantité n'égale pas la moitié de celle que la terre perd en rayonnant vers l'espace en vertu de sa température actuelle. Or, la température de notre globe n'a pas varié sensiblement depuis deux mille ans; il faut donc qu'il existe pour lui une source de chaleur autre que le soleil. La terre paraît être, il est vrai, très-chaude dans

son intérieur, mais Fourier a parfaitement démontré que cette chaleur interne ne contribue pas sensiblement à celle de la surface. On a
alors attribué aux étoiles le calorique supplémentaire nécessaire pour
entretenir la température actuelle, mais dans un mémoire présenté à
l'Institut, en 1853, sur la température de l'espace planétaire, mémoire dont nous présenterons plus loin une analyse en traitant de
cette dernière question, nous avons fait voir que les étoiles ne nous
donnent pas une quantité sensible de chaleur, et que le calorique
supplémentaire en question ne provient pas d'une source de haute
température, mais d'une source assez peu chaude pour n'être pas lumineuse par elle-même, et dans laquelle la terre doit être plongée. Les
corpuscules qui composent la lumière zodiacale, chauffés par le soleil,
forment précisément pour nous une source de cette nature, dont je
ne soupçonnais pas l'existence à l'époque de mon travail sur la
température de l'espace planétaire, et dont la découverte postérieure
vient corroborer les déductions de ce mémoire.

Bien plus, d'après l'opinion de Mayer, opinion partagée maintenant par plusieurs astronomes célèbres, la lumière zodiacale aurait
pour nous une importance plus grande encore, car elle ne serait rien
moins que la cause de la chaleur et de la lumière du soleil. Quelques-
uns des corpuscules dont elle est composée tomberaient sans cesse
à la surface de cet astre par suite de l'action des planètes qui les dé-
rangeraient de leurs orbites. Là, leur vitesse s'anéantirait en se transformant en chaleur comme il arrive toujours dans les frottements qui
détruisent les vitesses. Échauffée par ces chutes, l'atmosphère solaire
atteindrait une température qui la rendrait lumineuse dans sa région
moyenne surtout. C'est en effet dans cette région moyenne que s'o-
pérerait la plus grande destruction de mouvement, car les couches supérieures, vu leur faible densité, s'échaufferaient à un moindre degré,
et les couches inférieures ne recevraient que des corpuscules déjà réduits en poussière ou en vapeur et dont la vitesse aurait été presque
complétement anéantie dans la région moyenne. On se rend ainsi
compte de l'apparence que présente le soleil qui est composé d'un
globe solide obscur entouré d'une atmosphère dont les couches

moyennes sont lumineuses et constituent ce qu'on appelle la photo-sphère, et dont la couche supérieure ou atmosphère absorbante est sombre ou peu lumineuse.

Dans la théorie que nous venons d'exposer, le volume du soleil s'accroîtrait sans cesse de celui des corpuscules accumulés à sa surface. Mais, d'après la quantité de chaleur émise annuellement par cet astre, on a calculé qu'il suffirait qu'il tombât sur lui par année une épais-seur de $6^m,5$ au plus de matière de sa propre densité pour produire cette chaleur, de sorte qu'il faudrait un nombre immense de siècles pour que le changement de volume devînt sensible pour nous. La théorie apprend toutefois qu'une augmentation du volume et par suite de la masse du soleil se traduirait par une diminution de la longueur de l'année, diminution qui n'a pas été remarquée.

Quelques astronomes se sont servis de ce fait pour combattre la théorie de Mayer. Mais un examen plus approfondi de la question montre que, dans le cas présent, la diminution supposée sur la lon-gueur de l'année ne peut avoir lieu. En effet, la force qui retient la terre dans son orbite n'est pas uniquement l'attraction du soleil, comme on le suppose lorsqu'on fait l'objection que nous venons de rapporter. Cette force est l'action attractive du soleil augmentée de celle de la lumière zodiacale. Or, quand la masse du soleil croît d'une certaine quantité, c'est aux dépens de celle de la lumière zodiacale, de sorte que la somme des masses est toujours constante. Cette somme des masses est ce que dans les formules on regarde comme la masse du soleil. Elle est constante dans la théorie de Mayer ; donc la durée de l'année est aussi constante dans cette même théorie, et l'objection tombe d'elle-même [1].

[1] À ce sujet, je dois faire remarquer ici que la valeur qu'on a obtenue pour la masse du soleil en la déduisant du mouvement de la terre dans son orbite ne représente pas la véri-table valeur de cette masse, mais bien la somme des masses du soleil et de la matière de la lumière zodiacale. La vraie masse du soleil nous est inconnue. J'ajouterai encore que les por-tions de la lumière zodiacale extérieures à l'orbite d'une planète donnent sur cette planète des actions qui se détruisent, de sorte que la force qui retient dans leurs orbites les planètes rap-prochées du soleil et plongées dans la lumière zodiacale, telles que Vénus et Mercure, est infé-rieure à celle qui retient la terre. Cette infériorité provient de l'absence d'action des por-tions de la lumière zodiacale comprises entre les distances de la terre et de ces planètes au so-

La quantité de matière empruntée à la lumière zodiacale et qui doit tomber sur la surface du soleil pour produire sa chaleur et sa lumière est par an trente-six millions cinq cent trente mille fois moindre que la masse actuelle du même astre. En mille ans, il tomberait donc sur lui une quantité de matière égale seulement à la trente-six mille cinq cent trentième partie de la sienne, et, en un million d'années, cette quantité de matière serait encore inférieure à la trente-sixième partie de la masse de ce corps. Répartie uniformément dans une sphère dont le rayon serait égal à la distance de la terre au soleil, la dernière quantité de matière capable d'entretenir la chaleur solaire au taux actuel, pendant un million d'années, aurait une densité trois millions quatre cent mille fois plus petite que celle de l'air à la surface du sol. Ce chiffre montre que la lumière zodiacale peut suffire à maintenir la chaleur du soleil pendant des temps immenses. Peut-être d'ailleurs cette sorte de matière cosmique a-t-elle, dans les bolides intrastellaires, dont nous parlerons plus loin, et dans la matière échappée aux comètes, des sources d'alimentation pour un temps indéfini.

La théorie de Mayer explique facilement pourquoi le soleil est plus chaud à son équateur qu'à ses pôles. En effet, la lumière zodiacale forme un anneau aplati dont la grande dimension coïncide presque avec le plan de l'équateur solaire. Par conséquent les chutes de corpuscules doivent être beaucoup plus nombreuses dans les régions équatoriales que dans les régions polaires, car chacun de ces petits corps se meut conformément aux lois de la gravitation dans un plan passant par le centre du soleil et d'après le sens de l'aplatissement de la lumière zodiacale, la majeure partie des plans en question coupe cet astre dans sa région équatoriale. Or là où les chutes sont les plus nombreuses se développe la plus grande quantité de chaleur.

Le phénomène de la vitesse de rotation plus grande à l'équateur qu'aux

leil. Dans les calculs sur Mercure et Vénus, il faudrait donc employer des valeurs de la masse du soleil un peu moindres que pour la terre, ce qu'on a oublié de faire jusqu'ici. Toutefois les différences sont peu sensibles, parce que la plus grande partie de la matière de la lumière zodiacale est comprise entre le soleil et l'orbite de Mercure; mais cependant certaines petites différences entre la théorie et l'observation, différences observées sur les mouvements de cette dernière planète, pourraient trouver leur explication dans l'oubli qui a été commis.

pôles du soleil, phénomène dont les vents alizés de ce globe ne rendent compte qu'en partie, a son explication complète dans la théorie que nous développons. En effet, la majorité des corpuscules de la lumière zodiacale tournant dans le même sens que les autres corps du système solaire et possédant en arrivant à la surface de l'astre, d'après la théorie de la gravitation, une vitesse beaucoup plus grande et de même sens que celle des molécules de l'atmosphère du soleil, tend, en tombant dans cette dernière, à accélérer la vitesse de ces molécules, principalement à l'équateur où les chutes sont les plus nombreuses.

La même théorie explique aussi facilement la périodicité des taches solaires. En effet, les corpuscules de la lumière zodiacale, obéissant aux lois de la gravitation, ne peuvent tomber dans le soleil que par l'effet de leurs perturbations mutuelles et des perturbations planétaires. Il doit donc exister dans leurs chutes des périodes dépendant des révolutions de toutes les planètes, et surtout de celle de la plus grosse d'entre elles, Jupiter. Cette variation périodique des chutes donne lieu à une variation semblable de la quantité de chaleur produite, et par conséquent à une périodicité des taches et des facules.

D'un autre côté, les corpuscules en entrant dans l'atmosphère solaire doivent y développer de l'électricité par suite de leurs frottements contre les particules solides ou liquides de la photosphère. Les régions supérieures de cette atmosphère doivent donc prendre une certaine électricité, tandis que les corpuscules prennent l'électricité contraire qu'ils transportent dans les régions inférieures. De là résultent deux états électriques différents pour le globe de l'astre et pour son atmosphère. Les recompositions en s'opérant donnent lieu à des courants électriques qui, dirigés par le magnétisme solaire, en augmentent l'intensité. Cet accroissement d'intensité est donc périodique comme les chutes des corpuscules qui le déterminent. On comprend ainsi facilement dans la théorie de Mayer la curieuse relation qui existe entre la période des taches du soleil et celle des variations diurnes de la boussole à la surface de la terre, variations provenant du magnétisme solaire. Ces deux périodes sont tellement liées que leurs maxima et minima se répondent exactement.

La théorie de Mayer est au reste la seule théorie rationnelle qui ait été donnée pour expliquer la chaleur et la lumière du soleil. L'hypothèse, d'après laquelle elles proviendraient d'une combustion, est inadmissible, car on sait la quantité de chaleur que donnent en brûlant les corps combustibles, et on connaît la masse de l'astre. On peut donc calculer combien de chaleur ce dernier donnerait en brûlant tout entier. De plus, on sait combien de chaleur il perd par an; il est donc facile de voir quelle serait sa durée dans l'hypothèse de la combustion, et on trouve de cette manière que le soleil ne pourrait durer que quinze cents ans en tout. L'hypothèse de la combustion est ainsi démontrée inadmissible, et d'autant plus impossible que, comme nous l'avons vu, la chaleur réside seulement dans la photosphère, et conséquemment ne peut être alimentée que par l'extérieur. On peut donc dire que, dans l'état actuel de nos connaissances, la théorie de Mayer est la seule qui puisse rendre compte de la chaleur et de la lumière du soleil. Or, cette théorie repose sur l'hypothèse que la lumière zodiacale est composée de corpuscules obéissant aux lois de la gravitation, hypothèse que nos observations ont démontrée, en même temps qu'elles ont fait voir que la lumière zodiacale est immensément plus étendue qu'on ne le croyait, ce qui augmente aussi dans une grande proportion la probabilité de la théorie de Mayer.

En résumé, la lumière zodiacale est produite par l'assemblage d'une multitude innombrable de petits corpuscules, diminutifs de planètes, qui circulent autour du soleil en formant par leur ensemble une sorte de couche peu épaisse, mais d'une immense étendue et dans laquelle la terre est toujours plongée. Ces corpuscules donnent naissance aux étoiles filantes et aux aérolithes. Ils diminuent l'obscurité des nuits et nous fournissent une quantité considérable de calorique; enfin ils sont probablement la cause de la chaleur et de la lumière du soleil.

APPENDICE

I

OBSERVATIONS EN MER SUR LA LUMIÈRE ZODIACALE[1]

Le soir du 4 juillet 1858, étant alors par la latitude de 14° 30′ nord et la longitude de 28° ouest, j'ai observé qu'après le coucher du soleil, la lumière zodiacale était très-remarquable. Partant de l'horizon ouest où elle était brillante, et offrait un éclat comparable à celui de la voie lactée, elle s'élevait en suivant à peu près l'écliptique, dépassait le méridien, où son intensité était considérablement réduite, et venait enfin se perdre dans la voie lactée. A 7ʰ30ᵐ, la limite nord passait par les étoiles suivantes : ε, γ et θ du Lion, δ et ζ de la Vierge, et à partir du β de la Balance, elle devenait difficile à définir. La limite sud, partant de la tête de l'Hydre, passait à peu près au milieu de l'intervalle compris entre Régulus et α de l'Hydre, un peu au nord de θ de la Coupe, et se prolongeait vers ι de la Balance et δ du Scorpion, où elle devenait très-peu visible. Vers 11ʰ30ᵐ, je remarquai à l'est, entre la voie lactée et l'horizon, et particulièrement dans la constellation du Capricorne, une lueur qui paraissait également suivre le zodiaque, et dont la limite nord passait près de β du Capricorne et se dirigeait vers π du Sagittaire ; la limite sud passait à peu près par ζ du Capricorne et ω du Sagittaire, se dirigeant vers φ de la même constellation. Je me rappelai alors que dans une lettre écrite par de Humboldt à la Société royale astronomique de Londres, l'illustre auteur du *Cosmos* dit que, lorsqu'il était dans la zone intertropicale, il a souvent vu à l'est, après le coucher du soleil, une lumière zodiacale qui semblait être la réflexion de la lumière de l'ouest. Quelque temps après cette lettre, M. Brorsen écrivit à la même Société qu'il avait vu en Prusse le phénomène de l'est dont avait parlé de Humboldt, et que les deux phénomènes, celui de l'est et celui de l'ouest, lui avaient paru réunis par un étroit filet de lumière. Évidemment j'avais sous les yeux l'apparence qui avait frappé MM. de Humboldt et Brorsen.

Toutefois, au moment où je faisais l'observation que je viens de rapporter, la portion la plus brillante de la lumière zodiacale de l'ouest était couchée et l'intensité de la lueur de l'est dépassait celle de l'ouest, ce qui s'opposait à toute idée de réflexion. J'ai voulu, au reste, vérifier par la polarisation si la lumière de l'est était une lumière directe ou réfléchie par l'atmosphère. Avec le polariscope chromatique, je ne pus distinguer aucune trace de polarisation, ni dans la lumière de l'ouest, ni dans celle de l'est ; mais comme la faible intensité pouvait être la cause qui

---

[1] Cette première partie de l'appendice est la reproduction de la note que j'adressai à l'Académie des sciences en 1858 sur ce même sujet.

empêchait de distinguer la coloration, et comme, de plus, les deux lunules du pola-riscope étaient trop petites pour me permettre de juger avec certitude de leur différence d'éclat, j'ai eu recours à un moyen qui m'a servi plusieurs fois pour trouver des traces de polarisation dans la lumière atmosphérique à la fin du cré-puscule, alors que le polariscope chromatique n'en faisait plus distinguer. Ce moyen consiste à employer un prisme de Nicol ou une tourmaline, que l'on fait tourner en regardant à travers leur substance une étendue de ciel assez considérable et en fixant son attention sur les étoiles qui sont à la limite de visibilité. Si la lumière du champ est polarisée, l'intensité du fond sur lequel on aperçoit les étoiles varie avec la direction de l'axe de la tourmaline, et il y a une position où l'on distingue par suite un plus grand nombre d'étoiles que dans la position rectangulaire. À la rigueur on peut, il est vrai, comparer de cette manière les deux lunules du polari-scope chromatique ; mais la petitesse du champ s'y oppose, surtout en mer, à cause des mouvements du navire. En expérimentant, comme je viens de le dire, sur la lumière zodiacale à l'est et à l'ouest, je n'ai pu reconnaître aucune trace de polarisa-tion. J'ai depuis répété plusieurs fois la même observation sur la partie la plus brillante de la lumière zodiacale avant le lever et après le coucher du soleil, et j'ai trouvé le même résultat. Je crois donc pouvoir affirmer que la lumière zodiacale n'est pas polarisée, même lorsqu'on la voit sous l'équateur dans sa plus grande in-tensité. Cela ne prouve pas, au reste, qu'elle ne soit pas une lumière réfléchie par la nébulosité solaire ; car on sait que les nuages, dont l'éclat vient d'une lumière empruntée, ne donnent pas de traces de polarisation.

J'ai plusieurs fois vu la lumière zodiacale se réfléchir sur la mer, et pour me bien assurer que l'absence de polarisation ne provenait pas de la difficulté de con-statation par suite de la faiblesse de la lumière, j'ai examiné la polarisation de cette lumière réfléchie sur l'eau. En regardant cette lueur avec la tourmaline, je la voyais parfaitement dans une situation, et elle devenait à peu près imperceptible dans la direction rectangulaire, de façon à reconnaître très-nettement, comme cela devait être d'ailleurs, une polarisation dans un plan vertical. Et cependant, d'une part, cette lumière réfléchie était beaucoup plus faible que la lumière directe, et, d'autre part, je n'avais pas pu, comme pour cette dernière, recourir au procédé sensible de la visibilité des petites étoiles. Donc l'absence constatée de polarisation dans la lumière zodiacale, ne vient pas de la difficulté de reconnaître la polarisation sur une lumière aussi peu intense, et la lumière zodiacale de l'est n'est pas la réflexion par l'atmosphère de la lumière de l'ouest.

Vers minuit, le 4 juillet, jour où la lumière de l'est me frappa pour la première fois, des nuages m'empêchèrent de prolonger son étude. Pendant les jours sui-vants, jusqu'au 13 juillet, je ne retrouvai pas une soirée favorable pour l'observa-tion; nous traversâmes d'ailleurs dans cet intervalle la région des calmes et des grains qui sépare les deux bandes de vents alizés. Le 13 juillet, étant le soir par 2° 25' de latitude nord et 27° 4' environ de longitude ouest, la présence de la lune, âgée alors de trois jours, ne me permit pas de suivre le phénomène à l'ouest ;

mais après le coucher de cet astre, je vis de nouveau la lumière zodiacale de l'est. Le lendemain sous l'équateur par 28° 30' de longitude, je la distinguai également et je pus la suivre jusqu'au matin et en tracer les limites jusqu'au lever du soleil. La limite nord, en partant de la voie lactée, passait sensiblement par les étoiles suivantes : π et ξ du Sagittaire, β du Capricorne, ξ et η du Verseau, β, ι, ω et η des Poissons, γ du Bélier, un peu au nord des Pléiades et par β du Taureau. La limite sud passait par φ et ω du Sagittaire, ζ du Capricorne, δ du Verseau, ι de la Baleine, α des Poissons, ν de la Baleine, un peu au sud de λ de la même constellation, μ du Taureau, λ et φ d'Orion. Pendant les journées suivantes 15, 16, 17, 18, 19 et 20 juillet, après le coucher de la lune, j'ai revu la lumière zodiacale suivre le même trajet, et le 18, le 19 et le 20, malgré le clair de lune, je distinguais après le coucher du soleil, en regardant avec attention, des traces du même phénomène à l'ouest, suivant le parcours que j'ai indiqué au commencement de cette note. Mais cette lumière était alors à la limite de visibilité ; cette remarque peut servir à donner une mesure du rapport de son intensité à celle de l'atmosphère éclairée par la lune. Le 27 juillet, en vue de l'entrée de Rio de Janeiro, par un ciel très-pur après le coucher du soleil et avant le lever de la lune, j'ai revu la lumière zodiacale partant de l'horizon ouest, passant par le zénith, venant se perdre dans la voie lactée et reprenant entre cette dernière et l'horizon.

Il résulte donc de ces observations, comme de celles de MM. de Humboldt et Brorsen, que la terre est entièrement plongée dans la lumière zodiacale, et que cette nébuleuse solaire est très-aplatie, ce qui permet de distinguer un maximum de lumière tout autour du ciel dans le sens de cet aplatissement. C'est probablement à cette nébulosité qu'il faut attribuer l'intensité de la lumière du ciel par temps clair pendant la nuit, intensité qui, en plein Océan, était suffisante pour me permettre, en profitant de ma myopie pour regarder de très-près, de distinguer sans aucune lumière étrangère les points noirs indiquant les étoiles sur les cartes célestes de M. Dien.

II

LA LUMIÈRE ZODIACALE S'ÉTEND-ELLE JUSQU'AU SOLEIL ?

Il a été quelquefois émis l'opinion que la lumière zodiacale ne va pas jusqu'au soleil et qu'elle est formée par un anneau qui entoure cet astre à une certaine distance. On s'est fondé pour cela sur ce que, pendant les éclipses, on ne distingue pas la lumière zodiacale près du soleil, quoique cependant Mairan rapporte une observation ancienne qui semble indiquer qu'elle a été vue une fois. Mais il est permis de douter qu'on ait pu réellement la distinguer de la couronne solaire. Quoi qu'il en soit, il est bien établi que dans les éclipses, l'obscurité est très-faible ; les étoiles de deuxième grandeur ne sont que rarement visibles, et la lumière zodiacale ne paraît dans le crépuscule que longtemps après elles.

Je ferai, en outre, observer qu'on a généralement une idée très-fausse de l'obscurité de l'atmosphère pendant les éclipses totales de soleil, vu qu'on considère que, sur la ligne centrale de l'éclipse, l'atmosphère ne reçoit pas de rayons directs, mais seulement des rayons secondaires renvoyés par les couches atmosphériques situées sous l'horizon. C'est là une erreur grave, car la bande de l'éclipse totale est toujours très-étroite, tellement étroite même, que l'intersection du cône d'ombre par la surface supérieure de l'atmosphère ne sous-tend, vue de la surface terrestre, qu'un très-petit angle. Ainsi, le 7 septembre dernier, à Paranaguá, à 6° du soleil, il y avait déjà de la lumière renvoyée directement par les couches limites de l'atmosphère, et à 45° du même point, il y avait des rayons solaires réfléchis par les couches denses qui, le soir, donnent lieu aux arcs crépusculaires. Ces couches éclairées lançaient un peu de lumière dans la direction du soleil, mais la quantité en était petite. Il en résulte qu'au nord, près de cet astre, l'atmosphère aurait dû paraître beaucoup plus sombre que du côté du sud. Or cela n'avait pas lieu d'une manière sensible, car on ne voyait pas d'étoiles plus petites du côté de l'éclipse, où Régulus, étoile intermédiaire entre la première et la deuxième grandeur, n'a pas été vue, que du côté du pôle sud où on a aperçu plusieurs étoiles de première grandeur. Il est vrai que la couronne éclairait l'atmosphère plus fortement au nord qu'au sud, mais sa lumière est si faible par rapport à celle d'un point solaire, qu'elle ne pouvait à elle seule compenser l'effet dont il vient d'être question. Cela montre que la région atmosphérique voisine du soleil devait se projeter sur un fond lumineux qui n'était autre alors que la lumière zodiacale laquelle devenait ainsi sensible.

A l'appui de la même conclusion, on peut encore faire remarquer que la surface de la lune paraissait plus sombre que la région du ciel extérieure à la couronne, même en ayant égard aux effets de contraste, et bien que dans la direction de la surface de notre satellite, il y eût la lumière cendrée en plus de la lumière atmosphérique. Cela prouve qu'en dehors de la couronne solaire, il y avait aussi une autre lumière plus vive que la lumière cendrée et qui devait être la lumière zodiacale.

On sait que la grande comète de 1843 a été vue en plein midi dans le voisinage du soleil. Or, comme au bout de quelques jours, cette comète, à une certaine distance du noyau, et la lumière zodiacale étaient exactement de même intensité, un savant astronome a pensé que la même égalité aurait dû avoir lieu à l'époque où la comète était le plus près du soleil, si la lumière zodiacale avait atteint le même degré de rapprochement. Mais il y a là une confusion, car le noyau et la partie voisine de la queue ont présenté une énorme supériorité sur la lumière zodiacale ; et ce sont ces portions, qui ont été vues en plein midi, et jamais la région de la queue qui est devenue au bout de quelques jours égale à la lumière zodiacale. Quand même, au reste, on admettrait la comparaison qui vient d'être citée, il resterait encore à prouver que le changement d'état physique de la comète de 1843 n'a pas pu augmenter son éclat près du soleil dans un rapport beaucoup plus grand que celui qu'aurait produit le simple rapprochement, comme cela a eu lieu, d'après mes observations, pour la comète de Donati. En outre, la visibilité de la lumière zodiacale provient de son immense épaisseur ; lors donc que le rayon visuel se rapproche du soleil, il n'y a pas accroissement d'intensité sur toute la longueur de ce rayon, mais seulement sur la petite portion de cette longueur qui passe près de l'astre éclairant. L'accroissement d'intensité résultant sera donc assez minime comparativement à celui d'une comète dont la masse totale se rapproche du soleil, et par suite reçoit tout entière l'augmentation d'éclat. Donc, la comparaison précédente est entièrement inexacte, et il n'y a aucune preuve que la lumière zodiacale ne s'étende pas jusqu'au soleil, tandis que l'on trouve pour l'opinion contraire les considérations qui ont été citées en premier lieu.

Quoique la lumière de la couronne solaire soit polarisée, tandis que la lumière zodiacale ne l'est pas, ce qui indique que la première est gazeuse et que la seconde est composée de particules solides, il est possible cependant que la couronne solaire ne soit autre que la base de la lumière zodiacale. En effet, lorsque les corpuscules de la lumière zodiacale arrivent très-près du soleil, ils sont soumis à une chaleur tellement intense, qu'ils peuvent être volatilisés au moins partiellement, auquel cas ils doivent donner de la polarisation, sans même qu'il soit nécessaire pour cela que leur réunion forme un milieu gazeux continu.

Si on admet que la couronne solaire soit la base de la lumière zodiacale, ses rayons bizarres sont explicables par des courants condensés d'astéroïdes plus ou moins volatilisés. Ce passage, par l'état de vapeur, peut même amener des mélanges de matières et un désordre dans les révolutions des corpuscules de la lumière zodiacale, désordre qui favorise beaucoup la chute de ces corpuscules sur le soleil. Les images rougeâtres ou protubérances qu'on observe dans le bas de la couronne solaire, presque en contact avec la photosphère, seraient peut-être des agglomérations de ces matières tombant sur le soleil. Au reste, tout à fait à sa base, la couronne solaire peut former un milieu continu, sorte d'atmosphère extérieure, tandis qu'à ses limites supérieures, elle serait un milieu discontinu de particules solides et de globules de gaz. L'électricité solaire joue peut-être aussi un rôle important dans les rayons de la couronne qui rappellent un peu ceux de l'aurore boréale.

La polarisation de la couronne solaire indique que la plus grande partie de sa lumière est réfléchie et doit offrir à l'analyse spectrale les caractères de la lumière de sa source qui est la photosphère. Ce n'est pas une lumière directe, et conséquemment elle ne peut pas donner un spectre de bandes brillantes répondant aux raies noires du spectre solaire, en un mot, un spectre interverti. M. Fusinieri, qui a observé son spectre en 1842, n'y a rien signalé de semblable. La disparition ou peut-être la simple diminution du vert qu'il a cru remarquer, provient probablement d'une part, de ce que l'auréole solaire est colorée, de l'autre, de ce qu'à ce spectre se joint celui de la lumière atmosphérique, qui elle aussi est fortement colorée pendant les éclipses.

Quand un corps en traverse un autre avec une très-grande vitesse, il ne lui communique pas une partie de son mouvement comme il le ferait si sa vitesse était moindre, mais il agit seulement sur les molécules qu'il rencontre, sans transmettre même la plus petite vibration au reste du corps traversé. C'est ainsi qu'une balle perce une vitre sans la briser, et cependant la vitesse d'une balle est loin d'être comparable à celle d'un corps circulant autour du soleil suivant les lois de la gravitation. Donc, dans la rencontre d'une comète par les corpuscules de la lumière zodiacale, ces derniers peuvent séparer de petites parties de la masse de la comète, mais n'offrent pas plus de résistance à cette dernière, que ne le feraient sur la marche d'un wagon les balles tirées sur le vitrage.

La vitesse de la comète ne pourrait être modifiée que dans le cas où un corpuscule perdrait la totalité de son mouvement avant de l'avoir traversée, ce qui n'est guère possible vu la faible densité des comètes qui n'altèrent pas la marche des rayons lumineux. Il faut de plus ajouter que les corpuscules de la lumière zodiacale paraissent ne pas tous se mouvoir dans le même sens à travers l'espace, du moins autant qu'on en peut juger par les bolides qu'ils produisent en rencontrant notre atmosphère. Donc, la lumière zodiacale ne peut modifier en rien la marche des comètes. Mais, par compensation, les comètes qui traversent la lumière zodiacale perturbent singulièrement la marche des corpuscules qui, par leur réunion, composent ce phénomène. Ces perturbations sont de deux genres : les unes sont les actions attractives de la masse des comètes sur ceux des corpuscules près desquels elles passent ; les autres consistent dans la résistance que les mêmes astres opposent par leurs immenses nébulosités à la marche de ces petits corps. Malgré leur faible densité, les nébulosités cométaires, par l'effet de leur étendue, opposent une résistance très-notable aux poussières de la lumière zodiacale à cause de la petitesse de ces dernières, petitesse qui a pour effet de rendre considérable le rapport de la section à la masse. Ainsi, bien que la lumière zodiacale n'offre pas de résistance appréciable à la marche des comètes, ces dernières, au contraire, opposent une résistance considérable au mouvement des corpuscules cosmiques, et le passage incessant d'une multitude d'entre elles à travers la lumière zodiacale entraîne alors pour conséquence la diminution des vitesses d'un grand nombre de corpuscules, et par conséquent la diminution des grands axes de leurs orbites. Les comètes tendent donc sans cesse à faire rapprocher du soleil la matière de la lumière zodiacale, et il en résulte que certains corpuscules qui, à leur périhélie, avaient jusqu'alors passé en dehors de l'atmosphère solaire, rencontrent cette atmosphère et tombent à la surface du soleil en transformant leur vitesse en chaleur. Dans les passages des comètes doit donc résider une des principales causes de ces chutes de corpuscules sur le soleil, chutes nécessaires pour entretenir la chaleur et la lumière de cet astre. Mais ce n'est pas la seule cause. Les planètes, par leurs perturbations puissantes sur ceux de ces corps qui passent dans leur voisinage, changent sans cesse une multitude d'orbites. Par leurs actions mutuelles, en passant les uns près des autres et quelquefois se rencontrant, beaucoup de corpuscules ou se brisent ou se réunissent. De la encore de nouvelles orbites. En approchant très-près du soleil, leur fusion partielle ou complète par la chaleur de cet astre peut aussi déterminer la division de leurs parties ou bien des jonctions et condensations ultérieures, en même temps que les masses gazeuses ainsi formées se gênent mutuellement dans leurs mouvements. Donc, les corpuscules se modifient sans cesse comme nombre et comme orbites. Enfin, l'accroissement incessant de la masse solaire centrale par l'effet des chutes antérieures est une cause de diminution incessante des axes des orbites, car il y a alors transformation en une masse restant toujours au centre, de la part d'autres masses qui ne séjournaient pas constamment dans la partie centrale de la matière zodiacale, mais qui agissaient pendant une partie de la révolution, comme éloignées de ce centre.

On voit donc que les causes permanentes et incessantes de chutes de corpuscules sur le soleil sont très-nombreuses. C'est à tort que l'opinion contraire a été émise comme objection à la théorie de Mayer. On a dit que d'après la loi de l'invariabilité des mouvements moyens des astres, loi déduite de la théorie de la gravitation, il n'est pas facile qu'un corps tombe sur le soleil. Ce serait vrai si la masse du soleil était rigoureusement constante et s'il n'existait pas les multitudes d'actions perturbatrices dont je viens d'énumérer quelques-unes, c'est-à-dire, ce serait exact dans des hypothèses qui ne sont pas le cas de la nature; mais dès qu'on rétablit les faits tels qu'ils sont, on voit, au contraire, que les chutes de corpuscules sur le soleil doivent être incessantes et très-nombreuses.

Plus tard, en traitant des nébuleuses, nous dirons quelques mots sur l'existence probable de lumières zodiacales dans plusieurs étoiles.

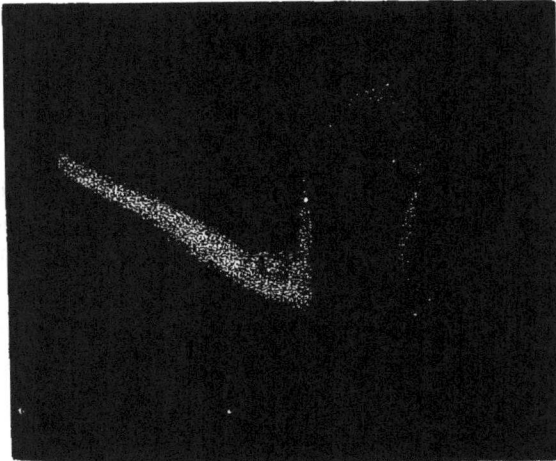

Nébuleuse de la limite sud de l'Écu de Sobieski.

CHAPITRE VIII

LES COMÈTES

On remarque quelquefois sur le ciel un point lumineux, brillant comme une étoile et entouré d'une nébulosité se prolongeant d'un côté sous la forme d'une queue allongée. Cette apparence, jadis un objet de terreur, est due à des astres auxquels on a donné le nom de comètes, et qui circulent autour du soleil en décrivant des ellipses très-allongées.

Quand, en parcourant leur ellipse, ces corps célestes se trouvent à leur plus grand rapprochement du soleil et de la terre, ils deviennent visibles pour nous tant à cause de ce rapprochement que par suite de l'augmentation de leur éclairage. Quand, au contraire, ils s'éloignent dans cette même ellipse, la quantité de lumière qu'ils reçoivent du soleil, et par conséquent leur intensité lumineuse diminue avec rapidité, et cette diminution, combinée avec l'accroissement de distance, amène leur disparition pour nous pendant la plus grande partie de la période de temps nécessaire pour décrire leur courbe.

Le nombre total des comètes mentionnées dans l'histoire de l'Europe et dans les annales de la Chine, ou découvertes par les astronomes modernes, s'élève à peu près à six cent cinquante, dont seulement deux cent cinquante environ ont été assez bien observées pour qu'on ait pu déterminer leurs orbites.

La durée de la révolution de ces astres autour du soleil est très-longue en général. Le plus communément elle paraît être de plusieurs centaines et quelquefois même de plusieurs milliers d'années. Aussi, la majorité des comètes n'a pas été observée deux fois jusqu'ici, vu le peu de durée de l'histoire, relativement aux périodes de ces astres. La seule comète à révolution un peu longue, et en même temps la seule grande comète qui ait été observée plusieurs fois, est celle dont Halley a reconnu la périodicité lors de son apparition de 1682 et qui porte son nom. La durée moyenne de la révolution de cet astre est de soixante-seize ans. Il a été vu en 1378, 1456, 1531, 1607, 1682, 1759 et 1835. Les autres comètes qui ont été observées plus d'une fois et dont la durée de la révolution a aussi été nettement reconnue sont toutes à courte période et télescopiques, c'est-à-dire trop faibles pour être vues à l'œil nu. Elles sont au nombre de cinq, savoir : 1° la comète dite à courte période ou comète d'Encke, découverte à Marseille le 26 novembre 1818 par Pons, et qui avait été vue antérieurement en 1786, 1795 et 1805. La durée de sa révolution est de trois ans et trois dixièmes. Depuis 1818, elle a été observée à toutes ses réapparitions. 2° La comète de Biela ou de Gambart, découverte le 27 février 1826 par Biela à Johannisberg, et dix jours après par Gambart à Marseille. La durée de sa révolution est de six ans trois quarts. Elle avait été aperçue antérieurement en 1772 et 1805. Depuis 1826, on l'a observée à ses apparitions de 1832 et de 1846, et elle a offert entre décembre 1845 et janvier 1846 un curieux phénomène de dédoublement. Elle s'est divisée en deux parties, pour ainsi dire sous les yeux des astronomes. Depuis cette époque, on a revu les deux moitiés en 1852 distinctement séparées. Actuellement donc, cette comète en a formé deux autres périodiques comme elle et ayant à peu de chose près la même durée de révolution. 3° La comète de Faye, découverte par cet astronome le 22 novembre 1843. La durée de sa révolution est de sept ans et demi. Elle a reparu en 1850 et 1858. 4° La comète découverte en 1846, le 26 février, par M. Brorsen, dont la durée de la révolution est de cinq ans et demi. Elle n'a pas été observée à son retour de 1851, mais le 18 mars 1857, elle fut retrouvée par M. Bruhns. 5° La comète de d'Arrest, découverte à Leipzig par cet astronome, le 27 juin 1851 et dont la révolution est de six ans et demi. En 1857, son retour a été observé au cap de Bonne-Espérance par M. Maclear.

Il existe quelques autres comètes dont la révolution paraît être très-courte à en juger par la forme de leur ellipse. Mais jusqu'ici elles n'ont pas été vues plus d'une fois. Disons toutefois, qu'en 1858, ont été observées deux comètes, l'une découverte à Bonn, par M. Winnecke, et qui paraît être identique à la comète découverte par Pons en 1819, et à laquelle M. Encke assignait une révolution de cinq ans et six dixièmes, l'autre découverte à Berlin par M. Bruhns, et qui semble identique à la deuxième comète de 1790 de Méchain. Cette dernière aurait une révolution plus longue et de treize ans six dixièmes. Elle a dû paraître en 1803, 1817, 1830 et 1846, mais elle n'a pas été remarquée à ces époques.

Quand une comète passe près d'une planète, son orbite peut être profondément modifiée par l'effet de l'attraction de ce corps. C'est ce qui est arrivé à la comète de 1770, découverte au mois de juin par Messier, et appelée comète de Lexel, du nom d'un astronome qui reconnut que son orbite se faisait en cinq ans et demi. Quoique cherchée avec soin, cette comète ne fut plus retrouvée aux époques où elle devait reparaître. Burkhardt trouva qu'elle avait passé tout près de Jupiter en 1767 et 1779 et, en calculant l'effet de ce corps sur la comète, il fit voir que l'orbite de cette dernière fut chaque fois profondément modifiée. La première perturbation diminua considérablement la durée de la révolution et la deuxième l'augmenta de nouveau sans qu'il soit possible de déterminer exactement la valeur de cette augmentation.

Bien que les mouvements des comètes aient été étudiés avec un grand soin, bien qu'on ait pu ainsi s'assurer que ces astres obéissent aux lois de la gravitation comme toute la matière, en revanche leur nature physique est jusqu'ici restée un problème. On a toutefois reconnu qu'en général les queues existent seulement dans le voisinage du soleil et s'allongent d'autant plus que la comète est plus rapprochée de ce dernier astre. A de grandes distances une comète offre toujours l'aspect d'une nébulosité ronde. On a remarqué, en outre, que les queues sont ordinairement opposées au soleil, c'est-à-dire que leur axe est sensiblement sur le prolongement de la ligne menée du centre du soleil au noyau de la comète. Elles font seulement avec cette ligne un petit angle dirigé en arrière par rapport au sens de la marche de l'astre, comme si la queue qui est le plus communément double,

c'est-à-dire composée de deux rayons divergents, éprouvait un petit retard dans son mouvement. Par exception, des queues dans d'autres directions ou des queues multiples ont été observées, mais ce phénomène est très-rare. Enfin on a reconnu que le point lumineux ou noyau de la comète, vu sous un grossissement suffisant, ne montre pas de phases. Ce

Tête de la comète Donati, le 11 octobre 1858, d'après Secchi

fait semble indiquer que ce noyau est gazeux. Il présente souvent, d'ailleurs, des changements de forme assez rapides et des apparences diverses. Parmi ces apparences, je citerai surtout celle d'anneaux lumineux concentriques, laquelle répond comme disposition réelle à une superposition d'enveloppes sphériques.

Cette dernière apparence a été parfaitement observée et de la manière la plus remarquable sur la comète qui, dans le mois de septembre 1858, s'est montrée sur l'horizon des différentes villes de France et a disparu pour l'Europe vers le milieu d'octobre de la même année. Dans les lunettes, elle avait été aperçue à Florence dès le 7 juin 1858 par M. Donati, et elle a reçu le nom de cet habile astronome.

Au commencement de septembre 1858, j'étais à deux mille cinq cents lieues de la France, à Paranaguá, où j'observais l'éclipse totale de soleil dont j'ai parlé précédemment. Vers le milieu du même mois, je suis revenu à Rio de Janeiro. Habitant alors un autre hémisphère et un pays où la verticale fait un angle de 90° avec celle de Paris, je n'ai commencé à voir la belle comète en question que précisément quand on a cessé de la distinguer en Europe. Mes observations sur cet astre ont eu lieu pour la majeure partie aux environs de San-Domingos. Malheureusement les orages, fréquents le soir à l'époque de la visibilité de la comète, époque où le soleil approchait du zénith, près duquel il reste à Rio de Janeiro pendant les mois de décembre et de janvier, ont limité le nombre de mes observations. Cependant j'ai pu, en profitant de la transparence des soirées sereines, si belles dans ces régions, faire des remarques suffisantes pour servir à jeter quelques jalons utiles. Les orages, que la comète m'a plus d'une fois fait maudire, sont aussi d'un vif intérêt pour les personnes qui cultivent la science. Ils sont dus à la position topographique de la capitale du Brésil. Ce point du globe est tellement remar-

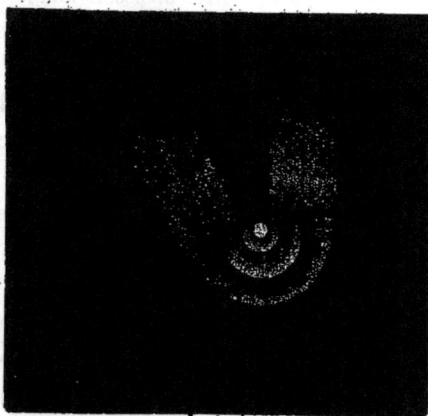

Tête de la comète Donati, le 9 octobre 1858, d'après Secchi.

quable que je ne puis me dispenser d'en donner une courte description avant d'entrer dans le détail de mes recherches sur la comète. Il n'est pas hors de propos, au reste, avant de décrire les observations, de faire connaître avec un certain détail le lieu où elles ont été faites.

L'immense baie de Rio de Janeiro, la plus belle baie de l'univers, est bordée de toutes parts, à quelques kilomètres de distance, par de hautes montagnes de l'aspect le plus pittoresque, et ne présente qu'une entrée relativement étroite, défendue par plusieurs forteresses, et signalée par le Pain de sucre, cône granitique de près de 400 mètres de hauteur.

Vue de l'entrée de la baie de Rio de Janeiro, prise de l'intérieur.

Lorsqu'on a franchi cette passe, une vue splendide se déploie devant les yeux du spectateur monté sur le pont du navire. De l'avis de tous les voyageurs, il n'existe dans le monde que deux autres panoramas assez vastes pour lui être comparés, ce sont la rade de Naples et le Bosphore. Mais la nature est moins riche en ces deux points, de sorte que la supériorité reste à la baie de Rio.

La ville de Rio de Janeiro est bâtie à l'ouest de la baie où elle occupe une surface considérable sur un terrain bas en général, mais renfermant cependant plusieurs collines, parmi lesquelles se détache sur le premier plan, et tout à fait au bord de la mer, le Morro do Castello avec son ancien établissement des jésuites transformé aujourd'hui en observatoire astronomique, l'église de San Sebastião et une vieille citadelle. Plus au sud, faisant saillie dans la baie, se voit une autre petite colline présentant un mélange d'arbres et de maisons, et surmontée de la charmante chapelle de la Gloria. Entre ces deux points et en arrière, on remarque la montagne de Santa Theresa, couverte de jolies habitations et de jardins, et se projetant sur l'immense massif du Corcovado, qui, avec celui de la Tijuca, forme le dernier plan de ce côté.

Le Corcovado est une montagne granitique de 900 mètres de hauteur. Il s'élève si brusquement que, vu de certaines positions, on serait tenté de le croire en surplomb. La Tijuca est plus élevée encore et atteint environ 1,100 mètres.

La ville, en y comprenant les deux quartiers de Botafogo et de San Christovão se déploie pendant une longueur de deux lieues sur le rivage de la mer au pied de ces géants de granit aux flancs couverts de forêts. Son coup d'œil est d'un effet magique avec les îles qui limitent le port, et la multitude de mâts des navires de toutes les nations, avec les collines du premier plan sur lesquelles les habitations s'élèvent en amphithéâtre, avec les nombreux clochers surgissant au milieu de la masse des maisons, puis l'arsenal de Marine, le morro de San Bento avec son monastère, la grande ligne de bâtiments de l'hospice de la Miséricorde longeant le rivage, et l'île de Villegagnon.

En face de Rio, sur la rive opposée, on voit la ville de Nietheroy et le groupe d'habitations de San Domingos; la première occupe le fond d'une baie, car la baie de Rio en renferme beaucoup d'autres. Avec ses trente lieues de tour, elle est plutôt un golfe qu'une baie proprement dite. Après San Domingos, se montre près du rivage une colline au milieu de la mer, c'est la montagne de Boa Viagem. Elle est surmontée d'une forteresse et d'une église. Plus au nord, existe la charmante baie de la Jurujuba, et, derrière ces petites anses, le regard se perd dans une multitude de collines formant des séries d'ondulations indéfinies, le tout chargé d'une végétation épaisse. De place en place,

Vue de la colline da Gloria à Rio de Janeiro (P. 206).

quelques palmiers se détachant sur le ciel révèlent le caractère tropical de la flore.

Enfin à l'horizon nord, la majestueuse chaîne des Orgues, avec les pics élancés qui lui ont valu son nom, s'étale sur une longueur considérable en terminant le tableau formé par les nombreuses îles verdoyantes sortant des eaux de la baie.

Mais quand on vient à débarquer vers le milieu de la longueur de la ville, au largo do Paço, et quand on quitte cette place où on jouit encore de la vue de la mer pour pénétrer dans l'intérieur des rues, il y a bien à rabattre de l'idée que, du milieu de la rade, on s'était faite de Rio de Janeiro. Bâtie par les Portugais, la région centrale de la ville, celle où existe encore aujourd'hui tout le commerce, est composée de rues étroites, bordées de constructions basses et sans goût. C'est un legs fait par l'ancienne colonie au jeune empire moderne, qui a pris au reste la mission de tâcher d'améliorer le plus possible cet état de choses, quoique ce soit très-difficile. Construite sans aucun soin pour l'écoulement des eaux, et avec des ruisseaux au milieu des rues, cette partie centrale de la ville est nécessairement très-sale, et remplie de mauvaises odeurs quand la sécheresse continue. En temps d'orage, au contraire, elle est quelquefois à moitié inondée par les eaux pluviales qui ne s'écoulent pas avec assez de rapidité, et la circulation devient très-embarrassée; on a souvent l'eau à mi-jambes. Alors au coin des rues des nègres transportent pour quelques sous les passants d'un côté à l'autre des ruisseaux transformés en rivières. Aujourd'hui toutefois, les rues sont bien pavées; ce qui n'avait pas lieu jadis; des trottoirs se construisent partout où c'est possible. Autrefois aussi il n'y avait pas de quais, les immondices de la ville jetées à la mer par des nègres étaient repoussées par les vagues contre la plage, et c'était une source d'émanations pestilentielles. Depuis quelques années, un très-beau quai de granit a été construit devant l'arsenal de Marine et les bâtiments de la douane. On s'occupe en ce moment de le prolonger jusqu'à l'arsenal de guerre, et un autre quai longé de belles promenades s'étend depuis le jardin public jusqu'à l'église da Gloria. En même temps, un vaste système d'égouts est en construction. De puissantes machines à vapeur serviront à puiser et élever les eaux et à établir dans ces égouts un courant que la position basse du terrain rendait impossible par des pentes. De cette manière, sous peu, la partie ancienne de la ville de Rio de Janeiro, si elle n'a pas encore la beauté, jouira au moins de la propreté. On a aussi supprimé des marécages qui existaient au delà du campo de Santa-Anna, et un beau canal réunit aujourd'hui les eaux de cette région.

Je dois signaler toutefois ici qu'au point de vue de l'embellissement de la ville, j'ai vu pendant mon séjour d'assez nombreuses amé-

Vue de Rio de Janeiro, prise de l'île das Cobras.

liorations. Le largo do Rocio, sur lequel vient d'être élevée la statue équestre de dom Pedro Ier, le fondateur et le libérateur de l'empire, père de l'empereur actuel, a été transformé en un très-joli square. L'ancien jardin public a été arrangé avec goût; il est petit, mais on a très-bien profité du terrain. Contrairement à nos jardins de Paris qu'on ferme à la nuit tombante, il est ouvert tous les soirs, et, dans les allées qui sont très-brillamment éclairées, circulent les promeneurs qui viennent y entendre les musiques militaires. Sous ce rapport, la capitale du Brésil l'emporte sur celle de la France. De beaux cafés ont été ouverts dans un bout de la rue Direita qui était

très-large, par exception à toutes les autres rues, et ce point a pris l'aspect d'un petit boulevard. Enfin, le vaste campo de Santa-Anna qui sépare l'ancienne et la nouvelle ville, va être lui-même transformé en un beau square, et il est question d'y construire plusieurs édifices.

Il est bon de dire, au reste, que les Brésiliens de Rio de Janeiro n'ont pas hérité des habitudes de leurs pères de vivre dans des rues sales et étroites. La plupart habitent dans les quartiers nouveaux qui contrastent de la manière la plus complète avec la portion de la ville que je viens de décrire, et qui est pour la plus grande partie aban-

Vue de Rio de Janeiro, prise de l'île das Cobras (suite)

donnée au commerce étranger. Botafogo, Larangeiras, Rio Comprido, Engenho-Velho, certaines parties de San-Christovão qu'on doit aujourd'hui considérer comme faisant partie de la ville même de Rio de Janeiro, sont au contraire des quartiers délicieux avec leurs maisons entourées de jardins toujours fleuris, où les roses, les poinciana pulcherrima, les mimeuses aux fleurs rouge vif, les bougainvillæa se mêlent aux cycas et aux pandanus de l'Inde, aux urania de Madagascar, et aux masses de bractées rouge-feu de la poinsettia ou euphorbia splendens, où les metrosideros et tous les autres végétaux de la flore australienne, où les camellias et les ipomœa aux grandes fleurs

14

bleues, les lauriers-roses croissent au milieu de toutes les plus belles espèces de palmiers de l'univers et des autres grands végétaux d'aspect pittoresque, tels que les yuccas et les dracænas. Le soir les suaves odeurs des orangers, des gardenias et des jasmins se répandent dans ces beaux quartiers et contrastent avec l'air vicié de l'ancienne ville portugaise.

En remarquant que la presque totalité des familles brésiliennes de Rio de Janeiro, dont la moitié de la population est étrangère, habitent, comme je viens de le dire, les jolis quartiers qui entourent la vieille ville, je ne peux m'expliquer comment l'auteur d'un livre intitulé le *Brésil tel qu'il est*, a pu écrire que les Brésiliens cherchent et aiment l'air vicié. Ce sont les étrangers appelés à Rio par le commerce qui, retenus par ses exigences, subissent malgré eux les inconvénients de la mauvaise organisation primitive de la ville ancienne. Mais le choix des familles brésiliennes pour les quartiers éloignés du foyer d'infection, les grands travaux que fait exécuter le gouvernement pour l'anéantir, sont une preuve du contraire de ce qu'affirme l'auteur du livre cité. C'est faire injure au bon sens de ses lecteurs que d'écrire de pareilles absurdités. Au reste, le livre en question est rempli d'inexactitudes. Si l'auteur l'avait intitulé le *Brésil tel qu'il n'est pas*, il serait d'une vérité parfaite.

Il est inutile, au reste, de réfuter ici toutes les assertions de cet ouvrage, et celles d'une quantité d'autres qui ont peint le caractère des habitants du Brésil sous le jour le plus fâcheux. Je me contenterai de dire que, pour moi, je n'ai eu qu'à me louer de toutes mes relations personnelles avec des Brésiliens. Le défaut qu'on pourrait leur reprocher, non à tous certainement, mais à un grand nombre, est une certaine défiance trop grande vis-à-vis des étrangers, et, sous ce rapport, ils doivent s'en prendre un peu à eux-mêmes si la majorité des écrivains qui ont parlé sur leur pays les ont maltraités. Il y a là-dessous des amours-propres de voyageurs froissés, car la défiance conduit facilement au manque de politesse ou au moins d'égards. D'autres fois, c'est de la part des auteurs un besoin de faire de l'esprit, chose beaucoup plus facile en critiquant qu'autrement. Il est évident que les écrits dont je parle ne sont pas de nature à faire tomber la défiance des Brésiliens, mais bien au contraire à l'augmenter. Toutefois, la facilité actuelle des communications avec l'Europe, la fréquence des voyages des familles brésiliennes en France et dans d'autres pays éteindra à la longue ce qu'il y a d'exagéré dans l'orgueil national. Il faut dire au reste que ce petit éloignement pour les étrangers ne va pas jusqu'à empêcher que les personnes d'une instruction solide ne soient admises avec distinction dans la société du pays, et c'est alors qu'on peut l'apprécier. Il est facile dans ce cas de voir que les mœurs et les habitudes y sont à très-peu près les mêmes que dans tous les pays civilisés. On se croirait dans une société française, sauf quelques usages d'une nature un peu plus patriarcale que chez nous. Autrefois les femmes sortaient très-peu et restaient cloîtrées dans leurs maisons. Aujourd'hui il n'en est plus de même, et les anciens usages coloniaux vont en disparaissant. Le sentiment de la famille est très-développé, et le goût de l'instruction est répandu. On y insiste moins qu'en France sur le grec et le latin, mais en revanche les langues vivantes font partie de l'instruction générale des deux sexes, et chez les hommes on trouve que les connaissances scientifiques sont plus généralisées que chez nous. Il manque encore de la pratique, et la science transcendante n'est pas cultivée comme elle devrait l'être. Son état ne peut quant à présent être comparé à celui des trois ou quatre pays de l'Europe qui sont à la tête du progrès, mais il est évident que la manière dont les connaissances scientifiques se sont déjà étendues, présage que sous peu le Brésil prendra un rang important dans le mouvement intellectuel général. L'empereur s'occupe lui-même très-sérieusement du développement du progrès en même temps que de celui du bien-être matériel de la nation.

Quant à l'avancement matériel, il est des plus remarquables et ne le cède en rien à celui des autres nations. L'absence de toute prohibition douanière fait que les produits de l'industrie du monde entier s'introduisent dans la capitale du Brésil en échange des productions agricoles du pays. Des navires de tous les points du globe affluent à Rio de Janeiro. L'Inde et l'Australie, aussi bien que tous les ports de l'Europe et de l'Amérique du Nord lui envoient des cargaisons. Il est curieux de voir que, dans ce pays tropical, la glace se vend à meilleur marché qu'à Paris. Elle vient pourtant du Canada, et elle passe l'équateur.

Des compagnies, les unes brésiliennes, la majeure partie américaines ou anglaises ont introduit toutes les améliorations qu'on voit dans les autres capitales. Depuis longtemps, Rio de Janeiro est éclairé au gaz, et son éclairage est même d'un effet magnifique, vu le soir, de la rade. De nombreuses lignes d'omnibus, une multitude de voitures de places sillonnent sans cesse la vieille ville et les beaux quartiers neufs qui, réunis à la première, logent près de quatre cent mille habitants et occupent une surface égale à celle de Paris. On y voit même ce qui n'existe pas dans cette dernière capitale, un chemin de fer américain traversant les rues de la *Cidade nova*, pour arriver jusqu'au largo do Rocio, et sur lequel marche une petite locomotive à vapeur. Un chemin de fer ordinaire conduit de la ville au pied des grandes montagnes que l'on distingue à l'horizon nord, et des tunnels gigantesques déjà commencés sous ces montagnes vont faire pénétrer ce même chemin de fer dans la vallée de la Parahyba. Plusieurs lignes de bateaux à vapeur omnibus partent à chaque instant et se dirigent vers les divers points de la baie. L'une de ces lignes appartenant à une compagnie américaine renferme même un progrès très-important : elle transporte non-seulement les piétons, mais encore les voitures et les chevaux qui entrent de plain pied dans les barques pour traverser la rade et aller à San Domingos et Nictheroy. Les difficultés que présentait pour l'entrée des voitures la variation du niveau de la mer due à la marée, ont été levées d'une manière aussi ingénieuse que satisfaisante.

Une autre ligne de bateaux à vapeur conduit avec la correspondance d'un chemin de fer au pied de la grande chaîne des Orgues, et là se trouve une route admirable bâtie par la compagnie brésilienne de M. le baron de Mauá, et montant de mille mètres sur les flancs presque à pic de la montagne. Des diligences conduites par des mulets prennent alors les voyageurs et les transportent en deux heures jusqu'à la ville de

Petropolis, située sur un plateau élevé et où l'empereur fait sa résidence pendant les grandes chaleurs. De Petropolis part une autre route
de vingt-cinq lieues se dirigeant dans l'intérieur vers la province de
Minas Geraes. Elle a été construite sous la direction de M. M. P. F
Lage, et traverse une vallée des plus accidentées. Cette route, qui
circule parfois sur les flancs abruptes d'immenses pics granitiques,
est un chef-d'œuvre d'art. Elle descend par une pente régulière vers
la Parahyba qu'elle traverse sur un très-beau pont en fer, et se prolonge ensuite jusqu'à Juiz de Fora, parcourant toujours sur les rives
du Parahybuna une région montagneuse des plus pittoresques. Quoiqu'il y ait eu à vaincre pour cette route des difficultés immenses, on est
arrivé à la rendre, par la régularité de ses pentes, supérieure à une
multitude de routes européennes construites dans des régions plus
faciles.

Tous ces grands travaux effectués sous le patronage du gouvernement témoignent du progrès matériel du pays, qu'accusent également
les diverses industries qui tous les jours s'y transportent, encore bien
que le Brésil, avec la richesse de son sol et sa population hors de proportion avec son immense territoire, ait plus d'intérêt à être un pays
de production agricole que de production industrielle.

Comme on le voit donc par ce qui précède, à Rio de Janeiro on est
au milieu de toutes les merveilles de la civilisation et de ses raffine-
ments, et ceux qui ont écrit qu'aux portes de la ville, à Tijuca, il y
a des jaguars, et à peu de distance des Indiens sauvages, sont grandement dans l'erreur. Il n'y a pas plus de jaguars à Tijuca que de loups
au bois de Boulogne. Pour rencontrer des animaux féroces ou la barbarie, il faut de bien longs voyages dans les parties reculées du vaste
empire du Brésil.

Je ne m'arrêterai pas à décrire les édifices de la ville de Rio de Janeiro. Ils sont assez nombreux, et quelques-uns, comme l'église de
la Candelaria, sont très-grands. Mais ces édifices sont environnés d'une
masse considérable de maisons. Il faudrait les isoler et établir dans
la vieille ville quelques petits squares. Cette amélioration, jointe à
l'ouverture d'un ou deux larges boulevards entre le campo de Santa

Anna et la mer, boulevards le long desquels pourraient s'établir les riches magasins de détail réunis dans la rue d'Ouvidor ou épars dans la ville, changerait complétement l'aspect du vieux quartier de Rio et le mettrait en harmonie avec son importance commerciale.

Mais si je passe sous silence les monuments, je ne puis faire la même chose pour le jardin botanique qui est situé au delà du beau quartier de Botafogo, à 6 ou 7 kilomètres du centre de la ville. Ce jardin est loin de renfermer ce qu'il pourrait et devrait contenir comme collection de végétaux; mais il y a été formé, avec une très-belle espèce de palmier, qualifiée du nom d'impérial, une allée dont l'aspect est des plus prodigieux. Aucune colonnade construite par l'art n'approche de l'effet de cette merveilleuse colonnade naturelle, dans laquelle l'artiste n'est intervenu que pour la plantation des pieds en ligne droite. L'élévation et la régularité des stipes grisâtres de ces palmiers géants, les anciennes lignes d'insertion des feuilles encore marquées sur les troncs et qui contribuent avec la couleur de ces derniers à simuler la pierre, le sommet des colonnes d'un beau vert, d'élégants bouquets de feuilles qui, en se rejoignant, forment le toit de cette allée splendide, enfin les petits gazons placés au pied de chaque palmier pour compléter le socle, tout s'harmonise dans ce monument de la nature légèrement aidé de l'art. Derrière l'allée se montre la masse imposante du Corcovado. Quand on voit l'effet extraordinaire que la belle forme du palmier, ce roi des végétaux, permet d'obtenir, on ne peut douter que cette magnifique plante n'ait inspiré quelques-unes des dispositions de l'architecture.

Au milieu de son notable progrès intellectuel et matériel, le Brésil est affligé d'une plaie très-grave que lui a également léguée la colonie. Cette plaie, c'est l'esclavage des noirs dont jusqu'ici il n'a pu s'affranchir. Ce n'est pas que les idées abolitionnistes ne soient très-développées et presque aussi répandues qu'en Europe même, comme le prouvent les nombreuses associations formées au Brésil pour la libération des nègres, comme le montre surtout l'énergie avec laquelle le gouvernement brésilien empêche l'introduction de nouveaux noirs africains. La sévérité terrible qu'il a déployée dans quelques cas d'infraction qui se sont produits à l'origine de l'abolition de la traite a mis complétement

Allée de Palmiers du jardin botanique de Rio de Janeiro (v. 214).

fin à ce trafic dans l'empire, et ce ne sont pas, comme on le croit généralement, les croisières anglaises qui ont fait obtenir ce résultat. Tant que l'introduction des noirs n'a pas été prohibée par le gouvernement Brésilien, les croisières anglaises n'ont pas diminué le nombre des nègres débarqués. Du jour, au contraire, où le Brésil a exigé l'anéantissement de l'importation sur son territoire et où il a fait poursuivre les trafiquants, cette importation a cessé. Il est en effet facile de comprendre que l'appât du gain faisait risquer aux aventuriers de toutes les nations les dangers de la rencontre des croiseurs auxquels ils avaient toujours des chances d'échapper, tandis qu'à l'arrivée, la certitude d'être pris sans même pouvoir tirer parti des cargaisons, vu que les acheteurs, poursuivis comme eux, ne se présentaient pas, constituait une nécessité de renoncer à l'entreprise.

Le Brésil a donc toujours des noirs esclaves, mais on n'y en introduit plus. Sans cesse il s'en trouve de libérés, de sorte que l'esclavage va en diminuant. Mais on conçoit qu'il y a pour ce pays de grandes difficultés à vaincre pour pouvoir en finir rapidement avec cet état de choses. Une métropole peut facilement libérer les noirs de ses colonies ; les ressources dont elle dispose lui permettent les quelques sacrifices nécessaires dans ce but. Mais quand c'est une métropole elle-même qui est affligée du fléau, la question devient plus ardue. L'abolition faite instantanément est un renversement complet de l'ordre social existant : c'est une ruine et un cataclysme. Il la faut sans doute ; l'esprit du siècle l'exige impérieusement et le plus tôt possible, mais on ne peut s'écarter dans l'exécution des règles de la prudence. La majeure partie des noirs n'est pas au reste préparée pour la liberté dont elle ne saurait faire un usage convenable. On ne doit pas oublier que, pour le noir, *être libre* est synonyme de *ne rien faire*. Aussi la plupart des nègres libérés s'adonnent à la paresse et à l'ivrognerie. Ce qui se passe en ce moment dans l'Amérique du Nord est une preuve de ce que j'avance ici.

Bien que la libération des noirs au Brésil soit très-désirable comme question de principe, il ne faudrait pas croire que la race africaine transportée dans ce pays doive énormément gagner à cette libération.

Il est, en effet, très-faux que les noirs soient maltraités, comme l'ont écrit quelques auteurs. Au contraire, leur condition est au fond beaucoup meilleure que celle des serviteurs en Europe et en général de tous ceux qui, ne possédant rien, sont obligés de vivre du travail manuel. Les noirs représentent une valeur monétaire considérable; aussi les maîtres se donnent de garde de les maltraiter et de les user. S'ils sont malades, on les fait soigner et on ne néglige rien pour leur restituer la santé. D'un autre côté, le noir n'a pas à s'inquiéter de son lendemain : il est sûr de ne pas mourir de faim. Malheureusement, en pouvons-nous dire autant des serviteurs européens et de la multitude de prolétaires qui habitent nos grandes villes et même nos campagnes?

Il est non-seulement faux mais encore absurde de soutenir, comme quelques auteurs, que les maîtres supplicient leurs esclaves pour le moindre motif. C'est comme si on disait qu'en Europe on a l'usage de détruire ses billets de banque, car le noir, au Brésil, est un billet de banque ambulant. Le maître qui tuerait un de ses esclaves serait aussi bien jugé et condamné pour assassinat que s'il avait commis un autre meurtre. Il y a, du reste, des lois qui protégent les nègres. Aujourd'hui, il est défendu de vendre séparément les divers membres d'une même famille, et il y a des règlements de police prohibant de battre les noirs. Il est difficile, il est vrai, de les faire exécuter hors de la ville, mais dans les fasendas de l'intérieur les esclaves sont bien traités, et on ne les frappe en général que pour des choses punies par les lois pour les hommes libres, comme le vol ou la tentative d'assassinat. Dans les autres cas, on agit le plus souvent sur eux en les faisant travailler le dimanche comme peine disciplinaire. En somme, ils sont menés comme des enfants.

Quand les noirs seront libres, quand ils auront perdu la valeur qui les protége, il est incontestable qu'avec leur esprit paresseux et imprévoyant, plus d'un mourra de misère quand la maladie ou la vieillesse viendra l'atteindre. C'est une chose qui n'arrive pas aujourd'hui.

Si donc l'abolition de l'esclavage des noirs est à désirer, ce n'est pas tant pour les nègres eux-mêmes que pour les blancs. Dans un pays où

existe le principe de l'esclavage d'une race incontestablement inférieure, le travail n'est pas honoré comme il devrait l'être; il est, au
contraire, méprisé. Or sous l'influence de ce préjugé qui règne seulement, il est vrai, chez les classes peu instruites, les blancs prennent
des habitudes de paresse; c'est là un des obstacles à l'établissement de
la colonisation européenne. Le colon s'habitue vite aux préjugés déjà
existants dans la contrée, et il refuse bientôt de travailler à côté de
l'esclave nègre, dont la race, quoique supérieure à celle de l'Indien est
cependant inférieure en intelligence à la nôtre, du moins pour la majeure partie des variétés noires, qui sont elles-mêmes très-nombreuses.
D'un autre côté, dès qu'il s'agit de développer les établissements, le
manque de bras libres pour le travail agricole nécessite la possession de capitaux considérables pour l'achat d'esclaves, et c'est un
obstacle à l'extension des entreprises des colons, qui ne peuvent arriver
à organiser de grandes cultures, les seules qui puissent procurer des
avantages sérieux.

Je viens de parler de l'infériorité intellectuelle de la race noire.
C'est une question d'anthropologie très-curieuse que celle de la démonstration de cette infériorité, dont j'ai eu mille occasions de m'assurer, du moins pour les nègres du sud-ouest de l'Afrique, qui forment la souche de la majorité des esclaves du Brésil. Leur caractère tient de celui de l'enfant de notre race; il est utile de les
diriger et de les conduire. Mais sous l'influence du contact de la
race blanche, et surtout par l'effet du mélange qui tend à s'opérer,
il se forme une race de noirs créoles un peu moins foncée et beaucoup plus intelligente que celle des nègres d'Afrique. Il est assez
remarquable que le mélange des deux races noire et indienne donne
des individus plus perfectibles, plus aptes à recevoir l'influence civili-
satrice que l'une et l'autre des deux souches pures de mélange. Parmi
les Africains eux-mêmes, il y a des tribus très-anciennement mêlées
à la famille sémitique et qui, avec une plus grande régularité de la
face, sont en même temps doués d'une intelligence beaucoup plus
notable que les autres. Pour la plupart des mulâtres, il n'y a pas de
différence intellectuelle à signaler entre eux et la race caucasique.

Les idées abolitionnistes ont fait de tels progrès déjà dans le Brésil, qu'il n'est pas douteux que, sous peu de temps, les mesures déjà prises pour empêcher l'introduction de nouveaux noirs, les dispositions légales protectrices de la famille, etc., seront suivies d'autres mesures, ayant pour but de hâter la libération progressive, laquelle n'est possible, au reste, qu'avec un certain degré de lenteur, pour éviter un trop grand bouleversement social, aussi bien dans l'intérêt de la race noire elle-même que dans celui de la race blanche.

Quoi qu'il en soit, la présence de la multitude de nègres qui circulent dans la ville, la variété de leurs types a conservé à Rio de Janeiro son ancien aspect colonial. Rien n'est plus pittoresque que, le matin, les environs du marché, sur le Largo do Paço. Toutes les races humaines s'y trouvent réunies; car, outre les nègres et toutes les nations

Type chinois.

de l'Europe et de l'Amérique, le type mongolique y est représenté par de nombreux Chinois, pêcheurs et marchands de poissons, qui avaient été amenés pour tenter une colonisation qui n'a pas réussi.

A Rio de Janeiro, on ne voit pas la misère profonde qu'on trouve dans les grandes capitales de l'Europe. Les moyens d'existence y sont plus faciles, et le peuple y est très-sobre. L'ivrognerie n'existe pas dans le pays, sauf chez quelques noirs, et il faut le dire, à la honte de l'Europe, chez une partie des matelots des marines étrangères, soit militaires, soit commerciales. La sobriété est certainement pour beaucoup dans l'aisance générale, et cette aisance, aidée par le calme naturel de la nation, favorise le maintien de l'ordre public, dont il y a très-peu à s'occuper, malgré la liberté de la presse la plus illimitée, liberté qui va même quelquefois jusqu'à la licence, en recevant les articles de quiconque en paye l'insertion. Ce calme des Brésiliens est une grande vertu politique, et qui n'empêche nullement, dans un cas de besoin, l'enthousiasme de se produire. Nous en avons eu récemment une preuve très-caractéristique. Des déprédations avaient eu lieu de la part de deux États voisins : l'Uruguay et le Paraguay, sur le territoire brésilien. L'armée brésilienne, qui sur le pied de paix est seulement de douze à quinze mille hommes, répartis sur ce vaste territoire, et dont une partie est occupée à garder des postes importants destinés à contenir les Indiens sauvages, et à empêcher leurs excursions dans la région civilisée, se trouvait complétement insuffisante pour fournir le corps expéditionnaire indispensable. Le gouvernement pouvait bien disposer des gardes nationales mobiles, mais il a préféré former des corps de volontaires. Presque immédiatement une armée de soixante-dix mille hommes s'est trouvée organisée au moyen des contingents des provinces les plus rapprochées, et cette armée aurait en cas de besoin atteint le chiffre de deux cent mille hommes, si on avait continué l'armement. Ce sont d'ailleurs de bons soldats que ces volontaires. La prise de Paysandu, après un combat brillant, où les troupes brésiliennes, en nombre minime par rapport à la garnison d'une place forte, ont, sous la conduite du digne et brave amiral Lisboa, vicomte de Tamandaré, monté à l'assaut avec un courage extraordinaire, vu leur petit nombre, et enlevé en quelques heures la place, qui était très-bien fortifiée, montre la valeur de ces soldats improvisés, appelés, au moment du besoin, pour la défense du territoire, et qui ont laissé sur le terrain le sixième de leur nombre.

Ce fait prouve que, malgré le chiffre minime de l'armée sur le pied de paix, le Brésil possède dans l'esprit et le courage de sa population des ressources immenses pour sa défense.

Les institutions politiques du Brésil sont très-avancées. Le suffrage universel y existe depuis l'origine de l'empire, il est au deuxième degré et pour les deux chambres : le peuple nomme les électeurs qui élisent les députés. Pour les sénateurs, les électeurs présentent à l'empereur une liste de trois candidats, parmi lesquels l'empereur choisit. Le préjugé de la couleur des races n'existe pas au Brésil comme aux États-Unis. Le noir libre est considéré sur le pied d'égalité la plus complète avec le blanc, et peut circuler dans tous les établissements publics, ce qu'on ne laisse pas faire dans les États du nord de l'Amérique, qui se montrent si violents abolitionnistes. Au reste, la liberté est plus grande au Brésil qu'aux États-Unis ou en Angleterre, parce qu'on y a en outre la plus grande liberté religieuse, non pas seulement dans la loi, mais dans l'exécution. On n'y voit pas les bizarres réunions, qui se sont faites quelquefois à Londres pour empêcher la musique le dimanche dans les parcs. Personne ne s'inquiète, comme en Angleterre, si les boutiques sont ou non ouvertes ce jour-là, ni ne s'occupe si son voisin travaille ou ne travaille pas. Cependant le Brésil a une religion d'État. Les processions circulent dans les rues ; mais comme tous les autres cultes sont aussi libres que la religion de l'État elle-même, cela ne gêne personne. Il est même curieux de voir que, dans ce pays, la religion de l'État est moins protégée que dans beaucoup d'autres, où la même religion n'est pas de l'État. Ainsi les couvents des deux sexes sont prohibés au Brésil. Du moins, il est défendu d'y recevoir de nouveaux moines. Aujourd'hui, les communautés sont déjà presque éteintes, et dans très-peu d'années le Brésil n'en possèdera pas une seule. Il faut, au reste, reconnaître que dans ce pays le clergé catholique a des opinions plus libérales et moins ultramontaines qu'en France. On l'a, en général, calomnié. J'ai eu occasion, à Olinda surtout, de voir souvent des prêtres très-recommandables sous tous les rapports.

Je ne m'étendrai pas davantage sur l'organisation politique du Brésil. J'aurais bien à citer l'instruction primaire, se répandant dans les provinces les plus éloignées, l'abolition de la peine de mort, châtiment qui, s'il est resté inscrit dans la loi, est supprimé de fait, vu qu'il y a toujours commutation depuis un grand nombre d'années, et la chose est passée en habitude, etc. A côté de tout cet avancement, je dois, toutefois, signaler que l'état civil manque: les registres sont tenus par le clergé catholique, et c'est une difficulté pour les cultes dissidents. Depuis plusieurs années, on songe à remédier à cet état de choses. Mais, près de cela, combien d'autres progrès moraux ou matériels existent et mériteraient d'être décrits. Le duel, regardé comme une chose ridicule, le papier-monnaie circulant dès la valeur même de trois francs à peu près exclusivement à la place des valeurs métalliques qui n'existent que comme garantie de ce papier, la noblesse, récompense personnelle et non héréditaire, toutes ces choses marquent un degré de civilisation et un état politique très-avancés, et quiconque est juste envers le Brésil, doit reconnaître que le problème de la liberté la plus absolue sous la forme monarchique y a été réalisé. A ce point de vue, ceux qui feront une étude sérieuse des institutions de ce pays y trouveront bien des enseignements utiles à recueillir, bien des modèles à proposer à la vieille Europe. Ils verront l'importance, pour la sécurité des institutions, de l'instruction et du bon sens populaire. C'est bien sur eux, et non sur telle ou telle forme de gouvernement, que repose vraiment le point de départ de la liberté. La forme n'est que secondaire quand l'opinion publique, au lieu de se montrer virulente, prend le langage de la raison, et quand les gouvernements, quels qu'ils soient, ne voyant plus autour d'eux de périls imminents, se rendent à l'influence du bon sens général, qui a toujours la propriété de séduire. Autrement, tout gouvernement, pour se soutenir, république ou monarchie, est obligé d'employer les moyens de rigueur, et la liberté disparaît. Sur l'augmentation de l'aisance et sur l'instruction repose donc la stabilité des institutions. A ce sujet, il serait bien à désirer qu'en France le niveau de l'instruction s'élevât davantage. Lire et écrire ne suffit pas. Dans beaucoup de nos campagnes, c'est même moins utile que certaines notions pratiques, auxquelles on n'a guère pensé jusqu'ici, et qui serviraient à la fois à développer l'intelligence du paysan, et à lui faire aimer et estimer son métier d'agriculteur.

La longue digression que je viens de faire sur la baie de Rio de Janeiro, et sur l'état moral, matériel et politique du Brésil, m'ont conduit bien loin de mon sujet, et m'obligent à renvoyer au chapitre suivant l'indication des résultats de mes observations sur le comète de Donati. Je terminerai donc le présent chapitre, en disant quelques mots d'une excursion, qu'à la fin de décembre je fis dans les montagnes avec ma femme, qui m'a accompagné dans tous mes voyages, et aidé dans mes observations. Mon but était, en nous élevant au-dessus des couches les plus basses et les plus denses de l'atmosphère, de celles qui éteignent le plus les rayons lumineux qui les traversent, d'arriver à mieux voir les détails de la comète qui s'éloignait de nous. La description de ce voyage complètera ce que j'ai déjà dit sur les environs de Rio.

Les montagnes vers lesquelles nous nous dirigeâmes sont situées au nord-est de la ville, et portent le nom de montagnes des Orgues. Comme je l'ai déjà indiqué, elles sont visibles de la baie même de Rio de Janeiro, et sont éloignées d'environ dix lieues de son entrée. Cette chaîne abrupte atteint et dépasse même en hauteur, au-dessus de l'Océan, la chaîne centrale de France. Mais, au lieu de partir, comme cette dernière, d'un plateau déjà élevé, son pied est au niveau de la mer. Vue de loin, son effet est très-imposant. C'est surtout quand on l'aperçoit d'un autre point un peu haut, d'où on puisse distinguer nettement avant elle la multitude des petites îles de la baie, que l'aspect de ces montagnes lointaines bleuâtres, des eaux tranquilles et de ces îles verdoyantes, permet de juger les différences de niveau et l'importance des mouvements du sol, qui, en leur donnant naissance, ont tourmenté en même temps le fond du golfe de Rio de Janeiro. Cette magnifique vue que j'avais de ma maison de campagne d'Atalaia, composait le fond du tableau sur lequel j'ai suivi tant de fois la formation curieuse des orages ou observé les jeux brillants de la lumière atmosphérique. A son souvenir se rattache pour moi celui de longues heures employées à l'observation toujours instructive et toujours délicieuse d'une belle nature. Pour se rendre aux pics des Orgues, on trouve à Rio de Janeiro un vapeur-omnibus, qui conduit d'abord au petit port de la Piedade. Ce vapeur longe, dans son voyage de deux heures, la grande île du Gobernador, laissant à sa droite une autre île charmante, couverte de cocotiers ; et, après avoir touché à une troisième île très-pittoresque, renfermant un village, l'île de Paquetá, il atteint son point de

Vue de la chaîne des Orgues à Rio de Janeiro (r. 222).

destination. Au débarquement, nous trouvâmes une diligence traînée par des mulets, qui fait le service du transport des voyageurs jusqu'au pied de la montagne. La route traversé, pendant deux lieues, jusqu'à la petite ville de Magé, un terrain d'alluvion très-plat. Sur ses côtés se voyaient en abondance, dans les régions sablonneuses, des groupes de rhéxia, avec leurs bouquets terminaux de grandes fleurs roses et violettes, des clerodendrum fragrans ou viscosum, couverts de leurs vastes corymbes de fleurs blanches et doubles, à l'odeur d'oranger; des datura arborea, dont les cloches également blanches, et de trente centimètres de longueur, joignaient leur parfum à celui des clerodendrum, et le tout était émaillé par les brillantes et innombrables fleurs jaunes du thunbergia alata. Les trois dernières plantes que j'ai citées ne sont pas indigènes au Brésil, mais elles se sont propagées aux environs de Rio de Janeiro avec une telle profusion, que si on ne connaissait pas leur vraie patrie, il serait aujourd'hui impossible de les croire étrangères à ces parages. Quand la route dominait des régions marécageuses, des papyrus de un mètre cinquante à deux mètres de hauteur, serrés les uns contre les autres, produisaient, par la réunion de leurs délicates ombelles, l'effet de vastes prairies. Une légère brise les agitait et couvrait la surface d'ondulations mobiles, à l'aide desquelles on pouvait suivre la propagation du vent.

Après avoir traversé la ville de Magé, bâtie sur le bord d'une petite rivière qu'on a canalisée, la route commença bientôt à monter légèrement, et, après avoir circulé, pendant environ deux nouvelles lieues, au milieu des petites collines qui s'étendent au pied de la Serra, et limitent la vallée du Rio Soberbo, nous arrivâmes au poste de Barreiras, au pied même des pics granitiques des Orgues.

Que l'on se figure, à droite, un immense cône de granit, aux flancs dénudés, et qui, sur son étroite base, s'élève brusquement à plus de douze cents mètres d'élévation; derrière lui, un contre-fort de la chaîne à laquelle il se rattache par une partie de sa hauteur, et dont le sol est couvert d'une immense forêt, puis au-dessus, et toujours du même côté, les sommets de deux autres aiguilles de granit montant plus haut encore que la première; que l'on se représente, en outre, devant soi une muraille gigantesque de quinze cents mètres de hauteur, du haut de laquelle tombe en cascade le Rio Soberbo, qui vient ensuite en roulant et grondant sur les pierres, couler au pied de l'hôtellerie; que l'on s'imagine cette muraille se perdant à droite dans le contre-fort de la chaîne dont j'ai déjà parlé, et, à gauche, dans une autre masse couverte de verdure, et on aura une idée de l'effet imposant du lieu pittoresque devant lequel nous nous arrêtâmes. Il nous fallut y passer la nuit. Le lendemain, M. le colonel d'Escragnolle, dont l'habitation est dans la montagne, et qui nous avait offert l'hospitalité, eut la bonté de nous envoyer des chevaux pour monter sur la Serra, et de venir lui-même nous chercher. Mais un orage terrible éclata, et il fallut remettre le voyage au jour suivant. Un orage, au pied de montagnes escarpées de cette dimension, est une chose majestueuse. Le sommet de la muraille et des pics de granit avait disparu dans l'épaisseur du nuage noir. De nombreux éclairs éclataient, et les coups du tonnerre répercutés dans l'espèce d'entonnoir formé entre les deux contre-forts de la chaîne, donnaient lieu à des roulements formidables et continus. En même temps, une pluie torrentielle, comme on n'en voit que sous les tropiques, avait transformé la route en une large rivière, et le Rio Soberbo en un torrent impétueux; le bruit de ses cascades se mêlait à celui des masses d'eau qui descendaient de toutes parts sur les flancs de la montagne, et aux échos et roulements incessants du tonnerre. C'est un spectacle qu'il faut avoir vu pour s'en peindre le caractère grandiose, mais on comprend facilement que c'était en même temps un arrêt forcé dans notre voyage.

Le lendemain matin, nous partîmes de bonne heure pour gravir la montagne, en compagnie de M. le colonel d'Escragnolle, qui, comme je l'ai déjà dit, avait voulu nous guider. La route que nous suivimes a été bâtie sur le flanc d'un contre-fort de la Serra, et souvent longe d'immenses précipices. Les pentes de ces montagnes sont trop grandes pour être cultivables, mais cela n'a pas empêché une vaste forêt vierge de s'y établir et de les couvrir complétement, ainsi que le fond des vallées étroites, comprises entre les contre-forts, et qui elles-mêmes ont des inclinaisons très-considérables vers le massif principal.

Orage au pied de la chaîne des Orgues, près de Rio de Janeiro. (v. 221).

Dans ces gigantesques crevasses, le sommet des forêts produit l'effet d'une prairie émaillée de fleurs. Je ne puis, au reste, m'arrêter à décrire les accidents des cent paysages qu'on traverse avant de parvenir à la fin de la montée. Dans une nature comme celle qui nous entourait, ils sont indescriptibles.

Au bout de deux heures nous arrivâmes au village et à la colonie de Thérésopolis, dont le nom a été emprunté à celui de l'impératrice du Brésil. Ce lieu est situé sur un joli plateau, élevé de neuf cents mètres environ au-dessus de la mer, et il est dominé par le reste de la chaîne et par les sommets des pics granitiques des Orgues. De cette localité en se dirigeant vers une ondulation existant du côté de ces derniers pics, le regard plonge sur le golfe de Rio, qui, ainsi vu d'en haut, se montre avec sa multitude d'îles et ses nombreuses baies, comme une carte géographique déroulée sous les yeux du spectateur.

Peu après Thérésopolis, nous quittâmes la route que nous avions usqu'alors suivie, et nous nous engageâmes dans un sentier étroit, au milieu de la forêt qui s'étale sur le flanc des montagnes du bord du plateau. Dans ce chemin sauvage, que, plusieurs fois, des tatous et des coatis traversèrent presque sous les pas de nos chevaux, nous ne pouvions nous empêcher de nous arrêter à chaque instant pour admirer les fleurs curieuses des parasites dont les vieux troncs sont couverts. J'y ai remarqué une variété d'orchidées incroyable, et souvent il fallait nous baisser pour passer sous les rameaux chargés de fleurs des sapindacées.

Après une heure et demie de route dans ce sentier pittoresque, nous arrivâmes à la charmante habitation de M. d'Escragnolles, située sur un plateau à mille soixante-quatre mètres au-dessus du niveau de la mer. Là, nous fûmes reçus par madame d'Escragnolles, de la façon la plus aimable et la plus gracieuse.

À la hauteur dont je viens de parler, la température est moins élevée que dans la plaine, et cette circonstance permet la culture des végétaux européens. Leurs productions s'y allient à celles des plantes tropicales qui croissent encore à ce niveau. Aussi la *fasenda* de M. d'Escragnolles est très-curieuse à voir. On y rencontre la plupart

15

de nos arbres fruitiers à côté des bananiers, des caféiers et des cannes
à sucre. Dans le jardin, j'ai vu aussi en abondance beaucoup de fleurs
des régions tempérées. M. et madame d'Escragnolles, qui ont visité
l'Europe, se sont efforcés de réunir autour de leur habitation les produits des deux climats.

Tatou.

J'avais envie de faire une exploration jusqu'au haut de la Serra, et,
dans ce but, M. d'Escragnolles me procura un guide, M. Zimler, qui
avait déjà fait ce voyage très-difficile vu l'absence de chemins. Mais
les orages reprirent avec force; des pluies torrentielles défoncèrent
les routes, et déterminèrent des avalanches de pierre et d'argile, qui
interceptèrent la plupart des communications. Je dus donc renoncer à
mon projet, et je m'arrêtai sur un point élevé de douze cent quatre-
vingt-sept mètres. De là, par une triangulation, je mesurai la hauteur

du sommet principal, qui n'a pas de nom dans le pays. Elle est de deux mille quinze mètres au-dessus du niveau de la mer. Près de lui existe un vaste plateau, d'environ dix-neuf cents mètres d'altitude. C'est dans ce plateau que prend naissance le Rio Soberbo, dont j'ai déjà parlé. J'ai distingué qu'il y a encore des palmiers à cette énorme élévation.

Coatis.

Les mêmes orages, qui m'empêchaient de monter jusqu'au haut de la Serra, rendirent impossibles les observations que je voulais faire, dans la montagne, sur la comète de Donati. Nous attendîmes plusieurs jours, pendant lesquels, dans l'intervalle des pluies, nous fîmes à cheval, en compagnie de M. et madame d'Escragnolles, plusieurs excursions, aux environs de leur délicieuse fasenda. Une fois entre autres, nous allâmes visiter une de ces belles cascades, qu'on rencontre à chaque instant dans les pays de montagnes. Celle-ci, placée au milieu d'un bois immense d'arbres séculaires enlacés par les lianes, se trouve en face d'un joli plateau, où une habitation pourrait être construite. La nappe blanche des eaux sortant du milieu de cette sombre forêt est un spectacle ravissant. C'est à chaque pas, au reste, que, dans cette région,

tantôt d'harmonieux effets d'ensemble, tantôt des détails pleins de
beauté et d'intérêt, arrêtent les regards.

Enfin, au bout de huit jours, voyant que le temps ne s'améliorait
pas, nous nous décidâmes à revenir à Rio de Janeiro. Nous prîmes
congé de M. et madame d'Escragnolles, dont la délicate hospitalité nous
a laissé un agréable souvenir, mêlé de reconnaissance. Mais M. d'Escragnolles voulut nous accompagner jusqu'au pied de la montagne, où
nous retrouvâmes la diligence de Piedade, et de là nous revînmes à Rio
de Janeiro.

Bien que mon voyage dans les Orgues n'ait pas atteint, au point de
vue de mes observations sur la comète, le but que je m'étais proposé
en l'entreprenant, il m'a donné l'occasion de mesurer l'élévation de
cette imposante montagne, et de faire des observations sur le décroissement de la température avec la hauteur dans l'atmosphère, en même
temps que j'ai pu étudier mille autres choses intéressantes dans une
nature splendide, où tout appelle et mérite l'attention.

Comète de Donati, 3 octobre 1858, d'après Bond.

CHAPITRE IX

LES APPENDICES COMÉTAIRES

—◇—

MES OBSERVATIONS SUR LA COMÈTE DONATI — QUEUES DES COMÈTES
LEURS DIVERSES FORMES, LEUR EXPLICATION

Dès le 21 octobre 1858, la comète de Donati, vue avec les plus forts grossissements, n'a plus offert les enveloppes multipliées décrites par les astronomes qui l'ont observée en Europe pendant le mois de septembre et la première moitié d'octobre. Elle se composait d'un point lumineux et brillant, placé à la partie antérieure d'une vaste nébulosité qui se prolongeait en forme de queue sur une longueur de près de six millions de lieues. Cette queue a progressivement diminué d'intensité jusqu'au 4 décembre, et a tout à fait disparu dans l'intervalle qui s'est écoulé du 4 au 6 du même mois.

Dans la disparition de la queue, le volume total de la comète n'a pas sensiblement varié. Cette dernière présenta postérieurement l'aspect d'une grande nébulosité sphérique avec un point lumineux légèrement en dehors du centre dans la direction du soleil. Le 8 décembre, une petite queue tendait à se reformer, et le 10, ce nouvel appendice avait de nouveau disparu. C'est à la même époque que la comète a cessé d'être visible à l'œil nu. Le 23 janvier, je l'ai distinguée pour la dernière fois dans une lunette ; elle ne présentait plus que l'aspect d'une très-faible nébulosité sans aucun point lumineux plus saillant dans le centre, comme cela avait lieu auparavant.

De toutes les questions de l'astronomie, la plus obscure est sans contredit celle de la nature de la queue des comètes. Ces astres obéissent aux lois de la gravitation comme toute matière, et les astronomes sont dans l'usage de calculer la route qu'ils décrivent dans les cieux en considérant leur ensemble comme un point matériel attiré par le soleil suivant les lois trouvées par Newton. Mais il est évident qu'un corps comme une comète, avec l'immense appendice qui forme sa queue, ne peut être assimilé à un point matériel, et que tôt ou tard on devait reconnaître des différences entre les observations et les calculs fondés sur cette hypothèse. C'est en effet ce qui est arrivé : assez récemment encore, Encke a fait voir que la comète qui porte son nom manifeste des différences de cette nature. L'idée qui devait se présenter naturellement à l'esprit et que M. Faye a le premier émise dans un travail communiqué à l'Académie des sciences, est donc qu'on a calculé le mouvement des comètes dans une hypothèse incomplète, et qu'on ne doit pas négliger les forces qui produisent la queue.

M. Faye a parfaitement fait voir que ces forces suffisent à l'explication des différences observées, qu'elles sont d'une nature répulsive et ont leur siége dans le soleil, enfin qu'elles vont en diminuant à mesure que la distance des deux astres augmente. Ainsi conçues, elles expliquent les apparences générales des queues cométaires, apparences complétement incompatibles avec l'existence d'un milieu résistant dont l'idée avait été émise pour rendre compte du désaccord de la théorie newtonienne et de l'observation. Avec le milieu résistant, on ne pourrait, en effet, comprendre comment les queues restent opposées au soleil.

Il est donc excessivement probable que la formation des queues des comètes est due à une force répulsive dont le siége est dans le soleil, et qui allonge l'atmosphère de ces corps dans le sens de la ligne qui joint les centres des deux astres[1]. Comme cette force augmente à mesure que la distance de la comète au soleil diminue, on conçoit parfaitement par là l'allongement des queues pendant leur rapprochement du soleil. Mais que devient la matière qui s'est ainsi écartée du noyau de la comète? Se perd-elle dans l'espace, ou reprend-elle la forme sphérique? Les observations manquaient pour résoudre cette question.

Or la remarque que j'ai faite dans l'hémisphère austral, sur la constance du volume total de la comète pendant la disparition de la queue, semble indiquer que la matière de cette dernière rentre dans le corps de l'astre à mesure que la force répulsive décroît. Cette conséquence s'accorde avec la remarque judicieuse d'Arago, d'après laquelle une comète ne diminue pas d'éclat dans ses apparitions successives.

Comme les gaz, tels que nous les voyons, sont doués d'une force répulsive très-grande entre leurs diverses parties, il est douteux qu'après s'être éloignés à de grandes distances de la comète ils pussent revenir. La nébulosité de la comète est donc probablement dans un nouvel état plus léger que l'état gazeux. Du moins elle ne change pas sensiblement la direction des rayons lumineux qui la traversent comme le feraient des gaz, et en même temps elle est dénuée de leur force répulsive. C'est probablement la condition que prennent les gaz eux-mêmes lorsqu'ils ne sont plus soumis à aucune pression.

[1] Déjà sous la simple force de la gravitation, une comète en approchant du soleil doit tendre à s'allonger dans le sens du rayon vecteur, c'est-à-dire de la ligne menée de son centre au soleil, de la même manière que sur la terre la surface de l'océan se gonfle dans le même sens pour produire les marées. Les forces répulsives agissent alors sur la comète déjà allongée un peu par l'action de la gravitation, et déterminent l'expansion qui forme la queue.

Leurs particules arrivent alors à des distances mutuelles où la force répulsive doit cesser et se transformer même en force attractive, sans quoi
la limitation de l'atmosphère serait inexplicable. On pourrait appeler
ce nouvel état de la matière, l'état cométaire. Il existe dans ce cas
une sorte de viscosité dans la substance, et, lorsque la force répulsive
émanée du soleil est à peu près anéantie, la comète tend à reprendre
une forme sphérique, comme le fait toute matière débarrassée de la
pesanteur, d'après les curieuses expériences de M. Plateau. Peut-être
une attraction entre les parties de ce corps éloignées par l'action solaire facilite ce rapprochement comme dans les phénomènes d'électricité par influence, où les électricités séparées se réunissent quand le
corps électrisant s'éloigne.

Cette dernière hypothèse est très-probable, car dans l'état actuel de
la science ce n'est guère que dans l'électricité qu'on peut trouver la
cause des forces répulsives agissant sur les comètes.

En effet, lorsqu'un de ces astres approche du soleil, il se trouve
soumis à une puissante action calorifique qui doit modifier profondément son état d'équilibre moléculaire et chimique. Or, l'expérience
a appris qu'en général toute modification de ce genre a pour effet
de développer les deux électricités. La partie dense de la nébulosité constituant le noyau étant plus particulièrement altérée par la
chaleur doit se charger de l'une des électricités, tandis que les parties
plus ténues que la chaleur en dégage prennent l'électricité contraire
qu'elles transportent dans les régions moins condensées formant la
limite de l'atmosphère cométaire. Il en résulte que le noyau ou partie
dense de la nébulosité et la nébulosité proprement dite se trouvent
chargées des électricités inverses. Il n'y a rien là que d'analogue à ce
qui se passe sur notre globe où la terre et l'atmosphère possèdent
toujours des électricités opposées.

Or si, comme il y a très-fortement lieu de le croire, le soleil est
électrique par lui-même[1], c'est-à-dire s'il possède en excès une des

---

[1] Nous avons vu précédemment que la chaleur solaire n'est guère explicable que par la
chute, dans cet astre, de nombreux astéroïdes provenant sans nul doute de la lumière zodiacale, au moins pour la majeure partie. Or, parmi ces corpuscules, il doit s'en trouver un

deux électricités, il arrivera, si cette électricité est contraire à celle du noyau de la comète, qu'il attirera ce noyau et qu'il repoussera les parties légères de la nébulosité, d'après la propriété que possèdent les électricités contraires de s'attirer, tandis que celles de même nature se repoussent. Les portions ténues de la nébulosité tendront donc à s'écarter du soleil, et elles formeront ainsi une queue opposée à cet astre. Cet effet ne commencera à se produire qu'à partir du moment où la comète sera assez rapprochée du globe solaire pour que la force répulsive, laquelle croît en raison inverse du carré des distances comme toutes les forces électriques, surpasse la pesanteur dans la comète, pesanteur qui retient les molécules de la nébulosité autour du noyau. Mais, comme la pesanteur dans les comètes est très-peu intense, à cause de la masse dont la petitesse est accusée pour nous par l'absence de toute perturbation appréciable de la part de ces corps célestes sur le mouvement des planètes près desquelles ils passent, il se trouvera un moment où cette pesanteur n'arrivera plus à équilibrer la force répulsive du soleil, et alors on verra la queue se produire. Les planètes, au contraire, bien que peut-être, comme notre globe, elles présentent toutes dans leur atmosphère les conditions électriques favorables à la naissance d'une expansion semblable, ne peuvent avoir de queue parce que la pesanteur est trop grande à leur surface et dépasse considérablement

---

assez grand nombre qui ne font que traverser l'atmosphère solaire à la limite. Ils en sortent bientôt pour revenir de nouveau à une autre révolution, jusqu'à ce que leur vitesse soit assez réduite pour qu'ils pénètrent trop profondément dans l'atmosphère solaire pour en sortir. Ces corps par le frottement considérable qu'ils éprouvent, et par les changements moléculaires que cet immense frottement détermine en eux, doivent s'électriser. Ils prennent une des électricités, peut-être la négative, et laissent l'autre à l'atmosphère solaire, qu doit ainsi se trouver toujours chargée d'un excès de cette dernière électricité. Malheureusement nos instruments ne nous permettent pas de constater directement l'existence de l'électricité solaire. Notre atmosphère très-fortement électrisée, exerce sur eux une influence trop grande. Par là se trouve dissimulée complétement l'action du soleil, action que la grande distance de cet astre rend très-faible par rapport à celle de l'atmosphère terrestre, dont l'effet est immensément prépondérant à cause de son rapprochement. Nos instruments d'ailleurs sont très-imparfaits. L'étude de l'électricité de notre atmosphère est encore elle-même très-incomplète. Les lois de sa variabilité diurne nous sont à peine connues, et la vapeur d'eau contenue dans l'air jette de si nombreuses anomalies, qu'il est complétement impossible de songer à étudier l'électricité des astres à travers le rideau électrique qui nous entoure.

l'action répulsive du soleil sur leur atmosphère. Le seul effet perceptible que la force électrique solaire pourrait exercer sur la couche
gazeuse environnant une planète serait une très-petite variation dans
le poids de cette couche, suivant la position du soleil. Or cela a lieu
précisément à la surface de la terre où le baromètre, instrument qui
mesure la pression atmosphérique, accuse une petite variation diurne.
Quoique cette variation soit la résultante des effets de plusieurs
causes agissantes, parmi lesquelles nous citerons la dilatation périodique diurne de l'atmosphère et la variation journalière de l'humidité
atmosphérique, dues l'une et l'autre à l'action de la chaleur solaire
et qui se combinent avec l'influence de la variation de distance à l'axe
de rotation terrestre des molécules aériennes et aqueuses, toutefois il
est bon de signaler que des maxima et minima de pression atmosphérique, provenant d'une action électrique solaire, peuvent parfaitement intervenir partiellement dans la production du phénomène observé en se joignant aux autres causes connues.

Dans l'hypothèse de l'électricité solaire, l'absence de queues pour
les planètes est donc parfaitement conciliable avec la présence de ces
appendices pour les comètes. Nous allons voir maintenant que la même
hypothèse rend parfaitement compte du retard que les comètes éprouvent dans leurs mouvements.

En effet, quand, en vertu de son électricité propre, le soleil attire le
noyau de la comète et repousse sa queue, ce dernier appendice, sous l'action de cette répulsion, tend, comme nous l'avons déjà vu, à se placer à
l'opposé du soleil sur le prolongement de la ligne qui joint cet astre au
noyau de la comète. Mais le mouvement de celle-ci a lieu suivant une
courbe dont la concavité est tournée vers le soleil. Il en résulte que les
régions cométaires qui sont les plus éloignées, et surtout l'extrémité
de la queue, ont à parcourir une courbe plus grande et par conséquent
un chemin plus long que les régions plus rapprochées. Parties cependant du voisinage du noyau, les molécules qui en sont distantes ne
possédaient à l'origine que la vitesse de ce dernier. Elles resteraient
donc très-fortement en retard par rapport à lui si la force répulsive
du soleil ne tendait pas à ramener la queue vers la prolongation du

rayon vecteur, c'est-à-dire de la ligne unissant le centre solaire au centre de la comète. Toutefois, quelque grande qu'on la suppose, cette force ne peut repousser l'axe de la queue jusqu'au point de le faire coïncider avec le rayon vecteur, et cet axe reste toujours en retard de quelques degrés. Il faut même que la masse de l'appendice soit bien faible par rapport à celle du noyau pour que le retard soit aussi petit que les observations l'indiquent. Mais le caractère des forces électriques est précisément d'être indépendant de la masse, vu que des portions de matières très-minimes peuvent posséder des quantités très-grandes d'électricité, et par conséquent de petites masses peuvent être mues avec une énorme vélocité par l'action électrique. Le retard de l'axe cométaire par rapport au rayon vecteur dépend du rapport entre la quantité d'électricité possédée par la queue et la densité de cette dernière. Il est donc lié pour chaque comète à la nature de la matière qui la compose et varie de l'un à l'autre de ces astres. Les observations lui donnent en général pour valeur des angles variant depuis 4 à 5 degrés jusqu'à 20 à 50. Or la queue, avec son électricité de signe contraire à celle du noyau, agit sur ce dernier en l'attirant suivant la direction qu'elle occupe elle-même et qui est, comme nous venons de le voir, en retard sur le rayon vecteur. Cette force se décompose, conformément aux lois ordinaires de la mécanique, en deux autres : l'une dans la direction de la ligne des centres, l'autre en sens contraire du mouvement du noyau. C'est cette dernière qui produit la diminution de vitesse observée dans le mouvement des comètes. La première composante opposée à l'attraction électrique du soleil sur le noyau en compense une partie, et le reste de cette attraction électrique se confond avec la gravitation.

Quant à l'attraction réciproque du noyau de la comète sur l'extrémité de la queue, en même temps qu'elle a pour effet de maintenir solidaires ces deux parties de l'astre, elle contribue à accélérer le mouvement de la dernière et concourt avec la force répulsive solaire à empêcher le retard de la queue par rapport au rayon vecteur d'acquérir une valeur considérable.

Remarquons, au reste, qu'il n'est pas nécessaire, pour expliquer la force retardatrice dont on observe l'effet dans le mouvement des comè. tes, que ces dernières soient toujours munies d'un très-long appendice. Cette force retardatrice existera, d'après l'explication précédente, avec une queue très-courte ou même avec un simple allongement de la nébulosité. Si la force expansive de la nébulosité est très-faible, de telle sorte que la densité finale de la matière qui la compose ne soit pas beaucoup plus petite que la densité moyenne de cette même nébulosité, il n'y aura pas de queue sensible, même avec un développement considérable d'électricité, donnant lieu à une grande force retardatrice du mouvement. Ce cas paraît être celui de la comète d'Encke, qui ne montre en général que des rudiments de queue, quoique son mouvement soit assez fortement influencé par la force électrique solaire. La même comète possède une autre particularité très-curieuse qui lui est commune avec quelques autres astres de même nature. Cette particularité consiste dans une diminution du volume de la comète en approchant du soleil. Pour les comètes munies de grands appendices, ce cas est général et se conçoit aisément : la nébulosité diminue parce que pendant le rapprochement elle fournit la matière de la queue. La même nébulosité augmente, au contraire, lorsque l'astre s'éloigne, parce que la dernière matière rentre dans sa masse. Mais dans le cas de la comète d'Encke, qui n'offre que des rudiments de queue, il faut recourir à une autre explication.

On aperçoit au reste facilement deux causes différentes qui peuvent produire le phénomène en question. Il est possible que les couches extérieures de la nébulosité soient chargées de globules condensés formant comme une sorte de nuage très-léger, lequel se dissoudrait sous l'influence de la chaleur solaire. Les couches extérieures arriveraient alors à atteindre un degré de transparence et de ténuité suffisant pour les rendre invisibles. Dans ce cas, la comète pourrait même posséder une queue imperceptible pour nous, ce qui paraîtra fort admissible si on remarque que les limites de la nébulosité elle-même sont devenues invisibles à l'œil nu. Ou bien il pourrait encore se faire que, sous l'influence de l'accroissement de la lumière reçue et de la température, la matière composant la nébulosité formât une combinaison chimique instable accompagnée de condensation, combinaison qui se détruirait quand la comète viendrait à s'éloigner du soleil. Dans l'un et l'autre cas, la comète nous paraîtrait diminuer de volume en approchant de ce dernier astre comme l'indiquent les observations.

La plupart des comètes sans queue présentent un phénomène inverse de celui de la comète d'Encke, c'est-à-dire qu'elles paraissent diminuer de volume en s'éloignant de l'astre éclairant. Ici l'explication est facile. Il suffit d'admettre que la comète n'éprouve pas de changements moléculaires importants dans sa matière, en s'approchant ou s'éloignant du soleil. En effet comme la nébulosité est plus dense à son centre que sur son pourtour, il est évident que les couches externes réfléchissent beaucoup moins de lumière solaire que le centre. Quand l'astre s'éloigne du soleil, les parties extérieures de la nébulosité atteignent donc plus tôt que les parties centrales le degré d'affaiblissement de lumière qui les rend invisibles; et, quoique conservant exactement le même volume, la comète nous paraît diminuer de diamètre. Par cela même qu'elle n'éprouve pas de grande modification moléculaire, elle acquiert peu d'électricité, et, par conséquent, se trouve dépourvue de queue.

Une force répulsive solaire, de nature électrique, explique parfaitement toutes les apparences des appendices cométaires. Avant de le faire voir, décrivons d'abord ces apparences.

Lorsqu'on regarde une comète, dont la queue est bien développée, en se servant de l'instrument grossissant pour les parties voisines du noyau, on remarque, en général, qu'un jet lumineux sort de ce dernier à l'opposé du soleil, et se prolonge presque rectilignement à une très-grande distance. Ce jet lumineux fait ordinairement avec le rayon vecteur de la comète un angle moins grand que les autres parties de la queue, lesquelles, au lieu d'avoir leur origine à l'opposé du soleil, naissent précisément du côté de cet astre, en partant du noyau comme une aigrette composée de rayons divergents qui se recourbent bientôt en arrière, et accusent ainsi la force répulsive solaire. L'ensemble de ces rayons, dont la matière constituante se confond après ce recourbement, forme une queue large, qui s'étend aussi très-loin derrière la comète à l'opposé du soleil; cette queue est généralement plus courte que le long jet postérieur dont nous avons d'abord parlé, et elle fait avec la ligne des centres un angle plus grand que celui de ce dernier.

En réalité, ce sont deux queues distinctes, l'une longue et étroite, partant directement du noyau à l'opposé du soleil : nous l'appellerons la queue postérieure. L'autre, plus courte et plus large, naissant de la partie antérieure du noyau, enveloppant la nébulosité en se recourbant en arrière, et faisant avec le rayon vecteur un angle plus grand que celui du premier appendice. Nous l'appellerons la queue antérieure, à cause de son origine, quoiqu'elle se porte bientôt en arrière.

Quelquefois, par suite de la position de la terre par rapport au plan de l'orbite de la comète, nous voyons ces deux queues se projeter l'une sur l'autre. C'est ce qui arrivait, le soir du 30 juin 1861, pour la grande comète de la même année. Mais le plus communément on distingue un petit angle entre les axes des deux appendices. Il en résulte qu'à l'œil nu l'apparence ordinaire d'une comète est celle d'un point brillant et nébuleux, d'où partent vers la direction opposée au soleil deux rayons un peu divergents.

Cet aspect avait donné aux astronomes, il y a quelques années, l'idée que les queues des comètes étaient creuses, car de la matière, accumulée sous la forme d'un cône creux, est vue vers les bords de ce cône sur une épaisseur beaucoup plus grande que suivant l'axe, et doit offrir l'aspect de deux lignes lumineuses divergentes. Les observations sur les dernières grandes comètes, et surtout sur celles des dix dernières années, n'ont pas confirmé cette opinion. Chacune des queues, considérée séparément, possède, au contraire, une tendance à être plus lumineuse sur son axe que sur ses bords. Toutefois, à son origine, celle qui émane de la partie antérieure, et qui se replie en arrière en enveloppant la nébulosité, présente quelquefois, mais seulement dans le voisinage du noyau, un petit excès de lumière sur son pourtour. Cela a lieu surtout lorsque la nébulosité montre des anneaux concentriques très-prononcés, dus probablement, comme nous le verrons plus loin en étudiant la lumière de la comète, à des couches superposées de nuages légers et transparents. La queue

en question semble alors le prolongement des plus élevés de ces an-
neaux.qui s'ouvrent du côté opposé au soleil. Leur matière, entraînée
par cette queue, augmente, à l'origine, l'intensité des bords de cette
dernière. Mais, à une petite distance de la nébulosité, cet excès
d'intensité sur les limites
disparaît par suite de la dispersion de la matière qui
est entraînée dans toute la
masse. Ceci ne paraît avoir
lieu, au reste, que pendant
la période d'accroissement
de la queue, c'est-à-dire
jusqu'au passage de la comète par le périhélie, et
même quelque temps en-
core après ce passage.
Quand la comète s'éloigne
notablement du périhélie,
la queue antérieure pré-
sente un rétrécissement derrière la nébulosité, après
qu'ayant complétement en-
veloppé cette dernière, elle
commence à s'en détacher
à l'opposé du soleil. Les
deux appendices semblent
alors l'un et l'autre naître
derrière la nébulosité, et
leur diamètre, à l'origine,

Grande comète de 1861, 10 juillet.

est plus petit que celui de la matière nébuleuse qui environne le noyau.
La grande comète de 1861 a présenté, d'une manière remarquable,
ce phénomène qu'offraient aussi celle de Donati, la grande comète
de 1860, et enfin toutes les autres grandes comètes de ces dernières
années. En Europe, celle de 1861 n'a été vue qu'après qu'elle

s'était éloignée beaucoup de son périhélie, et, par conséquent, dans la période de diminution. Je l'ai vue à Rio de Janeiro à son périhélie même. A cette époque, j'ai nettement reconnu que la queue antérieure avait, à son origine, le diamètre même de la nébulosité, tandis que plus tard elle enveloppait cette nébulosité sur plus de la moitié de sa surface, et, par conséquent, se rétrécissait en arrière, comme on l'a observé en Europe, et comme je l'ai noté moi-même à Rio de Janeiro.

Dans la théorie de l'électricité cométaire, les diverses apparences que je viens de décrire sont très-facilement explicables. En effet, sous l'influence de la gravitation, la comète tend déjà, comme nous l'avons dit, à s'allonger dans la direction du soleil. Les parties situées sur le rayon vecteur, tant du côté de cet astre que du côté opposé, sont donc moins fortement attirées par le noyau que les autres, et, par conséquent, c'est dans la direction de la ligne des centres que la répulsion solaire, due à l'électricité, fait particulièrement sentir son action. Mais tandis que, derrière la comète à l'opposé du soleil, la substance nébuleuse peut fuir directement dans le sens de la répulsion, et produit la première queue ; du côté de ce corps, au contraire, la matière soulevée est repoussée dans tous les sens par l'électricité solaire. Elle glisse donc sur la surface extérieure de la nébulosité, en se dirigeant en arrière, où elle s'échappe pour former la seconde queue. La pression diminue alors dans la direction du soleil, tandis qu'elle augmente latéralement par l'addition des nouvelles couches supérieures. Des matières montent des régions inférieures voisines du noyau, en se transportant vers le soleil pour compenser cette diminution de pression, mais, repoussées bientôt, elles suivent la direction primitive. On voit donc une série de courants, s'élevant en forme d'aigrette du côté du soleil, et se repliant bientôt en arrière pour se porter dans la queue.

Toutefois, comme l'action électrique du soleil, attractive sur le noyau et répulsive sur la nébulosité, perturbe un peu la figure que prendrait la comète sous l'influence isolée de la gravitation, de manière à allonger primitivement la nébulosité plus fortement en arrière qu'en avant, la pesanteur des molécules vers le noyau est moindre à l'opposé du soleil que de son côté, et en outre, l'électricité semblable à celle de cet astre y est plus abondante. Par conséquent, c'est là que la force répulsive se fait sentir le plus énergiquement. D'ailleurs, les courants de matière sont directement dans le sens de cette force, et n'ont pas à se recourber comme ceux qui naissent en avant. La queue postérieure est donc plus énergiquement repoussée et plus longue que la queue née de la région antérieure. Par la même raison, elle fait avec le rayon vecteur prolongé de la comète un angle moindre, conformément à ce que l'on observe. Par la même raison aussi, la queue, dont la naissance est à l'opposé du soleil, apparaît généralement la première et disparaît la dernière. L'angle des deux queues, maintenu par leur répulsion mutuelle, malgré la force répulsive solaire qui tend, au contraire, à les confondre, n'est toutefois que d'un petit nombre de degrés. Il en résulte que ces deux queues ne peuvent, à cause de leur largeur, nous paraître nettement distinctes l'une de l'autre, sinon quand elles sont très-longues, d'autant plus que, par un effet de perspective, l'angle apparent, compris entre elles, est moindre que l'angle réel dans le plus grand nombre des cas; le contraire arrive très-rarement. Aussi, quand les queues commencent et finissent, et pour toutes les comètes où elles sont peu développées, sauf dans des positions très-particulières par rapport à la terre, ces appendices nous paraissent simples. Toutes les grandes comètes, au contraire, montrent la duplicité de la queue, excepté dans le cas où, par la position de la terre, les deux jets se projettent l'un sur l'autre.

Ces diverses conséquences de la théorie que nous exposons sont en tout conformes aux observations. La théorie en question rend donc parfaitement compte de toutes les apparences normales des queues des comètes. Nous allons voir maintenant qu'elle explique également toutes les anomalies.

Comme l'électricité de la comète ne peut prendre naissance que sous l'influence de changements d'équilibre moléculaire, provoqués par les rayons calorifiques ou photogéniques du soleil, il est clair que les variations d'intensité que ces changements éprouveront dans les différents points de l'astre donneront lieu à une distribution anormale des deux électricités dans la nébulosité. D'un autre côté, les modifications rapides qu'on observe dans la tête des comètes, accusent nettement la présence d'un manque de régularité, et paraissent provenir de gaz non permanents qui se vaporisent ou se condensent. Ces vapeurs perturbent l'équilibre intérieur et peuvent même, en outre, agir par leur conductibilité sur la distribution électrique. Il se passe là des phénomènes analogues à ceux de notre atmosphère, dont les diverses parties sont inégalement dilatées et électrisées. On conçoit donc que ce ne soit pas seulement suivant la direction du rayon vecteur que l'atmosphère cométaire arrive à se soulever. Cela peut se produire d'une manière anormale dans toutes les directions, et, alors, il peut naître des queues sur divers points de la surface de la nébulosité. Au lieu d'une queue simplement double, une comète présentera donc quelquefois des queues multiples.

Comète de 1744, d'après Chéseaux.

Telles étaient la comète de 1744, qui, d'après Chéseaux, avait six queues divergentes, celle de 1769, à laquelle Messier en a reconnu sept, et d'après Dunlop, la troisième comète de 1825, dont la queue se composait de cinq branches distinctes de diverses longueurs. Telle était aussi la comète de 1577. Inversement, au lieu d'être double, une queue pourrait devenir simple par l'effet de la recomposition des électricités, soit du côté du soleil, soit à l'opposé. Toutefois, il n'est pas certain que ce cas ait eu lieu. Nous avons vu que les queues simples en apparence ont d'autres explications, reposant sur des effets de perspective ou sur la faiblesse de l'une des queues. On peut attribuer à un manque d'attention, de la part des astronomes qui, jusqu'à notre époque, se sont trop peu attachés à l'étude de ces appendices, l'absence de distinction des deux queues qui n'ont fait défaut dans aucune des dernières grandes comètes. C'est probablement aussi de cette manière qu'il faut expliquer l'apparence décrite pour les comètes de 1532 et 1652, dont la queue, au dire des observateurs, au lieu de s'élargir à l'extrémité opposée au noyau, se terminait en pointe. La queue, née de la partie postérieure de la nébulosité, plus étroite, comme nous l'avons déjà vu, que celle qui provient de la partie antérieure et qui se replie en arrière, était, dans ce cas, assez courte et assez peu brillante pour que la distinction n'ait pas été faite; mais elle se prolongeait toutefois au delà de l'autre

queue, qui était elle-même très-peu allongée, et il en résultait l'illusion en question. Cette illusion pouvait encore augmenter si la queue possédait sur son axe une intensité très-notablement plus grande que sur ses bords, parce que, dans ce cas, l'axe de la queue se voyait plus loin de la comète que les régions qui l'entouraient.

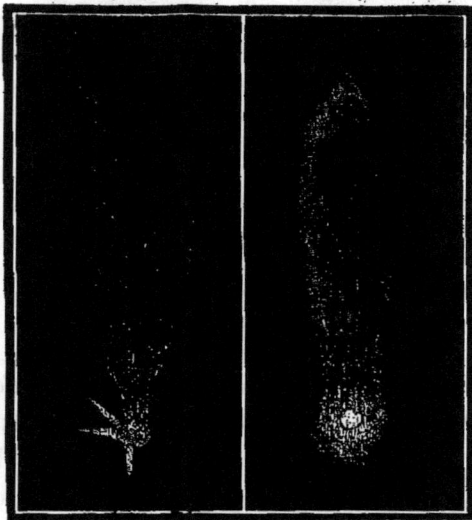

Comète de 1577.   Comète de 1652.

Au sujet des queues multiples et des anomalies de distribution de la matière nébuleuse, nous rappellerons que dans la comète de 1577, au dire de Cornélius Gemma, dans celle de 1618, d'après Cysatus, dans les comètes de 1652 et 1661, d'après Hevelius, on apercevait dans la nébulosité de nombreux points lumineux indiquant des centres de condensation. Dans les temps modernes, la même particularité a été signalée par Maury pour plusieurs comètes. Je l'ai vue moi-même dans celle que j'ai décou-

verte à Olinda en 1860. La comète de 1744, à queue sextuple, a, d'après Heinsius, montré des changements rapides dans sa nébulosité. Il faut rattacher à la même classe de faits les secteurs lumineux et variables d'un jour à l'autre observés par Arago en 1835 dans la

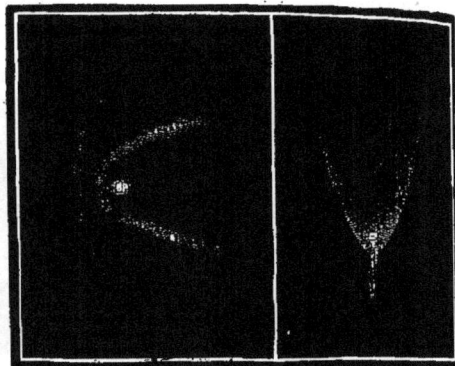

Comète de 1769.   4ᵉ comète de 1851.

comète de Halley, et ceux que tous les astronomes modernes ont signalés dans quelques-unes des grandes comètes des années récentes. Lors de sa dernière apparition, la comète de Halley a toujours montré dans sa nébulosité une échancrure du côté du soleil, accusant nettement la répulsion de ce corps. J'ai noté le même fait dans celle de 1861. Dans toutes les comètes à grands appendices, la manière dont les aigrettes de la partie antérieure se replient en arrière pour former la queue est très-remarquable.

Par compensation, on a observé quelques comètes dont la queue antérieure, au lieu d'être repoussée par le soleil de façon à se recourber en arrière en enveloppant la nébulosité et à former une seconde queue opposée à cet astre, semblait, au contraire, attirée par lui, car elle se dirigeait de son côté. Ce fait a été noté dans la comète de 1823, dans la première de 1850 et dans la quatrième de 1851. L'explication en est facile dans la théorie électrique des corps en question. Une électricité ne peut se développer dans ces astres sans être accompagnée de l'électricité contraire. Le noyau s'électrise dans un sens, la nébulosité dans l'autre, comme le font sur notre globe l'atmosphère et le sol. Mais, de même que, sur la terre, des vapeurs s'élevant de ce dernier peuvent en transporter l'électricité dans l'atmosphère, comme nous le voyons dans les orages, où des nuages possèdent souvent une électricité semblable à celle du terrain, de même dans les comètes une partie de la

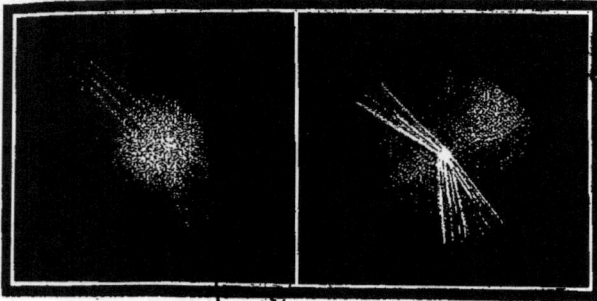

Comète de 1825.   Comète de juin 1850.

nébulosité peut, par des causes analogues, prendre l'électricité du noyau. Cette partie, alors, sera attirée par le soleil, tandis que le reste est repoussé, et alors la queue antérieure se dirigera vers cet astre, au lieu de rebrousser chemin, comme dans le cas ordinaire. En résumé, des vapeurs ou des gaz électrisés en sens contraire du soleil et s'élevant du noyau, se dirigeront vers cet astre, en remplissant l'espace abandonné par le reste de la nébulosité chargée de l'autre électricité qui fuira du côté opposé : alors, quand les queues viendront à se former, l'une se portera vers le soleil, l'autre en sens contraire. Mais la quantité des matières venant du noyau sera toujours petite, de sorte que les queues dirigées vers le soleil n'auront pas un grand développement, conformément à ce qu'indiquent les observations.

Le phénomène des queues dirigées vers le soleil nous montre clairement que la force solaire n'est pas toujours répulsive sur la totalité de la nébulosité des comètes. Il n'y a que l'électricité qui puisse expliquer à la fois l'action simultanée répulsive et attractive.

Les particularités que les queues des comètes présentent dans leurs courbures s'expliquent avec la même facilité dans l'hypothèse de l'électricité cométaire. Si la matière qui s'échappe à l'opposé du soleil pour constituer la queue, possède une vitesse d'écoulement constante, son accroissement de distance au soleil sera à très-peu près proportionnel au temps. D'un autre côté, la différence de longueur des arcs de courbe que cette matière aurait à parcourir pour rester, relativement au noyau, à l'opposé du soleil sera, en négligeant la petite variabilité du mouvement de ce noyau, proportionnelle à la différence des distances. Les retards en chaque partie de la queue, par rapport au rayon vecteur, seront donc à très-peu près proportionnels aux accroissements de distance, et la queue sera sensiblement droite. Ce cas des queues rectilignes est assez fréquent. Sur la dernière comète de 1861, il n'y avait de courbure bien prononcée ni dans l'une ni dans l'autre queue. Tous les observateurs s'accordent en général à reconnaître que ces appendices sont droits dans beaucoup de cas, ou au moins presque droits. Toutefois, dans un grand nombre de comètes, on en a observé de courbes. Le plus fréquemment les courbures sont en sens contraire du mouvement, c'est-à-dire que l'extrémité finale de la queue présente, par rapport au rayon vecteur, un retard relativement plus grand que l'origine. Or, si nous supposons que l'électricité ne se porte pas en plus grande abondance à l'extrémité finale qu'au milieu, il est évident puisque la force répulsive solaire décroît en raison inverse du carré des distances, que les régions centrales de la queue seront plus fortement repoussées par le soleil que les régions extrêmes, et conséquemment se rapprocheront relativement davantage du rayon vecteur. Si, au contraire, la queue est faiblement conductrice, comme le sont en général les gaz très-dilatés, l'électricité se portera en plus grande abondance à l'extrémité qu'au centre. Son excès y compensera l'infériorité de la répulsion solaire, et la queue restera sensiblement droite. Si, maintenant, nous supposons la matière cométaire plus conductrice encore, l'électricité se portera presque toute à l'extrémité, le centre en sera à peu près dépourvu. Alors le milieu restera en retard par rapport au bout de la queue le plus éloigné du noyau, et la courbure sera dans le sens de la marche. Ce cas ne paraît pas avoir été observé avec certitude, mais on en a noté un autre plus compliqué et qui le renferme partiellement dans la comète de 1769. Son extrémité, d'après Pingré, qui l'a étudiée près des Canaries dans une traversée, et d'après La Nux, qui l'a observée à l'île Bourbon, a présenté pendant quelque temps une concavité dans le sens de la marche, tandis que la première portion offrait la courbure contraire qui est la plus ordinaire. Dans son ensemble, la queue avait donc la forme d'un S. Ce renversement de la courbe était tout à fait près de l'extrémité finale, de sorte qu'on ne peut attribuer l'apparence à une inadvertance des observateurs qui auraient été trompés par un effet d'ensemble produit par les deux queues d'origine antérieure et postérieure. En effet, quand un observateur inattentif peut croire à l'existence d'un appendice unique à double courbure, cela provient de ce que la queue, née à la partie antérieure, est très-courte : alors la première courbure que l'on croit voir est la plus petite et elle est située dans le voisinage du noyau. Si les deux queues sont très-longues, elles se séparent nettement à l'extrémité, et il n'y a plus d'erreur possible. D'ailleurs, dans la comète de 1769, il n'y a pas eu confusion, car on a distingué clairement la queue d'origine antérieure et elle a même paru multiple; les deux queues faisaient entre elles de grands angles, d'après les observations de Messier, ainsi elles auraient été très-nettement séparées à l'extrémité si l'antérieure avait été très-allongée. La plus grande était la postérieure. Elle excédait considérablement l'autre et sous-tendait un angle de 90°. Le phénomène observé sur elle par Pingré et La Nux n'était donc pas dû à une illusion d'observation. Ce fait curieux, véritable pierre de touche d'une théorie, s'explique parfaitement dans celle de l'électricité cométaire.

On sait, en effet, que les gaz sont en général d'autant plus conducteurs de l'électricité qu'ils sont plus dilatés. A son origine, la queue de la comète de 1769 pouvait donc être encore peu conductrice et le devenir vers sa fin où la matière était plus rare, car Pingré dit que son extrémité était très-faible. Dès lors, les parties voisines du noyau pouvaient avoir conservé leur électricité propre, tandis que celles qui approchaient du bout final pouvaient l'avoir transmise en presque totalité aux régions plus éloignées. La force répulsive solaire dans ce cas agissait avec plus d'énergie sur la première et la dernière partie de la queue que sur le milieu, lequel alors restait plus en retard par rapport au rayon vecteur que les extrémités. Jusqu'à la région où la conductibilité était très-notablement accrue et où l'électricité se portait vers l'extrémité, la courbure était en sens contraire du mouvement de l'astre, parce que les parties rapprochées, comme plus voisines du soleil, étaient plus repoussées que les autres vers le rayon vecteur. A partir au contraire de cette région, la courbure changeait de sens parce que la quantité d'électricité et par conséquent la force répulsive allait en croissant.

Ajoutons encore à l'appui de l'explication précédente et comme preuve de la variabilité de conductibilité de la queue de cette comète, sous de faibles changements de densité, que Pingré y a noté des lueurs rapides et passagères comme celles de l'aurore boréale et qui semblaient provenir de décharges électriques. En même temps cette queue renfermait des bandes longitudinales claires et obscures, lesquelles indiquaient son défaut d'homogénéité et probablement la présence de gaz non permanents. Ceux-ci par leurs condensations pouvaient faire varier rapidement la force électrique et provoquer des changements de conductibilité d'où provenaient à leur tour les mouvements d'électricité. Dans le chapitre suivant nous reviendrons sur les lueurs variables des comètes, phénomène curieux, quelquefois attribué à tort à des variations de transparence de l'atmosphère terrestre et noté dans un certain nombre de ces astres.

La rareté des queues courbées dans le sens du mouvement, dont le seul exemple constaté avec certitude est celui de l'extrémité de la queue de la comète de 1769, nous indique, dans l'hypothèse de l'électricité, que la matière des appendices cométaires doit être en général peu conductrice de l'électricité, et appartient à la catégorie des conducteurs très-imparfaits. Ces queues ne s'ouvrent pas en cône comme on a cru l'observer autrefois, pas plus que nos nuages orageux ne se disposent en cercles percés au milieu, parce que la continuité de la matière, sous l'influence des attractions moléculaires, s'y oppose. Mais en général la queue tend à s'élargir en balai à son extrémité, de nouvelle matière émanée de la nébulosité venant sans cesse remplir la partie centrale comme les courants ascendants d'air humide dans les nuages orageux de notre atmosphère.

Nous venons de passer en revue toutes les apparences remarquables qui ont été observées dans les queues des comètes. Nous avons vu avec quelle facilité l'hypothèse de l'électricité cométaire rend compte de tous ces phénomènes ainsi que de l'existence de la force retardatrice du mouvement de l'astre indiquée par les observations. J'ai soumis au calcul mathématique, dans la théorie en question, l'effet de la force retardatrice due à l'électricité, et j'ai reconnu que la loi de la variation de cette force s'accorde parfaitement avec les observations qui l'ont accusée. Dans le chapitre suivant, nous verrons l'hypothèse que je viens de développer acquérir un degré de probabilité presque équivalent à une certitude, en constatant que l'électricité cométaire est même quelquefois visible directement. Pour le moment, je reviens à mes observations sur la comète de Donati.

La science est encore muette sur la question de savoir si les comètes sont lumineuses par elles-mêmes. Or, j'ai fait avec deux instruments d'une nouvelle espèce, que j'ai imaginés et construits, des observations suivies sur la nature de la lumière de la comète de 1858. J'ai déjà expliqué dans les chapitres précédents comment on pouvait reconnaître les diverses sortes de lumières. Je ne reviendrai pas sur ce sujet, et je dirai seulement que mes observations, comme je le fais voir dans l'Appendice qui termine ce chapitre, prouvent de la manière la plus complète que cet astre n'avait pas de lumière propre et qu'il empruntait son éclat au soleil. Elles montrent de plus que l'intensité lumineuse dépendait à la fois de la distance au soleil et de l'angle sous lequel sont réfléchis les rayons solaires; enfin la disparition de la comète ne provenait pas de la réduction des dimensions apparentes par l'effet de l'éloignement, mais de la diminution de l'intensité, diminution qui faisait disparaître d'abord les parties les plus éloignées du noyau.

L'un des principaux résultats de mes observations est la conséquence que j'en ai tirée en soumettant au calcul les intensités de la comète et les rapports des quantités de lumière naturelle et de lumière polarisée. La conséquence dont je viens de parler, et dont on trouvera la démonstration dans l'Appendice, consiste en ce que l'atmosphère transparente de la comète était chargée d'une sorte de nuage qui se déposait ou se dissolvait, de manière à devenir transparent à mesure que l'astre s'éloignait du soleil, de même que les nuages, formés le jour dans notre atmosphère par le refroidissement des vapeurs entraînées par les courants ascendants, se dissolvent le soir en redescendant dans des couches d'air de plus en plus chaudes.

L'existence de vapeurs, ou en d'autres termes, de gaz non-permanents dans la comète, explique probablement la formation des enveloppes de son noyau observées en Europe vers le passage au périhélie, c'est-à-dire lors du plus grand rapprochement du soleil. Ces enveloppes, sauf la composition chimique de la substance qui les composait, auraient alors une grande analogie avec les couches superposées de nuages qui, à la surface de la terre, recouvrent parfois d'immenses espaces.

Tels sont les faits que la comète de Donati est venue nous apprendre dans l'hémisphère sud, depuis qu'elle a cessé d'être aperçue et de se faire contempler par les habitants du côté nord de notre planète.

APPENDICE

OBSERVATIONS FAITES DANS L'HÉMISPHÈRE AUSTRAL SUR LA DISPARITION DE LA COMÈTE DE DONATI[1]

Le 21 octobre, je n'ai vu la comète que quelques instants, et dans des éclaircies de courte durée. L'axe de sa queue paraissait sensiblement rectiligne. Cette queue n'était pas moins brillante au centre que sur les bords, mais, au contraire, elle paraissait d'une

[1] Cette note est la reproduction d'un mémoire que j'ai présenté à l'Académie des sciences en 1859, et dont un extrait a paru dans les comptes rendus.

uniformité de lumière, assez grande dans le sens de la largeur, sauf sur les limites où elle se fondait rapidement avec la teinte sombre du ciel. Elle diminuait d'intensité dans le sens de sa longueur, et se perdait dans la région la plus brillante de la voie lactée vers γ du Sagittaire. Il résulte de la position que l'astre occupait alors, que la longueur de cette queue n'était pas inférieure à 12°; son axe était très-voisin de l'arc de grand cercle passant par le soleil, et sa largeur vers l'extrémité a été estimée à 2°. On ne distinguait plus les deux queues comme cela avait eu lieu dans l'hémisphère boréal, au mois de septembre, alors qu'elles étaient plus développées. Leur réunion, ainsi qu'il arrive en général dans les comètes en voie de décroissement, produisait l'impression d'une queue simple qui entourait le noyau, de manière, à former, dans son ensemble, une sorte de paraboloïde renfermant ce dernier dans les environs de son foyer. Il n'y avait nullement lieu de distinguer entre ce qu'on est convenu d'appeler la nébulosité et la queue; le tout ensemble formant le paraboloïde dont je viens de parler. Le noyau était brillant, situé sur l'axe même de l'appendice, il avait un diamètre apparent sensible, mais sans présenter, à proprement parler, l'aspect planétaire, à cause de la diffusion de la lumière sur ses bords.

Le 23 octobre, le ciel était d'une admirable pureté. Je suivis avec soin, à l'œil nu, l'apparition du noyau dans le crépuscule, et je l'aperçus en même temps que les étoiles de troisième grandeur de la queue du Scorpion. Presque aussitôt on commença à distinguer faiblement l'origine de la queue. Vue dans les lunettes, la comète a présenté le même aspect que le 21. La nébulosité et le noyau n'offrirent aucune trace de secteur, ou aucunes variations alternatives d'intensité. Le décroissement de la lumière était uniforme depuis le noyau jusqu'au bord de la nébulosité en avant, et jusqu'à l'extrémité de la queue en arrière (voir la figure de la page 30). Le noyau prenait seulement de plus en plus l'aspect d'une étoile nébuleuse, à mesure qu'on augmentait le grossissement. La queue de la comète n'avait aucun excès de lumière sur les bords. Les deux images de la comète, doublées dans un prisme biréfringent, n'étaient pas parfaitement égales; mais, comme la lune, voisine de l'horizon, jetait en cet instant un peu de lumière dans l'atmosphère, je n'attachai aucune importance à cette observation, que je pus renouveler le lendemain par un ciel dénué de toute lumière étrangère [1]. Avec un grossissement modéré, le noyau paraissait avoir environ 5″ de diamètre.

[1] À ce sujet, je ferai remarquer que la variation de 90° dans le plan de polarisation de la comète qui aurait eu lieu du 28 septembre au 16 octobre, et dont parle une note présentée à l'Académie par M. le Verrier dans la séance du 18 octobre 1858, n'a rien de réel, et s'explique par la présence de la lune qui polarisait fortement l'atmosphère le 18 octobre, ainsi que depuis quelques jours. Une polarisation de la comète par réfraction est, en effet, tout à fait inadmissible, et dans les conditions où se trouve une comète, il n'existe pas les causes qui peuvent renverser pour nous la polarisation atmosphérique près de l'horizon. Au reste, l'observation en question est contredite par celle de M. Govi, renfermée dans la note de M. Donati, présentée à l'Institut le 25 octobre suivant.

Le 24 octobre, je profitai d'une grande éclaircie qui eut lieu entre le crépuscule solaire et l'aurore lunaire pour faire quelques observations de photométrie et de polarimétrie. Je comparai la lumière de la nébulosité cométaire à la grande nuée de Magellan, en faisant sortir le noyau hors du champ, mais tout près de ses limites, et en modifiant le grossissement et l'ouverture d'une lunette disposée dans ce but, de manière à voir la partie de la nébulosité de la comète voisine du noyau égale à la grande nuée magellanique vue à l'œil nu. De là il m'était facile de conclure le rapport des deux intensités. J'ai trouvé ainsi que l'intensité de la nébulosité cométaire était égale à onze fois et un dixième celle de la grande nuée.

Pour la polarisation, j'avais construit un polarimètre composé d'un prisme biréfringent adapté à la lunette ; je tournais ce prisme de manière à voir la plus grande différence possible entre les deux images : ceci devait avoir lieu théoriquement dans deux directions rectangulaires, si la comète était polarisée; mais entre ces deux directions, et à cause de la longueur de la comète par rapport à sa largeur, je devais choisir celle pour laquelle les deux images ne se projetaient pas l'une sur l'autre. Appliquant ensuite une tourmaline devant ce prisme, je devais chercher l'angle de l'axe de cette tourmaline et de la section principale du prisme biréfringent qui rendrait les deux images égales. Au moyen des lois de la physique, il est facile de voir que l'on peut conclure de la valeur de cet angle le rapport de la quantité de lumière polarisée à la quantité de lumière totale.

En observant avec cet instrument, j'ai d'abord remarqué que la plus grande différence dans l'intensité des images avait lieu quand la section principale était sensiblement perpendiculaire à l'axe de la queue ; dans cette position, l'image ordinaire surpassait l'image extraordinaire ; ceci prouve que la nébulosité cométaire était polarisée, et que le plan de polarisation passait par la comète et le soleil, ou, en d'autres termes, que la comète était polarisée par réflexion. Appliquant ensuite la tourmaline, j'ai mesuré l'angle qui donnait l'égalité des images, et j'ai reconnu ainsi que le rapport de la quantité de lumière polarisée à la quantité de lumière totale était dans la nébulosité cométaire égal à 0,086. Le noyau était aussi polarisé dans le même plan que la nébulosité.

Le 31 octobre, j'ai de nouveau vu la comète pendant quelques instants. Elle se détachait parfaitement sur la voie lactée, vers la limite de laquelle elle se montrait. La queue sortait de cette bande de lumière. Elle paraissait avoir de 7° à 8° de longueur, et environ 2° à 3° de largeur vers l'extrémité. J'ai déduit d'alignements pris sur le ciel, qu'elle faisait un angle de 2° à 2° 30' vers le nord avec l'arc de grand cercle passant par le soleil). La polarisation de la nébulosité a été mesurée. Le rapport de la lumière polarisée à la lumière totale était 0,082.

Le 9, le 11 et le 13 novembre, par de très-belles soirées, j'ai de nouveau observé la comète. Sa queue n'avait plus alors que 2° à 3° de longueur. Il était difficile d'en définir exactement la limite, surtout à cause de la lune. La direction de la queue a été déterminée, le 11, par alignement; elle était dans l'arc de grand cercle passant par le soleil, plutôt un peu plus au sud. La comète n'offrait aucune particularité saillante, le noyau avait toujours l'aspect d'une étoile nébuleuse, et cela d'autant plus qu'on forçait le grossissement.

Le 3, le 4 et le 6 décembre, par un ciel très-pur et en l'absence de la lune, la comète pouvait encore être vue à l'œil nu, mais on ne l'apercevait qu'avec difficulté.

J'ai remarqué qu'en employant une lunette dans laquelle l'ouverture était à celle de l'œil dans le même rapport que le grossissement, la visibilité de la comète augmentait considérablement. Cependant, à l'œil nu, cet astre avait des dimensions sous lesquelles on voit très-bien les objets en plein jour. Mais on peut expliquer ce phénomène en remarquant que la limite d'angle sous laquelle un objet est visible dépend de l'intensité de la lumière; ainsi la nuit, par un ciel clair, on voit très-bien les objets volumineux, et on ne voit pas les objets plus petits à des distances où ils sont très-visibles le jour.

Le 8 et le 10 décembre, la faible lumière répandue par la lune rendait la comète invisible à l'œil nu.

En faisant usage d'une lunette divisée dont j'éclairais le champ par intervalles, j'ai trouvé à la comète les dimensions suivantes.

Le 3, la longueur de la queue avait 55′ environ, et la distance du noyau au bord antérieur de la nébulosité était d'environ 3′. La nébulosité et la queue formaient ensemble une sorte de paraboloïde, dont le noyau aurait occupé sensiblement le foyer. Le noyau avait l'aspect d'un petit point entouré d'une forte nébulosité qui décroissait rapidement à partir du centre. L'intensité de la comète

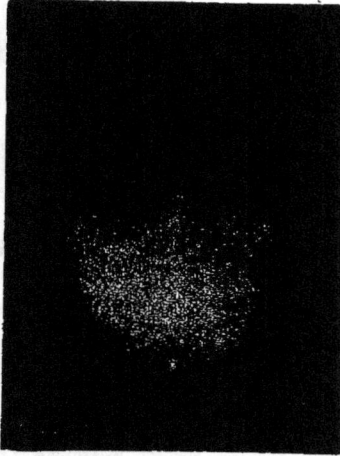

Comète Donati, 3 décembre 1858.

Comète Donati, 4 décembre 1858.

a été trouvée, par le même procédé que le 24 octobre, 5 fois moindre que celle de la nuée de Magellan, et la fraction de lumière polarisée, contenue dans la lumière totale, était de 0,092.

Le 4, la longueur de la queue avait beaucoup diminué : je l'ai évaluée à 40′, le noyau était plus profondément engagé dans la nébulosité, sa distance au bord antérieur a été estimée de 4'. La largeur de la queue, à 16' du sommet, où se voyait une petite étoile, était de 30'. Le noyau paraissait de même intensité que deux petites étoiles de 6-7ᵉ grandeur, vues dans la nébulosité. Ces étoiles, aperçues à travers la queue, m'ont paru avoir l'aspect que les astronomes appellent étalé; mais je les ai jugées de 6-7ᵉ grandeur à travers la comète, comme les jours suivants après qu'elles s'en sont dégagées.

Le 6 décembre, la comète avait complétement changé de forme : elle me parut sensiblement sphérique et très-étendue. Lorsque j'augmentais l'ouverture de la lunette, l'intensité diminuait rapidement à partir du noyau. Avec le plus faible grossissement, le seul avec lequel je voyais la nébulosité extérieure, j'ai estimé le diamètre de la comète à 1° 40'. Le noyau était un peu excentrique, et dévié du côté du soleil. La quantité de lumière polarisée, mesurée au polarimètre, était de 0,108, et l'intensité de la comète fut trouvée le septième de celle de la grande nuée de Magellan.

Le 8 décembre, je distinguais encore une faible nébulosité autour du noyau, mais elle était beaucoup moins étendue que le 6 décembre : la lumière de la lune m'empêchait de la bien voir. Le noyau me paraissait mieux centré, mais la nébulosité se prolongeait légèrement en pointe du côté opposé au soleil.

Le 10 décembre, le noyau me parut au centre de la nébulosité dont la petite pointe avait disparu. Le noyau était aussi beaucoup plus diffus; il me sembla présenter beaucoup moins de condensation à son centre.

A la fin de décembre, les orages empêchèrent les observations. Pendant le mois de janvier, j'ai de nouveau recherché la comète depuis la disparition de la lune le soir, et je l'ai aperçue le 23 janvier. Elle se présentait comme une nébulosité très-faible de 4' à 5' de diamètre, sans trace appréciable de condensation vers le centre. Elle n'était pas visible avec de petites lunettes. C'est la faiblesse de sa lumière qui m'a empêché d'observer sa position avec mon théodolite.

La singulière disparition de la queue de la comète, du 3 au 6 décembre, me paraît conduire à quelques conclusions intéressantes. En effet, si on calcule approximativement le volume total de la comète, en tenant compte de sa distance à la terre et de l'angle sous lequel était vu l'axe de la queue, on trouve pour ce volume, en prenant pour unité le cube ayant pour côté la distance moyenne de la terre au soleil :

> le 3 décembre 0,000 093
> le 4   — 0,000 074
> le 8   — 0,000 108

Ces nombres ne présentent aucune loi régulière d'accroissement ou de diminution; mais on ne pouvait guère attendre plus des mesures d'une nébulosité qui se fond dans la teinte générale du ciel. Ils prouvent au reste que le volume de la comète n'a pas diminué par la disparition de la queue.

Pendant tout le temps où l'intensité de la comète a permis de faire des observations photométriques et polarimétriques, c'est-à-dire du 21 octobre au 6 décembre, le rapport de la quantité de lumière polarisée à la quantité de lumière totale a augmenté. Or l'angle entre le soleil et la terre, tel qu'il aurait été vu de la comète, a, au contraire, diminué dans cet intervalle de 77° à 27°, et comme l'angle de polarisation maximum de la comète doit être de 45°, car sa réfraction est sensiblement nulle, et par conséquent son indice de réfraction est sensiblement égal à 1, il en résulte que la polarisation maximum devait avoir lieu quand l'angle au soleil et à la terre, vu de la comète, était de 90°. Par conséquent, cette polarisation devait diminuer du 21 octobre au 6 décembre. Cette différence, entre la théorie et l'observation, prouve donc que la comète renvoyait à l'origine beaucoup de lumière comme celle des nuages, ré-

Comète Donati, 6 décembre 1858.

fléchie irrégulièrement et non polarisée et que cette quantité de lumière a décrù dans un rapport plus grand que l'autre. Les observations donnent le moyen de trouver ce rapport. En effet, comparons d'une part la moyenne des observations du 24 et du 31 octobre, de l'autre la moyenne des observations du 3 et du 6 décembre.

D'après les angles compris entre la terre et le soleil, tels qu'ils auraient été vus de la comète, on peut aisément calculer que, dans le premier cas, la quantité de lumière polarisée dans la lumière réfléchie régulièrement devait égaler 0,01 de cette lumière réfléchie, et dans le second cas, 0,12 seulement.

Les observations ont donné, dans le premier cas, 0,084 de la lumière totale (réfléchie régulièrement et irrégulièrement); dans le second cas, 0,100.

Donc, dans le premier cas, la quantité de lumière réfléchie régulièrement était en fraction de la lumière totale 0,084 divisé par 0,91, c'est-à-dire, en réalité, les 0,0925 de la lumière totale à cette première époque. Dans le second cas, c'était de même 0,100 divisé par 0,12, ou mieux 0,8333 de la lumière totale à la deuxième époque.

Or le rapport des lumières totales aux deux époques est directement donné par les observations photométriques. En effet, l'intensité totale, le 24 octobre, était 11 fois plus grande, et le 6 décembre 7 fois plus petite, que celle de la nuée magellanique. Donc la nébulosité de la comète était 77 fois plus lumineuse pendant la première série que pendant la seconde.

Le rapport de la quantité de lumière réfléchie régulièrement le 24 octobre à la quantité réfléchie de la même manière le 6 décembre, était donc celui de 0,0925 à 0,8333, multiplié par 77. En effectuant les calculs, ce rapport devient 8,5.

Mais alors un calcul bien simple fait voir que, pour que le rapport des intensités totales soit 77, quand celui des lumières réfléchies régulièrement est seulement 8,5, il faut que celui des lumières irrégulièrement réfléchies soit 419. Ce rapport pourrait être très-légèrement modifié si on tenait compte des épaisseurs atmosphériques traversées par les rayons lumineux ; mais pendant la durée des observations, la variation de distance au zénith n'a pas été de nature à produire une altération sensible.

Pour comparer à l'intensité théorique de l'astre le rapport de 1 à 8,5 des intensités de la lumière régulièrement réfléchie le 6 décembre et le 24 octobre, nous remarquerons que, d'après les dimensions que j'ai données de la comète, son volume, le 21 octobre, était 0,000038, et le 51 du même mois 0,00017 ; mais le dernier nombre est plus digne de confiance, la comète étant mieux dégagée de la voie lactée. Ce nombre sans différer beaucoup du volume du 3 au 6 décembre que nous avons donné plus haut, le surpasse un peu, ce qui prouve que la comète aurait plutôt diminué qu'augmenté en s'écartant du soleil. En supposant le volume constant, la comète, étant un peu moins que deux fois plus loin du soleil le 6 décembre que le 24 octobre, l'intensité aurait dû être seulement un peu moins de 4 fois plus faible ; si le volume a diminué, l'intensité aurait dû être encore, à plus forte raison, 4 fois plus faible. Si la comète avait possédé une lumière propre, l'intensité aurait décru encore moins vite, car la portion de lumière, provenant de cette lumière propre, aurait donné lieu à un excès constant d'éclat, dans le cas d'un volume constant, et à un accroissement de cet excès, dans le cas d'une diminution de volume qui serait nécessairement provenue de la condensation de la matière lumineuse. Or le rapport observé étant plus petit que le quart, on voit donc que la comète ne possédait pas de lumière propre sensible.

La petitesse du rapport 1 à 8,5 des lumières réfléchies régulièrement donne lieu à une autre remarque, c'est que la quantité de lumière réfléchie par la comète dépand de l'angle sous lequel les rayons solaires sont renvoyés. Cela a lieu dans l'atmosphère terrestre où les régions voisines du soleil sont beaucoup plus brillantes que les parties plus éloignées. Or, le 24 octobre, l'angle du soleil et de la terre, vu de la comète, angle qui est égal à celui des rayons incidents et réfléchis, était de 78° environ, et le 6 décembre, il était de 27°. Or, sous les incidences correspondantes, la quantité de lumière doit être presque deux fois plus petite, d'après la théorie, dans le second cas que dans le premier. En ayant ainsi égard à la distance au soleil et à l'angle de réflexion, l'intensité devait être, d'après la théorie, dans le cas d'un volume constant, presque 7 fois plus petite le 6 décembre que le 24 octobre. Ce rapport est un peu inférieur au rapport 8,5 observé, de sorte que la conséquence à laquelle nous sommes arrivés relativement à l'absence de lumière propre sensible est maintenue malgré l'introduction de l'effet de l'angle de réflexion. De plus la différence entre les rapports calculés et observés est assez petite pour pouvoir être attribuée à des erreurs possibles d'observation, et cela confirme l'effet de l'angle en question.

Les dimensions très-sensibles de la comète, lors de sa disparition à l'œil nu, me prouvent que cette disparition n'a eu lieu que par un effet de diminution d'éclat. D'un autre côté, la petitesse de la comète, le 23 janvier, l'agrandissement apparent de ses dimensions avec grossissement constant lorsqu'on augmentait l'ouverture de la lunette du 3 au 6 décembre, montrent que la disparition a lieu graduellement de la circonférence au centre. Enfin la grandeur du rapport entre l'intensité de la lumière réfléchie irrégulièrement le 24 octobre et le 6 décembre indique que la nébulosité cométaire est remplie par une sorte de nuage ayant quelque analogie avec ceux de notre atmosphère : ce nuage redevenait transparent en se rapprochant du noyau ou se déposait, comme le font le soir les nuages formés dans notre atmosphère par les courants ascendants développés sous l'action du soleil.

Je terminerai cette note sur la comète de Donati en signalant que d'après quelques-unes des observations faites dans l'hémisphère boréal, sa queue aurait été triple pendant quelque temps, comme le montre le dessin suivant.

Comète Donati, le 5 octobre 1858, d'après Bond.

Phare de l'entrée de la baie de Bahia.

CHAPITRE X

LA GRANDE COMÈTE DE 1860

VOYAGE DE PERNAMBUCO A RIO DE JANEIRO
DÉCOUVERTE DE LA COMÈTE EN MER — ÉCLATS DANS LA QUEUE — LEUR ORIGINE
AUTRES OBSERVATIONS A RIO

Vers le 22 juin 1860, une grande comète visible à l'œil nu a paru
soudainement sur l'horizon tant en France que dans le midi de l'Europe. À cette époque, la grande distance à laquelle cette comète était
de l'équateur ne permettait pas de la voir dans l'hémisphère austral.
Elle s'y couchait avant le soleil et se levait après lui, de sorte que les
rayons du jour ne cessaient de la dissimuler. Mais le nouvel astre avait
un mouvement rapide et se rapprochait de l'équateur. Bientôt, pour
l'Europe, il s'est noyé dans les rayons du crépuscule, et c'est alors
que, plus rapide que les paquebots à vapeur, il est venu s'annoncer

lui-même aux habitants de l'hémisphère sud, longtemps avant que les journaux nous aient fait connaître qu'il avait été vu en Europe.

C'est le 5 juillet que j'ai aperçu la comète pour la première fois. J'étais alors en mer à bord du vapeur *Cruzeiro do Sul*, avec la commission scientifique dont le gouvernement de Sa Majesté l'empereur du Brésil m'avait confié la direction, et nous retournions à Rio de Janeiro, après avoir conclu nos travaux dans la province de Pernambuco.

Au Brésil, le mois de juillet répond au mois de janvier de l'Europe. C'est le milieu de l'hiver. Mais là, comme nous l'avons déjà dit, l'hiver ne montre pas de frimas, sa température moyenne égale celle de l'été de France à très-peu près. La végétation en pleine activité et les campagnes remplies de fleurs invitent à de délicieuses promenades à cause même de la diminution de la chaleur. Toutefois, dans la province de Pernambuco, contrairement à celle de Rio de Janeiro, l'hiver est la saison pluvieuse. J'ai déjà, en parlant des climats tropicaux, appelé l'attention sur cette inversion remarquable de l'état de l'atmosphère dans ces deux villes qui sont pourtant l'une et l'autre situées dans l'hémisphère austral et entre les tropiques. Ainsi, à Rio de Janeiro, les mois de juin, juillet et août composent la saison la plus sèche; à Pernambuco, la saison la plus pluvieuse de l'année.

Nous étions donc partis le 1er juillet de Pernambuco avec un ciel couvert et de la pluie, et à Bahia, nous étions entrés dans la région du beau temps.

La baie de Bahia présente un coup d'œil magnifique, quoique l'absence de montagnes élevées comme aux environs de Rio de Janeiro en rende l'effet beaucoup moins imposant que celui de la baie de cette dernière ville. Toutefois sa surface est encore plus grande que celle de la baie de Rio, et elle doit sa sécurité à la grande et belle île d'Itaparica qui diminue sa vaste ouverture et la réduit à deux passes, dont une seule admet les navires. L'autre chenal est obstrué par des sables et ne laisse passage que pour de petites barques et des canots. A l'est de la baie et un peu en dedans de son entrée s'élève la ville de San Salvador ou Bahia. Vue du mouillage, cette ville est d'un très-joli aspect. Elle s'élève en amphithéâtre depuis le bord de la mer jusqu'au sommet d'un plateau élevé d'une quarantaine de mètres, qui accompagne pendant quelque temps le rivage à une petite distance. La longue ligne de maisons de quatre étages qui longe le quai et au-dessus de laquelle on distingue les flancs tantôt verts, tantôt garnis d'habitations du versant du plateau, produit avec la masse de la ville haute surmontée de ses édifices et avec les sombres allées de manguiers du *passeio publico*, un effet des plus pittoresques. Une belle série de

Vue d'une partie de la ville de San Salvador.

jardins et de villas s'étend après la ville, d'un côté jusqu'à la forteresse de l'entrée, de l'autre jusqu'à des campagnes boisées dans lesquelles elle se perd. Enfin le rivage lui-même, après avoir montré une suite de petits caps de plus en plus éloignés, finit par disparaître presque entièrement, à cause de la distance, derrière la nappe calme et unie des eaux de la baie.

Quand on débarque à Bahia, on reconnaît que la ville de San Salvador se compose en réalité de deux autres, la ville basse et la ville haute. La première est occupée par le commerce et les magasins. Le soir, elle est presque vide. La ville haute, au contraire, est le séjour et l'habitation permanente de la population. Elle est très-propre. Les

eaux s'écoulent avec facilité, et les rues sont plus larges qu'à Rio.
Pour passer de la ville basse à la ville haute, il existe des rampes
assez rapides sur lesquelles les voitures cependant peuvent monter,
mais on trouve un autre moyen de locomotion assez bizarre. De nombreux nègres, avec des chaises à porteurs, assaillent les promeneurs,
et pour quelques sous les portent dans la ville supérieure. Pendant le
jour, la multitude de noirs qui circulent près des quais pour les
transports réclamés par le commerce, le tapage de leurs chants
et de leur babil en langue africaine donnent à ce lieu une ani-
mation extraordinaire et curieuse aux yeux de l'Européen. Nulle part
dans le Brésil on ne voit un tel mouvement de noirs. Parmi eux on remarque, comme à Rio, les nègres minas de la côte orientale d'Afrique,
avec leur taille élevée, leurs proportions bien établies et leur tatouage,
et les négresses de la même nation avec leur turban blanc et les grandes
écharpes de laine dans lesquelles elles se drapent. Cette race de nègres
est la plus intelligente et la plus belle de toutes, quoiqu'elle soit aussi
la plus noire, mais elle a les traits très-réguliers et la face presque
sans prognathisme. Ce fait montre que la couleur n'a rien à voir avec
l'intelligence. L'infériorité incontestable de la majeure partie des races
nègres vient de la conformation crânienne et non de la couleur. Mais
il faudrait se donner de garde de regarder toutes les races noires comme
moins intelligentes que les races blanches. Il y en a parmi elles,
comme la nation Minas, qui sont susceptibles d'un développement intellectuel considérable, tandis que d'autres sont et resteront, à moins
de se mêler ou de se transformer, dans un état d'abrutissement dû à
leur conformation et non à leur manque d'éducation, comme l'ont
écrit quelques anthropologistes. Dans l'espèce humaine, de nombreuses
races se montrent dans le type noir, aussi bien que dans le type
blanc avec les variantes jaunes et cuivrées. Dans l'un et l'autre type
existent des variétés supérieures et assez comparables entre elles au
point de vue intellectuel, comme il y a aussi des variétés très-infé-
rieures. Toutefois la masse des nègres africains est intermédiaire
sous ce rapport entre la majeure partie des races indiennes de l'Amérique et la race caucasique.

Placée par 12° 58′ de latitude sud, à la limite des hivers pluvieux et des hivers secs, la ville de Bahia est aussi vers la limite des deux flores équatoriale et tropicale. Quoique présentant de nombreux points de ressemblance, ces deux flores diffèrent cependant un peu. Il y a une certaine quantité de végétaux pour lesquels l'été du tropique, malgré sa haute température, n'a pas assez de durée pour la maturation des graines et qui veulent vivre dans le voisinage de l'équateur. A Bahia, on rencontre encore en abondance les fruits équatoriaux. Ainsi les cocotiers qui réussissent mal à Rio de Janeiro et qu'on n'y trouve que dans quelques îles de la baie, où leurs noix ne mûrissent qu'imparfaitement, se montrent à Bahia en abondance. Les côtes de la province en sont couvertes comme celles de Pernambuco. Le manguier y donne aussi d'excellents fruits, tandis qu'à Rio, quoiqu'il atteigne une taille très-grande, il fructifie très-peu et seulement dans certaines années. Aux environs de Bahia, on voit beaucoup de ces magnifiques arbres qui sont originaires de l'Inde, et doivent être comptés parmi les plus beaux végétaux des contrées chaudes du globe. Leur tête immense et arrondie, l'épaisseur et la couleur foncée de leur feuillage, leur ombre noire qu'aucun rayon solaire ne peut traverser rendent les allées

Manguier et Jacquier (p. 202).

qu'ils forment comme celles du jardin public de Bahia, toujours fraîches et agréables, même pendant la plus grande chaleur du jour. Dans ce jardin, on trouve mêlé au manguier le jacquier (*artocarpus integrifolia*), autre arbre touffu et curieux avec ses fruits gigantesques attachés sur son tronc. L'arbre à pain ou *artocarpus incisa* de Taïti, est aussi très-abondant à Bahia. Ses grandes feuilles découpées sur les bords d'une manière bizarre, sa taille et celle de son fruit précieux font de ce végétal un superbe ornement. Enfin je citerai, parmi les cultures de la même province, le cacaoyer, autre arbre majestueux dont de Humboldt a décrit les magnifiques et immenses forêts des bords de la Magdalena.

Le 4 juillet, au soir, nous quittâmes la belle et vaste baie de Bahia; et le 5, en pleine mer, un soleil splendide, le soleil tropical, se montrait libre de tout nuage. Quand cet astre fut descendu sous l'horizon, quand les brillantes couleurs du crépuscule équatorial commencèrent à s'effacer, quatre grandes planètes, Mercure, Vénus, Jupiter et Saturne, apparurent dans la région occidentale du ciel, et bientôt, la cinquième des grandes planètes, Mars, alors voisine de l'époque de son plus grand rapprochement de la terre, se leva à l'Orient avec une vive couleur rouge. Nous avions alors, grâce à notre latitude australe, le spectacle bien rare de la présence simultanée sur l'horizon de toutes les planètes visibles à l'œil nu, et elles se trouvaient, du moins les plus variables, à peu près à leur maximum d'éclat. Cette circonstance me rappelait la remarque faite dans plusieurs journaux que, lors de l'éclipse solaire du 18 juillet, on devait voir à la fois quatre planètes sur l'horizon, et je pensais que notre latitude australe nous permettrait de contempler en plus la planète Mars, lorsque, pour augmenter le nombre des astres remarquables à la fois visibles, l'accroissement de l'obscurité nous fit apercevoir la comète.

Le ciel nous offrait alors toutes ses splendeurs. Une brillante colonne blanche, partant de l'horizon ouest, s'élevait verticalement; c'était la lumière zodiacale, phénomène céleste, toujours beau à voir dans les régions tropicales. Au milieu de cette colonne blanche paraissaient les planètes que j'ai déjà citées, et dont les rayons réflé-

chis par la mer formaient sur la surface de l'Océan des lignes lumineuses.

C'est à la limite nord de la lumière zodiacale que brillait la comète,
accompagnée d'une longue queue blanche inclinée à l'horizon. Cette
queue allait en diminuant d'intensité à partir du noyau, dont l'é-
clat était celui d'une étoile de deuxième grandeur. La parfaite limpidité
de l'air permettait encore de suivre les traces de cet appendice du
nouvel astre à environ 15° du noyau, surtout sur les deux bords,
qui à l'œil nu semblaient plus lumineux que le centre et formaient
deux lignes divergentes, provenant en réalité, comme nous l'avons
expliqué dans le chapitre précédent, de la duplicité de la queue de
la comète.

La voie lactée traversait le ciel en passant près du zénith et offrait
près de ce point l'une de ses portions les plus brillantes. Vers le sud,
près de la belle constellation de la Croix, on apercevait, dans l'intérieur de cette même voie lactée, la région plus noire que le reste du
ciel et que l'on a nommée le trou à charbon, l'une des grandes cu-
riosités du ciel austral, sans analogue dans notre hémisphère, comme
l'a fait remarquer de Humboldt. Enfin, nous avions sur l'horizon
une des portions du firmament les plus riches en grandes étoiles,
les constellations du Centaure, de la Croix du Sud et d'Argo. C'est
surtout au milieu de la solitude de l'Océan qu'on peut apprécier
la beauté d'un spectacle céleste. La mer, ou du moins les mers
équatoriales, joignent leurs feux à ceux du ciel, et toutes ces lumières
s'harmonisent sans se nuire réciproquement. Mais si le voyage en
mer est favorable pour la contemplation, il n'en est pas de même
pour les observations précises. L'emploi d'une forte lunette est même
impossible à bord, à cause des mouvements du navire. Ce n'est donc
qu'après notre arrivée à Rio de Janeiro, dans la soirée du 7 juillet,
que j'ai pu observer la comète d'une manière réellement efficace.
L'ensemble des observations que j'ai faites depuis cette époque m'a
permis de déterminer l'orbite de l'astre nouveau, c'est-à-dire la route
qu'il suivait réellement dans l'espace. Cette route une fois connue,
la distance de la comète à la terre et l'angle compris entre la direc-

tion de la queue et le rayon visuel pouvaient être calculés à chaque instant. Avec les résultats de ce calcul et les mesures angulaires apparentes, il devenait donc possible de déterminer les dimensions réelles de l'astre. J'ai fait le calcul pour le 5 juillet, et j'ai trouvé que la queue de la comète avait alors cinq millions de lieues de longueur, et que la largeur de cette queue à l'extrémité excédait cinq cent mille lieues.

Les comètes décrivent, en général, autour du soleil, des ellipses dont le diamètre maximum est tellement grand que, pendant la petite portion de l'orbite où l'astre est visible, le mouvement apparent est sensiblement le même que si le diamètre était infini, auquel cas l'ellipse devient une courbe qu'en géométrie on appelle *parabole*. Il n'y a qu'un petit nombre de comètes sur près de 250 déjà calculées pour lesquelles le mouvement apparent sur le ciel ait sensiblement dévié de celui qui aurait eu lieu dans une parabole, et dans tous les cas, on représente pendant quelque temps le mouvement apparent avec un degré d'exactitude suffisant en supposant l'orbe parabolique. On est donc

Aspect de la comète le 5 juillet 1860.

dans l'usage, quand on voit une comète nouvelle, de déterminer d'abord son orbite comme si la courbe était une parabole exacte.

Cette première approximation de la route de l'astre sert aux astronomes pour diriger les lunettes sur lui quand il n'est pas ou quand il a cessé d'être visible à l'œil nu, et c'est lorsque la comète a pu être observée dans une portion suffisante de son parcours qu'on recherche si la déviation hors de la parabole est sensible et si le grand axe de l'ellipse peut être déterminé.

Mon premier soin a donc été de calculer l'orbite de la comète au moyen de mes premières observations, en la supposant parabolique, et j'avais déjà adressé le résultat de ce calcul à l'Institut de France et au journal d'Altona, intitulé *Astronomische Nachrichten*, lorsque les journaux m'ont apporté les observations et les éléments de l'orbite de la comète vue en Europe au mois de juin 1860. L'identité de ces éléments avec ceux que j'avais calculés m'a prouvé que l'astre observé à cette dernière époque en Europe n'était autre que celui que j'ai vu plus tard en Amérique dans une autre région du ciel, et alors je me suis trouvé en droit de combiner les observations européennes avec les miennes pour reconnaître si, par leur ensemble, qui embrassait une plus grande période de temps que chacune des deux séries considérée seule, il ne serait pas praticable de déterminer le grand diamètre ou grand axe de l'ellipse. Le résultat de cette recherche a été que ce grand axe égale 212 fois la distance de la terre au soleil. L'ellipse une fois déterminée[1], on peut calculer le temps que la comète emploie à la décrire, et j'ai trouvé ainsi que la durée de la révolution est d'environ 1089 ans. C'est donc vers l'an 771 de notre ère que la comète de 1860 a pu être vue pour la dernière fois avant l'apparition récente, et à cette époque, où la science était encore dans l'enfance et où les comètes n'étaient guère observées, l'histoire ne nous apprend pas qu'elle

---

[1] Voici les éléments de l'ellipse décrite par la comète, d'après mes calculs :

Passage au périhélie,	15,8936478 juin (temps moyen de Rio de Janeiro).	
Distance périhélie,	0,2921259.	
Excentricité,	0,997240.	
Demi grand arc,	105,84.	
Durée de la révolution,	1088 ans 9	
Inclinaison,	79° 17′ 38″,0	
Longitude du nœud asc.,	84° 42′ 50″,0	} Équinoxe du 1er janvier 1860,
Longitude du périhélie,	161° 21′ 9″,5	
Mouvement	direct.	

ait été remarquée. Aucune des observations faites vers ce temps par les Chinois ne se rapporte à elle. La grande comète de 1860 est donc une comète nouvelle, et on s'explique ainsi la soudaineté de son apparition, que rien ne pouvait faire prévoir. C'est seulement vers l'année 2949 que cet astre deviendra visible de nouveau. D'ici là, il va s'éloigner du soleil à une distance égale à sept fois celle de la planète la plus reculée, la planète Neptune. Transformée en lieues, cette dis-tance est de huit mille millions de lieues.

En août 1860, la comète avait cessé d'être visible à l'œil nu, mais dans l'hémisphère austral, on pouvait encore la voir dans les lunettes. Son aspect avait alors bien changé depuis l'époque où nous l'avions aperçue si brillante pendant notre traversée de Bahia à

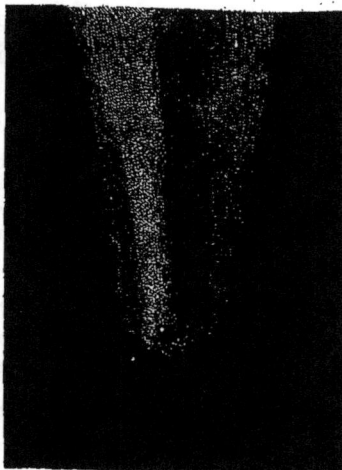

Tête de la comète, 8 juillet 1860.

Rio de Janeiro. Le noyau et la queue avaient disparu, on ne distin-guait plus qu'une petite nébulosité ronde et blanchâtre.

La nature de la queue des comètes dont nous avons déjà parlé dans le chapitre précédent est une question sur laquelle on a beaucoup discuté. On a quelquefois pensé que ces appendices n'avaient pas d'existence réelle et n'étaient que des apparences purement optiques. L'étude de la nature de la lumière des queues de comètes permet de réfuter cette opinion, car nous avons vu que cette lumière jouit des propriétés désignées par les physiciens sous le nom de polarisation, et présente parmi ces propriétés celles qui caractérisent les lumières réfléchies. Une queue cométaire est donc une matière, puisqu'elle réfléchit la lumière du soleil. On a aussi quelquefois pensé que les comètes étaient lumineuses par elles-mêmes. Une faible polarisation de leur lumière, comme celle qui a été remarquée pour ceux de ces astres sur lesquels le genre de recherches en question a été fait, ne serait pas une objection, parce qu'il suffit qu'une portion seulement de la lumière soit réfléchie pour que les phénomènes se manifestent. Mais toutefois, si le degré de polarisation atteint une certaine limite, il devient difficile de supposer que toute la lumière ne soit pas réfléchie; or, pour la comète dont nous parlons, la polarisation avait une telle intensité, le 13 juillet, qu'il faut en conclure que cet astre ne possédait pas de lumière propre sensible, conclusion à laquelle, comme je l'ai rapporté, je suis arrivé par d'autres considérations pour la comète de Donati, vue à l'œil nu en 1858. La comète de 1860 était, le 13 juillet, à cause de l'angle entre son rayon vecteur et le rayon visuel, à peu près dans les conditions du maximum de polarisation. Aucune des comètes sur lesquelles l'expérience a été faite n'a manifesté au même degré l'existence de la lumière polarisée.

La grande comète dont nous parlons a toutefois offert un phénomène très-remarquable, et prouvant que si elle n'avait pas de lumière propre sensible en permanence, elle était cependant traversée accidentellement par des lueurs nées dans sa matière. Le 5 juillet, au soir, pendant que j'observais en mer cette comète, je voyais par instants une lumière assez intense naître dans les portions de la queue les plus éloignées du noyau. Parfois comme instantanées, et paraissant sur une petite extension de l'extrémité de la queue qui alors devenait plus visible, les lueurs mobiles rappelaient les pulsations de l'aurore boréale. D'autres fois, elles étaient plus durables, et on suivait leur propagation de proche en proche, pendant quelques secondes, dans le sens du noyau à l'extrémité de la queue. Ces apparences ressemblaient alors aux ondulations progressives de l'aurore polaire; mais, même dans ce cas, elles n'étaient guère visibles que dans le dernier tiers de la longueur de la queue.

Les lueurs en question étaient, au reste, semblables à celles que je me rappelle avoir vues dans la queue de la grande comète de 1843, et qu'un grand nombre d'astronomes ont observées.

On a quelquefois attribué ce phénomène à des variations dans la transparence de notre atmosphère. Mais j'ai immédiatement songé à un mode d'observation, qui ne laissait aucun doute à cet égard. Il est évident, en effet, que si les variations rapides d'éclat de la queue de la comète provenaient de l'influence de l'atmosphère terrestre, les autres nébulosités célestes, telles que la voie lactée et la lumière zodiacale, devraient présenter le même phénomène. Or l'observation la plus attentive, dans la soirée du 5 juillet, ne m'a rien dévoilé de semblable, ni dans la voie lactée, ni dans la lumière zodiacale, même sur leurs bords, où l'intensité se fond avec la lumière générale du fond du ciel [1]. Bien plus, la comète elle-même, dans la première partie de sa queue, ne présentait aucune variation d'éclat analogue. Enfin, la transmission des lueurs avait un sens fixe, et en relation avec la direction même de l'appendice de la comète. J'ai donc été conduit nécessairement à considérer le phénomène, comme ayant une existence réelle dans la matière cométaire. L'opinion qui se présente naturellement à l'esprit pour l'expliquer, et qui est conforme à l'impression laissée, est celle de décharges électriques dans un conducteur imparfait. Je dirai même que c'est l'observation de la comète de 1860, en particulier, qui m'a suggéré l'idée de rechercher dans l'électricité l'explication des queues des comètes. Quelques astronomes avaient bien antérieurement pensé à cet agent physique, j'y avais quelquefois songé moi-même, surtout à l'occasion de la disparition de la queue de la comète de Donati, mais il n'avait pas été formé de théorie complète à cet égard, quand, après mon observation de la grande comète de 1860, je composai celle que j'ai exposée dans le chapitre précédent, et qui rend compte de l'ensemble des faits.

L'observation des variations d'éclat des appendices cométaires a été faite un grand nombre de fois avant les comètes de 1843 et de 1860.

[1] J'ajouterai ici que j'ai cherché à voir sur les nébulosités célestes des phénomènes analogues à ceux que j'ai observés sur les comètes de 1843 et de 1860, non-seulement dans la soirée du 5 juillet 1860, mais encore un très-grand nombre de fois depuis cette époque. Jamais ni sur la voie lactée, ni sur les nuées magellaniques, ni sur la lumière zodiacale, je n'ai rien aperçu de semblable. On a bien dit quelquefois que la lumière zodiacale présentait des variations rapides d'intensité, mais jamais ces variations qui sont accompagnées de changements apparents de la transparence générale atmosphérique comme on le reconnaît par l'observation des très-petites étoiles, n'ont l'aspect des pulsations des queues des comètes.

Képler a signalé ce phénomène dans celles de 1607 et 1618. À son témoignage pour ce dernier astre se joignent ceux de Longomontanus, de Wendelin et de Cysatus. Hevelius a noté le même fait pour les comètes de 1652 et 1661, et Pingré pour celle de 1769. On trouve même des observations du même genre dans des temps très-reculés. Les annales de la Chine parlent de variations rapides dans la queue de la comète de 615, et Grégoire de Tours compare aux ondulations de la fumée l'appendice de celle de 582.

J'ai déjà dit qu'on avait attribué les ondulations lumineuses en question à des changements rapides de transparence de notre atmosphère. L'origine de cette opinion de quelques astronomes remonte à Olbers. D'après lui, les divers points de la queue d'une comète étant à des distances très-différentes de la terre, il en résulte que, même dans le cas où le changement d'éclat se ferait instantanément dans toute la longueur, il s'écoulerait, à cause du temps employé par la lumière à parcourir les différences de distance, un intervalle de quelques minutes entre l'apparition du changement d'éclat aux deux extrémités de la queue, tandis que les observateurs ne parlent que de variations très-rapides, et de quelques secondes au plus. Mais cette remarque n'est pas aussi exacte qu'elle le paraît au premier abord.

En effet, la longueur de la queue de la majeure partie des grandes comètes n'excède pas cinq à six millions de lieues, longueur que la lumière parcourerait non en quelques minutes, mais en une minute, ou une minute et un tiers au plus. Mais, pour que la queue soit visible, il n'est pas possible que la différence de distance de ses extrémités à la terre soit égale à sa longueur, car alors ses diverses parties se projetteraient l'une sur l'autre et sur la nébulosité, et on ne pourrait les distinguer de cette dernière. Pour que la queue nous apparaisse sous-tendre un grand angle, il faut que le rayon visuel fasse un angle très-ouvert avec elle et, dans ce cas, la différence des distances des deux extrémités à la terre n'est qu'une petite fraction de la longueur totale. L'intervalle de temps nécessaire à la lumière pour parcourir cette différence de distance n'est donc qu'une petite frac-

tion d'une minute, c'est-à-dire, qu'il est de quelques secondes seulement.
D'un autre côté, et c'était le cas de la comète de 1860, le 5 juillet, jour
de mes observations sur ses variations d'éclat, quand la queue possède la longueur dont je viens de parler, la comète est, en général,
plus près du soleil que la terre, et l'angle entre son rayon vecteur
et celui de cette dernière est aigu de telle sorte que c'est la partie
voisine de la nébulosité qui est la plus éloignée de nous. Or, si la
queue est le siége d'une ondulation électrique se propageant du noyau
vers son extrémité, l'ondulation a commencé précisément dans
la région la plus éloignée de la terre, et finit dans la partie la plus
rapprochée. Le retard de la visibilité du commencement de l'ondulation est plus grand que celui de sa fin, et, conséquemment, la durée
observée de l'ondulation est plus courte que la durée réelle.

Pour la comète de 1860, le 5 juillet, la différence des temps nécessaires à la lumière, pour venir des deux extrémités de la queue à
la terre, n'atteignait pas 4″.

Il est vrai que la longueur de la queue de la comète de 1843, laquelle a aussi montré des ondulations lumineuses, était de plus de
six millions de lieues de longueur. Mais quand on a noté ces ondulations en Europe, les 17, 18 et 19 mars, la comète, dont la queue
possédait vingt-six millions de lieues de longueur[1], avait ses deux extrémités à peu près à la même distance de la terre, le 17 mars, et ne
présentait entre elles, le 19, qu'une différence d'éloignement que la
lumière aurait parcourue en vingt-cinq secondes.

Les considérations qui précèdent montrent que l'objection d'Olbers, à la réalité des variations d'éclat des comètes, n'a pas l'importance que lui ont donnée ceux qui ont cru devoir attribuer ces chan-

---

[1] On a exagéré la longueur de la queue de la comète de 1843; sa queue vue à Paris le
18 mars, ne sous-tendait qu'un angle de 45°. Or, à cette date l'angle entre les rayons
vecteurs de la terre et de la comète était sensiblement de 60°, et la distance de la comète au
soleil était égale aux 22 centièmes de celle de la terre. Il est facile d'en conclure que la queue
était plus courte que la distance de la terre au soleil. En effectuant le calcul de sa longueur,
on trouve 26 millions de lieues. C'est toutefois une des plus longues queues de comètes observées. Elle n'est dépassée que par celle de la comète de 1680, dont la longueur était de
41 millions de lieues.

gements à la transparence de notre atmosphère. Nous avons déjà vu que les observations contredisent directement cette dernière opinion, laquelle, pendant quelque temps, a été presque générale. Arago, toutefois, l'a sérieusement ébranlée, quand, après avoir relaté la rapidité des changements de la comète de Halley, il dit, page 440, tome II, de son *Astronomie populaire*, « Pour ma part, j'étais jadis disposé à me ranger à l'opinion commune ; mais les phénomènes, dont la comète de Halley nous a rendus témoins pendant sa dernière apparition de 1835, me commanderaient aujourd'hui plus de circonspection. Pour parler net, enfin, je ne regarde plus comme impossible qu'il se manifeste dans le noyau d'une comète, dans la totalité ou dans quelque partie de sa chevelure ou de sa queue, des changements d'intensité presque subits. »

L'objection d'Olbers tombe bien plus complétement encore lorsqu'on remarque qu'il ne s'agit pas d'ondulations allant d'une extrémité à l'autre de la queue, mais seulement se transmettant dans une petite fraction de la longueur de cette dernière. L'objection, déjà presque nulle dans la première circonstance, le devient complétement dans la seconde, qui est le cas observé. Les expressions de Képler lui-même, qui dit que la queue de la comète de 1607 paraissait parfois plus longue, parfois plus courte dans des intervalles de temps très-petits, montrent bien qu'il ne s'agissait que de variations dans la dernière portion de cet appendice, comme celles que j'ai notées dans la comète de 1860. Les autres observateurs, qui parlent de changements rapides, comparés par eux à l'apparence de l'agitation d'une fumée, indiquent par là des accroissements d'intensité sur un point ou sur l'autre alternativement, changements en tout semblables à ceux qu'on a vus, et que j'ai remarqués moi-même dans la comète de 1843. À toutes ces observations la remarque d'Olbers n'est pas applicable, tandis que l'absence d'ondulations analogues dans les autres nébulosités célestes est une preuve que le phénomène est bien étranger à notre atmosphère.

Une comète périodique, la comète de Biela, que j'ai déjà citée dans le chapitre VIII, et qui fait sa révolution en six ans trois quarts, s'est brisée, à la fin de 1845 ou au commencement de 1846, en deux comètes distinctes. On ne connaissait que ce cas de comète double, lorsque, le 26 février 1860, j'ai, à Olinda, découvert une comète semblable dans la constellation de la Dorade. Dans le chapitre suivant, je donnerai les observations qui ont été faites sur ce corps céleste à l'observatoire de la commission scientifique que je dirigeais alors. Nous avons dû apporter aux observations d'autant plus de soin que ce genre d'astre est le plus rare de tous, puisqu'on n'en a que deux exemples, tandis qu'on a catalogué environ 250 comètes simples, et qu'on connaît sept grandes planètes en outre de notre globe, savoir : Mercure, Vénus, Mars, Jupiter, Saturne, Uranus, Neptune, et, de plus, un anneau de plus de 80 petites planètes entre Mars et Jupiter. Or, les observations m'ont fait voir un jour une tendance à la division dans la plus grande des nébulosités de ma comète double, qui serait alors devenue une comète triple. Quoique cette nouvelle séparation ne soit pas arrivée jusqu'à s'opérer complétement, il n'en est pas moins évident qu'il y a une prédisposition des comètes à se subdiviser, prédisposition déjà manifestée par la duplicité de deux de ces astres.

D'un autre côté, la force répulsive du soleil sur les queues des comètes, force que manifeste leur direction, et la probabilité que la totalité de la matière des queues ne rentre pas dans la nébulosité quand l'astre s'éloigne du centre de cette force, semblent indiquer que les grandes comètes peuvent en former de plus petites par la perte d'une partie de leur masse. S'il en est ainsi, comme la force répulsive du soleil sur les queues s'exerce dans le plan de l'orbite, les comètes de même origine doivent circuler sensiblement dans le même plan. Or, parmi les comètes connues, deux, celle de 1652, qui était très-belle, et la première comète télescopique de 1781, circulaient à très-peu près dans le même plan que la grande comète que nous avons vue à l'œil nu en 1860. Il se pourrait donc que ces trois astres aient eu une origine commune dans une grande comète qui se serait divisée. Cette hypothèse acquiert quelque probabilité en remarquant que, dans les limites de similitude des plans des orbites de ces trois corps célestes, limites qui sont en dessous de trois degrés, il existe 7,200 combinaisons différentes de la longitude du nœud ascendant et de l'inclinaison de l'orbite, ou, en d'autres termes, 7,200 directions de plans. Il est donc assez remarquable que sur 250 comètes calculées trois se trouvent à peu près dans le même plan, et il y a déjà lieu de supposer que l'identité des plans n'est pas uniquement un effet du hasard.

A ce sujet, je ferai remarquer que la comète de 1652 a précisément, d'après Hevelius, montré dans sa queue des variations d'éclat analogues à celles que j'ai observées dans la comète de 1860.

Nègres minas à Bahia.

Olinda — Vue de la cathédrale.

CHAPITRE XI

LES COMÉTES DOUBLES

Dans les chapitres VIII et X, j'ai déjà cité le phénomène de subdivision de la comète de Biela en deux autres. Ce phénomène a eu lieu à la fin de 1845, à l'un des retours de cet astre, dont la révolution est de six ans et trois quarts. Il arriva entre le 21 décembre 1845 et le 12 janvier 1846. Le 21 décembre, à Berlin, M. Encke observa cette comète, qui n'offrait alors aucun indice de séparation. Le 12 janvier 1846, à l'observatoire de Washington, Maury remarqua, au lieu d'une nébulosité unique, deux autres comètes : l'une était un peu plus petite que l'autre. La plus petite précédait la plus grande dans la

direction du nord; leurs queues étaient parallèles et s'étendaient perpendiculairement à la ligne joignant les centres des noyaux. Le 15 janvier, MM. Challis, à Cambridge, et Wichmann, à Kœnigsberg, recon-
nurent le même phénomène de division, qui ensuite fut observé par
beaucoup d'autres astronomes. Pendant toute la durée de leur visibilité, les deux astres voyagèrent ensemble à une distance de quelques
minutes l'un de l'autre. Le 19 et le 21 février, W. Struve dessina la
comète double à l'observatoire de Pulkowa. Nous reproduisons ses deux

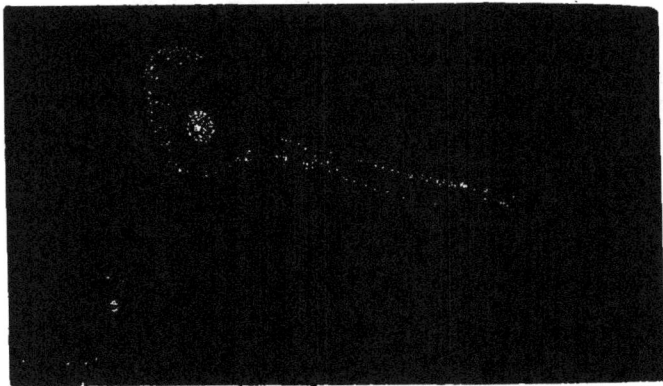

Comète de Biela, 19 février 1846, d'après W. Struve.

dessins. Le même astronome remarqua alors que la partie du ciel
comprise entre les deux astres était complétement libre de toute nébulosité, quoique la matière nébuleuse entourant chacun d'eux eût un
contour mal défini. Quelques jours plus tard, Maury aperçut des rayons
que la plus grande des deux comètes, celle qui, par sa position dans
le ciel, semblait répondre le plus exactement à l'orbite antérieure
et que l'on peut appeler l'ancienne comète, envoyait vers la nouvelle,
de sorte que pendant quelque temps elles furent reliées entre elles par
une sorte de pont.

L'éclat des deux corps fut, au reste, variable pendant la durée
de l'apparition. Ainsi, à l'origine de sa découverte, le deuxième astre
augmenta peu à peu d'intensité et pendant quelque temps surpassa

même en lumière la comète principale, tandis que, le 24 mars, la même petite comète, diminuant insensiblement d'éclat, était déjà presque invisible. Elle disparut quelques jours après cette date, tandis qu'on vit encore l'autre pendant quelque temps, jusqu'au 20 avril.

Les singulières variations d'éclat des deux nébulosités, les communications bizarres qui parurent s'établir entre elles, sont des faits intéressants qui se concilient parfaitement avec la théorie que nous avons donnée des comètes. Nous avons vu, en effet, qu'il peut exister dans ces astres des queues de polarités diverses, puisqu'on en a vu d'attirées par le soleil tandis qu'en général elles sont repoussées. D'après les attractions des polarités contraires, il devient aisé de comprendre qu'une queue anormale ait pu naître pour la grande comète, et que cet appendice supplémentaire ait été attiré par la petite en formant le singulier pont noté par Maury. On conçoit aussi qu'à la faveur de cette jonction il ait pu se former un passage de matière de l'une des nébulosités dans l'autre, passage suivi d'un mouvement en sens contraire après les recompositions d'électricités inverses.

Je ferai encore remarquer que les bizarres variations d'éclat en question nous permettent de mettre en doute que la séparation des deux noyaux ait réellement eu lieu entre le 21 décembre 1845 et le 12 janvier 1846. Il est possible qu'elle fût beaucoup plus ancienne, car nous voyons en effet que la petite composante a disparu avant la grande, et cependant l'une et l'autre ont été revues en 1852, à l'apparition suivante de cet astre singulier. Il pourrait très-bien être arrivé qu'à la date du 21 décembre, où M. Encke observa cette comète comme simple, le deuxième noyau existât, mais que sa faiblesse eût empêché de le distinguer, d'autant mieux qu'à cette époque on ne songeait pas aux comètes doubles et qu'il n'a pas été fait d'efforts pour distinguer une autre nébulosité dans le voisinage de la première. La même remarque s'appliquerait à l'observation de M. Hind, du 19 décembre, où cet observateur crut déjà observer une sorte de protubérance à la nébulosité vers le nord, dans la direction même où plus tard fut signalée la deuxième composante de la comète. M. Encke n'indiqua pas le surlendemain cette protubérance.

Le principal motif qui me ferait croire que la séparation des deux noyaux était plus ancienne est fondé sur le peu de variabilité de la distance de ces noyaux, entre le 10 février et le 22 mars, d'après les calculs de M. Plantamour. En effet, cet astronome a trouvé que les distances étaient,

Le	10 février 1846	60260 lieues.
	17　— . —	61770　—
	26　—　—	62990　—
	3 mars　—	63250　—
	16　—　—	62660　—
	22　—　—·	62050　—

Les différences entre ces nombres sont assez petites pour pouvoir provenir d'erreurs d'observation. La distance est donc restée presque constante pendant quarante jours. Elle a, toutefois, augmenté avec le temps; car, au retour de la comète en 1852, les deux composantes étaient à environ cinq cent mille lieues l'une de l'autre. Mais on voit que c'est lentement et progressivement que l'intervalle s'est accru. Il n'est

Comète de Biela, 21 février 1846, d'après W. Struve.

donc pas probable qu'en quelques jours une des comètes ait pu lancer l'autre à soixante mille lieues de distance. Il y aura eu, suivant toute apparence, un écartement lent et progressif des deux parties de la comète, entre son apparition de 1852 et celle de 1845, et la seconde composante n'est devenue visible ou n'a été remarquée qu'en janvier 1846.

La comète de Biela était la seule comète double que l'on connaissait avec certitude avant 1860. Mais, au mois de février de cette dernière

année, j'en découvris une autre, également composée de deux fragments indépendants, visibles ensemble dans le champ de la lunette,
et qui restèrent voisins pendant toute la durée de l'apparition de l'astre.
Je dois dire, toutefois, qu'on trouve dans les récits des anciens quelques détails un peu vagues sur des divisions de comètes. Démocrite
dit en avoir vu une se partager en un grand nombre de petites étoiles.
Celle de 371 avant l'ère chrétienne se serait séparée, d'après Éphore,
en deux autres qui suivaient des routes différentes. Les annales de la
Chine parlent de trois comètes accouplées, qui parurent en l'an 896,
et parcoururent leurs orbites de conserve. Il s'agirait ici non plus seulement d'un astre divisé en deux parties, mais bien en trois. La
comète de 1618, d'après Képler, le P. Cysat, Vendelin et Scheiner,
et celles de 1652, 1661 et 1664, d'après Hevelius, auraient eu leurs
noyaux partagés en plusieurs fragments. Ce dernier phénomène n'indiquerait cependant pas une séparation aussi complète que celle de
la comète de Biela et de ma comète de 1860. Toutefois, pour l'année
1618, Képler à Linz, Blancanus à Parme, Figueroes à Ispahan, et
les jésuites à Goa, ont vu deux comètes simultanément dans la même
partie du ciel, avec des mouvements propres de même sens. Mais il reste
à savoir si elles avaient réellement des orbites à peu près identiques.
L'une d'elles apparut tout à coup après l'autre, et cela peut jeter du
doute. D'ailleurs, pour être visibles toutes les deux à l'œil nu, elles
devaient être très-éloignées comparativement à la comète de Biela et
à la mienne, dont les deux composantes étaient vues à la fois dans la
même lunette. En réalité ces deux derniers astres sont donc les seuls
exemples bien constatés de comètes doubles. Je crois donc devoir relater ici les observations que j'ai faites sur ma comète et que j'ai publiées dans le temps de sa découverte. Les phénomènes présentés par elle
sont, d'ailleurs, de nature à jeter encore beaucoup de jour sur la théorie.

Je commencerai par rapporter dans quelles circonstances j'ai fait
la découverte de cet astre intéressant; et je dirai, à ce sujet, quelques mots de mon observatoire mobile, installé à Olinda, où j'ai
aperçu et observé la comète en question.

La ville d'Olinda, ancienne capitale de la province de Pernambuco, est bâtie sur le versant sud d'une colline située à six kilomètres au nord de la ville du Récife, la capitale actuelle. Sur le plateau supérieur de cette colline, s'élèvent la cathédrale et l'ancien palais de l'évêque, dans lequel nous habitâmes pendant notre séjour dans cette ville. C'est devant ce palais, et à une distance suffisante pour que la vue du ciel ne fût pas gênée par les constructions, que nous organisâmes notre observatoire, dont le but principal était de déterminer la position géographique absolue de la ville d'Olinda, à laquelle nous rapportions toutes les autres positions de la côte de la province de

Vue panoramique d'Olinda.

Pernambuco, au moyen d'une triangulation effectuée tout le long du rivage. Mais en même temps j'avais en vue de faire plusieurs autres recherches importantes sur le ciel austral. La situation de ce lieu, placé dans l'hémisphère sud, et à 8° 1′ de l'équateur, était des plus favorables pour diverses observations impossibles dans la zone tempérée.

Du point où nous érigeâmes notre observatoire, la vue s'étendait à une distance considérable. Établie sur une petite élévation du bord du plateau, notre station dominait toutes les constructions de la ville d'Olinda, que nous voyions du côté du sud, au-dessous de nous. Au pied de la colline passe une grande et large rivière, le Beberibe,

Vue de Pernambuco prise de la colline d'Olinda (p. 280).

dont les eaux, d'un beau bleu, serpentent jusqu'à la ville du Récife, au milieu des massifs verts de mangliers qui croissent sur les rives. A l'ouest du Beberibe s'étend une vaste plaine, couverte de végétation. Quelques routes la sillonnent, et çà et là elle renferme de jolies habitations entourées de jardins. A l'est, c'est la mer. Son rivage de sable blanc, presque parallèle au cours du Beberibe, se dessine nettement jusqu'au port du Récife et à sa belle muraille naturelle. A droite du port, qui est rempli de navires, on distingue confusément la masse des maisons et des édifices de la ville du même nom; puis, plus loin, la plage con-

Vue panoramique d'Olinda (suite).

tinue de développer sa ligne de sable et d'écume jusqu'à la pointe de Candeia, dont on distingue le bois touffu de cocotiers. Enfin, en arrière de cette pointe, et partiellement dissimulée par elle, la ligne du rivage va se terminer au cap Saint-Augustin, beau promontoire, qui avance au loin dans la mer, et finit le tableau à l'horizon par une ligne de montagnes bleues.

Cette vue splendide faisait de notre station un lieu très-agréable. Tous les jours, vers onze heures, la brise de mer, qui s'élevait, venait tempérer la chaleur. A la faveur de cette brise, la surface de l'Océan s'animait, des navires entraient et sortaient du port du Récife, et de nombreuses jangadas déployaient leurs voiles blanches, et se croisaient en tous sens sur la surface des eaux, légèrement ridée et d'un bleu foncé.

Je prie le lecteur de ne pas croire que je viens de décrire le beau tableau qui, à Olinda, se déroulait sous nos yeux, uniquement pour donner un caractère poétique à notre observatoire. Pas le moins du monde. Ce n'est pas, toutefois, que je dédaigne la poésie naturelle, et que je pense que la science doive être considérée toujours au point de vue abstrait. Au contraire, j'aime les inspirations que l'intelligence trouve devant la contemplation d'une belle nature, et les pensées entraînantes auxquelles elle s'abandonne. Le sérieux de la science ne perd rien, d'ailleurs, à ce que l'imagination intervienne dans les études. De même que cette dernière trouve dans la connaissance profonde des phénomènes naturels mille idées nouvelles et grandioses, la science, à son tour, rencontre dans le libre cours donné à l'imagination une multitude de comparaisons brillantes, qui lui font apercevoir de nouveaux horizons, et créent de nouvelles découvertes. De nos jours, la poésie mesurée et rimée, la poésie en vers a beaucoup perdu de son importance, car plus l'intelligence se développe, moins elle aime les entraves ; mais il y a une espèce de poésie qui ne passera jamais, c'est celle de la pensée, libre dans son essor et dans son expression, c'est celle de cette sensation irrésistible et intérieure que nous fait éprouver la majesté et la beauté de la nature. Plus l'esprit est cultivé, plus cette poésie spéciale tend à l'envahir, car la science nous fait pénétrer sans cesse dans de nouveaux et merveilleux secrets, et révèle à l'homme, à un degré toujours croissant, l'immensité qui l'entoure.

Je disais donc que ce n'est pas pour poétiser notre observatoire, que j'ai parlé du tableau qui s'y déroulait sous le regard. J'ai voulu seulement indiquer que notre station était admirablement située pour joindre aux observations du ciel une quantité d'observations terrestres très-intéressantes : les unes sur les réfractions et leur influence sur la dépression de l'horizon, les autres sur la coloration de la mer.

En général, les eaux de la mer sont d'un bleu foncé. Toutefois, près des rives, et dans les parties peu profondes, elles paraissent

ordinairement verdâtres. Aussi les marins jugent facilement par la couleur des eaux de la mer quand ils sont dans une région de bas-fonds.

Quoiqu'on ait donné des explications de ces différences de couleur, il reste encore bien des points à éclaircir dans la question. Ainsi, on voit souvent dans la mer des courants, dont la teinte est plus bleue que celle des régions voisines, encore bien qu'il n'y ait aucun changement d'épaisseur dans la nappe d'eau. Le fameux courant du Gulf-Stream présente un bel exemple de cet effet. Ses eaux sont plus salées et plus bleues que celles de l'océan envi-ronnant. Il me paraît donc hors de doute que la couleur réelle de l'eau vue sur grande épais-seur joue un rôle dans la coloration de l'Océan. Sans nul doute, le bleu atmosphérique réfléchi est la cause principale de l'intensité du bleu

Papayer (Carica Papaya) et église de la Miséricorde, à Olinda.

de la mer, car quand le ciel se couvre de nuages, la surface de l'Océan devient grise comme lui; mais cependant les différences de teinte que la mer présente, même dans ce cas, font voir que sa couleur propre, quoique jouant le second rôle, n'est pas négligeable. Il est incontestable que, vue sur une petite épaisseur, l'eau, soit douce, soit salée, est toujours verte; mais les eaux salées, au moins, aperçues en très-grande masse, sont bleues. Il y a là un de ces phénomènes de changement de coloration avec l'épaisseur des substances, dont la science possède déjà beaucoup d'exemples. On comprend facilement de cette manière la teinte bleue des mers profondes et la couleur verte qui règne dans les lieux où le fond est peu distant de la surface. Ce fond, éclairé alors par une lumière rendue verte par son premier passage à travers l'eau, renvoie des rayons, dont la couleur verdâtre est encore accrue par un second passage à travers la nappe liquide qui le recouvre. On comprend aussi les teintes vert très-pâle du sillage des navires au milieu d'une mer profonde, teintes qu'on remarque souvent, et que j'ai notées moi-même. Dans les tourbillons formés dans le sillage, il y a des rayons lumineux qui, après avoir pénétré dans la mer, ressortent de temps en temps dans l'atmosphère, après réfraction. Ces rayons, n'ayant alors subi qu'un trajet assez court dans l'eau, et n'étant que faiblement éteints, se composent de lumière blanche légèrement mêlée de vert, de là une belle teinte vert pâle. On comprend encore d'une manière analogue comment l'agitation de la surface de l'Océan peut favoriser la sortie abondante de rayons verts, en même temps qu'elle diminue la quantité des rayons bleus atmosphériques réfléchis dans le sens presque horizontal, et ainsi varie la couleur de la mer avec l'état de sa surface. Je ne parlerai pas des colorations particulières de certaines mers, et qui proviennent tantôt de couleurs du fond, tantôt de matières tenues en suspension, et souvent de myriades de méduses, ou d'amas d'algues flottant à la surface; mais je ne puis me dispenser de signaler ici un phénomène de coloration très-remarquable que j'ai observé plusieurs fois à Olinda, quand, après les pluies, les eaux gonflées du Beberibe et du Capiberibe avaient mêlé, près du rivage, de grandes quantités d'eau douce à celle de l'Océan. Près de terre, la teinte était rougeâtre, à cause des argiles en suspension; mais, plus loin, le dépôt des terres s'était opéré. Les eaux, encore peu salées et légèrement agitées, possédaient une teinte vert clair ; et, plus loin encore, une bande d'un bleu intense, tranchant par un trait défini avec la zone verte, accompagnait l'horizon, et accusait les eaux profondes et salées. Ces belles séries de nuances, mêlées de lignes de blanche écume au-dessus des récifs, composaient, avec le magnifique bleu céleste qui les surmontait, une harmonie de teintes d'un effet merveilleux. Quiconque a habité sur les bords de la mer, sait, au reste, combien d'aspects curieux et différents présente de jour en jour la surface des eaux. L'immensité de cette variété m'empêche de décrire la multitude d'autres apparences toutes dignes cependant d'intérêt, et dont l'observation est propre à jeter du jour sur les causes de la coloration de l'Océan. Je signalerai seulement les teintes brunâtres par contraste des ombres des nuages sur la surface bleue de la mer. Cette nuance brune est la couleur complémentaire du vert bleu de la mer. C'est celle qui, combinée avec lui, ferait du blanc. Or nous retrouvons là une illusion très-fréquente en astronomie, celle d'une couleur faisant naître dans son voisinage la sensation de la coloration complémentaire, encore bien qu'aucune lumière de cette teinte n'existe réellement sur le point où on aperçoit cette coloration.

On voit donc, par ce que je viens de dire, que notre observatoire n'était pas seulement destiné à observer le soleil. La terre jouait aussi un grand rôle dans le programme des travaux à exécuter, et ces deux genres d'études doivent toujours être intimement liés. Nous ne voyons en effet les astres qu'à travers des instruments d'optique. Pour interpréter les phénomènes qu'ils nous présentent, pour nous tenir en garde contre les illusions, il faut se fonder sur l'expérience que peut nous donner la nature plus rapprochée qui nous entoure. L'étude des phénomènes terrestres est donc le point d'appui de tous nos raisonnements astronomiques, et, sous peine d'erreur, nous ne devons jamais perdre de vue cette base essentielle.

Mon observatoire d'Olinda, comme je l'ai déjà dit, était un observatoire mobile pouvant être érigé sur un point quelconque. Une palissade de bois destinée à empêcher les instruments d'être touchés par les passants ou renversés par les animaux constituait tout l'édifice. C'est bien modeste, si on compare cette construction à celle de nos grands observatoires. Mais notre établissement n'y perdait rien, car ce qui fait un observatoire astronomique, ce n'est pas le monument qu'en général on lui destine, et dont les murailles chauffées par le soleil perturbent les observations, mais ce sont les instruments qu'il renferme. Sous ce rapport, l'observatoire temporaire d'Olinda méritait d'appeler l'attention tout autant qu'un autre observatoire, parce qu'il renfermait deux instruments très-curieux. L'un était une lunette de $2^m,50$ de distance focale portant un appareil photométrique, et qui se montait soit verticalement, soit équatorialement. Cet instrument était destiné aux recherches physiques sur le ciel. L'autre, plus important encore, était un alt-azimut d'un modèle différent de ce qu'on a fait jusqu'ici dans ce genre. Il était d'ailleurs fondé sur un principe tout nouveau. Il se composait d'une lunette de $2^m,30$ de distance focale et de 12 centimètres d'ouverture, se mouvant dans un plan vertical autour d'un axe creux horizontal renfermant une autre lunette que nous appellerons la *lunette collimateur*. Ce système était porté sur une sorte de chariot qui tournait autour d'un pilier vertical, de telle sorte que la lunette de l'axe fût toujours dirigée vers le centre de ce pilier. Sur celui-ci reposait un petit théodolite répétiteur en azimut et muni de deux lunettes dont la supérieure était centrée et renfermée dans le même plan horizontal que l'axe de la lunette du chariot. Les observations se faisaient alors de la manière suivante. On dirigeait d'abord la grande lunette du chariot vers le corps céleste dont on voulait observer l'azimut, puis on l'arrêtait très-fixement lorsqu'on avait placé l'astre à l'entrée du champ, de telle sorte qu'il le traversât par l'effet du mouvement du ciel. À partir de ce moment, la grande lunette ne bougeait plus pendant toute la durée de l'observation. Un fil mobile azimutal, conduit par une vis micrométrique, servait à pointer l'astre un grand nombre de fois pendant qu'il traversait le champ, en même temps qu'on fixait l'heure de chaque pointé. Les heures notées pouvaient alors être ramenées par le calcul à ce qu'elles auraient été si le pointé avait eu lieu sur l'axe optique ou axe fictif de l'instrument, et leur moyenne donnait l'instant du passage de l'astre par le vertical de cet axe, instant qui se trouvait ainsi déduit d'un grand nombre d'observations. Restait donc alors seulement à définir l'azimut de l'axe optique dans l'espace. C'est ce qu'on faisait ensuite au moyen du théodolite du pilier central en mesurant l'angle compris entre une mire fixe et l'axe de la lunette collimateur. Cet angle pouvait être mesuré autant de fois qu'on le voulait en ajoutant la somme des arcs sur le limbe du théodolite comme dans tous les instruments répétiteurs, de sorte que l'erreur commise sur la lecture de l'arc final était divisée par le nombre des répétitions[1]. Cette disposition de l'instrument, comme on le voit, avait l'avantage de rendre à très-peu près nulles les erreurs de lecture et de graduation du limbe servant à déterminer l'azimut d'un astre, azimut fixé lui-même par un grand nombre de pointés. Chaque observation à cet instrument répondait donc à la moyenne d'un grand nombre d'observations avec un autre, et même la surpassait en précision car les erreurs de graduation dans un instrument ordinaire ne disparaissent pas facilement par les moyennes, il faut pour cela des précautions spéciales, en général irréalisables. J'ajouterai encore qu'au moyen d'un niveau sensible porté par la lunette du théodolite central, l'inclinaison de la lunette collimateur à l'horizon pouvait être déterminée avec précision, de manière à corriger de son influence les résultats de l'observation, et qu'en même temps des dispositions très-simples permettaient de connaître toujours très-exactement l'angle formé par la lunette d'observation avec celle de son axe, de sorte que les observations pouvaient être également corrigées avec exactitude de l'erreur provenant des petites différences de cet angle avec celui de 90° répondant à une construction parfaite.

Je ne décrirai pas ici plus longuement cet instrument, que j'avais

---

[1] Le nombre des répétitions pouvait être considérable en très-peu de temps, car l'instrument permettait de répéter l'arc suivant les puissances d'un nombre. En effet, après un nombre quelconque de répétitions, 10 par exemple, les deux lunettes du théodolite faisaient entre elles l'angle décuple de celui qu'on voulait mesurer. Pointant alors l'une d'elles sur la mire, et déplaçant la grande lunette pour pointer son collimateur sur l'autre lunette du théodolite, on avait un nouvel angle décuple qu'on pouvait répéter dix fois comme le premier, ce qui faisait l'angle centuple, et ainsi de suite.

imaginé et fait construire pour mettre en pratique la méthode que j'ai publiée en 1858 sur la détermination des ascensions droites et des déclinaisons des étoiles par des observations azimutales seulement[1]. On ne s'était pas aperçu jusqu'ici que toute l'astronomie peut se faire seulement à l'aide des observations d'azimut, dans lesquelles on n'a à craindre ni les erreurs de flexion des cercles, ni les incertitudes des réfractions et du pointé vertical. Ma méthode éliminait d'ailleurs les influences des inégalités du mouvement des pendules, et j'avais indiqué dès 1859, dans les comptes rendus de l'Académie des sciences, un système de pointé coïncidant aux battements de la pendule. Ce procédé a l'avantage de faire disparaître les influences d'habitude ou erreurs personnelles qui jettent tant d'incertitude sur certains résultats de l'astronomie de précision. A ces améliorations, comme on le voit, le nouvel instrument joignait d'une manière simple et commode l'anéantissement des erreurs de graduation des limbes. Ainsi donc à Olinda, nous avions les moyens de faire de l'astronomie de précision avec un degré d'exactitude aussi grand que le permet l'état actuel de la science et sans nous traîner à la remorque dans les sentiers battus par les autres observatoires. Nous avions même l'avance sur celui de Paris qui n'a pas encore d'instrument azimutal, et je crois que ces considérations me feront pardonner par les lecteurs la petite description de l'azimutal d'Olinda, description que je terminerai en disant qu'une tente qu'on enlevait pour observer servait à protéger l'instrument contre la pluie et le soleil. Le même mode de protection était employé pour le photomètre et pour une petite lunette méridienne destinée à des observations comparatives avec l'azimutal. Deux pieds fixes recevant nos théodolites et deux tentes, dont l'une abritait les instruments météorologiques et l'autre servait de guérite à un soldat gardant l'observatoire, complétaient l'établissement.

[1] Les personnes que cette question intéresse trouveront cette théorie exposée avec tous ses développements mathématiques dans ma brochure intitulée : *De l'emploi des observations azimutales pour la détermination des ascensions droites et des déclinaisons des étoiles.* On y trouve aussi toutes les formules nécessaires pour corriger les observations des erreurs instrumentales dont je viens de parler précédemment. Ne voulant pas insérer de formules mathématiques dans le présent volume, je ne puis m'étendre davantage sur ce sujet.

Visite de S. M. l'Empereur du Brésil à l'observatoire d'Olinda (p. 280)

L'observatoire d'Olinda fut organisé au mois de novembre 1859, et des observations y eurent lieu jusqu'à la fin de juin 1860, époque de notre retour à Rio de Janeiro et à laquelle les instruments furent ramenés dans cette dernière ville. Je ne mentionnerai pas ici toutes les recherches effectuées dans cet observatoire, mais je ne puis me dispenser de citer les deux visites qui y furent faites, au mois de décembre 1859, par Sa Majesté l'empereur du Brésil, qui parcourait alors les provinces du nord de son empire. La première fois, l'empereur y entra de jour en venant voir la ville d'Olinda. Pour un amateur d'astronomie, ce premier coup d'œil aurait suffi; mais l'empereur dom Pedro II n'est pas seulement un ami de la science, il est lui-même un savant de premier ordre : aucune des branches du savoir humain ne lui est étrangère, et l'astronomie lui est connue dans tous ses détails physiques et mathématiques. Sa Majesté daigna donc m'annoncer une seconde visite à l'observatoire pour un soir, et, le 14 décembre 1859, l'empereur vint de nouveau. Bien que le ciel se fût presque couvert pendant son voyage de la ville du Récife à Olinda, Sa Majesté voulut elle-même observer dans les éclaircies et se rendre compte de toutes les dispositions nouvelles réunies à l'intérieur de notre modeste palissade, où son séjour fut de quatre heures. La visite impériale n'avait pas été annoncée, mais le bruit s'en répandit bientôt dans la ville d'Olinda. La multitude se pressa autour de la petite enceinte de notre observatoire, et j'eus la satisfaction de voir à son départ l'empereur salué par les acclamations d'un peuple fier avec raison de son illustre souverain.

Au milieu des travaux astronomiques de divers genres qui se faisaient à l'observatoire, je ne négligeais pas de visiter souvent avec un chercheur la région du ciel voisine du pôle sud, où passent incessamment des comètes dont les astronomes ignorent l'existence faute d'observateurs attentifs à la recherche de ces astres dans l'hémisphère austral. Le 26 février 1860, en passant ainsi en revue la portion du ciel que je viens d'indiquer, j'ai aperçu près de l'étoile μ de la Dorade une nébulosité que je n'y avais pas remarquée antérieurement. Je m'occupai immédiatement de la comparer à μ de la Dorade, et je pus en peu de temps m'assurer de son mouvement et conséquemment re-

connaître que cette apparence était due à une comète. A côté de la
nébulosité principale s'en trouvait une seconde plus petite et plus
faible. Je vis bientôt qu'elle suivait le mouvement de la première.
La comète présentait donc la singulière particularité de deux nébulosités distinctes. Le 27, son aspect me parut le même que la veille.
L'un de mes adjudants, M. le premier lieutenant du génie Pitanga,
lui trouva également la même apparence. La grande nébulosité qui entrait la première dans le champ de la lunette avait une forme allongée
à très-peu près dans le sens du rayon vecteur du soleil. C'est aussi du

Comète d'Olinda, 27 février 1862.

côté de cet astre qu'elle possédait le plus d'éclat, et elle y présentait vers
son extrémité un petit point lumineux comparable à une étoile de
neuvième grandeur. L'intensité était très-faible, et les observations
étaient difficiles, vu l'impossibilité d'éclairer convenablement le champ
sans faire disparaître l'astre. Aussi je ne pus mesurer directement les
dimensions de la grande nébulosité, qui paraissait très-confuse sur les
bords et se fondait avec le ciel, et je n'ai eu ces dimensions que par

estimation en comparant cette nébulosité à la petite dont la forme circulaire se prêtait à la détermination du temps employé à effectuer le passage derrière le fil de ma lunette. La durée de ce passage était de quatre secondes. J'ai estimé la petite dimension de la grande nébulosité au double du diamètre de la petite, et la grande dimension à six à sept fois au moins le même diamètre. Le 27 février, à 10ʰ 25ᵐ, la seconde comète suivait la première de vingt-sept secondes de temps en ascension droite, et sa déclinaison sud était plus petite de une minute huit secondes d'arc. Ces mesures, un peu incertaines

Comète d'Olinda, 10 mars 1860.

d'ailleurs, vu la faiblesse de la lumière de la seconde nébulosité surtout, se rapportent au point brillant de la première et au centre de la seconde. Des dessins de l'aspect de la comète ont été faits d'après nature le même jour par les dessinateurs de la commission scientifique placée sous ma direction par le gouvernement impérial du Brésil.

Le 29 février et le 3 mars, il a été de nouveau possible d'observer la comète. La différence d'ascension droite des deux nébulosités était de

vingt-trois secondes de temps et la différence de déclinaison de qua-
rante-six secondes d'arc le 3 mars à 11ʰ 16ᵐ. Le 29, les nuages n'ont
pas donné le temps de mesurer la distance apparente des deux composantes, et il n'a été possible d'effectuer que deux comparaisons de la
nébulosité principale. Ce n'était, au reste, qu'avec difficulté qu'on pouvait apercevoir, le 3, la seconde nébulosité. Le 6, malgré l'état
favorable du ciel, la comète ne se voyait pas, à cause de la lumière de
la lune.

Le 10 mars, la seconde nébulosité, qui était à peine visible le 5,
était beaucoup plus brillante qu'à cette dernière date. A 8ʰ 20ᵐ, elle
suivait la première comète à une distance de vingt et une secondes de
temps en ascension droite, et sa déclinaison sud était plus petite de
vingt et une secondes d'arc. Elle était, comme précédemment, sensiblement circulaire, et son diamètre employait de quatre à cinq secondes
pour passer derrière le fil de la lunette, ce qui, en tenant compte de
la déclinaison, lui donnerait un diamètre de trente-quatre à quarante-
deux secondes d'arc. La portion antérieure de cette nébulosité était la
région la plus brillante; mais toutefois la lumière était faible.

La grande nébulosité était beaucoup moins allongée que lors des
observations antérieures. Sa largeur dépassait certainement le double
et atteignait presque le triple de celle de la petite. Le point brillant
avait disparu. La dimension maximum était encore sensiblement
dans l'arc de grand cercle passant par le soleil; et dans la partie située
du côté de cet astre, la matière nébuleuse offrait une condensation
très-notable et à peu près circulaire. C'est au centre de cette région
condensée qu'ont été rapportées les observations. Le rapport des
deux dimensions de la grande nébulosité était sensiblement celui de
deux à trois.

Le 11 mars, j'ai vu la comète; mais, au moment où je m'apprêtais à
déterminer sa position, les nuages sont venus interrompre mes observations. La première nébulosité paraissait de même forme et de même
grandeur que la veille, mais la condensation de matière ne présentait
plus le même aspect. Au lieu d'un seul centre de condensation, il y en
avait deux autres plus petits placés à peu près sur l'axe de la grande

dimension. La seconde nébulosité paraissait d'une intensité uniforme sur tout son pourtour. Elle était beaucoup plus faible que la veille et peu visible. On voit donc que, le 11 mars, il y avait une tendance de la grande nébulosité à se diviser de nouveau en deux parties, ce qui aurait fait une comète triple. Des dessins de l'aspect de l'astre ont été faits d'après nature les 10 et 11 mars par M. Ladislao Netto, l'un des membres de la commission scientifique.

Comète d'Olinda, 11 mars 1860.

Le 12 mars, la grande nébulosité avait encore la même forme que la veille, mais il n'y avait plus qu'un seul centre de condensation placé à peu près comme le 10 ; toutefois il était moins intense et plus grand qu'à cette dernière date. Les dimensions angulaires semblaient toutes augmentées. C'est avec beaucoup de difficulté qu'on distinguait la deuxième nébulosité, et seulement par instants.

Le 13 mars, il a été impossible de voir aucune trace de la petite comète. La grande présentait un aspect beaucoup plus uniforme. On n'y distinguait plus aucune condensation circulaire de matière nébuleuse, mais seulement une région plus intense décroissant régulièrement d'intensité en tous sens. La comète était presque circulaire : elle montrait encore une petite ellipticité, toutefois peu prononcée. Sa lumière était très-faible. En doublant l'image avec un prisme biréfringent, les deux nébulosités ainsi obtenues étaient peu visibles. J'ai utilisé cette faiblesse même des images pour reconnaître la polarisation, de la manière suivante : j'ai diminué par un diaphragme l'ouverture de l'objectif jusqu'à ce que les images fussent très-difficiles à voir, et j'ai alors constaté, en faisant tourner le prisme, que l'une d'elles seulement se voyait quand la section principale était ou située dans l'arc de grand cercle mené dans la direction du soleil, ou perpendiculaire à cet arc. Dans le premier cas, c'était l'image extraordinaire ; dans le second, l'image ordinaire. Cette observation indique une polarisation notable dans le plan passant par le soleil, c'est-à-dire une polarisation par réflexion. La comète n'était cependant pas alors dans les conditions du maximum de lumière polarisée, car ces conditions doivent avoir lieu quand l'angle entre le soleil et la terre, vu de la comète, est de quatre-vingt-dix degrés, et cet angle, d'après les éléments que j'ai calculés et que je donne plus loin, n'était que de cinquante degrés. J'ai constaté que ni Vénus ni Jupiter ne déterminaient de polarisation sensible dans la région atmosphérique où se projetait la comète, en remarquant que la visibilité des deux images des plus petites étoiles perceptibles dans la lunette près de la nébulosité n'était pas modifiée par la rotation du cristal, quoique la séparation des deux champs fût complète.

Le 15, la valeur moyenne du diamètre de la comète estimé par la durée du passage (dix-neuf secondes environ) était de deux minutes quarante-cinq secondes. Cette estimation est toutefois incertaine et plutôt au-dessous qu'au-dessus de la réalité, car la lumière se fondait insensiblement sur les bords.

A partir du 15 mars, je n'ai plus revu la comète. L'atmosphère, dans ce temps de l'année où commence la saison des pluies, est très-chargée de nuages. Nous quittâmes d'ailleurs Olinda pour un mois, et pendant les premiers jours du voyage, des conditions atmosphériques favorables ne se présentèrent pas. Ultérieurement je ne retrouvai pas la comète, faute d'une puissance optique suffisante de ma lunette de voyage, et vu surtout les difficultés de découvrir sur le ciel un astre peu visible quand on change de station tous les jours. La comète qui, d'ailleurs, s'éloignait à la fois du soleil et de la terre, devait être devenue d'une faiblesse extrême.

Outre les observations physiques dont je viens de parler, il a été fait des observations suivies des positions de la comète, qui ont été publiées dans les Comptes-rendus de l'Académie des sciences, n^os des 11 juin et 9 juillet 1860, et dans les *Astronomische Nachrichten*. À l'aide des observations, les éléments de l'orbite ont été calculés par M. Pape à Altona et par moi à Olinda. Voici les éléments que j'ai obtenus :

Distance périhélie = 1,197342   Longitude du nœud asc. = 324° 3′ 25″,4
Inclinaison   . = 79° 35′ 54″,5   Longitude du périhélie = 173° 45′ 21″,1

Le passage au périhélie eut lieu le 16 février, à 13^h 50^m 6^s,5 temps moyen d'Olinda. Le sens du mouvement était direct, et les éléments ci-dessus sont rapportés à l'équinoxe moyen de 1860.

Vue prise à Olinda.

CHAPITRE XII

LA GRANDE COMÈTE DE 1861

—❧—

PASSAGE DE LA TERRE ET DE LA LUNE DANS LA QUEUE DE LA COMÈTE
APPARENCES PHYSIQUES DE CET ASTRE

Tous les ouvrages d'astronomie s'occupent longuement de la possibilité de la rencontre de la terre et d'une comète. Mille hypothèses ont été faites à cet égard. Or ce phénomène a eu lieu dans la journée du 29 juin 1861, pendant laquelle notre globe a traversé la queue de la dernière comète qui se soit montrée à nous sous de grandes dimensions.

C'est dans l'hémisphère austral que cet astre a d'abord été visible. Je l'y ai observé dès le 12 juin, au matin (11 juin, temps astronomique) [1]. Le 15, j'avais réuni assez d'observations pour pouvoir obtenir une première ébauche de l'orbite, et je reconnus immédiatement la probabilité de rencontre avec la terre. Je pus donc annoncer d'avance le phénomène, dans un article que j'adressai de Rio de Janeiro, le 22 juin 1861, au journal *la Patrie*, article qui parut dans le numéro du 23 juillet de la même année.

Deux jours plus tôt, le 20 juin 1861, j'avais publié dans l'un des journaux de Rio de Janeiro, le *Correio Mercantil*, un article semblable, annonçant la probabilité de la rencontre.

La comète n'était visible que pendant un instant avant le point du jour. A cette époque de l'année, il y a, le matin, de fréquents brouillards que le soleil dissipe en se levant. Ces brouillards gênèrent beaucoup mes observations, et, depuis le 19, au matin, je n'avais pas revu la comète, qui s'approchait rapidement de la terre. Le 25, seulement, je pus l'apercevoir un instant, et rectifier les éléments que j'avais calculés sur les premières observations, pendant lesquelles le mouvement apparent de cet astre sur le ciel avait été très-minime parce que la direction du mouvement faisait un petit angle avec le rayon visuel.

Mais, le 25 juin, le déplacement de la comète devenait considérable,

---

[1] Je donne ici la série des observations que j'ai faites de cette comète du 11 juin au 10 juillet, vu que je n'ai pas encore publié les deux dernières et qu'une erreur de date a été faite par inadvertance dans la copie des quatre premières envoyée aux *Comptes rendus* et aux *Astronomische Nachrichten*, où, pour la troisième observation, au lieu du 15 juin, il faut lire le 14.

Temps moyen local des observations (14 s. à l'est de l'Observatoire de Rio de Janeiro.)	Ascension droite.	Déclinaison.
Juin 11 17ʰ 49ᵐ 19ˢ,6.	4ʰ 4ᵐ 48ˢ,20.	27° 23′ 17″,7 sud.
— 13 17 29 14 ,4.	4 7 18 ,52.	26° 11′ 7″,7 sud.
— 14 17 23 40 ,5.	4 8 51 ,21.	25° 26′ 12″,5 sud.
— 18 17 17 55 ,9.	4 17 37 ,76.	20° 58′ 7″,0 sud.
— 27 17 41 57 ,0.	5 26 45 ,77.	18° 39′ 2″,8 nord.
Juillet 10 7 11 50 ,4.	13 47 35 ,69.	59° 23′ 15″,7 nord.

Je n'ai pas prolongé les observations de position au delà du 10 juillet, parce que je savais qu'à cette époque la comète était visible en Europe, où elle était observée dans une foule d'observatoires. L'observation du 27 ayant eu lieu très-près de l'horizon, est moins sûre que les autres, d'autant plus qu'elle ne se compose pas de la moyenne d'une série, mais d'une seule observation.

Elle se rapprochait de son nœud, et l'instant où elle devait l'atteindre pouvait être beaucoup mieux déterminé. Je reconnus alors que le passage de la terre dans la queue paraissait infaillible; et, le 26 juin, j'envoyai au journal de Rio de Janeiro, le *Correio Mercantil*, la note suivante, qui parut en portugais dans le numéro du 27 du même mois.

« Dans la note que j'ai donnée antérieurement, j'ai laissé en doute la question de savoir si la queue de la comète toucherait notre atmosphère, ou si elle passerait seulement très-près d'elle. Je me proposais alors, par de nouvelles observations, de reconnaître les petites corrections que pourraient recevoir les éléments de l'orbite, et qui me permettraient de résoudre nettement cette question. Mais, depuis le 19, jour de la dernière observation sur laquelle j'avais fondé mon calcul, jusqu'au 25, l'état du ciel n'a pas permis de revoir la comète. Hier et aujourd'hui seulement, on l'a aperçue entre les nuages pendant un instant trop court, toutefois, pour faire une observation complète. Cependant, j'ai pu reconnaître qu'il faudra augmenter légèrement la longitude du nœud et la distance du périhélie, de telle

Grande comète de 1861, 19 juin.

sorte que la comète approchera encore plus près de la terre que je ne l'ai dit dans ma première note, et le retard de trois à quatre jours qui résulte de cette modification de l'orbite pour le passage par l'écliptique, aura pour effet de donner à notre globe le temps d'arriver plus près du rayon vecteur de la comète, et d'augmenter la probabilité de la rencontre avec la queue, rencontre qui se fera du 29 au 30 de ce mois.

« La rencontre de la terre par la queue d'une comète n'a rien qui doive effrayer. C'est pour les astronomes un sujet digne d'un grand intérêt. Mais aujourd'hui que nos connaissances en physique nous permettent d'apprécier l'extrême rareté du milieu gazeux qui forme les appendices cométaires, il est certain que, même quand ces gaz seraient délétères, la quantité mêlée à l'atmosphère serait trop petite pour nuire aux habitants de notre globe.

« J'ai appris que ma première publication avait soulevé quelques craintes. On peut se rassurer, la rencontre de la queue de la comète ne sera pas la fin du monde.

« Aujourd'hui, malgré la lune, on voyait nettement la partie de la queue voisine du noyau, et ce dernier est déjà tellement près de la terre, qu'il offre un disque sensible à l'œil. »

Le lendemain du jour où ce dernier article parut, je pus de nouveau observer la comète avant le lever du soleil; mais, cette fois, l'astre resta visible assez longtemps pour me permettre de faire une bonne observation, et de déterminer avec soin la direction de sa queue. C'est cette observation, faite presque immédiatement avant la rencontre de la terre et de cet appendice, qui, combinée avec mes autres observations antérieures et postérieures à cet instant, m'a permis de reconnaître avec certitude que le passage de notre globe dans la queue de la comète s'est réellement effectué.

Ce n'est qu'après ce passage que la comète est devenue visible en Europe. Elle y fut aperçue, pour la première fois, dans la soirée du 30 juin. Pour Rio de Janeiro, au contraire, elle disparut jusqu'au 10 juillet, où je la vis et l'observai de nouveau, mais le soir, et non le matin, comme avant le passage de la terre dans sa queue.

A cause du retard qu'amène le long voyage de Rio en France, avant

que mes observations fussent parvenues à Paris, l'orbite de la comète
put être calculée par les observations européennes, avec d'autant plus
d'exactitude que le mouvement apparent sur le ciel était devenu très-
grand. Deux astronomes habiles : l'un, en France, M. Valz, le savant
directeur de l'observatoire de Marseille; l'autre, en Angleterre,
M. Hind, surintendant du *Nautical Almanac*, remarquèrent que la
terre devait avoir traversé la queue de la comète. Dans la soirée du
30 juin, M. Hind et plusieurs autres observateurs, en Angleterre, avaient
même noté une sorte de phosphorescence du ciel, avec une teinte
jaunâtre, comme celle d'une aurore boréale, et ils l'attribuèrent à la
matière cométaire. Mais bientôt, en Europe, le passage de la terre
dans l'appendice de la comète, quoique soutenu avec force par M. Valz,
fut contesté. Les observateurs n'avaient pas, à l'origine, pris assez de
soin pour déterminer la direction et la largeur de la queue, ignorant
alors l'importance de ces mesures, importance qu'on ne reconnut que
plus tard. Les observations européennes avaient donc laissé la question
dans le doute.

Mais il n'en était pas de même de mon observation du 28 juin
et de mes autres observations antérieures et postérieures au passage,
et en les calculant je trouvai que la terre avait passé non dans l'axe de
la queue, mais latéralement. Je publiai alors ce fait important dans le
journal *la Patrie*, auquel j'avais envoyé déjà ma première communication. Je reproduis ici ma lettre, datée du 6 août 1861, et qui
parut dans le journal *la Patrie* du 5 février 1862.

« La rencontre de la terre avec la queue de la grande comète qui a
été visible en Europe dans le commencement de juillet, rencontre que
j'avais annoncée d'avance dans un précédent article, a eu lieu le
29 juin. Il s'est écoulé quelques instants entre le passage du noyau
de la comète par l'écliptique et cette rencontre, à cause de la déviation de la queue dont l'extrémité n'a atteint le plan de l'orbite terrestre qu'après le noyau. Si la terre avait été plus avancée de quelques
heures seulement dans sa courbe annuelle, elle aurait traversé l'appendice du nouvel astre suivant son axe même, tandis qu'elle n'a
traversé que le bord. Mais, toutefois, en tenant compte de la largeur

de la queue à son extrémité, il m'a été facile de reconnaître que notre globe s'est trouvé pendant un instant entièrement plongé dans la matière cométaire.

« Ainsi donc, au moment où, en Europe, les astronomes ont été surpris par l'apparition de la brillante comète que j'avais signalée, mais qui marchait plus vite que le paquebot à vapeur à bord duquel était ma lettre, nous sortions de l'intérieur du nouvel astre sans que ce dernier eût d'ailleurs exercé aucune influence sensible sur notre atmosphère. A Rio de Janeiro, il y a eu un *pampero* (coup de vent du sud-ouest) le 29 même; mais c'est un phénomène fréquent dans cette saison. Il ne paraît pas que, dans les diverses parties du globe, aucun brouillard sec ait été remarqué.

« Après l'expérience par laquelle nous venons de passer, il faut donc renoncer à attribuer les brouillards secs de 1783 et de 1831 à des comètes, et désormais on doit être complétement rassuré contre les dangers tant de fois exagérés d'une rencontre possible entre l'appendice d'un de ces astres et la terre. »

Si à Rio de Janeiro le ciel a été couvert dans les journées des 29 et 30 juin 1861, en revanche, à Barbacena, ville de la province de Minas Geraes, il était clair. J'ai su par mon savant ami, M. le baron de Prados, qui, prévenu par mon annonce du phénomène, avait fait attention à l'état atmosphérique, que le ciel s'y était montré constamment rougeâtre. Ce fait mérite d'être rapproché des autres particularités notées en Angleterre le 30 juin. Mais, toutefois, il n'y a rien de commun entre ces apparences et celles des brouillards secs tels que ceux de 1783 et 1831.

Sans la présence accidentelle dans l'hémisphère austral d'un observateur attentif aux phénomènes célestes, on voit donc que le fait le plus curieux de l'astronomie moderne, le passage de la terre dans la queue d'une comète, aurait passé inaperçu.

Je vais maintenant faire connaître les observations qui m'ont servi à établir les calculs démontrant le passage de la terre dans la queue de la comète.

Le matin du 19 juin, immédiatement après les observations de la position de l'astre, j'ai trouvé que l'axe de la première queue, celle qui naissait de la partie postérieure du noyau, faisait avec l'arc de grand cercle mené de la comète au pôle sud, un angle de 26°, et l'axe de la deuxième queue, ou queue large née de la partie antérieure du noyau, faisait un angle de 17°. Ces angles ont été mesurés à l'aide du cercle de position de mon photomètre qui était monté parallactiquement, et d'une règle alidade fendue, laquelle m'a servi également à reconnaître que la queue était sensiblement rectiligne. Ils sont comptés en partant du pôle sud vers l'ouest du cercle de déclinaison de la comète. (Voir la figure de la comète entière, page 298.)

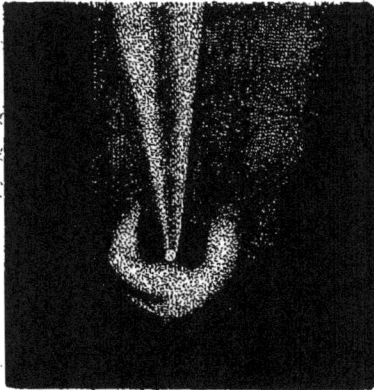

Tête de la comète grossie, 19 juin 1861.

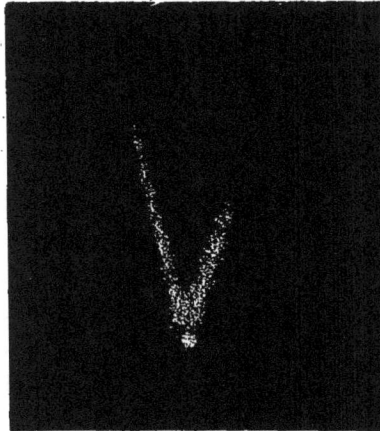

Grande comète de 1861, 28 juin.

Le 28 juin au matin, la présence de la lune empêchait de suivre l'appendice dans une grande extension, mais l'origine des deux queues était visible sur une petite étendue. La première faisait un angle de 59°, et la deuxième un angle de 27° avec l'arc de cercle se dirigeant au pôle sud et dans le même sens que le 19 juin.

Le 10 juillet au soir, je voyais la comète du côté du nord; l'angle de la première queue avec l'arc de grand cercle mené au pôle sud était de 70° 30', et celui de la deuxième queue de 62°. Ces angles étaient comptés en partant du pôle sud vers l'est. (Voir le dessin de la comète, page 239.)

J'ajouterai à ces mesures d'angles de position que, le 12 juin au matin, d'après des alignements pris sur les étoiles pour fixer la direction des queues, j'ai trouvé que la première faisait un angle de 19° et la seconde un angle deux fois moindre ou de 9° 30′ avec l'arc de grand cercle passant par le pôle sud, et dans le même sens que je l'ai déjà indiqué pour le 19 juin. Mais cette observation du 12 juin, déduite de simples alignements, est moins sûre que celle des autres jours, où les angles ont été mesurés avec le plus grand soin, et dans la prévision d'une rencontre possible de la terre et de la queue.

Si, au moyen de ces angles et des positions de la comète dans son plan à l'instant de mes observations de ces quatre jours, positions obtenues à l'aide des éléments de l'orbite, on fait le calcul des valeurs de l'angle réel de la deuxième queue de la comète et du rayon vecteur prolongé, on trouve pour le 12 juin 21°54′; pour le 19 juin 19°34′; pour le 28 juin 19°38′; pour le 10 juillet 20°45′. L'angle en question, qui était d'ailleurs en arrière du prolongement de la ligne des centres, c'est-à-dire dans le sens d'un retard de la queue, a donc peu varié depuis le 12 juin au matin, époque correspondant à très-peu près au passage de la comète à son périhélie, jusqu'au 10 juillet, dix jours après le passage au nœud. D'une manière générale, cet angle aurait un peu diminué, car sa valeur maximum répond au 12 juin, et il est possible que les anomalies dans la loi du décroissement proviennent des erreurs d'observation. Quoi qu'il en soit, plus l'angle que nous considérons est petit, moins la rencontre de la terre et de la queue de la comète est possible, car cette rencontre n'a pu avoir lieu que par suite du retard de la dernière. Nous adopterons donc comme la moins favorable la plus petite des mesures trouvées, celle du 19 juin au matin, qui est de 19°34′.

Partant de là, et en employant les éléments elliptiques de l'orbite de la comète calculés par M. Seeling, au moyen d'observations embrassant un intervalle de six mois, éléments à l'aide desquels les positions observées sont parfaitement représentées[1], on trouve que l'axe de la seconde queue de la comète a coupé l'orbite même de la terre le 30 juin 1861 quand il était 6ʰ 12ᵐ 10ˢ du matin à ma station de Rio de Janeiro, située à 2ʰ 52ᵐ 0ˢ,5 de longitude ouest de Greenwich. En cet instant, la distance de la comète au point d'intersection de l'orbite terrestre et de l'axe de sa queue était égale à la fraction 0,1322461 de la distance de la terre au soleil.

Mon observation du 28 juin, la plus rapprochée de cet instant, ne peut donner la longueur de la seconde queue de la comète, car la présence de la lune sur l'horizon a empêché de mesurer ce jour l'angle sous-tendu par cet appendice. Mais le 19 juin cet angle était de 25° et la largeur de ce même appendice, à son extrémité, sous-tendait un angle de 3° 30′. De ces mesures angulaires, j'ai déduit que la longueur de cette seconde queue était égale à la fraction 0,1614417 de la distance de la terre au soleil. Cette longueur était donc supérieure de plus d'un million de lieues à la distance de la comète à l'intersection de l'orbite terrestre et de l'axe de sa queue. Donc l'orbite terrestre traversait réellement cette dernière. Le même résultat aurait été obtenu en employant, pour le calcul de la longueur, mon observation du 12 juin, d'après laquelle cette longueur sous-tendait un angle de 15°, ou l'observation du P. Secchi, à Rome, dans la soirée du 30 juin, après le passage en question.

La largeur de la queue de la comète, d'après l'angle de 3° 30′ qu'elle sous-tendait le 19 juin, était égale à la fraction 0,0233425? de la distance de la terre au soleil, c'est-à-dire à 878 000 lieues. La distance de la terre au point de rencontre de l'axe de la queue et de l'orbite terrestre, quand il était, à ma station de Rio de Janeiro,

---

[1] Ces éléments sont les suivants :

Passage au périhélie, juin 11,54234, T. M. de Berlin.
Longitude du périhélie, 249° 4′ 3″,70
Longitude du nœud asc., 278° 57′ 59″,01 } Éq. moy. de 1861.
Inclinaison, 85° 26′ 24″,70
Distance périhélie, 0,8223570.
Excentricité, 0,9853262.
Durée de la révolution, 419 ans et demi.

Ces éléments sont calculés au moyen des observations du 11 juin au 22 décembre 1861.

6ʰ 42ᵐ 10ˢ du matin, le 30 juin, était égale à la fraction 0,0087598 de la distance de la terre au soleil. Comme l'angle entre la route suivie par notre planète et l'axe de la queue cométaire était presque droit ou en réalité de 91° 2′ 54″, la distance de la terre à cet axe se trouvait être alors égale à 0,0087585 du rayon de l'orbe terrestre ou 329 000

Tête de la comète Brosste, 28 juin 1861.

lieues. Cette distance était donc inférieure de 110 000 lieues à la demi-largeur de la queue. Ainsi à cet instant l'appendice de la comète renfermait la terre qui était plongée dans son intérieur à une profondeur de 110 000 lieues. D'après la vitesse de son mouvement, notre globe devait être entré dans la queue depuis quatre heures environ.

Mais, si au lieu de calculer la largeur de la queue d'après l'observation du 19 juin on la calcule d'après celle du 12 juin au matin où à son extrémité elle sous-tendait un angle d'au moins 5°, on trouve pour cette largeur 1 212 000 lieues. Dans ce cas, la terre aurait pénétré dans la queue plusieurs heures encore auparavant.

M. Valz à Marseille, d'après les observations faites en Europe le 1ᵉʳ juillet, attribue à la queue une largeur non moins grande, car il

20

dit qu'elle pouvait occuper 1° 30′ sur l'orbite terrestre (Comptes rendus, 29 juillet 1861). Mais les valeurs fournies par les observations ne sont encore qu'un minimum. En effet, si j'ai vu la queue de la comète plus large le 12 que le 19 juin, cela vient de ce qu'à la première date elle était plus éclairée qu'à la seconde, à cause de son plus grand rapprochement du soleil. Par conséquent, des régions de son contour très-peu visibles le 19 juin, l'étaient davantage le 12. Il est donc certain que nous n'avons pu voir la dernière limite de la largeur et de la longueur de la queue de la comète. L'entrée de la terre dans le bord extrême de cet appendice a conséquemment dû se faire encore plusieurs heures avant la soirée du 29 juin, c'est-à-dire dans la matinée du même jour. Mais l'entrée dans la partie de la queue assez dense pour être visible le 19 juin, a eu lieu le 30 juin, vers deux heures du matin, à Rio de Janeiro, et la sortie de la même région dense vers neuf heures du matin. Le soir du 30 juin, quand le P. Secchi a aperçu la comète à Rome, la terre était donc déjà sortie de la partie visible de la queue, mais elle devait être encore environnée par les régions les plus ténues de cet appendice. Au reste, dans la même soirée, à minuit trente minutes, M. Webb, à Londres, et M. Georges Williams, à Liverpool, ont noté des rayons divergents dont la présence indique que l'ensemble de la queue avait encore beaucoup plus de largeur que ne lui en avait assigné le P. Secchi. Ces rayons divergents, qui ont duré peu de temps et qu'on ne distinguait pas tout à fait jusqu'au noyau, ne seraient-ils pas des régions du pourtour qui devenaient visibles sous l'influence de lueurs électriques en quittant la direction de la terre? Je reproduis la figure donnée par M. Williams, dans les *Astronomische Nachrichten*, n° 1348. C'est au reste probablement à des lueurs électriques éclatant entre les régions ténues de la queue et la limite de notre atmosphère, qu'il faut attribuer la phosphorescence du ciel, vue le même soir par M. Hind et par d'autres observateurs anglais.

La petitesse de la masse de la queue de la comète, et, comme conséquence, dans l'hypothèse de l'électricité cométaire celle de la quantité d'électricité qu'elle pouvait contenir, jointe au défaut de conductibilité électrique de sa matière, fait qu'il n'a pas existé de décharges électriques capables d'amener des perturbations appréciables dans notre atmosphère. Il a pu seulement se produire de simples lueurs phosphorescentes. D'un autre côté, la présence simultanée des électricités contraires dans le sol et dans l'atmosphère, fait que la terre ne perturbait pas sensiblement la marche de la queue.

Quoique ayant pénétré profondément dans la seconde queue de la comète, la terre n'a pas traversé cette queue suivant l'axe. Il aurait

Grande Comète de 1861, 30 juin, d'après M. Georges Williams.

fallu, pour que cela arrivât, que notre globe se trouvât avoir atteint le plan de l'orbite de la comète, au moment où cet axe coupait l'orbe terrestre. Or, la terre n'a rencontré ce plan que 12ʰ 26ᵐ plus tard. Si elle eût été plus avancée dans son orbite de ce nombre d'heures et de minutes, elle aurait passé par l'axe même de la queue.

La lune était à son dernier quartier au moment du passage. Elle se trouvait donc en avant de la terre à très-peu près dans la direction même de cette dernière à l'axe de la queue de la comète et elle était plus rapprochée de cet axe que la terre de toute sa distance à notre globe. Elle a donc pénétré dans la queue plus profondément encore que ce dernier, mais elle ne l'a pas non plus traversée par son milieu.

Les mesures que j'ai rapportées ci-dessus relativement aux angles sous-tendus par la queue, et à la direction apparente de cette dernière

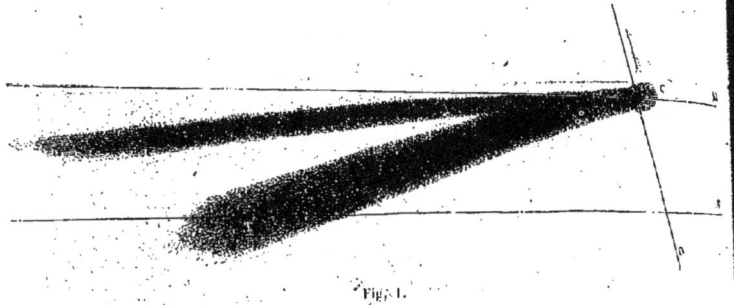

Fig. 1.

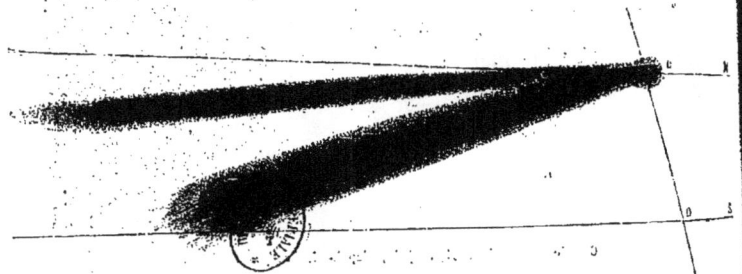

Fig. 2.

pendant plusieurs jours, renferment tous les éléments nécessaires pour que les personnes qui s'occupent de ces questions puissent vérifier les calculs dont j'ai rapporté les résultats et que je vais maintenant illustrer par des figures.

La figure ci-jointe, n° 1, représente la comète dans son orbite au moment du passage de l'axe de la seconde queue par l'orbite terrestre.

TS est la ligne du nœud de la comète, c'est-à-dire l'intersection du plan de sa trajectoire et de celui de la route de la terre. Le plan de la figure est d'ailleurs celui de l'orbe de la comète, orbe dont la ligne sensiblement droite CO représente une petite fraction. L'intersection des lignes TS et CO est donc le nœud même de la comète qui a passé en ce point le 28 juin à 4ʰ 51ᵐ 44ˢ,6 du soir, temps moyen de ma station de Rio de Janeiro. La flèche indique la direction de la marche de la comète. T est le point où la terre a coupé la ligne du nœud le 30 juin à 6ʰ 57ᵐ 47ˢ,4 du soir, temps moyen de ma station. C est la position du noyau de la comète au moment où l'axe de sa seconde queue passe par le point T le 30 juin à 6ʰ 12ᵐ 10ˢ du matin. CM est la direction de son rayon vecteur, c'est-à-dire de la ligne menée de la comète au soleil. L'angle de CT avec la ligne CM prolongée est l'angle de l'axe de la deuxième queue et du rayon vecteur prolongé, c'est cet angle que nous avons trouvé de 19°54' par les observations. La première queue fait avec la même ligne prolongée un angle d'environ 5°. La figure 2 représente la position de la comète au moment où la terre arrive au point T. La direction de la marche de la terre est presque perpendiculaire au plan des figures et d'arrière en avant.

En menant sur la figure 1 et par la terre un plan perpendiculaire à CT, on a la figure n° 3, représentant à une échelle quadruple la section de la queue dans laquelle la terre et la lune sont alors plongées.

La ligne TK est l'in-

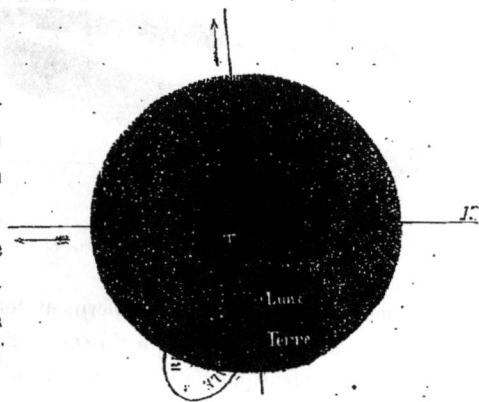

Fig. 3.

tersection du plan en question avec celui de l'orbite de la comète ou de la figure 1. La flèche placée le long de TK indique le sens du mouvement de la comète. L'autre flèche marque celui de la marche de la terre. Le point T est l'intersection de l'axe de la queue de la comète par le plan de la figure auquel cet axe est perpendiculaire.

On peut par cette figure, où sont marquées les positions occupées par la terre et par la lune, se rendre compte de la quantité dont les deux astres ont pénétré dans la partie de la queue assez dense pour être visible.

Les astronomes qui n'ont observé que dans des observatoires fixes, où les instruments sont toujours prêts et montés, et d'où on voit tout le ciel à son aise sans se déranger, ne se rendent pas compte des difficultés qu'on trouve quand il faut organiser, et, pour ainsi dire, créer son observatoire pour chaque observation qu'on veut faire. Quand la grande comète de 1861 apparut, j'étais en convalescence d'une fièvre intermittente, à cause de laquelle j'avais été obligé de changer de domicile. On sait, en effet, quels sont les singuliers caprices de ces fièvres qui, malgré l'emploi de tous les fébrifuges, résistent quelquefois énergiquement, et ne consentent à disparaître que par un changement d'habitation pour une station quelquefois très-rapprochée. De la maison que nous occupions temporairement au Morro de Cavallaõ on ne voyait pas la totalité du ciel. Une colline à laquelle elle était adossée nous cachait une portion de la région du sud. De plus, la comète paraissait le matin, avant le lever du soleil, et ce n'était pas une heure à laquelle j'eusse l'habitude de visiter l'espace céleste. Je n'appris donc l'apparition de la comète que dans la journée du 11 juin, mais sans connaître exactement dans quelle direction elle se trouvait. Craignant donc de ne pas la voir du niveau de notre habitation, et pensant qu'elle pouvait être derrière la montagne, je songeai à établir mon observatoire sur la montagne même d'où tout le ciel était visible. Mais ce fut une opération plus difficile que le lecteur ne se l'imaginerait. Il me fallut faire ouvrir au milieu des arbrisseaux qui couvraient le flanc de la colline un chemin longé de précipices pour atteindre le sommet, ensuite il fallut transporter et organiser les instruments pendant la nuit même, car je ne pouvais les laisser séjourner seuls sur le plateau supérieur, à cause des animaux qui auraient pu les renverser ou les abîmer, ou à cause des curieux qui sont encore plus redoutables. Ce fut cette circonstance qui m'empêcha, le matin du 12 juin, d'avoir une détermination instrumentale des angles de position de la queue de la comète. Je n'avais pu établir ma lunette parallactique, je dus donc me contenter de déterminer les angles au moyen d'alignements pris sur les étoiles. Un théodolite, un chronomètre et une lunette portative avec son support, furent les seuls instruments que j'employai ce premier jour. Mais je reconnus que d'après la position de la comète je pourrais observer au pied de la colline même, à une certaine distance devant mon habitation, et c'est alors que je montai et plaçai l'instrument parallactique avec lequel je fis les observations de direction de la queue pendant les jours suivants.

Je dois dire, au reste, que si le transport des instruments sur le Morro de Cavallaõ, transport qui fut effectué par des noirs, à l'exception de celui du chronomètre, me constitua une sérieuse difficulté, en m'obligeant de monter longtemps à l'avance, et au milieu de la nuit, pour installer mon observatoire, j'en fus dédommagé par le beau spectacle du lever de la comète, et par celui de l'arrivée des premiers rayons du jour sur le splendide tableau, formé par la délicieuse baie de Jurujuba. Bien que par ses couleurs la lumière crépusculaire du matin soit toujours moins brillante que celle du soir, cependant elle a un charme spécial, lorsque, surtout, on observe son apparition sur un bel horizon. Le spectacle du grand faisceau céleste, formé par la comète qui s'effaçait peu à peu sous la légère teinte rose de la première aurore; la coloration violacée des masses granitiques de l'entrée de la baie de Rio, sortant de la nuit pour se couvrir de lueurs légères qui en dessinaient peu à peu les détails, la teinte bleu sombre de la mer, dont les vagues, brisant sur le pied de la colline, nous faisaient entendre leurs roulements lointains, tout donnait aux reflets primitifs du jour un aspect saisissant, qui bientôt se transformait en d'autres images de lumière. Je vis longtemps encore la nébulosité de la comète après la disparition de sa queue, jusqu'à ce qu'enfin l'apparition de l'arc jaune auroral, remplissant toute l'atmosphère visible de ses rayons réfléchis, vînt en anéantir les dernières traces, et nous amenât la quantité de jour nécessaire pour redescendre au milieu des masses épaisses d'arbustes qui couvraient le flanc de la colline. Comme nous passions près d'un épais fourré, un grand bruit se fit dans les feuilles sèches qui couvraient le sol. C'était un iguane énorme, sorti aux premiers rayons de la lumière, et effrayé par notre présence.

Les montages d'instruments pour une installation improvisée d'observations, dont je viens de raconter un petit épisode, sont une chose à laquelle, au Brésil, j'avais fini par m'habituer. Il y a un certain plaisir à lutter sans cesse avec les difficultés matérielles. Que de fois, sur les rives du San Francisco, il nous a fallu faire abattre des arbres pour obtenir une trouée, par laquelle devaient se faire les observations ! Puis, quand le premier arbre désigné était coupé, quelquefois il refusait de venir à terre, parce que sa tête était engagée dans celle de ses voisins, ou même attachée à eux par de fortes lianes. Alors, au lieu d'un tronc, il fallait en couper deux ou trois, puis on brûlait les herbes du sol pour nettoyer le terrain. Un instant après, nous organisions nos instruments à côté de nos tentes, et nous observions les étoiles et la lune, pour déterminer notre position géographique. Pendant l'exploration du même fleuve, j'ai eu l'occasion d'étudier de cette manière, au milieu de trouées dans les forêts, une très-intéressante comète, qui a été visible à l'œil nu, dans le mois d'août 1862. Malheureusement, dans ce dernier voyage, je n'avais pas emporté de lunette puissante, à cause de la difficulté des transports, de sorte que mes recherches se sont presque limitées à des observations de position. Je me contenterai de donner ici un dessin de l'aspect de cette comète, vue, dans la soirée du 30 août 1862, sous faible grossissement comme je l'ai observée des bords du San Francisco. Avec un instrument plus puissant, on aurait eu plus de détails. Au reste, cet astre, quoique ayant souvent, pendant la durée de son apparition, varié d'aspect dans les détails de son noyau, n'a pourtant offert que les particularités ordinaires. Ses deux queues étaient bien visibles le 30 août. Elles ont été notées à Londres, par M. Chambers. Dans l'Amérique du Nord, M. Tuttle dit qu'il a observé dans la queue des ondulations lumineuses, comme dans la comète de 1858, et comme moi-même j'en ai remarqué dans celle de 1860. Quant à moi, je n'ai pas vu

Abatage d'arbres dans la forêt vierge (P. 312).

d'ondulations dans la comète de 1862, les jours où j'ai pu l'observer.

J'ai encore à citer ici une particularité très-curieuse que M. Valz a signalée pour la comète de 1861, le jour même où la terre a traversé la queue. Il résulterait, d'après cet habile astronome, des observations faites dans la soirée du 30 juin, vers l'instant où notre globe a coupé le plan de l'orbite de cet astre, que l'appendice n'aurait pas paru en cet instant dans l'arc de cercle passant exactement par le soleil. L'axe de la queue n'était donc pas dans le plan de l'orbite. Ce genre d'observation très-curieux n'est exécutable qu'au moment où la terre coupe elle-même le plan de l'orbe d'une comète. A Rio, je ne pouvais voir ce phénomène, parce que l'astre venait de devenir invisible pour l'hémi-

Comète de 1862, 30 août.

sphère sud. Malheureusement, en Europe, la direction de l'axe de la queue n'a pas été prise avec un soin suffisant, et il est resté du doute sur ce fait intéressant. La déviation, toutefois, si elle a eu lieu réellement, s'est faite dans le sens de la terre, d'après les observations qui l'ont fait soupçonner. Elle aurait donc encore favorisé le passage de la terre dans la queue, dont notre globe aurait alors presque atteint l'axe. Mais quoi qu'il en soit à cet égard, nous venons de voir que, même dans le cas le plus défavorable, celui où la queue serait restée dans le plan de l'orbite, la terre l'a traversée infailliblement. Ce passage est donc un fait démontré, indépendamment de toute hypothèse sur la déviation hors du plan en question.

Contrairement à M. Valz, M. Faye s'est attaché à démontrer que l'axe de la queue était bien resté dans le plan de l'orbite. Mais sa démonstration repose plutôt sur des considérations théoriques que sur des observations, et son argument principal est que toutes les forces solaires, qui agissent sur une comète, sont dans le plan de l'orbite de sorte qu'on ne voit pas de raison pour que l'axe dévie. Cette considération serait vraie si le soleil seul devait agir sur la direction des

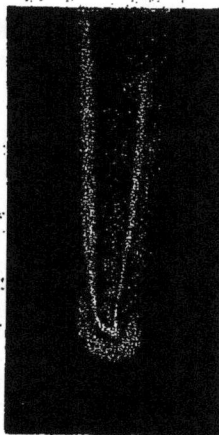

queues, mais il y a de plus, outre l'influence des émissions de matière dans des directions variées et anormales, l'action de la lumière zodiacale, dont l'aplatissement fait que, hors d'elle, les effets peuvent fort bien n'être pas les mêmes que si sa masse était au centre du soleil. Les planètes peuvent aussi agir sur la direction des queues. Au reste, M. Valz a mis hors de doute l'existence de la déviation en question pour deux autres comètes, dont la terre a coupé l'orbite, en 1863. Il a fait voir que la déviation a été, pour la première, de 1° 29′, et, pour la deuxième, de 33′ hors du plan de l'orbite. Il est donc aujourd'hui incontestable, d'après les observations, que les queues des comètes peuvent n'être pas contenues dans le plan où ces astres font leur révolution, et toute objection théorique tombe devant les faits observés.

Bouguer dans les Andes.

CHAPITRE XIII

LES PLANÈTES INFÉRIEURES

---◇◇◇---

GÉNÉRALITÉS SUR LES PLANÈTES
MASSES — VOLUMES — RELATIONS DES DENSITÉS
MERCURE ET VÉNUS

On connaît aujourd'hui huit grandes planètes circulant autour du soleil et quatre-vingt-quatre petites. Les grandes planètes sont dans l'ordre de leur distance en partant de la plus rapprochée : Mercure, Vénus, la Terre, Mars, Jupiter, Saturne, Uranus et Neptune. Les quatre-vingt-quatre petites planètes forment ensemble une sorte d'anneau d'astéroïdes situé entre Mars et Jupiter. Tous les jours on en découvre de nouvelles, et leur nombre paraît être immense surtout si,

on remarque que nos instruments n'ont dû nous permettre d'apercevoir que les plus grosses.

Mercure, Vénus, Mars, Jupiter et Saturne sont les seules planètes
visibles à l'œil nu. Uranus toutefois peut être aperçu avec une bonne
vue comme une étoile de sixième grandeur, mais assez difficilement.
Les planètes paraissent se déplacer sans cesse sur le ciel, et se distinguent par là aisément des étoiles qui forment toujours entre elles les
mêmes configurations.

J'ai déjà indiqué dans le premier chapitre comment on peut déterminer l'éloignement d'un objet sans en approcher. Au moyen de modifications de cette méthode générale, pour en rendre l'exactitude plus
grande, les astronomes ont obtenu les distances à la terre de quelques-unes des planètes pour certaines positions dans leurs orbites, et
on en a conclu la valeur des intervalles qui séparent ces astres du soleil.
Ces intervalles ne sont pas absolument fixes : ils présentent de légères
variations qui proviennent de ce que les planètes ne se meuvent pas
autour du soleil dans des cercles, mais dans des courbes elliptiques.
Toutefois, la moyenne des distances d'une même planète au soleil est
constante, et, en comparant les valeurs de ces distances moyennes,
Képler a trouvé une relation entre elles et la durée des révolutions.
Cette relation, découverte d'abord comme fait d'observation, a depuis
été vérifiée au moyen de la théorie de l'équilibre des corps célestes,
théorie que nous avons déjà exposée. On a reconnu par des calculs
mathématiques que la variation de l'attraction en raison inverse du
carré des distances entraîne la relation en question comme conséquence
nécessaire. Cette relation s'exprime en disant que les carrés des temps
des révolutions sont entre eux comme les cubes des distances moyennes
des planètes au soleil.

Après avoir acquis la notion de cette grande loi de la nature, loi
directement vérifiable sur les planètes les plus rapprochées de la terre,
on a pu en étendre l'application aux planètes plus distantes pour lesquelles nous ne pouvions trouver sur notre globe de base assez étendue
pour une mesure précise. La détermination de la durée des révolutions, c'est-à-dire du temps employé par chaque planète à faire le tour

du ciel, détermination beaucoup plus facile que celle de l'éloignement, a donc permis de connaître les rapports des distances au soleil
pour toutes les planètes. Après avoir fixé ces rapports, ainsi que l'une
de ces distances, on voit que l'on a eu les éléments nécessaires pour
obtenir toutes les autres.

Quand on connaît l'éloignement d'un objet, il est évident qu'on peut
déterminer facilement sa grandeur en mesurant l'angle sous lequel il
est vu. On a donc observé les angles sous lesquels nous voyons les
planètes, et on en a déduit leurs diamètres réels.

Le tableau suivant donne les résultats des calculs dont je viens d'indiquer brièvement les méthodes [1].

PLANÈTES.	DURÉE DES RÉVOLUTIONS SIDÉRALES, CELLE DE LA TERRE PRISE POUR UNITÉ.	DISTANCE AU SOLEIL, CELLE DE LA TERRE PRISE POUR UNITÉ.	DISTANCE AU SOLEIL, EN LIEUES DE 4,000 MÈTRES.	DIAMÈTRE CELUI DE LA TERRE PRIS POUR UNITÉ.	DIAMÈTRE EN LIEUES DE 4,000 MÈTRES.	VOLUME CELUI DE LA TERRE PRIS POUR UNITÉ.
Mercure. .	0,24084	0,3870987	14 549 000	0,406	1 292	0,0668
Vénus . .	0,61519	0,7233322	27 186 000	0,965	3 071	0,8976
Terre. . .	1,00000	1,0000000	37 584 000	1,000	3 183	1,0000
Mars. . .	1,88082	1,5236913	57 267 000	0,566	1 800	0,1810
Jupiter. .	11,86177	5,202798	195 542 000	10,970	34 919	1327,8000
Saturne. .	29,45664	9,538852	358 008 000	9,124	29 030	790,7400
Uranus. .	84,01450	19,182639	720 960 000	4,270	13 592	77,8420
Neptune. .	164,61510	30,03697	1 128 996 000	4,458	14 190	88,5850

La durée de la révolution sidérale de la terre, que nous avons prise
pour unité, est de 365jours,2563744 ou un an. Les durées des révolutions des autres planètes données dans ce tableau sont donc expri-
mées en fractions de l'année terrestre.

En expliquant l'équilibre du système du monde, nous avons fait voir
comment les planètes sont retenues dans des courbes elliptiques autour

---

[1] La nouvelle valeur que je donne ici pour les diamètres de Mercure et de Mars est déduite
de mes observations sur leur diamètre apparent. J'en parle plus loin avec détails en traitant de ces planètes. Pour les autres, je me suis servi des mesures angulaires adoptées
aujourd'hui, et j'ai calculé les diamètres réels avec la nouvelle parallaxe du soleil.

du soleil par l'attraction de cet astre. De même leurs satellites sont retenues autour d'elles par les attractions qu'elles exercent sur eux. Sans ces
actions, les corps célestes se transporteraient en ligne droite au lieu de
décrire des courbes, et s'éloigneraient indéfiniment les uns des autres.
C'est donc par l'effet d'une véritable chute vers l'astre attirant que les
trajectoires se courbent. Or la chute est proportionnelle à la force attractive. Connaissant les diamètres des orbites des planètes et des satellites
et la durée des révolutions, il est facile de calculer les vitesses et de
voir de combien en une seconde ces corps divergent, dans le sens de
l'astre attirant, de la ligne droite qu'ils décriraient si l'attraction venait
à cesser. Cet écart mesure la quantité de chute opérée dans cet espace
de temps. Mais, comme les attractions varient en raison inverse du
carré des distances, il est évident que la chute que ferait une planète
vers le soleil, pour un intervalle égal à celui qui la sépare de son satellite, n'est autre que la chute qu'elle fait pour sa distance réelle au
soleil multipliée par le carré du rapport de cette distance à celle où
elle se trouve de son satellite. On connaît donc les chutes que feraient
en une seconde, et pour une même distance, d'une part, le satellite
vers la planète, et, d'autre part, la planète vers le soleil. Le rapport
de ces deux chutes est celui des forces attractives de la planète
et du soleil, et, comme les forces attractives sont proportionnelles aux
masses, le rapport en question n'est autre que celui des masses.

On voit donc que de la dimension des orbites et de la durée des
révolutions des planètes et des satellites, on peut déduire le rapport
des masses du soleil et des planètes. C'est en appliquant cette méthode à la terre que nous avons trouvé que sa masse est 332 570 fois
moindre que celle du globe solaire. Nous avons de même les rapports
des masses des autres planètes munies de satellites, Jupiter, Saturne,
Uranus et Neptune, à la masse du soleil, et il est facile connaissant la
relation de cette dernière masse à celle de la terre d'en conclure les
rapports des quantités de matières des quatre planètes que je viens de
citer à celle de notre globe.

Pour les planètes qui n'ont pas de satellites, Mercure, Vénus et
Mars, le problème est plus compliqué. Les deux dernières toutefois

étant rapprochées de nous exercent sur la terre par leur attraction une action assez grande pour être mesurable avec un certain degré de précision. Cette action consiste dans de petites anomalies du mouvement terrestre. En comparant les perturbations ainsi produites et la force solaire qui courbe l'orbite de notre globe, on a pu arriver à une idée assez exacte du rapport de la masse de ces deux planètes à celles du soleil.

Quant à Mercure, son action sur les autres planètes est si faible que les effets de cette attraction sont de l'ordre de grandeur des erreurs d'observation. On n'a donc pu déterminer sa masse de la même manière que celle de Mars et de Vénus. Anciennement, partant de théories cosmogoniques qui ne sont après tout que des hypothèses, quelques astronomes avaient calculé la masse de Mercure en supposant que les densités des planètes vont en croissant à mesure qu'on approche du soleil, et en raison inverse de la distance. C'est d'après cette idée qu'on s'est toujours imaginé que Mercure est très-dense, sans qu'aucune mesure certaine ait justifié cette opinion. Or la supposition en question appliquée aux autres planètes ne se vérifie nullement. Ainsi la terre est plus dense que Vénus, Uranus est plus dense que Saturne, et Neptune plus qu'Uranus. Il est donc évident que cette hypothèse doit être rejetée comme ne pouvant nous donner rien de certain. M. Encke a essayé de déterminer la masse de Mercure au moyen des anomalies qu'elle fait éprouver à la comète périodique qui porte son nom, et il est ainsi arrivé à reconnaître que cette masse n'excède pas la cinq millionième partie environ de celle du soleil ($\frac{1}{4865751}$ est le nombre qu'il a donné pour maximum déduit de son calcul). Mais il est évident que cette valeur ne peut être qu'un maximum. Nous avons vu en traitant des comètes que ces astres éprouvent dans leur mouvement des perturbations particulières provenant de forces autres que la gravitation. Il y a la répulsion solaire, les retards dus à la naissance des queues, les variations de la force attractive par l'effet de la pénétration dans la lumière zodiacale, les actions de la matière de cette dernière qui forme un ellipsoïde aplati et qui peut même faire dévier les queues hors du plan de l'orbite, comme M. Valz l'a observé pour deux comètes de 1863, etc. Toutes ces causes sont bien intervenues pour quelque chose dans les anomalies de la comète mises sur le compte de l'action de Mercure.

M. Rothman a depuis essayé une autre détermination fondée sur la perturbation produite par l'action de Mercure sur le mouvement du périhélie de Vénus. Il a ainsi trouvé pour masse de Mercure $\frac{1}{378373}$. Mais ce résultat est aussi très-douteux, car il n'a pas été tenu compte, pour le mouvement de ce périhélie, de l'influence de la partie dense de la lumière zodiacale intérieure à l'orbite de Vénus, ni du changement de la force attractive centrale provenant de ce que la planète est plongée plus profondément à son périhélie qu'à son aphélie dans la substance de la nébulosité solaire. Le nombre de M. Rothman et celui de M. Le Verrier, fondé sur des calculs analogues aux précédents, sont donc plus que douteux, et tout astronome sincère doit avouer

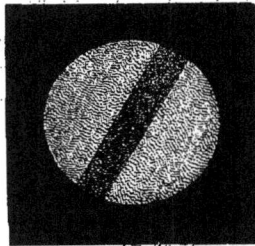

Bande équatoriale de Mercure,
d'après Schroeter et Harding.

que la masse de Mercure est aujourd'hui à peu près inconnue, seulement on peut admettre comme maximum le nombre donné par M. Encke, ou en nombres ronds un cinq millionième de la masse du soleil.

Connaissant la masse et le volume des planètes, on a facilement leur densité, puisque la densité est le rapport de la masse au volume.

Au moyen des masses et de la valeur du diamètre des planètes, on a aussi le rapport de la pesanteur à la surface de ces astres à la pesanteur à la surface de la terre. La pesanteur est en effet proportionnelle à la masse et en raison inverse du carré de la distance au centre des planètes, car on démontre par les mathématiques que l'attraction d'un corps sphérique sur un objet extérieur à lui est la même que si toute sa masse était concentrée au centre de la sphère; d'un autre côté, nous savons que l'attraction varie en raison inverse du carré des distances au centre attirant, et dans le cas présent cette distance est le rayon de l'astre.

On voit, par ce qui précède, par quel moyen les astronomes sont parvenus à déterminer les masses et les densités des planètes et la grandeur de la pesanteur à leur surface. Nous allons faire connaître maintenant les résultats de ces déterminations.

SOLEIL ET PLANÈTES.	MASSES, CELLE DU SOLEIL PRISE POUR UNITÉ.	MASSES, CELLE DE LA TERRE PRISE POUR UNITÉ.	DENSITÉ, CELLE DE LA TERRE PRISE POUR UNITÉ.	DENSITÉ, CELLE DE L'EAU PRISE POUR UNITÉ.	PESANTEUR A LA SURFACE, CELLE DE LA TERRE ÉTANT PRISE POUR UNITÉ.
Soleil. . .	1	552570	0,254	1,37	27,57
Mercure. . .	$\frac{1}{5000000}$	0,000	0,995	5,41	0,404
Vénus. . . .	$\frac{1}{400000}$	0,851	0,926	5,04	0,893
Terre. . . .	$\frac{1}{552570}$	1	1,000	5,44	1,000
Mars. . . .	$\frac{1}{5000000}$	0,114	0,612	3,33	0,346
Jupiter. . .	$\frac{1}{1050}$	516,543	0,238	1,30	2,650
Saturne. . .	$\frac{1}{3512}$	94,640	0,118	0,64	1,138
Uranus. . .	$\frac{1}{30874}$	16,455	0,207	1,15	0,886
Neptune. . .	$\frac{1}{17800}$	18,993	0,214	1,17	0,950

En comparant pour les distances, les diamètres, les volumes, les masses et les densités des planètes, les nombres indiqués dans ce tableau et dans celui de la page 517, aux valeurs données pour les mêmes éléments dans les ouvrages antérieurs, on remarquera quelques différences. Cela vient de ce que nous avons calculé de nouveau toutes ces valeurs en introduisant les corrections qui résultent de la nouvelle détermination de la distance de la terre au soleil. Comme la distance en question intervient dans le calcul du rapport des masses de ces deux derniers astres, les rapports des masses des autres planètes à celle de notre globe sont tous modifiés par l'introduction de la nouvelle valeur, tandis que les rapports à la masse du soleil ne sont pas changés.

De même, les valeurs absolues des distances au soleil sont toutes modifiées, encore bien que leurs rapports, qui ont été déduits de la durée des révolutions, n'aient subi aucun changement. Mais les diamètres et les volumes dépendent des valeurs absolues des distances, et, par conséquent, varient avec elles. Quant au diamètre des planètes Mercure et Mars, comme je l'ai déjà dit dans une note précédente, les nombres que je donne viennent, en outre, d'une nouvelle détermination de l'angle sous-tendu, faite dans de meilleures circonstances que les mesures antérieures.

Pour les rapports des masses de Mercure, Vénus et Mars à la masse du soleil, j'ai inscrit des nombres ronds. Je n'ai pas voulu simuler une exactitude qui n'est pas. La valeur que j'ai adoptée pour Vénus, $\frac{1}{409000}$, est certainement très-approchée. Burckhardt, en comparant les tables solaires avec les observations de Maskelyne, avait fixé cette masse à $\frac{1}{401847}$, et M. Airy, au moyen des observations de Greenwich, avait obtenu, en 1828, $\frac{1}{401847}$. Ces deux nombres, presque identiques, sembleraient, au premier abord, autoriser à inscrire $\frac{1}{401000}$, d'autant qu'ils me paraissent

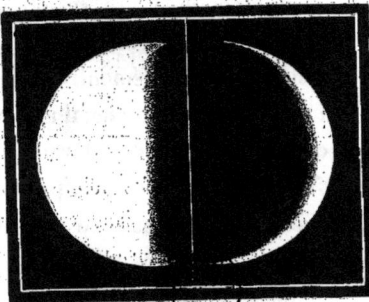

5 mars 1700   26 décembre 1791.
Croissant de Vénus d'après Schrœter.

être les mieux déterminés, si d'autres calculs n'avaient conduit à des résultats très-divergents. Ainsi, M. Rothman, d'après le mouvement du périhélie de Mercure, assigne $\frac{1}{368503}$, tandis que M. Le Verrier, d'après les actions de Vénus sur la terre, a donné $\frac{1}{413160}$. Mais, si on discute les bases d'après lesquelles ils ont trouvé ces nombres, on voit que si, au lieu de supposer, comme l'a fait M. Le Verrier, que la détermination de la variation séculaire de l'obliquité de l'écliptique est rigoureusement connue par les observations, on admet que ces dernières comportent des erreurs de 1 à 2 secondes d'arc, et il est incontestable qu'elles peuvent renfermer des incertitudes de cet ordre de grandeur, on voit qu'on peut augmenter de $\frac{1}{50}$ à $\frac{1}{10}$ la valeur qu'il assigne à la masse de Vénus, sans que l'accord cesse avec les observations, dans la limite des erreurs possibles. Son nombre se rapprocherait alors de celui de M. Rothman. De même pour la valeur assignée par ce dernier on voit qu'on peut, en tenant compte des accidents d'observation, en diminuer la grandeur et rendre compte du mouvement du périhélie de Mercure, sans que l'accord avec les positions observées cesse également d'exister. Pour satisfaire aux deux phénomènes, dans la limite des erreurs possibles, il faut donc prendre un chiffre intermédiaire à ceux que je viens de citer en dernier lieu; et les observations, à cause de leurs incertitudes, laissent complétement indéterminé ce chiffre intermédiaire. Il en résulte donc qu'on ne peut fixer qu'en nombre rond la valeur de la masse de Vénus, et c'est ce qui m'a décidé à inscrire dans le tableau la quantité $\frac{1}{400000}$. On voit, au reste, par la discussion ci-dessus, que ce nombre est très-approché, et ne peut guère être en erreur que de $\frac{1}{30}$ à $\frac{1}{40}$ de sa valeur[1].

La masse de Mars est moins exactement connue encore que celle de Vénus. Delambre, en comparant les formules données par Laplace pour l'action de Mars sur le mouvement de la terre, avec les observations du soleil, faites par Bradley et Maskelyne, lui avait assigné pour grandeur $\frac{1}{2516320}$, et Burckhardt $\frac{1}{1616357}$. Mais M. Airy a démontré que ces nombres étaient trop grands. Au moyen d'autres observations, il a même été conduit à admettre que la valeur donnée par Delambre devait être diminuée dans la proportion de 22 à 15, ce qui aurait donné, pour la masse de Mars $\frac{1}{3151600}$. M. Le Verrier a successivement assigné plusieurs chiffres différents pour cette même planète, et, dans ses tables solaires, il s'est arrêté à la valeur $\frac{1}{3001790}$, comprise entre les déterminations extrêmes de Delambre et d'Airy, et qui diffère bien peu du nombre rond $\frac{1}{3000000}$, que nous avons inscrit dans notre tableau. Ce nombre peut être regardé comme assez approché, mais il renferme cependant encore une certaine incertitude.

J'ai déjà dit que la masse de Mercure, inscrite dans le tableau, ne peut inspirer de confiance, et ne doit être considérée que comme un maximum.

Quant aux densités, à part les planètes Mercure, Vénus et Mars, dont

---

[1] Je dois dire, au reste, que dans ses tables du soleil, tome IV des *Annales de l'Observatoire*, M. Le Verrier a donné une autre valeur de la masse de Vénus, $\frac{1}{400240}$. Il l'a déduite d'une discussion assez soignée, quoique cette même discussion l'ait conduit à une parallaxe du soleil certainement trop grande (8″,95), ce qui montre qu'il règne encore de l'incertitude sur les observations qui lui ont donné cette masse. Mais c'est presque le nombre rond que nous adoptons comme approché.

le rapport des masses à celle du soleil, donné dans mon tableau, diffère de celui de l'*Annuaire* du bureau des longitudes, et dont les diamètres, pour les deux premières, sont fixés d'après de nouvelles mesures, les nombres devraient être identiques à ceux de l'*Annuaire* du bureau des longitudes, car les diminutions que le changement de parallaxe fait admettre pour le rapport de la masse à celle de la terre, sont dans la même relation que les diminutions pour le rapport des volumes. Mais la différence vient d'une erreur très-grave, commise dans l'*Annuaire* du bureau des longitudes de cette année. En effet, on y a in-scrit la parallaxe donnée par M. Foucault, d'après ses ob-servations sur la vitesse de la lumière, et on n'a pas mis les masses en rapport avec cette nouvelle parallaxe, tandis qu'on a fait la correction pour les diamètres et les volumes. En divisant les masses anciennes par les nouveaux volumes, on a obtenu alors de nouvelles densités, tandis qu'on devait modifier les deux choses ensemble, et les densités seraient restées invariables. Il en est résulté que, dans l'*Annuaire*, on a précisément changé le seul élément indépendant de la parallaxe, qui est la densité, et on a laissé invariables les masses qui, au contraire, devaient être changées. Quand j'ai rétabli les choses comme elles doivent être, mes nombres sont nécessairement devenus différents de ceux de l'*Annuaire*.

Telles sont les explications que j'avais à donner sur mes nouveaux tableaux, qui sont mis en rapport avec l'état de la science. Je vais maintenant examiner leurs conséquences, relativement aux densités des corps célestes.

Si on jette un coup d'œil sur la colonne qui les renferme, on re-marque d'abord que, d'après les nombres qu'elle contient, la terre serait la plus dense des planètes. Toutefois, les densités de Mercure et

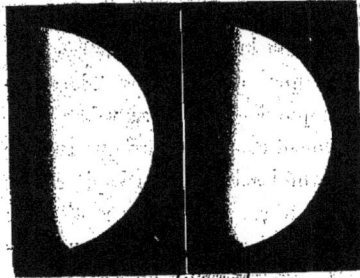

26 mars 1800.　27 mars 6 heures et demie.
Croissant de Mercure d'après Schrœter.

de Vénus en sont assez peu différentes, pour qu'on reste dans l'incertitude sur la question de savoir si elles ne seraient pas rigoureusement égales. Les doutes qui existent encore sur la valeur des masses et la vraie grandeur des diamètres de ces deux astres, permettent, en effet, de supposer cette égalité.

La densité du soleil, par rapport à celle de la terre, est la mieux déterminée de toutes; elle est égale au quart de celle de notre globe exactement. Les densités de Jupiter, Uranus et Neptune diffèrent peu de celle du soleil, et il est possible qu'elles lui soient égales, car il règne encore un peu d'incertitude sur les diamètres de ces planètes.

La densité de Saturne est à peu près la moitié de celle de Jupiter, Uranus et Neptune; et, par la même raison, il est possible qu'elle en soit exactement la moitié, ainsi que de celle du soleil, ou le huitième de la densité de la terre.

Quant à la densité de Mars, elle est presque égale à celle de la lune, qui est comprise entre 0,60 et 0,65 de celle de la terre.

Il résulte donc de là que si on prend pour unité la densité de Saturne, les densités des principaux corps de notre système solaire seraient, à très-peu près, représentées par des nombres entiers; et dans la limite d'exactitude des observations, on peut dire que leurs valeurs sont les suivantes :

Saturne.	1
Soleil, Jupiter, Uranus et Neptune.	2
Mars et la Lune.	5
La Terre, Mercure et Vénus.	8

Ces nombres entiers ont l'avantage d'être beaucoup plus facilement gardés par la mémoire que les rapports fractionnaires, et ils sont dans l'état actuel de la science aussi approchés que tout autre chiffre voisin qu'on leur substituerait.

Mais, en outre, je vais me proposer de démontrer que ces rapports simples sont les plus probables, et que si les observations ne les ont pas donnés directement avec exactitude, quoiqu'elles les aient fournis très-approximativement, cela ne doit venir que des erreurs mêmes.

En premier lieu, on ne peut s'empêcher de remarquer la probabilité que donne à cette manière de voir le fait que les densités, qu'on a pu déterminer pour dix corps célestes, soient précisément venues se grouper autour de quatre nombres, donnant entre eux des rapports simples, au lieu d'être représentées par dix nombres essentiellement différents. Ce groupement très-remarquable constitue déjà une première probabilité. Mais il y a d'autres considérations plus puissantes à faire valoir.

Les chimistes ont reconnu que les corps se combinent entre eux dans des proportions définies et multiples les unes des autres, et quand une substance se substitue à une autre, dans l'un quelconque de ses composés, le rapport des poids de ces deux substances est toujours le même, quels que soient d'ailleurs les autres éléments qui entraient dans l'association où elles se remplacent ainsi. Les choses se passent donc comme si les combinaisons avaient lieu atome par atome, et comme si les atomes avaient des masses définies. Il en résulte qu'en prenant le rapport des poids des quantités de deux substances qui peuvent se substituer l'une à l'autre, on a le rapport du poids de leurs atomes. C'est ainsi, par exemple, qu'on a reconnu que pour remplacer, dans une certaine combinaison, de l'oxygène par du soufre, il faut toujours une quantité de soufre double de celle de l'oxygène. Dans la théorie atomique, ce phénomène s'exprime en disant que le poids de chaque atome de soufre est double de celui de chaque atome d'oxygène. D'après les lois des combinaisons des divers corps connus à la surface de la terre, on a déterminé les rapports des proportions de chaque substance nécessaires pour se substituer les unes aux autres ou pour se combiner ensemble, et on a eu ainsi les rapports des poids atomiques de tous les corps connus. En prenant donc pour unité le plus petit de tous, celui de l'hydrogène, les poids des atomes des autres substances ont été représentés par des nombres qui expriment leur rapport au poids atomique de ce gaz.

Outre cette loi des proportions définies, il en existe une autre très-importante qui a été découverte par Gay-Lussac. Elle consiste en ce que, pour les corps simples à l'état de gaz ou de vapeurs et soumis à la même pression, les densités sont précisément proportionnelles aux poids atomiques. Il n'y a que très-peu d'exceptions à cette règle, mais alors la densité est double de celle qui répondrait au poids atomique, suivant la loi considérée, ou bien elle est sextuple, comme pour le soufre. Mais, dans tous les cas, pour les gaz et les vapeurs, la densité est proportionnelle au poids des atomes, multiplié par un rapport simple et entier, qui est un des nombres 1, 2 ou 6. Exprimée ainsi, la loi des densités est complétement générale, et ne souffre plus d'exception.

Si des corps simples nous passons aux corps composés, toujours à l'état de gaz ou de vapeur, on trouve que la majeure partie des combinaisons a sa densité proportionnelle au poids atomique de la combinaison, c'est-à-dire à la somme de ceux des corps constituants. Ainsi la règle de la proportionnalité des densités aux poids des atomes se continue pour un nombre considérable de combinaisons. Quant aux corps composés qui échappent à cette loi, on reconnaît que leur densité est ou la moitié ou le quart de celle qui aurait lieu, si elle était proportionnelle au poids atomique, ou bien elle en est le double.

En réunissant donc ensemble tous les corps simples et composés, on peut exprimer, d'une manière complétement générale, les relations de leur densité avec leurs proportions dans les combinaisons par la loi suivante :

Pour tous les corps simples ou composés à l'état de gaz ou réduits en vapeur, la densité à même pression est proportionnelle au poids atomique multiplié par un rapport simple entier ou fractionnaire, et qui est une des quantités $\frac{1}{4}$, $\frac{1}{2}$, 1, 2 ou 6.

Il est évident d'ailleurs qu'on peut faire disparaître les rapports fractionnaires en prenant pour unité de densité le quart de celle du gaz hydrogène, et pour unité de poids atomique celui de cette substance, et alors la loi s'exprimera en disant que la *densité est égale au poids atomique multiplié par un nombre entier représentant le degré de condensation et qui est un des suivants, 1, 2, 4, 8 ou 24.* Le facteur 4 est alors celui de la majeure partie des corps soit simples, soit composés.

Si maintenant nous comparons les densités des corps solides ou liquides à une température de 10° environ, nous voyons en considérant les corps simples, qu'il y en a un certain nombre dont les densités sont à très-peu près entre elles comme les poids atomiques. Plusieurs autres corps ont par rapport à ces premiers une densité double de celle qui répondrait au poids atomique, ou bien deux fois moindre. Quelques-uns ont des rapports plus compliqués, tels que celui de 5 à 2, de 7 à 8, etc. Mais en somme il se conserve toujours des relations assez simples entre les densités et les poids des atomes quoique ces relations soient plus nombreuses et plus compliquées que pour l'état gazeux. Toutefois, les rapports sont trop frappants pour qu'il ne soit pas évident que la densité conserve aussi bien à l'état solide ou liquide qu'à l'état gazeux des liaisons avec les poids atomiques.

Les corps solides offrent en outre une autre particularité importante qui va nous donner la clef de cette plus grande complication des rapports. On en remarque en effet quelques-uns qui, à l'état pur, se montrent dans plusieurs états différents répondant à des densités variables. Tout chez eux se modifie, densité, aspect physique, propriétés chimiques, en passant de l'une à l'autre de ces apparences que les chimistes appellent *états allotropiques d'un même corps*. Pour n'en citer ici qu'un exemple, le carbone présente dans le charbon de bois, dans le graphite avec lequel on fait les crayons dits de *mine de plomb*, et dans le diamant, trois aspects particuliers répondant en outre à des densités entièrement différentes. Ceci nous apprend donc qu'à l'état solide les corps peuvent se trouver dans plusieurs degrés de condensation, tandis qu'à l'état gazeux ils n'en offrent qu'un seul.

Or, du moment où il existe divers systèmes de condensation d'un même corps à l'état pur, on comprend qu'il peut arriver qu'un morceau d'une même substance les présente simultanément, les uns dans une partie de ses atomes, les autres dans les autres parties. Ainsi, par exemple, supposons que dans un corps une molécule sur deux soit composée de trois atomes, et l'autre de deux : il en résultera que deux molécules formeront cinq atomes. Si dans un autre corps chaque molécule est composée d'un atome, deux molécules ne renfermeront que deux atomes. Le rapport de condensation de ces deux corps sera donc celui de 5 à 2. Le rapport de 7 à 8 se comprend aussi aisément. Si dans un corps toutes les molécules sont doubles, si dans l'autre trois sur quatre sont doubles et une simple, il en résultera que l'un des corps aura huit atomes dans quatre molécules et l'autre sept; la condensation sera donc entre eux dans le rapport de 7 à 8. On peut expliquer de même toutes les autres relations. Les nombres 1, 2 et 3, par leurs diverses combinaisons, suffiront à faire ainsi une multitude d'autres rapports de condensation; seulement, la loi quoique aussi simple que pour les gaz se trouve en apparence beaucoup plus compliquée et même dissimulée pour un grand nombre de corps, quoique son existence ne puisse être révoquée en doute et se manifeste nettement par d'autres substances.

Bien que les rapports de condensation atomique des corps solides soient un peu plus compliqués que les nombres 1, 2 ou 3 et leurs multiples entre eux, cependant ils sont toujours des nombres assez simples tels que ceux que j'ai cités de 5 à 2, de 7 à 8, etc., et qui se déduisent alors très-facilement des rapports 1, 2 ou 3, en admettant que les fractions de la masse qui présentent des condensations différentes sont elles-mêmes dans les rapports simples 1, 2, 3 ou leurs multiples, de sorte qu'il semblerait exister dans certains corps solides comme des combinaisons en proportions définies de deux états allotropiques de la substance.

Ce fait se manifeste toutefois bien plus clairement quand on examine la densité à l'état solide ou liquide des corps composés. On remarque en effet que dans la majeure partie des cas, la densité de ces corps est proportionnelle au poids atomique moyen des atomes constituants, comme si, en se combinant pour former des corps solides composés, chacune des substances simples associés gardait son volume, tandis qu'à l'état gazeux, dans le cas le plus général, deux volumes n'en font plus qu'un. Cette loi, qui se trouve souvent aussi dans les combinaisons minérales, se vérifie surtout dans les séries homologues de composés organiques, tels que les acides, les aldéhydes, etc., et leurs dérivés. Mais alors on remarque en général que les corps simples qui semblaient, comme nous venons de le voir, présenter réunis deux systèmes de condensation à l'état pur n'entrent plus dans la combinaison qu'avec un seul système, du moins leur poids atomique doit être considéré dans le calcul de la densité, comme s'il n'y avait qu'un seul degré de condensation ; toutefois, suivant les diverses combinaisons dans lesquelles le corps entre, on est obligé de calculer tantôt avec l'un, tantôt avec l'autre des modes simples de condensation suivant les facteurs 1, 2, 3, modes qu'on avait été obligé de supposer réunis pour expliquer les rapports plus complexes de 5 à 2, de 7 à 8, etc. Cette observation vérifie ce que nous avions supposé d'abord, à savoir, que ces rapports plus complexes provenaient de combinaisons en proportions définies des parties présentant ces degrés de condensation plus simples.

Les composés qui échappent à la loi de la densité proportionnelle au poids atomique moyen des atomes constituants, ou à celle de la même proportionnalité avec l'un des atomes condensés suivant la loi des nombres 1, 2 ou 3, donnent alors pour leur densité par rapport aux autres des relations de nombres entiers, tels que ceux de 5 à 2, de 7 à 8, etc., comme les corps simples comparés entre eux. Ce fait s'explique alors comme pour ces derniers par des combinaisons en proportions définies de parties de la substance condensées suivant des rapports différents. J'ai entrepris à ce sujet des recherches assez étendues et la conclusion générale de l'examen auquel je me suis livré pour les corps solides et liquides, et dont je ferai connaître les détails dans un autre ouvrage, est que leurs densités sont proportionnelles à leur poids atomique multiplié par des rapports de condensation aussi peu compliqués au fond que ceux des vapeurs ou des gaz.

En résumé, il résulte de ce qui précède que les choses se passent, quant aux densités des corps, comme si chaque molécule qui peut être composée d'un nombre plus ou moins grand d'atomes occupait un espace sans cesse constant pour une température et une pression donnée. *Les densités sont alors toujours proportionnelles aux poids des atomes multipliés par le nombre d'atomes renfermés dans la molécule, et le nombre des molécules pour un volume donné est constant.* Telle est la loi générale applicable aux solides et aux liquides aussi bien qu'aux gaz, et dont la règle connue des chimistes, sous le nom de loi de Gay-Lussac, n'est qu'un cas particulier.

Les densités varient toutefois avec la température et la pression. Ces variations qui sont considérables à l'état gazeux sont petites à l'état solide ou liquide. Proviennent-elles d'une modification de l'espace occupé par les molécules, c'est-à-dire d'un changement de la distance qui les sépare, ou bien résultent-elles de condensations ou de dédoublements partiels de ces dernières? C'est une question que je n'examinerai pas ici, parce qu'elle m'entraînerait dans de trop longs développements. Je dirai seulement que plusieurs considérations militent en faveur de la seconde hypothèse. Mais, quoi qu'il en soit à cet égard, il est certain que la diminution de volume par la compression doit avoir une limite, sans quoi un volume donné de matière finirait par occuper un espace nul.

Nous constatons tous les jours dans nos laboratoires que la pression modifie l'état moléculaire des corps. Les gaz finissent sous son influence par se liquéfier. Que deviendraient à leur tour les solides et les liquides sous des pressions indéfinies? Nous ne le savons pas, mais par analogie nous avons lieu de croire qu'ils prennent un nouvel état dans lequel toute élasticité disparaît, puisque déjà nous constatons qu'en faisant perdre aux corps l'état gazeux la pression agit pour diminuer considérablement leur élasticité. D'après cette remarque et d'après ce que nous voyons du rapport des densités aux poids atomiques, il est bien probable que la matière finit par prendre un volume défini et fixe dans lequel les densités sont proportionnelles aux poids atomiques, puisque chaque substance doit avoir acquis son maximum de condensation dans la totalité de sa masse.

D'un autre côté, il est certain aujourd'hui que les poids atomiques des corps connus sont tous des multiples du quart de celui de l'hydrogène. Si donc, on prend pour unité de poids atomique le quart de celui de l'hydrogène, les poids atomiques de tous les corps connus sont représentés par des nombres entiers.

D'après cela, puisqu'il est excessivement probable, je dirai même

presque certain que les densités limites des divers corps sous des pressions indéfinies sont proportionnelles aux poids atomiques, il en résulte que ces densités limites sont alors entre elles comme des nombres
entiers.

Cela posé, revenons aux planètes et remarquons que leurs parties intérieures sont soumises à de gigantesques pressions. Notons, qu'à partir
d'une très-petite profondeur au-dessous de leur surface, la pression est
déjà telle qu'il y a lieu de croire que la limite de compression doit être
atteinte. La pellicule qui détermine cet effet est elle-même si peu
de chose, par rapport à la masse de l'astre, qu'elle ne peut modifier que d'une très-petite quantité la densité moyenne qui aurait lieu
en ne considérant que l'intérieur, de telle sorte que, dans le cas d'homogénéité de la matière interne des planètes, leurs densités doivent
répondre entièrement aux poids atomiques des matières qui composent
leur région centrale et qui se trouvent comprimées au maximum.
Donc, abstraction faite de la pellicule superficielle qui, si nous jugeons
des autres planètes par la terre, est composée de beaucoup de matières différentes dans des états de condensation très-variés, les densités des planètes doivent être entre elles comme les poids atomiques
des matières qui composent leur masse intérieure, c'est-à-dire comme
des nombres entiers si pour chaque planète cette masse intérieure est
composée d'une seule substance.

Rapprochons maintenant de cette raison physique, permettant de
concevoir comment les densités des planètes pourraient être entre elles
comme des nombres entiers, le fait qu'on les trouve telles en réalité
d'après les observations, dans la limite d'erreur de ces dernières, et la
remarque qu'elles se groupent autour d'un petit nombre de rapports
très-simples, et il est évident que par ce rapprochement a lieu une
augmentation notable de la probabilité que les rapports des densités
sont encore plus près des nombres entiers en question que les observations ne les en ont montrés, à cause de leurs erreurs. Le même
rapprochement semblerait aussi nous indiquer que dans chaque planète la masse intérieure est formée d'une seule substance.

Au premier abord, cette dernière conclusion paraît assez bizarre, vu la diversité des matières que nous observons à la surface de la terre. Mais avec un peu de réflexion, au contraire, on reconnaît que cette même conclusion n'a rien que de très-admissible. En effet, nous avons dit que tous les corps connus à la surface de la terre ont des poids atomiques en rapports simples et multiples les uns des autres. Cette circonstance semble précisément leur indiquer une communauté d'origine. Bien que dans nos laboratoires nous ne sachions pas transformer un corps simple dans un autre, cela ne peut être une objection à cette manière de voir partagée par plusieurs chimistes éminents, car la nature dispose dans son laboratoire à elle d'éléments qui manquent dans les nôtres, surtout les pressions énormes et les durées indéfinies. Ces dernières peuvent même comprendre des variations dans les lois de la nature qui pour une courte durée nous semblent fixes. Quoi qu'il en soit, au reste, des causes qui ont pu être en jeu, il est certain que la communauté d'origine des nombreuses matières de la surface terrestre est assez probable. Cette probabilité augmente même en remarquant qu'aux divers âges de la terre, les filons métalliques ont, comme l'a montré notre grand géologue français, M. Élie de Beaumont, varié dans leur nature. Les filons stannifères, par exemple, sont en général plus anciens que les filons plombifères, etc. En cela, les choses s'observent comme si certaines substances n'étaient apparues à la surface de la terre qu'à certaines époques. J'ajouterai encore que j'ai remarqué que les métaux, qui sont généralement associés dans les gîtes métallifères, présentent entre leurs poids atomiques certaines relations curieuses. Ces relations que je développerai dans un autre ouvrage se joignent au fait observé par M. Élie de Beaumont pour fournir un fort argument en faveur de la transformation les uns dans les autres des corps regardés comme simples par les chimistes. L'existence de certains composés, le cyanogène, par exemple, qui se comportent chimiquement comme des corps simples, est une autre raison puissante.

Or, si tous les corps à la surface de la terre dérivent d'une seule et même substance, il est bien probable que cette substance est celle qui compose la masse centrale du globe, où, sous l'influence de la pression, elle se maintiendrait à un état d'incompressibilité et de stabilité, nécessaire, d'ailleurs, comme nous le verrons dans un autre chapitre, pour expliquer l'existence des marées. En approchant de la surface seulement, et vers les limites de la pression maximum, cette matière se modifierait et prendrait d'autres propriétés, en fournissant des états allotropiques variés suivant les conditions de transformation, lesquels états allotropiques ne seraient autres que ce que nous appelons corps simples, et ne peuvent changer qu'en revenant à l'état de compression maximum, qui détruirait l'un d'eux pour permettre l'autre.

On voit donc, par ce qui précède, que l'homogénéité de la matière centrale des planètes, bien qu'elle ne puisse être démontrée d'une manière rigoureuse dans l'état actuel de la science, est non-seulement très-admissible, mais encore assez probable, d'après plusieurs faits observés à la surface de la terre, et elle se trouve confirmée d'une manière presque complète par les rapports simples des densités des planètes.

Nous allons maintenant signaler encore, en faveur de cette manière de voir, un autre rapprochement très-curieux, qu'offrent les nombres qui représentent ces rapports simples des densités planétaires. Ces nombres sont, comme nous l'avons vu, 1, 2, 5, 8. Or, parmi les divers corps simples, connus à la surface de la terre, il y en a quatre qui ont entre eux des relations excessivement remarquables par leurs propriétés, et qui forment par là une sorte de famille très-naturelle au milieu de l'ensemble des autres corps. Ces quatre substances, que les chimistes réunissent, en effet, en une même famille, sont l'oxygène, le soufre, le sélénium et le tellure. Or, si on prend pour unité le poids atomique de l'oxygène, celui du soufre est 2, celui du sélénium 5, et celui du tellure 8, c'est-à-dire que nous trouvons dans ces quatre corps, composant la famille la plus naturelle de la chimie, la série 1, 2, 5, 8, qui représente les densités relatives des planètes. D'après cette curieuse analogie, il semblerait donc que les matières centrales, ou matières primitives planétaires, appartiennent à une même famille de corps.

Remarquons encore, à ce sujet, que la série 1, 2, 5, 8, que nous trouvons dans les densités relatives des planètes, appartient à une autre série plus générale, 1, 2, 3, 5, 8, 13, etc., dans laquelle chaque terme est la somme des deux précédents. En effet, 1 et 2 font 3; 3 plus 5 égale 8, 8 et 5 font 13, etc.

À cause des singulières relations que ces rapprochements rendent probables entre les matières centrales ou matières primitives des planètes, il est bien possible que les mêmes corps simples aient pu se former à la surface de plusieurs d'entre elles, mais il est possible aussi que ces corps soient différents et conservent de certaines relations particulières avec la matière primitive. L'analyse spectrale ne peut nous rien apprendre à ce sujet. En effet, les systèmes de vibrations lumineuses qu'un corps émet ou absorbe, ne dépendent que de son état élastique intérieur, et nullement de ses autres propriétés. Il est donc bien possible, par exemple, que, sous une densité deux ou quatre fois plus petite, et avec un poids atomique deux ou quatre fois moindre que pour un autre corps, une certaine substance ait identiquement la même constitution élastique interne que ce dernier. Dans ce cas, les deux substances, quoique différentes, donneraient les mêmes raies dans les spectres émis. L'analyse spectrale peut donc nous apprendre qu'il existe dans un astre une matière capable de produire tel système de raies analogue à celui d'une certaine substance, par exemple du fer, ou du sodium, ou du magnésium, mais elle ne nous prouve nullement que cette matière soit réellement du fer, du sodium ou du magnésium. Ainsi les raies solaires qu'on a cru provenir de ces métaux, pourraient venir d'une matière quatre fois moins dense, qui serait à la substance primitive du soleil ce que le fer, le sodium ou le magnésium sont à la substance primitive de la terre, mais ce ne seraient nullement les métaux en question. Dans le chapitre II, nous avons déjà fait voir tout ce que l'analyse spectrale, appliquée aux astres, laisse de doutes. La considération précédente nous montre plus fortement encore combien les déductions qu'on en a tirées sont incertaines.

Bouguer et ses compagnons, en mesurant, au Pérou, la longueur d'un arc du méridien, remarquèrent que l'attraction d'une des montagnes colossales de la chaîne des Andes, le Chimborazo, déviait le fil à plomb d'environ 7″,5 hors de la verticale. Plus tard, des expériences de même nature furent faites par Maskelyne, près de la montagne de Schehallien, dans le Perthshire, dans le but d'obtenir le rapport de la force attractive de la montagne à celle de la terre, et de conclure de l'estimation de la masse de la première celle de notre globe. Mais, comme il était difficile de connaître exactement la masse de la montagne, ce procédé laissait beaucoup à désirer. Cavendish pensa donc à comparer la masse de la terre à celle d'une sphère de plomb, et pour cela il se fonda sur une propriété qu'on démontre en mécanique, et d'après laquelle la durée des oscillations d'un petit corps suspendu à un fil rigide ou, en d'autres termes, d'un pendule, dépend de la force attractive exercée sur lui. Il fit donc osciller horizontalement une sorte de petit pendule devant des sphères de plomb, cas dans lequel la pesanteur n'agissait pas sur la longueur du temps nécessaire pour chaque mouvement, et comparant la durée observée à celle des oscillations du pendule proprement dit sous l'influence de l'attraction terrestre, il en conclut le rapport de la masse de la terre à celle des sphères de plomb employées. Or, comme il était facile de calculer, d'après les dimensions terrestres, combien de fois un volume d'eau égal à celui de notre globe pèserait autant que les sphères de plomb qui avaient servi, il put déduire de son expérience le rapport de la force attractive réelle de la terre à celle qui aurait lieu si notre planète était formée d'un volume d'eau égal au sien. Ce rapport n'est autre que celui de la densité de la terre à la densité de l'eau, et il lui trouva pour valeur 5,4b.

Cette même expérience fut reprise depuis par plusieurs observateurs. Comme l'a fait remarquer M. Herne, elle est sujette à une petite cause d'erreur, provenant de ce que, sous l'action du magnétisme terrestre, les petites masses oscillantes peuvent être influencées, soit à cause de leur magnétisme propre ou de leur diamagnétisme, soit à cause des courants électriques, provenant du déplacement de corps conducteurs, comme dans les phénomènes appelés en physique *magnétisme de rotation*. Toutefois, ces erreurs sont petites, et M. Baily a repris avec grand soin, de 1838 à 1842, les mesures de Cavendish, et il a trouvé la valeur 5,66 pour le rapport de la densité moyenne de la terre à celle de l'eau. Cette détermination paraît être la plus précise de toutes celles qui ont été effectuées, à cause de la répétition nombreuse des observations, et du soin apporté pour éviter toutes les causes d'erreur.

En remarquant que la densité moyenne des roches à la surface de la terre est d'environ 3, il est facile de calculer que si cette dernière densité se continuait seulement sur les $\frac{4}{100}$ du rayon terrestre, la densité du centre devrait être exactement de 6 fois celle de l'eau, d'après la valeur de la densité moyenne de la terre, donnée par Baily. Si on tient compte de la tendance des rapports des densités des corps de diverses natures à se rapprocher des nombres entiers, on remarquera que la densité 6 pour la masse centrale de la terre possède une certaine probabilité, bien qu'on ne puisse directement démontrer sa réalité.

Les considérations que je viens de développer sur la densité de la terre et des planètes, ouvrent un nouveau champ de recherches très-curieuses, mais dans lequel nous ne nous arrêterons pas davantage ici; nous avons hâte de revenir au domaine des faits entièrement et définitivement constatés. C'est ce que nous allons faire, en entrant dans la description particulière des diverses planètes, et nous commencerons par Mercure et Vénus.

Ces deux astres, dont la révolution se fait entre le soleil et l'orbite de la terre, ne sont aperçus que le matin, avant le lever du soleil, ou le soir, après son coucher. Ils se distinguent de toutes les étoiles par leur éclat. Vénus, surtout, est remarquable sous ce rapport.

Vus dans des lunettes, l'un et l'autre présentent des phases, comme la lune. L'explication de ce phénomène est identique à celle que nous avons donnée pour notre satellite. Les autres planètes extérieures à la terre n'offrent rien de semblable. Leur côté obscur ne peut jamais se faire voir à notre globe qui est compris entre elles et le soleil. Mars montre, cependant, quelques traces de phases. A leur maximum, elles sont égales à celles de la lune, trois jours avant la pleine.

Dans ses phases, Vénus présente un phénomène curieux. Quelquefois la partie qui devrait être obscure, apparaît couverte d'une lueur pâle, comme si la planète était phosphorescente. Peut-être faut-il attribuer cette lueur à l'éclairage général que donne le ciel, et surtout la lumière zodiacale, au milieu de laquelle l'astre est plongé. J'ai déjà signalé l'éclairage nocturne de la surface de la terre par le ciel étoilé et la lumière zodiacale, en parlant de ce dernier phénomène, dont l'influence sur la lumière de nuit doit être encore plus sensible pour Vénus que pour la terre, puisque cette planète est plus profondément engagée dans son intérieur. Peut-être aussi cela proviendrait-il d'une sorte de lumière analogue à l'aurore boréale et existant dans l'atmosphère de ce corps?

À part, peut-être, des lueurs accidentelles et très-faibles, telles que celles que nous venons d'indiquer pour Vénus, les planètes n'émettent pas de lumière propre.* Elles doivent leur éclairage et leur chaleur au soleil, autour duquel elles font leur révolution.

Il est bon, au reste, quant aux lueurs accidentelles de Vénus, de noter que la lumière portée dans son cône d'ombre par la diffraction peut former pour nous un rideau lumineux se projetant sur la partie obscure de la planète. La lumière crépusculaire du contour directement éclairé par le soleil doit surtout contribuer à l'apparence en question, car elle dessine nettement le pourtour du disque. En somme, les causes analogues à celles qui éclairent faiblement la lune dans ses éclipses totales, agissant aussi derrière Vénus, doivent remplir le cône

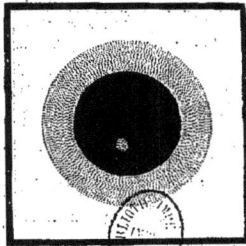

Mercure projeté sur le soleil, d'après Schrœter.

d'ombre de rayons dont une partie nous parvient et peut nous sembler provenir de la face obscure de ce corps. C'est probablement là qu'il faut chercher l'explication des lueurs en question.

Comme toutes les planètes, du moins les grandes, Mercure et Vénus paraissent être entourées d'une couche de gaz.

L'atmosphère de Mercure se révèle par l'existence de nuages se formant parfois très-subitement sous forme de bandes obscures occupant des espaces très-considérables (voir la figure d'une de ces bandes, page 320). Plusieurs observateurs, Schrœter entre autres, ont cru remarquer autour de ce corps, lorsqu'il se projetait sur le soleil, un anneau moins lumineux que le reste de la surface solaire, et qu'ils ont attribué à l'affaiblissement de la lumière, en traversant l'atmosphère de la planète. Mais d'autres observateurs n'ont rien aperçu de semblable lors d'autres passages. Dans ce dernier cas, il faudrait admettre que l'atmosphère de Mercure serait peu élevée, et manquerait de diaphanéité. C'est encore le résultat auquel MM. Beer et Maedler sont arrivés, en calculant, pour le 29 septembre 1832, la phase de Mercure. Ils l'ont trouvée plus grande que la phase visible, ce qui doit avoir lieu, en effet, dans le cas d'une extinction rapide de la lumière par l'atmosphère. Toutefois, il est bon de noter que la diminution de la phase visible peut provenir des ombres des montagnes situées sur la limite du contour éclairé, où quelques observateurs ont cru remarquer des inégalités qui tendraient à en prouver l'existence.

Dans les phases de Mercure, la corne méridionale est souvent tronquée. Les retours périodiques de cette troncature, du côté de laquelle Harding a trouvé une tache obscure sur le disque, ont fait voir que la planète tourne sur elle-même en vingt-quatre heures et cinq minutes environ. L'irrégularité de la corne provient d'une montagne, dont la hauteur a pu être déduite de l'étendue de la troncature. Cette hauteur est d'environ cinq lieues de quatre kilomètres. Le 31 mars 1800, Schrœter vit même deux protubérances se projeter sur cette même corne. Ajoutons encore que, pendant le passage de Mercure, en 1799, Schrœter et Harding à Lilienthal, et Kœhler à Dresde, ont aperçu sur son disque un petit point lumineux, qu'on a attribué à un volcan en ignition dans cette planète. D'après le déplacement de la tache obscure située dans l'hémisphère sud, Harding et Bessel ont calculé que l'inclinaison de l'équateur de Mercure au plan de son orbite serait de 20°, tandis que, d'après la position des bandes observées quelquefois sur son disque, on l'avait supposée de 70°. Tels sont les faits auxquels se bornent nos connaissances sur la constitution physique de Mercure. Quant à son diamètre, des déterminations assez variables ont été faites par divers astronomes. On l'a, en général, mesuré pendant les passages sur le soleil, cas dans lequel la planète se projette en noir sur cet astre. Mais alors l'effet de l'irradiation est de diminuer le rayon et de le faire paraître plus petit qu'il n'est réellement. La meilleure condition pour mesurer le diamètre de Mercure me paraît être quand cette planète montre un croissant délié. Alors, au moyen d'un héliomètre ou d'une lunette à micromètre biréfringent, on peut doubler l'image et amener les deux cornes au contact. Dans ce cas, l'irradiation n'agit pas sur la mesure, car elle influe également dans les deux sens opposés. Il faut choisir les instants où les cornes semblent bien effilées. La moyenne de trois déterminations que j'ai faites de cette manière, à l'aide d'une lunette à double image, m'a donné 7″,11, pour l'angle que sous-tendrait le diamètre vu à la distance de la terre au soleil, tandis que Bessel avait trouvé 6″,70, quand la planète était projetée sur ce dernier astre; mais nous venons de reconnaître que, dans ce cas, le diamètre observé est trop petit, à cause de l'irradiation, et d'ailleurs des déterminations très-différentes ont été données par d'autres observateurs dans la même circonstance.

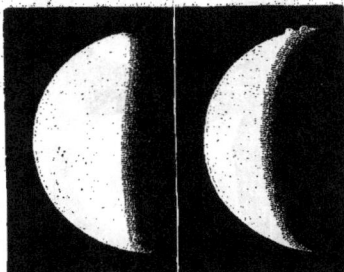

27 mars 7 h. 5 m.   31 mars 1800.
Croissant de Mercure d'après Schrœter.

Croissant de Mercure.   Mesure de son diamètre.

La planète Vénus est couverte de montagnes élevées et de taches grisâtres et fixes comme celles de la surface de la lune. L'existence des montagnes se manifeste par l'irrégularité de la ligne de séparation de l'ombre et de la lumière dans les phases de la planète, et par les troncalures des cornes. D'après Schrœter, quelques-unes des montagnes atteignent jusqu'à onze lieues de hauteur. Le diamètre de Vénus est

Irrégularités du contour intérieur du croissant de Vénus d'après Maedler.

presque égal à celui de la terre, et sa rotation se fait en vingt-trois heures, vingt et une minutes, vingt-quatre secondes, d'après les observations très-soignées du P. de Vico et de ses collaborateurs du Collége Romain.

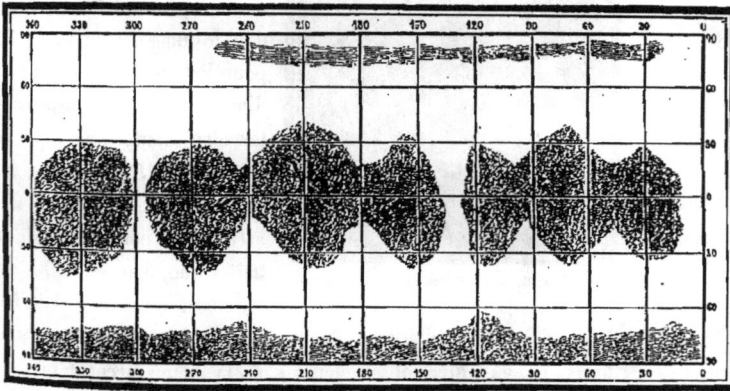

Carte de Vénus d'après Bianchini.

D'après les mêmes astronomes, l'inclinaison de l'équateur à l'écliptique est de 55°,11′.

Les taches grisâtres de la surface de Vénus montrent toujours la même forme, car de 1840 à 1842, de Vico a retrouvé toutes celles qui

avaient été signalées par Bianchini au commencement du siècle dernier. Il semble donc que cette planète n'a pas de nuages dans son
atmosphère. Mais l'existence de cette atmosphère est des mieux prou-
vées. On voit nettement que la lumière du soleil se propage en s'affaiblissant au delà de la limite où elle s'arrêterait sans la présence
d'une couche de gaz. J'ai moi-même observé ce phénomène, signalé primitivement par Schrœter; ce dernier astronome fut d'abord critiqué par
Herschell, qui, plus tard, a reconnu lui-même l'exactitude de son observation. Or, cette lumière qui se propage ainsi au delà de la région
pour laquelle le soleil doit se lever ou se coucher, est analogue à celle
de nos aurores ou de nos crépuscules à la surface de la terre, et son
extension est à peu près la même.

Quelques observateurs du dernier siècle ont cru voir à Vénus un satellite, mais on n'a jamais rien aperçu de semblable avec les instruments beaucoup plus parfaits que nous possédons maintenant. J'ai
moi-même observé cette planète bien des fois, et j'ai pu me convaincre
de l'absence de tout corps circulant autour d'elle.

Vénus se projette quelquefois, mais très-rarement sur le soleil. Ce
phénomène n'arrive que deux fois par siècle, à huit ans d'intervalle.
Les passages se feront dans notre siècle le 8 décembre 1874, et le
6 décembre 1882. Le dernier passage observé a eu lieu en 1769.

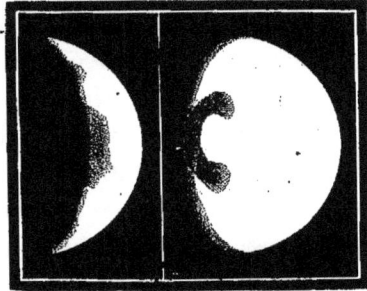

26 février 1726.   5 juillet 1727.
Taches de Vénus d'après Bianchini.

CHAPITRE XIV

LA TERRE

ÉTAT DE NOS CONNAISSANCES SUR NOTRE PLANÈTE
HAUTEUR DE L'ATMOSPHÈRE, SES PROPRIÉTÉS. — RÉSISTANCE DE L'AIR
THÉORIE DES VENTS

La troisième des planètes dans l'ordre des distances au soleil est la terre que nous habitons, et que cependant nous sommes encore loin de bien connaître. A peine même si la totalité de sa surface a été parcourue par les voyageurs. L'intérieur des continents est resté jusqu'ici incomplétement exploré. Ainsi, de vastes portions de l'Asie, de l'Afrique, de l'Amérique et de l'Australie ont été peu visitées, et même diverses régions de ces quatre parties du monde sont entièrement inconnues. D'un autre côté, les mers polaires, rendues innavigables par leurs barrières de glaces, renferment bien des terres dont les limites n'ont pas été tracées.

A part toutefois les régions polaires, la surface de l'Océan est aujourd'hui assez bien explorée; sans cesse des milliers de navires la sillonnent en tous sens, mais les profondeurs en sont inaccessibles. Nos appareils de sondage réussissent à peine, à en donner la mesure, et la plus grande incertitude règne sur ce qu'elles renferment. Sur un petit nombre de points de la surface continentale, des travaux de mine ont permis de visiter le sous-sol, mais les profondeurs que l'on a pu atteindre sont si peu de chose par rapport au rayon terrestre qu'elles ne nous ont rien appris sur les conditions de la matière intérieure. Enfin, l'état des couches supérieures de l'atmosphère n'est pas pour nous mieux déterminé que celui de la masse interne. Les ascensions aérostatiques n'ont même pas jusqu'ici permis d'atteindre la hauteur des montagnes les plus élevées.

En présence de tant de choses que nous ignorons sur la nature de notre globe, il est clair que l'étude du ciel ne doit pas faire oublier celle de la terre, même dans un ouvrage astronomique. Les relations de notre planète avec les autres astres exigent même que l'on jette un coup d'œil au moins sur les phénomènes les plus généraux qu'elle nous montre soit dans son atmosphère, soit dans sa masse. Nous commencerons donc par la première.

La couche d'air qui enveloppe le globe terrestre de toutes parts et qu'on désigne sous le nom d'atmosphère, présente, quand elle ne tient pas de nuages en suspension, une belle couleur bleue. Cette couleur n'a pas une intensité égale dans tous les climats, ni à toutes les hauteurs au-dessus du sol. De Saussure a remarqué dans les Alpes qu'elle prend une teinte de plus en plus foncée à mesure qu'on s'élève davantage au-dessus du niveau de la mer, et la même observation a été répétée depuis par un grand nombre de physiciens. Ce fait s'explique aisément en remarquant que plus on monte dans l'atmosphère, moins la couche d'air supérieure à l'observateur devient épaisse. Il en résulte que la quantité de rayons bleus et blancs réfléchie par elle décroît comme sa propre masse, et si on pouvait atteindre la limite même de l'atmosphère, on n'aurait plus au-dessus de soi, même en plein jour, qu'un ciel noir comme celui de la nuit. Il serait curieux de voir alors le soleil trancher par sa vive lumière sur l'obscurité totale qui l'envelopperait, en même temps qu'on apercevrait les plus petites étoiles, que le rideau lumineux de l'atmosphère n'empêcherait plus de distinguer. Mais l'homme ne verra jamais ce spectacle, qui cependant a lieu à quelques kilomètres au-dessus de sa tête; car quoiqu'il existe à la surface du globe une montagne située dans l'Himalaya, le mont Éverest, dont la hauteur est d'environ 9,000 mètres, on n'a jamais pu s'élever jusqu'ici, soit en ballon, soit sur les montagnes, à guère plus de 7,000 mètres au-dessus du niveau de la mer.

C'est la rareté de l'air pour la respiration qui limite ainsi l'altitude que l'homme peut atteindre. Ce gaz, en effet, à la surface du sol, est comprimé par la masse de toute l'atmosphère. A mesure qu'on considère un niveau plus élevé, chaque couche est dégagée du poids de celles qui lui sont inférieures. Soumis ainsi à une pression moindre, l'air se dilate, car, comme tous les gaz, il est compressible et dilatable par l'effet d'un changement de pression. On trouve donc une atmosphère d'autant moins dense qu'on s'élève davantage au-dessus du niveau de la mer.

Un physicien célèbre, Mariotte, a cherché à déterminer la loi de la compression des gaz, et il a trouvé que la quantité d'air contenue dans le même volume, ou, en d'autres termes, la densité de l'air est proportionnelle à la pression supportée. Cette propriété est enseignée dans les cours de physique sous le nom de *loi de Mariotte*. Jusqu'à ces dernières années, on a considéré cette loi comme parfaitement exacte; mais alors on trouvait d'énormes difficultés à concevoir comment il se fait que l'atmosphère terrestre ne s'étende pas à l'infini dans l'espace, tandis que d'autres considérations indiquent qu'elle est nécessairement limitée et cesse à une petite distance au-dessus du sol.

Mais cette contradiction apparente est le résultat d'une trop grande généralisation de la loi de Mariotte, qui est simplement approchée au lieu d'être rigoureuse. M. Regnault a depuis longtemps constaté des différences entre cette loi et l'observation, même pour l'air à une pression voisine de celle qu'il possède à la surface du sol. En introduisant de très-petites bulles de ce gaz dans un grand vide barométrique d'une forme spéciale, il m'a été possible de reconnaître que les différences entre les données de l'observation et la théorie usuellement adoptée sont beaucoup plus grandes encore. En diminuant suffisamment la quantité d'air, on parvient même à trouver une limite où les particules, loin de se repousser, comme cela aurait lieu si les gaz étaient dilatables à l'infini, semblent au contraire avoir entre elles une adhérence semblable à celle des molécules d'un liquide visqueux. L'élasticité de l'air produisant l'expansion cesse donc à un certain degré de dilatation à partir duquel ce gaz se comporte comme un liquide, mais un liquide énormément plus léger que tous ceux que nous connaissons[1].

Tout le monde a pu remarquer que le soir, au coucher du soleil, les rayons de cet astre frappent le haut des édifices et le sommet des montagnes quelques instants après avoir cessé d'en éclairer la base. Ce fait montre que les objets les plus élevés sont éclairés les derniers. Par cette raison, les couches supérieures de l'atmosphère sont illuminées par le soleil longtemps encore après que nous avons cessé

[1] M. Babinet a fait aussi à cet égard des expériences très-curieuses.

de voir cet astre, et la lumière que ces couches réfléchissent nous éclaire encore, après le coucher solaire, pendant un certain temps que nous appelons le crépuscule. On conçoit donc la possibilité de déterminer la hauteur de l'atmosphère d'après la durée du crépuscule, puisque cette durée doit être d'autant plus grande que l'atmosphère est plus élevée.

Malheureusement cette méthode si simple en apparence pour déterminer la hauteur de l'atmosphère présente de très-grandes difficultés dans l'application. Il résulte, en effet, du décroissement de la densité de l'air, avec l'augmentation de sa hauteur, que la quantité de lumière réfléchie, va en diminuant progressivement avec l'élévation. De plus, les couches atmosphériques directement éclairées par le soleil deviennent, pour celles qui les suivent du côté de la nuit, une source de lumière donnant lieu à un second crépuscule. Ces deux causes réunies font que le jour diminue graduellement et insensiblement pendant la durée crépusculaire, de sorte qu'il est difficile de définir l'instant précis de sa cessation. D'un autre côté, on ignore si cet instant précis correspond réellement à la dernière lumière solaire renvoyée par l'atmosphère à l'aide d'une seule réflexion.

En présence de cette difficulté, on s'est généralement accordé à regarder comme fin du crépuscule l'instant où on voit une bande de lumière rosée disparaître à l'horizon ouest, et on a déduit de l'heure du coucher de cette bande rose que l'atmosphère possède 60,000 mètres ou 15 lieues d'épaisseur. Mais ce résultat a toujours été regardé comme très-douteux, et Arago, dans son *Astronomie populaire*, recommande aux voyageurs qui traversent l'Océan dans la zone intertropicale, où les phénomènes du crépuscule sont le mieux marqués, de reprendre l'étude de ces apparences.

Les nouvelles observations à faire ne consistaient pas seulement à déterminer de nouveau l'instant du coucher de la bande rose en question, mais il fallait trouver un moyen de distinguer parmi les phénomènes crépusculaires quelque chose qui caractérisât plus sûrement la fin de l'éclairage direct de l'atmosphère par le soleil. En traversant l'Atlantique près de l'équateur et au sud de cette ligne, en 1858, j'ai cherché à résoudre ce problème en ayant recours aux propriétés qui distinguent les lumières réfléchies des lumières directes, et il m'a été facile de reconnaître que l'arc rose, considéré généralement comme fin du crépuscule, n'est produit que par les couches inférieures de l'atmosphère, et se rapporte, suivant toute apparence, aux couches humides seulement. (Voir l'appendice à la fin du chapitre.)

Après le coucher de cet arc, on voit encore même au zénith des traces de lumière envoyée directement par le soleil et réfléchie par les zones atmosphériques les moins denses. L'heure de la fin de ce phénomène m'a donné pour hauteur de l'atmosphère terrestre 320 kilomètres. J'ai pu plus tard, par une autre méthode, vérifier cette détermination dans la baie de Rio de Janeiro, et m'assurer que cette hauteur atteint même 340 kilomètres.

Dans le chapitre II, page 62, nous avons déjà expliqué comment l'atmosphère agit pour maintenir à la surface terrestre une température supérieure à celle de l'espace dans lequel notre globe est plongé. Mais la basse température de cet espace fait que la quantité de chaleur contenue dans l'air diminue à mesure qu'on s'élève au-dessus du niveau des mers.

Cet abaissement de la température, dans les régions atmosphériques supérieures, donne lieu à la condensation des vapeurs que le soleil fait surgir de la surface de l'Océan, et cette condensation produit les nuages que nous voyons flotter dans l'air. Généralement, les nuages sont à moins de 6 kilomètres au-dessus du sol, et souvent même leur élévation n'est que de 4 à 500 mètres. Il faut, toutefois, en excepter les nuages blancs filamenteux que divers phénomènes optiques font reconnaître comme composés de particules de glace, quoiqu'on les voie aussi bien en été qu'en hiver; ces derniers nuages flottent jusqu'à 10 ou 15 kilomètres de hauteur. Les inégalités de température et d'humidité, qui existent dans l'atmosphère, et qui proviennent, les unes de la répartition des continents et des mers sur la surface du globe, les autres de la sphéricité terrestre, donnent lieu à des mouvements d'air, ou, en d'autres termes, à des vents, les uns réguliers, les autres irréguliers. L'étude des vents est un des sujets les plus curieux de la météorologie ; mais, avant d'entrer dans quelques détails à ce sujet, nous nous arrêterons pour dire quelques mots de la résistance que l'atmosphère oppose au mouvement des corps plongés dans sa masse, résistance à laquelle un grand nombre d'êtres organisés doivent la faculté de pouvoir se soutenir dans l'air.

Il n'est personne qui ne se soit fréquemment arrêté à admirer les gracieuses évolutions des oiseaux glissant dans l'espace aérien, et s'y livrant à leurs chasses et à leurs jeux. Habitués à contempler la facilité avec laquelle ils se meuvent et se soutiennent, au moyen de leurs ailes, dans un milieu invisible, nous finissons par regarder ce phénomène comme une chose toute simple, et, cependant, il y a là une des questions scientifiques les plus dignes de fixer notre attention.

On comprend bien, en effet, au premier abord, qu'en abaissant avec force ses ailes vers la terre, l'oiseau trouve dans la résistance de l'air

qu'elles déplacent une action qui contre-balance celle de la pesanteur
sur son corps ; mais comment se fait-il que dans le relèvement des
ailes il ne se produise pas une autre action égale et contraire, laquelle,
annulant la première, laisse à la pesanteur son effet total ?

Pour expliquer l'absence de cette action contraire, on a fait bien des
recherches et des hypothèses. Ainsi on a dit que les pennes, en glissant les unes sur les autres, permettent à l'oiseau de diminuer la surface
de l'aile lorsqu'il la relève. D'un autre côté, remarquant que les
grandes pennes ont les barbes intérieures plus grandes que les extérieures, on a pensé que la différence d'action de l'aile, en descendant
et en montant, venait de ce que ces barbes intérieures s'appliquent
exactement sur la penne précédente dans le mouvement descendant,
tandis qu'elles s'en écartent dans le mouvement ascendant. Enfin, on a
noté avec raison que la forme convexe en dessus, concave en dessous
de l'aile elle-même établit une différence dans la résistance de la colonne inférieure et de la colonne supérieure de l'air.

Sans nul doute, ces différentes dispositions de l'appareil de locomotion aérienne des oiseaux favorisent leur vol, mais elles ne suffisent
pas pour expliquer le phénomène ; et, d'ailleurs, n'existe-t-il pas des
animaux, tels que les libellules et les diptères, par exemple, dont
les ailes planes et toujours étendues présentent des surfaces identiques
dans les deux mouvements d'abaissement et de relèvement ? C'est donc
surtout dans la nature même des mouvements des ailes, et non dans
leurs dispositions particulières et variables dans chaque classe d'animaux, qu'il faut chercher l'explication du vol. En étudiant avec soin
les mouvements en question, nous avons réussi à les analyser, et nous
allons nous efforcer de les faire concevoir.

Dans le vol des oiseaux et des insectes, il y a trois cas à considérer :
1° le vol sur place, 2° le vol avec déplacement horizontal et battement d'ailes, 3° le vol sans battement d'ailes, ou vol *en planant*. Cette
troisième sorte de vol suppose un mouvement de transport, antérieurement produit par le battement des ailes. La force ascensionnelle est
alors obtenue par un effet de l'inclinaison de ces dernières, aux dépens
de la force vive du mouvement de progression. Si les ailes sont in-

clinées d'avant en arrière, la résistance de l'air au déplacement horizontal s'effectue sous leur face inférieure, comme dans le jouet appelé cerf volant, qui est incliné de la même manière, et monte même dans un air calme, lorsque l'enfant tenant sa corde, se met à courir. Dans le vol en planant, c'est bien à la façon du cerf-volant, et non, comme on le croit généralement, à la manière des parachutes, que les ailes agissent. J'ai vu souvent, en effet, des oiseaux monter en planant, et ce serait impossible dans ce dernier cas. Si on étudie les mouvements de l'oiseau qui plane, on verra qu'il commence au moyen de quelques battements par acquérir une grande vitesse horizontale; après quoi, il étend les ailes, en les tenant immobiles, mais un peu inclinées d'avant en arrière. La résistance qui en résulte sous leur face inférieure, agit alors comme une force ascendante, qui, suivant l'inclinaison, peut équilibrer le poids de l'animal ou le surpasser. Dans ce dernier cas, l'oiseau monte. Quand il descend, il change le sens d'inclinaison de ses ailes, en les faisant un peu pencher d'arrière en avant. La résistance de l'air à la chute provenant de la pesanteur, en agissant toujours sur la face inférieure des ailes, laquelle, avec ce renversement d'inclinaison, est devenue postérieure, tend alors à augmenter la vitesse de l'animal ; et j'ai vu souvent les beaux oiseaux de mer désignés sous le nom de *frégates*, planer pendant quatre à cinq minutes, tantôt horizontalement, tantôt alternativement en montant et en descendant, sans aucun mouvement apparent des ailes, et seulement par le jeu imperceptible de l'inclinaison de ces dernières, après quoi, par cinq ou six grands battements, ils augmentent leur vitesse, et commencent de nouveau à planer.

Le vol en planant est pratiqué surtout par les grandes espèces d'oiseaux de proie et de palmipèdes. Du moins, ce sont celles que l'on voit le soutenir le plus longtemps. Le géant des oiseaux de proie, le condor, plane même au-dessus des plus hautes cimes des Andes, dans un air dont la densité n'est que la moitié de celle qui a lieu près de la surface de la mer. Parmi les oiseaux de moyenne et de petite taille on remarque ce genre de vol, surtout chez les diverses espèces de pigeons et chez les hirondelles. Mais ces dernières sont obligées de revenir au battement des ailes beaucoup plus fréquemment que les grands oiseaux. La taille favorise donc le vol en planant.

Le vol sur place se rencontre surtout chez les insectes. Quelques oiseaux le pratiquent aussi. Les oiseaux-mouches, surtout, l'emploient fréquemment quand ils s'arrêtent devant les fleurs, pour dévorer les petits insectes logés dans leur calice, et attirés par leur nectar. Les martins-pêcheurs et quelques palmipèdes et oiseaux de proie usent également quelquefois de ce genre de vol, dont l'explication repose sur la différence de vitesse avec laquelle les animaux voiliers abaissent ou élèvent l'aile. J'ai observé cette différence très-nettement dans le vol des frégates, chez lesquelles l'aile descend au moins cinq fois plus vite qu'elle ne se relève. La même chose a lieu chez les petits oiseaux et les insectes, mais elle est moins facilement observable. Or, de la différence des vitesses résulte une grande dissemblance dans l'action de l'aile en montant et en descendant, même si cette dernière est plane, et présente la même surface dans les deux cas. En effet, la résistance opposée par l'air est à peu près proportionnelle au carré de la vitesse du mobile, comme on le démontre en mécanique. D'un autre côté, la vitesse que l'animal tend à prendre dans le sens contraire au mouvement de l'aile est proportionnelle à la grandeur de la résistance multipliée par la durée de l'action, durée qui est en raison inverse de la vitesse. Les effets ascendants ou descendants, déterminés par les mouvements opposés des ailes, sont donc entre eux comme les vitesses de ces dernières en s'abaissant et en se soulevant. De là vient que l'aile, en remontant lentement, n'annule qu'une faible partie de l'effet qu'elle a produit en descendant rapidement. Elle en détruit, toutefois, une partie ; aussi le vol sur place est-il le vol le plus fatigant pour les oiseaux. Il n'est obtenu que par des battements réitérés et rapides.

Le vol avec déplacement horizontal et battement d'ailes est le genre de vol le plus fréquent. En examinant avec soin les grands oiseaux, j'ai reconnu comment il s'opère, et je me suis aperçu d'un fait très-curieux, et qui n'avait pas été signalé avant mes recherches. Il consiste en ce que l'aile n'éprouve aucune résistance en remontant. Pour le faire voir, je vais décrire ses mouvements.

Lorsque l'oiseau va abaisser l'aile, cette dernière est un peu inclinée d'avant en arrière, de sorte que la résistance de l'air au mouvement progressif de l'animal agit pour soulever son corps, comme dans le vol en planant. Quand le battement commence, l'aile ne descend pas parallèlement à elle-même, mais elle s'abaisse surtout par son bord antérieur. Puis bientôt elle se porte en arrière, de façon à agir à la fois pour accroître la vitesse de transport de l'oiseau, et pour combattre l'action de la pesanteur sur son corps. Quand le mouvement approche de la fin, la partie postérieure de l'aile augmente de vitesse de façon à revenir, comme avant le battement, un peu en dessous de l'antérieure. Il résulte de là que pendant la descente les forces développées servent toutes à combattre la pesanteur, et pendant le milieu du mouvement elles agissent en même temps pour augmenter le déplacement horizontal de l'animal. La figure 2, qui représente la position d'une section AB (fig. 1), faite dans une aile perpendiculairement à sa longueur, montre la série des positions que prend cette section de l'aile pendant le mouvement de descente. La flèche sur cette figure indique le sens de la marche de l'oiseau.

Quand l'aile remonte, elle conserve constamment l'inclinaison finale d'avant en arrière qu'elle a acquise, comme le montre la figure 3, qui représente la série des positions qu'occupe la section AB, relativement au corps de l'animal.

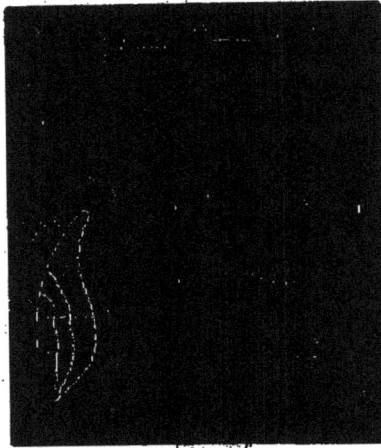

Mais, si on tient compte du déplacement horizontal de l'oiseau pendant le mouvement de l'aile en remontant, il est facile de voir que cette dernière n'éprouve de résistance que par sa tranche. En effet, considérons (fig. 4) un point du bord antérieur (le point A, par exemple, de la section AB) et examinons son mouvement non pas relativement à l'animal, mais relativement à la masse d'air au milieu de laquelle il se meut. Dans le sens horizontal, le point en question se déplace d'une quantité égale à la somme du mouvement du centre de gravité de l'oiseau $A'a'$, et de son propre mouvement relatif horizontal Ca' par rapport à ce centre de gravité. Dans le sens vertical, le même point s'élève par l'action du soulèvement de l'aile. La résultante de ces deux mouvements est une ligne ou *trajectoire* droite ou courbe suivant le rapport des déplacements relatifs de l'aile dans les deux sens. Si cette dernière s'élève d'abord plus qu'elle ne se porte en avant, et à la fin se porte plus en avant qu'elle ne s'élève, la trajectoire présentera sa concavité au sol. Mais, dans tous les cas, comme le déplacement horizontal du centre de gravité de l'animal est très-grand par rapport à la quantité dont l'aile s'élève, la même trajectoire est en chaque point peu inclinée à l'horizon. Si l'animal tient l'aile inclinée de la même manière, il en résulte que celle-ci en remontant n'éprouve de résistance que par la tranche, vu que sa surface reste constamment appliquée sur la trajectoire décrite par le bord antérieur. Cette trajectoire peut d'ailleurs, suivant la loi du mouvement, être courbe si l'aile est courbe comme celle des oiseaux, plane si la surface est plane comme chez des libellules.

On voit même en outre que si les ailes sont plus inclinées qu'il n'est nécessaire pour qu'elles s'appliquent sur la trajectoire de leur bord antérieur, elles éprouveront, comme dans le vol en planant, une résistance sur leur face inférieure pendant le relèvement, et il en résultera une force ascendante aux dépens du mouvement de progression. Dans ce cas, les ailes en remontant, loin de détruire une partie de l'effet qu'elles ont produit en descendant, comme on le croit généralement, agiront dans le même sens que lors de l'abaissement.

Nous venons d'indiquer les divers systèmes de mouvements par lesquels les ailes maintiennent suspendus dans l'air les animaux qui en sont pourvus. Mais, pour achever de comprendre le jeu de ces surfaces, il faut dire quelques mots de l'influence de la vitesse variée de leur mouvement.

Depuis longtemps déjà des expériences ont appris que la résistance opposée par l'air à un mouvement dont la vitesse varie et va en croissant, est plus grande que celle qui a lieu pour une vitesse uniforme. Cela vient de ce que, dans le premier cas, le corps mobile est obligé de mettre en marche une certaine masse d'air, qui l'accompagne ensuite dans son déplacement. Or, quand la force accélératrice est très-grande et quand le mouvement s'arrête avant que la vitesse finale acquise ait une grande valeur, et tel est le cas pour les ailes des animaux, la partie de la résistance qui résulte de l'accélération du mouvement est très-grande par rapport à celle qui se manifeste dans le mouvement uniforme et qui dépend du carré des vitesses. Dans le vol des oiseaux et des autres animaux volants, le phénomène de réaction l'emporte donc sur les autres phénomènes de résistance. Lan-

çant en bas un certain volume d'air au moyen de ses ailes, le corps
de l'oiseau éprouve, comme la fusée ou la pièce d'artillerie, un recul
en vertu duquel il tend à monter.

Quelques mathématiciens ont voulu déterminer la quantité de travail
que les oiseaux ont à dépenser dans l'acte du vol, et ils ont effectué
leurs calculs en comptant seulement avec la résistance de l'air au
mouvement uniforme, laquelle, comme nous venons de le voir, n'a
qu'une importance secondaire. En partant de données fausses, il est
évident qu'on ne pouvait arriver à des conclusions vraies. Aussi le
calcul en question a-t-il donné des résultats absurdes et que tous les
faits contredisent. On a trouvé, par exemple, que les oiseaux de la
taille d'une oie devaient pour se soutenir faire des efforts équiva-
lents au travail de deux chevaux, tandis que nous savons que la force
d'un enfant suffit pour arrêter les ailes d'un oiseau de cette taille.
Des calculs de la nature de ceux que je viens de citer, sont pourtant
encore reproduits aujourd'hui. Quelques instants d'observation sur
le vol des oiseaux montreraient à leurs auteurs que, vu le petit
nombre des battements effectués par minute, la résistance nécessaire
pour que le travail total fût si grand, serait telle que les ailes ploie-
raient et se briseraient.

Toutefois, grâce aux calculs erronés dont je viens de parler et qui
reposent sur un point de départ essentiellement faux, l'opinion que
les oiseaux possèdent une force incomparablement plus grande que
les mammifères s'est assez répandue, et on a été chercher l'explication de ce fait dans la chaleur plus élevée de leur corps. Mais il y
a des mammifères volants, les chauves-souris, et d'ailleurs on voit voler
des animaux à sang froid, même parmi les vertébrés. Tandis que la
géologie nous montre les restes de nombreux reptiles ailés, les voyages
au milieu de l'Océan permettent de contempler les jeux aériens des
exocets ou poissons volants. Ces derniers s'élèvent au-dessus de l'eau à
plusieurs mètres de hauteur au moyen de leurs grandes nageoires tenant lieu d'ailes, et peuvent parcourir dans l'air des espaces de 200 à
400 mètres en changeant plusieurs fois de direction. Quand le navire
sur lequel on voyage rencontre et fait lever des myriades de ces sin-

guliers poissons, dont les écailles humides réfléchissant les rayons du soleil tranchent en blanc sur une mer fortement azurée, on peut étudier leur vol qui n'est limité que par la nécessité où ils sont de rentrer dans la mer pour n'être pas asphyxiés par l'air atmosphérique. En outre, si nous laissons l'embranchement des animaux vertébrés, ne rencontrons-nous pas la classe des insectes dont les nombreuses espèces, toutes à sang froid, sont douées de la faculté de voler aussi bien que les oiseaux.

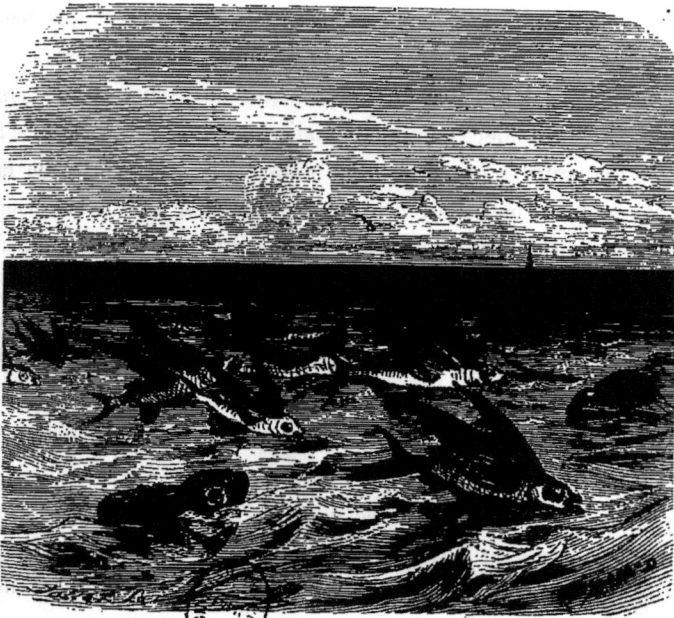

Exocets.

Sans doute, les animaux volants possèdent de puissants muscles pour l'abaissement des ailes. Mais cela ne prouve pas qu'ils aient un grand travail à produire pour se soutenir dans l'air. Si les muscles sont puissants, cela ne vient que de la nécessité d'employer beaucoup de force à la fois, mais non de celle de répéter cette force d'une manière presque continuelle. Après chaque effort existe un long repos, de sorte que le travail total effectué est minime. Les muscles destinés à soulever les ailes sont faibles au contraire, parce que celles-ci ne doivent se relever que lentement, comme nous l'avons déjà vu en étudiant leurs mouvements.

Avant les notes sur le vol des oiseaux, que j'ai adressées à l'Académie des sciences en 1861 et 1864, on n'avait pas remarqué l'influence de la nature du mouvement accéléré des ailes sur la résistance de l'air. Cette circonstance change tous les calculs qu'on avait faits jusqu'ici, et le vol des oiseaux peut être expliqué sans supposer un travail considérable de leur part. En effet, d'après la loi de la résistance de l'air au mouvement uniforme, il faut que les ailes aient acquis une grande vitesse pour qu'elles éprouvent une pression suffisante, de là la nécessité d'un grand travail pour obtenir l'effet voulu, puisque le travail est égal au produit de la résistance par la vitesse. Avec la loi de la résistance au mouvement accéléré, la pression nécessaire sous l'aile est obtenue dès l'origine du mouvement, pourvu que l'accélération soit grande, mais comme la vitesse est encore presque nulle, la quantité de travail est petite.

Au reste, au lieu de calculer la quantité de travail que les oiseaux ont à dépenser pour l'action du vol, il est mieux de la mesurer. Dans ce but, pendant mon voyage dans la province de Minas Geraes, j'ai déterminé le poids d'un grand nombre d'oiseaux, mesuré la surface de leurs ailes et leur vitesse de progression, etc. Les résultats généraux de ces recherches ont été que la quantité de travail nécessaire pour le vol n'atteint pas par seconde le tiers du poids de l'animal élevé à un mètre de hauteur, et que le rapport du poids de l'oiseau à la surface de ses ailes croît comme l'envergure.

La dernière de ces lois montre que le vol est d'autant plus facile que l'animal est plus grand. Mais si cela a lieu lorsque les oiseaux sont déjà lancés dans l'atmosphère, il n'en est pas de même lorsqu'il s'agit pour eux de s'élever de terre. Les petits oiseaux s'enlèvent beaucoup plus facilement que les grands et la cause en est facile à reconnaître. Pour partir du sol, les oiseaux sautent. Or, comme la force est à peu près proportionnelle au poids, et comme la quantité de travail à produire pour un saut de même hauteur est aussi proportion-

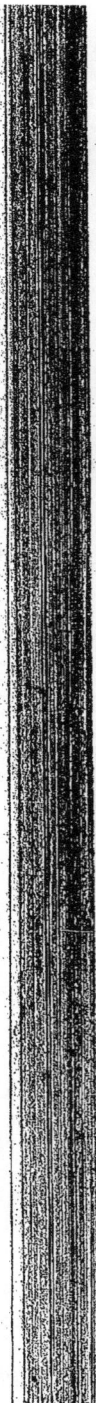

Vol de l'Albatros (p. 55).

nelle au poids, il en résulte que tous les oiseaux, quelle que soit leur taille, sautent à peu près à la même hauteur. Or, tandis que le saut des petites espèces suffit pour que leurs ailes ne viennent pas battre la terre, il n'en est pas de même pour les grands oiseaux tels que la frégate ou l'albatros. Aussi ces derniers quand ils se sont posés sur une plage sont obligés de courir pendant un espace de temps assez long avant de s'enlever. Quand ils ont ainsi acquis une certaine vitesse horizontale, ils ouvrent tout à coup leurs ailes comme s'ils voulaient planer, la pression de l'air sous ces dernières agit donc pour diminuer l'action de la pesanteur. Ils sautent alors, et comme leur saut est plus élevé par suite de cet allégement, ils arrivent à une hauteur suffisante pour pouvoir faire battre leurs ailes. D'autres grands oiseaux, tels que les aigles ou les condors, évitent en général de se poser à terre et perchent sur les rochers d'où ils peuvent se lancer avec facilité dans l'espace.

La difficulté du vol au départ est probablement la cause pour laquelle les grands oiseaux vivant en plaine, tels que les autruches, ne sont pas conformés pour le vol. Ces animaux se servent cependant de leurs ailes pour amplifier leur saut et augmenter par là la vitesse de leur course. J'ai souvent vu courir les autruches Nandou dans les vastes plaines de l'Amérique méridionale. Un chasseur à cheval ne parvient pas alors à les suivre.

On peut toutefois mettre en doute que l'absence de plumes roides, de forts muscles abaisseurs de l'aile et d'un point d'attache semblable au bréchet des autres oiseaux, soit chez les diverses sortes d'autruches une conséquence de la taille, car d'autres animaux de la même famille et beaucoup plus petits, comme les aptéryx de la Nouvelle-Zélande, présentent le même caractère, quoiqu'ils soient inférieurs par la taille à beaucoup d'espèces qui volent. D'ailleurs, on trouve, parmi les restes fossiles, des reptiles volants plus grands que tous les animaux qui aujourd'hui circulent dans l'air. On a découvert aussi des restes d'oiseaux gigantesques, l'épyornis, de Madagascar, et le dinornis, de la Nouvelle-Zélande, dont la taille atteignait jusqu'à 4 mètres, et, d'après des travaux récents, ces espèces sembleraient avoir appartenu à l'ordre à vol puissant des vau-

tours. Quoi qu'il en soit, il est incontestable qu'en dehors de la difficulté au départ, la taille, loin d'être un obstacle, favorise le vol chez
les oiseaux.

Nous venons d'étudier les lois en vertu desquelles l'air peut fournir
un point d'appui à une multitude d'êtres vivants qui circulent au
milieu de sa masse. Nous aurions beaucoup d'autres choses à ajouter,
si nous voulions traiter avec détail des relations de l'atmosphère avec
la vie et des moyens par lesquels cette dernière entretient l'équilibre
de la composition de l'air. Mais nous nous bornerons ici à parler des
actions mécaniques de ce gaz et à signaler comment il contribue à dis-
séminer les êtres organisés, en soulevant avec les poussières, lorsqu'il
est mis en mouvement, une multitude de germes et d'animalcules mi-
croscopiques que les vents transportent à d'immenses distances, ainsi
que les graines ailées d'une multitude de plantes, et ce sujet nous
ramène naturellement à la question des vents dont nous nous étions
momentanément éloignés.

Toute agitation artificielle que nous déterminons dans l'air produit
pour nous la sensation du vent. Le vent n'est donc autre chose que le
mouvement de l'air produit sur une grande échelle à la surface de la
terre par des causes puissantes. La force et la durée des vents dépendent uniquement de ces causes agissantes et de la surface de pays sur
laquelle s'exerce leur action.

Dans les régions froides et tempérées du globe, les vents sont excessivement variables. Leur direction change à chaque instant, et on les
voit souffler de tous les points de l'horizon, encore bien que dans chaque pays il y ait une fréquence plus grande pour certains sens. Mais
dans les contrées chaudes, les choses se passent différemment; la direction des vents est presque constante, ou du moins ne varie que
dans de petites limites. Cette régularité, cette constance de direction, sont surtout remarquables sur l'Océan, où l'air ne rencontre pas les mille obstacles à sa marche que lui offrent les continents. Ainsi, dans les mers tropicales, le vent souffle toujours de la
partie est de l'horizon. Au nord de l'équateur, sa direction incline en
venant un peu du nord, et au sud de cette même ligne, en venant du

sud. Ces vents constants et réguliers, qui règnent en permanence sur les mers, depuis l'équateur jusqu'à vingt-cinq ou trente degrés de latitude, sont appelés les vents alizés. Dans l'hémisphère boréal existe donc l'alizé du nord-est, et dans l'hémisphère austral l'alizé du sud-est. Près de la ligne équatoriale, où, quand on la traverse, on voit ces deux vents se substituer l'un à l'autre, il existe une bande d'environ cent lieues de largeur, et parallèle à l'équateur, où règne un calme plat, troublé seulement de temps en temps par des coups de vent de toute direction et de très-courte durée, accompagnés de pluies torrentielles, et nommés *grains* par les marins. Cette région du globe, appelée *Bande des calmes* par les météorologistes, a reçu des matelots le nom bizarre de *Pot au noir*, nom destiné à rappeler la fréquence des grains.

L'existence des alizés fut reconnue dès le premier voyage de Christophe Colomb. Les vents réguliers qui poussaient ce hardi navigateur dans la route nouvelle par laquelle il voulait arriver dans l'Inde, excitèrent la terreur de ses compagnons, en leur faisant craindre l'impossibilité du retour en Europe. Si, après la découverte du nouveau monde, que Colomb rencontra au lieu de l'Inde qu'il croyait atteindre, cet intrépide marin n'eût pas cherché à éviter les vents alizés, en se dirigeant au nord avant de tourner à l'ouest, nul doute qu'il ne serait pas revenu en Espagne. Avec ses navires à la fois mal approvisionnés, et d'une construction défectueuse qui leur donnait une mauvaise marche, il eût, ainsi que ses équipages, péri par le manque de vivres dans l'immense région de l'alizé. Peut-être alors l'Europe aurait ignoré longtemps encore qu'au delà de l'Atlantique se trouvait un immense et riche continent.

Dans chaque hémisphère, les vents alizés cessent du 25ᵉ au 30ᵉ degré de latitude, et par sa course vers le nord, Colomb entra dans la région des vents variables, qui s'étend sur tout le reste du globe jusqu'au pôle. Malgré leur variabilité, les vents des régions tempérées ont toutefois sur l'Océan une tendance à souffler de l'ouest, en inclinant au sud dans l'hémisphère boréal, au nord dans l'hémisphère austral. Cette prédominance des vents d'ouest existe surtout dans le voisinage de la limite des vents alizés, et diminue à mesure qu'on s'éloigne de cette limite, et qu'on avance vers les régions polaires. En se dirigeant vers le nord, Colomb sortit donc de la bande de l'alizé, et rencontra les vents d'ouest, dont il profita pour regagner l'Espagne. La route qu'il suivit pour le retour est encore, à très-peu près, celle que prennent aujourd'hui les navires qui viennent des Antilles en Europe.

Dans les hautes latitudes, la préférence du vent pour la direction de l'ouest disparaît complétement; et, d'après les récits de quelques navigateurs qui se sont avancés au milieu des glaces des mers polaires, les vents soufflant de la région du pôle, en inclinant vers l'est, deviennent, au contraire, les plus fréquents.

Dans ce qui précède, nous avons indiqué d'une manière générale la distribution des vents à la surface de l'Océan. Sur terre et même déjà près des côtes, cette distribution est beaucoup plus irrégulière à cause des modifications introduites par les aspérités du sol. Sur les rivages, en général, dans les basses et les moyennes latitudes, le vent a une prédisposition à souffler de la mer vers la terre dans le milieu du jour, et en sens inverse pendant la nuit.

Le phénomène des brises périodiques se remarque sur une beaucoup plus grande échelle dans la mer des Indes, où le vent a une direction constante pendant six mois, et une autre direction également constante pendant le reste de l'année. On désigne sous le nom de *moussons* les courants particuliers à la mer des Indes.

C'est à Halley qu'est due la première tentative d'explication des vents alizés. La théorie de cet habile astronome est fondée sur la différence de température qui règne dans l'atmosphère, près de l'équateur, et vers les régions polaires. L'air se dilate par la chaleur, et devient conséquemment d'autant plus léger à égalité de volume qu'il est plus chaud. Il résulte donc du décroissement de la température de l'équateur aux pôles qu'il se passe entre les couches d'air équatoriales et celles des régions tempérées et polaires ce qui a lieu entre deux liquides de densité différente renfermés dans deux vases que l'on fait communiquer. Le fluide le plus lourd tend à occuper la partie inférieure des deux vases, et le plus léger se répand au-dessus. Dans l'atmosphère, les couches inférieures se meuvent donc à la surface du sol, vers l'équateur, et l'air des basses latitudes s'élève et se répand dans les régions élevées de l'atmosphère, où règne alors un courant dirigé vers les pôles. Comme l'air froid de ces derniers se réchauffe à mesure qu'il approche de l'équateur, tandis que l'air chaud de l'équateur se refroidit en se dirigeant vers les extrémités de l'axe terrestre; la différence de densité qui donne lieu aux courants se maintient malgré les mouvements de l'atmosphère. L'équilibre ne parvient pas à s'établir, et les vents que nous venons d'indiquer, ne cessent de régner.

Il reste maintenant à expliquer comment les vents inférieurs et réguliers du nord dans l'hémisphère boréal se changent en nord-est, et ceux du sud de l'autre hémisphère en sud-est. Comme l'a fait voir Halley, ce changement résulte de ce que la terre tourne en vingt-quatre heures de l'ouest à l'est, autour de la ligne qui passe par ses deux pôles. Nous avons déjà indiqué, à la page 69, comment la rotation terrestre influe sur les courants venant des pôles pour les faire paraître en même temps marcher de l'est à l'ouest, et sur ceux de l'équateur pour leur imprimer le mouvement opposé de l'occident à l'orient. On voit donc que dans l'hémisphère boréal les courants inférieurs du nord se transformeront en vents de nord-est, ceux du sud des hautes régions atmosphériques en vents de sud-ouest. De même dans l'hémisphère austral, les vents inférieurs souffleront du sud-est, et les supérieurs du nord-ouest.

La théorie de Halley indique donc l'existence, dans le haut de l'atmosphère, de vents réguliers inverses de ceux de la surface du sol. Or, les observations ont confirmé la réalité de ces contre-courants des alizés. Ainsi, un jour, on vit avec grand étonnement, à la Barbade, des cendres volcaniques tomber du ciel. On sut bientôt que ces cendres provenaient du volcan de Saint-Vincent, situé à l'ouest de cette île; elles avaient donc été transportées dans les couches élevées de l'atmosphère en sens inverse de l'alizé qui régnait à la surface du sol. Un autre fait analogue s'est produit, en 1835, à la Jamaïque. Des cendres, lancées par le volcan de Cosiguina, dans l'État de Guatemala, obscurcirent pendant cinq jours la lumière du soleil. Elles s'élevèrent jusque dans la région du contre-courant de l'alizé, et, peu de temps après, on les voyait tomber dans les rues de Kingstown, ville de la Jamaïque située au nord-est de Guatemala.

On trouve d'autres preuves sans recourir aux chutes accidentelles de cendres volcaniques. En effet, plusieurs voyageurs ont remarqué que les nuages élevés marchent souvent en sens contraire de l'alizé. Bruce a plusieurs fois signalé ce phénomène en Abyssinie. En mer, Paludan a noté souvent la même direction de leur marche, et moi-même, désirant m'assurer de ce fait dans mes traversées de l'Atlantique, j'ai remarqué que dans la région des vents alizés, tant du nord-est que du sud-est, les nuages filamenteux nommés cirrus par les météorologistes et qui sont les plus élevés des nuages, ont une tendance à s'orienter dans le sens indiqué par la théorie de Halley pour les vents supérieurs, et à marcher dans la même direction. Au sommet du pic de Ténériffe, presque tous les voyageurs ont trouvé des vents d'ouest, même lorsque l'alizé régnait au niveau de la mer.

Outre les nombreuses vérifications précédemment citées relativement à la réalité de l'influence de la rotation du globe sur la direction des vents alizés, j'ai eu occasion de remarquer un fait plus propre encore à prouver cette influence. La bande des calmes qui sépare les deux alizés ne se trouve pas dans l'Atlantique exactement à l'équateur, mais un peu au nord de cette ligne. Cela résulte, comme l'a fait remarquer de Humboldt, de la configuration même du bassin de cet océan, dans lequel la direction générale de la côte qui court du sud-est au nord-ouest, favorise l'extension du vent du sud-est ou alizé de l'hémisphère sud. Peut-être encore faut-il avec Prévost attribuer une partie de ce déplacement de la bande des calmes à ce que l'hémisphère septentrional est un peu plus chaud que l'hémisphère sud, ce qui place le maximum de chaleur un peu au nord de l'équateur. L'influence du maximum de chaleur est d'autant plus probable, que la bande des calmes s'éloigne beaucoup plus au nord de l'équateur pendant l'été de l'hémisphère boréal que pendant l'hiver de ce même hémisphère. Quoi qu'il en soit, au mois de juillet 1858, le navire sur lequel je me rendais au Brésil entra dans la région des calmes vers 10° et en sortit vers 5° à 6° de latitude septentrionale; nous nous trouvions donc dans la région des alizés de l'hémisphère méridional à une assez grande distance au nord de l'équateur. Or, à cette latitude, par l'effet du rapprochement de l'axe terrestre que l'alizé austral avait subi depuis l'équateur, son retard antérieur par rapport à la rotation terrestre qui devait lui donner un mouvement apparent de l'est avait disparu, et le vent soufflait plein sud. A mesure que nous approchâmes de l'équateur, le vent dévia à l'orient. Ce n'est qu'à cette ligne et au sud que nous trouvâmes l'alizé venant du sud-est ou de l'est-sud-est.

Rien n'est plus propre que les observations du genre de celle que je viens d'indiquer, à confirmer les relations entre la rotation terrestre et la direction des vents alizés. Ces derniers vents peuvent être considérés comme la plus remarquable des preuves purement physiques du mouvement de notre planète. Cette preuve a du moins sur les expériences de cabinet l'avantage de se produire sur une grande échelle.

S'il est parfaitement constant que c'est à la rotation de la terre qu'il faut attribuer la tendance des alizés à se rapprocher de la direction est, et celle de leur contre-courant ou vent supérieur à incliner à l'ouest, il est toutefois certain, comme l'a fait remarquer M. Saigey, que ce n'est pas uniquement dans la différence de densité de l'air chaud et de l'air froid qu'il faut chercher la cause de ces vents. En effet, le décroissement de la chaleur, suivant la latitude, va sans cesse en s'accélérant en approchant des pôles. Si donc c'était uniquement la différence de température qui déterminerait le double courant des alizés dans le voisinage de l'équateur, à bien plus forte raison cette même cause créerait des courants semblables beaucoup plus forts dans les moyennes et surtout dans les hautes latitudes, tandis qu'au contraire, dans ces mêmes régions, il n'existe que des vents variables. Bien que Halley ait réellement indiqué pourquoi les vents alizés inclinent à l'est, on voit donc qu'il n'a pas trouvé leur vraie cause, c'est-à-dire la raison pour laquelle l'air se porte vers l'équateur dans les environs de cette ligne.

Je me suis proposé de résoudre ce problème, et j'ai exposé les résultats de mes recherches à ce sujet, dans un mémoire que j'ai communiqué à la Société météorologique de France le 11 mars 1854, et qui est imprimé dans l'*Annuaire* de cette Société, t. II, p. 51; je vais donner une analyse succincte de ce travail.

Si la température était exactement la même dans toutes les régions du globe, la quantité de vapeur d'eau contenue dans l'air et qui dépend du degré de chaleur serait aussi la même partout, et dès lors l'atmosphère aurait depuis longtemps pris un état constant d'équilibre qui ne pourrait être troublé, puisqu'il n'y aurait aucune raison pour que des perturbations eussent lieu. L'air resterait alors toujours parfaitement calme et le vent serait inconnu. Il est bien vrai que les attractions du soleil et de la lune qui, en agissant sur les mers, donnent lieu au phénomène des marées, produiraient dans l'atmosphère de très-petits mouvements; mais ils seraient insensibles pour nous, et les observations n'ont pu en effet les accuser avec certitude.

Au lieu de cela, la température varie beaucoup d'un point du globe à un autre, et avec elle la quantité de vapeur d'eau contenue dans l'air change continuellement. De là les causes qui rompent l'équilibre et produisent les vents.

Au milieu de toutes ces variations de la température, considérons celle qui a lieu en allant de l'équateur vers les pôles. Elle donne lieu, comme l'a très-bien fait observer Halley, à une tendance générale de l'air à se porter vers l'équateur, à la surface du sol; tendance qui, suivant la juste remarque de M. Saigey, est d'autant plus grande qu'on approche davantage des régions polaires. En effet, nous avons déjà indiqué page 91 que les températures moyennes sont proportionnelles à la distance à l'axe terrestre ou cosinus de la latitude, et il en résulte que les différences de température de deux points voisins sont proportionnelles, comme on le reconnaît aisément par les mathématiques, à la distance au plan de l'équateur, c'est-à-dire au sinus de la latitude, qui va toujours en croissant depuis l'équateur jusqu'aux pôles.

Mais le changement de température de l'air n'agit pas seulement sur la densité de ce gaz, il influe aussi sur la quantité de va-

peur d'eau contenue dans l'atmosphère. J'ai fait voir dans mon mémoire qu'en ayant égard à la loi de la variation de la chaleur avec
la latitude, la quantité moyenne de vapeur contenue dans l'air en
chaque point est à peu près proportionnelle à la distance du lieu
considéré à l'axe terrestre multipliée trois fois par elle-même.

Or, la vapeur d'eau agit sur la pression atmosphérique de deux
manières. La première consiste en ce qu'elle augmente, en s'ajoutant
à l'air, le poids de la colonne totale de gaz qui repose sur un pays.
Le second mode d'action de la vapeur d'eau repose sur ce que sa force
élastique, en se joignant à celle des couches inférieures de l'atmosphère, soulage ces dernières d'une partie du poids des couches supérieures qui reposent sur elles. L'air se dilate donc, et la colonne atmosphérique augmentant de hauteur tend à se déverser sur les régions,
où par suite d'une moindre humidité, la dilatation a été moins grande.

Ainsi tandis qu'en un certain point, la pression atmosphérique tend
à augmenter par l'addition de la vapeur d'eau proportionnellement à la
quantité de la formation de cette dernière, elle tend en même temps
à diminuer à cause du déversement de l'air à la limite supérieure de
l'atmosphère; et la diminution ne dépend pas de la quantité absolue
de vapeur, mais de la différence de sa tension avec celle des points voisins. On voit donc que les deux influences de la vapeur d'eau sur la pression atmosphérique ne suivent pas les mêmes lois de variation en allant
de l'équateur vers les pôles. Par le premier mode d'action, la pression
tend à diminuer d'une manière incessante dans ce sens. Au contraire, la différence d'humidité de deux points consécutifs dans la
direction des latitudes est proportionnelle à la différence des cubes
de la distance à l'axe terrestre de ces deux points consécutifs, c'est-
à-dire, à la différence des valeurs du cube du cosinus de la latitude. Or
on démontre par les mathématiques que la différence en question est
proportionnelle au carré de la distance à l'axe terrestre, multiplié par
la distance au plan de l'équateur, c'est-à-dire au carré du cosinus multiplié par le sinus de la latitude. Cette différence est donc égale à zéro
à l'équateur, où la latitude est nulle, et aux pôles, où le cosinus de
celle-ci ou distance à l'axe terrestre se réduit à zéro. Elle acquiert,

au contraire, une valeur notable dans l'intervalle, et dont le maximum
est à 35° 16' de l'équateur. Le deuxième mode d'action de la vapeur
d'eau tend donc dans les régions supérieures de l'atmosphère à accumuler l'air vers ce parallèle, d'où par l'excès de pression qui en résulte, il s'écoule alors à la surface du sol, d'une part vers la ligne équi-
noxiale, de l'autre vers les pôles. Le premier mode d'action de la
vapeur opposé au mouvement vers l'équateur et favorable au déplacement vers les pôles, étant moins puissant que le second, a seulement
pour effet de rapprocher les limites vers l'équateur, de sorte que l'accumulation d'air est en réalité au 26° ou 28° parallèle, comme je l'ai
démontré mathématiquement dans le mémoire cité. On voit donc que,
dans l'hémisphère boréal, l'action totale de la vapeur d'eau sur l'équilibre atmosphérique doit produire entre la ligne équatoriale et le 28°
parallèle un vent du nord que la rotation du globe transforme en
nord-est, et du 28° parallèle au pôle un vent du sud que cette rotation
transforme en sud-ouest. Dans l'hémisphère austral, la même cause
détermine un vent de sud-est entre le 28° parallèle et l'équateur, et
un vent de nord-ouest entre le 28° parallèle et le pôle.

Considérons maintenant, conjointement avec l'effet de la vapeur
d'eau, celui qui résulte de la différence de densité de l'air à cause
de sa variation de température, effet que nous avons indiqué en parlant de la théorie de Halley et de l'objection de M. Saigey. Nous voyons
qu'entre l'équateur et le 28° parallèle, de part et d'autre de cette ligne,
cet effet se joindra à celui des vapeurs pour produire des vents de
nord-est dans l'hémisphère boréal, de sud-est dans l'hémisphère austral, c'est-à-dire, pour déterminer un déplacement d'air dans la direction des alizés. Toutes les forces s'accordant dans cette région, un accroissement accidentel de l'une d'elles par rapport à l'autre ne peut
changer le sens du courant. De là la régularité des vents dans les basses
latitudes, ou, en d'autres termes, les vents alizés. Mais du 28° parallèle au pôle, dans chaque hémisphère, la vapeur d'eau tend à produire
des courants dirigés vers les pôles, et la variation de densité de l'air,
des mouvements se portant vers l'équateur. Le vent est alors déterminé
par la différence de ces deux actions et suivant que l'une d'elles aug-

mente par rapport à l'autre, sous l'influence de causes accidentelles, le sens du vent change; de là la variabilité des directions dans les moyennes et les hautes latitudes.

D'une manière générale, l'action de la vapeur d'eau, pour produire les courants dirigés vers les pôles, décroît du 28e parallèle à ces points, tandis qu'au contraire celle des différences de densité de l'air par l'effet de la température augmente; la première influence domine donc dans les latitudes moyennes, la seconde dans les hautes latitudes. Dans les régions tempérées, les vents dominants sont ainsi ceux du sud-ouest dans l'hémisphère boréal, du nord-ouest dans l'hémisphère austral. Dans les contrées froides, les plus fréquents sont ceux du nord-est dans l'hémisphère boréal, du sud-est dans l'hémisphère austral. De plus, la variabilité des vents doit être d'autant plus grande que les deux actions inverses sont en moyenne plus près de l'égalité, c'est-à-dire qu'elle doit aller en croissant depuis le 28e ou le 30e parallèle jusqu'au 70° ou 75°. Tous ces faits sont parfaitement d'accord avec les observations.

Les vents variables d'une direction autre que le nord-est et le sud-ouest dans l'hémisphère boréal, le sud-est et le nord-ouest dans l'hémisphère austral, sont, comme l'a fait voir M. Dove depuis longtemps, produits sur la limite de deux bandes de terrain, où règnent les vents contraires que nous venons d'indiquer. Ces courants secondaires sont dus aux tourbillons résultant du voisinage de deux directions inverses.

La théorie des vents, exposée dans mon mémoire de 1854, et dont je viens d'exposer sommairement les bases, indique en même temps quelle doit être sous toutes les latitudes la valeur de la pression atmosphérique moyenne. Or les pressions, données par la formule mathématique en question, s'accordent parfaitement avec les observations, ce qui donne une vérification de cette explication générale.

La bande des calmes entre les alizés des deux hémisphères est parfaitement indiquée par la théorie. Rien n'est plus variable que le climat de cette région de l'Océan : c'est, comme je l'ai dit plus haut, le *Pot au noir* des matelots. Ordinairement il règne un calme plat; les voiles des navires non gonflées tombent le long des mâts, le ciel est beau, et

24

la surface de la mer n'offre que des ondes larges et peu élevées. De temps en temps, des nuages s'élèvent au-dessus de l'horizon : lorsqu'ils approchent, la surface de l'Océan se ride tout à coup, les voiles se gonflent. Au bout de quelques minutes le vent souffle avec force, et le navire, qui quelques instants auparavant était parfaitement immobile,

coupe la lame, qui se brise en écume. La marche est alors très-rapide, et pour des navires à voile bien construits elle peut atteindre parfois jusqu'à quinze mille marins à l'heure, ou en d'autres termes sept lieues de quatre kilomètres. Au bout de deux ou trois heures, et souvent au bout d'une demi-heure, le calme est revenu.

Le plus fréquemment, les grains sont accompagnés par un nuage peu étendu et très-épais, de la forme d'une haute montagne, et de la nature de ceux que les météorologistes appellent *cumulus*. Les matelots nomment ces nuages les *hauts pendus*.

Quand ils approchent du navire, le vent s'élève tout à coup avec une rapidité surprenante. Aussi les marins sont-ils toujours, dans ces parages, très-attentifs à consulter l'aspect du ciel.

Ordinairement, les grains sont accompagnés de la chute d'une pluie torrentielle, et fréquemment l'orage gronde. Lorsque la nuit, par une mer phosphorescente comme elle l'est presque constamment dans ces parages, un grain apparaît et soulève les vagues qui se brisent avec force, leur écume lumineuse, jointe aux mille points de lumière que fait jaillir de l'eau le navire dans sa marche, forme un admirable spectacle.

APPENDICE

MESURE DE LA HAUTEUR DE L'ATMOSPHÈRE[1].

On a depuis longtemps signalé la beauté des crépuscules dans le voisinage de l'équateur et au milieu de l'Océan, lorsqu'en partant d'Europe on a franchi la bande des calmes et des grains qui sépare les vents alizés du nord-est et du sud-est. Dans ma traversée de France à Rio de Janeiro, j'ai eu occasion de faire sur cet intéressant phénomène de nombreuses observations, conformément aux instructions d'Arago, qui recommande aux voyageurs ce sujet d'étude.

Tant que pendant la traversée nous avons été à une faible distance de la côte d'Afrique, j'ai toujours vu le soir le ciel voilé et le soleil s'éteignant dans une couche brumeuse avant d'atteindre l'horizon. Pendant le jour même, l'atmosphère avait le plus souvent une teinte grisâtre attribuable probablement aux sables du désert emportés par le vent, et qui sont même quelquefois, comme on le sait, jetés abondamment sur les navires passant au large. Près des îles du Cap-Vert, le soleil était blafard. Après avoir quitté ces parages, l'aspect du ciel s'améliora; mais comme nous étions alors en juillet, nous entrâmes presque immédiatement dans la bande des grains qui est à cette époque de l'année à sa plus grande distance nord de l'équateur, de sorte que ce n'est qu'à l'équateur même et au sud de cette ligne que j'ai pu voir le phénomène du crépuscule dans toute sa beauté, avec les colorations particulières à ces climats et inconnues en Europe.

Presque immédiatement après le coucher du soleil, une coloration rose se montre à l'est. On distingue bientôt au-dessous d'elle un segment sombre, souvent de couleur verdâtre. La teinte rose s'étend en largeur vers le sud et le nord, et onze mi-

[1] Cet appendice est la reproduction d'une note que j'ai publiée dans le compte rendu de l'Académie des sciences, du 10 janvier 1859.

nutes après son apparition à l'est elle commence à se faire remarquer à l'ouest, mais le zénith reste bleu. En réalité, il existe une coloration rose tout autour de ce point jusqu'à l'horizon, sauf à l'est où un segment gris-bleu ou gris-verdâtre repose sur la mer, et à l'ouest où on distingue un segment blanc. Huit minutes après son apparition à l'ouest, la teinte rose, qui a été sans cesse en s'affaiblissant à l'est, cesse entièrement de ce côté. A l'ouest, le segment blanc se borde par un arc rose vif, au-dessus duquel apparaît le bleu d'azur avec un éclat et une teinte impossibles à décrire. Cet arc descend peu à peu vers l'horizon. Il devient alors très-surbaissé et prend des teintes rouge vif ou rouge orangé. Enfin il se couche quand le soleil est à 11° 42′ sous l'horizon. (Moyenne des déterminations du 16 au 22 juillet 1858.)

Quand l'arc rouge dont nous venons de parler est très-bas et sur le point de disparaître à l'ouest, une seconde coloration rose se forme, et apparaît à peu près simultanément à l'est et à l'ouest en faisant le tour du zénith qui reste toujours bleu, ou mieux gris-bleu, car le jour est déjà faible. Une région d'un blanc argenté sépare à l'ouest les deux arcs rosés. A mesure que le soleil descend, on voit la deuxième coloration rose disparaître d'abord à l'est, en se retirant vers le nord et le sud sans passer par le zénith, puis enfin le premier arc rose se couche, et il ne reste plus que le second qui est à l'ouest, et possède une forme surbaissée. Il encadre un segment blanc situé au-dessous de lui. Enfin ce second arc rose, qui prend une teinte plus rouge en approchant du moment de sa disparition, se couche quand le soleil est à 18° 18′ sous l'horizon. (Moyenne des déterminations faites du 16 au 22 juillet.)

La présence de la lune, le soir, vers le temps dont je viens de parler, m'engagea à observer également les phénomènes de l'aurore à la même époque. J'ai vu les mêmes faits se reproduire de la même manière et en sens inverse, sauf que le lever de l'arc rose secondaire avait lieu quand le soleil était à 17° 22′ sous l'horizon, et le lever de l'arc principal quand il était à 10° 50′. Mais j'ai observé un fait très-important : c'est l'apparition du côté de l'est d'une polarisation dans un plan passant par le soleil, et un peu avant le lever du premier arc rose caractérisant le commencement de l'aurore, alors que toutes les étoiles de sixième grandeur sont encore visibles. Cette polarisation verticale s'élève peu à peu, et atteint le zénith, quand le soleil est à 18° 5′ sous l'horizon ; puis elle s'étend progressivement vers l'ouest. La polarisation horizontale n'apparaît de ce côté que beaucoup plus tard et vers l'instant où la coloration rose s'y porte. Or, si on remarque que l'éclairage direct par le soleil donne lieu à une polarisation passant par cet astre, et l'éclairage par l'atmosphère à une polarisation horizontale, il résulte de l'observation que je viens de rapporter que le soleil commence à éclairer directement les couches supérieures de l'atmosphère au zénith, dès qu'il est à 18° 5′ sous l'horizon.

Dans ce cas, la réfraction horizontale intervient deux fois pour diminuer l'inclinaison du rayon solaire. A cause de cette réfraction, le soleil, à 18° 5′ d'abaissement, envoie des rayons aux couches supérieures de l'atmosphère de la même manière que s'il n'était qu'à 16° 59′ sous l'horizon. Or, pour qu'il puisse éclairer le zénith dans cette condition, on trouve que la hauteur de l'atmosphère doit être de 201 kilomètres, et même cette hauteur serait une limite inférieure, car nous supposons dans le calcul que les rayons lumineux ont rasé la surface terrestre, ce qui n'est guère probable, vu la grande absorption des couches inférieures. On doit plutôt supposer que ces rayons ont rasé les couches humides et absorbantes qui donnent lieu au premier arc crépusculaire, et dont l'élévation, calculée d'après le coucher de cet arc à 11° 42' d'abaissement du soleil, serait de 29 kilomètres, eu égard à la réfraction, et on aurait ainsi 291 plus 29, c'est-à-dire 320 kilomètres pour la hauteur de l'atmosphère.

Après mon arrivée à Rio de Janeiro, je me suis occupé des moyens de vérifier ce premier résultat, et de le rendre indépendant de toute hypothèse. J'ai remarqué pour cela que, dans le voisinage du zénith, la vitesse de la marche de la limite de la polarisation de la lumière atmosphérique devait être égale à celle du transport de la limite de l'ombre et de la lumière sous le parallèle du lieu, et cela quelle que soit l'hypothèse faite sur l'éclairage plus ou moins direct de la région aérienne observée. Or, la dernière vitesse est due au mouvement apparent du soleil. On sait ainsi de combien de mètres elle se compose par minute. Si donc on observe quelle durée la limite extrême de la polarisation met après le coucher du soleil, par exemple, à passer de 20 degrés est à 20 degrés ouest du zénith, on saura combien de mètres, en réalité, elle a parcourus, et il sera facile de calculer à quelle distance une ligne mesurant ce nombre de mètres doit être placée pour sous-tendre un angle de 40 degrés. Cette distance sera la hauteur même de l'atmosphère. J'ai fait des observations de ce genre à San Domingos, baie de Rio de Janeiro, dans la soirée des 1er, 2 et 3 décembre 1858 et j'ai trouvé que la limite de la polarisation atmosphérique employait $9^m 40^s$ à passer de 20 degrés est à 20 degrés ouest du zénith. Or à San Domingos, dont la latitude est de 23 degrés sud, la limite de l'ombre parcourt $25^{kil},6$ par minute ou $247^{kil},5$ en $9^m 40^s$. De là on tire pour hauteur de l'atmosphère 340 kilomètres.

Cette détermination de la hauteur de l'atmosphère est indépendante de toute hypothèse, et s'accorde beaucoup mieux que les valeurs actuellement admises avec ce que les bolides et les aurores boréales nous ont appris sur la même question.

Les dernières traces de polarisation atmosphérique dont je viens de parler ne peuvent être reconnues d'une manière sûre ni avec le polariscope chromatique, ni avec le polariscope Savart. Il faut pour cela employer soit un prisme de Nichol, soit une tourmaline, de la manière que j'ai indiquée dans l'appendice du chapitre vii, page 193.

Quant aux arcs crépusculaires roses, je crois qu'il faut les attribuer à la vapeur d'eau répandue dans les basses régions de l'atmosphère. Généralement, leurs amplitudes, spécialement celles du premier arc, ne sont pas en rapport avec la hauteur apparente de leur sommet sur l'horizon et avec leur altitude calculée d'après l'heure de leur coucher; ce fait doit provenir de la grande absorption des couches inférieures, qui ne permet pas de bien distinguer les parties de ces arcs éloignées et situées à l'horizon, tant que la lumière atmosphérique est très-forte. J'ai même quelquefois vu le pre-

mier arc sensiblement demi-circulaire. D'autres fois, il existe dans l'atmosphère des
espèces de nuages transparents, qui deviennent visibles en se colorant en rose.
Les cirrus, quand ils existent, montrent toujours deux colorations roses successives.
Les aspects qu'ils présentent au coucher et au lever du soleil m'ont servi plusieurs
fois à déterminer leur hauteur dans la région des vents alizés par une méthode
analogue à celle que j'ai employée pour obtenir celle de l'atmosphère.

Grain.

Orage volcanique.

CHAPITRE XV

LES MÉTÉORES

L'ÉLECTRICITÉ ATMOSPHÉRIQUE
ORAGES —GRÊLES—TEMPÊTES,—OURAGANS—APPLICATION
DU TÉLÉGRAPHE A LA MÉTÉOROLOGIE

Dans le chapitre précédent, nous avons parlé des vents réguliers et de leur origine, ainsi que de la variabilité des mouvements aériens dans les contrées tempérées. Mais nous n'avons traité que des courants d'intensité ordinaire. Les ouragans ont d'autres causes plus puissantes dont nous allons maintenant dire quelques mots.

Parmi les causes des ouragans, il faut placer en premier lieu les orages qui les accompagnent toutes les fois qu'ils acquièrent leur maximum d'intensité. L'étude des tempêtes ne peut donc être faite séparément de celle des orages, et cette circonstance nous amène à parler d'abord de l'origine de ces derniers.

L'atmosphère terrestre est toujours électrisée. Lorsque le ciel est pur, son électricité est positive. On a beaucoup discuté sur la cause de ce phénomène. Les uns l'ont attribué à des actions thermo-électriques entre les couches d'air inégalement chauffées par les rayons solaires, d'autres en ont cherché la source dans l'évaporation de l'eau à la surface du sol et de l'Océan. Il est certain aujourd'hui que ces deux causes ne peuvent que bien faiblement intervenir, car le pouvoir thermo-électrique des gaz est très-minime, et, d'un autre côté, l'eau soit pure, soit chargée de sel, ne s'électrise pas en s'évaporant, toutes les fois qu'il n'y a pas de frottement entre la vapeur produite et les parois de corps solides. L'acte de la végétation lui-même ne semble pas verser de quantité bien appréciable d'électricité dans l'atmosphère. Sans nier qu'il ne puisse jouer un rôle, il est certain qu'il faut recourir à des causes beaucoup plus actives pour expliquer l'énorme développement de l'électricité aérienne. Ces causes se trouvent, au reste, facilement dans les puissantes actions chimiques qui s'opèrent dans l'écorce même de la terre et dans les mille phénomènes de cristallisation et de désagrégation qui s'y produisent sous l'influence des eaux. La constatation du développement d'électricité au simple contact du sol et d'un lac ou d'une rivière a été faite déjà par M. Becquerel père. Combien d'autres sources beaucoup plus énergiques ont lieu encore dans la décomposition des sulfures, la désagrégation des roches, etc., et dans le travail intérieur du globe qui donne naissance aux volcans et aux tremblements de terre. Les eaux qui s'évaporent de la surface des continents et des mers transportent dans l'atmosphère l'électricité dont elles sont chargées. Joignons à cela les actions directes du soleil agissant à la fois comme corps électrique et magnétique et développant dans le sol des courants dont la boussole accuse l'existence, et qui agissent eux aussi pour donner lieu à des phénomènes chimiques, nouvelle source d'électricité, et on voit qu'il y a dans la croûte terrestre des causes nombreuses dont l'ensemble suffit pour rendre compte de l'électrisation aérienne, sur laquelle l'évaporation agit non comme cause développante, mais comme moyen de transport.

Les relations de l'électricité atmosphérique avec les phénomènes telluriques sont évidentes. En général, les éruptions volcaniques sont accompagnées d'orages terribles, et il n'est pas douteux que les volcans répandent dans l'atmosphère une quantité immense d'électricité. D'un autre côté, des phénomènes souterrains remarquables ont lieu quand le tonnerre se prépare. Beaucoup de sources thermales montrent alors des bouillonnements extraordinaires. On a vu parfois des sources taries donner de l'eau dans la même circonstance, et on n'a cessé de signaler l'état orageux du ciel à l'approche des tremblements des terres. Dans les pays où des mouvements du sol se produisent fréquemment, il n'est pas rare que des bruits souterrains précèdent l'explosion de la foudre.

Ainsi, tandis que les actions lentes qui s'opèrent sur d'immenses surfaces dans l'écorce terrestre paraissent constituer la source principale de l'électricité constante de l'atmosphère, les actions violentes semblent être une des circonstances qui déterminent les orages puissants. Toutefois, elles n'en sont pas la seule cause. Une condensation abondante de vapeur déterminée en un point de la surface de la terre soit par la rencontre de deux vents, l'un froid, l'autre chaud et humide, soit surtout par l'existence de courants d'air ascendants, résultat d'une chaleur anormale au lieu considéré, occasionne une diminution de la pression atmosphérique, et, comme conséquence, un appel d'air au point de condensation. Une quantité immense de ce gaz refroidie par la dilatation résultant du mouvement ascensionnel abandonne la vapeur qu'elle contient en traversant le cumulus formé sous l'action du courant ascendant. Le nuage atteint ainsi une épaisseur énorme, parce qu'il concentre la masse d'eau évaporée sur une surface considérable, et il retient en outre toute l'électricité recueillie par elle sur cette même surface. Par cette accumulation électrique se réunissent les éléments d'un orage intense qui ne tarde pas à éclater[1],

[1] La répulsion mutuelle des diverses parties du nuage électrisé et le soulèvement de ce dernier par l'action attractive des couches atmosphériques supérieures, chargées de l'électricité contraire à la sienne, contribuent à faire une sorte de vide central vers lequel l'air des couches inférieures afflue, et où il abandonne à la fois sa vapeur et son électricité. Il y a là une cause d'augmentation incessante du nuage et de l'appel d'air.

De même, lorsqu'un courant d'air chargé d'une grande quantité de vapeur d'eau à l'état transparent vient rencontrer un massif de montagne qui l'oblige à monter, les mêmes phénomènes de condensation apparaissent, et la montagne se couvre d'un chapeau de nuages qu'on voit se former sur ses flancs et s'élever vers son sommet, où l'électricité primitivement contenue dans la vapeur d'eau s'accumule ainsi que cette dernière. Mais en outre, dans ce cas, il se développe une nouvelle source d'électricité provenant du frottement des globules de vapeur condensée contre les flancs de la montagne. On sait en effet, et la célèbre expérience de la machine d'Armstrong en est une preuve convaincante, que la vapeur d'eau en globules s'électrise considérablement par le plus léger frottement. Si donc l'air qui se porte vers la montagne est déjà très-fortement chargé de vapeur électrisée, l'accumulation de l'électricité dans le chapeau de nuages qui

la recouvre sera considérable, et ceux de ces nuages qui s'en détacheront iront, entraînés par les contre-courants du vent inférieur, faire éclater de violents orages dont le centre d'origine sera au sommet du massif montagneux. En même temps l'appel de l'air inférieur vers le sommet par l'effet de la condensation sera considérable, un vent fort et refroidi par la dilatation se déclarera, et il y aura à la fois un orage et un ouragan.

On voit donc que dans les régions montagneuses, outre les causes d'orages des pays de plaines, il y a encore d'autres causes spéciales, et telle est la raison pour laquelle ces phénomènes sont plus développés dans les contrées accidentées que dans les lieux dont le sol est uni. Si, en outre, les montagnes sont situées dans la zone torride où l'air est chargé de beaucoup plus de vapeur que dans les pays tempérés, le tonnerre peut atteindre une intensité incomparablement plus grande que dans nos climats.

J'ai eu bien fréquemment l'occasion d'observer de magnifiques orages dans la belle baie de Rio de Janeiro dont j'ai antérieurement donné la description, et il y a certainement sur le globe peu de points mieux disposés pour être le siége de grandes tempêtes électriques, car c'est au bord de la mer que l'air est le plus humide, et Rio de Janeiro offre une ceinture de hautes montagnes placée à la fois dans la zone torride et près du rivage. Parmi les particularités qu'il m'a été donné de noter en ce lieu remarquable, je citerai spécialement la division fréquente des éclairs en un nombre immense de rameaux.

La division des éclairs en plusieurs branches est un fait tellement rare que, dans son importante notice sur le tonnerre, Arago, après avoir feuilleté tous les recueils académiques, n'a pu citer que deux cas d'éclairs fourchus, et deux cas de trisection, dont un eut lieu dans un orage volcanique. Quant aux éclairs à plus de trois branches, leur existence n'avait pas été signalée avant une note que j'adressai en 1859 à l'Académie des sciences sur ce sujet. Ce fut dans un orage qui éclata à Rio de Janeiro, le 30 janvier 1859, que je vis, pour la première fois, le phénomène de la division indéfinie des éclairs.

Pendant la journée, la température avait été très-élevée, et accompagnée d'un vent soufflant très-faiblement du sud-est. Dans la matinée, l'air était pur, et un soleil ardent tombait sur le sol encore un peu humide de la pluie des orages des jours précédents. Dans l'après-midi, il y avait quelques cirrus; en approchant du soir, d'autres nuages, espèces de cumulo-stratus, se formèrent en-dessous; et au coucher du soleil, le ciel était à peu près complétement couvert.

A sept heures, quelques éclairs commencèrent à paraître dans l'est, et à sept heures dix minutes l'orage avait acquis toute son intensité. En cet instant, partaient continuellement, à une intervalle de 1 à 2 secondes, des jets électriques en zigzag, dont plus du tiers se bifurquaient. Ces éclairs étaient blancs et très-vifs; quelquefois ils semblaient tendre très-légèrement vers une teinte un peu bleuâtre, d'autres fois un peu orangée. C'étaient des lignes brisées continues, présentant parfois des courbes et se terminant par une forme un peu arrondie; chacun des traits composants était sinueux comme ceux que dessine une main tremblante. De temps en temps seulement on entendait un léger roulement lointain et on voyait très-rarement deux éclairs à la fois. Aucun d'eux ne s'est montré diffus. Le phénomène paraît donc s'être passé au-dessous de la couche supérieure de nuages, sur laquelle les traits de feu se projetaient; beaucoup de ceux-ci semblaient partir d'une sorte de cumulus très-petit, situé à peu de hauteur au-dessus de l'horizon est, et se propager avec un mouvement ascendant apparent; d'autres semblaient sortir de la couche supérieure, et se mouvoir en sens inverse. Quelques petits ascitizi existaient au-dessous du stratus supérieur. L'orage n'était pas accompagné de pluie. Au commencement, seulement, il est tombé quelques larges gouttes d'eau.

Je passe maintenant à la partie la plus curieuse du phénomène. Outre les éclairs bifurqués, et ceux à trois ou quatre branches, qui étaient aussi très-fréquents, il ne s'écoulait pas de minute sans que l'on vît ce qu'on pourrait appeler des éclairs arborescents. C'étaient des traits de feu qui se divisaient en plusieurs branches principales lesquelles se partageaient, à leur tour, en une multitude de rameaux. L'un d'eux que j'ai remarqué particulièrement, et qui paraissait se

Éclairs arborescents (p. 389).

propager en descendant, se divisait d'abord en trois parties qui se
subdivisaient ensuite de manière à former en tout une quinzaine de
branches.

J'ai remarqué même des éclairs d'un nombre de rameaux plus
grand encore et tellement nombreux que la totalité des détails ne pou-

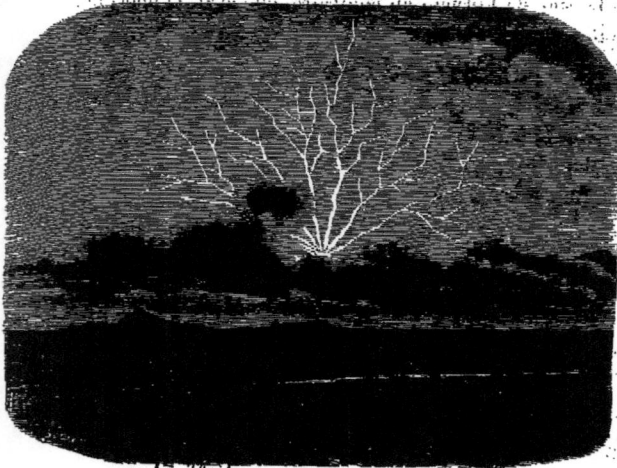

Éclair divisé et radié.

vait se graver dans l'esprit. Le plus remarquable de ces derniers était
rayonnant et non en arbre, c'est-à-dire que sa propagation se fit en
tous sens à la fois, en partant d'un centre, d'où jaillirent six branches,
se subdivisant en une multitude de traits secondaires. J'ai aussi vu des
éclairs arborescents qui semblaient s'élever de derrière le cumulus
dont j'ai parlé; et les éclairs radiés furent, de leur côté, assez nombreux. M. Félix Taunay, qui a aperçu l'orage, non plus à San Domingos, mais, plus loin, à Tijuca, a remarqué les mêmes apparences.
Au jardin botanique, M. Candido Baptista d'Oliveira a également
noté l'existence des subdivisions et leur multiplicité. L'orage semblait rester immobile. Au bout de dix minutes environ, la fréquence

des éclairs diminua peu à peu. A huit heures, ils se succédaient à des intervalles de dix à quinze secondes; un quart d'heure plus tard, ils cessèrent. Enfin, à huit heures et demie, le ciel était presque découvert.

Il est bon de mentionner que, la veille de cet orage, la mer était d'une phosphorescence extraordinaire, comme je ne l'avais pas encore vue. Le soir de l'orage, au contraire, elle avait la phosphorescence habituelle entre les tropiques.

Depuis l'orage que je viens de décrire, j'ai fait une attention spéciale aux éclairs, dans la baie de Rio de Janeiro, et j'ai pu me convaincre que leur bissection y est un fait très-fréquent. Dans le seul été de 1859, j'ai remarqué ce phénomène plusieurs fois dans les orages des 18, 19, 20, 22 et 27 février. Le 18, le 22 et le 27 février, il a paru plusieurs éclairs, les uns arborescents, les autres rayonnants, et à un grand nombre de branches. Ils présentaient, d'ailleurs, le même caractère que ceux du 30 janvier. Leur fréquence était, toutefois, beaucoup moindre. Le 27 février, la tendance de quelques-unes des branches à se terminer en boules était assez marquée. Je n'ai, toutefois, vu d'éclairs réellement en boules que le 22 février. Ce phénomène s'est reproduit trois fois. Il me semblait voir un globe de feu courant sur les nuages, en laissant une sorte de traînée comme un bolide, mais dans laquelle on ne distinguait pas de particules distinctes. Il parcourut un angle de 10 à 15 degrés, dans un temps compris entre un quart et la moitié d'une seconde. Dans cette même soirée, j'ai noté aussi, un peu plus tard, à San Domingos, une chute assez forte de grêle, chose très-rare dans la baie de Rio de Janeiro [1].

Les éclairs en lignes lumineuses atteignent quelquefois une très-grande longueur. Ainsi, dans la même année 1859, le 19 février, j'en ai observé un qui a couru presque parallèlement à l'horizon dans une amplitude que j'ai notée par alignement pris à terre, et trouvée de 142 degrés. L'intervalle entre l'éclair et le commencement

[1] Depuis le 22 février 1859, il n'est plus tombé de grêle à Rio de Janeiro, jusqu'au mois d'octobre 1865, où il y a eu deux chutes. Le 10 octobre 1864, pendant un violent ouragan, il y a eu une grêle abondante.

du bruit a été de vingt-quatre secondes, ce qui donne, d'après la vitesse du son, huit kilomètres de distance pour le point le plus rapproché, et par conséquent d'après l'amplitude observée, quinze kilomètres pour longueur minimum du trait lumineux.

Depuis l'année à laquelle se rapportent les observations précédentes, j'ai eu un grand nombre de fois l'occasion de revoir à Rio de Janeiro des éclairs divisés. Ce phénomène n'est pas au reste particulier à cette localité. M. Poey, directeur de l'observatoire météorologique de la Havane, l'a noté dans cette dernière ville, depuis que j'ai appelé en 1859 l'attention sur ce sujet. Il est probable que la division des éclairs est fréquente dans toutes les contrées orageuses de la zone intertropicale. Elle a même quelquefois lieu dans nos climats, car mon beau-frère, M. Paul Asselin, m'a dit l'avoir observée il y a une douzaine d'années près de Cherbourg, un jour qu'il fut surpris par un orage sur la route de Quettehou. De nombreux éclairs semblaient partir d'un point central en se divisant eu une multitude de branches. Le phénomène attira d'autant plus son attention qu'il n'avait rien vu de semblable, même pendant ses voyages en Égypte, en Nubie et dans l'Orient.

Arago, dans la longue et intéressante notice qu'il a consacrée à l'étude de la foudre, distingue trois sortes d'éclairs : 1° ceux en zigzag; 2° les lueurs diffuses ; 3° les globes de feu. La première classe me paraît devoir être subdivisée en plusieurs autres dont je signalerai cinq variétés, savoir : 1° Les traits lumineux droits. Ils éclatent ordinairement entre la terre et les nuages. Souvent plusieurs éclairs consécutifs suivent le même trajet dans l'intervalle d'une seconde et moins encore. Ce qui donne à la ligne lumineuse une apparence de durée appréciable. 2° les éclairs en zigzags continus. Ce sont les plus fréquents. 3° Les zigzags interrompus dont j'ai cité des observations dans la description d'un très-fort orage de juillet 1852, description que j'ai donnée à cette époque à l'Académie des sciences. 4° Les éclairs en lignes à la fois brisées et ondulées que j'ai observés également plusieurs fois. 5° Enfin, les éclairs divisés, dont je viens de parler avec détail.

La foudre produit des effets très-variés sur les objets qu'elle atteint. Quelquefois, elle tue les personnes qu'elle frappe, d'autres fois, elle ne fait que brûler leurs vêtements ou fondre les objets métalliques qu'elles portent, ou bien encore elle se contente d'enlever ces derniers objets. Nous avons été nous-même, dans notre voyage de Minas Geraes, témoins d'un cas bien curieux de ce genre. En descendant de la montagne de Piedade, près de Sabará, notre caravane surprise par un violent orage accompagné d'une pluie diluvienne, s'était réfugiée sous

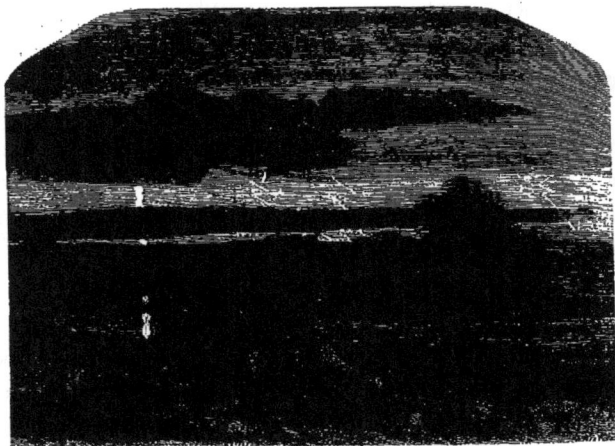

Diverses sortes d'éclairs simples en traits lumineux.

une énorme roche d'itabirite faisant saillie sur le sentier. Tout à coup, un trait de feu atteint la pierre en traversant le groupe des voyageurs qui étaient restés sur leurs chevaux, et le mors du cheval de ma femme et un étrier de l'un de mes adjudants furent arrachés et jetés à terre. Non-seulement la foudre tue des animaux, mais elle tue aussi de gros arbres. J'ai vu un exemple très-remarquable de ce dernier mode d'action sur un énorme Rhexia qu'elle a atteint près de ma maison de campagne d'Atalaia aux environs de Rio de Janeiro. Le plus souvent toutefois elle ne fait pas périr complétement les arbres, mais elle les fend ou leur brise des branches. Sur les métaux, ses effets sont surtout

des phénomènes de fusion et de volatilisation. Quelquefois elle transporte des objets d'un point à un autre, ou opère des phénomènes de
projection dus à la vaporisation instantanée de l'eau qu'elle rencontre.
J'ai observé moi-même au port militaire de Cherbourg un cas très-curieux de projection dans l'orage de juillet 1852, que j'ai déjà cité plus
haut. Un fragment de bois détaché du mât d'un navire à vapeur fut
lancé à plus de 80 mètres de distance avec une force telle qu'il perça
une forte cloison en chêne. Dans sa belle notice sur le tonnerre, Arago
a relaté une multitude de faits bizarres produits par la foudre. J'y renvoie le lecteur, car leur description serait trop longue, et je vais présenter quelques remarques au sujet du phénomène intéressant de la
grêle qui accompagne si souvent les orages.

En Europe et dans toutes les régions tempérées, c'est en été et
surtout à la suite de grandes chaleurs qu'ont lieu les plus fortes chutes
de grêle. Il semblerait au premier abord résulter de là que l'élévation de
la température est la condition première de la formation du météore,
et que, dans les contrées chaudes, ce phénomène doit être très-fréquent. Il n'en est rien cependant. J'ai déjà cité la rareté des ondées
de grêle à Rio de Janeiro. La même rareté a lieu pour toutes les contrées intertropicales peu élevées au-dessus du niveau de la mer. Mais
à de grandes hauteurs au-dessus de l'Océan, entre les tropiques mêmes,
les chutes d'eau glacée sont fréquentes, et, comme en Europe, on les
y observe dans les saisons de l'année où le soleil est le plus rapproché
du zénith, et où conséquemment la température est la plus élevée.
C'est ainsi qu'au Brésil, elles sont nombreuses pendant l'été sur le plateau de Minas Geraes qui est situé à 1,000 et 1,100 mètres plus haut
que la surface de la mer. Faudrait-il attribuer la rareté de la grêle, à
Rio de Janeiro, à ce que les grêlons auraient le temps de fondre dans
la partie de leur chute comprise entre le niveau de Minas Geraes et
celui de l'Océan? Évidemment cela ne suffit pas, car cette chute ne
demanderait pas plusieurs minutes, temps pendant lequel j'ai vu les
gros grêlons de Minas Geraes résister à la fusion complète. Il y a donc
une autre cause. Pour la trouver, il faut remarquer qu'en France,
par exemple, les très-grandes chaleurs d'été qui précèdent générale-

25

ment les forts orages à grêle, atteignent bien; il est vrai, les températures de Rio de Janeiro, mais il y a une différence essentielle dans les deux cas, et elle vient de ce qu'alors le décroissement de la température avec l'augmentation de hauteur dans l'atmosphère est très-différent, car partant de la même température inférieure on atteint beaucoup plus vite dans nos climats que dans la zone intertropicale l'élévation où les neiges perpétuelles peuvent exister dans les montagnes. Sur les plateaux de 1,000 mètres d'altitude de la région des tropiques, la chaleur peut bien aussi devenir excessive quand le soleil darde avec force ses rayons sur le sol, mais la diminution de la température avec l'accroissement de hauteur est beaucoup plus rapide que pour les contrées basses de la même zone. Il paraît donc résulter de la loi de répartition des grêles que les conditions favorables à leur formation ne consistent pas seulement dans l'élévation de la température des couches d'air en contact avec le sol, mais bien dans la combinaison de cette élévation avec la circonstance d'un décroissement rapide de la chaleur dans l'atmosphère. Le premier phénomène favorise la naissance et l'accumulation d'abondantes vapeurs nécessaires pour former les grêlons, tandis que le second facilite leur condensation et leur congélation. Ce ne doit être alors que dans un cas de refroidissement anormal et conséquemment rare des couches supérieures de l'air que la grêle peut se produire dans les régions basses de la zone intertropicale; de là le peu de fréquence des chutes dans ces contrées.

La condition que nous venons d'indiquer pour la formation de la grêle est éminemment propice à l'accumulation de l'électricité dans les nuages, et par conséquent à la naissance des orages. Aussi les grandes chutes de grêle sont toujours accompagnées de ce dernier phénomène. Il est probable toutefois que la relation des deux météores n'est pas purement fortuite, et que l'électricité intervient puissamment pour augmenter le refroidissement. En effet, les nuages ne peuvent pas être assimilés à des conducteurs aussi parfaits que ceux de nos machines électriques. C'est ce que démontre, au reste, l'existence de brillants éclairs se succédant à quelques secondes d'intervalle dans un même nuage pendant quelquefois plusieurs heures consécutives. Chaque globule aqueux doit donc conserver une petite charge d'électricité, et si on remarque que la surface d'une goutte d'eau est considérablement plus petite que la somme des surfaces des petits globules qui se sont réunis pour la produire, on voit que la tension électrique à la superficie humide d'un grêlon en voie de formation peut devenir considérable, bien que les globules que celui-ci rencontre sur sa route n'aient qu'une charge très-faible. Dans un grêlon qui s'accroît, il doit donc exister un écoulement permanent d'électricité, et comme cette dernière ne peut s'échapper sans entraîner de la vapeur, il y a là une grande absorption de chaleur pour fournir le calorique latent nécessaire à la transformation de l'eau. Il suffirait que la huitième partie du poids d'un grêlon retournât ainsi en vapeur sous l'influence de l'écoulement électrique pour que le calorique latent abandonné par la congélation de la partie restante fût enlevé. Il est probable toutefois que la quantité d'eau évaporée sous l'influence de la perte d'électricité n'est pas aussi grande, sans quoi la pluie serait congelée dans tous les orages. Pour qu'il y ait grêle, l'écoulement électrique ne suffit donc pas, il faut encore d'autres conditions, consistant dans un grand froid dans les régions supérieures de l'atmosphère, agissant sur le nuage, mais le mode d'intervention de l'électricité, mode dont je viens de parler et que j'ai signalé dès 1850, n'en existe pas moins d'une manière certaine, et favorise singulièrement l'existence du météore.

Nous avons déjà vu comment la répartition des grêles suivant les climats paraît indiquer, pour leur origine, la nécessité d'un refroidissement intense dans la région du nuage électrisé. La présence de grands courants d'air froid dans les hautes régions de l'atmosphère, lors des chutes de grêle, se manifeste en outre par un phénomène précurseur, consistant dans l'existence de cirrus ou nuages en filaments blancs. Ces nuages, composés de petits cristaux de glace, comme le prouvent les phénomènes optiques auxquels ils donnent lieu, concentrent sur eux l'électricité des parties supérieures de l'atmosphère et favorisent par leur attraction la formation subséquente des courants ascendants de l'air humide du sol. De là résulte la zone de gros nuages orageux

inférieurs (cumulus), chargés de l'électricité contraire. L'attraction
respective des deux couches nébuleuses tend à élever la plus basse
pour la porter dans des régions de moindre température, en même
temps que cette même attraction fait descendre le courant froid supérieur. Du mélange des deux masses de gaz il résulte que le nuage inférieur est soumis à une température très-basse et qui peut même se trouver à plusieurs degrés au-dessous de zéro. Le refroidissement intense
des gouttes d'eau, favorisé par leur rayonnement électrique, suite nécessaire de leur accroissement, détermine alors la congélation assez
rapidement pour qu'elles passent à l'état de grêlons ; et suivant les
divers degrés de vitesse avec lesquels ont lieu l'augmentation de volume et le refroidissement, il se forme des masses plus ou moins neigeuses, ou bien de la glace transparente. Le plus fréquemment, le
noyau des grêlons est neigeux, et une couche de glace l'entoure : cela
vient de ce que l'accroissement va en s'accélérant à mesure que le
grêlon descend dans les parties plus denses des nuages ; et la forme,
le plus souvent pyroïde, résulte de ce qu'à moins d'anomalie dans la
chute, l'augmentation de volume se fait surtout par-dessous tandis que
l'écoulement électrique et par suite l'évaporation ont lieu du côté opposé, à cause de la moindre pression de l'air dans ce dernier sens, et
de l'action de l'électricité contraire des nuages supérieurs[1].

En général, les chutes de grêle se font suivant une ligne longue et
étroite. Le 11 août 1849, j'ai observé qu'une bande de terrain grêlé
possédait précisément la même direction que les cirrus allongés qui
avaient précédé le phénomène. (Voir les Comptes rendus, séance du
17 septembre 1849.) Il est probable que ce cas est fréquent, puisque
les cirrus proviennent du courant d'air froid supérieur et marquent sa
direction ; et si quelques lieux sont plus fréquemment atteints par la

---

[1] Beaucoup de variétés se présentent, au reste, dans la forme des grêlons. Je n'ai parlé ici
que de leur aspect le plus général. Il est possible aussi que les grêlons entièrement transparents
viennent, comme le pense M. de la Rive, de la congélation instantanée de gouttes d'eau dont
la température soit déjà descendue à plusieurs degrés au-dessous de zéro, congélation déterminée par l'agitation due à la rencontre de quelque autre particule glacée. On sait, en
effet, que dans l'état de calme l'eau peut être refroidie au-dessous de zéro sans se transformer
en glace, mais que la moindre agitation détermine instantanément son passage à l'état solide.

grêle que d'autres, cela vient sans doute d'une tendance des courants froids supérieurs à suivre certains trajets, tendance résultant peut-être de leur point d'origine, et due dans tous les cas à l'influence des reliefs, ou aussi à la nature du sol, et conséquemment à des courants telluriques d'électricité.

Un autre phénomène, encore très-problématique, quant à sa cause, et qui, comme la grêle, paraît avoir avec les orages des relations particulières, consiste dans des colonnes d'air ou de vapeurs animées d'un mouvement gyratoire, et auxquelles on a donné le nom de trombes. On a souvent confondu avec les trombes divers autres météores, tels que les tornados de la bande équatoriale des calmes, et les cyclones ou grandes tempêtes circulaires des diverses contrées du globe. Ce sont là cependant des choses entièrement différentes, et il est incontestable que la confusion faite entre elles par beaucoup d'observateurs a nui beaucoup jusqu'ici à l'étude des trombes proprement dites. Dans celles-ci même, il importe de bien distinguer deux espèces très-différentes : les trombes d'air sans orages, et les trombes de vapeurs ou trombes orageuses.

La trombe d'air consiste en une colonne gyratoire de ce gaz, d'un diamètre de deux ou trois mètres, et d'une hauteur atteignant progressivement jusqu'à cent mètres environ et même au delà. Ce phénomène, d'une durée de quelques minutes seulement, se développe tout à coup au milieu d'une plaine et par temps calme, sans que rien puisse faire prévoir à l'avance sa formation; et il se transporte horizontalement avec lenteur, en même temps qu'il soulève des poussières, des grains de sable ou des feuilles sèches, qui le rendent visible. Les trombes d'air se produisent surtout dans les pays plats, lorsqu'ils sont brûlés par le soleil, et souvent le ciel est alors serein ou légèrement vaporeux. Elles ne causent pas d'ailleurs de grands ravages, comme le font les trombes de vapeur.

C'est aux trombes d'air qu'il faut attribuer les colonnes de sable si fréquentes dans le Sahara. Elles se produisent, au reste, même dans nos contrées; mais c'est dans les steppes brûlées des pays intertropicaux qu'elles ont lieu le plus souvent. En 1862, pendant mon voyage dans les campos de Minas Geraes, sur les rives du San Francisco, j'ai eu occasion, au commencement d'octobre 1862, à la fin de la période de sécheresse de cette région, d'en voir deux entre autres sur lesquelles j'ai pu faire quelques observations assez importantes.

Trombe d'air.

La première des deux trombes en question eut lieu le 1ᵉʳ octobre, vers midi. Nous nous rendions alors en caravane du village d'Arraial Novo au Porto das Andorinhas, où nous devions traverser le Rio de San Francisco, et nous traversions à cheval une plaine très-étendue, couverte d'arbustes rabougris et espacés, comme on en rencontre souvent dans la région des campos. Tout à coup, j'entendis un bruit de feuilles sèches fortement remuées, et en dirigeant le regard de ce côté, je vis une colonne de poussière animée d'un mouvement gyratoire, à une cinquantaine de mètres à gauche du sentier que nous suivions, et je remarquai que cette colonne se dirigeait vers le chemin, qu'elle allait traverser un peu en avant de moi. Je pressai alors ma monture pour me trouver à la rencontre du tourbillon que je parvins à traverser. Je tenais à la main un petit parasol blanc, comme on a l'habitude de le faire lorsqu'on voyage sous le soleil vertical de ces climats. Dès que je me trouvai sur la limite de la colonne, je sentis ce parasol fortement entraîné vers l'axe du météore et soulevé avec violence. En voulant le retenir, je faillis être renversé de cheval, et je ne le retirai que déchiré. En même temps je perçus nettement l'odeur sulfureuse de l'ozone. Après que le tourbillon eût passé sur moi, je le vis encore augmenter de hauteur et disparaître bientôt à une petite distance.

Trombe d'air sur le San Francisco.

La seconde observation dont j'ai parlé fut faite deux jours après, le 5 octobre, au Porto das Andorinhas. Nous étions alors sur la rive gauche du fleuve. En face, sur la rive opposée, se trouvait un terrain nu assez vaste, bordé de grands arbres. Je vis tout à coup, vers le milieu de cet espace découvert, les feuilles sèches répandues sur le sol remuer sur une petite étendue, puis rentrer au repos pendant quelques secondes. Bientôt elles s'agitèrent de nouveau, et tout à coup elles commencèrent à s'élever en tourbillonnant avec la poussière et en formant une colonne qui augmentait de hauteur. Le météore se dirigeait sur le fleuve, à la surface duquel il ne tarda pas à se trouver. Je pus alors observer nettement que les ondes s'élevaient légèrement au centre de la colonne en bouillonnant, et un petit nuage d'eau, à l'état de poussière, était emporté dans le tourbillon qui, au bout de trois ou quatre minutes, cessa peu à peu. La surface de la rivière n'était agitée que dans un très-petit espace autour du météore. La colonne passa à environ soixante mètres de nous, et à peine si nous sentîmes en cet instant une faible brise. L'air, d'ailleurs, était parfaitement calme au moment de la naissance du phénomène et après sa fin, et le ciel était pur comme lors de la première observation; seulement, il se montrait blanchi légèrement par la fumée qu'il renferme toujours dans ces régions à cette époque de l'année où de grands incendies, allumés par les habitants, ont lieu dans les campos pour brûler les herbes sèches. Le météore était en outre accompagné comme le précédent d'un bruissement particulier, attribuable peut-être, en partie du moins, au choc des feuilles sèches entraînées.

Les deux observations que je viens de citer m'ont montré d'une manière irrécusable que le phénomène est dû à un courant d'air très-fortement ascendant, et que probablement son origine est électrique. Peut-être est-ce à une abondante émanation de l'électricité du sol par un espace limité qu'il faut attribuer ce courant ascendant produit alors par la répulsion de l'air électrisé, d'ailleurs attiré par les couches supérieures de l'atmosphère. Mais quelle peut être la cause du mouvement gyratoire? En parlant des vents alizés, nous avons montré comment la rotation de la terre influe pour dévier en sens contraire les courants aériens qui se dirigent vers le même point; et c'est à cette cause qu'il faut rattacher le mouvement gyratoire des cyclones ou ouragans circulaires dont nous parlerons plus loin.

Mais si cette explication peut convenir aux cyclones qui ont des diamètres immenses, il n'en est probablement pas de même dans le cas présent, à cause du petit diamètre du phénomène, qui ne permet guère aux courants d'acquérir, par l'effet de la rotation terrestre, des vitesses égales à celles qu'on observe dans la gyration des trombes d'air. Dans les deux cas où j'ai pu nettement observer cette gyration, son sens répondait bien à l'explication ci-dessus; mais je crois qu'il faut plutôt attribuer la rotation au transport horizontal du météore. Ce déplacement oblige les courants d'air qui se portent vers le centre de la trombe à dévier d'une manière incessante, et les oblige ainsi à se courber. On sait, d'ailleurs, avec quelle facilité les mouvements gyratoires naissent entre deux vents de direction différente par la moindre inégalité d'action. Peut-être aussi le magnétisme de l'oxygène tend-il à déterminer la rotation de ce gaz autour d'un courant électrique central et vertical ? Quoi qu'il en soit, il ne me paraît guère possible d'expliquer les trombes d'air que par un courant de cette dernière nature, dont l'origine serait peut-être dans le sous-sol, et dont le déplacement serait commandé par d'autres courants voisins ou par le magnétisme terrestre.

L'explication qui précède est, au reste, celle que plusieurs physiciens ont admise pour les trombes de vapeur ; mais, dans ce cas, les effets électriques sont plus évidents, et les phénomènes acquièrent parfois, par leurs ravages, des proportions effrayantes.

De même que les trombes d'air, celles de vapeur, ou trombes proprement dites, se produisent souvent par temps calme, mais elles sont toujours surmontées de gros nuages orageux. Elles consistent en un cône de brouillard, le plus souvent renversé, et dont la base s'appuie sur le nuage. Quelquefois, cependant, la base du cône est du côté du sol. Le diamètre, même du côté de la pointe, est généralement plus grand que celui des trombes d'air dont nous avons parlé plus haut, et il varie entre une vingtaine et une centaine de mètres. Lorsque la trombe est sur terre, elle renverse les maisons et les édifices sur lesquels elle passe ; elle arrache et déracine les arbres ; et, en général, elle soulève les objets qui entrent dans sa sphère d'activité. On a vu des trombes enlever toute l'eau des mares sur lesquelles elles passaient. Les arbres qu'elles renversent sont souvent comme s'ils avaient été foudroyés. Toute leur sève est évaporée, et ils sont fendus en lattes. Ces phénomènes semblent nettement indiquer l'action de forts courants électriques. Les trombes sont, d'ailleurs, accompagnées d'un bruissement particulier, comme celui du passage de l'électricité dans un conducteur imparfait, et fréquemment l'orage éclate dans le nuage qui

leur sert d'appui. Lorsqu'elles sont sur la mer, l'eau est souvent soulevée, d'autres fois repoussée au centre du météore, mais dans ce dernier cas elle est soulevée vers la périphérie. Si le météore, comme
tout porte à le croire, est dû à un fort courant électrique entre la mer
et le nuage, le refoulement de l'eau à son axe peut s'expliquer par la
répulsion des courants sur eux-mêmes, tandis que l'existence d'une attraction centrale aurait plutôt lieu quand le courant n'est pas encore bien établi. Je n'ai observé de trombe de vapeur qu'une seule fois, le 5 mars 1863, à Atalaia, et à environ une lieue de distance. Cette trombe était petite, et n'a pas fait de dégâts importants, mais je l'ai vue se former et se rompre à diverses reprises. La formation avait lieu par la descente d'une colonne

Trombe de vapeur sur terre.

de vapeur venant du nuage, et cette colonne n'a atteint la terre qu'une
seule fois, et pendant environ deux minutes. Tout autour des trombes,
l'air semble se diriger vers elles, et il en résulte fréquemment un mouvement gyratoire du vent vers leur périphérie. Ces courants d'air ascendants, analogues à ceux des trombes aériennes, mais ordinairement
plus forts, joignent leur action à celle de l'électricité pour augmenter
les ravages produits par le météore. Dans la trombe du 18 juin 1859,
à Châtenay, près de Paris, on a estimé à plus de quatre cent cinquante

kilogrammes par mètre carré l'effort qui a été exercé pour renverser certains pans de murailles.

Ce terrible phénomène est très-probablement déterminé par les mêmes causes qui amènent la formation des trombes d'air. Seulement, dans le cas actuel, la présence de forts nuages orageux donne lieu à un accroissement considérable de la masse d'électricité mise en jeu. Il y a de grands orages qui fournissent des milliers d'éclairs; que l'on juge cette quantité immense d'électricité agissant pendant quelques minutes pour produire un courant électrique, car les trombes n'ont jamais une longue durée, et on peut comprendre comment les effets produits peuvent être si considérables. Mais quelle est la cause qui peut déterminer un nuage à se débarrasser de son électricité sous

Trombe de vapeur sur la mer.

forme de courant continu au lieu de produire des décharges successives comme dans les orages ordinaires? La réponse à cette question, dans l'état actuel de la science, est difficile. Il y a lieu de croire que l'état électrique du sous-sol n'est pas sans influence dans ce cas, et que la condition qui peut former les trombes d'air ordinaires se combine alors avec celle qui fait la foudre. Sous l'influence de la première, il s'établit par condensation une colonne de vapeur, formant un conducteur imparfait, par lequel l'électricité du nuage s'exhale en presque totalité. Il est donc très-probable que les courants telluriques interviennent dans la production du phénomène.

Quoi qu'il en soit, les trombes ne peuvent être confondues avec les tornados, les cyclones ou tourbillons, et les autres ouragans circulaires. Tandis que les premières n'ont jamais qu'un rayon de quelques mètres, les derniers s'étendent quelquefois sur un cercle de plus de mille kilomètres de diamètre. Des courants d'air opposés peuvent, sur leur ligne de contact, donner naissance à des tourbillons; mais, en général, les grands tourbillons ou cyclones ont pour origine des courants ascendants, provenant d'une forte dépression de la pression atmosphérique dans leur centre, laquelle, à son tour, a pour cause soit une forte température antérieure, qui a dilaté l'air dans le pays où le cyclone a pris naissance, et qui a fait déverser ce gaz sur les contrées environnantes, soit une abondante condensation de vapeur par la rencontre de vents froids supérieurs. L'air, alors, tend, dans les couches inférieures, à s'écouler de toutes parts vers la région où la pression est diminuée, et la rotation de la terre en influant, de la manière que nous avons reconnue en traitant des vents alizés, pour dévier en sens contraire les divers courants opposés, détermine un mouvement gyratoire qui peut devenir considérable. Comme, d'une part, la pression atmosphérique n'est pas rigoureusement la même sur tout le pourtour d'un cyclone; et comme, d'autre part, les déviations des vents, dues à la rotation terrestre, varient aussi, à cause de la différence des latitudes, il arrive que les courants de diverses directions, ne sont pas tous égaux. De là résulte que le cyclone, une fois formé, tend à se déplacer et à se transporter dans le sens des vents les plus forts. Plusieurs météorologistes anglais et américains, parmi lesquels je citerai surtout MM. Piddington, Reid, Redfield, etc., ont tracé sur des cartes la marche d'un grand nombre d'ouragans observés, et leurs recherches établissent que ceux de l'Atlantique et de la mer des Indes ont pour leur transport des directions privilégiées, ce qui doit être, au reste, d'après le principe de leur déplacement assigné par la théorie.

Tous les cyclones ne sont pas des ouragans, la plupart se composent de vents modérés. Ils ne deviennent tempêtes que si les causes qui dé-

Tempête sur la côte.

terminent leur formation ont agi avec grande énergie. C'est surtout dans certaines contrées intertropicales qu'ils acquièrent leur plus grande intensité, notamment aux Antilles et dans les mers de l'Inde. La raison en est facile à concevoir. L'air, chargé d'une quantité de vapeur plus grande que dans les régions moins chaudes, détermine par son mouvement de plus grandes condensations. On se tromperait beaucoup, toutefois, si on croyait que, dans toute la zone intertropicale, les ouragans sont plus forts que dans les contrées tempérées. Il existe, au contraire, entre les tropiques, des lieux où les ouragans sont excessivement rares. Je citerai, notamment à ce sujet, les provinces du nord du Brésil et toute la partie de l'océan Atlantique, comprise entre les archipels des Canaries et du Cap-Vert et la longitude de Pernambuco, et je ferai remarquer que les grands ouragans sont surtout fréquents dans les pays renfermant des volcans. Ainsi la zone sans tempêtes que je viens de citer n'est nullement volcanique. Au contraire, les plus violents ouragans existent dans la région des Antilles et du golfe du Mexique, et dans les mers de l'Inde et du Japon, où les volcans sont condensés. Tandis que, comme nous venons de le dire, la partie centrale de l'océan Atlantique est dépourvue de tempêtes dans les basses latitudes, on retrouve les ouragans dès qu'on approche des groupes volcaniques du Cap-Vert et des Açores. L'océan Pacifique, réputé pour ses vents impétueux, est rempli d'îles à montagnes éruptives. La région de Bourbon, la Méditerranée et la mer Rouge, où les cyclones sont très-redoutables, renferment plusieurs volcans. D'après ce que nous avons dit de l'origine de l'électricité atmosphérique, l'existence de très-grands ouragans dans les zones volcaniques n'a rien qui doive étonner, et on comprend facilement leur fréquente coexistence avec les éruptions, et leurs relations avec les tremblements de terre. Les contrées montagneuses, situées au bord de la mer et si favorables à la naissance des orages, sont aussi exposées à de violentes tempêtes, mais ces dernières sont de moindre durée et plus rares que celles des pays volcaniques. C'est ainsi qu'à Rio de Janeiro les coups de vent sont plus forts et plus fréquents que sur les côtes basses du nord du Brésil, où ils sont d'une rareté extrême. Il ne paraît pas, au reste, que dans ces régions les dégâts par les ouragans aient jamais atteint le degré de ravage produit par ceux des contrées volcaniques des Antilles, des îles de la Sonde ou de Bourbon, où des plantations entières sont quelquefois anéanties, des maisons renversées, et où, d'après certains récits, des planches même ont été quelquefois transportées.

Nous avons dit que les cyclones ou tornados, qui ne sont pas toujours des ouragans, proviennent souvent de diminutions de la pression de l'atmosphère sur une certaine extension et de l'afflux de l'air des contrées environnantes. Ceci nous amène donc à parler avec un peu plus de détail de la pression atmosphérique et à dire quelques mots de l'instrument, le baromètre, avec lequel on la mesure. Il existe plusieurs espèces de baromètres, mais tous reposent sur le même principe. Les différences qu'ils présentent entre eux ne sont que des modifications dans la construction, destinées soit à les rendre plus portatifs, soit à empêcher l'accès de l'air dans le tube. Je n'entrerai pas ici dans les détails de la construction de ces instruments. Je rappellerai seulement le principe sur lequel ils reposent, principe découvert par Torricelli : si on remplit de mercure un tube ouvert par ses deux extrémités, et recourbé de telle sorte que les deux branches soient parallèles, le mercure se tiendra au même niveau dans ces deux branches, parce que l'air pressera également sur le mercure de chacune d'elles. Mais, si l'une des branches est fermée et privée d'air, le mercure s'y élèvera plus que dans l'autre, parce que dans la branche fermée il n'y aura que le poids du mercure, et dans l'autre le poids du mercure, plus la pression de l'atmosphère. Ainsi la différence de niveau entre les deux colonnes indiquera cette pression.

Le premier emploi du baromètre a été son application à la mesure des hauteurs. Pascal fit observer que la pression de l'atmosphère sur les montagnes est diminuée de tout le poids de la colonne d'air, qui se trouve au-dessous du niveau du sommet, de sorte que la colonne barométrique doit y être plus courte que dans les plaines. L'expérience confirma cette prévision, et on a calculé des tables pour obtenir la hauteur des montagnes, à l'aide de la mesure de l'abaissement du baromètre.

Ouragan aux Antilles (P. 526).

Les oscillations barométriques auxquelles on a attaché une grande importance pour la prédiction du temps sont de deux sortes : les unes régulières, les autres irrégulières. Les premières sont très-peu sensibles dans nos climats et ne peuvent être reconnues que par de longues séries d'observations. J'en parlerai plus loin.

Les oscillations irrégulières, au contraire, ont une étendue de plusieurs centimètres. Ce sont celles qui vont nous occuper d'abord.

Les premières recherches positives sur les lois de ces oscillations datent de 1771, et sont dues à l'astronome Lambert. Elles sont relatives à l'influence de la direction du vent sur la hauteur du baromètre. Pour reconnaître cette action, Lambert proposa de prendre dans une longue série d'observations barométriques la moyenne hauteur qui accompagnait chaque vent. Depuis lui, une foule d'observateurs ont appliqué cette méthode sur divers points de l'Europe, et le résultat général de toutes ces recherches a été que le baromètre atteint sa plus grande hauteur par les vents compris entre le nord et l'est, c'est-à-dire, par les courants les plus froids, et sa plus faible élévation par les vents compris entre le sud et l'ouest, qui sont précisément les plus chauds.

Des résultats analogues ont été obtenus dans d'autres contrées. Ainsi, sur la côte orientale des États-Unis et en Chine, le baromètre est moyennement plus haut par les vents de nord-ouest, qui sont les plus froids dans ces régions, et moyennement plus bas par ceux de sud-est, dont la température est la plus grande.

Le fait de l'élévation du baromètre par les vents froids et de son abaissement par les vents chauds est général partout où on a observé.

Quoique le baromètre monte ordinairement par les vents de nord-est et baisse par ceux de sud-ouest en Europe, cependant on observe quelquefois le contraire. Cela tient à plusieurs causes : d'abord, des circonstances particulières peuvent en un moment donné rendre les vents de nord-est plus chauds que ceux de sud-ouest, et, d'un autre côté, l'élévation ou l'abaissement du baromètre sont le résultat de l'action de tous les vents qui règnent à la fois en un point donné jusqu'à la limite de l'atmosphère, et, bien que le vent de nord-est règne dans les régions inférieures, le vent de sud-ouest peut dominer dans les couches supérieures et diminuer la pression atmosphérique. C'est ce qui explique pourquoi la marche du thermomètre n'est pas toujours rigoureusement inverse de celle du baromètre, et pourquoi ces deux instruments peuvent quelquefois monter ou baisser ensemble.

En Europe, les vents les plus pluvieux sont compris entre le sud et l'ouest, et les vents les plus secs entre le nord et l'est. C'est ce qui fait qu'il pleut plus souvent quand le baromètre est bas que quand il est haut; mais la baisse de cet instrument n'indique pas nécessairement de la pluie, car il ne pleut pas toujours par les vents de sud, et il pleut par des vents de nord. A la Nouvelle-Hollande, Flinders a fait voir dans un travail sur les oscillations barométriques de ce pays que, dans la partie sud, c'est par les vents de terre que le baromètre est le plus bas, et précisément ce sont les vents les plus secs. Péron a fait voir de plus qu'ils sont les plus chauds. Ainsi, dans cette région, il pleut plus souvent quand le baromètre est haut que quand il est bas. On pourrait citer plusieurs autres points où le même phénomène se produit.

La conclusion générale des faits que je viens de rapporter est donc que les oscillations du baromètre paraissent dépendre sur toute la surface du globe des variations de la température, et que la coïncidence qui se produit souvent entre son abaissement et l'arrivée de la pluie doit être regardée comme une circonstance purement locale.

Une particularité remarquable des oscillations irrégulières de la pression atmosphérique est de croître rapidement à mesure que la latitude augmente. Ainsi, à l'équateur, le baromètre est presque fixe; dans nos climats, les variations sont assez grandes, et comprennent plusieurs centimètres. Dans les régions polaires, elles deviennent considérables. Dans un même lieu, les oscillations sont aussi plus grandes en hiver qu'en été.

Parmi les théories créées pour expliquer les mouvements irréguliers du baromètre, celle de Deluc a eu le plus grand retentissement, et on la trouve encore dans la plupart des traités de physique. Elle se fonde sur ce que la vapeur d'eau est plus légère que l'air. Quand ce dernier absorbe de la vapeur, il se dilate : l'atmosphère devient au lieu de l'absorption plus haute que sur les points voisins ; alors, il se produit un écoulement de tous côtés, et la pression diminue, parce que la quantité d'air écoulée a été remplacée par de la vapeur d'eau, qui est plus légère, de là abaissement de la colonne barométrique.

Dès le temps de son apparition, cette théorie fut violemment attaquée par de Saussure. Mais les objections de ce dernier ne l'empêchèrent pas de se répandre.

Ces objections sont cependant sans réplique. De Saussure fit voir en effet que même si la quantité de vapeur d'eau contenue dans l'atmosphère venait tout entière à se condenser, ce qui n'arrive jamais, il n'en pourrait résulter dans la pression des variations aussi grandes que celles que l'on observe. Il fit remarquer ensuite que, dans l'hypothèse de Deluc, les plus grandes variations devraient avoir lieu dans les saisons et les pays où la vapeur se trouve en plus grande abondance, c'est-à-dire dans l'été et aux environs de l'équateur, tandis que l'on observe précisément le contraire.

Depuis de Saussure, d'autres objections ont été faites à la théorie de Deluc par Dalton et Gay-Lussac.

La marche généralement inverse du baromètre et du thermomètre a conduit Kaemtz à une autre explication des oscillations irrégulières Quand l'atmosphère s'échauffe en un lieu, dit-il, elle se dilate, sa hauteur augmente, et l'air se répand sur les points environnants. De là résulte une diminution de la pression exercée sur le point échauffé.

On ne peut faire à cette théorie les mêmes objections qu'à celle de Deluc. Aussi on ne peut douter que ce mode d'action n'influe puissamment sur les oscillations barométriques. Toutefois, son influence est moindre qu'elle ne paraît au premier abord ; car, en même temps que l'air s'écoule du point échauffé sur les contrées voisines dans les régions supérieures de l'atmosphère, un mouvement inverse a lieu dans les couches inférieures, et diminue l'effet du premier sur la pression réelle. On a un exemple de cette action dans les brises de terre et de mer qui se produisent sur les côtes et qui ne modifient pas sensiblement la hauteur du baromètre.

Mais je vais signaler une autre cause des oscillations irrégulières plus puissante que celle-ci et fondée sur ce que le même vent règne rarement jusqu'aux limites de l'atmosphère.

En effet, supposons les températures croissantes dans le sens où se propage un vent d'aspiration. Il en résultera que, sur toute la ligne de propagation, un certain volume d'air froid sera remplacé par un égal volume d'air plus chaud, et par conséquent plus léger. Il y aura donc baisse du baromètre. Il y aurait eu hausse, au contraire, si les températures avaient été décroissantes dans le sens de la propagation du vent.

Il est évident que le mode d'action que je viens d'indiquer est, comme celui qu'a signalé Kaemtz, proportionnel à la variabilité des climats, c'est-à-dire, proportionnel à la variation de la température avec la latitude, variation d'où dépend la différence de chaleur des vents de directions diverses. Or nous avons vu dans le chapitre précédent que la variabilité en question croît comme la distance au plan de l'équateur. En cela, la théorie que nous exposons, contrairement à celle de Deluc, s'accorde complétement avec les observations.

J'ai déjà dit que les oscillations barométriques ne sont pas toutes irrégulières. Si on note pendant plusieurs jours les hauteurs de l'instrument à des heures différentes, on s'aperçoit que les moyennes pour chaque heure ne sont pas égales. La plus grande élévation du baromètre a lieu moyennement vers neuf heures du matin ; la pression diminue ensuite jusqu'à quatre heures de l'après-midi, et augmente de nouveau jusqu'à neuf heures du soir. Une nouvelle baisse se produit jusqu'à quatre heures du matin, et elle est suivie d'un nouvel accroissement de hauteur jusqu'à neuf heures. Il y a donc deux maxima et deux minima de pression atmosphérique par jour.

Cette espèce de marée aérienne est beaucoup plus grande à l'équateur que dans nos climats, et va en s'affaiblissant rapidement à mesure que l'on se rapproche des pôles. On voit donc que sa loi est inverse de celle des oscillations irrégulières.

A l'équateur, un seul jour d'observations suffit pour faire reconnaître les variations régulières, car elles y atteignent de deux à trois millimètres. De plus, elles ne sont pas masquées par les oscillations anormales qui, ainsi que je l'ai déjà dit, sont très-petites entre les tropiques. Dans nos latitudes, au contraire, les variations régulières n'ont qu'une étendue d'un demi-millimètre et se trouvent dissimulées par les autres qui atteignent plusieurs centimètres. C'est ce qui fait que, pour les reconnaître, il faut prendre les moyennes hauteurs barométriques pour différentes heures pendant plusieurs jours consécutifs, afin d'éliminer les oscillations irrégulières.

Ces mouvements réguliers de l'atmosphère ne sont pas dus comme les marées, dont nous parlerons dans le chapitre suivant, aux attractions de la lune et du soleil, car les heures des maxima et minima de la pression atmosphérique sont à peu près les mêmes chaque jour. Elles ne dépendent donc pas comme les instants de la pleine et de la basse mer du moment du passage de notre satellite au méridien.

L'atmosphère étant soumise comme l'Océan aux attractions du soleil et de la lune, il doit exister cependant une marée aérienne due à ces attractions. Mais elle est très-faible à cause du peu de masse de l'air. Laplace a discuté cette action dans les tomes II et V de la *Mécanique céleste*, et il a fait voir que le flux lunaire devait être au moins double du flux solaire. En faisant usage des observations barométriques de Bouvard à l'Observatoire de Paris, il a trouvé que l'amplitude du flux lunaire n'influait que d'environ un dix-huitième de millimètre sur la colonne mercurielle, et même il pense que la plus grande partie de cette action doit être attribuée aux mouvements périodiques de la mer, base mobile de l'atmosphère.

Bien qu'il y ait de véritables marées aériennes, les variations diurnes du baromètre, dont nous nous occupons, ne proviennent donc pas des attractions du soleil et de la lune. Bouguer soupçonna qu'elles étaient dues à l'action calorifique du premier de ces astres. Laplace et Ramond l'ont admis, mais sans expliquer comment cette action pouvait donner lieu aux variations observées. Kaemtz seul a créé une théorie, et il explique les oscillations régulières de la même manière que les oscillations irrégulières. Mais son hypothèse ne peut rendre compte que d'un seul maximum et d'un seul minimum par jour, le premier à l'instant de la plus grande chaleur, le second à celui du plus grand froid de la journée.

Quoique la cause signalée par Kaemtz joue nécessairement un rôle dans la production du phénomène, on voit donc qu'elle ne suffit pas à l'expliquer.

Pour parvenir à une explication complète, il faut, comme je l'ai démontré dès 1850, tenir compte de la rotation de la terre. En effet, lorsque l'atmosphère se dilate sous l'action du soleil, ses molécules s'éloignent de l'axe de rotation du globe, d'une quantité d'autant plus grande, qu'elles sont plus élevées au-dessus du sol et plus rapprochées de l'équateur. Comme leur vitesse ne change pas, il en résulte un retard dans leur mouvement angulaire de rotation, retard dont l'effet est le même que, si la terre étant immobile, la portion d'atmosphère qui s'échauffe était animée d'un mouvement vers l'ouest. Pendant le refroidissement, un effet inverse a lieu.

L'air tend donc sous chaque parallèle à se porter vers le point qui possède la température moyenne de la journée, c'est-à-dire vers le méridien de 9 heures du matin, et il en résulte alors un maximum à cette heure du jour. Par contre, un minimum tend à se former vers 9 heures du soir, mais cet effet est compensé par le poids de la vapeur d'eau, car c'est à cette heure de la journée que les vapeurs formées depuis le matin et condensées dans le milieu du jour dans les hautes régions atmosphériques sous l'influence des courants ascendants, redescendent et se dissolvent dans l'air plus chaud des couches inférieures dont elles augmentent la force élastique par leur tension. Plus tard leur condensation par l'action du refroidissement nocturne tend à faire diminuer la pression atmosphérique jusqu'au lever du soleil.

Ce sont les actions combinées de la rotation de la terre et de la variation diurne de la quantité de vapeur d'eau contenue dans l'air, qui jointes à la cause signalée par Kaemtz déterminent, comme je l'ai fait voir dans mon ouvrage intitulé *Théorie mathématique des oscillations du baromètre*, deux maxima et deux minima diurnes de la pression

atmosphérique. Dans le même mémoire, j'ai déduit de cette explication
une expression du décroissement de l'étendue des oscillations à mesure
que la latitude augmente, et j'ai montré que ce décroissement théorique est exactement semblable à celui que fournissent les observations.

Parmi les travaux importants auxquels ont donné lieu les variations
irrégulières de la pression de l'air, accusées par le baromètre, je citerai
les diverses recherches de M. Quételet sur les ondes atmosphériques.
En discutant des observations barométriques simultanées, recueillies
sur toute la surface de l'Europe, cet illustre savant a remarqué que
si on réunit par des lignes tous les points où, au même instant, le
baromètre vient de cesser de monter et va recommencer à descendre,
c'est-à-dire, en d'autres termes, les points qui possèdent, en un instant
donné, un maximum barométrique ; on reconnaît que ces lignes, qui
traversent le plus souvent l'Europe entière, se transportent de proche
en proche, de la même manière qu'on voit se propager les ondes développées à la surface d'un liquide.

Pour donner un exemple de ces ondes curieuses, je reproduis, dans
l'appendice à la suite de ce chapitre, le fragment principal d'un mémoire
que je présentai à l'Académie des sciences, sur quelques-unes de ces
vagues, celles qui traversèrent l'Europe, du 12 au 16 novembre 1854,
pendant la célèbre tempête de Balaklava, en Crimée, tempête qui amena
la perte du vaisseau le Henri IV. Cet ouragan terrible accompagnait
le creux qui séparait deux ondes consécutives, et on se rappelle les
souffrances qu'il amena dans l'armée alliée anglo-française, par
suite de l'enlèvement des tentes et de l'anéantissement de tous les abris
du camp.

Par cet exemple, on verra que les ondes de l'atmosphère peuvent
se transmettre progressivement sur une portion considérable de la
surface terrestre. Sans nul doute, ces vagues naissent primitivement
sur un point où l'équilibre a été détruit soit par un excès de température, soit par des orages, ou quelquefois même par des éruptions volcaniques. La perturbation, se transmettant de proche en proche, fait
naître des condensations de vapeur, source de nouvelles perturbations

qui entretiennent l'onde. D'autres fois, des vagues, nées dans des lieux différents, se coupent, et en leurs points de rencontre apparaissent de nouveaux phénomènes, source de nouvelles anomalies. Au milieu de ces mille causes de variations atmosphériques, il est bien impossible, sans se tromper souvent, de discerner d'après l'état présent de l'atmosphère, quel sera son état futur. L'examen de l'aspect du ciel, en une station donnée, peut, toutefois, faire prévoir fréquemment des changements prochains. C'est, d'après ce fait reconnu par expérience, qu'à

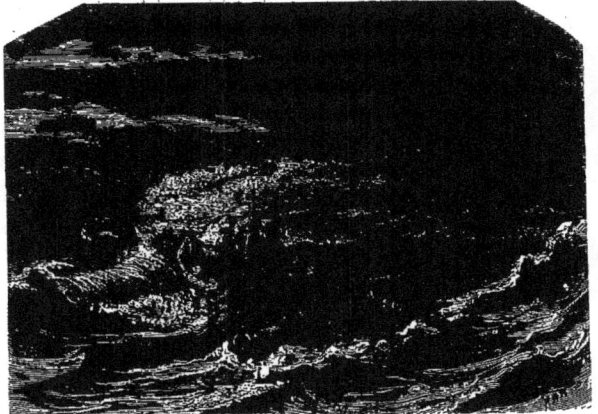

l'Observatoire de Paris j'avais pensé à agrandir, pour ainsi dire, l'horizon visible, en faisant connaître en chaque lieu, au moyen de la télégraphie électrique, ce qui se passe à de grandes distances. Par là, les prévisions devaient acquérir plus de probabilité. Mais ce plan n'a été que partiellement suivi. Il faudrait, pour obtenir le but que je viens d'indiquer, transmettre autre chose que les observations barométriques et thermométriques et la direction des vents inférieurs. L'existence de plusieurs couches de nuages, les vents supérieurs apprennent plus pour la prévision que tous les documents aujourd'hui réunis par l'Observatoire. Il en est de même des perturbations magnétiques. De plus, il faut savoir dans quel sens les instruments varient au moment de l'observation, il faut connaître la direction de la houle dans les ports, et une multitude d'autres informations.

Mais, avec tout cela même, il serait encore imprudent de conclure, comme on le fait aujourd'hui à l'Observatoire, avec des renseignements bien moins complets. Il vaut mieux, au lieu de communiquer des prévisions, transmettre aux ports soit la carte atmosphérique, au moyen du télégraphe autographique, soit plutôt les éléments de cette carte, à l'aide de phrases numérotées, et laisser dans chaque port les marins conclure d'après l'état de l'atmosphère sur leur horizon visible, état dont ils compléteraient l'interprétation par les documents reçus. Cette manière de procéder, qui était celle que je voulais suivre, rendrait à la marine plus de services que des annonces du temps faites sans avoir vu l'atmosphère du lieu. Un relevé des prévisions de Fitz-Roy a montré qu'elles n'ont guère été exactes qu'une fois sur deux. En annonçant au hasard, on arriverait presque au même résultat. L'Observatoire de Paris n'a pas été plus heureux, d'après M. Matteucci. Les déceptions ont déjà enlevé la confiance à toutes ces prévisions. Par le procédé que je voulais suivre, ces déceptions n'auraient pas eu lieu; et, en appelant les marins à faire des comparaisons entre l'état de l'atmosphère du point où ils se trouvent et la carte météorologique générale, mille rapprochements curieux, suggérés par là, leur auraient bientôt fait découvrir une multitude de pronostics, dont la science aurait profité sans se compromettre.

APPENDICE

I

TEMPÊTE DE LA MER NOIRE EN NOVEMBRE 1854

Le travail dont je vais reproduire ici la partie principale, fut effectué au commencement de 1855, et devint, à la fin de la même année, l'objet d'un rapport de

M. Le Verrier qui fut décidé par ce même mémoire, comme il le rappelle encore lui-même dans le compte rendu de l'Académie, du 7 novembre 1864[1], à consentir à la réunion à l'Observatoire, par la voie télégraphique, et à la publication quotidienne des observations météorologiques recueillies à la surface de l'Europe.

L'établissement de la météorologie télégraphique à l'Observatoire de Paris a donné lieu récemment, comme question de priorité, à des discussions assez vives avec plusieurs savants étrangers. Ayant pris une part active à cette organisation, je crois devoir rétablir la vérité des faits. Toutefois, je renvoie l'examen de cette question à la deuxième partie de cet appendice, et je reviens à la tempête de la mer Noire.

Comme on le verra, au reste, en suivant sur la petite carte ci-jointe la marche des ondes de novembre 1854, la transmission de la tempête fut successive sur les divers pays de l'Europe. Nous avons déjà dit plus haut ce que c'est qu'une onde ou vague atmosphérique. J'extrais de mon mémoire de 1855 ce qui suit la description de la nature de ce dernier phénomène.

« En général, les vagues atmosphériques ne marchent pas isolées. L'intervalle entre deux vagues consécutives forme nécessairement un creux. C'est l'une de ces dépressions qui a passé sur la mer Noire, le 14 novembre 1854, au moment du coup de vent. Cette dépression, qui était d'abord assez faible, avait traversé l'Espagne et la France du 10 au 11 novembre. Le 12, elle était parvenue dans les provinces Danubiennes; et le 13, lors du premier ouragan mentionné dans le rapport du commandant du *Pluton*, elle commençait à atteindre la Crimée. Sur tout son parcours, cette dépression, qui ne cessait de s'accroître, a été accompagnée ou suivie immédiatement de coups de vent.

« L'onde qui précédait cette dépression était petite, et passait, le 12, dans le Caucase. La vague qui la suivait était, au contraire, très-forte, et se trouvait à la même date sur les côtes occidentales de France. C'est cette dernière vague que les renseignements recueillis par l'Observatoire nous ont permis de suivre avec des détails très-nombreux.

« Le 12 novembre, à midi, la trace de l'onde passait sur la côte orientale d'Angleterre, qu'elle coupait vers le 55e parallèle, et se dirigeait au sud-ouest. Vers le 6e degré de longitude, elle se repliait au sud pour couper la Manche de Bristol à la pointe de Cornouailles, puis elle traversait la Manche et la Bretagne et passait à l'embouchure de la Loire, d'où elle se dirigeait en ligne droite vers Narbonne. Elle traversait ensuite la Méditerranée et arrivait sur les côtes d'Algérie, qu'elle coupait par 1o de longitude ouest. Sur toute cette ligne, la pression barométrique, ré-

---

[1] On lit, en effet, dans ce compte rendu, dans un article intitulé : *Observations faites, en 1863, à l'Observatoire impérial* : « Le service international de la physique du globe a reçu un nouveau développement. Son organisation fut proposée au commencement de 1855, à la suite des désastres causés par la tempête de Balaklava. »

Il n'a été publié jusqu'ici de mon mémoire que le compte rendu fait sur lui à l'Institut par M. Le Verrier.

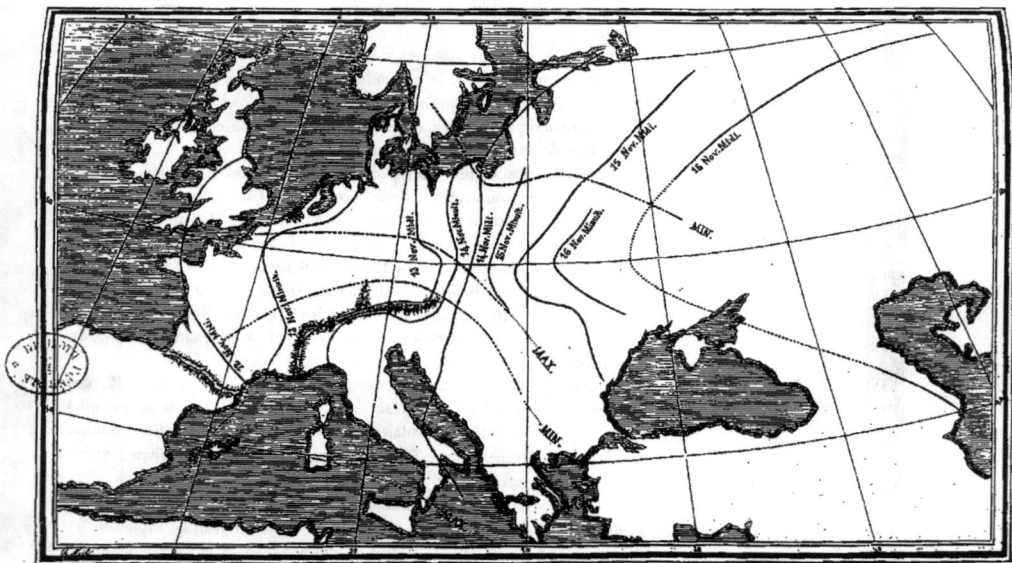

Mouvement des ondes atmosphériques à la surface de l'Europe, à l'époque de la tempête du 14 novembre 1851 dans la mer Noire.

duite au niveau de la mer, approchait de 770ᵐᵐ, et dépassait même cette limite en quelques points.

« Douze heures plus tard, l'onde se repliait sur les côtes de la Hollande et de la Belgique, en passant à l'est du Zuyderzée ; puis elle se dirigeait sur Lille, traversait la France un peu à l'est de Paris et de Lyon, et entrait dans la Méditerranée en passant sur l'embouchure du Rhône.

« Le 13 novembre, à midi, les renseignements nous permettent de suivre l'onde depuis l'entrée du golfe de Finlande, d'où elle se dirigeait vers les côtes sud-est de la Suède, près de l'île d'Oland ; elle passait ensuite à côté de l'île de Rugen, puis un peu à l'ouest de Berlin et de Dresde. Là, elle tournait vers l'est et venait couper le 50ᵉ parallèle par 15° de longitude est. Puis elle se dirigeait de nouveau vers le sud, jusqu'à la rencontre des Alpes, sur lesquelles elle se repliait en en suivant en partie les contours. Enfin, elle entrait aux frontières de France dans la Méditerranée, où nous cessons de pouvoir la suivre.

« Ainsi, tandis qu'au centre la vague s'était, depuis vingt-quatre heures, avancée des côtes de Bretagne jusqu'à Berlin ; au sud, elle n'avait traversé que la vallée du Rhône, et était venue s'arrêter sur la chaîne des Alpes. Ceci explique l'anomalie que présentent les observations de cette vallée, et que nous remarquâmes d'abord dans les notes de M. de Gasparin, à Orange, les premiers renseignements reçus de cette région. Là, le baromètre restait stationnaire le 13 et le 14, pendant qu'il baissait rapidement à Paris.

« À minuit, le 13, l'onde est encore sur la chaîne des Alpes. Elle en a cependant franchi la portion qui sépare la France de l'Italie, et elle entre dans la Méditerranée vers le fond du golfe de Gênes. Au nord, elle a dépassé l'embouchure de l'Oder.

« Le 14 novembre, à midi, la crête de l'onde passe un peu à l'ouest de Saint-Pétersbourg et court directement vers Dantzick. Là, elle se replie vers le sud et va droit aux côtes de Dalmatie, en faisant seulement une petite sinuosité qui la porte un peu à l'ouest et la rapproche de Vienne. Elle traverse la mer Adriatique, longe la côte d'Italie vers le 15ᵉ degré de longitude, et rentre dans la Méditerranée vers le milieu du golfe de Tarente.

« La vague s'est donc redressée par un mouvement rapide de sa partie sud depuis minuit, instant où elle semblait encore arrêtée par les Alpes. C'est pendant qu'elle se redressait ainsi dans la matinée du 14, qu'a eu lieu la tempête de la mer Noire. En même temps, des coups de vent éclataient en France et dans tous les pays que l'ondulation venait de parcourir ; mais la région de ces coups de vent était séparée de la mer Noire par une large bande que traversait la crête de l'onde, et dans laquelle l'atmosphère était tranquille.

« Les tempêtes de l'ouest et de l'est de l'Europe, quoique simultanées, ne constituaient donc pas un même phénomène, comme on pouvait le croire au premier abord ; mais elles étaient le résultat de deux dépressions distinctes.

« Comme nous l'avons déjà dit, la tempête qui a éclaté avec une si grande intensité dans la mer Noire avait passé déjà, mais avec moins de violence, sur la France, en même temps que la dépression qui précédait l'onde, vers le 11 novembre. Elle avait soufflé sur l'Autriche et les provinces Danubiennes, le 12 et le 13 ; et si les observations météorologiques, au lieu d'être publiées après coup, eussent été réunies par la voie du télégraphe, la tempête aurait pu être annoncée d'avance en Crimée. Une région de calmes la suivait. Elle était accompagnée par la crête de la vague, enfin venaient de nouvelles tempêtes dans l'ouest de Europe, avec d'autres dépressions. Les nouvelles tempêtes, partielles le 14, n'étaient que le prélude des ouragans du 15 et du 16 dans ces mêmes régions. C'est à ces dernières dates qu'avait lieu le maximum de la dépression du baromètre derrière la vague qui, comme nous venons de le voir, passait, le 14, par le centre de l'Europe. Dans le nord, l'onde était beaucoup plus faible que dans les autres parties, et les mouvements de l'atmosphère ont été peu sensibles.

« A partir du 14 novembre, à midi, la portion de la vague qui se trouvait au centre de l'Europe marchait moins vite que ses extrémités. Sa forme rappelle celle d'une hyperbole. Ainsi, le 15, à midi, l'onde s'avance presque directement au sud-ouest depuis un point situé vers 58° de latitude et 35° de longitude, vers un autre par 50° de latitude et 19° de longitude. Là, elle se retourne, se dirige un peu au sud ; elle dévie ensuite à l'est, puis de nouveau au sud, en ondulant autour des monts Krapacks. Enfin elle atteint Kronstadt, et se dirige de là vers le Bosphore.

Le 16, à midi, elle a déjà franchi la mer Noire. Nous la voyons dans l'Oural, près de Catherinenbourg, d'où elle se dirige à l'ouest-sud-ouest, vers Kalouga. Là, faute d'observations, nous perdons sa trace ; mais elle a dû se replier au sud-est, car nous la retrouvons auprès de Tiflis.

« Si, suivant le 45° parallèle, latitude de la Crimée, nous faisons une section dans les ondes, nous voyons qu'elles s'affaiblissent en traversant le centre de l'Europe, et s'accroissent de nouveau en approchant de la mer Noire. Ainsi, le 12, le maximum était sur les côtes occidentales de France, et s'élevait à 770mm,81 ; le 13, sur les Alpes, il n'est plus que 766mm,5 ; mais l'onde décroît brusquement comme une vague qui va se briser. Le 14, le maximum est par 15° de longitude est, et est descendu à 762mm,2 ; le 15, il remonte à 764mm, et paraît encore augmenter, le 16, en approchant du Caucase.

« Une autre coupe, effectuée vers le 49° parallèle, montrait également que l'onde s'affaiblissait dans le milieu de l'Allemagne.

« La région centrale de l'Europe était alors plus froide que les portions occidentales et orientales. Sous un même parallèle, la différence entre l'ouest et l'est atteignait même 15° : de 10° à 11° au-dessus de zéro sur les côtes de Bretagne, la température descendait à 4° et 5° au-dessous de la glace fondante dans le centre de l'Allemagne. Dans la Russie centrale, le thermomètre était au-dessus de zéro.

« L'onde atmosphérique est la ligne qui sépare les points pour lesquels le baromètre monte, et ceux pour lesquels il baisse. Elle ne dépend pas de la valeur abso-

_____

[1] Toutes ces pressions sont ramenées au niveau de la mer.

lue de la pression. La ligne isobarométrique, au contraire, n'est pas définie par le mouvement du baromètre, mais uniquement par sa valeur absolue. Outre ces deux systèmes de lignes, on peut en considérer un troisième, que l'on peut appeler *lignes de transport des ondes*, et qui dépend à la fois de la valeur absolue de la pression et des mouvements de l'instrument. Pour définir ce système de lignes, il suffit d'avoir égard aux variations de hauteur sur le sommet d'une onde. Si l'on suit ce sommet, on y remarque une série d'accroissements et de diminutions de la pression; et ces différences se transportent en même temps que la vague. Si l'on réunit par une ligne la série des points qu'occupe successivement, sur le sommet d'une onde, un même maximum ou un même minimum, on aura le système de lignes que nous considérons, et qui coupe les vagues sous des angles variables.

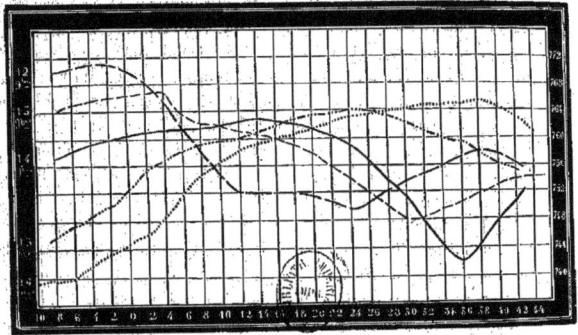

Coupe faite suivant le 45ᵉ parallèle dans les ondes de novembre 1851.

« Sur l'onde du 12 novembre, il existait un maximum dans la Manche. Ce maximum était arrivé le 13 à midi, près de Dresde, et de là il semblait marcher vers le Bosphore. Sur la même onde du 12 novembre, un minimum existait dans le sud-ouest de la France. Il s'est transporté près de Vienne, en passant au nord des Alpes, et de là a paru, se diriger vers l'Archipel. Enfin, un maximum paraît avoir accompagné la vague sur la Méditerranée. Un autre minimum existait sans doute dans le nord; mais l'onde du 12 ne peut, faute d'observations, être prolongée au delà de la côte orientale d'Angleterre. Ce minimum était arrivé, le 13, dans le voisinage de l'île d'Oland. Il a atteint les côtes de Prusse près de Dantzick et s'est avancé à l'est jusqu'au 25ᵉ degré de longitude, puis de là au sud-est. Il semblait donc avoir une tendance à se porter vers la mer Noire et l'Archipel. Malheureusement, l'absence presque complète de documents pour la Turquie, le petit nombre de ceux de la Russie méridionale qui sont parvenus à l'Observatoire ne permettent pas de prolonger ces lignes avec certitude et nous forcent à nous arrêter dans l'étude de l'onde de novembre.

« Nous ajouterons toutefois que la direction du vent paraît avoir été presque toujours indépendante de celle de la vague. Ce fait n'a rien d'ailleurs qui doive étonner. Le plus souvent, plusieurs vents ont été reconnus à la fois dans l'atmosphère, et l'onde doit plutôt avoir un rapport avec la direction de la résultante de tous ces vents qu'avec celle du courant de la surface du sol seulement.

« Les relations de l'onde avec l'intensité du vent sont très-remarquables : le vent faible accompagne le sommet; le vent fort et les grains la dépression. Probablement, le refroidissement dû à la diminution de pression n'est pas tout à fait étranger à ce phénomène, car il doit déterminer la condensation des vapeurs. On peut aussi attribuer à ces dernières une action sur l'accroissement d'intensité que la dépression a éprouvée en passant sur la mer Noire. Enfin, la différence de température entre le continent et l'Océan a pu réagir sur l'onde, et peut-être lui donner naissance.

« La vague a toujours manifesté une tendance très-marquée à se replier et à s'arrêter sur les montagnes et les élévations du terrain. C'est ainsi qu'elle a employé près de vingt-quatre heures à franchir les Alpes. Il y aurait un vif intérêt à tracer un grand nombre d'ondes atmosphériques. Leurs relations avec les aspérités du sol peuvent faire croire qu'elles ont dans chaque localité des formes prédominantes. Il en est sans doute de même des lignes de transport de maxima et minima. Peut-être aussi existe-t-il une certaine périodicité dans la direction des vagues, suivant la saison. Cela semblerait déjà résulter de quelques recherches de M. Quételet sur les ondes de juin. Des applications pratiques, d'une grande utilité, résulteraient alors de ces études. »

II

ORIGINE DE LA MÉTÉOROLOGIE TÉLÉGRAPHIQUE À L'OBSERVATOIRE
DE PARIS

Dans une discussion récente avec M. Matteucci, et qui a eu lieu à l'Académie des sciences, M. Le Verrier a réclamé pour l'Observatoire impérial la priorité de l'idée de réunir les observations météorologiques par la voie du télégraphe, et de les publier quotidiennement; mais il a oublié de mentionner que cette idée avait été portée à l'Observatoire par moi, qui l'avais déjà émise quelques années avant, et que j'avais rencontré en lui, à l'origine, assez peu d'enthousiasme pour cette application. M. Le Verrier, aujourd'hui très-partisan de la météorologie, était à cette époque un de ses grands ennemis, et mes conversations, spécialement mon travail sur la tempête de Balaklava, ont puissamment contribué à le convertir.

En faisant ici cette remarque, je n'ai nullement l'intention de réclamer la priorité complète de l'idée en question. Loin de là; je sais trop bien qu'elle a été émise, même avant mes premiers travaux scientifiques, aux États-Unis d'Amérique, et cela dès l'origine de la télégraphie électrique. A Calcutta, M. Piddington, vers cette époque, avait lancé le même projet. C'est aux États-Unis aussi que l'idée en question a reçu la première exécution, car on y a suivi, au moyen de la télégraphie, la propagation de plusieurs tempêtes. Je le répète donc, l'observation que je fais ici n'est pas une réclamation de priorité; c'est une simple rectification de faits. Si j'avais une priorité à réclamer, ce ne pourrait être qu'en France, où j'ai émis l'idée en question dès le 18 octobre 1850, c'est-à-dire quatre ans avant mon entrée et celle de M. Le Verrier à l'Observatoire. J'ai dit, en effet, à cette date, dans une lecture sur la prévision du temps au moyen du baromètre, lecture que j'ai faite à une séance publique de la Société académique de Cherbourg : « Quand le réseau télégraphique sera complété, on pourra, en réunissant les observations de nombreuses stations, arriver à des pronostics plus certains qu'aujourd'hui ; et, en suivant la propagation des ouragans, les annoncer à l'avance aux lieux vers lesquels ils se dirigent. » Dans la même lecture, je parlais aussi de l'utilité de publier les observations sous forme de cartes. Depuis le 18 octobre 1850, je suis revenu plusieurs fois sur cette idée; mais bien que j'ignorasse alors qu'elle eût été publiée en Amérique, où les télégraphes électriques étaient plus nombreux qu'en France, je suis le premier à reconnaître que cela ne me donne aucun droit de priorité, sinon dans ce dernier pays où deux ans plus tard, la Société météorologique proposa encore le même projet avant l'Observatoire.

Quand j'entrai à l'Observatoire, au commencement de 1854, en même temps que M. Le Verrier, je savais et je lui fis savoir qu'aux États-Unis on avait déjà suivi la propagation des tempêtes au moyen du télégraphe. Huit mois après, en novembre 1854, il me demanda de lui préparer un projet d'organisation définitive des recherches de météorologie à l'Observatoire. Je le lui remis. Ce projet mentionnait le fait de l'emploi du télégraphe aux États-Unis pour l'étude des ouragans, et le proposait pour la France. M. Le Verrier n'eut guère que la peine d'intercaler ce projet dans son rapport général. Le manuscrit de la partie météorologique, écrit par moi, avec quelques surcharges[1] faites de sa main, et avec les notes de l'imprimerie, m'a été remis postérieurement, comme je l'ai publié dès 1858. Le rapport en question fut compris dans l'introduction du premier volume des annales de l'Observatoire de Paris, avec la date de décembre 1854. C'est la plus ancienne pièce émanant de l'Observatoire, et dans laquelle soit mentionnée la météorologie télégraphique. Or, d'une part, cette pièce est faite par moi, quoique intercalée dans le rapport signé par M. Le Verrier; et, d'autre part, elle mentionne (voir le tome 1er des Annales de l'Observatoire) l'application qui avait eu lieu aux États-Unis. Je ne peux donc m'expliquer comment M. Le Verrier réclame la priorité de l'idée en question. Si quelqu'un y avait eu droit à l'Observatoire, ce serait assurément moi et non pas lui ; et, quant à moi, je la restitue à leurs premiers auteurs, MM. Piddington et Espy.

---

[1] Parmi ces surcharges, on remarque celle-ci : M. Liais dont les connaissances en météorologie nous sont très-précieuses, etc

Quant aux cartes de l'état atmosphérique de la France présentées à l'Académie des sciences, le 19 et le 26 février 1855, en voici l'origine. A cette époque, mon travail sur la tempête de la mer Noire était presque fini; je n'attendais plus pour le conclure et le présenter à l'Académie des sciences que quelques renseignements de pays lointains. Je montrai à M. Le Verrier, à l'appui de ce que je lui avais déjà dit de l'emploi de la météorologie télégraphique aux États-Unis, combien la propagation des phénomènes avait été régulière. Cela l'ébranla, et il se décida à des essais. Je fus avec lui à l'Administration des lignes télégraphiques; je donnai la liste des personnes qui s'occupaient en France de recueillir des observations météorologiques, et des informations leur furent demandées par le télégraphe. Je traçai les résultats sur des cartes muettes de France, et j'y marquai les courants de vent alors dominants. Ces premières cartes furent présentées à l'Académie dans la séance du 19 février 1855, mais le compte rendu ne mentionne pas quelle était la personne qui avait dressé les cartes; seulement la communication, au lieu d'être insérée parmi celles des membres de l'Académie, comme si le travail avait été de M. Le Verrier, fut placée à la correspondance.

M. Le Verrier avait bien dit à la séance que la première carte fut dressée par moi; mais mon nom n'ayant pas paru au compte rendu, je réclamai, et il me promit une rectification pour le lundi suivant. En effet, le lundi 26 février, il présenta la carte du même jour. La présentation, cette fois, fut faite directement au nom de l'Observatoire impérial; mais on trouve au compte rendu mon nom désigné par la phrase suivante : *La suite de ces travaux est confiée à M. E. Liais qui, dans l'organisation scientifique actuelle, est chargé de la météorologie!* Un peu avant cette phrase, M. Le Verrier rapporte à cette même suite de travaux les cartes du lundi précédent dans la phrase suivante : *Cette carte et celles présentées lundi dernier font partie d'une suite d'essais*, etc.

Voilà ce que M. Le Verrier m'a présenté comme rectification. Ces phrases auraient pu être plus claires; mais elles n'en établissent pas moins que les cartes furent construites par moi.

La carte présentée à l'Académie le 26 février fut la fin de cette série ou suite d'essais, comme l'appelle M. Le Verrier; essais bien inutiles sans doute, car il était évident *a priori* que les cartes météorologiques simultanées seraient intéressantes; mais enfin il fallait ces essais pour le convaincre. Tel fut le motif pour lequel je m'y prêtai, quoique ces essais sans but plus important m'ennuyassent assez.

Quoi qu'il en soit, à partir de cette époque je fus autorisé à faire construire pour l'Observatoire les instruments nécessaires pour l'organisation de stations correspondantes de cet établissement. (Voir le compte rendu de l'Académie des sciences, du 2 juin 1856.) Des négociations eurent lieu avec l'Administration des télégraphes pour obtenir l'envoi régulier des observations, et à partir de 1857, l'Observatoire publia tous les jours dans les journaux l'état atmosphérique de plusieurs localités. Quand je quittai cet établissement, en 1858, pour entreprendre mon voyage scientifique au Brésil, nous avions déjà obtenu des communications quotidiennes de plusieurs pays étrangers; le *Bulletin météorologique* de l'Observatoire était créé, et j'avais déjà pris les mesures nécessaires, comme le constate une brochure publiée en 1858, pour que ce bulletin donnât quotidiennement la carte de l'état atmosphérique de la France.

Transmettre chaque jour, par le télégraphe, aux divers pays et aux divers ports, les observations réunies à l'Observatoire de Paris, afin que chacun fût à même de compléter les pronostics qu'il pourrait tirer de l'examen de son propre horizon, collectionner ces observations, afin de les discuter en présence de l'état atmosphérique actuel, de manière à pouvoir les compléter en cas de besoin pour découvrir les lois de propagation des phénomènes, tel avait été mon but en songeant à l'établissement de la météorologie télégraphique. C'était un plan assez vaste, sans se jeter dans la fabrication de prévisions, plus que douteuses dans l'état actuel de la science, comme depuis l'ont fait Fitz-Roy et M. Le Verrier lui-même.

CHAPITRE XVI

LA PHYSIQUE DU GLOBE

THÉORIE DES MARÉES
TRAVAIL DE L'OCÉAN. — SOLIDITÉ INTÉRIEURE DU GLOBE.
MAGNÉTISME TERRESTRE ET AURORE POLAIRE

Dans les deux chapitres précédents, nous avons passé en revue les divers mouvements réguliers de l'atmosphère terrestre, et nous avons jeté un coup d'œil sur les causes des grandes perturbations anormales. Nous allons maintenant considérer de la même manière les mouvements de l'Océan, et nous commencerons par exposer la cause des oscillations régulières désignées sous le nom de marées.

Cette cause est astronomique, et elle consiste dans l'action attractive du soleil et de la lune sur les eaux de la mer. Pour faire concevoir comment cette action attractive peut produire l'effet observé, rappelons d'abord ce que nous avons dit précédemment au sujet de l'équilibre du système du monde. Deux forces antagonistes, l'une l'attraction réciproque des astres, l'autre la force centrifuge qui n'est en

27

réalité que la tendance de ceux-ci à se mouvoir en ligne droite, maintiennent par leurs actions contraires deux corps célestes voisins dans les courbes elliptiques qu'ils décrivent l'un et l'autre dans le même sens, autour de leur centre commun de gravité, et nous avons vu que la courbure des routes ainsi décrites provient d'une chute réelle des deux astres l'un vers l'autre : cette chute est la conséquence de leur attraction réciproque, mais elle ne détermine pas leur rapprochement, parce qu'elle ne fait que compenser l'augmentation d'écart tendant à se produire en vertu des vitesses acquises. En résumé, un équilibre n'implique pas destruction des forces, il indique seulement que le corps sur lequel s'exercent des actions égales et contraires obéit à la fois à chacune d'elles, de sorte que le déplacement final est nul. Ainsi, la terre et la lune, par exemple, s'éloignent l'une de l'autre en vertu de leurs vitesses de sens opposés et perpendiculaires à la ligne qui les joint, et en même temps elles se rapprochent en tombant l'une vers l'autre sous l'influence des attractions ou pesanteurs réciproques. L'effet final de cette tendance simultanée à l'éloignement et au rapprochement est la conservation de l'intervalle qui les sépare, mais il y a bien une chute réelle, sans quoi l'intervalle en question irait en croissant.

Partant de là, il est facile d'expliquer le phénomène des marées. En effet, l'attraction est une force qui décroît avec la distance et en raison inverse du carré de cette dernière. Or le point de la surface terrestre qui, en un instant donné, se trouve précisément dans la direction de la lune, est plus près de cet astre que le centre de la terre, et par conséquent est attiré plus fort que lui. Inversement, le point de la même superficie opposé à la lune est moins attiré que le centre. Dans le mouvement de chute qui tend à se produire ou mieux qui se fait réellement pour contre-balancer l'effet de l'écartement des deux astres dû aux vitesses acquises, les trois points en question tombent vers la lune avec des vitesses inégales, et de cette inégalité résulte une tendance à leur éloignement mutuel. Or, une action tendant à écarter du centre de la terre des points de la surface n'est autre précisément qu'une force opposée à la pesanteur et diminuant l'effet de cette dernière.

Conséquemment, par l'action de sa force attractive, la lune diminue la pesanteur terrestre sur le point du globe qui occupe le milieu de l'hémisphère situé de son côté et sur le point placé au milieu de la face opposée.

A la limite de l'hémisphère terrestre qui voit la lune, la force attractive de ce dernier astre est la même que sur le centre de la terre, car la distance est la même. Les vitesses que tendent à prendre les points de la surface sont identiques à celles que tend à acquérir le centre. Ainsi, la cause qui diminue la pesanteur du côté de la lune et à l'opposé disparaît en ces points, où précisément se produit une action contraire. En effet, sur le contour terrestre, les attractions lunaires n'ont pas lieu dans un sens rigoureusement parallèle à celles de ce satellite sur le milieu de la terre; elles convergent vers le centre du corps attirant, et il est évident qu'en obéissant à ces attractions convergentes les points de la surface terrestre situés sur le contour en question se rapprocheraient du centre du globe. L'attraction lunaire agit donc sur ce contour dans le même sens que la pesanteur qui se trouve ainsi accrue par son action.

Entre le périmètre de l'hémisphère tourné vers la lune, périmètre où, comme nous venons de le voir, l'intensité de la pesanteur est un peu augmentée et le point milieu de cet hémisphère où la même force est diminuée, il est évident que tous les points de l'Océan sont plus fortement attirés que le centre de la terre, et conséquemment en tombant plus vite que ce dernier, ils tendent à se porter vers le point où la lune est au zénith. Dans l'hémisphère opposé, les mers moins attirées que le centre tendent à rester en retard et par conséquent à se porter de la même manière vers le point antilunaire où la pesanteur est en outre diminuée par cette même action de notre satellite. Les eaux s'accumulent donc du côté de cet astre et du côté opposé, jusqu'à ce que les différences de niveau tendent à produire un écoulement émanant de ces régions et détruisant l'effet de la force qui appelle l'Océan vers elles.

Il y a donc dépression des eaux ou mer basse pour les points qui ont la lune à l'horizon, et élévation pour ceux qui l'ont au même in-

stant à leur méridien supérieur ou inférieur. Or, comme par l'effet
de la rotation de la terre chaque point du globe se trouve avoir une
fois par jour la lune au méridien supérieur, puis à l'horizon ouest,
ensuite au méridien inférieur et enfin à l'horizon est, on voit que chaque lieu a quotidiennement deux hautes mers et deux basses mers.

Il résulte aussi de ce que nous venons de dire qu'un point possède la
marée haute quand ceux qui sont à 90° de distance de lui ont la marée
basse. La transmission de l'eau entre les régions qui ont la basse et la
haute mer a lieu successivement de proche en proche, car chaque couche
tend d'une manière incessante à comprimer celle qui la suit, et à lui
transmettre une partie de son eau proportionnellement à la différence des
actions lunaires sur les tranches consécutives. Ces transports de proche
en proche constituent toutefois de vrais courants. L'inertie de l'eau, les
résistances et retards qu'elle éprouve font d'ailleurs que l'effet total
de la marée que ces courants doivent produire n'est pas encore obtenu
quand la lune passe au méridien. Après ce passage, cette dernière tend
à faire naître des courants inverses aux premiers, mais la vitesse de
ceux-ci ne peut être annullée instantanément : leur action pour produire la marée haute se continue encore un certain temps; de sorte
que la pleine mer ne coïncide pas exactement avec l'arrivée de la lune au
méridien, mais elle présente un retard plus ou moins grand suivant
les localités dont la disposition influe puissamment sur les courants.
Dans les canaux étroits, les ondes produites à l'ouverture se transmettent successivement et très-lentement, et on voit alors l'heure de la
haute mer retarder beaucoup à mesure qu'on s'éloigne de l'entrée du
canal. Quand en même temps, comme dans la Manche, les ondulations se
trouvent tout à coup resserrées, les eaux entravées dans leur cours
s'élèvent en vertu de leur vitesse acquise à un niveau beaucoup plus
grand que dans l'Océan libre, et les marées gagnent considérablement
en intensité. Celles de la baie du Mont-Saint-Michel dans le département de la Manche sont remarquables sous ce rapport.

Dans les mers intérieures, comme la Méditerranée, la mer Cas-
pienne, etc., qui sont peu étendues par rapport à la superficie du globe,
et qui n'embrassent qu'un petit nombre de degrés de longitude, il est

clair que tous les points se trouvent passer ensemble, à bien peu près, dans la position voulue par rapport à l'astre, pour avoir la même phase de la marée. Aucun d'eux ne peut donc emprunter ou donner à ses voisins la quantité d'eau nécessaire pour déterminer de grands changements de niveau, comme sur les côtes de l'Océan. Dans les mers intérieures, il n'y a donc pas de flux et reflux prononcés; on en voit à peine quelques légères traces.

Bien qu'à cause de son rapprochement, la lune soit le corps céleste qui influe le plus puissamment pour la création des marées à la surface de la terre, cependant elle n'est pas seule à faire naître ce phénomène. Le soleil, aussi, intervient; car, malgré son éloignement, sa grande masse fait que son action est encore très-sensible, quoique notablement inférieure à celle de notre satellite. Or, il est évident que si le soleil et la lune sont dans la même direction, leurs marées s'ajoutent. La même chose a lieu quand ils sont exactement à l'opposé l'un de l'autre, comme dans la pleine lune. Aux quartiers de cet astre, au contraire, il est visible que le soleil, qui en est à 90° de distance, tend à développer la haute mer sur les points où l'action lunaire détermine la marée basse. Les deux influences sont alors de sens inverse; toutefois, comme celle de notre satellite l'emporte, il y a également flux et reflux, mais avec un développement beaucoup plus petit qu'à l'époque des pleines et des nouvelles lunes. Ainsi, tous les mois, il y a deux périodes de grandes marées, répondant à ces dernières phases; et deux périodes de petites variations de niveau, répondant aux époques du premier et du dernier quartier. Le passage de notre satellite au méridien, en un jour donné, retarde sur celui de la veille d'une quantité un peu variable, mais qui est en moyenne de cinquante minutes et demie; chaque haute mer retarde donc de la même manière sur celle du jour précédent. De plus, toutes les marées de pleine et de nouvelle lune ou, en d'autres termes, les marées de syzygies ne sont pas égales en grandeur. Comme les orbites sont un peu elliptiques, l'importance des mouvements de l'Océan varie avec la distance des astres qui les déterminent : elle dépend aussi de leur déclinaison, c'est-à-dire, de leur distance à l'équateur. Les plus hautes mers ont lieu aux équinoxes, quand notre satellite s'y rencontre à son plus grand rapprochement de la terre, et se trouve avec le soleil dans le plan de l'équateur. La relation des phénomènes de la marée avec les mouvements célestes qui sont connus des astronomes, permet de prédire à l'avance, avec certitude, les principales circonstances des ondulations océaniques.

Sous tous les climats, les rivages de la mer ont un attrait particulier. Le mouvement incessant des ondes de la marée, lorsque, surtout, elles viennent se briser sur une belle plage de sable, forme un sujet de contemplation, en présence duquel on est, malgré soi, entraîné dans une douce rêverie. Le roulement sourd et majestueux de la vague qui s'avance, le sifflement, dans lequel ce bruit se transforme peu à peu quand cette dernière, en se renversant, lance avec vitesse sa ligne blanche d'écume, développent, par leur renouvellement continuel et pour ainsi dire rhythmé, cette sensation indéfinissable qui nous plonge dans la méditation; et pour l'homme observateur, combien d'enseignements à recueillir dans chacune de ces ondes, dans chacun des épisodes de ce mouvement incessant qui, atome par atome, crée de nouvelles terres ou détruit de vastes contrées!

Essayerons-nous de comprendre par les lois de la mécanique les mouvements de chaque ondulation. La voilà, à une petite distance, dans une région encore profonde, où elle apparaît comme une ride légère, parallèle à la plage. Ce sont les eaux venant du large pour élever le niveau général, et commençant à éprouver, de la part du fond, une résistance à la marche de leurs couches inférieures, dont la matière accumulée soulève la masse qui la recouvre. Bientôt cette ride augmente en même temps qu'elle approche du rivage. Son mouvement, à l'origine, est onctueux; on dirait voir un cordon liquide, parallèle à la rive, et avançant vers elle sous la surface de la mer, puis peu à peu, par l'effet de l'accroissement de résistance à mesure que la profondeur diminue, la vague, retardée par en bas, se dresse comme une muraille. Mais sa crête, qui a conservé la vitesse primitive, ne tarde pas à surplomber la base : alors elle tombe en une écume bouillonnante, et, en vertu de son mouvement acquis, glisse en montant sur le plan incliné de la plage, à un niveau supérieur à celui de la mer. Quand les

Vagues brisant au rivage. (p. 492)

Plages avec cocotiers (p. 445).

eaux, rappelées par la pesanteur, redescendent sur le talus, elles rencontrent la base de la vague suivante, et, en la retardant, facilitent la chute de son sommet et la rénovation du même phénomène.

Battu sans cesse par les eaux venant du large, le rivage voit ses sables transportés peu à peu et grain par grain vers la limite des hautes marées, où ils s'accumulent, car le retrait des ondes, pendant le reflux, ne peut compenser l'action du flot ascendant. En effet, dans le premier cas, les eaux en se retirant n'ont pas encore eu le temps d'acquérir de vitesse notable, tandis que, dans le second cas, elles arrivent douées déjà d'une grande force vive. Cet apport de la mer vers le rivage explique la formation du cordon de sables et de graviers, qui borde les plages. Les vents transportent, dans l'intervalle des marées, les sables devenus secs au delà de la limite où les eaux de l'Océan les ont déposés, et ainsi se forment les dunes qui recouvrent les atterrissements maritimes ; sur ces dépôts marins, sur ces barrages que la mer se crée elle-même, et derrière lesquels souvent se font de nouveaux terrains avec les alluvions fluviatiles, apparaît une flore spéciale. Là croissent une multitude de plantes aux feuilles charnues, et diverses sortes d'arbrisseaux qui recherchent ce sol marin : parmi ces derniers, les contrées méditerranéennes, les Canaries et l'Inde nous offrent les gracieux tamarix. Dans la région de l'Amérique voisine de l'équateur, dans les îles de l'Asie et de la mer du Sud, c'est le cocotier qui prédomine sur le sable maritime. Ce magnifique palmier y élève jusqu'à trente et quarante mètres sa tête majestueuse et ses grappes gigantesques de fruits. Croissant dans toute la zone équatoriale, sans qu'on connaisse avec certitude sa vraie patrie, il paraît avoir confié aux vagues elles-mêmes le soin de répandre son espèce. Grâce à lui, vivent dans l'abondance, et avec une facilité extrême, de nombreuses populations de pêcheurs, qui trouvent dans ses noix les moyens de varier l'alimentation de poissons et de mollusques que leur fournit la mer, en même temps que les vastes feuilles de sa belle cime fournissent des cordages, et donnent les matériaux des habitations.

Il est impossible de rien voir de plus pittoresque que ces chaumières de pêcheurs, garnies de paille de palmier artistement disposée, et rangées le long de la mer dans les bosquets gracieux formés par le beau végétal qui en a fourni la matière. Combien ils paraissent heureux les habitants simples de ces cabanes, avec leur vie si facile sous ce riche climat, et leur ignorance du luxe et des mille besoins de notre civilisation! Bien des fois, pendant mon exploration de la côte de Pernambuco, cette réflexion s'est présentée à mon esprit, en traversant à cheval leurs villages, et en voyant leurs groupes réunis au milieu des charmants buissons environnant leurs chaumières et enlacés par l'Abrus procatorius. Avec quelle insouciance ils se reposent sur leurs nattes ou se bercent dans des hamacs, à côté de leurs filets étendus et entre la masse sombre et variée de la forêt qui commence à la fin du bois de palmiers où sont leurs demeures, et la mer, dont les eaux bleues leur apportent le doux murmure des vagues.

Mais bientôt je me rappelais qu'il n'y a rien de

parfait dans les conditions de la vie de l'humanité. Avec les inconvénients de nos villes, avec leurs tristes réduits, disparaissent aussi les merveilles de la civilisation, et spécialement l'instruction par laquelle l'homme, s'élevant au-dessus des instincts de la vie exclusivement matérielle, acquiert la notion développée et le sentiment du beau, vraie garantie contre l'ennui. Certes, un artiste, transporté du centre d'une de nos grandes capitales au milieu des forêts vierges de l'Amérique, y trouvera une immense jouissance en contemplant les mille merveilles qui l'entoureront; mais en est-il de même de l'homme dont l'intelligence n'a pas été cultivée, de ces pêcheurs, par exemple, élevés au milieu d'une nature splendide à laquelle ils ne font pas attention, à cause de l'habitude, et qui ne développe pas en eux cette foule d'idées par lesquelles l'esprit est occupé quand le corps ne l'est plus. Non, évidemment, pour ces hommes, la vie trop facile amène le désœuvrement; et le désœuvrement entraîne à sa suite l'ennui, qui les empêche de jouir de l'avantage de leur condition.

Nous avons parlé du travail édificateur des vagues, travail par lequel elles tendent à former de nouveaux atterrissements le long des rivages;

il nous faut maintenant dire quelques mots de leurs effets destructeurs. Ces derniers effets ont lieu particulièrement sur les côtes frappées obliquement par des courants soit de flux ou reflux, soit généraux. Dans ce cas, les eaux rongent le littoral, en se réfléchissant contre lui. Leur action devient souvent très-considérable dans les tempêtes, surtout quand celles-ci coïncident avec de grandes marées. Sur les plages ainsi attaquées par les flots, les rives, au lieu d'être en pente douce, sont abruptes. Sapant les escarpements par le pied, la mer les creuse à la base, et amène par là peu à peu la chute de la partie supérieure, chute d'autant plus prochaine que les matériaux du sol sont moins solides. C'est ainsi que des collines, dont le pied est battu par la vague, finissent par former des falaises abruptes. Il n'est

Falaise.

pas jusqu'aux rochers durs, ceux de granite, par exemple, que la mer n'arrive à détruire à la longue, mais c'est surtout contre les calcaires que son action s'exerce avec le plus d'énergie. Quelquefois, dans ces dernières roches, quand, à la base de la colline, des portions plus ten-

dres se présentent par places entre des parties plus dures, les flots les creusent et y font des cavernes. Probablement, c'est à la mer qu'il faut attribuer la formation de beaucoup de ces dernières, que les soulèvements du sol en ont plus tard éloignées; du moins, la disposition en escarpement et en falaise des masses de carbonate de chaux dans lesquelles elles sont creusées, est une puissante induction en faveur de cette manière de voir.

Ajoutons, toutefois, que les rivières peuvent aussi former des falaises sur leurs rives, lorsqu'elles rencontrent des collines calcaires qui les dévient de leur direction.

Pao de Cheiro.

Dans mon exploration de la haute vallée du San Francisco, j'ai eu l'occasion de remarquer ce fait très-fréquemment. L'un des plus beaux exemples de falaises fluviales que j'aie observés, est, à Pao de Cheiro, sur le cours d'un des plus grands affluents du San Francisco, le Rio das Velhas. En ce point, la rivière coule le long d'une magnifique mu-

raille qui la dévie. Cette muraille, extrémité d'une colline de calcaire
cristallin, qui se trouve ainsi avoir été progressivement coupée à pic par
les eaux, avance même un peu en surplomb sur le lit du fleuve. A son
pied, se montrent des crevasses, et aux bancs de pierre de son sommet
pendent de belles stalactites, accusant, par le temps nécessaire à leur formation, la lenteur du travail des eaux de la rivière. C'est un phénomène
qu'on ne voit guère le long des falaises marines, où la mer, plus puissante dans son action, ne laisse pas aux stalactites le temps de se former.

Que les falaises soient marines ou fluviales, il est certain que les changements de niveau, dévoilés incessamment aux géologues par l'étude de
la surface de notre planète, peuvent les placer ultérieurement à des
altitudes où les eaux ne puissent plus les atteindre; ils peuvent aussi les
séparer de la mer par le surgissement de nouvelles terres, ou les éloigner des rivières par la modification du cours de celles-ci. Il n'est
pas douteux que beaucoup de cavernes, creusées dans des roches escarpées, et aujourd'hui situées dans l'intérieur des continents, et loin
des fleuves, ont eu pour origine première le travail de l'Océan ou
celui des grands cours d'eau. On a aussi attribué à des sources thermales l'origine de beaucoup de grottes. Il est, au reste, bien probable que ce phénomène, si répandu à la surface du globe, a eu des
causes multiples et variables suivant les localités.

Quoi qu'il en soit, au reste, de cette origine, les cavernes ne cessent
d'attirer l'attention des savants à cause des débris d'êtres organisés
qu'elles conservent sous leurs couches de stalagmites, et qui nous dévoilent une des pages de l'histoire primitive de la terre. Beaucoup
d'entre elles sont renommées pour leur beauté et leur grandeur, et attirent de nombreux touristes dans les lieux où elles se trouvent. Le val
du Rio das Velhas que je viens de citer tout à l'heure, est peut-être la
région du globe la plus riche en grandes cavernes. La plupart de ces
grottes, cachant leur entrée au milieu des vastes forêts de leur entourage, sont vierges encore. Sur plus de mille cavernes que renferme
cette curieuse vallée, quelques-unes seulement ont eu leur sol fouillé
pour la recherche du salpêtre qu'il renferme en abondance. Un célèbre
paléontologiste, le docteur Lund, en utilisant ces fouilles, y a trouvé de

nombreux ossements d'animaux dont une grande partie des espè-
ces ont cessé d'exister. Ces espèces, toutefois, à part plusieurs sortes de chevaux, genre de l'ancien continent, appartiennent toutes à des genres américains existants ou à des formes voisines, mais présentant d'ailleurs les caractères généraux de la faune du nouveau monde. Des crânes humains fossilifiés ont aussi été découverts par lui dans les mêmes cavernes, et ils offrent également le caractère des races américaines, mais plus exagéré encore, car leur frontal fuit immédiatement en arrière à partir des orbites. J'ai visité moi-même quelques-uns de ces vastes ossuaires. Souvent, pour y pénétrer, nous avions à nous frayer un chemin dans la forêt au milieu des lianes et des arbrisseaux de toute nature croissant au-dessous de la grande voûte

de verdure; et quand après, avoir circulé pendant plusieurs heures dans ces sentiers ainsi ouverts en partie par nous-mêmes, nous arrivions devant une masse imposante de calcaire accusant le travail du temps, il fallait organiser les moyens de gravir pour atteindre l'entrée parfois presque inaccessible de la grotte. Mais combien nous étions dédommagés de ce travail pénible en pénétrant dans ces grands monuments de la nature! Quelquefois, après avoir franchi une passe étroite, nous entrions dans de vastes salles ornées de guirlandes pittoresques formées par les stalactites, et dont les murailles cristallines réfléchissaient en mille étincelles la lueur de nos flambeaux. Des séries de couloirs tantôt larges et hauts, tantôt étroits, bas et tortueux, nous conduisaient de l'une à l'autre de ces salles gigantesques, dont la hauteur parfois égalait celle de nos cathédrales. Ailleurs, la caverne présentait une entrée majestueuse, dans laquelle on voyait le jour s'éteindre au milieu de vastes et bizarres colonnades formées par la réunion des stalactites et des stalagmites. Les lianes pendant à l'origine de la voûte de pierre, les gloxinias en fleurs remplissant en dehors les anfractuosités de la roche, les délicats adianthums croissant à l'intérieur dans toutes les crevasses, des troncs d'arbres géants obstruant l'orifice, tout faisait une harmonie merveilleuse dans ces splendides portiques, dont ma femme a dessiné quelques-uns, pendant que de mon côté je faisais des recherches pour trouver dans la roche des fossiles caractéristiques de son âge géologique. Dans une de ces vastes galeries à grande entrée, nous avons avancé pendant plus de cinq cents mètres sans trouver l'extrémité; les gens du pays nous ont dit que plusieurs des cavernes forment des couloirs de plus d'une lieue de longueur et présentent une entrée et une sortie. Que de détails intéressants se montrent en circulant dans ces immenses tunnels naturels. Ici, un beau bassin, aux bords festonnés, formé par les stalagmites et rempli d'une eau limpide; là, un amas de colonnes couvertes de facettes cristallisées; ailleurs, des rideaux de pierre ondulés pendant à la voûte, ou des amas de clochetons reposant sur le sol. A chaque pas c'est un nouveau détail toujours élégant. A l'entrée d'une des plus belles grottes, appelée dans le pays *Caverne des grandes*

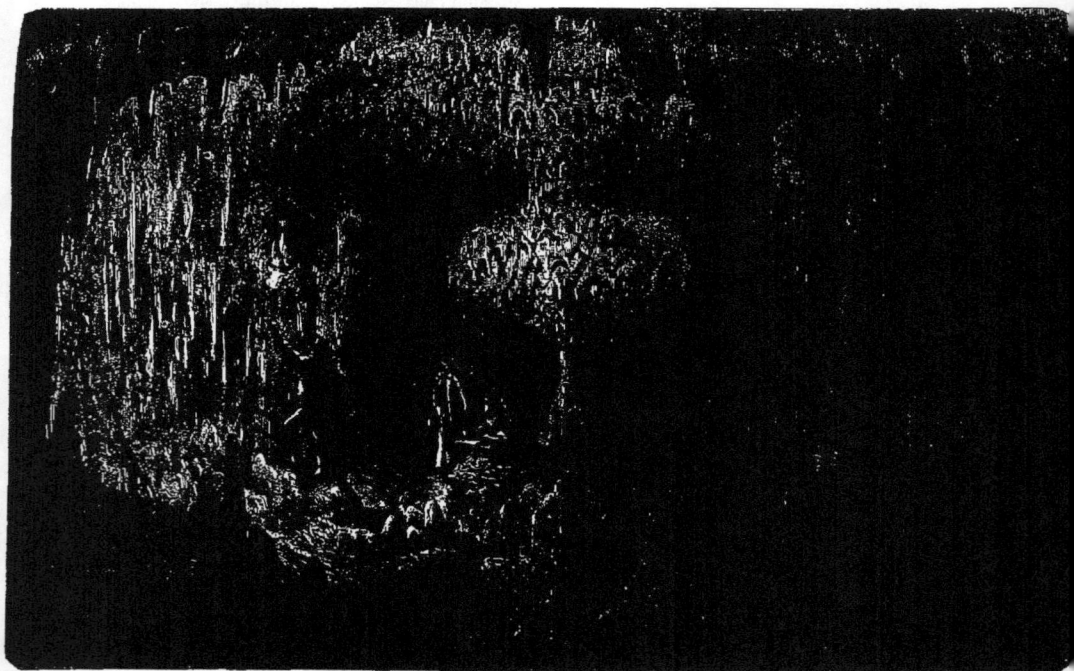

Intérieur d'une caverne, près de Jaguará, dans le Val du Rio das Velhas à Minas Geraes (p. 430)

pluies, j'ai vu même une énorme cloche formée par les stalactites et qui rend un son quand on la frappe. Elle est très-connue des habitants du lieu. Quelquefois le nitrate de potasse se montre sur le terrain en amas cristallins; mais, en général, il est disséminé dans les argiles avec le nitrate de chaux. Sur le sol nous n'avons guère remarqué que des traces de pacas et de cabiais; cette région est cependant remplie

d'animaux sauvages de nombreuses espèces, mais il ne paraît pas qu'ils habitent beaucoup les cavernes.

Des vestiges de l'action des eaux se montrent avec évidence sur toutes les murailles de ces grandes crevasses. Quelle que soit donc la manière dont cette action s'est produite, qu'elle ait eu lieu par l'intermédiaire des sources thermales, ou par la force vive des courants de rivières ou de flots de l'Océan, il est certain qu'elle a joué le rôle principal dans le creusement des cavernes.

L'intervention de la mer dans la formation des falaises nous a naturellement amené à parler des grottes qu'elle creuse parfois dans ces dernières. Nous allons maintenant continuer l'étude de l'action destructive des flots. Outre l'influence des courants obliques aux rivages pour enlever les matériaux de ces derniers, la mer tend en outre directement à saper par leurs bases tous les escarpements que les soulèvements du sol ont pu placer sur les bords de son bassin. En effet, partout où les eaux sont profondes, les vagues acquièrent, si le fond est inégal surtout, des dimensions énormes ; et quand la tempête les pousse contre les falaises, qu'elles battent avec force, elles les usent peu à peu et en détachent des fragments qu'elles réduisent en sable, même dans le cas où les roches

Cabiai.

sont formées des matériaux les plus durs. Dans l'œuvre de destruction de l'Océan, n'interviennent pas seulement les actions mécaniques directes : ses eaux, vaporisées sous l'action solaire et transportées par les vents, en retombant en pluie sur la surface des continents, deviennent l'origine des sources, et par conséquent celle des rivières. Ces dernières aussi attaquent leurs rives dont elles portent les matériaux à l'Océan, en même temps qu'elles recueillent les eaux pluviales pour les restituer à la mer d'où elles étaient primitivement sorties en vapeur. Rongées par les actions atmosphériques et les pluies, les surfaces des continents tendent sans cesse à se dépouiller. Les sommets des montagnes descendent particule à particule dans les plaines, où ils remplacent le sable et les argiles de ces dernières que les fleuves entraînent peu à peu dans le bassin océanique. C'est avec ces matériaux ainsi reçus des rivières, ou avec ceux qu'il arrache lui-même sur les rivages où son action est la plus violente, et où des obstacles lui sont opposés, que l'Océan va se construire ailleurs des barrières par lesquelles il s'arrête lui-même.

Dans tous ces travaux lents mais gigantesques de destruction et d'édification, la mer est puissamment secondée par les nombreux animaux qu'elle nourrit dans son sein, et dont les uns percent et crevassent les pierres les plus résistantes, tandis que les autres, accumulant leurs tests calcaires ou siliceux dont la matière, empruntée aux dissolutions de certaines sources et répandue dans les eaux marines, est séparée par les forces vitales, forment des bancs coquilliers qui se soudent par les sécrétions des générations ultérieures, et reconstruisent de nouvelles roches à la place de celles que détruit l'action mécanique des flots.

Rien n'est plus intéressant que d'observer sur les plages les travaux incessants de ces millions d'êtres à la structure bizarre, et dont le brillant des couleurs et l'éclat dépassent souvent ceux des fleurs auxquelles leur forme les rend parfois comparables. C'est dans la zone intertropicale qu'abondent les plus belles espèces. C'est là surtout qu'on peut admirer les jardins vivants de l'Océan couvrant les rochers battus par la vague. C'est aussi dans les contrées chaudes que la formation des roches par les polypiers acquiert le plus d'importance.

Tandis que l'Océan modifie lui-même ses rivages d'une manière incessante, tandis que son lit tend à s'engager par l'apport des matériaux de la surface des continents, effectué par les eaux pluviales, des forces souterraines déterminent des changements de niveau sur de vastes régions de la surface solide du globe soit émergée, soit recouverte par les mers. Ces changements de niveau dont la géologie a reconnu d'innombrables preuves ont lieu encore de nos jours d'une manière lente en général : tel est, par exemple, le soulèvement du fond de la mer Baltique. L'étude des productions fossiles engagées dans les roches montre que, dans le cours des siècles, ces phénomènes ont eu une importance immense et que le bassin des mers a été changé bien des fois par eux. Dans ces mouvements du sol, les dépôts marins qui s'étaient formés en couches horizontales ont été, comme nous le dirons plus loin, redressés souvent pendant leur formation même, et en même temps parfois consolidés; puis ils se continuaient par de nouveaux dépôts horizontaux appuyés contre la base des bancs plus anciens déjà inclinés. Ceux-ci plus tard étaient relevés à leur tour, et ainsi de suite. Grâce à ces phénomènes on voit souvent, en parcourant une certaine étendue de pays, des séries de couches s'engager sous d'autres, et on peut juger par là de la puissance du dépôt total, et en même temps reconnaître l'antiquité relative de ses diverses parties. Or, les recherches faites dans cette voie d'étude ont montré que la somme des épaisseurs successives des diverses couches reposant sur les dépôts les plus anciens que jusqu'à présent nous ayons pu reconnaître dépasse un grand nombre de milliers de mètres. Comme il ne faut pas perdre de vue que la masse des matières déposées est nécessairement égale à la masse arrachée par voie de dégradation à la partie solide du globe, on voit que les actions combinées de l'Océan et de l'atmosphère ont à la longue donné lieu à des effets gigantesques capables de modifier profondément la forme extérieure primitive de notre planète en lui donnant pour l'aplatissement à ses pôles une valeur différente de celle qu'elle pouvait avoir à l'origine de ces effets. Aujourd'hui, la forme de la terre, en négligeant même les inégalités des continents et en ne considérant que la surface des mers n'est pas rigoureusement sphérique, il résulte des mesures prises à sa superficie que le rayon de son équateur est de 6 376 821 mètres, et celui de ses pôles de 6 355 565 mètres; la différence est de 21 256 mètres ou 21 kilomètres et un quart. Elle est d'un ordre de grandeur certainement inférieur à la puissance des dépôts représentant le travail total opéré par les dégradations et les remblais à la surface de la terre depuis son origine. Elle n'excède guère même la différence de niveau encore existant entre le fond de l'Océan et les sommets des montagnes, différence qui atteint au moins 17 000 mètres. En effet, dans l'Inde, le mont Éverest ou Gaourichnaka, dans le Nepal, a 8 840 mètres de hauteur suivant quelques mesures, 9 025 mètres suivant d'autres, et la profondeur de l'Océan, d'après les sondages faits par la marine des États-Unis, atteint en certains points jusqu'à 8000 mètres. Les commandants de quelques navires, entre autres ceux du *Herald* et du *Congress*, les capitaines Denham et Parker, ont même déclaré avoir fait filer des lignes de 14 000 et de 15 000 mètres sans trouver de fond; mais on soupçonne des erreurs dans ces sondages, erreurs provenant des courants sous-marins entraînant les lignes. Quoi qu'il en soit à cet égard, les profondeurs de l'Océan connues avec certitude, et la puissance de certains dépôts constatée par les géologues, nous montrent que les causes perturbatrices de la forme du globe sont capables d'effets dont la grandeur est au moins comparable, si elle ne la surpasse pas, à la différence des rayons équatoriaux et polaires de notre planète. Donc l'aplatissement primitif a pu être très-profondément modifié par ces causes.

Sans contester qu'avant l'origine des phénomènes de la vie à sa surface, notre globe ait pu être fluide en vertu d'une température excessive, il importe toutefois de remarquer que c'est à tort, d'après la remarque précédente, qu'on invoque son aplatissement comme une preuve de cette fluidité première [1].

[1] En effet, dans l'hypothèse où la terre aurait été solide primitivement, il n'y aurait pas lieu pour cela de lui supposer une surface plus rigoureusement géométrique qu'aujourd'hui où, avec ses continents, ses îles et ses montagnes, elle n'a rien de réellement régulier. Or, quand même alors dans son ensemble sa forme générale aurait été presque sphérique, elle aurait eu des axes d'inertie un peu inégaux, et conséquemment pour l'un d'eux il aurait existé un moment d'inertie maximum autour duquel, sous l'influence des actions extérieures, la rotation aurait fini par se fixer. Comme la force centrifuge qui diminue la pesanteur dans la zone équatoriale exige que les surfaces de niveau soient renflées dans cette zone, il devait résulter de cet état de choses que les régions équatoriales, dans le cas de la terre presque sphérique, représentaient un creux dans lequel les eaux devaient se réunir. Tout l'Océan aurait donc été du côté de l'équateur. Or il est évident qu'alors les contrées polaires, se trouvant exposées à la dénudation, sous l'influence des actions atmosphériques, sous celle des pluies et de la fonte des glaciers, et présentant, d'ailleurs, une pente considérable du côté de l'équateur par rapport aux surfaces de niveau, devaient avoir leurs matériaux transportés dans le lit de l'Océan équatorial, jusqu'à ce que ce dernier se comblât en grande partie, tandis que les continents des pôles s'abaissaient par l'effet de cette dénudation de leur superficie. Alors les eaux devaient remonter de plus en plus vers les zones glacées, en suivant les vallées les plus basses. Le niveau des continents polaires devait ainsi descendre

Il importe de remarquer que, même encore de nos jours, les mers ont une tendance à combler leur bassin du côté de l'équateur. En effet, les eaux froides polaires sont plus lourdes que les eaux chaudes équatoriales, de sorte qu'il tend à s'établir un double courant : l'un d'eau froide au fond de l'Océan, se dirigeant des pôles vers l'équateur; l'autre d'eau chaude et superficiel se portant de l'équateur vers les pôles. Or, c'est le premier de ces deux courants qui précisément agit sur les matériaux du fond des mers et tend à porter dans les basses latitudes toutes les substances que ce fond reçoit et qui proviennent des dégradations continentales par l'action des rivières, des pluies et de la fonte des glaciers polaires. Ces derniers, en particulier, dans les tempêtes qui accompagnent leur débacle, arrachent aux rivages des hautes latitudes des rochers et des amas de sables. Ceux-ci, pris dans les glaçons flottants, sont entraînés souvent par les vents dans des régions plus voisines de l'équateur où la fonte des glaces les abandonne. Ils tombent alors au fond de l'Océan, où ils sont souvent repris par le courant polaire inférieur qui peu à peu les pousse vers la zone tropicale. Telle paraît avoir été l'origine d'une grande partie des blocs erratiques que l'on trouve répandus sur les surfaces continentales, jusque dans la zone même des tropiques, et qui s'y sont déposés alors que les terres aujourd'hui émergées étaient sous le niveau des eaux.

On voit donc que toutes les actions de l'Océan se combinent pour maintenir et même augmenter l'aplatissement de la terre à ses pôles, et par là elles contribuent à conserver la stabilité de notre planète autour de son axe de révolution [1].

jusqu'à ne plus dépasser le niveau océanique que d'une quantité de l'ordre de grandeur des différences entre le bassin des mers et les continents actuels, différences entretenues par les actions souterraines de soulèvement et d'effondrement. Cet ordre de grandeur ne pourrait être annulé, puisqu'il se reproduisait sans cesse. Or à ce point, l'aplatissement devait être formé dans les limites où il existe actuellement. Il est remarquable qu'aujourd'hui encore des continents paraissent occuper les deux pôles de la terre, surtout celui du sud.

[1] On appelle en géométrie moment d'inertie d'un corps par rapport à une ligne droite quelconque la somme des produits des masses de tous ses points par le carré de leur distance à la droite considérée, et on démontre en mécanique que le mouvement de rotation d'un corps libre dans l'espace n'est stable qu'autour de celle des lignes passant par son centre de

La rotation de la terre influe sur les courants de la mer comme sur les vents. Elle tend à faire porter vers l'ouest les courants inférieurs des pôles à l'équateur, et elle donne un mouvement vers l'est aux courants supérieurs de l'équateur aux pôles. Nous avons vu, en parlant des climats, que c'est aux courants marins qu'il faut attribuer l'excès de chaleur des côtes occidentales par rapport aux côtes orientales des continents dans les zones tempérées : les premières reçoivent l'action des eaux chaudes provenant de l'équateur. La forme des côtes influe puissamment sur le trajet et la distribution des courants; aussi les climats ont pu être très-différents, aux époques géologiques, de ce qu'ils sont aujourd'hui sur certains points des régions tempérées. Des températures, mesurées dans la mer à de grandes profondeurs, dans les climats équa-

gravité, pour laquelle a lieu le plus grand ou le plus petit des moments d'inertie. Il est évident que, dans un sphéroïde aplati, ou dans un ellipsoïde de révolution engendré par la rotation d'une ellipse autour de son petit axe, le plus grand des moments d'inertie est autour de l'axe d'aplatissement ou petit axe de l'ellipse. Si la forme du sphéroïde terrestre était rigoureusement invariable, l'axe de rotation serait invariable; c'est-à-dire que si des forces étrangères tendaient à porter la rotation autour d'une autre ligne voisine, cette rotation reviendrait progressivement autour de l'axe primitif. Mais si, par suite de soulèvements ou d'affaissements à la surface de la terre, les valeurs des moments d'inertie autour des diverses droites passant par le centre de gravité se trouvent modifiées, il est clair qu'en général, après chacun de ces phénomènes, le moment d'inertie maximum ne répondra plus à la même droite qu'auparavant, de sorte que la rotation se transportera autour de la nouvelle droite jouissant du moment d'inertie maximum, et l'axe polaire se trouvera changé sur la surface terrestre. La géométrie nous apprend donc que l'axe polaire ne peut être invariable qu'autant que les inégalités de la surface terrestre sont rigoureusement constantes.

Les variations de niveau qui peuvent se produire à la surface du globe sous l'action des mouvements du sol ne sont pas assez grandes pour pouvoir déplacer l'axe terrestre d'un nombre considérable de degrés, du moins à la fois; mais elles ne sont cependant pas négligeables par rapport à l'influence de l'aplatissement moyen de la terre. Pour s'en convaincre, on n'a qu'à tracer sur deux lignes faisant entre elles un angle de un ou deux degrés, deux ellipses égales et aplaties comme la terre de $\frac{1}{300}$ seulement, en leur donnant d'ailleurs pour centre le point d'intersection des deux lignes, et pour petits axes ces dernières, et on verra que les deux courbes se confondent presque. Il suffirait certainement de l'affaissement ou du soulèvement d'une région comme l'Asie pour faire le déplacement d'une masse égale à la différence de distribution de matière des deux ellipsoïdes engendrés par la rotation des deux ellipses en question autour de leurs petits axes. Donc la position des pôles sur la terre a pu changer plusieurs fois de petites quantités au moins pendant la longue durée de la période géologique. Depuis l'origine de l'histoire, les continents ne paraissent pas s'être modifiés sensiblement : donc l'axe terrestre a dû être sensiblement invariable pendant la période historique; c'est ce que confirment quelques observations anciennes.

toriaux, confirment par le froid observé l'existence des courants polaires inférieurs.

La salure de l'Océan influe sur le mouvement des eaux aussi bien
que les différences de chaleur de ses diverses régions. Dans les basses
latitudes où a lieu l'évaporation la plus active, les eaux tendent à se
concentrer, et la mer devient plus salée. Cet excès de sel détermine également l'appel des eaux polaires. En traversant l'Atlantique, du nord
au sud, j'ai constaté, par de nombreuses mesures de la densité de la
mer, que cette densité va en croissant jusqu'au tropique. C'est dans ces
régions du tropique, où l'alizé détermine une évaporation abondante,
qu'elle est à son maximum. Elle diminue ensuite en se rapprochant de
l'équateur, où tombent de grandes pluies, et elle augmente de nouveau
en se dirigeant vers l'autre tropique. De nombreux courants partiels
sont déterminés dans la mer par les différences de salure des régions
diverses, différences venant de ce que l'évaporation et la fréquence des
pluies sont modifiées en chaque point du globe, surtout près des continents, par l'influence des inégalités de ces derniers.

Lorsqu'on descend dans l'intérieur de la terre, dans les galeries faites
pour l'exploitation des mines par exemple, on trouve que la température va en croissant avec plus ou moins de vitesse, suivant les
localités, mais en moyenne à raison d'un degré par trente mètres de
profondeur. Cette augmentation de la chaleur interne a fait croire à
beaucoup de géologues que la terre est fluide dans son intérieur,
par suite de sa température élevée, et que cette fluidité est due à un
reste d'une chaleur primitive en vertu de laquelle elle aurait été anciennement complétement fondue. Partant de là, ils ont considéré les
volcans comme les soupiraux de cette fournaise intérieure, et ont attribué à des émissions de la masse intérieure du globe les roches cristallines qu'on observe à sa surface.

Cette opinion est directement opposée à celle dont les phénomènes
astronomiques démontrent la réalité d'une manière irrécusable, relativement à la solidité intérieure de notre planète. En effet, il résulte
de l'aplatissement terrestre que les forces attractives du soleil et de
la lune ne s'exercent pas d'une manière rigoureusement symétrique

sur notre globe. Ce défaut de symétrie détermine deux déplacements progressifs de l'axe polaire dans l'espace; déplacements très-petits, il est vrai, mais parfaitement constatés par les observations, et désignés sous les noms de précession et de nutation. Ces changements, périodiques d'ailleurs, s'accordent, d'après les faits observés, d'une manière aussi satisfaisante que possible, avec les valeurs qu'ils devraient avoir, dans le cas d'une solidité parfaite de l'intérieur de la terre. Par une analyse mathématique élégante, un savant géomètre anglais, M. W. Hopkins, a démontré que si le globe terrestre cessait d'être solide à une profondeur moindre que le quart de son rayon, c'est-à-dire que si son écorce solide avait moins de seize cents kilomètres d'épaisseur, les phénomènes de la précession et de la nutation deviendraient très-sensiblement différents de ceux qu'on observe. Ainsi, il est mathématiquement certain que le globe terrestre est solide, au moins sur cette épaisseur, et conséquemment on ne peut pas attribuer les phénomènes volcaniques aux restes d'une chaleur primitive. Aucun gaz comprimé ne pourrait équilibrer une colonne liquide de la densité de la lave et de la hauteur de seize cents kilomètres, car sa pression serait de quatre à cinq cent mille atmosphères et la vapeur aqueuse, pour donner une pression seulement de quinze cents atmosphères, devrait déjà posséder la densité de l'eau. Il faut donc attribuer les phénomènes volcaniques à des actions chimiques s'opérant à peu de distance au-dessous de la surface terrestre, par exemple aux décompositions de masses de sulfures et aux combinaisons diverses opérées sous l'influence même des eaux s'infiltrant dans le sol. A l'appui de cette manière de voir au sujet des volcans, on doit considérer que leurs émanations gazeuses sont précisément des preuves d'actions chimiques intenses, et leur voisinage constant de la mer, sauf pour les volcans de l'Asie centrale, qui par compensation sont près de grands lacs, serait complétement inexplicable dans l'hypothèse où ils seraient des soupiraux du feu central, tandis qu'il se comprend naturellement dans celle d'actions chimiques. Nous avons déjà cité le grand dégagement d'électricité qui a lieu par les volcans. C'est une autre preuve évidente d'action chimique, sans explication dans l'hypothèse de la fluidité centrale primitive.

Or, si nous remarquons, d'un autre côté, que la croûte terrestre est très-peu conductrice de la chaleur, si nous notons que partout dans son intérieur s'opèrent des actions chimiques de décomposition et de formation de nouveaux produits, sous l'influence surtout de l'infiltration des eaux pluviales, nous voyons qu'il existe, d'une manière incessante, au-dessous de la surface du sol, une cause de développement de chaleur qui reste concentrée, à cause du peu de déperdition qu'elle éprouve par suite du défaut de conductibilité du terrain. Les phénomènes chimiques dont je parle sont nettement accusés par l'existence des courants telluriques d'électricité. Le galvanomètre a même pu démontrer nettement l'influence de certains sols sur les autres. Sans ces réactions mutuelles nous ne pourrions expliquer l'électricité de notre atmosphère. Enfin la mise

en jeu des affinités se manifeste sans cesse directement par la formation ou la destruction de cristaux sous des forces électro-chimiques dans l'intérieur des roches, par les actions de cémentation, par le métamorphisme même d'anciens terrains stratifiés, passant à l'état cristallin, etc. Sur les points, où le développement de la chaleur intérieure est considérable, elle ne peut s'échapper que d'une manière insuffisante par le rayonnement, et elle ne se trouve dépensée qu'en se transformant en travail, par l'effet des forces expansives qu'elle développe; de là, les soulèvements et les affaissements, les tremblements de terre et tous les phénomènes dynamiques, que nous constatons à la surface de la terre. Combien d'autres causes on aperçoit encore, et qui interviennent dans l'élévation de la température centrale, sans qu'il soit nécessaire, pour expliquer cette dernière, de recourir à une chaleur primitive.

Ainsi la masse solide du globe, soumise aux actions périodiques sidérales qui déterminent les marées, résiste par l'effet de sa rigidité aux déformations qu'elles tendent à produire; mais ces actions n'en agissent pas moins sur l'équilibre moléculaire, et développent dans les particules des vibrations permanentes qui ne peuvent s'anéantir qu'en se transformant en calorique, d'après la loi connue de la transformation du travail dynamique en chaleur. On sait d'ailleurs qu'un état vibratoire incessant détermine des phénomènes nombreux, entre autres des cristallisations, comme nous le voyons sur les ponts suspendus en fer, dont la matière devient cassante à la longue sous l'influence des oscillations. Un état vibratoire favorise en outre singulièrement toutes les actions chimiques. Ne serait-ce pas aux tendances de cristallisation développées sur la masse entière du globe par les oscillations incessantes provenant des actions sidérales produisant la marée qu'il faudrait attribuer la disposition régulière que semblent affecter les mouvements du sol, comme l'a fait voir M. Élie de Beaumont, et d'après laquelle la distribution des systèmes de montagnes rappelle un peu l'ordre symétrique des arêtes des cristaux? Quoi qu'il en soit, on ne peut douter, au reste, que les forces sidérales perturbatrices de l'équilibre général ne favorisent les mouvements du sol, quand les conditions voulues pour ces derniers sont déjà réunies. C'est donc aux époques de leur maximum d'action, quand elles font les grandes marées, c'est-à-dire aux syzygies, que les tremblements de terre doivent être le plus fréquents, comme cela résulte d'ailleurs des recherches de M. Perrey.

Remarquons en outre que les autres forces sidérales qui déterminent la précession et la nutation, en n'agissant pas sur tous les points du globe avec la même énergie, développent aussi des vibrations moléculaires à cause de la transmission des forces d'un point à un autre par l'effet de la liaison du système en vertu de laquelle le globe se meut en masse. Il en résulte qu'une petite partie de ces forces se trouve toujours perdue pour l'effet de précession ou de nutation, parce qu'elle est transformée en mouvements vibratoires, et passe ensuite à l'état de chaleur, à cause des résistances passives. M. Hopkins n'a pas eu égard à ce fait dans ses formules; s'il l'y avait introduit, il aurait vu que la précession théorique devait être plus faible encore que celle qu'il a trouvée; et, comme conséquence, la formule lui aurait appris que la rigidité nécessaire pour l'accord de la théorie et du calcul devait s'étendre non-seulement jusqu'au quart du rayon au moins, mais même jusqu'au centre de la terre; de sorte que les observations de la précession démontrent que notre globe est entièrement solide.

Mais la précession et la nutation ne sont pas les seuls phénomènes astronomiques qui prouvent d'une manière certaine la solidité intérieure de la terre; les marées établissent son existence d'une façon non moins probante. D'après la théorie de ces ondulations de l'Océan, théorie que nous avons exposée en commençant ce chapitre, et qui est tellement exacte que c'est au moyen d'elle qu'on annonce à l'avance les grandes marées dont l'observation ne cesse de vérifier les prédictions, il est évident que la rigidité de la terre est essentielle pour la production du phénomène. C'est parce que la partie solide du globe ne se déforme pas, tandis que la mer se boursoufle du côté de l'astre et du côté opposé, que le niveau des eaux, par rapport aux rivages, offre les variations périodiques constatées et déterminant le flux et le reflux. Mais il est évident que la partie solide du globe est soumise aux mêmes forces que l'Océan, et qu'elle se boursoufflerait comme lui sous leur action sans sa rigidité; et de plus il est clair que, si ce boursoufflement avait lieu, auquel cas les rivages seraient soulevés en même temps que le niveau de la mer, ce dernier ne paraîtrait pas changer par rapport au littoral, et les marées, bien qu'existantes, ne seraient pas perceptibles pour nous.

Or le calcul indique que pour que les marées aient lieu au degré où nous les observons, il faut que la solidité ou rigidité interne soit beaucoup plus grande que celle des matériaux qui composent la croûte superficielle, et dont la résistance nous est connue. Sans une rigidité de l'intérieur, supérieure à celle de la surface, la déformation de la partie solide serait suffisante pour faire presque entièrement disparaître la marée. Il est donc clair que la partie centrale du globe ne peut être liquide, cas où sa rigidité serait nulle, tandis qu'elle doit être plus grande que celle de son enveloppe.

Pour faire juger du degré énorme de résistance que possède l'intérieur de la terre, il me suffira de citer les intéressants résultats auxquels est arrivé M. W. Thomson, de Glascow, en calculant les changements de forme que la terre éprouverait si elle était d'acier ou de fer, matières dont la rigidité bien connue dépasse de beaucoup celle de tous les matériaux de l'écorce du globe. Or cet habile physicien et géomètre a trouvé par ses curieux calculs que, dans ce cas, la déformation sous l'action des forces produisant les marées serait encore les deux cinquièmes de celle d'une masse liquide égale dans la même circonstance, et la précession ne serait encore que les trois cinquièmes de celle qui aurait lieu dans le cas d'une rigidité parfaite. Si la terre ne possédait donc que la solidité du fer, les phénomènes de la précession, aussi bien que ceux des marées, seraient très-inférieurs en grandeur à leurs valeurs observées. Donc la rigidité de la terre est considérablement plus grande que celle du fer. Cette conclusion s'accorde avec ce que nous avons dit dans le chapitre XIII, au sujet de la probabilité de l'existence d'un état spécial de la matière sous l'influence de pressions indéfinies, état dans lequel elle finirait par devenir tout à fait incompressible, et conséquemment complétement rigide.

Il est bon de faire remarquer ici que M. Hopkins, dans les calculs

que nous avons cités plus haut, a supposé un état de rigidité absolue
à la partie de l'enveloppe terrestre qu'il regardait comme solide; et
c'est avec cette supposition, la plus favorable à l'hypothèse de fluidité
interne, qu'il avait trouvé qu'il fallait au moins que la solidité eût
lieu jusqu'au quart du rayon. Mais la rigidité absolue n'existant pas
dans les couches supérieures de la terre, il est évident que l'introduction de cette condition dans les formules de M. Hopkins conduirait
à admettre nécessairement la solidité jusqu'au centre; solidité que par
sa méthode de comparaison avec le fer M. Thomson a rendue directement évidente. En tenant compte, en outre, des forces perdues par
les vibrations dans les transmissions de l'action moléculaire, suivant
la remarque que j'ai faite précédemment, M. Thomson aurait trouvé,
même dans le cas de la résistance égale à celle du fer, des nombres
encore plus insuffisants pour la production de la précession observée
que ceux qu'il a obtenus; de telle sorte que la rigidité est encore beaucoup plus grande que ses formules ne tendraient à le faire supposer.
Mais il ne résulte pas moins de ce beau travail de M. Thomson l'anéantissement définitif des théories de la fluidité centrale actuelle du globe
sous l'influence d'une chaleur excessive primordiale.

Nous avons vu, d'ailleurs, que ni l'aplatissement terrestre, ni la
température centrale, ni l'existence des volcans ne constituent des
preuves de cette fluidité centrale. Tout au contraire, les phénomènes
chimiques et électriques qui accompagnent les éruptions volcaniques
et la distribution de ces soupiraux près des rivages nous montrent
d'autres causes avec évidence. Il en est de même des autres arguments
que l'on a invoqués en faveur de la liquidité intérieure du globe, et
qui se réduisent à trois, savoir : la densité moyenne de la terre, plus
grande que celle de sa surface; l'état cristallin des roches anciennes;
l'existence aux temps antérieurs, dans les zones tempérées, d'espèces
animales et végétales appartenant aux formes actuellement tropicales.

Le premier argument, la densité moyenne de la terre plus grande
que celle des roches de la surface, est la conséquence nécessaire de la
compression éprouvée par les couches internes et provenant du poids
des zones supérieures. C'est à cette compression qu'il faut attribuer

non-seulement l'excès de la pesanteur spécifique moyenne de notre planète sur celle de sa superficie, mais encore l'extrême rigidité de son
intérieur prouvée par les phénomènes astronomiques. La densité de
notre globe atteint, d'ailleurs, à peine le double de celle de ses couches
externes. Si le milieu de la terre était composé de matières qui sans
compression auraient un poids spécifique notablement supérieur à celui de son enveloppe, comme le supposent ceux qui admettent qu'en
vertu de la fluidité primitive les matières les plus lourdes ont occupé
le centre de notre planète, il est évident que sous l'influence des
masses supportées ces matières auraient subi dans leur volume une réduction telle que la petitesse de la densité moyenne de la terre ne
pourrait plus se comprendre. L'argument se retourne ainsi contre la
fluidité primitive. Comment aussi dans l'hypothèse en question ver-
rions-nous à la surface terrestre des matières aussi denses que le fer,
et surtout l'or et le platine? N'auraient-elles pas dû se trouver toutes
primitivement dans le voisinage du centre, et comment auraient-elles
pu atteindre postérieurement la superficie?

Le deuxième argument, l'état cristallin de la presque totalité des
roches anciennes est moins probant encore. Il est certain que les
roches en question diffèrent complétement d'aspect de celles qu'émettent les volcans. Les granites surtout, ne paraissent pas avoir coulé,
mais avoir été injectés à l'état pâteux, par suite du ramollissement de
leur quartz sous l'influence de la vapeur d'eau qui à haute pression
les pénètre entièrement et rend pâteuse la silice. Des actions semblables se sont produites dans les terrains les plus modernes. Il est
certain que la fusion forme des masses vitrifiées et non du granite,
preuve que ce dernier ne provient pas d'une matière fondue primitive. La liquéfaction, au contraire, détruirait sa structure. En outre,
par voie de fusion, le feldspath plus fusible que le quartz n'aurait pas
cristallisé dans ce dernier, comme on l'observe le plus souvent. D'une
manière générale, tout état cristallin des roches indique des actions
métamorphiques lentes provenant les unes de l'état vibratoire de la
masse, les autres de la pénétration des eaux chaudes et surtout de la
vapeur; d'autres encore des courants électriques terrestres, etc., en-

fin résultant de toutes les causes qui agissent d'une manière lente et incessante dans le travail chimique inférieur à la surface terrestre, et qui déterminent la chaleur centrale. Au contraire, la fusion donne lieu à la prééminence des phénomènes de vitrification sur ceux de cristallisation. Beaucoup de roches cristallines et massives ont dû provenir d'anciens dépôts stratifiés soumis à plusieurs métamorphismes consécutifs qui ont détruit les fossiles et même les dispositions de la stratification. Plus les terrains sont anciens, plus il y a de chances pour que ces phénomènes se soient répétés un grand nombre de fois, plus donc doit se montrer l'état massif. D'ailleurs aucune roche ancienne ne peut être visible sans avoir été soulevée depuis sa formation. Cette manière de voir est même tellement évidente que sous des masses immenses de roches cristallisées non fossilifères, dont la puissance ne peut être évaluée à moins de plusieurs milliers de mètres, et que les partisans de la fusion primitive du globe regardaient comme provenant de la première solidification, on vient de découvrir au Canada de vastes dépôts avec fossiles montrant que ces terrains cristallins ne se sont formés que depuis l'existence de la vie sur notre planète. Étudié par MM. W. Logan, Sterry Hunt, Dawson et Carpenter, ce sédiment montre que les phénomènes vitaux sont immensément plus anciens sur la terre qu'on ne le croyait encore tout récemment d'après les idées que nous combattons. Il n'est pas jusqu'aux matières lancées par les premiers volcans de notre globe, comme le montre leur injection dans les autres dépôts, qui, par un métamorphisme subséquent et très-intéressant, n'aient pris un aspect différent des émissions volcaniques actuelles. Mais je ne puis ici m'étendre davantage sur ce sujet. Il me suffit d'avoir constaté que l'état cristallin des roches anciennes, loin d'être favorable à l'idée de fusion primitive, lui est au contraire plutôt hostile, vu l'absence de traces de vitrification proprement dite, vu la destruction de la structure de ces roches quand on les fond et quand on les laisse ensuite refroidir.

Pour examiner la valeur du troisième argument en faveur de la fluidité centrale du globe par le reste d'une chaleur primitive, il faut d'abord remarquer que l'étude des phénomènes erratiques qui ont précédé les temps actuels, et la découverte d'animaux d'espèces éteintes renfermés et conservés dans les glaces des régions polaires, nous montrent que, bien avant la période historique, il a existé une époque beaucoup plus froide qu'aujourd'hui et pendant laquelle les glaciers polaires ont acquis un immense développement. Cette preuve directe d'accroissement de température dans les temps récents est déjà bien contraire à l'hypothèse d'un refroidissement graduel de la terre. Mais, en outre, elle nous explique comment beaucoup d'espèces et de familles, surtout de celles qui exigeaient une température élevée, ont été anéanties ou refoulées vers l'équateur par leur destruction ou celle de leurs formes analogues dans les zones tempérées. Il est certain qu'actuellement beaucoup de ces espèces peuvent vivre dans nos latitudes, au moins sur les rivages océaniques. N'en avons-nous pas la preuve dans certains palmiers, tels que le Chamærops humilis, qui croît dans les parties méridionales de l'Europe et qui vient très-bien sur les côtes de la Manche au 50° parallèle, comme je l'ai vu à Cherbourg où il se répand beaucoup aujourd'hui? N'en est-il pas de même de l'Araucaria imbricata du Chili, qui pousse même à Paris en pleine terre? Le tigre du Bengale, qu'on croyait comme les grands féliens spécial aux contrées chaudes, a été rencontré jusque dans le midi de la Sibérie. Or donc, puisqu'il peut, aujourd'hui encore, au moins dans les climats maritimes, croître des espèces de la famille des palmiers jusque dans nos latitudes, puisque les grands mammifères du genre Felis se montrent plus au nord même que nos contrées, etc., peut-on induire de l'existence de traces d'espèces des mêmes familles trouvées sous le sol de nos climats, qu'il faisait plus chaud anciennement qu'aujourd'hui? D'ailleurs, il ne s'agit pas exactement des mêmes espèces, mais seulement d'individus des mêmes genres ou familles. Ne peut-on pas admettre qu'ils étaient constitués pour vivre dans des régions aussi froides que la nôtre l'est actuellement? Le mammouth de Sibérie, si on n'avait vu que ses ossements, aurait bien, lui aussi, été considéré comme espèce des contrées chaudes à cause de sa ressemblance avec l'éléphant. Mais depuis qu'on l'a trouvé conservé dans la glace avec sa chair, on a vu qu'il avait du poil très-long et qu'il semblait au contraire destiné à vivre dans un pays froid. D'ailleurs, comme nous l'avons déjà dit, le climat ne dépend pas seulement de la latitude, mais aussi de la disposition relative des terres et des mers et des courants dominants de ces dernières. Aux époques anciennes où l'Europe paraît avoir été insulaire, sa température a donc dû être plus élevée qu'aujourd'hui, par la même raison que les côtes sont moins froides que le centre du continent. Ainsi, en admettant même un climat plus chaud à certaines époques géologiques, cela peut s'expliquer par la différence de forme des terres et des mers, et ne prouve rien en faveur de la fluidité centrale.

Quoique les causes que je viens d'indiquer soient suffisantes pour expliquer le phénomène en question, quand même on voudrait supposer d'autres influences plus puissantes, il resterait encore, avant d'admettre qu'elles proviendraient de la chaleur primitive du globe, à démontrer que le soleil n'a pas été lui-même plus chaud anciennement, auquel cas les températures terrestres auraient été plus élevées, et il importe de remarquer que l'excès du rayonnement solaire en question est assez probable, car la matière de lumière zodiacale, source du calorique de cet astre, a dû diminuer progressivement de quantité à mesure qu'elle tombait à sa surface.

En résumé, on voit donc que les considérations géologiques qu'on a présentées en faveur de la fluidité centrale du globe sont sans valeur, et il reste contre cette hypothèse les preuves rigoureuses et mathématiques fournies par l'astronomie. Nous pouvons donc dire avec certitude que la terre est solide dans son intérieur. Dans un autre ouvrage que je publierai plus tard, je traiterai cette question avec beaucoup plus de détail.

Pour terminer ce qui est relatif à la précession qui nous a fourni l'un des arguments en faveur de la rigidité du globe, il me reste à signaler que les mêmes forces qui déterminent ce phénomène font un peu varier d'une manière périodique l'inclinaison de l'équateur et de l'écliptique. La grandeur de cette variation atteint environ 3 degrés, et sa période est de plusieurs mille ans. En ce moment, nous sommes dans l'époque de diminution. Cette petite variation peut influer légèrement sur les climats des zones tempérées en agissant sur l'étendue des glaciers polaires.

C'est maintenant le lieu de dire quelques mots de ce qu'on pourrait appeler la précession magnétique.

Il est à peine besoin de rappeler ici que la terre est magnétique, c'est-à-dire qu'elle se comporte comme un aimant dont l'axe diffère peu de celui de sa rotation. C'est à cette propriété que nous devons la possession de la boussole à l'aide de laquelle on peut se diriger sur les mers. Cet instrument consiste, comme chacun sait, en une aiguille aimantée librement suspendue, et prenant sous l'action du globe la direction nord-sud. Or la coïncidence de l'axe magnétique et de l'axe réel de la terre n'est toutefois pas rigoureuse : les pôles magnétiques sont déviés de quelques degrés des pôles de rotation ; de plus ils ne restent pas fixes dans la masse terrestre, mais ils se déplacent avec le temps et tournent autour de l'axe du globe en sens inverse du mouvement rotatoire de ce dernier ; de la même manière que, dans le phénomène de la précession, les pôles de la terre tournent autour de la perpendiculaire à l'écliptique. La durée de cette période de révolution magnétique est de quelques siècles.

Pour se rendre compte de ce phénomène, il importe de remarquer que la position de l'axe d'aimantation dans la terre est déterminée par deux causes : 1° la rotation terrestre, en vertu de laquelle ses extrémités doivent être sans cesse repoussées vers l'axe polaire d'après le phénomène connu des physiciens sous le nom de magnétisme de rotation ; 2° l'aimantation solaire, sous l'action de laquelle au contraire les pôles magnétiques tendent à être éloignés de ce même axe, car les rotations du soleil et de la terre sont de même sens, de sorte que leurs pôles de même nom qui se repoussent doivent être du même côté du plan de l'écliptique.

Si l'axe magnétique était rigoureusement stable dans l'intérieur de la terre, le magnétisme solaire agirait donc sur l'axe de rotation terrestre en y créant une précession analogue à celle que fait l'attraction du soleil sur la matière du renflement équatorial. Mais comme les axes magnétiques des corps ne sont jamais rigoureusement fixes et dépendent de la manière dont les aimantations se produisent, le magnétisme du soleil agit pour faire sortir les pôles aimantés de la terre hors de l'axe de rotation, et au lieu que ce soit ce dernier qui se déplace en tournant autour du pôle de l'écliptique, c'est l'axe magnétique lui-même sans cesse rappelé vers le pôle par la rotation terrestre qui tourne dans le sens de la précession, c'est-à-dire en sens inverse du mouvement du globe.

Il est bon de remarquer ici que le magnétisme terrestre fournit encore un argument en faveur de la solidité intérieure de notre planète, et d'une chaleur de sa masse centrale moins grande que celle que l'on suppose, car les corps ne sont pas magnétiques à haute température. Or, si la pellicule froide de la terre était très-mince, il serait difficile, vu le faible pouvoir magnétique des matériaux de cette pellicule, d'y supposer une aimantation aussi forte que celle qu'on observe sur notre globe. Il est bien vrai que le magnétisme tend à s'accumuler à la surface des corps, mais il n'en faut pas moins que l'enveloppe de ces derniers, susceptible d'être magnétique, ait une certaine épaisseur, pour que leur aimantation soit intense.

Au magnétisme terrestre se lie l'existence d'un des plus beaux météores visibles à la surface de notre globe, l'aurore polaire. Dans nos climats, ce phénomène se montre du côté du pôle nord, de là le nom d'aurore boréale qu'on lui a donné. Mais dans l'hémisphère méridional il se voit du côté du sud, et il porte alors le nom d'aurore australe. Les aurores polaires sont, d'ailleurs, rarement visibles dans la zone torride, mais, cependant, on y en a aperçu quelquefois. Il n'y a pas longtemps, M. Poey signalait encore dans les *Comptes rendus de l'Académie* une aurore boréale, vue à la Havane; et moi-même, au mois de juillet 1858, j'ai vu en pleine mer, au milieu de la nuit, une aurore australe, très-faible, il est vrai, et presqu'à la limite de visibilité. Elle était composée d'un grand rayon blanc peu intense. Or, j'étais alors au nord de l'équateur, mais tout près de cette ligne, ce qui montre que le phénomène peut à plus forte raison se faire voir à l'équateur même. Dans les latitudes moyennes, les aurores polaires sont beaucoup plus fréquentes que dans la zone torride, mais elles y sont cependant rares et relativement peu intenses, en général, si on les compare à celles que l'on voit dans les régions glaciales, et surtout en approchant des pôles magnétiques du globe.

L'origine des aurores polaires est évidemment électrique, comme le prouve leur action sur la boussole, action en tout analogue à celle de courants d'électricité. Elles consistent en un cercle lumineux régnant dans l'atmosphère, et entourant le pôle magnétique, quelquefois à des distances considérables, et c'est à cela qu'elles doivent d'être visibles alors dans nos climats. En chaque point, on ne voit que la portion du cercle, située au-dessus de son horizon; et, par un effet de perspective, il offre alors l'aspect d'un arc surbaissé, dont le sommet paraît dans la direction du méridien magnétique. Mais le météore ne se montre avec cette régularité que quand il est intense. Le plus communément, dans nos pays, il consiste en simples lueurs atmosphériques, dans la région du nord de la boussole, lesquelles proviennent souvent alors de la réflexion par l'atmosphère d'aurores situées au-dessous de l'horizon. Ces lueurs sont soumises parfois à des recrudescences rapides d'éclat, comme des pulsations lumineuses.

Dans les régions polaires, quand le phénomène se montre dans toute sa magnificence et avec toutes ses phases, on le voit généralement débuter, dans la soirée, par une sorte de brouillard dans la région du nord magnétique. Bientôt ce brouillard se frange d'une lueur pâle, qui peu à peu va en croissant et prend l'aspect d'un arc très-surbaissé, entourant un segment obscur près de l'horizon. L'arc augmente progressivement d'éclat, puis il se divise en nombreux rayons parallèles entre eux et à la direction de l'aiguille d'une boussole d'inclinaison; mais, par un effet de perspective, ces rayons convergent vers un point situé à une grande profondeur au-dessous de l'horizon, et qui n'est autre que celui vers lequel se dirige l'aiguille en question.

En même temps, le sommet de l'arc s'élève. Il paraît alors tourner autour de ses extrémités, comme autour d'une charnière, et souvent il est suivi de l'apparition de plusieurs autres arcs semblables à lui, et qui le suivent dans son mouvement. Si les arcs sont très-intenses, ils se colorent bientôt. Leur bord inférieur devient rouge, tandis que le supérieur prend une magnifique couleur verte, mais le centre conserve sa teinte blanc jaunâtre primitive.

Si les arcs continuent de conserver leur régularité, on voit peu à peu les rayons dont ils se composent diminuer de longueur et d'éclat, et prendre, enfin, l'aspect de nuages phosphorescents, dont l'ensemble continue toujours la forme de l'arc primitif, et offre l'apparence des bandes de nuages pommelés, que les météorologistes appellent cirro-cumulus. Les amas de lumière de cette nouvelle phase du météore sont désignés sous le nom de plaques aurorales, et quand ils tendent à dis-

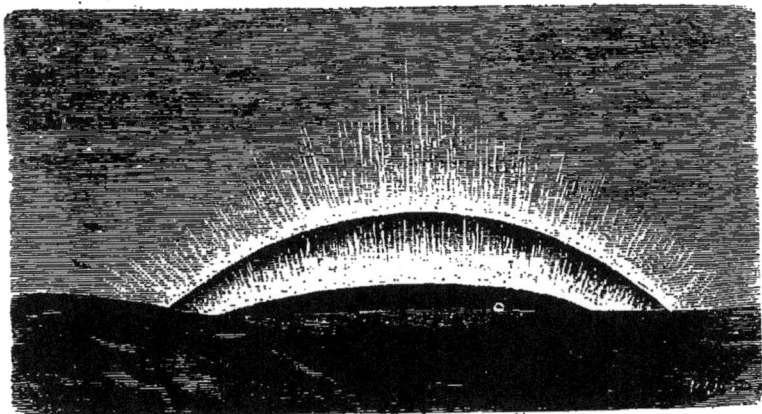

Arcs réguliers d'Aurore boréale.

paraître, leur lueur devient vacillante et à éclats soudains. Si les plaques aurorales durent jusqu'au point du jour, on les voit alors progressivement remplacées par les cirro-cumulus qui conservent leur forme, sans qu'on puisse dire à quel instant a eu lieu la substitution.

La curieuse relation de disposition des arcs auroraux et de leurs rayons avec les longues bandes de nuages blancs filamenteux, nommés cirrus par les météorologistes, et formés de particules glacées; celle des plaques aurorales avec les cirro-cumulus dans lesquels se résolvent les cirrus que nous venons de citer, et le passage insensible, avec le jour, de l'un à l'autre des deux phénomènes, sont de puissantes inductions en faveur de l'hypothèse d'après laquelle l'aurore polaire consiste en

Aurore boréale irrégulière (p. 185).

nuages éclairés par des courants électriques pour lesquels ces amas de vapeur jouent le rôle de conducteurs imparfaits. Dans un travail que j'ai adressé à l'Académie des sciences sur l'aurore boréale, j'ai réuni un grand nombre de descriptions données par divers observateurs, et montrant les relations des nuages et de ce beau météore. Ainsi, la transition insensible des arcs et rayons de l'aurore aux cirrus a été observée plusieurs fois, comme celle des plaques aurorales aux cirro-cumulus. Souvent, on a vu les cirrus affecter, de jour, toutes les formes et les apparences de l'aurore polaire; des fragments de halo ont été aperçus dans des rayons de celle-ci, etc. Après mon premier travail, le 31 octobre 1853, j'ai observé moi-même, à la suite d'une belle aurore boréale, des cirrus qui avaient la direction des rayons auroraux que j'avais reconnus auparavant. Enfin, en 1858, le savant physicien M. de la Rive, a publié, dans son *Traité de l'électricité et du magnétisme*, de nombreuses observations, prouvant aussi les relations des aurores polaires et des nuages cirriformes. En présence de la multitude de faits déjà réunis, on ne peut douter que le météore en question ne soit dû à des cirrus, souvent prononcés, quelquefois presque invisibles, mais qui alors, très-souvent, manifestent leur présence par leur accroissement ultérieur, et dans lesquels le passage de l'électricité détermine de la lumière, comme dans tous les conducteurs imparfaits. Souvent, en outre, les rayons auroraux semblent obéir au vent, ce qui confirme encore cette manière de voir.

J'ai décrit jusqu'ici les phénomènes de l'aurore polaire lorsqu'ils se présentent réguliers. Mais souvent aussi après s'être formés, les arcs perdent leur régularité. On les voit se contourner, s'envelopper les uns les autres, simulant parfois d'admirables draperies de feu qui manifestent une grande agitation, comme si elles étaient secouées par le vent. De brillants jets de lumière traversent la masse; des éclats pendant lesquels les rayons semblent s'allonger, se montrent et se transmettent de l'une à l'autre de ces magnifiques lignes de lumière. Quelquefois encore on voit les faisceaux d'un arc qui dépasse le zénith magnétique se réunir à ceux d'un autre arc qui n'a pas encore atteint ce dernier, et former par leur réunion un amas de rayons divergents en apparence par un effet de perspective. C'est la plus belle phase du météore, qui prend alors le nom de couronne boréale, ou mieux de couronne polaire. La belle coloration verte de son intérieur, la bril-lante teinte rouge de son pourtour, les éclats et les ondulations de sa

Couronne boréale.

lumière, tout forme une harmonie d'effets et de couleur que relève d'une manière merveilleuse un manteau de neige répandu sur la terre.

L'une des questions les plus intéressantes à résoudre relativement aux aurores polaires, est celle de leur élévation au-dessus du sol. Tou-tefois la mobilité du météore s'oppose à ce qu'on puisse déterminer sa hauteur par la méthode des parallaxes, c'est-à-dire par la mesure des angles obtenus en visant de deux lieux différents à un même point du phénomène. De ce qu'en deux lieux très-éloignés on voit une même aurore, on ne peut conclure de là à l'existence d'une très-grande élé-vation, car il est possible qu'on n'ait pas vu le même arc, ni la même portion d'un arc. Mais dans un mémoire adressé, en 1851, à l'Aca-démie des sciences, j'ai fait voir que la hauteur pouvait, quand les arcs sont réguliers, être déduite du rapport de leur mouvement angulaire à l'horizon et au zénith; et je montrais dans le même mémoire que, d'après l'immobilité apparente à l'horizon de leurs pieds ou extrémités, immobilité observée en Laponie par MM. Bravais, Martins et Lottin, on ne pouvait guère admettre en général plus de 4000 à 6000 mètres pour cette hauteur. Depuis cette époque, en 1855, j'ai eu occasion de prendre moi-même des mesures sur une magnifique aurore boréale que j'ai observée à Cherbourg, le 31 octobre, et j'ai trouvé par cette même méthode une élévation de 5920 mètres. Dans le même phénomène, en comparant l'amplitude de l'arc et sa hauteur apparente, dans l'hypothèse qu'il formait sensiblement un fragment d'un grand cercle de la sphère, j'ai trouvé une autre valeur, presque identique à la première : 4070 mètres. J'ai d'ailleurs vérifié, lorsque l'arc a passé plus tard par le zénith, qu'il était bien compris dans un plan vertical; ce fait prouve que l'hypothèse en question était une réalité, et que la mesure était très-bonne. Les personnes qui connaissent la géométrie se rendront immédiatement compte comment de la comparaison de l'amplitude d'un arc et de la hauteur apparente de son sommet on peut déduire l'altitude au-dessus du sol. J'ai souvent appliqué cette méthode, à laquelle on n'avait pas pensé antérieurement, à la mesure de l'élévation des cirrus.

Lors d'une autre aurore boréale qui eut lieu à Cherbourg le 19 février 1852, et dont le segment lumineux s'éleva jusqu'à 45° de hauteur, j'ai pu encore acquérir la certitude que le phénomène était très-bas. Si, en effet, il avait été à plus de 7000 mètres de hauteur, il aurait été visible à Paris, où il ne fut pas vu, comme me l'apprit Arago quelques jours plus tard. Par un procédé analogue à ce dernier, c'est-à-dire, visibilité en un point, invisibilité en un autre, M. Petiton, commissaire de la marine impériale, a pu constater qu'une aurore boréale qu'il a vue à Terre-Neuve, le 4 septembre 1857, était à moins de 4000 mètres; et une autre, le 10 octobre de la même année, à moins de 20000 mètres d'élévation. Le même observateur a aperçu dans cette île, le 12 octobre 1859, une nue lumineuse qui a caché de gros nuages noirs, qu'il a revus après la disparition de la lueur;

celle-ci était donc inférieure à ces amas de vapeur. Le capitaine Franklin a observé une aurore boréale qui éclairait la face inférieure d'un nuage, et Parry en a vu une se projeter sur le flanc d'une montagne. Hood et Richardson, en faisant des observations simultanées, à dix-huit lieues de distance, pour obtenir la parallaxe du phénomène, ont été conduits à reconnaître que sa hauteur est inférieure à deux lieues.

Un autre fait important qui confirme que les aurores boréales sont souvent dans les régions inférieures de l'atmosphère, est le bruit qui les accompagne assez fréquemment. Messier a observé ce bruit à Paris pendant une aurore boréale. M. Petiton l'a distingué aussi à Terre-Neuve comme un bruissement. M. Verdier, officier de la marine française, l'a également entendu, le 13 octobre 1819, dans les mêmes parages. D'après M. Necker, le bruit en question s'entend souvent à l'île de Sky en Écosse. En Norwége, M. Ramne; en Suède, M. Gisler l'ont de même signalé. Enfin, c'est un dire universel, chez tous les habitants des contrées septentrionales, que l'aurore est souvent accompagnée de bruit.

La matière lumineuse des aurores boréales, d'après quelques récits, se montrerait même quelquefois jusqu'en contact avec le sol. Ce fait est affirmé par M. Gisler. Quelques voyageurs disent aussi avoir aperçu, dans le voisinage du pôle magnétique, la substance lumineuse sur la surface de la mer. D'après le docteur Gisler, en Suède, au sommet des hautes montagnes, elle produit sur la figure des voyageurs un effet analogue à celui du vent.

Il résulte de ce qui précède que les phénomènes de l'aurore polaire ne peuvent être complétement assimilés, comme on le croit généralement, à ceux de l'électricité dans un gaz très-raréfié, puisque le météore a lieu fréquemment dans un air dense. Je dois dire toutefois que souvent aussi l'aurore polaire paraît avoir son siége à des hauteurs très-grandes.

D'après M. de la Rive, les courants électriques qui donnent naissance au phénomène ont pour cause la recomposition des électricités de l'atmosphère et du sol; et, par une expérience ingénieuse de physique, il a montré comment un corps magnétique tel que la terre, tend à disposer ces courants autour du pôle, en une zone circulaire simulant les arcs formés de rayons de l'aurore boréale.

Quoi qu'il en soit, l'existence de forts courants électriques dans le sol à l'occasion des aurores polaires a été mise en évidence. Ce météore est accompagné de grandes perturbations magnétiques, et il possède, comme l'a fait voir M. Wolf, des périodes de fréquences coïncidant avec celles des taches solaires, et montrant par là que l'origine de ces grandes perturbations remonte jusqu'au soleil, dont le magnétisme influe si puissamment sur la terre, et tend sans cesse, comme nous l'avons dit, à déplacer l'axe d'aimantation de notre globe.

J'ai dit qu'en général les rayons de l'aurore polaire se colorent en rouge à leur base. Ce fait n'est cependant pas constant. Dans la brillante aurore boréale du 31 octobre 1853, que j'ai vue à Cherbourg, leur base était, au contraire, d'un beau bleu un peu verdâtre, et leur partie supérieure était blanc jaunâtre. Cette aurore commença par cinq magnifiques groupes d'immenses rayons. Lorsqu'ils disparurent, il se forma un arc composé de rayons courts; et c'est sur cet arc que j'ai fait, dans le but de fixer son élévation au-dessus du sol, les observations dont j'ai parlé plus haut.

Aurore boréale du 31 octobre 1853.

Anciens habitants de la terre. — Palæotherium.

CHAPITRE XVII

LES PLANÈTES SUPÉRIEURES

MARS — LES PETITES PLANÈTES
JUPITER — SATURNE ET SON ANNEAU
URANUS ET NEPTUNE

La première des planètes supérieures, c'est-à-dire de celles dont l'orbite est extérieure à la route de notre globe, est la planète Mars. C'est aussi celle qui paraît offrir la plus grande ressemblance avec la terre. De grandes taches blanches apparaissent à ses pôles. Elles augmentent d'extension pendant l'hiver de l'hémisphère correspondant, et diminuent pendant l'été, comme nos glaces et neiges polaires. De plus, ces taches n'ont pas rigoureusement leurs centres aux pôles de la planète : elles sont légèrement déviées, comme si les points du maximum de froid ne coïncidaient pas rigoureusement avec les extrémités de l'axe de rotation. En cela, les choses se passent comme sur la

terre, où la plus basse température ne se trouve pas exactement aux
pôles. La planète montre en outre des taches irrégulières mais constantes : les unes plus sombres avec une couleur grisâtre sont probablement dues à des mers ; d'autres plus brillantes et d'une teinte rougeâtre ou rouge jaunâtre seraient alors des continents, car, sous les
incidences voisines de la normale, les eaux réfléchissent moins de lumière que les terres. On remarque fréquemment d'assez notables
variations d'intensité dans les taches fixes dont nous venons de parler,

Hémisphère nord de Mars.

et ces variations qu'on ne peut guère attribuer qu'à des brouillards,
semblent, ainsi que la formation accidentelle de certaines autres
taches apparaissant parfois sur de grandes extensions comme les
nuages de notre atmosphère, prouver l'existence d'une couche de gaz
autour de la planète. La présence d'une atmosphère se manifeste encore nettement par la disparition des taches fixes de l'astre lorsque,
par l'effet de la rotation, celles-ci approchent du bord. Ce fait ne peut
être attribué qu'à l'interposition d'une atmosphère que les rayons lu-

mincux ont alors à traverser sur une épaisseur plus grande qu'au centre.

D'après Beer et Mædler, c'est dans l'hiver d'un hémisphère que les taches de ce même côté de l'équateur sont le plus effacées, ce qui indique une atmosphère plus brumeuse en hiver qu'en été.

Mars est remarquable par sa forte couleur rouge. Cette couleur est celle des parties brillantes de son sol, soit qu'elle provienne de la nature même de ce dernier, ou de celle d'une végétation; Bode attribue

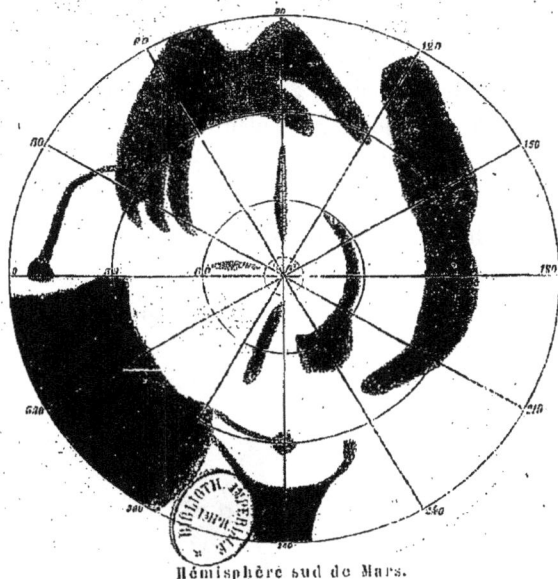

Hémisphère sud de Mars.

cette teinte à l'atmosphère de la planète, mais Arago fait remarquer avec raison que cette explication n'est pas admissible; car alors ce seraient les régions blanches polaires qui devraient paraître les plus rougeâtres.

Par des observations suivies, MM. Beer et Mædler ont pu dresser des cartes sur lesquelles sont figurées les taches fixes de Mars. Je donne ici la représentation des deux hémisphères projetés sur l'horizon des pôles.

Le 25 juillet 1860, lors de l'opposition de Mars, j'ai pris plusieurs mesures de son diamètre équatorial, au moyen d'un micromètre à double image, modifié de manière à recevoir une amplification de 510 fois. J'ai obtenu pour moyenne des mesures 25″,35. D'après la distance de la planète à la terre à cette époque, il est facile de conclure de cette valeur que son diamètre vu à un éloignement égal au rayon moyen de l'orbe terrestre serait de 9″,91. Arago lui a donné pour valeur 9″,57, mais les amplifications qu'il a employées étaient moindres que celle dont je me suis servi. Je donne ici le dessin de la planète que j'ai fait le même jour. C'était le pôle sud qui était alors le plus visible comme tourné vers la terre. Toutefois on voyait quelques traces des glaces du pôle nord.

La rotation de Mars se fait en 24ʰ 57ᵐ 25ˢ d'après Beer et Mædler, et l'inclinaison de son équateur au plan de son orbite est de 28° 42′, d'après W. Herschell. Cette inclinaison ne diffère donc pas beaucoup de celle qui a lieu pour la terre.

Vu dans les lunettes, Mars semble parfaitement rond. Arago a cependant trouvé, par une série de mesures, que son axe polaire est moins grand d'un trentième que l'axe équatorial. Mais la blancheur des pôles jette de l'incertitude sur les résultats à cause des effets d'irradiation auxquels elle donne lieu. Bessel jugeait que, même avec son héliomètre, il lui était impossible d'arriver à mettre en évidence l'aplatissement de Mars. Ayant essayé des mesures de cet aplatissement, je partage entièrement son avis, car les divergences des résultats sont plus grandes que la quantité qu'il s'agit de mesurer, même avec un grossissement plus fort que celui qu'employait Arago.

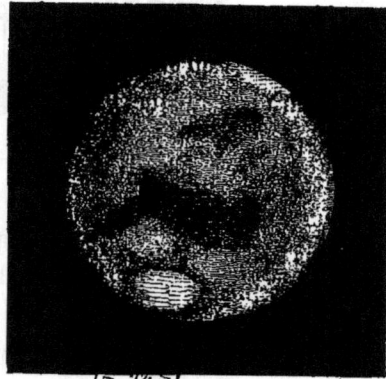

Mars, le 25 juillet 1860.

La tache blanche du sud présente de plus grandes variations, suivant la saison, que celle du nord. C'est aussi pendant l'été de ce dernier hémisphère que la planète est le plus rapprochée du soleil.

Il n'y a que peu de chose à dire de l'anneau des quatre-vingt-quatre petites planètes déjà connues entre Mars et Jupiter. Quatre d'entre elles, découvertes dès le commencement du siècle, sont un peu plus grandes que les autres. Pallas, la plus volumineuse de toutes, a son diamètre égal au douzième de celui de la Terre, d'après les mesures très-soignées de M. Lamont. Viennent ensuite Junon et Vesta, qui sont deux fois plus petites, puis Cérès, dont le diamètre n'est que la moitié de celui de ces dernières, ou le quart de celui de Pallas. On a remarqué que quelques-unes des petites planètes, Iris, Victoria, Astrée et Thétis, entre autres, ont des variations d'éclat assez rapides. C'est toutefois dans la planète Junon que ce fait a été observé d'abord. On a attribué ces variations à des changements dans l'état atmosphérique de ces petits corps. Olbers, qui a émis

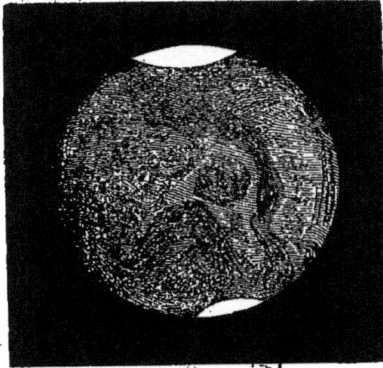

Mars, 25 août 1856, d'après Secchi.

la supposition que les petites planètes provenaient de la destruction d'une grande, attribuait leurs variations d'éclat à l'irrégularité de leurs formes. Depuis qu'on a reconnu que toutes les orbites ne se coupent pas en un point unique, l'hypothèse de la rupture d'une grosse planète ne peut plus être admise, à moins de supposer plusieurs explosions des fragments principaux dans des positions différentes ; mais il est possible que tous ces petits corps n'aient pas une forme sphérique régulière. Cérès et Pallas sont entourés d'une nébulosité très-marquée. D'après Schrœter, l'atmosphère de Cérès n'aurait pas moins de 276 lieues d'épaisseur, et celle de Pallas 192 lieues. Junon paraît aussi avoir une atmosphère, tandis que Vesta n'en présente aucun indice appréciable. Les couleurs des petites planètes sont variables. Cérès et Junon sont rougeâtres, Pallas est d'une belle couleur jaune, Vesta est blanche, Victoria paraît bleuâtre.

Les planètes dont il nous reste à parler, Jupiter, Saturne, Uranus et

8 h. 30 m.   9 h. 30 m.

Jupiter le 15 octobre 1856. d'après M. Chacornac (r. 543).

Neptune sont beaucoup plus grandes, mais beaucoup moins denses que notre globe. Elles sont toutes munies de satellites. Jupiter en a quatre qui paraissent lui présenter toujours la même face, comme la lune, par rapport à la terre, car ils offrent de grandes variations d'éclat, mais qui semblent toujours répondre à la même position dans leurs orbites. Le diamètre de Jupiter est égal à onze fois celui de notre globe. Sa distance au soleil est cinq fois et un cinquième celle de la Terre. Le grand éloignement de cette planète fait que, malgré sa grandeur réelle, son éclat n'atteint pas celui de Vénus, mais il dépasse encore celui de toutes les étoiles. Avec une lunette, on remarque que Jupiter est fortement aplati à ses pôles : son aplatissement est de $\frac{1}{17}$ de son diamètre d'après les observations d'Arago, et sa rotation sur lui-même a lieu en 9 heures 55 minutes. L'axe polaire est presque normal au plan de l'orbite et ne s'écarte que de 5° de la perpendicularité.

Jupiter possède une atmosphère très-épaisse, dans laquelle on remarque plusieurs bandes, les unes noires, les autres brillantes. Elles sont parallèles à l'équateur de la planète et se montrent surtout dans la région de ce cercle. Parfois ces lignes se font voir sur toute la surface du disque. Dans certains cas, elles varient rapidement, dans d'autres, elles conservent pendant des mois entiers le même aspect. Outre ces bandes, apparaissent aussi parfois des taches tantôt claires, tantôt obscures et provenant sans nul doute de nuages ou d'éclaircies entre des nuages. C'est à l'aide des taches en question qu'on a mesuré la durée de la rotation. Cassini a le premier remarqué qu'en général elles se meuvent plus vite près de l'équateur que près des pôles. Ce fait indique un contre-courant de vents alizés[1], dont l'action se joindrait à la rotation de la planète pour augmenter le mouvement apparent des taches. Il y a donc dans Jupiter des vents alizés comme à la surface de la Terre. D'après Herschell, les bandes noires sont produites par le corps de la planète, et les bandes brillantes sont dues à des nuages. Le fait que les bandes cessent de pouvoir être distinguées sur

[1] Il faut remarquer ici comme nous l'avons déjà dit à propos du soleil, que dans les astres ayant des vents alizés, ce ne sont pas les vents alizés inférieurs qui peuvent se manifester à nous ; mais bien leurs contre-courants qui sont de la direction contraire.

le bord de l'astre prouve, comme le fait remarquer Arago, l'exactitude de cette dernière opinion d'Herschell. En effet, les nuages éclairés obliquement sur les bords sont moins lumineux, tandis que sur le
corps de la planète se projette l'atmosphère, qui éclairée sur une
plus grande épaisseur qu'au centre, rend moins sombre la teinte du
sol. Les deux lumières arrivent ainsi à s'égaliser, et les bandes claires
et obscures cessent de pouvoir être perçues.

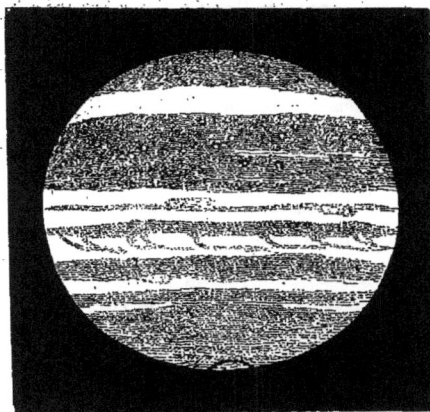

Jupiter, d'après M. Dawes, 19 décembre 1857.

A cause de son grand éloignement de la terre, Jupiter
ne présente pas de phases.
Il paraît donc, au premier
abord, difficile de savoir si,
en outre de la lumière qu'il
reçoit du soleil, il n'aurait
pas une lumière propre. Mais
quand ses satellites passent
entre le soleil et lui, ils projettent leur ombre sur son
disque. Ces ombres sont ron-
des, très-noires et nettement
terminées. Or, leur obscurité profonde nous indique que Jupiter ne
possède aucune lumière propre, car alors elles seraient moins prononcées.

Quand on voit ainsi passer les ombres des satellites sur le disque on a
également l'occasion de voir ces derniers eux-mêmes se projeter sur lui.
Or, dans ce cas, tantôt les satellites apparaissent comme des taches brillantes, d'autres fois comme des taches obscures, de grandeur variable.
Ce phénomène indique que les diverses parties de la surface de ces corps
ne réfléchissent pas la lumière avec la même intensité, de telle sorte
que leur éclat, parfois dépasse celui de la planète, dans d'autres circonstances lui est inférieur. Herschell a cru remarquer que les variations de
lumière répondent, en général, aux mêmes positions des satellites dans
l'orbite, de même que leurs changements d'intensité hors du disque. Ce
fait vérifierait encore la conclusion tirée de ces derniers changements, et

d'après laquelle les satellites présenteraient toujours la même face à la planète. Cependant, bien que la loi générale des apparences s'accorde avec cette conclusion, il y a des anomalies qui ne sont guère explicables qu'en admettant que ces petits corps sont entourés d'une atmosphère, dans laquelle il se forme quelquefois des nuages. Si on s'en rapporte à une ancienne observation de Dominique Cassini, cette atmosphère se manifesterait encore par des différences d'intensité de l'ombre des satellites sur la planète. Suivant l'état atmosphérique du satellite, on comprend, en effet, que les rayons ayant rasé le bord de ce dernier, et traversé la couche de gaz qui l'environne, peuvent être, par la réfraction et la diffraction, portés dans le cône d'ombre en plus ou moins grande quantité, comme cela arrive pour la terre, dont l'ombre se montre, dans les éclipses de lune, plus ou moins obscure, suivant l'état de notre atmosphère sur la limite éclairée de notre globe.

Plusieurs observateurs ont remarqué que les satellites, quand ils se présentent comme des taches lumineuses sur Jupiter, sont plus visibles au bord qu'au centre du disque. Ce fait indique que la planète est plus brillante dans sa région centrale que vers son limbe; et il vérifie encore l'existence d'une atmosphère. Toutefois, comme ce n'est pas complétement la même face du satellite qui se présente à nous devant le bord et devant le centre du disque de Jupiter, cette observation perd de sa valeur. Arago a eu l'idée de produire artificiellement l'apparence de projection des satellites sur leur planète, au moyen d'un prisme biréfringent, interposé devant l'oculaire de la lunette, et qui fait voir doubles les objets. On peut alors, à volonté, projeter successivement l'une des images d'un satellite sur le bord et sur le centre de l'une des images de la planète. Ainsi faite, l'expérience est à l'abri de l'objection de la différence des parties tournées vers la terre dans les deux cas. « Or, dit-il, je n'ai pas vu sans surprise que le satellite, très-visible sur le bord, disparaissait vers le centre, c'est-à-dire dans un point où sa lumière, ajoutée à celle de la planète, devait former une somme double de la lumière environnante. Je ne donne pas cette observation comme parfaitement exacte, mais elle mérite certainement d'être renouvelée. » J'ai répété l'observa-

30

tion en question plusieurs fois, et j'ai vu que le satellite ne disparaît pas complétement au centre; mais il y est difficile à distinguer, tandis que, sur le bord, il se montre très-nettement. Cette observation prouve que l'intensité lumineuse du disque de Jupiter décroît rapidement du centre au bord, et que, conséquemment, cette planète est entourée d'une atmosphère absorbante de la lumière.

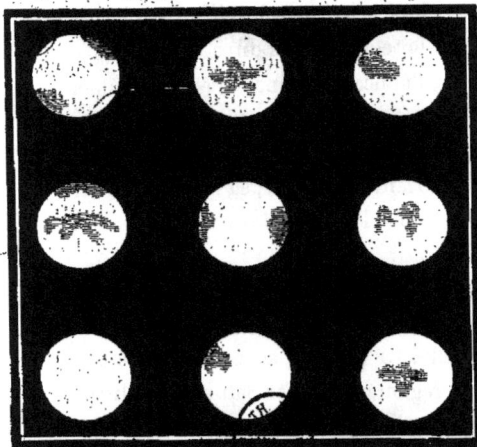

Taches du 5ᵉ satellite de Jupiter, montrant sa rotation, d'après Secchi.

Les diamètres des satellites de Jupiter sont pour le premier 0,52 de celui de la terre, pour le second 0,27, pour le troisième 0,47, pour le quatrième 0,55, d'après les observations de W. Struve. Avec un fort grossissement, le P. Secchi a distingué à la surface du 5° satellite des taches qui lui ont paru indiquer un mouvement de rotation rapide et différent de celui de la révolution. Quelques astronomes ont cru reconnaître des différences de teinte. Elles ne me paraissent guère accusées.

La planète Saturne a un diamètre égal à neuf fois celui de la terre. Sa rotation sur elle-même se fait en dix heures et demie; son aplatissement polaire est de $\frac{1}{9}$ de son diamètre, et son axe est incliné d'environ 62° au plan de l'orbite. Le corps de cet astre est couvert, comme celui de Jupiter, de bandes parallèles à l'équateur : elles sont variables comme celles de cette dernière planète, et paraissent dues à des causes semblables. Mais le phénomène le plus curieux que présente Saturne est l'existence d'un anneau aplati qui l'entoure à une certaine distance, dans la direction de son équateur. Cet anneau fait avec le plan de l'orbite un angle d'environ 28 degrés. Il en résulte que nous ne le voyons jamais qu'obliquement, et sous la forme d'une ellipse, dont les deux extrémités forment, pour ainsi dire, deux anses à la planète. L'anneau est très-large, mais il est tellement peu épais qu'il devient invisible, à moins d'employer de très-puissants instruments, quand la terre passe par son plan prolongé, auquel cas il nous présente sa tranche. Il disparaît aussi quand la direction de son plan passe par le soleil, car alors les rayons lumineux rasent sa surface sans l'éclairer. Enfin, tout le temps que sa direction prolongée passe entre le soleil et la terre, l'anneau continue d'être invisible, car il n'est alors éclairé que par la face que nous ne voyons pas. Les conditions de disparition se reproduisent tous les quinze ans environ.

L'anneau n'est pas, au reste, parfaitement plan; sa surface est un peu gauche, car il arrive souvent qu'à l'époque des disparitions une des anses s'évanouit avant l'autre.

Quand l'anneau se montre à nous autrement que par la tranche, on distingue, outre les deux anses qu'il forme au delà de la planète, un de ses côtés qui se projette sur elle. La planète, au contraire, se projette sur l'autre côté. Près de la région cachée par Saturne, on distingue l'ombre de ce dernier corps, qui efface une partie de la portion postérieure de l'anneau; et de même, près de la partie de ce dernier qui se projette sur la planète, on aperçoit l'ombre portée sur elle. L'obscurité de ces ombres nous prouve que ni Saturne ni son anneau ne sont lumineux par eux-mêmes.

Depuis longtemps, on a reconnu que l'anneau n'est pas simple, mais qu'il est composé de deux autres, situés dans le même plan, et intérieurs l'un à l'autre. C'est sur les anses seulement que la ligne noire qui les sépare se présente à nous dans sa largeur, et peut être aperçue le plus nettement. Le plus extérieur des deux anneaux est le plus étroit, sa largeur est de quatre mille cent lieues, celle de l'autre est de six mille huit cents lieues, et la grandeur de l'intervalle qui les sépare est de sept cents lieues. La largeur totale du double système est donc de onze mille six cents lieues. Enfin, l'intervalle entre le bord interne du cercle intérieur et la surface de la planète est de neuf mille cent lieues. Au reste, le centre de Saturne et celui de l'anneau ne paraissent pas coïncider exactement dans le sens du plan de ce dernier; mais leur distance est très-petite et n'est pas rigoureusement constante. Elle est soumise à des variations périodiques. Au reste, depuis qu'on a reconnu que les contours de l'anneau sont eux-mêmes elliptiques, il y aurait lieu de faire de nouvelles observations à ce sujet; en outre il semblerait résulter d'une observation de Picard, en 1667, et d'observations plus modernes d'Arago et de Vico, que son plan lui-même ne passe pas par le centre de la planète. Il serait un peu en dehors de ce centre, tantôt du côté de l'hémisphère austral, tantôt du côté de l'hémisphère boréal. Cette conclusion est tirée de ce que tantôt l'un, tantôt l'autre des pôles de la planète a été vu débordant plus que l'autre le bord de l'anneau, dans le sens du petit diamètre apparent de ce dernier, lorsque ce petit diamètre se montrait, pour les habitants de la terre, presque égal à celui du globe planétaire, mais légèrement inférieur. Toutefois, je ne regarde pas cette conséquence comme parfaitement fondée, car l'apparence en question peut résulter uniquement de ce que l'anneau, ainsi que nous l'avons déjà dit, n'est pas parfaitement plan, et aussi de ce qu'il est elliptique, circonstances qui déterminent des variations dans le petit diamètre apparent, indépendamment de l'inclinaison du rayon visuel au plan du cercle.

La division de l'anneau en deux parties par une ligne noire, division dont j'ai parlé ci-dessus, et qui fut reconnue d'abord par Dominique Cassini, a été observée d'une manière constante par tous les astronomes. On l'a aperçue quand l'anneau présentait à la terre sa face septentrionale, aussi bien que quand il montrait sa face méridionale. Les mesures prises dans les deux cas ont montré que les lignes sombres aperçues se répondent exactement au-dessus et au-dessous du plan. En outre, ces lignes sont très-sombres, et leur contour est nettement tranché. La constance, la concordance et la netteté de ces lignes ne permettent guère de douter qu'elles ne soient produites par une division réelle de l'anneau en deux autres concentriques.

A l'appui de cette conclusion, on peut encore remarquer que les deux cercles ne paraissent pas composés de la même substance, car

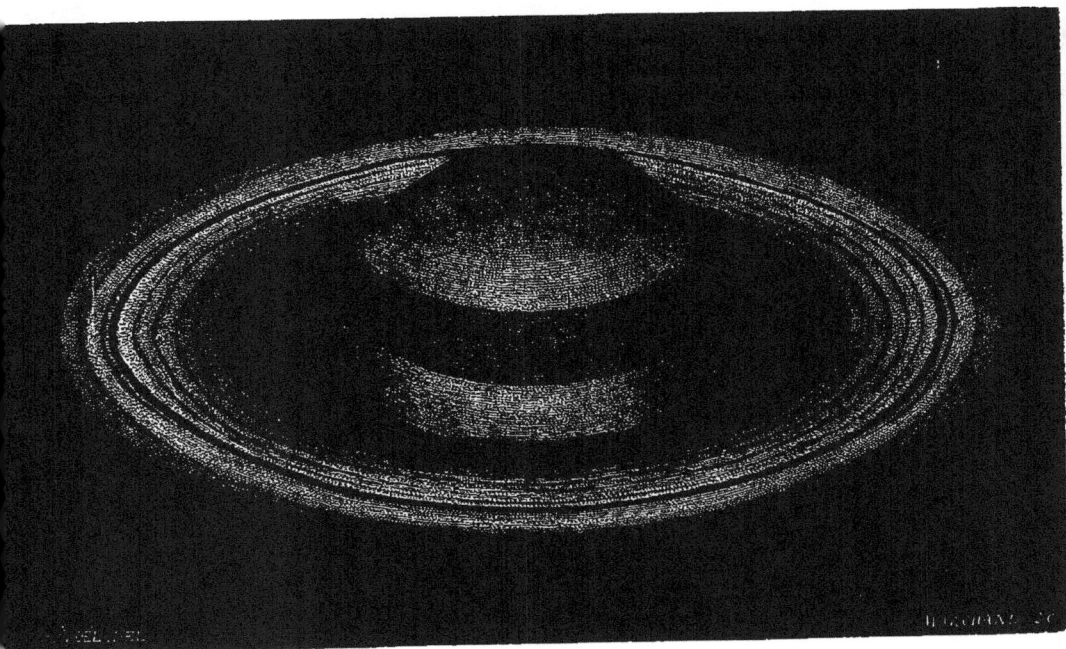

Saturne, le 27 novembre 1855, d'après le P. Secchi .(p. 469)

leur éclat est différent. L'intérieur est notablement plus brillant que l'extérieur, et l'un et l'autre sont plus lumineux que le corps de la planète.

Outre la grande division que nous venons d'indiquer, et que l'on nomme la bande cassinienne, on a, à diverses reprises, signalé d'autres divisions plus fines soit dans l'anneau intérieur, soit dans l'extérieur. Short a, le premier, fait des observations de ce genre, dès le siècle dernier. Il a remarqué de nombreuses lignes noires, qui paraissaient diviser l'anneau extérieur en plusieurs autres. Mais ce phénomène, observé dans ces derniers temps assez fréquemment, non-seulement pour le cercle extérieur, mais aussi pour l'intérieur, ne paraît pas constant. Quelquefois, aucune trace de ces lignes fines n'était vue; d'autres fois, on les distinguait à l'une des anses, et pas à l'autre. J'ai plusieurs fois moi-même aperçu ces petites lignes. Dans d'autres circon-

Saturne le 26 mars 1859, 1ʳᵉ observation.

stances, avec une atmosphère d'une pureté parfaite et le même instrument, je n'en pouvais reconnaître aucune trace. Pareille chose est arrivée à tous les observateurs qui les ont signalées. Le 26 mars 1859, j'ai aperçu du côté oriental sur la face sud de l'anneau, qui était celle que l'on voyait à cette époque, une seule petite ligne sombre venant de derrière la planète : elle s'arrêtait avant d'avoir atteint le milieu de l'anse. Une heure plus tard, elle dépassait ce milieu, par l'effet, sans nul doute, de la rotation. Cette observation prouve que ces lignes ne sont pas des séparations complètes d'anneaux. Il est probable que ce sont des bandes semblables à celles de la planète elle-même, qui en possède, comme Jupiter, parallèlement à son équateur. D'ailleurs, les lignes en question ne sont nullement fixes. Il paraît exister des périodes où

Saturne le 26 mars 1859, 2ᵉ observation.

elles disparaissent complétement, car Herschell, qui les a cherchées avec de très-puissants instruments, n'a pu les voir, sauf une seule fois, où il a aperçu une très-faible trace de l'une d'elles. J'ajouterai que ces lignes, quand je les ai distinguées, m'ont paru non-seulement plus étroites, mais aussi notablement moins sombres que la bande cassinienne.

L'anneau intérieur paraît plus brillant à son bord extérieur qu'à son bord interne. Herschell croit que ces appendices de Saturne ont une atmosphère, et il se fonde pour cela sur une observation qu'il a faite en juin 1807. Il remarqua, à cette époque, que le pôle sud et le pôle nord de la planète n'étaient pas pareils, et il attribua cette différence à une réfraction des rayons lumineux émanant du pôle sud, lesquels, pour parvenir à la terre, avaient à raser le bord de l'anneau, et, par conséquent, à traverser son atmosphère, tandis que les rayons du pôle nord qui se trouvait en avant, arrivaient sans rien rencontrer. Le fait des variations des bandes sur les anneaux, l'aspect un peu nébuleux et mal défini qu'elles offrent, comparativement à la ligne cassinienne, paraît confirmer l'opinion d'Herschell. Les bandes noires accidentelles seraient alors dues à des ouvertures dans une sorte de nuage enveloppant entièrement chacun des anneaux. L'éclat de ceux-ci semble, d'ailleurs, favorable à l'hypothèse d'après laquelle ils seraient entourés d'un nuage brillant.

Une autre considération, en faveur de l'existence de l'atmosphère en question, est celle d'un anneau entièrement gazeux, situé entre le cercle intérieur et le corps de la planète. Il a été signalé par Bond, en novembre 1850. Il paraît assez nettement séparé de l'anneau intérieur. Il est toutefois presque à la limite de visibilité; et, quoique facile à distinguer pour un observateur connaissant son existence, il peut facilement échapper à l'attention d'une personne non prévenue. Telle est probablement la cause pour laquelle il n'avait pas été nettement remarqué antérieurement. Je dis nettement, car Hadley, dès 1720, et, depuis, plusieurs autres observateurs ont signalé sur la planète une bande obscure qui se rapporte à sa projection. Hadley a même remarqué que cette bande se prolongeait au delà du disque de l'astre. L'anneau gazeux se présente, dans les deux anses, comme un voile nébuleux très-faible. M. Dawes dit que plusieurs fois il lui a produit la même impression que s'il était divisé en deux autres, ou plutôt il lui offrait l'apparence de deux zones d'intensité différente, la plus rapprochée de Saturne étant à la fois plus faible et plus étroite que la plus éloignée. On distingue nettement la planète à travers l'anneau gazeux, qu'on appelle aussi anneau obscur dans la partie où il passe pour nous devant le corps de cet astre. Sa largeur est égale à la moitié de l'intervalle compris entre l'anneau brillant intérieur et la surface planétaire. La coloration de cette matière gazeuse annulaire paraît un peu variable : elle passe du rougeâtre au bleuâtre, et semble même quelquefois varier dans ses diverses parties. La portion de la planète, visible à travers sa substance, ne m'a pas paru sensiblement déformée, ce qui prouve que cette matière réfracte faiblement la lumière, et se compose non d'un liquide, mais bien d'un gaz transparent.

W. Struve, en comparant les observations anciennes aux modernes, a cru remarquer que les anneaux se rapprocheraient du corps de l'astre. Mais le P. Secchi a fait voir que cette conclusion n'est pas exacte. Les dimensions différentes données à l'anneau total par les divers observateurs proviennent d'une ellipticité de ce dernier, lequel nous présente par l'effet de sa rotation tantôt son grand, tantôt son petit axe. En discutant l'ensemble des observations et y joignant les siennes propres, le P. Secchi a conclu de l'ensemble que la durée de la révolution de l'anneau est de 14^h 14^m 17^s. Cette valeur ne s'accorde pas avec une détermination antérieure d'Herschell qui avait remarqué sur cet appendice de la planète, quand il se montre par sa tranche, des points brillants qui se mouvaient avec une vitesse correspondant à une rotation de 10^h 32^m 15^s. Si on compare ces deux durées de rotation à celles des satellites de Saturne, en ayant égard à la loi de Képler en vertu de laquelle les carrés des temps des révolutions sont entre eux comme les cubes des grands axes des orbites, loi qui est une conséquence nécessaire de la gravitation, on trouve que le nombre donné par le P. Secchi correspond à la durée de révolution d'un satellite dont la distance à la planète serait comprise entre celle des deux bords extrêmes de l'anneau extérieur, tandis que le nombre fixé par Herschell répond à la durée de révolution d'un satellite dont la distance à la planète serait renfermée entre celle du bord externe et celle du bord interne de l'anneau intérieur. Il est donc bien probable que, tandis que le nombre trouvé par le P. Secchi se rapporte à la rotation de l'anneau extérieur sur l'ellipticité duquel il a basé ses calculs, le nombre indiqué par Herschell se rapporte à celle de l'anneau intérieur. Une vitesse différente pour les deux systèmes est en effet possible, car on remarque dans le tableau des mesures donné par le P. Secchi que le diamètre de la division ou bande cassinienne est resté presque constant, tandis que les diamètres extérieurs et intérieurs de l'anneau total étaient variables. La séparation est donc sensiblement circulaire, et conséquemment l'un des anneaux peut tourner au milieu de l'autre. Ces derniers ayant leurs contours, l'un circulaire et l'autre elliptique, n'ont pas la même largeur dans toutes leurs parties, ce qui s'accorde avec l'observation qui indique que, suivant certaines circonstances, ils paraissent à leurs anses plus ou moins larges.

En se rappelant que les anneaux ne sont pas parfaitement plans,

on reconnaît qu'ils ne peuvent jamais être complétement vus par la
tranche. Il doit exister des endroits de leur contour qui, au moment où
la plus grande partie de la superficie présente la tranche, laissent voir
cependant leur surface sous une très-grande obliquité. En ces instants
donc, l'anneau montrera des points ou des lignes lumineuses plus larges
que le reste et dont le déplacement a pu être suivi par Herschell. D'ailleurs il est fort possible que la matière ne soit pas uniformément répartie dans toute l'étendue. Quoi qu'il en soit, il n'existe aucun motif
de douter de l'observation d'Herschell, et conséquemment il est très-
probable que le point brillant sur lequel il a exécuté ses mesures
appartenait au système annulaire intérieur. D'ailleurs les deux anneaux
étant inégalement distants de la planète ne doivent pas tourner avec la
même vitesse, et leur rotation d'après les formules de la mécanique
céleste est nécessaire à leur équilibre.

Outre les points mobiles sur lesquels ont porté les observations, nous
avons encore à noter la curieuse apparition de points lumineux fixes

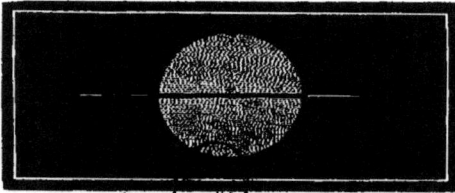

Saturne le 26 juin 1848, d'après Schmidt.

sur les anneaux, lorsque la terre passe sensiblement par leur plan.
Cette observation de Schrœter et de Harding a reçu d'Olbers une très-
bonne explication. Il a fait remarquer que, pourvu que la terre ne
soit pas rigoureusement dans le plan en question, les anses constituent
nécessairement des points de maximum d'intensité qui paraîtront fixes
malgré la rotation des anneaux. Si ceux-ci possèdent en plus des bandes
noires secondaires, les petites lignes lumineuses intermédiaires seront
plus épaisses aux points répondant à l'intervalle de ces bandes que devant ces dernières elles-mêmes, et l'anneau total paraîtra divisé en une

série de perles variables de nombre suivant les circonstances. Ces diverses apparences ont été vues en 1848 par plusieurs observateurs modernes, parmi lesquels je citerai MM. Bond et Schmidt.

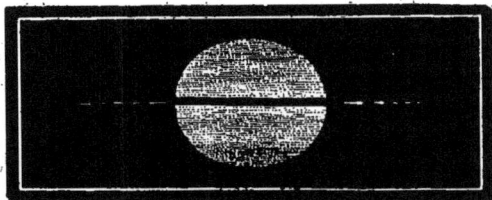

Saturne le 4 septembre 1848, d'après Schmidt.

Les deux pôles de Saturne, comme ceux de Mars, blanchissent alternativement aux époques répondant à l'hiver de chacun d'eux. Ils deviennent obscurs au contraire pendant leur été. Ce phénomène semble pour Saturne, comme pour Mars et la Terre, indiquer l'existence de neiges polaires. Nous avons déjà dit que le corps de la planète possède en outre des bandes claires et obscures parallèles à l'équateur. Ces bandes sont variables de nombre et de largeur et moins prononcées que sur Jupiter. Quelquefois elles peuvent s'incliner par rapport au cercle équatorial. Dans certaines circonstances la planète paraît beaucoup plus sombre que dans d'autres. Tous ces phénomènes indiquent la présence d'une atmosphère. Comme preuve de l'existence de cette couche de gaz, Herschell a encore remarqué que les satellites de la planète en passant derrière son disque paraissent rester très-longtemps dans le voisinage de ce dernier, comme si les rayons lumineux qu'ils nous envoient étaient déviés par une forte réfraction. Outre les bandes, Saturne présente aussi quelquefois des taches à sa surface.

Les satellites de Saturne sont au nombre de huit. Leurs variations d'éclat qui semblent revenir toujours aux mêmes points de leurs orbites ont fait supposer, comme pour ceux de Jupiter, qu'ils présentent toujours la même face à la planète. Le plus grand de ces satellites est le sixième dans l'ordre croissant des distances à la planète. Son diamètre est environ le seizième de celui de Saturne.

La planète Uranus, découverte par Herschell le 13 mars 1781, présente dans la lunette un disque très-sensible qui la fait aisément distinguer des étoiles. Sa distance est un peu plus de dix-neuf fois celle de la terre au soleil, et sa révolution se fait en quatre-vingt-quatre ans et six jours. Son diamètre est quatre fois et un quart celui de la terre. Mais l'extrême éloignement de cette planète ne nous permet de savoir que très-peu de chose sur sa constitution physique. Herschell a cru d'abord lui voir un anneau, mais, depuis, il en a lui-même reconnu l'absence, ce qui a été vérifié par les autres observateurs. Il lui a trouvé six satellites, dont deux seulement ont été revus depuis avec certitude. Mais on en a découvert deux autres, ce qui porte à quatre le nombre total de ces petits corps dont l'existence soit démontrée. Ces satellites se meuvent dans des plans faisant des angles de 78° à 79° avec l'écliptique. Le sens de leur mouvement est inverse de celui de toutes les planètes et de leurs satellites. C'est ce qu'en astronomie on appelle mouvement rétrograde.

La planète Neptune, plus éloignée encore qu'Uranus, est à une distance du soleil égale à trente fois celle de la terre, et son diamètre est de quatre fois et demie environ celui de notre globe. Sa révolution autour du soleil exige cent soixante-quatre ans et deux cent vingt-six jours. Dans les lunettes de dimension moyenne, elle se distingue facilement des étoiles par son aspect, car elle présente un disque apparent. M. Lassell à Malte a cru lui voir un anneau comme celui de Saturne; M. Challis a remarqué la même apparence. Mais, postérieurement, des recherches attentives n'en ont pas confirmé l'existence. Neptune possède aussi un satellite qui a été découvert par M. Lassell, comme nous l'avons déjà dit précédemment.

Les planètes sont retenues dans leurs orbites, c'est-à-dire dans les courbes elliptiques presque circulaires qu'elles décrivent autour du soleil par l'attraction de ce dernier astre qui contre-balance les forces centrifuges en vertu desquelles elles s'éloigneraient de lui. Mais toutes les parties de la matière s'attirent en raison inverse du carré des distances. Les planètes, par leurs actions mutuelles se dévient les unes les autres de très-petites quantités hors de leurs vraies orbites, mais elles ne s'écartent jamais que très-peu de celles-ci autour des-quels elles oscillent, parce que les masses, et par suite les attractions des planètes, sont très-petites par rapport à celles du soleil. Ces pe-tites déviations sont ce qu'on appelle en astronomie les perturbations mutuelles des planètes. L'étude de ces perturbations appartient à l'as-tronomie mathématique et sort du cadre de cet ouvrage.

Les spectres lumineux des planètes n'ont été jusqu'ici étudiés qu'in-complétement; ils paraissent toutefois renfermer des raies qui n'ap-partiennent pas au spectre solaire. Ce fait est facile à comprendre. La lumière que ces corps nous réfléchissent a pour la plus grande partie pénétré plus ou moins profondément dans leur atmosphère, et cette dernière manifeste sa présence par la formation de nouvelles raies obscures en relation avec la matière qui la compose. Certaines raies solaires peuvent même disparaître dans les spectres planétaires, car nous avons vu qu'il y a des corps, comme le sulfate de quinine, qui peuvent changer la nature de la radiation qui les frappe.

Il est possible, je dirai même plus, il est probable que les planètes ont des habitants. En voyant comment, sur la terre, la vie sait s'har-moniser avec tous les climats, avec toutes les conditions, il est difficile de supposer qu'elle n'ait pas trouvé à la surface des autres corps pla-nétaires le moyen de s'établir. Mais en parlant des habitants des pla-nètes, je ne veux nullement dire par là qu'ils doivent ressembler à ceux de notre globe. Des circonstances différentes ont dû amener des êtres différents, et la terre elle-même, comme le montre la géologie, a eu à ses divers âges des faunes et des flores bien variées. Il n'y a pas longtemps qu'elle possède l'espèce humaine, du moins si on com-pare la durée actuelle de cette dernière à celle du globe, et pendant la plus grande partie de sa longue existence, notre planète n'a pas eu à sa surface d'êtres doués de raison.

Plusieurs savants ont entrepris de s'occuper de la question de l'ori-gine des planètes. Laplace a fait à cet égard une théorie ingénieuse, d'après laquelle le soleil se serait étendu primitivement au delà des limites de notre monde planétaire, et, par un refroidissement graduel, se serait progressivement condensé en abandonnant des parties de sa masse qui auraient alors constitué les planètes. Lorsqu'on suit cette théorie dans ses développements, on voit qu'elle rend compte de quelques-unes des particularités du système solaire. La solidité actuelle de l'intérieur de la terre ne lui constitue pas une objection, pourvu qu'on suppose l'origine de notre globe assez loin dans le passé pour qu'il ait pu se refroidir complétement. Mais il existe beaucoup d'autres graves objections à faire à la théorie en question, qui est cependant la plus rationnelle de toutes celles qu'on a créées jusqu'ici. Mieux vaut sur ces questions avouer notre ignorance. Nous n'avons pas encore expliqué tous les phénomènes du monde présent, comment pourrions-nous découvrir ceux qui nous ont précédés à de si grandes distances, où, comme je l'ai dit dans le premier chapitre, les lois de la nature n'étaient peut-être pas conformes à l'idée que les phénomènes actuels perceptibles pour nous peuvent nous donner.

Jupiter le 28 novembre 1857, d'après Dawes.

CHAPITRE XVIII

LA DÉCOUVERTE DE NEPTUNE

TRAVAUX DE BOUVARD
CONSIDÉRATIONS SUR LA DÉCOUVERTE GÉOMÉTRIQUE DE LA PLANÈTE
SA DÉCOUVERTE OPTIQUE

L'histoire de la découverte de la planète Neptune a été écrite de bien des manières. Aujourd'hui, mais seulement aujourd'hui, que ses éléments sont bien connus, que les droits de chacun à cette découverte ont été étudiés, un jugement impartial peut être porté sur la part des divers astronomes, tant dans l'annonce que dans la constatation de l'existence de ce corps de notre système planétaire.

L'intérêt de cette question n'est pas seulement historique ; il est aussi scientifique, car il importe d'examiner si les méthodes employées étaient complétement rationnelles, si, dans tous les cas, elles pouvaient indiquer le lieu de la planète avec un certain degré d'approximation ; si, enfin, elles doivent être utilisées dans des circonstances analogues avec quelques chances de succès.

Un jour, dans un voyage d'Olinda à la Ponta das Pedras, point situé sur la côte nord de la province de Pernambuco, les réflexions que je viens d'écrire se présentaient à mon esprit. Mon attention d'ailleurs avait été appelée ce jour-là sur la question de la découverte de la planète Neptune par une publication dans le journal le Siècle, dont le matin j'avais reçu plusieurs numéros avec une correspondance d'Europe apportée de la ville du Recife par un des cavaliers de notre escorte. Cette publication consistait dans une reproduction de diverses lettres écrites à l'époque où l'on crut que la planète avait les éléments qui avaient été annoncés d'avance par le calcul, et à laquelle, sous l'influence de l'enthousiasme qui en résulta, on se hâta trop de porter un jugement.

Il m'est souvent arrivé en voyage de préparer pendant la route des sujets de mémoires sur diverses questions scientifiques, car les longues heures de marche prédisposent l'esprit à la méditation. Il est bien vrai toutefois que la variété indéfinie des images qui se déroulent devant les yeux du voyageur, surtout au milieu d'une nature équatoriale, donnent lieu à des distractions incessantes qui empêchent de rester constamment sur le même sujet. Ainsi, dans notre excursion, tantôt nous suivions une large voie tracée au milieu d'une vaste et sombre forêt dont les arbres en se joignant formaient une épaisse voûte de verdure, tantôt nous gravissions des collines dont le plateau supérieur était rempli de gracieuses andromèdes, les représentants dans la flore américaine des bruyères de l'ancien continent. Ailleurs, c'étaient des plaines basses littéralement couvertes d'héliconias aux brillantes fleurs rouges. A chaque instant, au milieu de la multitude d'aroïdées au feuillage gigantesque se montraient les Caladium bicolor avec leurs feuilles d'un beau vert clair sur les bords, et la teinte rose complémentaire dans la partie centrale. Dans les lieux découverts, d'énormes buissons de Lantana, chargés d'ombelles blanches, rouges, jaunes ou violettes, bordaient les sentiers, garnis parfois aussi de mimeuses sensibles et d'acacias d'aspects variés, avec leurs délicates fleurs en boule non moins élégantes que leur feuillage, et autour de toutes ces fleurs volaient des nuées de papillons aux ailes nacrées ou bleu céleste, ou bariolées de toutes couleurs. Ici des oiseaux au plumage d'azur ou de pourpre, là des singes alertes se balançant dans les arbres, ailleurs et dans les lieux secs des serpents, ou sur le bord des rivières des alligators appelaient le regard et détournaient la pensée du sujet qui l'occupait.

Cependant, quoique ne cessant d'admirer et d'observer les tableaux intéressants qui se déroulaient devant mes yeux, à la fin de la journée, je m'étais fait une idée nette de la question que j'avais voulu étudier spécialement. Il ne me restait plus qu'à l'écrire, et l'occasion s'en présenta immédiatement, car en approchant, le soir, du but de notre voyage, le ciel, qui avait été pur dans la journée, se couvrit de nuages, et notre voyage s'acheva sous une pluie

Alligators (p. 480).

battante qui dura plusieurs jours sans discontinuer et nous retint à la Ponta das Pedras, dans la cabane de pêcheur où nous avions organisé notre résidence. Je profitai de ce répit forcé dans les travaux hydrographiques pour lesquels notre voyage avait été entrepris, pour consigner les notes qui suivent, dans lesquelles je relate avec détails l'histoire de la découverte de la planète Neptune.

Après qu'en 1781, William Herschell eut découvert Uranus, les éléments de l'orbite de ce corps furent déterminés, et on put retrouver la route qu'il avait suivie dans le passé sur le ciel. On rechercha si diverses étoiles observées par Flamsteed, Bradley, Mayer et Lemonnier, et disparues des positions que ces astronomes leur avaient trouvées, n'étaient pas identiques à la nouvelle planète, qui aux époques des observations aurait alors occupé les positions indiquées. La comparaison justifia la prévision que ce corps céleste avait été vu antérieurement et confondu avec les étoiles, et on se trouva ainsi en possession d'une série d'observations, embrassant depuis l'année 1690 jusqu'à l'époque où l'astre nouveau fut classé parmi les planètes.

Dans le commencement de notre siècle, Bouvard entreprit de faire des tables des positions d'Uranus, afin que l'on pût calculer sa direction sur le ciel à un instant quelconque. Pour établir ces tables, il eut recours à toutes les observations, tant à celles que je viens de citer et qui étaient antérieures à la découverte d'Herschell, qu'à celles qui avaient été faites dans tous les observatoires depuis 1781. Or, quand il s'engagea dans ce travail, il rencontra une difficulté très-curieuse. Il trouva que les anciennes observations de Flamsteed, Mayer, Lemonnier et Bradley, et celles qui avaient été effectuées peu de temps après la découverte, c'est-à-dire des observations comprises dans l'espace d'environ un siècle, pouvaient être représentées avec beaucoup d'exactitude en donnant à Uranus une certaine orbite elliptique autour du soleil, mais ce fut en vain qu'il tenta de renfermer dans la même ellipse les positions les plus récentes. En présence de cette difficulté, Bouvard attribua, avec beaucoup de raison, l'effet constaté à l'action d'une planète extérieure à Uranus. Mais, toutefois, comme il

31

pouvait se faire que les observations anciennes offrissent des erreurs, Bouvard ne présenta sa déduction que sous toute réserve, laissant à l'avenir le soin de décider prochainement entre la supposition d'erreurs anciennes ou la déduction théorique de l'existence d'une planète extérieure, vu que la conclusion était alors impossible. Pour se rendre compte de la légitimité de la déduction théorique dont nous parlons, il suffit de savoir qu'on démontre en mécanique qu'une planète décrirait autour du soleil un mouvement exactement elliptique, en vertu de l'attraction de cet astre, si des forces étrangères, dues aux attractions mutuelles des planètes entre elles, ne déterminaient pas de petites déviations hors de cet ellipse, déviations que l'on appelle perturbations et qui peuvent être calculées par la géométrie. Or, Bouvard calcula les petites perturbations d'Uranus, que les planètes connues avaient pu déterminer, et c'est après en avoir tenu compte qu'il arriva au résultat que j'ai cité. Pour expliquer la discordance entre l'ellipse donnée par les anciennes observations et les observations modernes, il fallait donc recourir à l'action d'une planète inconnue, puisque les corps connus étaient insuffisants. Dans ce travail de Bouvard réside, si on peut s'exprimer ainsi, la découverte géométrique de Neptune, découverte que les observations devaient vérifier prochainement.

A part cette vérification, toutes les recherches théoriques ultérieures jusqu'à la découverte optique du même astre, en 1846, par M. Galle de Berlin, n'ont ajouté que fort peu de chose aux connaissances sur cette planète, comme nous allons le démontrer, et le peu qu'elles y ont ajouté était impossible à découvrir à l'époque où Bouvard fit son premier travail. Ce qu'on a pu savoir depuis était en effet le résultat d'observations d'Uranus postérieures à la publication des tables de Bouvard, publication qui eut lieu en 1821.

Partant de considérations tout à fait étrangères à la planète Uranus, déjà Clairault, en 1759, trouvant dans le retour de la comète de Halley une différence entre la théorie et l'observation, avait attribué cette différence à une perturbation de cette comète par une planète très-éloignée. Mais depuis cette remarque de Clairault, Uranus avait déjà été trouvé au delà de Saturne, et, dès lors, il n'y a pas lieu de se fonder sur ce fait pour diminuer l'importance de la découverte de Bouvard.

Depuis la publication des *Tables d'Uranus*, par ce dernier, mais avant la découverte optique de Neptune, M. Valz, directeur de l'observatoire de Marseille, reprenant, en 1835, l'idée de Clairault, et, l'étendant au delà d'Uranus, écrivait à M. Arago qu'il pensait que les différences entre la théorie et l'observation de la comète de Halley pourraient être attribuées à une planète très-éloignée, et dont la révolution d'une durée au moins triple de celle de la comète ferait

Comète de Halley.

revenir les perturbations à chaque période de trois révolutions. Par cette remarque, M. Valz signalait une considération fondée sur un autre phénomène céleste, que les anomalies de l'astre trouvé par Herschell. Cet ordre de recherches pouvait conduire, par une voie différente de celle dont Bouvard avait fait usage, à la constatation géométrique de l'existence d'une planète au delà d'Uranus. C'était donc une confirmation des idées de ce dernier astronome.

Revenons maintenant à la planète d'Herschell. Nous avons laissé Bouvard en présence d'une difficulté sérieuse pour la confection de ses tables. Il avait trouvé pour les éléments d'Uranus une certaine ellipse qui représentait d'une manière satisfaisante les observations anciennes, mais qui ne donnait pas les positions fixées par les observations modernes. Or les tables devaient faire connaître le lieu de la planète pour l'avenir, c'est-à-dire dans les temps modernes, car le but des tables astronomiques est de construire des éphémérides qui fixent pour chaque jour la position approchée de l'astre, afin que les astronomes puissent le trouver et l'observer. Bouvard laissa donc de côté l'orbite ancienne qui ne satisfaisait pas aux observations. Il chercha et parvint à trouver une ellipse qui représentât passablement les positions les plus récentes. C'est à l'aide de cette courbe qu'il construisit les tables qu'il publia en 1821.

Tous les observatoires se servirent alors de ces tables pour faire leurs éphémérides, et les observations d'Uranus furent continuées avec activité.

Mais, au bout de quelques années, un grand désaccord se fit remarquer entre les éphémérides et les lieux réels, et ce désaccord était une confirmation éclatante de l'idée de Bouvard, relativement à l'existence d'une planète perturbatrice au delà des limites alors connues du système solaire. Si, en effet, une planète n'est pas perturbée, l'ellipse qui représentera les positions observées pendant un court intervalle de temps, les représentera toujours. Si, au contraire, il existe une perturbation par l'action d'un autre astre, on peut bien encore satisfaire convenablement par une ellipse aux observations comprises dans une courte période de temps, mais au delà de l'intervalle en question, les positions calculées d'après cette courbe iront sans cesse en s'écartant des positions observées. Il n'y avait donc plus de doute, Uranus était perturbé par une planète extérieure comme Bouvard l'avait déjà pensé dès 1821, et son opinion fut universellement admise. Il en suivit lui-même, pour ainsi dire, la constatation jour par jour, et, dès 1829, il admit que l'on devait reconstruire les *Tables d'Uranus*, afin de les perfectionner et de pouvoir connaître exactement la valeur de l'influence perturbatrice. En 1834, il confia ce soin à son neveu, M. Eugène Bouvard. « Il avait l'espérance, dit Arago, que, retournant le problème ordinaire des perturbations qui consiste à déterminer leurs grandeurs d'après la connaissance des mouvements des astres troublants, on pourrait conclure les éléments de l'orbite du principal de ces astres d'après les valeurs observées des différences existant entre les positions réelles d'Uranus et les positions assignées par les calculs qui ne tenaient compte que de l'action de Saturne et de Jupiter. »

Dans le mois de septembre 1845, M. Eugène Bouvard présenta à l'Institut de nouvelles tables qui ne furent pas publiées. Elles étaient fondées sur la totalité des observations faites à cette époque. Ces tables représentaient mieux que celles de son oncle Alexis Bouvard, construites en 1821, le mouvement actuel d'Uranus, mais les différences restantes étaient encore trop grandes pour être attribuées aux erreurs des observateurs. M. Eugène Bouvard faisait lui-même la remarque que, par leur nature, les différences en question confirmaient l'idée de son oncle sur l'existence d'une planète perturbatrice et elles changeaient de signe vers 1822 où elles atteignaient un maximum.

Cette dernière remarque indiquait donc que c'était vers cette époque qu'avait eu lieu la conjonction d'Uranus et de l'astre troublant.

Arrêtons-nous avant de jeter un coup d'œil sur les travaux ultérieurs, et résumons les conclusions qui se tirent immédiatement des recherches d'Alexis Bouvard continuées par son neveu sur ses indications. Ces conclusions sont les suivantes :

1° Il existe une planète qui perturbe Uranus et qui est située au delà de ce dernier astre, sans quoi Saturne serait également perturbé d'une manière très-notable, ce qui n'a pas lieu.

2° Les perturbations ne sont pas sensibles pendant toute la révolution d'Uranus, puisque Bouvard a trouvé un long intervalle (depuis 1690 jusqu'à la fin du dix-huitième siècle) où le mouvement de celui-ci pouvait être regardé comme exactement elliptique, à part l'influence des planètes connues. L'action de la planète perturbatrice n'est donc appréciable que vers son plus grand rapprochement d'Uranus, c'est-à-dire vers la conjonction. Ce fait est encore confirmé par la nullité presque complète de l'action de l'astre inconnu sur Saturne, qui est cependant plus rapproché de lui qu'Uranus hors l'époque en question.

3° Comme les observations modernes sont celles qui ne se prêtent pas à être représentées par une ellipse exacte, c'est pendant leur durée qu'a eu lieu la conjonction.

4° En 1822, se sont produits les plus grands écarts et un changement de signe dans les différences, d'où il résulte que la conjonction a dû se faire vers cette époque.

5° L'action de la force perturbatrice ne devient sensible que vingt-cinq ans environ avant et après la conjonction.

Or, partant uniquement des données qui précèdent, nous allons faire voir qu'on reconnaît immédiatement des limites resserrées entre lesquelles devait se trouver la distance de l'astre inconnu, et par suite sa longitude, à une certaine époque, comme le 1ᵉʳ janvier 1847, par exemple.

En effet, remarquons que, plus la planète perturbatrice sera éloignée, plus sa révolution sera longue, et conséquemment moins sa longitude variera par an. Conséquemment aussi, moins Uranus, après être parti d'une conjonction et avoir fait un tour du ciel, aura de chemin à parcourir pour se retrouver en face de l'astre inconnu. L'intervalle des conjonctions sera donc d'autant plus petit que la planète perturbatrice sera plus éloignée; et si nous trouvons une limite inférieure à cet intervalle, nous en déduirons une limite supérieure pour la distance.

Cela posé, remarquons que, de 1690 à 1800 environ, les deux planètes ont été toujours éloignées, puisque le mouvement d'Uranus a été exactement elliptique. A partir de la deuxième date, elles se sont rapprochées, et il y a eu conjonction en 1822. Or, la position de 1690, étant représentée par la même orbite elliptique que les positions du dix-huitième siècle, a eu lieu en dehors de l'époque de perturbation qui, d'après les observations modernes, s'étend jusqu'à vingt-cinq ans du plus grand rapprochement. Donc, en 1690, il y avait au moins vingt-cinq ans que la conjonction était passée, et, par suite, ce phénomène n'a pu avoir lieu depuis 1665. L'intervalle des années 1665 et 1822 est de cent cinquante-sept ans. Ainsi les conjonctions sont au moins séparées par ce nombre d'années.

Comme la période de la révolution d'Uranus est de quatre-vingt-quatre ans, il est facile de voir qu'un intervalle de cent cinquante-sept années entre les conjonctions correspond à une durée de cent quatre-vingt-un ans pour la révolution de la planète perturbatrice.

Or, d'après la loi de Képler ainsi formulée, *les carrés des temps des révolutions sont entre eux comme les cubes des grands axes des orbites,* la révolution de cent quatre-vingt-un ans correspond à une distance moyenne égale à trente-deux fois celle de la terre au soleil.

Les travaux de Bouvard permettaient, comme on le voit par ce qui précède, de reconnaître immédiatement que la planète perturbatrice était à une distance moyenne du soleil moindre que trente-deux fois le rayon de l'orbite terrestre.

Il était donc facile, à priori, de s'assurer que la loi empirique de Bode ou loi de Titius[1], qui aurait donné pour distance trente-huit fois et huit dixièmes celle de la terre au soleil, n'était pas applicable dans ce cas.

Proposons-nous maintenant, toujours en partant des remarques de Bouvard, de chercher la limite inférieure de la distance de la planète perturbatrice.

Si l'axe de son orbite était peu différent de celui d'Uranus, les deux planètes seraient très-voisines en conjonction, et comme la force perturbatrice à égalité de masse augmente à mesure que l'éloignement diminue, la masse de l'astre perturbateur cherché doit être d'autant plus faible que la distance au soleil est elle-même plus petite. Or, plus cette distance sera petite, plus rapidement aussi une augmentation de l'écartement angulaire des deux planètes fera décroître la perturbation. La condition que le mouvement soit sensiblement troublé pendant environ vingt-cinq ans, avant et après la conjonction, permet donc d'avoir une idée de la limite inférieure de la distance de l'astre cherché au soleil.

On sait que la perturbation provenant de l'action d'une planète sur une autre est due à la différence des attractions de la première sur le globe solaire et sur la planète perturbée. Or, dans le cas présent, comme l'action de l'astre cherché sur Saturne en conjonction avec lui est déjà très-petite, à plus forte raison son action sur le soleil, qui est beaucoup plus éloigné, doit être négligeable pour une approximation, vis-à-vis de l'influence sur Uranus. Ainsi la perturbation produite sur ce dernier pouvait être regardée sans erreur sensible comme dépendant seulement de l'éloignement des deux planètes.

Cela posé, supposons successivement à l'astre perturbateur les distances au soleil 22, 24, 26, 28, 30. Les lois de Képler permettent de calculer immédiatement pour chacun de ces cas le rapport des

[1] Cette règle purement empirique et assez approchée jusqu'à Uranus, consiste en ce que a distance moyenne d'une planète à l'orbite de Mercure est double de celle de la précédente.

distances qui séparent les deux planètes au moment de la conjonction et vingt-cinq ans après. Conformément à la théorie de la gravitation universelle, le carré de ce rapport est le rapport des forces perturbatrices pour ces deux instants. On trouve donc que

Pour une distance 22 le rapport des forces serait. 7,54
— 24 — — 6,48
— 26 — — 5,85
— 28 — — 5,29
— 30 — — 4,82

Il importe maintenant de remarquer que la force perturbatrice agissant sur Neptune était très-petite, et qu'au bout de vingt-cinq ans seulement elle devait cesser de devenir sensible. Or, vu sa petitesse, il était facile de voir que, réduite au quart de sa valeur, cette force aurait déjà à peu près cessé d'être appréciable. Ce fait indiquait donc que la planète ne devait pas être éloignée de la distance 32, trouvée pour maximum, et sans pouvoir fixer avec certitude la limite inférieure de son éloignement; on voit, toutefois, par le tableau précédent, qu'elle ne pouvait guère être moindre que 28.

La distance au soleil devait donc être comprise entre 28 et 32. Or, dans le premier cas, la planète inconnue aurait, de 1822 à 1847, parcouru 60 degrés, d'après la loi de Képler, déjà citée plus haut ; et dans le second cas elle aurait avancé de 50 degrés. La position de cette planète sur l'écliptique, le 1er janvier 1847, était donc comprise entre la longitude d'Uranus en 1822, plus 50 degrés, et la même longitude, plus 60 degrés, ou entre 323 et 333 degrés.

En partant donc uniquement des travaux de Bouvard, on pouvait, avec le simple calcul que nous venons de faire, dire aux astronomes, en 1846 : *Cherchez près de l'écliptique, vers 328 degrés de longitude héliocentrique, quand ce point du ciel est en opposition, auquel cas, les longitudes géocentriques sont égales aux longitudes héliocentriques, et en étendant vos recherches à 5 degrés en avant et en arrière de ce point, vous y trouverez une planète, dont la distance au soleil est comprise entre vingt-huit et trente-deux fois le rayon de l'orbite terrestre* [1].

[1] Quand Neptune aura été observé un temps suffisant, la méthode que je viens d'indiquer

L'observation aurait répondu en faisant découvrir par 326 degrés la planète Neptune, dont le rayon moyen de l'orbite égale trente fois celui de la terre.

Était-il possible d'aller plus loin encore et de prédire d'avance quels seraient les éléments de la planète cherchée, c'est-à-dire son excentricité, son inclinaison, la longitude de son périhélie, etc.? Évidemment non, car ces éléments ne pouvaient être tirés que des différences, d'ailleurs très-petites, entre les positions théoriques et les positions observées de la planète Uranus; et, comme ces dernières comportaient toujours des erreurs d'observation, dont la grandeur n'était pas négligeable par rapport aux différences en question, les quantités minimes, d'où pouvaient être déduits les éléments, étaient toutes erronées d'une fraction notable de leur valeur. Il devait, par conséquent, exister dans les limites trouvées pour la distance une infinité d'orbites différentes, qui pouvaient représenter les perturbations d'Uranus, en dedans des erreurs d'observation. En un mot, il y avait, pour le calcul des éléments, à passer du petit au grand, et ces sortes de problèmes sont reconnus inadmissibles et absurdes.

En nous appuyant sur les considérations qui précèdent, nous pouvons maintenant porter un jugement sur la suite de l'histoire de la découverte de Neptune, histoire que nous allons reprendre.

Pendant qu'en France, d'après les conseils de son oncle, M. Eugène Bouvard faisait de nouvelles tables d'Uranus, en Angleterre, M. Adams commença, en 1843, à s'occuper des perturbations de la même planète, et à rechercher les éléments de l'astre qui influait sur elle. Dans une première approximation, il supposa ce dernier à une distance double d'Uranus, d'après la loi empirique de Bode, et il considéra la courbe décrite comme circulaire. Ayant ensuite corrigé les éléments d'Uranus, de la part des perturbations dues à un corps de cette nature, il entreprit, avec la différence entre les nouvelles positions théoriques et les observations, de trouver une nouvelle distance de la planète pertur-

pourra servir, 1° à reconnaitre s'il existe une planète encore plus éloignée du soleil; 2° à faire connaitre la région dans laquelle cette planète devrait être recherchée à l'époque en question.

batrice, pour laquelle existât un plus grand accord, et en même
temps il supposa le mouvement elliptique. Il corrigea, une seconde fois,
les éléments d'Uranus, d'après la nouvelle perturbation, et continua
ainsi, à plusieurs reprises, ce système d'approximations successives.
En octobre 1845, il était arrivé à un ensemble d'éléments, à l'aide
duquel les positions observées pour Uranus étaient passablement représentées, et ces éléments fixèrent la position de la planète inconnue à
deux degrés du point où ultérieurement l'observation a fait trouver
Neptune.

Dans ses approximations successives, M. Adams fut amené sans
cesse à diminuer la distance primitivement supposée pour la planète
perturbatrice : il la ramena d'abord de 38,4 à 37,5 ; puis finalement,
le 2 septembre 1846, il écrivit à M. Airy, que la valeur 33,6 repré-
senterait encore mieux les observations.

La marche ainsi employée par M. Adams, dans ses recherches, était
la méthode d'approximation usitée universellement dans l'astronomie
physique. Sous ce rapport, elle était, comme le fait remarquer Grant,
dans son *Histoire de l'astronomie*, supérieure à celle qu'employa ultérieurement un calculateur français, M. Le Verrier, lequel entreprit
d'un seul coup de déterminer les éléments de la planète perturbatrice et les corrections de ceux d'Uranus. Cette recherche simultanée, en multipliant les difficultés et les chances d'erreur, d'une
manière inutile, conduisit ce dernier calculateur à supposer pour l'astre
perturbateur une distance très-erronée, comme nous le verrons plus
loin, la distance 36,15. M. Adams, par sa méthode, approcha deux fois
plus de la vraie valeur en donnant 33,6, et une nouvelle approximation l'aurait probablement conduit à très-peu près à la grandeur
réelle.

Il faut ajouter, toutefois, d'après ce que nous avons vu sur l'insolubilité
du problème, quant à la détermination des excentricités, de la longitude du périhélie, etc., que M. Adams aurait pu se contenter d'essayer
des orbites circulaires de divers rayons, et qu'il serait arrivé avec
moins de travail au même résultat. Il eût dû, d'ailleurs, tenir compte
de la remarque faite par Bouvard, au sujet de la possibilité de repré-

senter les anciennes positions d'Uranus par une ellipse exacte, dans la limite des erreurs d'observation; cela lui aurait beaucoup encore simplifié le travail et immédiatement indiqué une distance plus petite. En même temps l'ancienne observation de Flamsteed en 1690, qui, comme l'a fait voir M. Pierce, depuis la découverte de Neptune, était très-exacte, eût été représentée, tandis que le système d'éléments de M. Adams donnait une position différente de cinquante secondes.

Disons maintenant, pour en finir avec le travail de M. Adams, que M. Challis, à Cambridge, entreprit, le 29 juillet 1846, la recherche optique de l'astre en question, en commençant une carte céleste dans la région indiquée par M. Adams, afin de pouvoir, en comparant ensuite cette carte avec le ciel, y reconnaître une étoile mobile, qui aurait été la planète. Avant que les recherches de M. Challis pussent être finies, arriva l'annonce de la découverte de Neptune, dans la soirée du 23 septembre, à Berlin. La comparaison des cartes des divers jours entre elles, comparaison que M. Challis ajourna, lui eût procuré l'honneur de la découverte optique. L'ajournement seul lui enleva cet avantage, car il fut constaté, par la comparaison ultérieure, qu'il avait observé deux positions de Neptune, le 4 et le 12 août. De fait, la planète était déjà trouvée à Cambridge, sur les indications de M. Adams, avant d'avoir été vue à Berlin : la publication seule éprouva un retard; et la science possède deux positions de Neptune, antérieures à sa découverte dans la dernière capitale.

Quoique postérieur aux recherches que je viens d'indiquer, le travail de M. Le Verrier en fut complétement indépendant. Il faut en cela lui rendre justice. Les recherches de M. Adams ne diminuent en rien le mérite des siennes; mais, quel que soit ce mérite, elles en réduisent considérablement l'importance quant au résultat, puisque, sans elles, Neptune n'en aurait pas moins été découvert, et de fait était déjà trouvé.

En septembre 1845, après la présentation, à l'Institut, des tables calculées par M. Eugène Bouvard, l'attention, à Paris, fut de nouveau sérieusement appelée sur la planète Uranus. A cette époque, M. Le Verrier fréquentait beaucoup l'observatoire de Paris, alors

dirigé par le célèbre Arago, et il était à la recherche de tous les calculs
de perturbation planétaire, calculs dont il avait fait une spécialité.
Arago lui signala donc la planète Uranus, en l'engageant à voir ce
que les anomalies du mouvement pourraient apprendre sur la position actuelle de l'astre perturbateur. Nous avons vu que la question était
assez simple, en partant des travaux d'Alexis et d'Eugène Bouvard ; mais
on ne peut reprocher à Arago de n'avoir pas fait remarquer cette simplicité à son protégé ; son unique but était d'indiquer à ce dernier,
à qui il portait un vif intérêt, un sujet de travail qui pût le conduire à
un résultat brillant. Il lui laissa donc toute l'initiative, et ne s'appe-
santit pas sur la question. Si Arago s'était arrêté sur ce point, sa puissante initiative lui aurait, en quelques instants, fait donner la solution
avec l'indication du travail, et l'illustre astronome, alors occupé de
préparer pour la publication ses immortels travaux, ne songea pas le
moins du monde à entrer dans les détails d'une recherche, qui, au
premier abord, semblait devoir comporter de longs calculs numériques.

M. Le Verrier prit la question en simple calculateur, sans s'élever
aux considérations générales sur la nature du problème, comme l'eût
certainement fait Arago, dans les travaux duquel perce toujours le
coup d'œil du génie. Non guidé par ces considérations générales,
il entreprit à la fois de trouver les éléments de l'orbite de l'astre perturbateur et les corrections de ceux d'Uranus, et il s'engagea dans
l'analyse, sans voir qu'il attaquait un problème impossible et même
absurde. La complication des formules lui fit perdre entièrement de
vue la nature du sujet, il introduisit des indéterminées dans ses équations pour parvenir à les simplifier, et substitua ensuite à ces indéterminées des valeurs arbitraires, sans s'apercevoir qu'il ne devait plus
trouver ultérieurement dans son analyse que ce qu'il y mettait. Il calcula plusieurs mois, et, finalement, il se perdit tellement dans ses calculs, qu'il arriva à cette singulière conclusion : *La distance de la planète perturbatrice au soleil ne peut être moindre que trente-cinq fois
le rayon de l'orbite terrestre*, conclusion à laquelle l'observation est
venue donner le plus complet démenti, en prouvant que cette distance

n'est que de 30. Comme nous l'avons vu, on pouvait, au contraire, en quelques minutes, reconnaître, en partant des travaux de Bouvard, qu'elle ne pouvait être supérieure à 32.

Mais, par une circonstance, due uniquement au hasard, il arriva que, malgré ses erreurs sur la distance moyenne, M. Le Verrier assigna, pour la longitude de la planète, au 1er janvier 1847, une position très-voisine de celle où, effectivement, Neptune fut trouvé. Cette circonstance fortuite consistait en ce que les recherches étaient faites à une époque peu éloignée de celle de la dernière conjonction, de sorte que le chemin parcouru par la planète, depuis cet instant, était peu considérable. En altérant la distance moyenne d'une fraction de sa valeur, ce chemin, déjà petit, n'était modifié également que d'une petite fraction de sa mesure. Si la dernière conjonction avait été ancienne, avec la fausse distance employée, le lieu de la planète aurait été signalé à un énorme éloignement du point où on devait la trouver. C'est donc bien avec raison qu'il faut attribuer au hasard le voisinage de la position annoncée et de la position réelle. « Quoique la concordance de la direction de Neptune au temps de la découverte, dit l'illustre astronome américain Gould, avec celle de la planète théorique, n'ait été qu'accidentelle, il semble presque que les cieux ont voulu se montrer propices, tant fut heureux l'accident, tant fut étonnante la coïncidence. »

Il faut qu'à l'époque où il acheva son calcul, M. Le Verrier se soit fait une bien fausse idée de la recherche des planètes sur le ciel, pour, au lieu de chercher lui-même, avoir donné, comme motif de son abstention, qu'il n'avait pas alors à sa disposition les moyens optiques nécessaires. Ces moyens optiques sont bien peu de chose, et se réduisent à une petite lunette. Il suffisait de tracer, au moyen de cet instrument, la configuration des étoiles dans la région soupçonnée, et on en aurait bientôt remarqué une qui se déplaçait par rapport aux autres et qui était la planète. Cette étoile était d'autant plus facile à trouver qu'elle était de huitième grandeur. M. Goldschmidt découvrant, dans son atelier de peintre, des planètes de dixième, onzième et douzième grandeur sans aide d'aucun observatoire, a bien prouvé à quel simple matériel se réduit la recherche en question. Le tout réside donc dans l'habileté de l'observateur.

Or, à l'époque dont je parle, M. Le Verrier fréquentait tous les jours l'observatoire de Paris, n'y pouvait-il pas se servir d'une lunette, et d'ailleurs, n'avait-il pas lui-même en sa possession une longue-vue qui était suffisante? Mais il n'osa pas aborder le problème de la découverte optique. Aucun des astronomes de l'observatoire de Paris n'eut assez de confiance dans sa méthode de calcul pour se détourner de ses travaux ordinaires afin de se livrer à cette recherche, voyant surtout que l'auteur, à qui cela revenait, ne s'en occupait pas lui-même. Arago, sans doute par le même motif, ne crut pas avec raison devoir leur imposer ce travail. Pourquoi, en effet, l'ordonner au personnel de l'établissement? N'était-ce pas à l'auteur de chercher à vérifier sa découverte, si tant est qu'il y eût découverte? Plus tard, quand le hasard eut fait trouver Neptune à Berlin, près de la position indiquée, on fit à Arago de violents reproches immérités à cet égard. Le célèbre astronome ne voulut pas, sans doute par égard pour son protégé, citer la meilleure raison qu'il avait à donner; il en indiqua une autre moins valable.

Enfin M. Le Verrier recula devant la difficulté de la découverte optique, de la vraie découverte de Neptune en réalité, vu qu'un astre a beau être annoncé par des calculs, il ne se découvre que par la lunette. Cette découverte, quoi qu'on en dise, n'est pas plus facile que les calculs numériques. Il ne suffit pas de savoir qu'une planète est dans telle région du ciel, il faut encore savoir la distinguer au milieu de milliers d'étoiles.

A Berlin, un astronome habile, M. Galle, qui ne connaissait que les résultats et non la méthode employée pour le calcul, voulut bien, sur la demande qu'on lui adressa, visiter la région indiquée. Ce travail était plus facile pour lui, d'ailleurs, que pour les astronomes de Paris, vu qu'il était déjà en possession d'une bonne carte de cette portion du ciel, carte faite par M. Bremiker. Bientôt M. Galle distingua Neptune au milieu d'une multitude d'étoiles. Le travail du calculateur français fut pour lui ce qu'on raconte qu'avait été pour Newton la pomme tombant d'un arbre; il appela son attention sur la question, comme la pomme appela celle de Newton sur la pesanteur et lui fit trouver la belle loi de la gravitation universelle. A Galle donc, et non à M. Le Verrier, l'honneur de la découverte, comme à Newton, et non à la pomme, celle de la gravitation universelle.

Mais au moment où on trouve une planète, on ignore encore sa distance au soleil. La planète Neptune était trouvée près de la position indiquée. On crut donc qu'elle avait les éléments annoncés, et on ne s'aperçut pas dans le moment que la concordance des positions était un pur effet du hasard. De là, un enthousiasme extraordinaire pour le mémoire de M. Le Verrier, qui avait d'avance, par la profondeur de ses calculs, fait connaître l'orbite de la nouvelle planète.

Mais les temps ont marché depuis ce premier enthousiasme ; les éléments de Neptune ont été déduits de l'observation. On lui a trouvé un satellite qui a fait connaître sa masse. Or, pas un des éléments assignés à la planète perturbatrice par M. Le Verrier ne s'applique à Neptune. La distance a signalé une erreur grossière dans le travail de ce dernier ; erreur qui fait que la coïncidence des positions ne peut être attribuée qu'au hasard ; erreur qui prouve que, sans des circonstances favorables, son mémoire n'aurait jamais fait trouver Neptune. Le calcul des perturbations d'Uranus par la vraie planète a montré que l'observation de Flamsteed, de 1690, observation que le mémoire en question n'avait pu représenter, était parfaitement exacte, et la remarque de Bouvard, d'après laquelle Neptune s'était, à part les actions de Saturne et Jupiter, mu sensiblement dans une orbite elliptique, depuis 1690 jusqu'à la fin du dix-huitième siècle, a été vérifiée.

L'étude de la planète découverte est donc venue confirmer les travaux de Bouvard, contredire ceux de M. Le Verrier ; et la planète théorique de ce dernier, près de la position de laquelle a été trouvé Neptune, n'existe pas et est venue se ranger dans les fictions.

Les découvertes modernes que je viens de citer, ont fait tomber le travail de M. Le Verrier du piédestal où on l'avait élevé. Au lieu d'avoir fourni l'occasion de vérifier les déductions de la géométrie, comme on l'a d'abord dit et cru, ce travail, s'il n'avait pas été lui-même erroné, aurait condamné cette dernière science en présentant le plus complet désaccord avec l'observation, puisqu'il disait que la distance ne pouvait être moindre que 35 et elle a été trouvée de 30. Aujourd'hui, les recherches de ce calculateur ne méritent plus d'être citées que comme un des exemples les plus remarquables des erreurs auxquelles on s'expose lorsqu'on se lance aveuglément dans l'analyse avant de s'être rendu compte de toutes les conditions du problème, avant de s'assurer si on comprend celles-ci dans les formules.

Il reste à peine au travail en question l'avantage d'avoir été l'occasion, à défaut d'en être la cause, de la découverte de Neptune, puisque cette planète était déjà marquée sur les cartes de Cambridge.

En résumé, nous devons donc conclure que c'est à Alexis Bouvard que revient l'honneur de la découverte géométrique de Neptune dans les limites du possible, et à Galle, celui de la découverte optique, de la vraie découverte du même corps céleste.

Brouillard d'horizon en projection sur le soleil.

CHAPITRE XIX

L'ABSENCE DE PLANÈTES PRÈS DU SOLEIL

—◦—

OBSERVATIONS DE PASSAGES DE POINTS NOIRS SUR LE SOLEIL.
LEUR EXPLICATION — VISIBILITÉ QUE POSSÉDERAIENT DES PLANÈTES
TRÈS-VOISINES DU SOLEIL — BROUILLARDS SECS

Malgré l'insuccès de son essai sur les perturbations d'Uranus, M. Le Verrier ne s'est pas découragé. Il veut à toute force trouver une planète par le calcul. Ayant entrepris des recherches sur Mercure, il a, à la fin de 1859, présenté à l'Académie des sciences un mémoire dans lequel il prétend que cette planète offre dans le mouvement de son périhélie une anomalie explicable seulement par l'existence d'une ou de plusieurs petites planètes entre Mercure et le soleil, planètes qu'on doit quelquefois voir passer sur le disque de ce dernier astre.

52

Peu de temps après que ce travail fut imprimé, un médecin d'Orgères, M. Lescarbault, annonça qu'il avait vu, en effet, neuf mois auparavant, le 26 mars 1859, un point noir sur le soleil.

Quiconque s'est occupé sérieusement d'astronomie physique, sait que mille causes différentes peuvent produire des illusions semblables, surtout avec des lunettes en carton, comme celles du docteur d'Orgères. Mais M. Le Verrier ne voyait que ses calculs. Plus de doute pour lui, la planète était trouvée. Il y avait bien dans le récit donné des détails peu orthodoxes pour un astronome; mais tout cela s'arrangea, et l'affaire passa à l'Institut sans réclamations.

Au mois de février 1860, je reçus à Olinda les comptes rendus de l'Académie qui m'apprirent la grande découverte; je consultai mes notes, car du mois de janvier au mois de juillet 1859, j'observais le soleil très-fréquemment, vu que c'était à cette époque que je faisais sur son disque les recherches photométriques dont j'ai indiqué les résultats dans le chapitre II. Or je trouvai que j'avais examiné la surface de l'astre au même instant que M. Lescarbault, et je n'avais rien aperçu. Je remarquai immédiatement en outre que, par son intensité lumineuse, la planète, si elle existait, devrait être visible en permanence hors du soleil. Enfin, je reconnus que le mouvement prétendu anormal du périhélie de Mercure, s'il était réel, pouvait recevoir d'autres explications plus simples.

J'adressai alors en Europe une note sur mes observations, dans le but de prouver qu'il n'existe aucune planète entre Mercure et le soleil. Cette note parut dans le journal des astronomes : *Astronomische Nachrichten* d'Altona.

Ce mémoire m'a valu les félicitations de plusieurs savants illustres. L'un des plus célèbres astronomes de l'Europe m'a même écrit à ce sujet une lettre flatteuse, dans laquelle il ajoute que j'ai bien mérité des sciences en m'opposant aux fantaisies légères relativement à l'existence d'une planète entre Mercure et le soleil. Par compensation, mon travail m'attira aussi les critiques d'un petit journal.

L'auteur des articles de ce dernier aurait pu cependant remarquer qu'il fallait que je fusse bien certain de ce que j'avançais pour oser, à la veille d'une éclipse totale visible en Espagne, où devaient se rendre des centaines d'astronomes, où des planètes très-voisines du soleil, si elles existaient, devaient être infailliblement reconnues, pour oser, dis-je, contredire l'existence de ces astres.

L'éclipse de juillet 1860 a passé et m'a donné raison. Il en a été de même des éclipses postérieures. La planète a été cherchée sur le soleil et autour de lui par un nombre considérable de personnes, et n'a jamais été vue.

La visibilité d'un point noir sur le soleil peut être le résultat d'une illusion, comme je l'ai dit précédemment. Les illusions peuvent être subjectives et dues à la fatigue de la vue, ou bien elles possèdent leur source dans la lunette. Elles peuvent aussi résider dans certaines apparences de la surface du soleil lui-même, sur laquelle se montrent parfois de très-petites taches noires peu persistantes et que, vu l'impossibilité de rester d'une manière permanente l'œil fixé à l'instrument, on peut prendre les unes pour les autres, de façon à croire, à moins d'une grande attention, au déplacement d'un point unique et mobile. Il paraîtrait même, si on s'en rapportait à certaines observations de Pastorff, que parfois il y aurait aussi dans les taches du soleil des déplacements s'opérant avec une très-grande rapidité, quoique cependant dans ce qu'il a vu, on pût supposer peut-être des substitutions au lieu de mouvements.

Enfin divers phénomènes atmosphériques peuvent être aussi des causes d'illusions. Sans entrer dans le détail de toutes ces causes, je citerai spécialement, parce que par elles-mêmes elles méritent une étude spéciale au point de vue météorologique, ces bandes de nuages noirs que l'on voit souvent, quand le soleil est bas, couper nettement le disque solaire, et dont la netteté sur les bords est telle, que le grossissement de la lunette ne peut l'annuler. Quelquefois, avec ces bandes de nuages, apparaissent de petits points noirs détachés. J'en ai vu plusieurs exemples, dont l'un des plus remarquables a été noté dans la baie de Rio Janeiro le 8 septembre 1859, mais le phénomène appartient à tous les climats.

Il importe d'autant plus de remarquer l'existence de nombreuses causes d'illusions pouvant donner lieu à la visibilité apparente de points mobiles ou supposés tels sur la surface du soleil, que divers observateurs ont cru avoir vu de tels points, mais ils ont tous, il est vrai, présenté leurs remarques avec doute.

M. Wolf, de Berne, a réuni les observations douteuses anciennes, en rapprochant leurs dates. Mais la comparaison de ces époques fait voir que les diverses apparitions, même en les supposant toutes réelles, ne pourraient s'appliquer à un même astre [1].

En admettant même qu'un point noir se mouvant avec lenteur sur le disque solaire eût été réellement vu, cela ne prouverait pas encore l'existence d'une planète entre Mercure et le soleil, car cette apparence pourrait aussi bien provenir du passage d'un gros corpuscule cosmique ou bolide dans le voisinage de la terre, lequel possèderait une vitesse peu différente de celle de cette dernière. Un tel corps, en tenant compte, en outre, de l'obliquité possible de son mouvement au rayon visuel, pourrait paraître séjourner très-longtemps sur le disque solaire, et, hors de ce disque, il deviendrait invisible.

L'apparence d'un point noir supposé vu réellement sur le soleil, ne pourrait donc être regardée comme provenant du passage d'une planète sur le disque de cet astre, qu'à la condition de se montrer simultanément en deux stations très-éloignées.

Or c'est ce qui n'a pas eu lieu le 26 mars 1859, jour du passage de la prétendue planète. En effet, j'ai trouvé ce jour dans mes notes deux séries de comparaisons photométriques faites à San Domingos : la première de 11ʰ 4ᵐ à 11ʰ 20ᵐ, sur l'intensité relative du centre et du bord du soleil; la seconde, de midi 42ᵐ à 1ʰ 17ᵐ, pour la comparaison des pôles et de l'équateur. L'intervalle entre les deux séries est dû à des nuages.

En ayant égard à la différence de trois heures entre les longitudes d'Orgères et de San Domingos, on trouve que l'entrée du point noir, d'après la prétendue observation d'entrée, aurait eu lieu à 1ʰ 5ᵐ de San Domingos, et celle de sortie à 2ʰ 23ᵐ du même lieu. A 1ʰ 17ᵐ de San

---

[1] Voir mon mémoire à ce sujet dans le n° 1281 des *Astronomische Nachrichten*.

Domingos, la tache était donc entrée sur le soleil à Orgères depuis
douze minutes, et d'après la vitesse indiquée pour sa marche, elle
aurait été avancée déjà de 1″, 4 sur le disque; de sorte que sa plus petite
distance au bord du soleil eût été de plus de 20″ d'arc. Cette quantité
est trop grande pour que la différence des parallaxes à Orgères et à
San Domingos eût pu l'anéantir; et, en conséquence, quand j'ai fait ma
dernière comparaison, j'aurais dû voir sur le soleil le point noir en
question à San Domingos s'il y avait été à Orgères, et cela d'autant
plus qu'on déclare que dans cette dernière ville ce point est entré à
environ 11 degrés du pôle nord du soleil, région que j'explorais. Or,
est-il possible que dans un travail fait pour des recherches sur la constitution physique du soleil, je n'aurais pas remarqué une tache à 79 degrés de l'équateur, et cela avec un grossissement double de celui qu'on
annonce avoir employé à Orgères [1].

On comprend donc facilement comment j'ai pu nier de la façon la
plus nette et la plus positive le passage d'une planète sur le soleil à
l'heure indiquée.

Au reste, dans mon mémoire imprimé dans le n° 1248 des *Astronomische Nachrichten*, j'ai fait voir avec détail qu'il y avait eu contradiction dans les termes de la lettre du docteur d'Orgères au sujet de
l'entrée de la planète sur le disque du soleil. La première communication donnait l'heure exacte de cette entrée avec l'indication du
signe et d'une grandeur très-petite pour l'erreur possible. Plus tard,
au contraire, il a été affirmé que l'entrée n'a pas été observée, et
cela devant la remarque qu'une telle observation était impraticable.
En effet si, pour une planète attendue, comme Mercure ou Vénus, lors
de leurs passages, on peut saisir la première impression du disque,
surtout par l'avantage que l'on a de concentrer son attention sur le
point solaire où doit avoir lieu le phénomène, il n'en est pas de

---

[1] Mes notes disent : *régions du soleil très-uniformes d'intensité, peu de pointillé.*
Ainsi je cherchais les points à peine visibles, et je n'aurais pas vu une tache énorme : c'est un
fait impossible et qui montre que mon observation possède, quant à la sûreté, tout le caractère des observations positives, et elle est positive, en effet, relativement à l'uniformité du
disque. Elle ne peut être considérée comme une observation négative ordinaire, où l'attention
n'a pas été portée sur le point affirmé par les observations positives contradictoires.

même quand il s'agit d'une planète inconnue qui a dû se projeter sur
le soleil en totalité pour être vue ; après quoi l'observateur, qui ne l'attendait pas, a dû rechercher la seconde à son chronomètre et se
préparer à l'observation.

Certes, la contradiction que je viens de citer et les circonstances de
la publication nuisent beaucoup à l'admissibilité de l'observation d'Orgères, même comme se rapportant à un bolide, indépendamment
d'ailleurs des illusions possibles.

Il est au reste facile de démontrer par des considérations optiques,
qu'il n'existe pas de planète de dimension perceptible pour nous entre
Mercure et le soleil.

En effet, la visibilité des étoiles et celle des planètes en plein jour
dans les lunettes sont régies, comme le fait remarquer Arago, par
des lois différentes. Pour les dernières, pourvu qu'elles présentent un
diamètre sensible dans l'instrument, la visibilité ne dépend nullement
de la dimension, mais uniquement de l'éclat de la surface ; et, par conséquent, elle augmente avec le rapprochement du soleil. Ainsi Jupiter,
malgré son diamètre, ne peut être vu de jour au méridien que le
matin et le soir, quand le soleil est peu élevé sur l'horizon ; Mars,
quoique beaucoup plus petit, est perceptible, dans des cas favorables,
jusqu'à 30° de distance du disque solaire ; Vénus se voit plus près
encore, mais la seule planète que l'on puisse suivre, dans le voisinage,
pour ainsi dire, du soleil, est Mercure : je l'ai observée une fois moi-
même à 1 degré de l'astre éclairant, et d'autres astronomes ont fait
des observations semblables. Toute planète notablement plus rapprochée du soleil que Mercure sera beaucoup plus fortement éclairée,
puisque l'éclairage croît en raison inverse du carré de la distance, et
par conséquent elle conservera plus près encore du globe solaire, par
rapport à la région atmosphérique sur laquelle elle se projettera, l'excès
d'un soixante-quatrième de lumière qui peut la rendre visible.

Or les expériences photométriques d'Arago nous ont appris que l'atmosphère est d'une intensité à peu près constante dans une étendue
égale au diamètre solaire. Ce fait indique que l'intensité croît très-
lentement dans le voisinage de cet astre. Quelques expériences m'ont

au reste, indiqué qu'à 50′ du soleil l'intensité est, au plus, de deux à trois fois plus grande qu'à 1 degré. Ainsi une planète plus voisine du soleil que Mercure, pourrait avec sa forte lumière être vue hors de l'astre éclairant à peu près jusqu'au contact, pourvu qu'on mît le disque solaire hors du champ. Donc elle serait visible en permanence avec les lunettes. En visitant les environs du soleil avec soin en faisant décrire à la lunette une série de cercles de plus en plus grands autour de ce corps céleste, on ne pourrait manquer de voir les planètes qui s'y trouveraient si l'observation était répétée seulement deux jours consécutifs, pour le cas où, le premier, la planète aurait été derrière l'astre lumineux. Tout le monde peut répéter cette expérience qui donne un résultat négatif.

Le genre d'observation que je viens d'indiquer prouve donc qu'il n'existe dans le voisinage du soleil aucune planète assez grande pour qu'on puisse distinguer son passage sur le disque; car tout corps qui serait vu en projection aurait un diamètre sensible plus grand même, à cause de l'irradiation, qu'il ne paraîtrait dans ce dernier cas.

Je dis en outre que de telles planètes, si elles existaient, seraient visibles à l'œil nu le soir après le coucher du soleil et le matin avant son lever, quand elles seraient dans les environs de leur plus grande élongation, c'est-à-dire, de leur plus grande distance apparente à l'astre éclairant.

En effet, dans ma traversée de France à Rio de Janeiro, en juin et juillet 1858, j'ai tous les soirs et même fréquemment le matin fait des observations suivies sur le crépuscule, observations dont j'ai parlé précédemment. Or, en même temps que je m'occupais du crépuscule et de la lumière zodiacale, j'ai toujours porté une attention spéciale aux régions voisines du soleil, afin de voir si je n'apercevrais pas quelques comètes ou planètes. Dans ces recherches, j'employais une petite lunette de Galilée du grossissement de trois fois, vu la difficulté à bord, par suite des mouvements du navire, de pouvoir me servir de mes autres instruments. Or, je trouve dans mes notes que, le 14 juillet, par 1 degré de latitude sud et 28 degrés de longitude ouest, après le coucher du soleil, j'aperçus Mercure, sans d'ailleurs le chercher, d'abord avec ma lunette; puis, en fixant la même région à l'œil nu, je le distinguai à environ 4 degrés au-dessus de l'horizon. En faisant au moyen des éphémérides le calcul de sa distance au soleil, en cet instant, il est facile de voir qu'elle était de 7° 10'; et que le diamètre vu de la terre sous-tendait seulement un angle de 5"; il était donc plus de deux fois plus petit que lors des passages sur le disque solaire. Le 16 juillet, par 5 degrés de latitude sud et 34 degrés de longitude ouest, Mercure était aperçu dans le crépuscule sans difficulté et au premier coup d'œil. Il était alors à 9° 15' de l'astre central. Il résulte de ces observations que, dans la région équatoriale, Mercure peut être vu le soir après le coucher du soleil dès que sa distance angulaire à ce corps approche de 7 degrés. Dans le cas dont il s'agit, la planète ne présentant pas de disque appréciable, la visibilité dépend de la lumière totale, c'est-à-dire à la fois du diamètre et de l'éclat superficiel.

Pour qu'un astre soit vu en projection sur le soleil comme un point noir parfaitement rond, avec un périmètre circulaire bien arrêté, sous un grossissement de 150 fois, il faut que son diamètre ne soit pas inférieur à 2",5. En effet, avec le grossissement en question, le diamètre de 2",5 paraîtrait sous-tendre un angle de 6' 15" et même moins, 4 à 5' au plus, si on tient compte de l'irradiation. Or, remarquant qu'une minute est la limite de perceptibilité à laquelle on ne peut distinguer aucune forme, on voit que la perception de la circularité indique bien réellement un diamètre de cette grandeur.

Le diamètre de 2",5 est la moitié de celui de Mercure le jour où je l'ai aperçu à 8 degrés d'élongation. La surface de la planète serait donc aussi le quart de celle de ce corps le même jour, mais si pour fixer les idées, nous supposons d'abord une élongation maximum de 7 à 8°[1], comme l'éclat serait environ huit fois plus grand que celui de Mercure par l'effet du rapprochement du soleil, on voit que la lumière totale envoyée à la terre devrait être double à peu près de celle de ce dernier le 14 juillet 1858. Donc, comme Mercure était alors visible

_____

[1] La prétendue planète d'Orgères aurait eu 8° d'élongation maximum, d'après le temps assigné pour son passage dans le récit qui a été fait.

à 7° 10' du soleil près de l'équateur où cet astre s'abaisse rapidement sous l'horizon, il s'ensuit qu'on peut affirmer avec certitude qu'une planète de l'élongation supposée et susceptible d'être vue en projection sur le disque solaire, serait perceptible sous l'équateur dès qu'elle serait à 5 à 6 degrés de ce disque, et dans certaines circonstances elle l'emporterait en éclat sur Mercure. La visibilité à l'œil nu, soit avant le lever du soleil, soit après le coucher de cet astre, aurait lieu alors pendant plus de la moitié de la révolution, c'est-à-dire pendant plus de la moitié du temps.

Pour fixer les idées, j'ai supposé une élongation maximum de 7 à 8°. Mais, pour une élongation moindre, l'éclairage serait beaucoup plus grand, de sorte que la lumière totale croîtrait, puisque le diamètre apparent resterait le même sans quoi cesserait la visibilité en projection. Donc la diminution de l'élongation maximum, ou, en d'autres termes, le rapprochement du soleil, n'empêcherait pas de distinguer facilement le soir des planètes voisines de ce corps, à moins qu'elles ne fussent tout à fait près de sa surface, auquel cas elles posséderaient, même à l'œil nu, un immense éclat dans les éclipses, où on ne les a jamais vues.

A ce sujet, il est bon de prémunir les observateurs des éclipses qui s'amuseraient à chercher des planètes contre une apparence dont la production ne semble pas impossible et qui pourrait les tromper. Nous avons dit en parlant de ces phénomènes que deux fois, un point lumineux a été vu sur le disque de la lune dans des éclipses par Ulloa et par M. Valz. Cette apparence paraît due à des réfractions anormales ou à une sorte de mirage qui aurait porté, pour l'observateur, l'image d'un point du soleil dans cette direction. Il pourrait donc se faire que des points semblables pussent dans une station paraître hors des deux disques. Une telle apparence ne prouverait donc l'existence de planètes qu'à la condition de se reproduire identique dans diverses localités.

Il résulte de tout ce qui précède que s'il existait entre Mercure et le soleil des planètes assez grandes pour être vues projetées sur le dernier avec un grossissement modéré, on les verrait à l'œil nu dans les circonstances favorables, et toute planète visible en projection avec une lunette puissante, serait nécessairement aperçue hors du limbe solaire avec le même instrument.

On est donc obligé de conclure, d'une part, que si le passage d'un corpuscule devant le soleil venait à être constaté à la fois par plusieurs observateurs et de manière à exclure toute idée d'erreur ou d'illusion possible, chose qui n'a pas eu lieu jusqu'à présent, ce passage ne pourrait être attribué à l'existence d'une planète très-voisine du globe solaire, mais bien à celle d'un corpuscule ou bolide voisin de la terre ; et d'autre part que, si l'accélération du mouvement du périhélie de Mercure, accélération attribuée à l'attraction de matière comprise entre elle et le soleil, existe, cette matière ne forme pas des planètes proprement dites. Elle est à l'état de poussière cosmique, et fait dès lors partie de la nébulosité solaire ou lumière zodiacale.

Mais le mouvement du périhélie de Mercure, supposé inexplicable par l'action de Vénus, est loin d'être démontré, et de plus on peut, comme je l'ai démontré dans le n° 1248 des *Astronomische Nachrichten*, supposer à la masse de la dernière planète une valeur intermédiaire entre celle qu'indiquerait le déplacement en question et celle que donnerait la mesure obtenue pour la diminution de l'obliquité de l'écliptique, sans que l'un et l'autre des deux phénomènes cessent d'être représentés dans la limite d'erreur des observations.

Dans le commencement de ce chapitre, j'ai parlé d'un phénomène météorologique assez curieux, et qui pourrait, dans certains cas, pour un observateur non exercé, faire croire à l'existence de points noirs sur le soleil. Ce phénomène est particulièrement lié à l'apparition des brouillards secs. Lorsque des lambeaux nébuleux de cette nature passent devant le globe solaire, et quand celui-ci est près de l'horizon, on voit parfois son disque traversé de bandes noires d'une netteté extraordinaire, et quelquefois même, comme je l'ai déjà dit, de très-petits fragments de ces nuages particuliers peuvent se projeter sur sa surface, comme des points obscurs.

Les brouillards secs sont souvent dus à des masses de fumée provenant de vastes incendies. On se rend difficilement compte en France de la grande extension de la surface de notre globe, sur laquelle la combustion développe ces fumées. Dans les contrées peu habitées, les champs de graminées, à la fin des saisons de sécheresse, sont souvent enflammés sur une immense superficie par les rares indigènes du lieu. J'ai été témoin de ce fait, dans le centre du Brésil, et il se passe sur une superficie de plusieurs centaines de lieues en longueur et en largeur. Dans les campos ou vastes prairies naturelles de l'in-

Incendie dans les campos.

térieur, au mois d'août et de septembre, quand les herbes sont desséchées, on a l'habitude d'y mettre le feu, sous prétexte que les graminées poussent mieux après, et souvent par simple amusement. La flamme se propage alors tant qu'elle n'est pas arrêtée par quelque obstacle naturel, tels qu'un ruisseau ou une colline très-aride. C'est, au reste, un fort beau spectacle que celui de ces incendies, quand ils ont lieu pendant la nuit. Je me rappelle avoir vu une fois, près de

Marangaba, une chaîne de montagnes, la sierra de San Bento, couverte de feu ; c'était une illumination d'un effet magique.

Les incendies font périr beaucoup d'animaux. On les pratique en partie, il faut le dire, pour détruire les millions d'ixodés parasites, qui attaquent les bestiaux lâchés dans les campos. Beaucoup de mammifères sauvages meurent également dans ces combustions, très-dangereuses aussi pour le voyageur, qui est exposé à se trouver pris au milieu d'une région en flammes.

Quoi qu'il en soit, à l'époque de l'incendie des campos, le ciel est complétement voilé. Dans le milieu du jour même, le soleil pâle et sans rayons peut être fixé à l'œil nu. Sa couleur est rougeâtre. Quand il descend vers l'horizon, il s'affaiblit à tel point que son image devient à peine sensible, mais elle reste toujours nettement définie sur les bords, et souvent on la voit disparaître ainsi progressivement à plusieurs degrés au-dessus de l'horizon.

Le phénomène des brouillards secs n'est pas particulier à l'Amérique. Il est aussi très-fréquent dans l'Afrique, où M. d'Abbadie l'a observé dans la partie orientale. Il se produit également dans l'Inde. Dans ce dernier pays, il y a parfois, en outre, d'immenses nuages de poussière, spécialement dans les plateaux adossés à l'Himalaya. D'après les observations de MM. Schlagintweit, tandis que le soleil paraît rouge, lorsqu'il est vu à travers les brouillards, il se montre bleu à travers les nuages de poussières, qui donnent au ciel la teinte rougeâtre. Il semble donc qu'il y aurait là un effet de contraste.

En Europe, on a aussi observé plusieurs fois le soleil bleu. M. Babinet, qui en a décrit deux cas, attribue cette couleur à l'interférence des rayons qui ont traversé les vésicules d'eau ou de vapeur, avec ceux qui ont passé seulement à travers l'air. Il faut alors admettre uniquement que la partie traversée de chaque vésicule n'est pas trop épaisse.

Au reste, M. Babinet reproduit le soleil bleu, rouge ou violet, avec deux verres plans, séparés par une couche mixte d'huile et d'eau, ou d'huile et d'air, ou enfin d'eau et d'air. On mélange les substances, en tournant les deux verres l'un sur l'autre, et en faisant usage d'une pression modérée et d'un peu de chaleur. On arrive ainsi à rendre

Incendie dans les montagnes de la région des Campos. (p. 594).

l'image du soleil affaiblie par une réflexion sur l'eau, d'une teinte uniforme rouge, bleue ou même violette, à volonté. Ainsi les observations du soleil bleu peuvent recevoir d'autres explications que celles du contraste.

A travers les brouillards de vapeur basse, où n'existent pas de courants ascendants, on voit aussi quelquefois l'image du soleil très-affaiblie et conservant sa netteté. Pendant un semblable brouillard, j'ai pu distinguer une fois les détails d'une tache solaire aussi nettement qu'avec un verre noir, et sous un grossissement de quatre-vingts fois. Certains brouillards aqueux reproduisent donc les apparences des brouillards secs.

Quelquefois les derniers ont acquis en Europe une intensité immense. On comprend, d'ailleurs, que les fumées des vastes incendies des steppes des régions lointaines puissent, dans certaines circonstances, être apportées dans nos contrées par des vents supérieurs, et y séjourner un temps plus ou moins considérable. Telle me paraît être l'origine des brouillards secs de 1783 et de 1831.

Aspect du soleil à travers les brouillards secs.

Bolide.

CHAPITRE XX

LES BOLIDES

—◇—

DÉTERMINATION DE LEUR ÉLÉVATION ET DE LEUR VITESSE—LEUR ASPECT
LEUR ROUTE DANS L'ESPACE —LEUR NATURE

Tout le monde a remarqué ce que l'on appelle des étoiles filantes. En général, ce météore est d'une très-courte durée et d'un faible éclat. Lorsqu'il acquiert de grandes dimensions, on le désigne sous le nom de bolide. Les bolides sont quelquefois suivis de la chute de pierres nommées aérolithes.

Deux méthodes ont été proposées pour déterminer l'élévation des étoiles filantes et des bolides au-dessus du sol, lorsque l'un de ces corps a été observé de deux stations différentes au moins, c'est-à-dire, lorsqu'on a fixé par des alignements pris sur les étoiles les coordonnées des points d'apparition et de disparition.

La plus ancienne des deux méthodes suppose ces points identiques dans toutes les stations. Mais cette hypothèse est souvent inexacte. Nous citerons plus loin une observation qui le prouve.

La seconde méthode est fondée sur la remarque que la trajectoire réelle des bolides est assimilable à une ligne droite pendant le peu de temps qu'elle est visible, car la courbure ne peut pas être perceptible sur une aussi petite longueur. De chaque station, on mène alors un plan par l'œil de l'observateur et par la trajectoire apparente fixée par alignement sur le ciel; l'intersection de ces plans, qui sont au nombre de deux, s'il y a deux stations, détermine la route réelle. Menant ensuite dans chaque plan des rayons visuels aux points d'apparition et de disparition indiqués par l'observateur de chaque station, ces rayons coupent la trajectoire en des points qui sont les lieux sensiblement occupés par le corps aux instants correspondants. Les distances de ces points divisées par la durée estimée du phénomène, fait connaître la vitesse du corps dans cette portion de sa route. S'il y a plus de deux stations, à cause des erreurs inévitables, on peut ainsi obtenir plusieurs trajectoires, mais elles seront presque semblables si les positions apparentes ont été passablement notées; on cherche alors celle de ces lignes qui est la trajectoire la plus probable d'après la condition qu'elle satisfasse le mieux possible à l'ensemble des observations.

Cette méthode donnerait des résultats erronés si la trajectoire apparente différait notablement d'un grand cercle de la sphère céleste; mais, si elle n'en diffère pas, il est évident que les rayons visuels menés aux divers points de son parcours sont contenus dans un même plan, qui renferme la route réelle. Si donc dans deux stations la trajectoire apparente se confond avec un grand cercle de la sphère, c'est qu'en réalité le mouvement se faisait suivant une ligne sensiblement droite. Au reste, quand même le déplacement aurait paru suivre pour chaque observateur, sur la sphère céleste, une courbe très-différente d'un arc de grand cercle, mais bien définie par plusieurs de ses points, on aurait encore la trajectoire réelle par l'intersection des deux surfaces coniques formées par les rayons visuels menés aux routes apparentes. Cette méthode est la seule sur laquelle on puisse compter pour déterminer la vraie trajectoire des bolides.

L'opinion générale et la seule admissible sur l'origine de ces météores est qu'ils sont produits par des corps pondérables circulant dans l'espace en obéissant aux lois de la gravitation comme tous les astres, et rencontrés par la terre dans son mouvement autour du soleil. Leur nature de corps pondérables est prouvée d'une part par les chutes d'aérolithes auxquelles ils donnent lieu quelquefois, et, d'autre part, par les traînées de poussière qu'ils laissent dans l'atmosphère, et que l'on voit tomber verticalement à l'aide des lunettes, parfois même à l'œil nu, en obéissant ainsi à l'action de la pesanteur. Ces corps animés d'excessives vitesses s'échauffent par la résistance de l'air au point de devenir lumineux.

Nous ferons voir plus loin que cette explication de leur lumière rend facilement compte des phénomènes observés.

L'origine cosmique des bolides s'accorde avec la périodicité reconnue dans l'apparition de ces corps, dont la fréquence varie suivant les points occupés par la terre dans son orbite. Les nuits du 9 au 10 août et du 12 au 13 novembre sont particulièrement remarquables par le grand nombre des chutes.

Les principaux motifs qui, en outre de la périodicité, forcent à admettre que les bolides ont une origine cosmique, sont : 1° La nature essentiellement différente des aérolithes et des laves, laquelle ne permet pas d'attribuer aux premiers une origine volcanique ; 2° La présence dans les aérolithes du fer à l'état natif, minéral qui n'existe pas à la surface du globe ; 3° Leur excessive vitesse : On a, en effet, reconnu que ces corps possèdent toujours une rapidité de mouvement au moins égale à celle de la terre dans son orbite.

C'est à cette grande vitesse qu'il faut attribuer la particularité des bolides de paraître presque toujours se mouvoir suivant des arcs de grand cercle de la sphère céleste. Si quelquefois, ils en dévient, cela tient à un manque de symétrie de la part de la résistance de l'air lorsqu'ils ont certaines formes, et aux explosions qu'ils éprouvent par suite de l'excessive chaleur due à cette même résistance. Des variations brusques d'éclat ont fréquemment fait croire à un mouvement saccadé chez des spectateurs peu habitués à l'observation de ces météores. Un tel mouvement apparent, fût-il même bien constaté, se concevrait soit par l'effet des explosions, soit par une courbe sinueuse à double

courbure dont certains détours seraient renfermés dans un plan
passant par l'œil de l'observateur. Quant aux lignes sinueuses proprement dites, j'en ai vu un fort bel
exemple chez moi, à Atalaia, près
de Rio de Janeiro, en juillet 1863.

Un brillant bolide, laissant une
belle traînée blanche et suivi d'une
queue rougeâtre intense, a décrit
une courbe en S, dont la double
courbure était très-prononcée. Il a
disparu en éclatant. Sa durée totale
fut de trois secondes, et la traînée a
persisté encore plus de vingt secondes
après la disparition du météore.

Les actions latérales de la résistance de l'air, en variant avec la
forme par l'effet de la combustion,
expliquent facilement la sinuosité.

Le plus souvent, les étoiles filantes s'éteignent progressivement.
D'autres fois elles éclatent; il en
est de même des gros bolides. Un
fait plus rare est le partage d'un
de ces derniers en plusieurs autres,
continuant leur route après l'explosion. Je n'ai vu qu'une seule fois ce
phénomène. C'était pendant notre
voyage de Minas Geraes. Un soir du
mois de septembre 1862, après
une longue route effectuée dans les
campos, nous étions arrivés vers sept
heures sur un point où nous n'a-
vions pu trouver d'eau pour nos animaux. Mais la soirée était magnifique, et la lune, déjà levée, répandait une clarté suffisante pour

nous permettre de prolonger la marche; nous nous décidâmes donc
à continuer le voyage. Nous envoyâmes en avant nos bagages, et,
après avoir laissé reposer un instant nos montures, nous partîmes
de nouveau en suivant les traces des chariots qui nous avaient précédés. Nous marchions déjà depuis longtemps, car la lune approchait du méridien, et nous apercevions au loin les feux de notre
campement préparés par nos gens, lorsqu'apparut un brillant bolide.
Ma femme le vit la première et appela mon attention sur le phénomène, que je pus encore observer très-nettement, car son mouvement était fort lent. Le bolide s'abaissait vers la terre; tout à coup
il éclate, puis se divise en deux autres plus petits et il reste une
sorte de nuage vaporeux au lieu de l'explosion. Avec la clarté de la
lune, la traînée persistante laissée par ce météore était très-visible. Des
deux corps dans lesquels le bolide primitif s'était divisé, l'un, plus
gros, continua sa route presque dans la même direction et disparut en
éclatant avant le second, dont la trajectoire apparente faisait un angle
très-grand avec celle du premier.

En présence de l'extrême vitesse des bolides, on ne conçoit pas la
possibilité de leur attribuer une origine atmosphérique. En supposant
même que les matières qui les constituent pussent exister à l'état de
vapeur ou de poussière dans l'atmosphère, chose déjà inadmissible,
comment concevoir cette agglomération subite et cette vitesse prodigieuse? C'est en vain que l'on voudrait faire intervenir l'électricité dans
cette circonstance. Elle ne pourrait expliquer le phénomène.

En résumé, les bolides sont des corps pondérables d'origine non
volcanique, animés d'excessives vitesses. Voilà ce qu'a appris l'observation. La conséquence nécessaire de la rapidité de leur marche est
qu'ils circulent dans l'espace en obéissant aux lois de la gravitation,
quand la terre les rencontre dans son mouvement annuel.

J'ai observé un grand nombre de bolides et d'étoiles filantes. Quelques-uns de ces corps ont été vus dans d'autres stations. Parmi
ces derniers, je m'étendrai en particulier sur ceux du 18 novembre
et du 12 décembre 1851.

A la première de ces dates et à six heures trente et une minutes du

Éclatement d'un bolide, vu à Minas-Geraes (p. 511).

soir, on a aperçu sur plusieurs points du nord du département de la Manche, un éclatant bolide qui a offert la particularité de présenter en des points peu distants, des trajectoires apparentes très-dissemblables, ce qui prouve qu'il était peu élevé au-dessus du sol. J'ai vu ce météore à Cherbourg, et les alignements pris sur les étoiles m'ont donné les coordonnées du point où je l'ai vu apparaître et de celui de sa disparition. Leur intervalle a été traversé par le bolide en 7ᵉᵉ,5 ; la moitié de la distance environ a été parcourue dans les trois premières secondes, pendant lesquelles le mouvement angulaire est resté sensiblement constant, cependant il était plutôt moindre pendant la première. J'évalue approximativement la vitesse apparente aux deux tiers de ce qu'elle aurait été s'il y avait eu uniformité pendant ces trois secondes. A partir de la moitié de la trajectoire, le mouvement s'est ralenti d'abord lentement, puis finalement la vitesse est arrivée à la moitié ou au tiers de ce qu'elle était d'abord. Le diamètre apparent du bolide ne peut être évalué à moins de quatre à cinq minutes ; il diminuait vers la fin, ainsi que l'éclat superficiel. Tout le temps de l'apparition, le globe très-blanc d'ailleurs a été suivi d'une traînée rouge, étroite, de 40 minutes environ de longueur et un peu conique. La base du cône était dirigée vers le météore, qui a disparu pour moi derrière une maison éloignée, à peu de hauteur au-dessus de l'horizon. C'est par la clarté répandue sur le sol que mon attention a été appelée et j'évalue à deux secondes le temps compris entre l'instant où j'ai commencé à voir cette lueur, et celui où j'ai aperçu le bolide.

Ainsi, à Cherbourg, le météore marchait de l'est vers le sud, et s'approchait de l'horizon. A Briquebec, au contraire, à vingt kilomètres au sud, il a été vu courant de l'est au nord, en même temps que sa hauteur diminuait, tandis qu'à Teurthéville-Hague, près de l'église, à 10 kilomètres sud-ouest, il paraissait s'abaisser verticalement du côté de l'est. Sur un point de Tourlaville, situé à 6250ᵐ dans le S. 23° E. de la station où j'observais et à 126ᵐ d'altitude au-dessus, le globe marchait, comme à Cherbourg de l'est vers le sud, mais, au lieu de s'abaisser vers l'horizon, il s'éleva d'abord, et il courait horizontalement, tendant plutôt à descendre qu'à monter, lorsqu'il disparut derrière le pignon d'une grange et très-près du faîte, pour la personne qui m'a fourni ce renseignement et qui regardait par une porte qu'elle m'a montrée. Bien que cette personne soit étrangère aux sciences, son observation a une grande valeur, parce qu'elle m'a indiqué d'une manière précise le point derrière lequel a eu lieu la disparition.

La direction de ce point est le S. E. 2 à 3° S., et sa hauteur, que j'ai déterminée également du lieu d'observation, est de 17°. Nous avons donc en ce lieu la direction de la plus grande hauteur du bolide qui est le S. E. à très-peu près, et la mesure de cette hauteur maximum. Il en résulte que la portion visible de la trajectoire réelle que l'on peut regarder comme sensiblement droite, était renfermée dans un plan incliné de 17° à l'horizon S. E. et passant par le lieu occupé par l'observateur. Ce plan en rencontre un autre mené de ma station par les points où j'ai vu apparaître et disparaître le bolide, suivant une ligne droite inclinée à l'horizon de 13° 40′, et dont la projection horizontale est dirigée dans l'E. 7° 56′ S. ; le point de rencontre de cette ligne avec la surface terrestre est à 7650m S. de ma station et à l'est de l'église de Tollevast. Cette direction s'accorde très-bien avec l'apparence de la trajectoire vue de Teurthéville, car sa projection prolongée passe près de cette dernière localité ; c'est ce qui fait que le météore semblait en ce point s'abaisser verticalement. A Briquebec, au sud de la ligne que je viens d'obtenir, le bolide devait, comme on l'a également remarqué, paraître courir de l'est au nord, en même temps que sa hauteur diminuait. La trajectoire obtenue rend donc très-bien compte de toutes les apparences.

Je n'ai pas perçu de bruit, et il en est de même pour les personnes qui m'ont fourni des renseignements. Cependant il paraît que, plus près de la trajectoire, un ouvrier de Tollevast, qui revenait d'un travail éloigné, sur la limite de cette commune et de celle de Brix, a entendu un faible sifflement. Les personnes qui avaient les yeux dirigés sur le ciel au moment du phénomène, ont vu paraître le bolide instantanément avec tout son éclat.

De la position de la trajectoire réelle, on déduit facilement par le

calcul que le globe a parcouru pendant que je l'ai aperçu 55 400 mètres, dont 28 500 pendant les trois premières secondes seulement.
Au moment où je l'ai distingué, il était à 10 050 mètres d'élévation, et
à celui où j'ai cessé de le voir, à 4 675 mètres. Les grandes variations
de vitesse présentées par le météore résultent de la résistance de l'air.
Cependant, si l'on calcule le diamètre réel d'après le diamètre apparent, on voit qu'il devait être au moins de 40 à 50 mètres au moment de l'apparition, et la résistance atmosphérique sur un corps de
ce volume ne peut pas beaucoup modifier la vitesse en si peu de temps.
Mais il faut remarquer que, vers la fin de la course, les dimensions
apparentes étaient plus petites qu'au commencement, quoique le bolide
fût cinq fois plus près, de sorte que le diamètre réel n'aurait été alors
que de 5 à 6 mètres. D'après la direction de la trajectoire, ce corps
est tombé à Tollevast, et, de plus, jusqu'à présent, il ne paraît pas
qu'il ait été trouvé. Cela prouve que la dernière détermination est encore beaucoup trop forte. Il est donc impossible de calculer la grandeur réelle d'un bolide, d'après le diamètre angulaire, qui varie et
paraît amplifié; ainsi, on ne peut déterminer la valeur de la résistance
de l'atmosphère qu'au moyen des variations du mouvement apparent,
et en tenant compte du décroissement de la densité de l'air, à mesure
que l'élévation au-dessus du sol augmente.

Or, en effectuant le calcul d'après les lois de la résistance des gaz,
on reconnaît que les changements observés dans la vitesse angulaire
étaient incompatibles avec l'hypothèse d'un diamètre constant. Les
dimensions diminuaient donc comme leurs valeurs apparentes, et, par
conséquent, le bolide se consumait dans l'atmosphère; fait qui s'accorde
parfaitement avec l'existence de la traînée. C'est à cela, sans doute, qu'il
faut aussi attribuer l'amplification apparente du diamètre : l'air condensé en avant des bolides proportionnellement à la résistance, c'est-
à-dire, au carré de la vitesse au moins, et, par conséquent, comprimé
des centaines, des milliers même de fois plus que devant les projectiles de l'artillerie, élevé par suite de cette compression à une température excessive qui le rend lumineux, s'échappe latéralement en
entraînant au loin les particules incandescentes que les inégalités de

température et le frottement détachent de la surface du corps. Ces particules rentrent ensuite dans le vide laissé par le bolide derrière lui; de là résulte l'apparence d'un globe d'autant plus grand que le noyau est plus volumineux et que le mouvement est plus rapide. Les plus grosses des poussières peuvent, suivant leur nature, rester rouges un instant, et constituer la queue. Quant à un long sillon blanchâtre qui restait dans la direction suivie par le bolide du 18 novembre, et qui a été remarqué aux environs de la trajectoire, il provenait sans nul doute des parcelles de matière que le météore laissait sur sa route, et qu'il éclairait par sa vive lumière. Si je n'ai pas remarqué ce sillon, c'est sans doute parce que j'étais beaucoup plus loin de la trajectoire, et parce que la couche d'air qui m'en séparait, atténuait considérablement l'éclat de la traînée.

Je vais citer maintenant plusieurs faits à l'appui de l'explication précédente pour l'accroissement apparent du diamètre.

L'astronome américain Mason, à l'époque du 10 août 1839, ayant eu l'occasion d'observer dans son télescope, d'un grossissement de quatre-vingts diamètres, un assez grand nombre d'étoiles filantes, dit que leur contour était un peu incertain, comme celui d'un point lumineux qui ne serait pas au foyer.

Tous les bolides ont été décrits comme ayant la forme sphérique, comme des globes enflammés, et s'ils étaient simplement des aérolithes, dont la température aurait été portée au rouge, on devrait les voir de formes très-diverses, lorsqu'ils sont assez volumineux pour que leur diamètre apparent ne puisse pas être attribué à l'irradiation. L'aérolithe n'est donc, pour ainsi dire, que le noyau du bolide, noyau très-petit comparativement au diamètre de ce dernier.

Des globes de feu ont souvent été aperçus sur des espaces considérables, avec un très-grand diamètre apparent, et n'ont été suivis que de la chute d'aérolithes pesant moins de cinquante kilogrammes. Cependant, si l'on avait calculé leur diamètre réel d'après leur grandeur apparente, on l'aurait trouvé de plusieurs centaines de mètres.

Enfin, si on remarque qu'à l'entrée de la sphère d'attraction terrestre, les directions de mouvement qui doivent faire couper la surface du sol à la trajectoire, sont beaucoup plus nombreuses que celles qui feraient seulement traverser l'atmosphère à cette dernière, on est étonné que le nombre constaté de chutes d'aérolithes soit aussi faible relativement à la quantité si prodigieuse des étoiles filantes. La rareté des aérolithes ne peut provenir que de la combustion et de la réduction en poussière de la presque totalité des bolides.

Pour parvenir à trouver la courbe que décrivait dans l'espace, avant sa chute, le météore du 18 novembre, il fallait d'abord chercher des formules pour calculer la résistance de l'air sur un corps qui se consume. Malheureusement, la solution de ce problème dans le cas général surpasse les forces de l'analyse mathématique, car cette résistance dépend de la forme du mobile, et, par la combustion de celui-ci, il se produit mille variations qu'il est impossible de calculer, car elles sont en relation avec l'hétérogénéité de la substance et avec la forme primitive, éléments variables à l'infini, et qui nous sont entièrement inconnus. Mais, pour déterminer au moins approximativement la résistance, nous avons construit des formules générales pour le cas où les dimensions d'un mobile diminuent toutes semblablement de manière à ne pas altérer la forme, et où la perte de matière éprouvée est proportionnelle à la résistance de l'air [1]. Celle-ci étant la cause de la diminution de volume, la dernière condition doit nécessairement avoir lieu lorsque la forme est supposée constante et quand le corps est homogène. Nous avons ensuite assujetti les formules obtenues à représenter les variations de vitesse réellement observées sur la trajectoire [2], et le calcul dirigé suivant cette méthode m'a appris qu'au moment où j'ai aperçu le bolide du 18 novembre, sa vitesse était de 13 350 mètres par seconde, et qu'à l'instant de l'inflammation, deux secondes auparavant, elle était de 15 940 mètres. Le météore était alors à

[1] Voir mon mémoire sur le bolide du 18 novembre 1851, dans le tome Ier, page 84, des *Mémoires de la Société impériale des sciences naturelles de Cherbourg.*

[2] Après avoir déterminé l'expression de la résistance, comme nous l'avons dit, on a pu construire la trajectoire du bolide dans l'atmosphère avant son observation, en ayant égard à la courbure de sa route sous l'action de la pesanteur. On a cessé de faire varier le volume du bolide dans la portion de cette trajectoire où il n'était pas lumineux.

17 100 mètres d'élévation près des rochers du Calvados, dans le nord-est de Bayeux[1].

La diminution de résistance qu'il a fallu admettre pour expliquer la variation du mouvement angulaire, prouve que le corps était réduit,

---

[1] Cette élévation n'est pas très-grande. Plusieurs observateurs ont vu des bolides qui devenaient incandescents à des hauteurs beaucoup plus considérables. On conçoit que l'incandescence dépendant de la compression et du frottement de l'air, en même temps que de la nature plus ou moins inflammable du corps, doit présenter de très-grandes variations. L'influence de la vitesse est immense; ainsi, un bolide circulant dans un air cent fois moins dense et animé d'un mouvement dix fois plus rapide qu'un autre météore, a devant lui une atmosphère à la même pression que celle de ce dernier; car, à égalité de densité, la compression de l'air croît comme la résistance, c'est-à-dire, comme le carré de la vitesse au moins; la chaleur dégagée est d'ailleurs proportionnelle à la résistance multipliée par le chemin parcouru, de sorte qu'elle est dix fois plus grande dans le premier cas que dans le second. La rapidité du globe du 18 novembre n'était pas énorme, c'est ce qui fait qu'il s'est enflammé dans les régions inférieures de l'atmosphère. Un bolide dont M. Petit a envoyé la description à l'Académie des sciences, le 29 septembre 1852, avait, d'après la plus petite des deux évaluations, une vitesse de 62 kilomètres à la seconde. Aussi, il s'est enflammé à une bien plus grande hauteur que celui du 18 novembre, à plus de 30 lieues d'élévation.

Il en est de même d'un autre météore dont nous allons parler plus loin. Le bolide de M. Petit confirme les explications de l'amplification du diamètre apparent, exposées plus haut; car d'après sa trajectoire réelle, il a dû tomber dans les Pyrénées, où il n'a pas été trouvé. Or, son diamètre, calculé d'après les dimensions apparentes, était de 215 mètres. Évidemment, un corps de ce volume n'aurait pu tomber sans avoir été aperçu.

Brandès a, le premier, remarqué que les météores les plus gros sont généralement les plus élevés. Il est facile d'expliquer ce fait. D'abord, lorsque deux bolides deviennent incandescents dans des couches d'air de densité différente, quoique la compression devant ces deux corps soit égale à cause des vitesses, les particules qui se détachent de la surface sont projetées plus loin dans l'air le moins dense; de plus, lorsqu'un bolide s'enflamme en entrant dans l'atmosphère, il a souvent beaucoup plus de vitesse qu'il ne faut pour déterminer l'incandescence, ou bien il est très-inflammable; de sorte que sa température devient beaucoup plus élevée, ses particules sont projetées avec plus de force, en même temps, l'irradiation l'augmente davantage, puisqu'il est plus lumineux. Lorsque, au contraire, un corpuscule n'ayant pas assez de rapidité de mouvement ou n'étant pas assez inflammable pour devenir incandescent dans les hautes régions, atteint les couches inférieures de l'air, où il a déjà beaucoup perdu de sa vitesse à cause du trajet effectué, il s'enflamme dès qu'il se trouve précisément assez de chaleur pour le rendre lumineux, de sorte qu'il n'y a jamais d'excès aussi considérable que dans le premier cas. L'accroissement de diamètre ainsi produit surpasse la diminution due au plus grand éloignement des bolides des hautes régions atmosphériques.

D'après la judicieuse remarque de Brandès, leur distance fait que les gros bolides paraissent en général se mouvoir plus lentement que les petits, quoique leur vitesse réelle soit plus grande.

au moment où j'ai cessé de le voir, à des dimensions 10 fois plus petites qu'à l'instant où je l'ai aperçu ; donc il se consumait presque
entièrement dans l'atmosphère. Si on réfléchit à l'immense quantité
de particules qu'il a dû laisser, pour produire la brillante traînée qui
ne l'a pas abandonné pendant le temps de sa visibilité, c'est-à-dire
sur une longueur de chemin de 35 400 mètres, ce résultat n'a rien
d'étonnant. Au moment où j'ai commencé à voir le météore, ses dimensions, d'après la formule, devaient s'être déjà réduites dans le
rapport de 1,76 à 1,00 depuis le point d'inflammation. De la valeur de la résistance, j'ai déduit que si le bolide avait été parfaitement
sphérique, le produit de son rayon par sa densité, au moment où il a
disparu pour moi, aurait été $0^m,57$. La densité des aérolithes étant
moyennement 3, on aurait pour rayon $0^m,19$.

Comme le diamètre est constant avant l'inflammation, j'ai calculé
la résistance de l'air au moyen des formules ordinaires pendant les
six secondes qui ont précédé l'apparition de la lumière du météore ;
au-dessus de 40 000 mètres d'élévation, cette résistance devenait insensible pour la vitesse possédée par le corps, de sorte que je l'ai négligée. Les coordonnées qu'avait le bolide à cette hauteur, où on pouvait
le considérer comme se mouvant dans le vide, étaient 49° 24′ 30″ de
latitude boréale et 1° 40′ 30″ de longitude occidentale. On comptait à
Paris, à cet instant, six heures quarante-sept minutes. La vitesse du
météore était de 46 900 mètres en une seconde, par rapport à la surface terrestre, dont le mouvement était en sens contraire du sien. Le déplacement par rapport au centre de la terre était donc seulement de
16 450 mètres dans le même temps : la projection de la trajectoire
sur l'horizon du lieu que je viens d'indiquer par ses coordonnées, venait
de l'est 9° 55′ S., et cette trajectoire était inclinée de 14° 38′ à ce
même horizon [1].

---

[1] De là j'ai déduit, au moyen des formules de la mécanique céleste employées pour le
calcul de l'orbite d'un corps dont on connaît la vitesse et la direction du mouvement, que le
bolide décrivait, autour de la terre, une de ces courbes évasées appelées hyperboles par les
géomètres. Il était entré dans la sphère d'attraction terrestre déterminée comme Laplace l'indique pour le calcul des comètes qui approchent très-près des planètes, le 17 novembre à

La vitesse du bolide du 18 novembre était plus grande que celle de la terre, et, en cela, bien qu'appartenant à la même époque de l'année, il paraît différer des astéroïdes de novembre observés plusieurs fois, et qui, d'après un très-grand nombre de témoignages, semblent diverger du point vers lequel la terre se dirige dans cette saison. Mais il faut remarquer que c'est le matin que la divergence a été observée, tandis que le météore du 18 novembre a paru à six heures trente et une minutes du soir; or, il est facile de voir que les astéroïdes dont le mouvement a lieu dans le même sens que celui des planètes, doivent paraître le soir lorsque leur vitesse est plus grande que celle du globe terrestre, et, au contraire, le matin, dans le cas contraire; car à six heures du soir, la terre s'éloigne du point de l'écliptique qui est au méridien, et à six heures du matin, elle s'en approche. Le matin, les étoiles filantes pourront donc, comme l'attestent beaucoup d'observateurs, paraître diverger du point vers lequel notre planète se dirige. A la vérité, quelques personnes ont contesté ce fait, mais la discussion doit provenir de ce que le mouvement apparent des bolides résulte de leur déplacement propre, en même temps que du mouvement terrestre, de sorte que la divergence en question ne peut être toujours bien rigoureuse.

Les astéroïdes du soir devant être animés en général d'un mouvement plus rapide que celui de la terre, et ceux du matin d'un mouvement plus lent, il en résulte que ces derniers sont plus près de leur aphélie que les premiers; par conséquent, les grands axes de leurs orbites

12 h. 22 m. (temps de Paris); comme les mêmes formules me donnaient la vitesse et la direction du mouvement à cette entrée, j'ai pu calculer l'orbite que le corps décrivait antérieurement autour du soleil, Cette orbite est une ellipse dont voici les éléments :

Demi grand axe.	1,182312
Excentricité.	0,568368
Distance du périhélie..	0,746780
Inclinaison.	9° 25′ 5″
Longitude du nœud ascendant.	55° 51′
Longitude du périhélie sur l'orbite.	84° 39′ 34″
Durée de la révolution.	469J,5655
Sens du mouvement.	Direct.

Le passage au périhélie aurait eu lieu, le 15 janvier 1852, à 11 h. 39 m. 40 s. (temps moyen de Paris).

sont plus courts. Or, toutes les observations anciennes et modernes, aussi bien celles qui ont été faites en Chine et en Amérique, que celles de M. Coulvier-Gravier, prouvent que la fréquence des bolides va en croissant le matin; donc les astéroïdes sont d'autant plus nombreux que les grands axes de leurs orbites sont plus courts, ou en d'autres termes, leur multitude augmente à mesure qu'on se rapproche davantage du soleil.

Les observations de M. Coulvier-Gravier, et les divers catalogues de météores, s'accordent à indiquer que pendant la première moitié de l'année, ces corps sont moins nombreux que pendant la seconde, ou, suivant la remarque de MM. Coulvier-Gravier et Ed. Biot, qu'on observe la plus grande fréquence, quand la terre s'approche de son périhélie. Ce fait prouve que la longitude du périhélie de la plupart des astéroïdes doit être la même que celle de notre planète vers les mois de février et de mars, comme cela avait lieu pour celui du 18 novembre, d'après la note de la page 521, car alors la terre sera, pendant les six premiers mois de l'année, plus loin du soleil que les portions situées dans la même direction des orbites de la plupart des bolides, de sorte que les rencontres seront peu nombreuses. Pendant la fin de l'année, au contraire, les routes de la plus grande partie des météores se rapprochant de l'orbe terrestre, et même pouvant le couper, les chutes seront beaucoup plus fréquentes. Si l'orbe terrestre était exactement circulaire, il faudrait pour cet effet, que la longitude du périhélie de la plupart des astéroïdes fût la même que celle de la terre vers le 1er avril, milieu des six premiers mois de l'année, mais cette dernière s'éloignant alors elle-même du soleil, la longitude en question doit être celle du globe à une époque antérieure, dans les mois de février et de mars.

Il est bon de remarquer aussi qu'une nuée d'astéroïdes dont les orbites sont peu inclinées à l'équateur solaire (celle du bolide du 18 novembre ne l'était que d'environ 3°) et dont le nombre augmente en approchant du soleil, doit produire en réfléchissant la lumière de cet astre, une lueur qui se confond avec la lumière zodiacale, et qui éprouve, suivant la saison, les mêmes variations d'intensité que celle-ci, si les périhélies du plus grand nombre des corpuscules ont à peu près la

même longitude que celui du météore du 18 novembre. Ce dernier
corps devait donc faire partie de la matière de la lumière zodiacale.

Tous les bolides, au reste, n'appartiennent pas à la matière de ce dernier phénomène céleste. M. Petit en a calculé à mouvement soit direct,
soit rétrograde, qui se mouvaient dans des hyperboles, c'est-à-dire dans
des courbes non fermées à branches indéfinies, et qui étaient, par conséquent, intrastellaires. Cette dernière sorte de bolides doit paraître indistinctement à toute heure et à toute époque. Si on remarque que les
aérolithes paraissent tomber presque également en toute saison, on
est porté à croire que le plus grand nombre de ces corps est dû aux
météores intrastellaires, lesquels alors, par suite de leur constitution physique, seraient, malgré leur plus grande vitesse, moins inflammables
et plus difficiles à réduire en poussière que ceux dont les orbes sont
elliptiques autour du soleil.

Laplace a pensé aussi que les aérolithes pourraient provenir des volcans lunaires, et il a calculé qu'il suffirait d'admettre dans ces derniers
une force de projection cinq fois plus grande seulement que celle des
pièces d'artillerie, pour que des pierres pussent être lancées par eux
de manière à pouvoir sortir de la sphère d'attraction de la lune et
atteindre la surface terrestre. Or, sur la terre, les volcans manifestent
parfois des forces qui ne s'écartent guère de cet ordre de grandeur.
Ainsi on a vu le Vésuve lancer une colonne de flammes surmontée de
poussières et de pierres jusqu'à une hauteur de neuf kilomètres. Dans
ce cas, en tenant compte de l'énorme résistance que notre atmosphère
opposait à des projectiles de forme irrégulière, il est facile de voir
que la force dépassait considérablement celle de l'artillerie.

Nous avons dit en traitant de la lune que ses cirques offrent d'ailleurs l'aspect de cratères volcaniques. Nous en représentons ici encore
un, nommé Petavius, avec des détails obtenus par un grossissement
plus grand que pour ceux dont nous avons déjà donné les dessins.

Il importe encore de remarquer qu'à cause de l'attraction terrestre il n'est pas nécessaire, pour qu'un volcan lunaire puisse lancer
des pierres tombant sur notre globe, que ce volcan soit sur la face
regardant la terre.

Quoi qu'il en soit, au reste, de l'hypothèse de Laplace, il y aurait quelque probabilité que les bolides et les étoiles filantes ordinaires qui se consument presque tous dans l'atmosphère, et qui offrent des périodes particulières, seraient d'une nature différente de celle des aérolithes proprement dits. Les premiers corps devraient, à en juger par leur périodicité, appartenir de préférence à la lumière zodiacale, bien que quelques-uns pussent lui être étrangers, tandis que les aérolithes, si leur

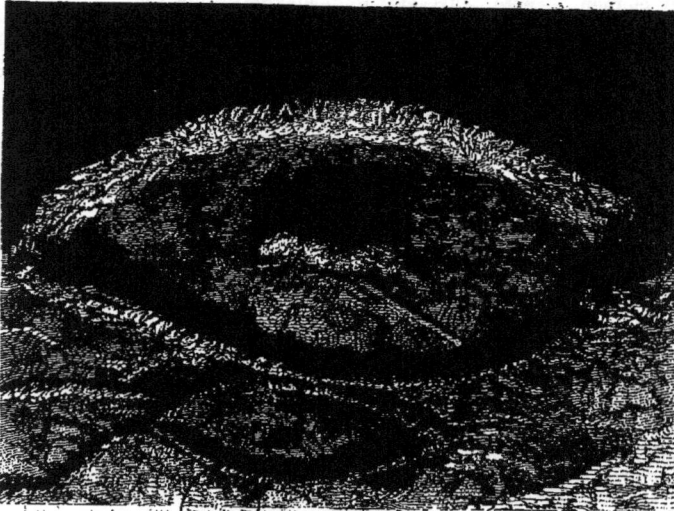

Potavius après la pleine lune.

absence de périodicité arrive à être bien vérifiée, seraient ou des pierres provenant de la lune, ou plutôt encore des corpuscules intrastellaires.

Le 12 décembre 1851, vers six heures trois quarts du soir, ou moins d'un mois après le bolide dont j'ai parlé précédemment, j'ai observé, à Cherbourg, un autre globe de dimensions à peu près égales. Je n'avais pas les yeux dirigés vers le ciel lorsqu'il parut, mais la vive clarté qu'il répandait sur le sol a appelé mon attention, et j'ai pu l'apercevoir encore assez pour définir convenablement la direction de sa trajectoire apparente. Il marchait du nord-est au sud-ouest. La traînée était peu apparente et le globe proprement dit était fortement

bleuâtre. Il possédait un diamètre sensible, et semblait parfaitement
rond. Le diamètre peut être estimé à trois ou quatre minutes. En
joignant le temps pendant lequel j'ai vu la lueur sur le sol et dans l'atmosphère à celui pendant lequel j'ai observé le météore, j'estime que
la durée totale a été de trois secondes environ, quatre secondes au
maximum, mais j'ai aperçu le bolide lui-même tout au plus pendant
une seconde. Il était dans le voisinage du méridien et de l'équateur
quand il a disparu. Voici d'après les alignements pris sur les étoiles,
les coordonnées du point où j'ai vu apparaître le globe, et celles de son
point de disparition.

Apparition.	Disparition.
Déclinaison boréale, 7° 30'.	Déclinaison australe, 0° 45'.
Ascension droite, 10°	Ascension droite, 356° 10'

Ces deux points sont distants d'un arc de 15° 20'. Le bolide a parcouru leur intervalle, sans dévier sensiblement de l'arc de grand
cercle de la sphère céleste qui les joint.

Un grand nombre de personnes, à Cherbourg, ont vu ce corps.
Beaucoup l'ont aperçu avant moi, entre autres M. Jardin, officier
du commissariat de la marine, qui l'a vu partir du groupe des
Pléiades. Le bolide était moins brillant à l'origine que plus tard, et il
ne paraît pas que sa couleur bleue fût aussi prononcée.

Si on fait passer par les points que j'ai indiqués ci-dessus un arc
de grand cercle de la sphère céleste, cet arc prolongé passe tout près
des Pléiades. Il résulte donc de là qu'à Cherbourg la trajectoire apparente était renfermée dans un plan.

Le bolide dont je viens de parler a été observé à Paris, au Luxem-
bourg, par M. Coulvier-Gravier, qui s'occupe, comme on sait, avec
tant de persévérance, de l'observation des étoiles filantes et des bolides. J'ai trouvé, dans le catalogue qu'il a publié, la description suivante, qui, évidemment, s'applique au corps que j'ai vu de Cherbourg :

Date.	Heure.	Direction.	Grandeur.
12 déc. 1851.	6 h. 58 m.	E. N. E.	5°

Observations. — Tête du Dragon. — Durée de la trainée, 3 secondes après l'extinction
du globe, bleuâtre vers l'horizon.

Au catalogue est jointe une carte sur laquelle sont tracées les routes apparentes des météores observés. La trajectoire y est représentée par une ligne droite, dont les extrémités ont les positions suivantes :

Apparition.	Disparition.
Distance au zénith, 47° 30'.	Distance au zénith, 74°.
Azimut, N. 50° O.	Azimut, N. 81° O.

Pour se rendre compte de l'identité, nous ferons remarquer que l'heure de Paris, six heures cinquante-huit minutes, correspond à un peu plus de six heures quarante-deux minutes de Cherbourg. Or, j'avais pour heure approximative, dans cette dernière ville, six heures quarante-sept minutes. Malheureusement, je n'ai pas déterminé l'état exact de ma montre, qui était en erreur de quelques minutes. Les deux phénomènes ont donc eu lieu à la même heure, dans la limite possible des erreurs sur le temps. Or, comme ni M. Coulvier-Gravier, ni moi, nous n'avons vu aucun autre bolide aussi brillant dans le voisinage de cet instant et comme des corps semblables, qui jettent une vive clarté sur le sol et dans l'atmosphère, ne peuvent guère échapper à des observateurs, il y a tout lieu de croire à l'identité.

Mais cette identité résulte surtout des apparences physiques.

Dans les deux stations, le corps était bleuâtre, et le devenait de plus en plus en approchant du point de disparition. Or, les bolides de couleur bleue prononcée sont rares. Comment alors supposer que deux corps différents de cette couleur viendraient au même instant à peu près se faire voir de deux stations différentes, avec les mêmes variations de coloration, et en restant invisibles d'une autre station, située dans la direction de l'apparition ; car le météore paraissait à Cherbourg du côté de Paris, et, à Paris, du côté de Cherbourg.

La différence des diamètres, loin d'être un obstacle à l'admission de l'identité, en est même une nouvelle preuve, car si, avec les deux routes apparentes, on calcule la trajectoire réelle, on trouve que le bolide était à 187 kilomètres de Paris au moment de son apparition, et à 266 kilomètres à celui de sa disparition, tandis qu'il n'était qu'à 96 kilomètres de Cherbourg quand je l'ai aperçu, et à une distance à peu près égale quand j'ai cessé de le voir. Il devait donc me paraître d'un diamètre à peu près triple de celui qu'il avait quand il a disparu à Paris, et double de celui qu'il possédait au moment de son apparition dans ce même point, indépendamment de l'éclat qui était beaucoup moindre à Paris qu'à Cherbourg, par suite de l'absorption atmosphérique. Il n'est donc pas étonnant que M. Coulvier-Gravier ait classé ce corps dans la troisième grandeur des bolides, tandis que je l'ai mis dans la première grandeur.

Le calcul de la trajectoire réelle montre que le météore s'abaissait vers le sol. Cette trajectoire était, en effet, parallèle à une ligne menée vers le point du ciel dont l'ascension droite est de 95° 51' et la déclinaison boréale de 25° 58'; et on trouve les élévations suivantes au-dessus du niveau de la mer :

Point d'apparition à Paris,	128 kilomètres.
Point de disparition à Paris,	78 —
Point où j'ai vu paraître le bolide,	71 —
Point de disparition à Cherbourg,	64 —

On déduit également de la position de la trajectoire réelle, que le lieu occupé par le bolide, au moment de son apparition à Paris, devait se projeter à Cherbourg par 68° 8' d'ascension droite et 25° 29' de déclinaison boréale. Ce point se trouvait alors, à une petite distance au-dessous des Pléiades. C'est, à peu près, d'après ce qui précède, la position, désignée comme point d'apparition à Cherbourg. Le globe devait être alors à 224 kilomètres de cette dernière ville.

Quand j'ai pu apercevoir le bolide, il avait cessé d'être visible à Paris. Il faudrait supposer, au-dessous du point de disparition, fixé par M. Coulvier-Gravier, 7 degrés d'erreur sur la longueur de la trajectoire, pour admettre qu'il voyait encore le météore quand je suivais sa marche. Une erreur sur le point de disparition à Cherbourg ne diminuerait pas sensiblement l'erreur nécessaire dans cette hypothèse pour les observations de Paris. Or, une telle erreur est inadmissible de la part d'un observateur aussi exercé que M. Coulvier-Gravier, dans les conditions avantageuses où il se trouvait pour l'observation.

Le météore disparaissait donc à Paris, par l'effet de l'absorption de l'atmosphère près de l'horizon. Un tel phénomène pour un gros bolide est très-important à noter. Il prouve qu'on ne peut pas employer les extinctions des étoiles filantes à la détermination des différences de longitudes, comme on a voulu le faire, puisque le phénomène dépend de la distance au spectateur. Quelques observations, dont on trouvera les résultats dans l'appendice à la fin de ce chapitre, indiquent que cette influence de l'éloignement doit être fréquente. On remarquera, toutefois, que, vu la courte durée de l'apparition de ce genre de météores, les longitudes ainsi obtenues, quoique inexactes, ne peuvent pas présenter de grandes erreurs.

La longueur totale de la trajectoire du bolide du 12 décembre 1851, depuis le point d'apparition à Paris jusqu'au point de disparition à Cherbourg, était de 217 kilomètres; cet intervalle a été parcouru en trois secondes environ, ce qui donne une vitesse moyenne de 72 kilomètres. La longueur totale de la trajectoire visible à Paris était de 164 kilomètres. En supposant donc un mouvement uniforme et une durée totale de trois secondes, M. Coulvier-Gravier devait voir le bolide pendant deux secondes et deux tiers. Or, il aurait évidemment remarqué le corps comme lent, s'il avait duré plus que ce temps. En outre, la vitesse devait diminuer dans l'atmosphère. Elle était donc plus grande au commencement de la trajectoire qu'à la fin. Ainsi, en résumé, quand même on admettrait mon estimation maximum de quatre secondes pour la durée totale, on ne peut pas admettre que M. Coulvier-Gravier ait vu le corps plus de deux secondes environ, et, conséquemment, il a dû entrer dans l'atmosphère avec une vitesse de 70 à 80 kilomètres au moins par seconde.

La longueur de la portion de la trajectoire vue par moi à Cherbourg était de 26 kilomètres; et, dans ma narration, je dis que le temps employé à la parcourir a été d'une seconde au plus. Cette durée, par sa brièveté, était difficile à évaluer, surpris comme je l'étais, et voulant surtout tenir compte en même temps de la durée totale. Si on admettait la valeur maximum que je viens d'indiquer, la vitesse aurait alors été déjà réduite à 26 kilomètres par la résistance de l'air; mais plus on admet de longueur pour le temps pendant lequel j'ai vu le bolide, moins il en reste pour le surplus de la trajectoire. Toutefois, il paraît

34

résulter de mon observation que le mouvement du corps avait subi un ralentissement très-notable en s'enfonçant dans l'atmosphère, ce qui, d'après la théorie, devait avoir lieu nécessairement.

Nous avons déjà appelé précédemment l'attention sur les relations qui paraissent exister entre la vitesse des bolides et l'élévation à laquelle ils s'enflamment. C'est une relation nécessaire, abstraction faite de leur nature chimique, qui peut expliquer à son tour les variations et les anomalies de la loi générale d'après laquelle les corpuscules animés de la plus grande vitesse deviennent incandescents aux plus grandes hauteurs. Le bolide du 12 décembre 1851 vient encore confirmer cette loi. Il s'est enflammé à une élévation énorme : 128 kilomètres.

On démontre, dans la mécanique céleste, que la nature elliptique, parabolique ou hyperbolique de l'orbite d'un corps céleste circulant autour d'un autre dépend seulement de la vitesse possédée à une distance donnée des deux corps, et nullement de la direction du déplacement. Au delà d'une rapidité de mouvement de 8,000 mètres environ par seconde un corps voisin de la surface terrestre, circulant autour de notre globe, doit décrire une hyperbole. Le bolide du 12 décembre parcourait donc une hyperbole autour de la terre, lorsqu'il a rencontré l'atmosphère. Les corps animés de vitesses semblables à celles de ce météore possèdent, même encore à l'entrée de la sphère d'attraction terrestre, un mouvement suffisant pour circuler dans des orbes hyperboliques autour du soleil, sauf le cas où leur déplacement relatif par rapport à notre globe résulterait de l'addition de leur vitesse et de celle de notre planète. Tel n'est pas le cas du bolide du 12 décembre; la direction de son mouvement relatif et celle du mouvement de la terre font un angle qui ne s'écarte pas beaucoup de 90 degrés. Ce corps présente donc de grandes analogies avec celui de M. Petit, dont j'ai parlé plus haut.

Les nuits du 10 et du 11 août sont remarquables dans l'hémisphère nord par la fréquence des étoiles filantes. Dans l'hémisphère austral, ces nuits ne m'ont pas paru aussi dignes d'attention sous ce rapport. Des observateurs, en Australie et au Chili, ont confirmé la diminution du phénomène d'août dans l'hémisphère sud, comparativement à celui du nord ; et M. Poey a remarqué que cette diminution se manifeste dès la latitude de la Havane.

En revanche, près de l'équateur, et dans l'hémisphère austral, la seconde moitié de juillet m'a paru être une époque de très-grande fréquence d'astéroïdes. Un jour, en mer, près de l'équateur, j'ai même aperçu à la fois un bolide et deux étoiles filantes. C'est la seule fois que j'aie vu ensemble plusieurs météores.

Les nuits du 12 au 13 novembre m'ont semblé dans l'hémisphère austral, comme dans celui du nord, assez riches en étoiles filantes. Je n'y ai pas vu, toutefois, de ces nuées de météores, décrites à diverses reprises dans l'hémisphère boréal, mais il est vrai que ce phénomène n'a pas eu lieu non plus dans ce dernier, pendant les années de mon séjour au sud de l'équateur.

D'après les intéressantes recherches de M. Coulvier-Gravier, les phénomènes du 10 août et du 12 novembre sont sujets à des recrudescences périodiques, et c'est aux époques de maximum que peuvent se produire les pluies d'étoiles filantes, signalées par quelques observateurs.

APPENDICE

OBSERVATIONS SIMULTANÉES A PARIS ET A ORLÉANS SUR LES ÉTOILES FILANTES DU MOIS D'AOUT

En 1856, nous nous concertâmes à l'observatoire de Paris, MM. Goujon, Chacornac, Besse-Bergier et moi, pour étudier le phénomène des étoiles filantes périodiques du mois d'août. MM. Goujon et Chacornac restèrent à Paris, et observèrent dans la direction du sud, vers Orléans, M. Besse-Bergier et moi nous nous rendîmes à Orléans, et du haut d'une des tours de la cathédrale, nous observâmes du côté du nord, dans la direction de Paris. Les observations devaient avoir lieu le 10 et le 11 août.

Nos deux stations étaient réunies par un conducteur électrique, afin de nous prévenir mutuellement par un signal de l'apparition de chaque étoile filante à une des stations. Mais malheureusement notre fil télégraphique ne put être placé le premier jour jusqu'au haut de la tour de la cathédrale d'Orléans, et, le second jour, un accident sur le fil joignant l'Observatoire et l'administration centrale des télégraphes à Paris empêcha les communications. Malgré cela, le second jour nous observâmes également de part et d'autre comptant sur la fixation des heures pour reconnaître les identités.

Comme notre chronomètre avait été comparé avec l'instrument employé à l'Observatoire, avant notre départ pour Orléans, et le fut également au retour, il était facile de savoir si une étoile filante avait été observée au même instant physique dans les deux stations.

Dans la nuit du 11 au 12 août, on observa à Paris :

De minuit 12^m à 1^h . . . . . . 22 étoiles filantes.
De 1^h à 2 . . . . 21 —
De 2^h à 3 . . . . 16 —
A 3^h 1^m . . . . 1 —
                    Total 60

A Orléans (observation au temps de Paris) :

De minuit à 1^h . . . . 21 étoiles filantes.
De 1^h à 2 . . . . 18 —
De 2 à 3 . . . . 14 —
                    Total . . . 53

Parmi ces étoiles filantes, 13 seulement ont été observées à des instants identiques dans les deux villes, du moins dans la limite des erreurs possibles.

Toutefois la simultanéité des instants d'observation ne constitue qu'une probabilité et non une preuve en faveur de l'identité de deux astéroïdes. Mais si en même temps les rayons visuels menés des deux stations aux points d'apparition et de disparition se coupent sensiblement, c'est-à-dire, dans la limite des erreurs admissibles, il ne peut plus rester de doute sur l'identité.

Sur les 13 étoiles filantes, 6 seulement ont nettement présenté ce caractère.

J'ai calculé leurs trajectoires, et je donne ci-dessous leurs hauteurs au-dessus du sol et leurs vitesses.

	Heure d'observation temps de Paris.	Hauteur du point d'apparition au-dessus du sol en kilomètres.	Hauteur du point de disparition en kilomètres.	Vitesse par seconde en kilomètres.
N° 1.	Minuit 28^m 29^s	35	11	30,4
N° 2.	— 33 53	36	25	21,7
N° 3.	— 50 22	85	13	84,0
N° 4.	— 55 44	119	66	115,0
N° 5.	1^h 53 58	54	21	24,8
N° 6.	2^h 54 37	37	5	22,0

DIRECTION DES PARALLÈLES A LA TRAJECTOIRE MENÉES PAR L'OBSERVATOIRE DE PARIS, OU ASCENSION DROITE ET DÉCLINAISON DES POINTS OU CES PARALLÈLES PROLONGÉES AURAIENT COUPÉ LA SPHÈRE CÉLESTE.

	Ascension droite.	Déclinaison.
N° 1.	261° 47	72° 32' N.
N° 2.	47 0	47 22 N.
N° 3.	7 4	85 22 N.
N° 4.	306 9	26 17 N.
N° 5.	42 5	8 12 N.
N° 6.	57 28	5 46 S.

D'après ces observations, il semble que la majeure partie des étoiles filantes vues au nord à Orléans, étaient au nord de Paris, ce qui les rendait invisibles pour les observateurs de cette station, qui regardaient du côté du midi ; et celles qui ont été vues au sud à Paris, étaient en général au sud d'Orléans, et invisibles pour les observateurs de la dernière ville, qui regardaient au nord. Au reste, les météores qui se projetaient près du zénith n'étaient pas vus ; l'œil n'atteignait guère que depuis 70 degrés de hauteur jusqu'à l'horizon. Six étoiles filantes seulement ont donc traversé la partie de l'atmosphère située entre les deux villes. Toutefois, d'après la limitation de l'angle de hauteur pour la vue, les étoiles très-élevées n'ont pu être observées simultanément aux deux stations, à cause du trop grand rapprochement de ces dernières.

La grande variabilité de direction des étoiles filantes du mois d'août, accusée par les observations précédentes, semblerait indiquer que ce phénomène ne provient pas d'un anneau d'astéroïdes parcourant à peu près la même orbite autour du soleil, mais bien d'un nœud ou point de rencontre de plusieurs anneaux semblables. Ce nœud serait au nord de l'écliptique, d'après la remarque que j'ai déjà citée au sujet de la diminution du phénomène dans l'hémisphère austral.

Il est digne de remarque que la plus élevée des six étoiles filantes calculées était aussi celle qui avait le plus de vitesse, conformément à la remarque que j'ai déjà citée antérieurement. J'ajouterai ici que divers observateurs ont constaté l'existence de bolides jusqu'à des hauteurs de 500 kilomètres, et même au delà.

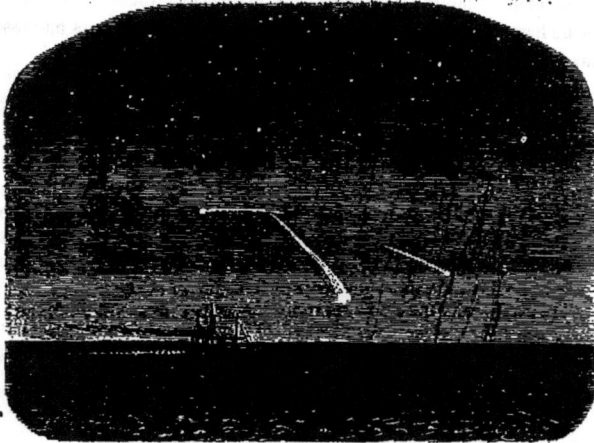

Trois bolides vus simultanément en mer en juillet 1858.

Fragment agrandi de la grande nuée magellanique.

CHAPITRE XXI

LES ÉTOILES ET LES NÉBULEUSES

—◇◇◇—

CONSTITUTION PHYSIQUE DES ÉTOILES — ÉTOILES VARIABLES — MULTIPLES
NÉBULEUSES GLOBULAIRES — IRRÉGULIÈRES
PLANÉTAIRES — ÉTOILES NÉBULEUSES — NATURE DES NÉBULEUSES

Toutes les étoiles ne brillent pas d'un éclat sans cesse uniforme. Il en est dont la lumière augmente ou diminue progressivement avec le temps, et la grandeur des variations est telle, que quelquefois on a vu des astres apparaître et d'autres entièrement disparaître. Beaucoup d'étoiles sont sujettes à des changements d'éclat périodiques, c'est-à-dire qu'elles passent par une série de maxima et de minima d'intensité séparés par des intervalles de temps égaux. Il est possible que toutes celles chez lesquelles on remarque des variations de lumière soient périodiques, auquel cas les étoiles qui n'ont présenté jusqu'ici que des changements lents et progressifs ne différeraient des autres que par la longueur de leur période. C'est un point que les observations des siècles futurs pourront seules éclaircir; quant à présent, on ne peut faire que des conjectures à ce sujet.

La première étoile dont la périodicité ait été reconnue est située dans la constellation de la Baleine; Bager l'a désignée par la lettre grecque o en l'année 1603, et il l'a indiquée comme étant de sixième grandeur. Holwarda, professeur à Franecker, fit le premier, en 1638 et 1639, des observations qui montrèrent que cet astre éprouvait des disparitions et des réapparitions périodiques. Toutefois déjà, en 1596, David Fabricius avait observé une de ses disparitions. De 1644 à 1648, l'étoile o de la Baleine fut observée par Hullenius et Jungius, et c'est alors que commencèrent les observations assidues d'Hevelius. Frappés, à cette époque, par les curieuses variations de lumière que ce corps céleste présentait, les astronomes lui donnèrent le nom de *Mira*. Le temps qui s'écoule entre deux maximum d'éclat a été trouvé par Bouillaud de 333 jours, par Jean Dominique Cassini de 334 jours, et par Herschell de 331. La différence entre ces nombres provient, comme l'a fait voir Argelander, de ce que cet intervalle n'est pas lui-même constant; il est soumis à une variation en plus ou en moins, qui embrasse 88 des périodes.

Après la découverte des changements d'éclat de o de la Baleine, un grand nombre d'étoiles ont été reconnues périodiques. La plus remarquable est Algol, dans la constellation de Persée. Elle varie de la deuxième à la quatrième grandeur, et sa période totale est de deux jours et vingt et une heures. Près du maximum ou du minimum, le changement d'intensité est très-lent, mais il devient très-rapide à l'instant où l'étoile a son intensité moyenne; trois heures et demie environ suffisent à cet astre pour passer de l'un de ses éclats à l'autre. Arago a fait voir que la rapidité du changement pourrait être utilisée dans des expériences sur la lumière. Ainsi on en pourrait...

tirer parti pour déterminer la vitesse de la lumière de ce corps céleste, à l'aide d'une ingénieuse méthode qu'il a décrite. D'un autre côté, cet illustre astronome a fait remarquer que si les rayons de lumière de diverses couleurs se mouvaient avec des vitesses différentes dans les espaces célestes, Algol devrait offrir des changements de couleur en même temps que des changements d'éclat, ce qui n'a pas lieu.

Les étoiles variables n'arrivent pas toujours aux mêmes grandeurs dans toutes leurs périodes, et la durée de leurs apparitions est souvent sujette à des anomalies. Quelques astronomes ont essayé de reconnaître une régularité dans les variations des maxima, mais ces périodes secondaires sont elles-mêmes soumises à d'autres, et la complication augmente à mesure que l'on emploie une plus longue série d'observations, ce qui paraît bien indiquer de nombreuses variations dans la variabilité.

Trois hypothèses ont été proposées pour expliquer les phénomènes des étoiles périodiques.

Dans celle de Maupertuis, ces astres seraient très-aplatis, et, par leur mouvement de rotation, se présenteraient à nos yeux tantôt par leur tranche, tantôt par leur grande surface. De là résulteraient pour nous des variations apparentes d'éclat. Cette explication, si elle satisfait à l'ensemble des phénomènes, ne rend aucunement compte des détails; car les rotations étant nécessairement régulières, la périodicité devrait offrir une régularité qui n'a pas été observée. L'hypothèse de Maupertuis n'est donc pas admissible, et nous croyons inutile d'insister sur diverses considérations physiques qui ne permettent guère de concevoir l'existence d'astres constitués de cette manière.

La seconde supposition consiste à admettre que les étoiles périodiques possèdent, comme le soleil, des planètes qui circulent autour d'elles et qui donnent lieu, par leur interposition entre ces astres et la terre, à des éclipses plus ou moins partielles et déterminant des changements apparents d'intensité. L'existence autour d'une étoile de plusieurs grosses planètes, les perturbations dues aux actions mutuelles de ces astres, pourraient bien, en effet, servir à expliquer la possibilité de plusieurs périodes simultanées, et les différences d'éclat entre les divers maxima et les divers minima. Mais il y a plusieurs graves objections à faire à cette explication. Une planète circulant autour d'une étoile ne peut s'interposer entre celle-ci et la terre que pendant une faible portion de la durée de sa révolution, de sorte que les disparitions ou les minima devraient toujours être très-courts par rapport à la durée des apparitions ou des maxima, ce qui n'a pas toujours lieu. On observe souvent même le contraire. De plus, durant le déclin de lumière dans la première moitié d'une éclipse, il ne pourrait pas se produire de recrudescence pendant un instant, comme on l'observe pendant le décroissement de plusieurs étoiles périodiques, et en particulier d'Algol.

D'un autre côté, on a reconnu que le soleil, avec son cortége de planètes, est entraîné dans l'espace d'un mouvement rapide que la terre partage. Par suite de ce mouvement, une étoile périodique à une certaine époque ne tarderait pas à cesser de l'être, puisque la terre sortirait du plan de la courbe que décrit autour de cette étoile la planète qui, à chaque révolution, vient l'occulter, à moins toutefois que le mouvement possédé par le système solaire et partagé par notre globe ne fût lui-même dirigé dans ce plan, nouvelle hypothèse à joindre à la première, et qui, en l'admettant pour un ou même plusieurs des astres périodiques, ne pourrait être exacte pour la totalité. Par suite de la vitesse que possède le système solaire, un calcul facile fait voir que, d'après les distances admissibles pour les étoiles variables, il faudrait supposer à leurs planètes des dimensions immenses, souvent même plusieurs fois le diamètre du soleil, pour que la périodicité pût durer seulement deux siècles.

Reste la troisième hypothèse proposée par Bouillaud en 1667 : elle consiste à admettre que les étoiles variables sont des globes obscurs sur une partie de leur surface, lumineux dans le reste, et qui, par leur rotation sur eux-mêmes, nous présentent successivement leurs diverses parties. A cette supposition, on peut faire l'objection que nous avons faite à celle de Maupertuis, savoir, que les phénomènes offriraient une régularité qui n'est pas observée.

On peut toutefois faire disparaître cette objection en admettant qu'il

peut exister des changements physiques à la surface des étoiles variables. Toutes les irrégularités sont alors faciles à concevoir. Mais on se
trouve forcé d'ajouter que, parmi ces changements, il y en a de périodiques, puisqu'on a reconnu certaines variations semblables dans la
période même des étoiles changeantes.

L'hypothèse de Bouillaud, pour se concilier avec les faits, oblige
donc à supposer des changements périodiques à la surface des étoiles
variables. Mais, du moment où on admet la possibilité de tels changements, ils suffiront à eux seuls à l'explication de tous les phénomènes, sans faire intervenir la rotation de l'astre. L'hypothèse de Bouillaud se détruit donc d'elle-même, puisqu'en voulant la concilier avec
les faits observés, on est conduit à y joindre nécessairement une autre
supposition, d'après laquelle la durée de la période et celle de la rotation peuvent être entièrement différentes.

Les trois hypothèses proposées jusqu'ici pour expliquer la variabilité périodique des étoiles ne satisfont donc pas aux faits observés.
Mais l'une d'elles nous conduit à une quatrième supposition consistant
à attribuer ces variations à des changements physiques périodiques
dans la surface de ces astres.

De tels changements sont-ils admissibles? Oui, puisque le soleil lui-
même nous en offre un exemple. En effet, il présente à sa surface des
taches noires de diverses dimensions, et des travaux récents ont fait
voir qu'il y a dans le nombre de ces taches des maxima et des minima
variables comme importance, mais qui se reproduisent périodique-
ment, de telle sorte que les premiers reviennent tous les onze ans et
un tiers environ, cette durée étant soumise elle-même à des changements réguliers. Le soleil est donc une étoile variable périodique
présentant dans sa variabilité, uniquement due à des modifications
physiques de sa surface, la même régularité et les mêmes anomalies
que les étoiles changeantes, avec la seule différence du petit au grand
dans les variations d'éclat.

Les étoiles changeantes n'offrent dans leur lumière aucune trace
des propriétés connues sous le nom de polarisation et manifestées par la
lumière réfléchie et par celle qui a traversé obliquement des objets trans-

parents, ou enfin par la lumière qui émane obliquement de la surface
d'un corps solide ou liquide, et cependant ces propriétés auraient été
beaucoup plus faciles à reconnaître sur ces étoiles que sur les autres. En
effet, pour ces dernières, la polarisation étant inverse et contraire pour
les deux bords opposés des disques, sa manifestation disparaît à cause
de la petitesse de l'image de l'astre, lequel ne nous paraît que comme
un point; tandis que pour les étoiles changeantes, toutes les parties
de la surface n'étant pas égales en intensité, il y a prééminence de
certaines portions du bord par rapport au bord opposé; de sorte que
la polarisation, si elle existait, ne pourrait être dissimulée. Donc son
absence prouve que la lumière des étoiles variables émane d'un gaz,
ou au moins de particules solides ou liquides en suspension dans un
gaz. Par conséquent, ainsi que l'a dit le célèbre Arago, à qui on doit
cette expérience, les étoiles changeantes sont, comme le soleil, composées d'un globe central non lumineux, entouré d'une atmosphère
éclairante.

Puisque les étoiles variables sont constituées comme le soleil, qui
est lui-même un astre périodique, on doit croire qu'il n'existe entre
ce dernier, les étoiles à éclat sensiblement constant et les étoiles changeantes, que des différences du plus au moins dans la grandeur des
taches. On trouve, en effet, toutes les transitions possibles, depuis les
astres dont l'éclat varie dans des proportions considérables jusqu'à
ceux où il semble uniforme.

En parlant de la lumière zodiacale, nous avons indiqué la nouvelle
théorie de Mayer sur la chaleur et la lumière du soleil, théorie d'après
laquelle le calorique de cet astre est produit par la résistance éprouvée
dans l'atmosphère solaire par une multitude de corpuscules qui la traversent ou s'y arrêtent, et dont le réservoir général n'est autre que la
lumière zodiacale. Par l'effet de cette résistance, cette atmosphère atteint
dans la région moyenne, où les pertes de vitesses sont les plus grandes,
une température qui la rend lumineuse. La théorie en question a, comme
nous l'avons vu, une grande probabilité qui résulte de ce qu'aucune
concentration primitive de calorique dans le soleil, aucune combustion
ou plus généralement aucune combinaison chimique entre les éléments

de cet astre ne peuvent suffire, ainsi qu'on le reconnaît par un calcul facile, à fournir la chaleur nécessaire pour que, pendant les temps historiques seulement, le rayonnement solaire ait pu se maintenir ce qu'il est aujourd'hui; soit que ces combinaisons chimiques eussent produit directement du calorique, ou bien de l'électricité qui se serait ensuite transformée en chaleur et lumière.

La même chose a lieu pour les étoiles, et vu l'analogie qui existe entre elles et le soleil, il est très-probable que la théorie de Mayer doit leur être appliquée. Une considération qui rend très-probable cette généralisation consiste en ce que, chez certaines d'entre elles, la nébulosité formant leur lumière zodiacale est très-développée et devient apparente pour nous. Celles qui présentent ce caractère sont désignées sous le nom d'étoiles nébuleuses.

M. Hind annonce de plus qu'il a observé que les étoiles changeantes, au moment de leur minimum d'éclat, paraissent entourées d'une sorte de brouillard qui deviendrait perceptible dans ce cas, parce que l'œil est moins ébloui par l'astre éclairant.

Le plus grand nombre des étoiles variables, surtout les plus faibles, ont une couleur rouge. Algol, en particulier, paraît s'entourer d'un brouillard rougeâtre au moment de sa disparition. N'y a-t-il pas là encore une analogie avec le soleil, autour duquel, dans les éclipses, on voit des nuages de cette teinte. Les taches et les protubérances rougeâtres présenteraient seulement entre ces astres des différences dans la grandeur du développement?

Dans un travail assez récemment communiqué à l'Institut, M. Wolf, directeur de l'observatoire de Berne, depuis longtemps connu par ses recherches sur les taches solaires, a fait voir que la période des taches et toutes ses anomalies apparentes sont soumises à une loi très-simple et dépendant seulement des masses et des durées des révolutions des planètes principales du système solaire, de telle sorte que la planète la plus volumineuse, Jupiter, détermine par la durée de sa révolution celle de la période principale, et la période totale est formée par la réunion des actions des diverses planètes. Ce fait est, comme nous l'avons vu, facile à expliquer dans la théorie de Mayer, où les actions plané-

taires sur la lumière zodiacale sont la cause déterminante des chutes
de corpuscules qui maintiennent la chaleur solaire.

Les étoiles changeantes étant constituées comme le soleil, les mêmes
phénomènes doivent s'y reproduire; donc l'étude de la période de leurs
variations peut faire connaître la durée de la révolution de leurs
planètes principales. Ainsi Mira possède, suivant toute probabilité,
une planète qui tourne autour d'elle en 331 jours environ; Algol
en a une autre qui tourne en 2 jours 21 heures, etc. Une étude
suivie de la période de ces étoiles pourrait faire connaître par analogie la durée des révolutions de leurs autres planètes et même le
rapport des masses de ces astres, lorsque, pour le soleil, la manière
dont ces éléments sont liés à la périodicité sera très-exactement connue.
Il y a donc là un champ nouveau d'investigation, d'autant plus curieux que les planètes dont l'existence pourra être ainsi constatée
seront toujours invisibles à nos regards par l'effet de leur extrême
éloignement, car leur éclat, à égalité de surface, doit être plusieurs
centaines de mille fois moindre que celui de leur étoile, comme cela
a lieu dans le système solaire.

Pour cette nouvelle recherche de planètes, il ne faut toutefois pas
trop se hâter. On doit attendre que la liaison entre la durée des révolutions de celles qui circulent autour du soleil et la période des taches
solaires soit très-exactement définie. Sans cela, on serait exposé à signaler des astres imaginaires.

Il existe des étoiles paraissant simples à l'œil nu et qui se dédoublent
en deux autres quand on les regarde avec un instrument grossissant.
Ce sont des soleils rapprochés qui, en général, se meuvent l'un autour de l'autre, c'est-à-dire qui tournent autour de leur centre commun
de gravité. On les appelle des étoiles doubles. Nous avons déjà dit
comment les attractions combinées avec les forces centrifuges maintiennent les distances respectives, ou, en d'autres termes, l'équilibre
mutuel des astres.

Les étoiles doubles offrent une particularité curieuse. Elles sont souvent de couleur différente, et dans ce cas, en général, leurs teintes
sont complémentaires, c'est-à-dire, forment du blanc par leur réunion.

Ainsi, si l'une est rouge orangé, l'autre est bleue. Fréquemment cependant une étoile blanche est accompagnée d'une autre colorée, ou bien les deux corps du système sont blancs.

Il y a aussi des étoiles triples. L'un des plus jolis assemblages de ce genre est celui d'α de la Croix du Sud, que j'ai déjà cité. Deux grandes étoiles blanches très-rapprochées tournent l'une autour de l'autre; une troisième bleue, petite et plus éloignée, paraît circuler autour du centre de gravité des deux premières. Dans le groupe de l'Écrevisse, deux soleils peu intenses tournent autour d'un principal. La belle étoile Sirius, la plus brillante du ciel, a autour d'elle plusieurs autres petits corps lumineux qui ont été récemment signalés par M. Goldsmith. Sans nul doute, Proyon, qui offre de petits déplacements anormaux sur le ciel, est dans le même cas.

ε de la Lyre se divise en deux points lumineux avec une lunette ordinaire. Avec un instrument puissant, chacune de ces deux étoiles se dédouble à son tour, de manière à former un système quadruple. Il existe aussi des groupes formés de plus de quatre composantes.

La durée des révolutions des étoiles doubles est très-variable. Pour les unes, comme ζ Hercule, η de la Couronne, elle se réduit à un petit nombre d'années, 36 ans pour la première, 43 ans pour la seconde. Pour d'autres, comme γ du Lion, elle atteint jusqu'à 1,200 ans, et quelquefois elle exige des temps considérablement plus grands encore.

Notre soleil lui-même, avec son cortège de planètes, de comètes et d'astéroïdes, paraît se mouvoir autour d'une étoile ou d'un système d'étoiles, car on a remarqué que dans une moitié du ciel les constellations semblent grandir, et dans l'autre partie diminuer, comme si nous approchions de l'un des côtés de la nébuleuse solaire, en nous éloignant de l'autre. La grandeur de ce mouvement nous est inconnue. Une belle expérience optique projetée par M. Babinet nous fera probablement bientôt connaître avec plus de certitude les mouvements relatifs du soleil par rapport aux principales composantes des constellations.

Outre les étoiles multiples formées d'un petit nombre de soleils circulant les uns autour des autres, et accusant par ces mouvements rotatoires l'intensité des forces qui les tiennent réunis et qui viennent de

.eur rapprochement réel, il existe des amas d'étoiles parfois en nombre immense, et dont le voisinage apparent paraît uniquement dû à l'énorme éloignement de leur système, surtout si on a égard à la petitesse, pour la vision, de chacun des astres individuels, du moins dans les agglomérations où le nombre des points lumineux est considérable. Ces amas nous offrent l'aspect de nébulosités quand on les voit à l'œil nu.

Le nombre des étoiles que peuvent renfermer les groupes dont nous venons de parler est très-variable. Dans le ciel boréal, il y a une agglomération qui, pour les vues courtes, offre l'apparence d'une nébulosité, mais dans laquelle une bonne vue suffit pour distinguer les composantes. Cette réunion, que tout le monde a remarquée, est située dans la constellation du Taureau, et porte le nom de Pléiades. Certaines personnes, à l'œil nu, y distinguent six étoiles, d'autres y en voient jusqu'à quatorze.

Les configurations affectées par les amas stellaires sont aussi variables que le nombre des astres composants. Au milieu de la multitude des dispositions que présentent les divers groupes, on distingue toutefois une préférence pour la forme globuleuse. Cette forme est manifestée par la circularité du contour et par la condensation des étoiles dans la région centrale, car si on considère une multitude de points également espacés dans une sphère, il est évident qu'on verra ces points en beaucoup plus grand nombre au milieu que sur les bords du disque apparent. Il est toutefois remarquable que dans la majorité des amas globulaires, l'accroissement de nombre dans la région centrale du disque est plus grand que celui que l'on pourrait attribuer à un effet de perspective. Il existe donc bien une condensation réelle des étoiles au centre de la sphère formée par leur ensemble, indépendamment de la condensation apparente.

S'il est impossible, vu leur grand nombre, de compter les astres lumineux contenus dans certains amas sphériques, on peut toutefois arriver à connaître une limite inférieure de leur nombre en les comptant sur une petite portion du bord, et en les supposant également répartis dans toute la sphère formée par leur réunion. On a trouvé de cette manière que certaines nébuleuses d'un diamètre de 10′, et par conséquent, occupant sur le ciel une surface égale au dixième de celle que couvre la lune, ne peuvent pas contenir moins de vingt mille étoiles.

Le plus bel amas stellaire que renferme le firmament est dans l'hémisphère austral. Il est voisin de ω du Centaure. Son diamètre est d'environ 20′. Il se compose d'une multitude innombrable d'étoiles, appartenant presque toutes à deux grandeurs voisines, qui sont la douzième et la treizième d'après sir John Herschell ; mais je les juge un peu plus intenses. Elles m'ont paru assez également mêlées. Mais Herschell a cru remarquer que les plus grandes formeraient des anneaux

Amas d'étoiles de ω du Centaure.   Amas d'étoiles du Toucan.

concentriques devant les plus petites. A l'œil nu cet amas paraît comme une étoile nébuleuse de cinquième grandeur. Il y a, à une petite distance du centre, une étoile de neuvième dimension, et près de là une autre de dixième ; mais peut-être elles n'appartiennent pas au système. Près de ce premier groupe, s'en trouve un second également très-digne d'attention.

Un autre amas bien remarquable du ciel austral et dont nous donnons la figure à côté du précédent, est celui du Toucan, il est dans le voisinage de la petite nuée de Magellan, près de laquelle on le distingue très-bien à l'œil nu. Il présente trois ordres de condensation définis. La partie centrale est d'une teinte rougeâtre assez prononcée, tandis que les couches extérieures sont formées de points lumineux blancs. Une jolie étoile double se montre près du milieu.

La coloration rougeâtre du centre du groupe est un phénomène très intéressant. Elle est perceptible même avec des instruments trop petits pour opérer la résolution des étoiles. Je rapprocherai de ce fait l'existence, également dans le ciel austral, d'un autre amas découvert par M. Dunlop et composé tout entier d'étoiles bleues.

Ces colorations semblent indiquer des systèmes entiers de mondes d'une constitution spéciale et différente de celle de la nébuleuse à laquelle notre soleil appartient.

Dans d'autres amas non globulaires et montrant beaucoup moins d'astres groupés, on aperçoit des réunions d'étoiles de couleurs diverses. Le plus bel exemple de ce genre est l'amas de la Croix-du-Sud, formé de cent dix composantes comprises entre la huitième et la onzième grandeur. Parmi les étoiles les plus brillantes de ce système, on en distingue une d'un beau bleu, accompagnée de deux autres rouges et d'une quatrième d'un vert très-prononcé. Une autre étoile verte se montre à une petite distance. Sir John Herschell a cru, au cap de Bonne-Espérance, reconnaître trois autres étoiles légèrement verdâtres dans ce groupe, mais elles m'ont paru sensiblement blanches.

Outre les nébuleuses en globe que la lunette réduit complètement en amas stellaires, il en est d'autres que les plus puissants instruments ne peuvent que partiellement résoudre, et qui apparaissent alors comme un sablé lumineux. D'autres encore ne manifestent pas la moindre tendance à se transformer en étoiles, à l'aide des plus grands télescopes, et la majeure partie de ces dernières nébulosités est même invisible à l'œil nu[1]. Il est bien probable que ces différences ne

---

[1] Parmi les nébuleuses sphériques, les unes offrent une dégradation insensible de lumière du centre au bord de leur disque apparent. Les autres montrent des anneaux concentriques, comme l'amas d'étoiles du Toucan. Toutefois, au milieu des nébuleuses qui affectent une forme ronde, il est probable qu'il y en a d'aplaties, car nous en voyons quelques-unes ovales et même linéaires. Or, une couche circulaire d'étoiles nous apparaîtra tantôt ronde, tantôt elliptique, tantôt linéaire, suivant qu'on la verra de face ou obliquement ou par la tranche. Si nous remarquons d'ailleurs que notre système représenté par la voie lactée forme lui même une couche aplatie, nous avons lieu de croire qu'il en existe d'autres semblables.

viennent que des conditions d'éloignement, car à mesure qu'on augmente les pouvoirs optiques, le nombre des nébuleuses globulaires à

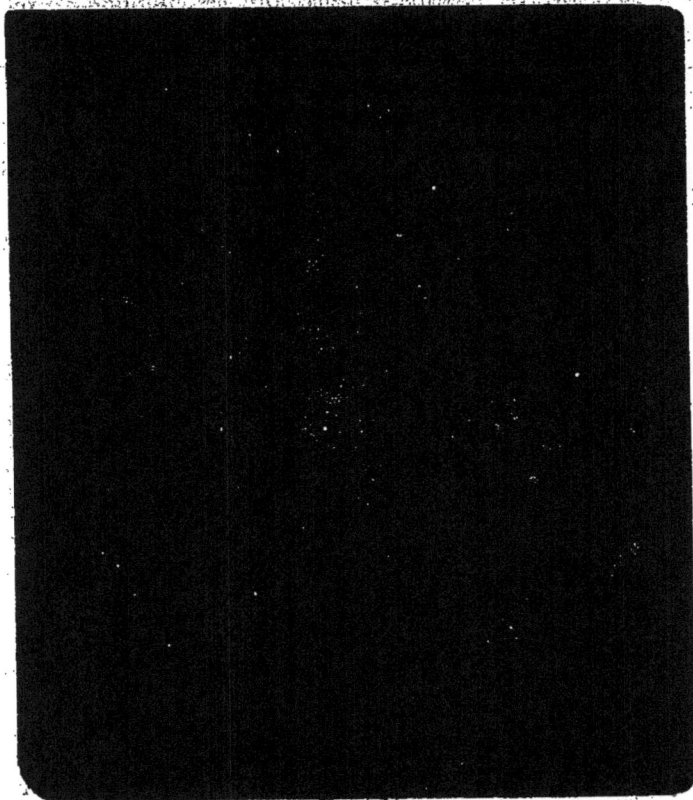

Nébuleuse de la Dorade.

condensation centrale qu'on parvient à décomposer va en croissant, de même que celui des nébulosités perceptibles.

Pareille chose a lieu pour la résolution des nuages célestes sans régularité de forme et dont quelques-uns possèdent de très-grandes dimensions apparentes. Nous donnons ici la figure de deux des plus belles

nébuleuses irrégulières de l'hémisphère austral, celle d'Argo et celle
de la Dorade. Elles sont invisibles en Europe. La dernière est dans la

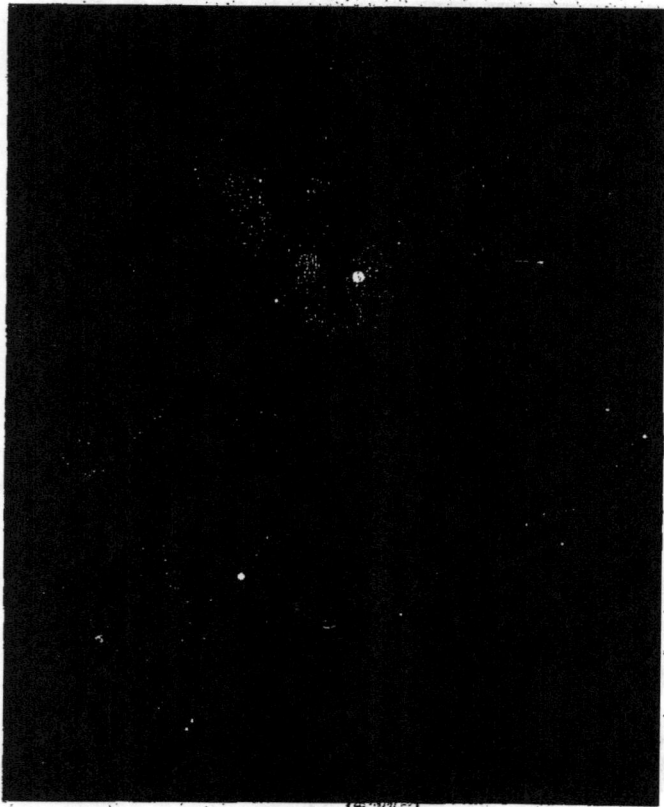

Nébuleuse d'Argo.

grande nuée magellanique. Après les nuages de Magellan, la nébulosité
d'Argo est la plus grande de tout le ciel.

Lord Rosse a remarqué avec son puissant télescope qu'un grand
nombre de nébuleuses offrent une forme spiraloïde. Elles se composent
de séries de rayons partant d'un centre et se contournant. La plus,

remarquable des nébulosités de ce genre est celle de la constellation
des Chiens de Chasse ; nous la représentons dans la planche ci-jointe,
avec plusieurs autres nébuleuses spirales dessinées par le même observateur. On remarquera, dans le nuage des Chiens de Chasse, que la
nébulosité principale et centrale est rattachée à une autre qu'Herschell
en avait cru séparée par deux traits lumineux. M. Chacornac a, depuis
lord Rosse, étudié cette même nébuleuse. Ce célèbre astronome a reconnu que la petite nébulosité est elle-même composée de lignes
spirales se rattachant aux rayons de la grande.

Des traces de rayons en spire se montrent d'une manière assez nette
dans mes dessins des grandes nébuleuses d'Argo et de la Dorade, dessins qui ne s'éloignent pas beaucoup d'ailleurs de ceux de sir John
Herschell. Il est possible qu'avec des instruments plus grands que ceux
que j'avais à ma disposition, on reconnût qu'elles sont composées de
plusieurs centres rattachés par des rayons spiraux, comme M. Chacornac l'a vu pour les deux nébulosités des Chiens de Chasse.

Une autre nébuleuse spirale, également fort remarquable, et que
nous reproduisons d'après lord Rosse, est celle de la Vierge. On remarquera sur la même planche deux autres nébuleuses du Lion, une de
Céphée et une autre de Pégase, qui manifestent toutes d'une manière
très-nette la forme en spire. J'y joins, d'après le même auteur, la nébuleuse du Renard, appelée Dumb-Bell par Herschell, et celle du Taureau. L'une et l'autre montrent des traces très-évidentes de résolution
en étoiles ; elles font voir de plus des traits un peu irréguliers, mais
qui ont quelque analogie avec les lignes spirales des autres dessins
de la même planche.

D'après M. Babinet, la forme spiraloïde des nébuleuses indiquerait
à la fois dans ces systèmes un mouvement de rotation autour de la
région centrale et une tendance à la condensation des étoiles composantes. La condensation centrale y est, au reste, manifeste. On
conçoit en effet que dans les séries stellaires marchant vers le centre, les
astres, tout en conservant leur vitesse de transport autour de ce dernier, ont à parcourir des cercles de plus en plus petits. Comme à
cause de l'accroissement de l'attraction, le rapprochement doit se faire

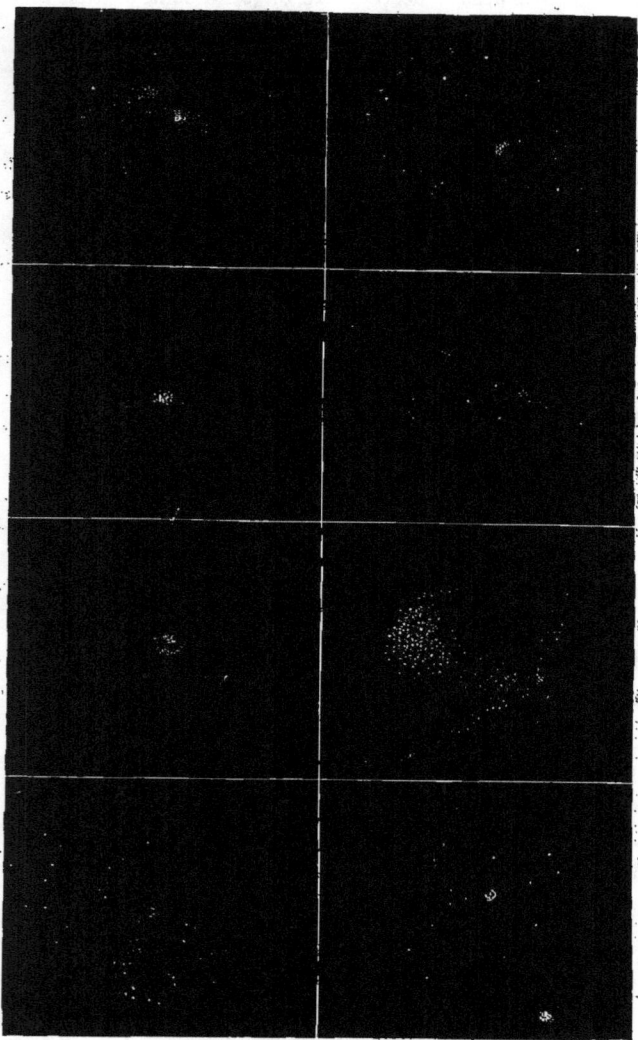

Nébuleuses d'après lord Rosse.

1. N. de la Vierge. — 2. N. du Lion. — 3. Autre N. du Lion. — 4. N. de Taureau. — 5. N. de Céphée.
6. N. de Pégase. — 7. N. du Renard (Dumb-Bell d'Herschell). — 8. N. des Chiens de Chasse.

avec une rapidité d'autant plus grande que les corps sont plus voisins du point central, les étoiles les plus inférieures manifestent dans la rotation une avance sur les plus éloignées ; de là la courbure des séries et l'aspect spiraloïde.

J'ai déjà dit que plus on augmente la puissance des instruments, plus est grand le nombre des nébulosités irrégulières qui se réduisent comme les nuages sphériques en amas d'étoiles. Dans ces dernières années, M. Bond a même reconnu des traces irrécusables de résolution stellaire dans la nébuleuse d'Andromède. Il a cru également distinguer de semblables traces dans celle d'Orion.

Plusieurs astronomes, cependant, et entre autres sir John Herschell, ont pensé que quelques grandes nébulosités, d'aspect laiteux, comme le nuage d'Orion, pourraient être dues à une sorte de matière gazeuse phosphorescente. Dans ce cas, elles ne se résoudraient pas en étoiles. « Dans toutes les nébuleuses résolubles, dit sir John Herschell, l'observateur remarque, quel que soit le grossissement, des élancements stellaires, ou, du moins, il croit sentir qu'on les apercevrait, si la vision devenait plus nette. La nébuleuse d'Orion produit une sensation toute différente, elle ne fait naître aucune idée d'étoiles. »

Tout récemment, le P. Secchi s'est occupé de soumettre à une vérification l'hypothèse d'une matière cosmique non stellaire, en étudiant le spectre de la lumière de la nébuleuse d'Orion. Or, au lieu de le trouver continu et interrompu seulement par quelques lignes noires, comme cela a lieu pour les étoiles, il a obtenu des lignes lumineuses étroites, analogues à celles des spectres des gaz. Cette observation semblerait donc confirmer l'exactitude de l'opinion de sir John Herschell.

Il faut dire, toutefois, que dans des lueurs aussi faibles il est assez difficile de rien définir de bien certain. Nous avons vu qu'il existe des amas stellaires colorés. La prééminence d'une certaine teinte peut se manifester par les bandes qui lui répondent dans le spectre. Ce dernier peut être continu, et n'être pas aperçu dans toutes ses parties, à cause de sa faiblesse. Si on parvient à voir la nébuleuse d'Orion composée d'étoiles, comme ont déjà cru le distinguer Bond et lord Rosse, il faudra bien admettre l'explication que je viens de donner. Dans les lueurs

très-pâles, la teinte est invisible à moins d'être très-intense, et ces
lumières se montrent toujours blanchâtres; la nébuleuse en question
peut être un peu colorée, et nous paraître blanche tant que nous ne l'a-
vons pas résolue en étoiles. Il n'y a que les lueurs d'une couleur très-
prononcée qui, lorsqu'elles sont très-faibles, peuvent manifester une
légère coloration.

Il existe une autre classe de nébulosités qui, d'après M. Huggins et
le P. Secchi, offre aussi des spectres renfermant des lignes lumineuses
étroites comme le font ceux des gaz. Je veux parler des nébuleuses,
dites *planétaires*. Herschell a donné ce nom à certains petits nuages
parfaitement ronds, et présentant une certaine uniformité sur la surface de leur disque apparent, quoique, cependant, l'intensité diminue
un peu, en général, vers le bord extrême. Par contre, il a appelé étoiles
nébuleuses d'autres nébulosités montrant une étoile située à leur
centre, et formant une lueur circulaire qui décroît d'intensité à partir
du milieu.

Les nébuleuses planétaires sont en petit nombre sur le ciel : on n'en
connaît guère qu'une vingtaine. Plusieurs d'entre elles sont de couleur bleuâtre ou bleu verdâtre. Dans ces corps, la coloration, qui est
assez intense chez quelques-uns pour se faire remarquer, peut suffire
à expliquer les bandes étroites et brillantes de leur spectre, sans qu'on
soit pour cela obligé d'admettre qu'ils soient gazeux.

Sir John Herschell a pensé que les nébuleuses planétaires pourraient être dues à une réunion d'étoiles formant une enveloppe sphérique creuse. Dans ce cas, vues avec de puissants instruments, elles
devraient offrir vers leur contour un excès de lumière, et il en résulterait une sorte d'anneau qui diminuerait d'intensité sur son bord
extrême. Cette apparence annulaire a été aperçue par lord Rosse, avec
son puissant télescope. Seulement, il a distingué plusieurs filets lumineux de formes diverses dans l'intérieur de ces anneaux qui sont un
peu irréguliers eux-mêmes ; ces lignes prouveraient alors, dans l'hypothèse de sir John Herschell, que les étoiles ne seraient pas uniformément
distribuées dans l'enveloppe sphérique.

Les étoiles nébuleuses pourraient être des soleils entourés d'une

immense lumière zodiacale. Telle était l'opinion d'Arago. Lord Rosse
a découvert dans une partie de ces astres diverses anomalies de distribution de la matière lumineuse qui s'est également présentée sous
forme d'anneaux chez quelques-uns d'entre eux. Il n'y a là rien d'opposé à l'hypothèse d'Arago, car, dans une lumière zodiacale, la substance n'est pas uniformément répartie. Dans celle de notre système
solaire, le phénomène des étoiles filantes périodiques semble nous
indiquer la présence d'anneaux de matière condensée. Il peut donc fort
bien en exister de semblables dans les lumières zodiacales ou nébulosités stellaires.

Arago a aussi pensé que les nébuleuses planétaires et les étoiles
nébuleuses pourraient ne composer qu'une seule classe de corps. Il
fait remarquer, en effet, que si une étoile nébuleuse s'éloigne, les
dimensions de la nébulosité se réduiront, mais on sait que l'éclat ne
changera pas, car en même temps que la lumière fournie par chaque
point décroît en raison inverse du carré de la distance, la surface apparente de la nébulosité diminue dans le même rapport, de sorte que l'éclat
qui n'est autre que le rapport de la quantité de la lumière à l'étendue de
la surface restera constant. Or, tandis que la nébulosité conserve son
intensité en s'éloignant, le noyau central, qui joue le rôle d'un point sans
dimension, envoie une quantité de lumière, en raison inverse du carré
de la distance; par conséquent, il diminue d'éclat. Il y aura donc une
limite d'éloignement à laquelle l'étoile disparaîtra, et on ne verra plus
alors que la nébulosité. Cette ingénieuse explication me paraît être encore ce qu'il y a de plus naturel à admettre pour concevoir l'apparence des nébuleuses planétaires. Les anneaux et lignes brillantes
s'y conçoivent alors comme dans les vastes lumières zodiacales des
étoiles nébuleuses. Parmi ces lumières zodiacales, il peut y en avoir
de sphériques. D'autres doivent être aplaties, et se montrent quelquefois par la tranche. On voit, en effet, des étoiles au milieu de nébulosités elliptiques et même presque linéaires.

Il est bon de rapprocher des étoiles nébuleuses certains groupes stellaires de deux ou trois étoiles situées dans une même nébulosité. Celles-
ci se présentent alors comme si elles étaient renfermées dans une

seule lumière zodiacale aplatie, vue de face ou de côté. J'en donne
quatre exemples dans la figure placée à la fin de ce chapitre, nᵒˢ 3,
4, 5 et 6; ils sont pris dans le ciel austral; à ces corps se rattachent
aussi des systèmes de deux ou de plusieurs nébulosités, pouvant former
des groupes d'étoiles nébuleuses, nᵒ 1. Il existe aussi des assemblages
de deux corps stellaires réunis par une nébulosité allongée. En réalité,
on observe dans les petites lueurs du ciel une immense variété de
de forme.

Une autre sorte de nébuleuses, également très-remarquables, est
celle des nuages annulaires. J'en donne un exemple dans la même
figure, nᵒ 2. Les anneaux se montrent, d'ailleurs, tantôt circulaires,
tantôt elliptiques.

En résumé, à part les nébulosités qui entourent quelques étoiles, ou
systèmes stellaires nettement visibles, et probablement aussi celles
qu'on a appelées planétaires, la totalité des nébuleuses dont on a
catalogué plus de cinq mille, paraissent être composées de réunions
d'étoiles, analogues au groupe dont notre soleil est une des composantes.
La majeure partie de ces lueurs célestes est distribuée dans une large
zone presque perpendiculaire à la voie lactée.

Dans une bonne lunette, les nuées magellaniques se réduisent en
une multitude d'amas de petites étoiles et de nébuleuses globulaires,
qui ne sont probablement elles-mêmes que des amas secondaires plus
condensés. Dans la grande nuée de Magellan se montre, toutefois, la
belle nébuleuse de la Dorade, dont nous avons donné le dessin amplifié. En tête de ce chapitre est figuré le fragment qui la contient. On y
verra de quelle manière les deux nuages du ciel austral se transfor-
ment en étoiles et en nébuleuses. J'ai remarqué que derrière les astres
définis existe encore un fond peu lumineux et inégal, indiquant que
ce sont seulement les parties les plus rapprochées de la nébulosité
générale, qui se sont résolues.

La même chose a lieu pour la voie lactée, quand on la réduit en
points stellaires, à l'aide des plus puissants instruments. Sir John
Herschell a estimé à cinq millions et demi le nombre des étoiles déjà
visibles avec un télescope réflecteur de dix-huit pouces d'ouverture,

mais il considère que, même avec ce pouvoir amplifiant, en tenant compte de certaines parties où il a supposé la condensation comme dans le reste, quoique les astres y soient si rapprochés qu'ils défient toute énumération, ce nombre est bien au-dessous de la vérité. Nous avons dit déjà, dans le premier chapitre, qu'avec des instruments plus grands, comme celui de William Herschell, le nombre visible peut être estimé à quarante millions; et, cependant, même avec le télescope de ce dernier et celui de lord Rosse, il y a encore une nébulosité continue derrière les étoiles visibles.

En comparant des dessins de nébuleuses, faits à diverses époques, quelques astronomes ont pensé que certaines d'entre elles, la nébuleuse d'Orion, par exemple, avaient changé d'aspect. Mais les observations modernes plus soignées paraissent indiquer qu'il faut attribuer la différence des dessins à la vue des observateurs et aux instruments employés, et aussi aux inexactitudes des figures

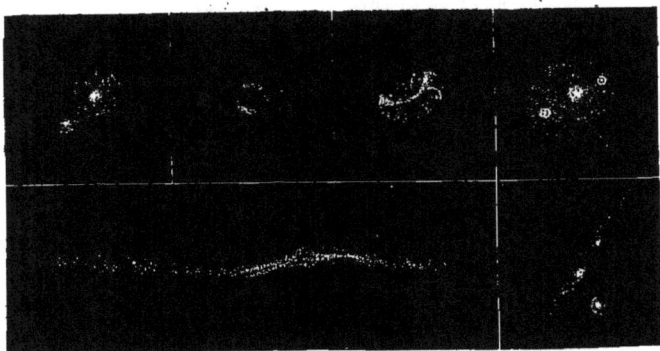

Diverses nébuleuses australes.

Récifs de la côte de la province de Pernambuco.

CHAPITRE XXII

LES NUAGES COSMIQUES

LE RÉCIF DE LA COTE DE PERNAMBUCO
PHÉNOMÈNE MÉTÉOROLOGIQUE OBSERVÉ SUR CETTE COTE — NUAGE COSMIQUE
VARIABILITÉ DES NÉBULEUSES

Les côtes nord du Brésil sont garnies sur une immense étendue d'un récif ou muraille naturelle qui s'élève à une petite distance de la côte. Il y a peu de points où cette muraille dépasse la hauteur maximum des eaux. Dans un grand nombre de localités, elle découvre à la fin du reflux et même à marée moyenne. Dans d'autres endroits, elle reste en dessous du niveau inférieur des eaux de l'Océan. Parmi les lieux où le récif atteint sa plus grande élévation, il s'en trouve quelques-uns où l'intervalle entre ce dernier et la côte est assez profond pour recevoir de grands navires et où des fractures donnent une entrée et une sortie facile dans la haute mer. Ce sont alors des ports naturels. Le plus important d'entre eux est, sans contredit, celui de Pernambuco. Vu du nord ou de l'entrée, son aspect est un des plus pittoresques qui se puissent rencontrer.

A gauche, la vaste muraille naturelle, qui semble presque tirée au
cordeau, et que l'écume blanche des vagues du large couvre sans cesse,
offre, avec les deux lignes de navires qui la longent du côté de terre et
déploient les pavillons de toutes les nations, une apparence sévère qui se
marie merveilleusement avec le gracieux et magnifique massif de cocotiers de l'île de Nogueira, limite du port, formant au sud le fond du tableau.

Vue d'une portion du port de Pernambuco, prise du haut de la tour
de l'observatoire de la marine.

A droite se trouve sur le premier plan l'arsenal de marine avec la
tour de son observatoire, et derrière lui apparaît la ville de Pernambuco, bâtie sur les atterrissements de deux rivières très-larges, mais peu
profondes, le Bébéribe et Capibéribe, qui viennent déboucher dans le
port. Ces deux rivières divisent la ville en plusieurs quartiers et établissent entre ceux-ci une communication par eau qui a fait donner à
cette localité importante le nom de *Venise américaine.*

C'est un fait intéressant au point de vue de l'étude des atterrissements,
que le travail des vagues devant la fracture formant l'entrée du port
de Pernambuco. Avec les matériaux charriés par le Bébéribe, elles ont

construit sur le littoral un cordon de sables couronné de dunes, et ce dernier a reculé progressivement vers le port l'embouchure de la rivière, dont la sortie primitive était devant l'ouverture de la muraille naturelle. Ainsi arrêté dans sa marche, le Bébéribe s'est vu forcé de couler vers le sud parallèlement au rivage dont il n'est séparé que par un simple banc de sable, jusqu'à ce qu'il ait atteint un lieu abrité contre l'action des flots de la haute mer, et c'est ainsi qu'il est venu sortir dans le port de Pernambuco, appelé aussi port du Récif.

On comprend que deux rivières coulant en torrent pendant une partie de l'année et débouchant dans un port doivent y déterminer de grandes accumulations de sables. Aussi, celui de Pernambuco est aujourd'hui engagé à son entrée par un dépôt d'alluvion qui empêche les grands navires de pénétrer dans son intérieur où ils trouveraient cependant une profondeur suffisante. Le gouvernement du Brésil s'est inquiété de cet état de choses, et, à la fin de 1859, il me fut demandé de visiter ce port et de rechercher les moyens de l'améliorer.

Je me rendis donc à cette époque à Pernambuco, et je parcourus toute la côte de la province dont cette ville est la capitale, afin d'étudier les actions de la mer dans cette région. Or, pendant ce voyage, j'ai remarqué un fait météorologique curieux qui arriva, comme je l'ai appris plus tard, à la suite d'un autre phénomène cosmique d'un grand intérêt, l'obscurcissement du soleil par un nuage d'astéroïdes.

Avant de décrire ce phénomène, je dirai quelques mots sur le récif qui borde les côtes nord du Brésil. Cette question se lie d'ailleurs à un des faits les plus remarquables de l'histoire de notre planète, à savoir, l'alignement des rides de la surface du sol suivant des arcs de grand cercle se prolongeant sur des extensions immenses.

On a beaucoup parlé jadis des récifs et même des îles entières formées par les polypiers dans les régions équinoxiales du globe, particulièrement dans l'Océanie. MM. Quoy et Gaymard, dans leur voyage autour du monde, ont fait justice de ces exagérations en reconnaissant que ces animaux ne peuvent vivre qu'à de petites profondeurs, et qu'au-dessous d'une dizaine de mètres on n'en trouve plus de traces.

Ce sont sur des rochers déjà existants que les coraux se fixent, et tout leur travail se réduit à en élever progressivement le niveau par l'addition de leurs détritus. Les récifs du nord du Brésil justifient complétement l'opinion des deux savants naturalistes que je viens de nommer. Partout où les roches sont toujours recouvertes par les eaux, j'ai bien vu, sans doute, leur surface tapissée de beaux polypiers. Je me plaisais, en passant au-dessus de ces rochers sur des jangadas ou des pirogues, embarcations du pays, à contempler les admirables parterres sous-marins formés par les caryophyllies, les madrépores, les méandrines, etc. J'ai bien trouvé ces mêmes animaux ainsi que de nombreuses algues ou plantes marines, jusque sur les récifs qui découvrent à marée moyenne, mais seulement vers le large, là où les vagues font sentir leur action et baignent sans cesse ces productions avec leur écume. Mais il n'existe aucune trace de polypiers sur les mêmes récifs, du côté de la terre, dans les canaux formés entre la muraille naturelle et la côte, et, dans le sens de la haute mer elle-même, les détritus des coraux ne forment qu'une couche de peu d'épaisseur, variant de 25 centimètres à 1 mètre au plus. Il est au reste très-facile de distinguer la formation rocheuse des polypiers, de la roche même du récif qu'elle recouvre. Cette dernière est formée d'un grès à stucture feuilletée, composé de grains de quartz et de feldspath ainsi que de fragments de coquilles, le tout lié par un ciment silicico-calcarifère.

La roche du récif porte des traces évidentes d'un soulèvement postérieur à sa formation. Ses couches sont inclinées moyennement sur les divers points de la côte d'environ 40 degrés vers le large. En quelques localités, l'inclinaison est plus faible, mais en d'autres elle est plus forte, et au sud de la pointe de Serrambi, j'ai vu même une portion de récif dont les couches étaient redressées verticalement. Or, d'une part, la roche qui compose la muraille naturelle est due à un sédiment formé au milieu de la mer, comme le prouvent les nombreux fragments de coquilles marines contenues dans sa masse, et qui ont conservé leur éclat nacré, comme le prouvent aussi des coquilles entières possédant encore leurs couleurs et appartenant à des espèces semblables ou analogues à celles qui vivent encore sur la même côte.

Campement à la pointe de Serrambi.

D'autre part, on sait que les sédiments marins se déposent en couches horizontales ou peu inclinées. La roche du récif a donc été déplacée depuis sa formation et elle a dû être redressée dans une de ces dislocations de la surface de notre globe, dont la géologie nous fournit de si nombreux exemples.

Aujourd'hui, le rôle des polypiers se réduit à protéger le rocher contre l'action destructive des flots, car cette action destructive est manifeste. Elle se voit sur la surface supérieure des parties assez élevées pour découvrir dès que la marée commence à descendre. Du côté de la terre, cette surface ne recevant plus alors l'écume des vagues du large, n'offre pas aux madrépores les conditions nécessaires à leur développement. A mer haute, quand la partie nue du récif est battue par la lame, elle se perce de nombreuses crevasses et même de sillons que forment les eaux en se retirant. Sur certains points, il existe des milliers de trous ainsi formés, et chacun de ceux-ci qui conserve à mer basse une petite quantité d'eau, devient la demeure d'un oursin. Ces animaux utilisent ainsi à leur profit la portion de la roche abandonnée par les coraux.

Le récif ne forme pas le long de la côte nord du Brésil une muraille unique, interrompue seulement de place en place par des fractures. Il est composé de séries de lignes très-droites et parallèles : ainsi quand une portion du récif cesse, souvent ce dernier réapparaît plus loin, sur la même direction, mais souvent aussi il reprend parallèlement à une faible distance. Ces diverses lignes sont parfaitement droites, jamais le récif ne se courbe. Dans les lieux où, de loin, on croit apercevoir une courbure, on reconnaît en approchant que la portion qui paraît ainsi infléchie est formée de tronçons parfaitement parallèles. La direction des lignes est à Pernambuco du nord 20 degrés est, au sud 20 degrés ouest.

Cette régularité de direction jointe souvent à une uniformité presque complète d'élévation, se conservant quelquefois pendant deux ou trois lieues, donne au récif l'aspect de murs qui, de loin, semblent avoir été construits de main d'homme. La ligne droite se présente si rarement dans la nature qu'en la rencontrant la disposition instinctive de l'esprit est de l'attribuer à l'art. Il faut recourir au raisonnement pour y distinguer l'œuvre d'une déchirure de la surface terrestre, qui seule a pu lutter avec l'industrie humaine pour produire cette régularité.

Lorsque, du haut des collines du cap Saint-Augustin, si remarquables déjà elles-mêmes par les bouleversements anciens qu'elles accusent, et par l'aspect pittoresque de leurs murailles verticales, dues à des éboulements modernes sous l'action des pluies tropicales, on con-

Vue prise du haut du cap Saint-Augustin.

temple le magnifique et immense panorama qui se déploie au nord et au sud, on est frappé d'abord par la présence du récif qui s'étend dans cette dernière direction. Il se montre au regard comme un mur parfaitement droit élevé dans la mer sur une longueur de 6 à 7 kilomètres, et il abrite derrière lui les nombreuses baies qui découpent la plage.

A côté des réflexions suggérées par ce beau spectacle qui reporte la pensée vers l'histoire primitive de notre globe, on ne peut s'empêcher de remarquer comment la moindre augmentation de la résistance de la croûte terrestre a suffi pour arrêter la fracture; car on voit la muraille du sud venir jusqu'auprès du cap Saint-Augustin et cesser immédiatement près de la base sous-marine de ses collines pour reparaître à une petite distance au nord au delà du cap, mais sur d'autres lignes parallèles. Ce fait seul suffirait déjà pour indiquer que le récif est postérieur aux collines de la côte, indépendamment de la nature évidemment plus moderne de la roche qui le compose.

Par l'étude suivie de l'ordre de superposition des roches sédimentaires, par la considération des dépôts qui sont venus se former horizontalement au pied d'autres sédiments dont les couches étaient déjà inclinées par des soulèvements postérieurs à leur formation, enfin par l'étude des corps fossiles contenus dans les roches, corps qui diffèrent dans chaque système de couches et qui ne sont autres que les restes des animaux et des végétaux qui peuplèrent successivement notre globe, la géologie est parvenue à reconstruire l'histoire de notre planète antérieurement à l'homme. Elle a assigné l'âge relatif, ou, en d'autres termes, l'ordre suivant lequel se sont formés les différents dépôts. Elle nous a fait connaître les espèces animales et végétales qui ont habité la terre à l'époque de la formation de chaque terrain, espèces dont la presque totalité n'existe plus.

L'espace me manque pour parler aujourd'hui avec détails de ces attrayantes découvertes. Je dirai seulement ici que les terrains composant les collines du littoral de la côte de Pernambuco sont en majeure partie formés d'argile plastique. Ils renferment des lignites, du succin, de la webstérite. Ces argiles sont souvent blanches. Sur beaucoup de points elles sont colorées par de l'oxyde jaune de fer, ou limonite. Ailleurs, cet oxyde a perdu son eau de cristallisation, et l'argile est devenue un ocre rouge. Au nord de la province, on trouve des calcaires grossiers de l'époque tertiaire. Ils contiennent de nombreuses empreintes de coquilles marines, et partout les argiles renferment des cailloux roulés et alternent avec des dépôts sableux.

Tous ces caractères rapprochent les collines du littoral des dépôts d'argile plastique, dont elles paraissent être contemporaines. Sur quelques points, des roches granitiques, comme sur les bords du Rio Una; ailleurs, des roches porphyriques, des eurites et des diorites, comme à l'île de San Aleixo, à la pointe des pierres noires, etc., ont fait irruption au milieu des dépôts; mais ces irruptions sont plus récentes, comme l'indique l'action de ces roches de cristallisation sur les couches de sédiment qu'elles ont modifiées dans leur voisinage. La sortie des roches granitiques est sans doute contemporaine de l'élévation du niveau des dépôts qu'elles ont traversés.

Le soulèvement du récif paraît être postérieur à tous ces phénomènes et assez rapproché de l'époque moderne. Toutefois, il est antérieur à la formation du cordon littoral et des dunes qui recouvrent ce dernier. La roche qui le compose ne se forme plus aujourd'hui au milieu de l'Océan. Au contraire, elle tend à s'y désagréger, et son maintien n'est dû qu'aux polypiers qui la protègent.

La direction du récif donne lieu à une remarque curieuse. Prolongée à la surface de la terre, cette direction est parallèle à celle des Alpes occidentales. Cette identité de direction semblerait établir une relation entre la fracture qui a donné naissance au récif, et entre le soulèvement de la côte qui lui est à peu près parallèle et celui des Alpes occidentales, suivant l'importante découverte faite par M. Élie de Beaumont, d'après laquelle les chaînes parallèles ont souvent été formées vers la même époque. Le soulèvement des Alpes occidentales est, en effet, postérieur aux dépôts d'argile plastique.

Or, sur la portion de la côte du Brésil dont je parle, ces dépôts n'ayant pas été couverts par les subséquents, il y a tout lieu de croire qu'ils furent émergés à la même époque que les Alpes occidentales. M. Élie de Beaumont avait déjà signalé depuis longtemps le parallélisme de la côte d'Amérique avec cette chaîne de montagnes. La nature des roches de cette région prouve que les inductions qu'il avait déduites de ce parallélisme sont très-exactes. Quant au récif proprement dit, il a été soulevé postérieurement par un second effort, parallèlement à la direction générale du rivage, probablement suivant les lignes de fractures laissées lors de la première dislocation.

Quoi qu'il en soit, le 11 avril 1860, pendant mon exploration de la côte de la province de Pernambuco, notre caravane scientifique avait quitté, vers quatre heures du soir, les rives majestueuses du Rio Formoso, qui débouche derrière une triple ligne de récifs, et nous suivions à cheval le rivage de la mer pour atteindre l'embouchure du Rio Serinhaem. Nous nous arrêtâmes assez longtemps un peu avant Gamella, pour compléter quelques opérations topographiques et pour examiner les intéressantes et pittoresques falaises qui bordent le rivage sur ce point.

Prévoyant que nos travaux nous retiendraient assez tard en ce lieu, je laissai partir ma femme en avant avec la majeure partie de la caravane pour aller faire préparer sur la plage de Serinhaem notre station de la nuit, et je ne gardai avec moi qu'un de mes adjudants et un soldat de cavalerie.

Il faut avoir passé par toutes les péripéties d'un voyage lointain, destiné à des recherches de science, pour comprendre l'importance des services que rend une dame dans ces sortes d'expéditions, où, écrasé par le grand nombre des sujets à traiter, on ne peut veiller à mille détails, non pas pour les questions de la vie matérielle seulement, mais encore et surtout pour la multitude des notes à prendre et pour les soins spéciaux que réclament les collections scientifiques. Il est vrai que, dans ce cas, il faut une instruction soignée, que les hommes regardent fort à tort comme devant être le privilège exclusif de leur sexe. Je ne partage pas cette dernière opinion. Le rôle de la femme dans le progrès de l'humanité est plus grand que ne se l'imaginent ceux qui pensent ainsi, car la culture de l'esprit agit puissamment sur l'amélioration intellectuelle et morale de l'espèce, et sur la tendance au développement progressif de la capacité cérébrale et à la perfection de ses tissus. Or, à ce point de vue, soigner l'éducation chez le sexe féminin, c'est favoriser dans l'avenir l'accroissement de l'intelligence chez l'homme. Si une instruction plus brillante que solide a des inconvénients, il n'en est plus de même d'études sérieuses, habituant l'esprit à la méditation et à un certain degré de tension. Aujourd'hui, on s'occupe beaucoup de la mémoire, pas assez du raisonnement : la première se fatigue et se détériore par l'exercice outré, car la mémoire se comporte comme un sens interne et, de même que la vue, s'épuise par l'usage trop forcé ; le raisonnement, au contraire, est une faculté

dont les bases sont innées dans l'espèce humaine, mais ne prennent d'extension que par l'éducation. C'est la science surtout si négligée dans nos sociétés qui peut fournir des sujets d'exercices intellectuels,

Vue du village de Serinhaem (p. 368).

et la remarque que je fais ici s'applique aussi bien à l'éducation de l'homme qu'à celle de la femme. Mais il faut introduire la condition de variété, et éviter la spécialité trop absolue, qui est un premier pas vers la monomanie. En ne voyant les sciences que sous un point de vue, on voit mal, et malheureusement on tombe trop souvent dans l'excentricité par laquelle beaucoup de savants spécialistes ont fait dans le monde un grand tort à la science.

Il est rare que les femmes, du moins celles qui en auraient l'occasion, se décident à de longs voyages dans des contrées autres que l'Europe, et il est certain qu'il faut un grand courage pour se hasarder à affronter les périls de toute nature et les fatigues énormes des expéditions lointaines, du moins dans les portions encore peu connues de l'intérieur des continents où les dangers sont bien plus multipliés encore que sur l'Océan. C'est donc un devoir pour moi, en relatant dans cet ouvrage quelques-unes des recherches que j'ai faites dans l'Amérique australe, de ne pas négliger de mentionner le concours actif de madame Liais. Sans cesse, dessinant, prenant des informations ou écrivant des notes, s'occupant des collections, surveillant l'organisation des signaux et des campements, de mes expériences elles-mêmes, soignant nos malades, elle a dans les fruits de mes explorations une large part, et, si j'ai pu en peu de temps traiter un grand nombre de sujets dans plusieurs sciences, je le dois en partie à son assistance éclairée.

Après donc le départ de ma femme et de la majeure partie de la caravane pour Serinhaem, nous continuâmes nos opérations topographiques sur la côte, et, ces travaux nous retinrent de telle sorte, qu'au coucher du soleil nous étions encore auprès du village de Gamella.

Qu'on se figure un bois de gigantesques cocotiers croissant dans un sable presque pur et à partir de la limite des hautes mers; au milieu de ce bois, des chaumières de pêcheurs couvertes de palmes desséchées; sur la plage, les curieuses *jangadas*, espèce de radeau formé de quatre poutres de bois léger et portant une voile, et on aura une idée du village de Gamella, et mieux, de tous les villages qui bordent les côtes du nord du Brésil. Mais, quoique nous fussions habitués à cet aspect, il ne fallait rien moins que l'heure avancée pour nous faire presser le pas de nos chevaux, tant l'œil est agréablement impressionné par la vue de la plus élégante des formes du règne végétal, celle des palmiers, lorsque surtout les immenses colonnes formées par les troncs projettent la cime touffue et gracieuse qu'elles supportent sur les couleurs brillantes du ciel équatorial au coucher du soleil.

Près de l'équateur, comme on sait, les crépuscules sont de courte durée. La nuit nous surprit donc bientôt, et avec elle comme la brise du large était bien établie, nous espérions rencontrer la fraîcheur ordinaire tant désirée, après une journée passée sur des sables chauffés par un soleil perpendiculaire. Mais notre attente fut trompée, et nous observâmes le fait météorologique dont j'ai parlé au commencement de cet article.

De temps en temps il passait des bouffées d'un air brûlant, comme celui qui sort de la bouche d'un fourneau, et nos chevaux, quoique très-bons, refusèrent de courir, haletants et épuisés.

A chaque instant ils tendaient à tomber, et nous fûmes obligés de continuer la route au pas. Nous-mêmes, nous éprouvions l'influence de ce vent bizarre et nous ressentions un peu de malaise.

Les bouffées d'air chaud passaient toutes les minutes environ, et chacune d'elles durait quelques secondes seulement. Dans les intervalles, on sentait la brise de mer avec sa fraîcheur habituelle. Mais le fait le plus remarquable consistait en ce que cet air chaud venait du large de même que la brise. Du côté d'où soufflait le vent, c'est-à-dire dans l'est-sud-est, l'air était chargé d'épaisses vapeurs. J'aurais bien désiré mesurer avec un thermomètre la température de ces rafales d'air brûlant, car elle me parut extraordinaire, mais c'était impossible à cause de leur peu de durée.

Le 16 avril, nous rentrions à Olinda, notre station astronomique. Là, nous apprîmes que le jour même où nous faisions sur le rivage l'observation que je viens de rapporter, c'est-à-dire le 11 avril, il avait été remarqué dans les villes d'Olinda et du Récife une diminution considérable de l'éclat du soleil, malgré la sérénité de l'atmosphère. Ce phénomène eut lieu entre onze heures et demie et midi. L'astre avait pu être regardé à l'œil nu pendant quelques instants. Autour de lui, on voyait une couronne irisée telle que celle qu'on aperçoit en ayant soin d'atténuer l'éclat des rayons quand de légers nuages le recouvrent, et cependant le ciel paraissait très-pur dans le voisinage. En même temps, plusieurs personnes du peuple et un des soldats artificiers que nous avions laissés à la garde de notre observatoire d'Olinda, virent à l'œil nu et à l'est du soleil une étoile brillante qui, d'après la position indiquée, ne peut être que la planète Vénus. Au bout de quelques minutes, cette planète et la couronne irisée avaient disparu, et le soleil avait repris son éclat accoutumé.

A la nouvelle de ce phénomène, mon premier soin fut d'examiner comment il se faisait que nous ne l'eussions pas remarqué à l'embouchure du Rio Formoso. Or, je trouvai dans nos notes qu'après une triangulation pénible sur la côte, sous le soleil si haut et si ardent dans ces climats, nous entrâmes vers onze heures dans une maison où on nous avait offert l'hospitalité, afin de nous reposer en attendant une excursion en mer dans le but d'effectuer quelques sondages, et pour laquelle une embarcation était commandée pour midi, et ne vint qu'à une heure.

Après cette vérification de nos notes, il n'y avait plus pour nous aucun motif de rejeter les informations recueillies et qui étaient affirmées par un grand nombre de témoins.

La visibilité de Vénus à l'œil nu, le 11 avril, est un fait très-remarquable. Il est bien vrai que quelquefois cette planète a assez d'éclat pour être aperçue le jour sans instruments; mais, à la date dont je parle, elle ne possédait que les trois cinquièmes de l'intensité qui répond à son maximum de visibilité. Dans ces conditions, elle ne peut être vue sans télescope. Depuis le 11 avril, son intensité a augmenté jusqu'au mois de juin, et cependant j'ai, ainsi que mes adjudants, constaté à la date du 18, et même du 29 avril, qu'elle n'était pas visible. Or, si nous n'avons pu l'apercevoir à l'œil nu, même en la cherchant, il faut admettre une forte diminution de la lumière atmosphérique pour qu'elle ait frappé les regards des hommes du peuple qui ont vu *une belle étoile*.

L'obscurcissement solaire, le 11 avril, ne peut être attribué à un affaiblissement de la transparence de l'atmosphère par des brouillards ou par toute autre cause; car alors Vénus, loin d'être plus visible, aurait été moins perceptible encore qu'elle ne l'était avec l'état normal de l'air. D'ailleurs, le ciel était très-beau et très-pur. Il faut donc chercher hors de l'atmosphère l'explication du phénomène que je viens de rapporter, et qui n'est pas le premier exemple que la science possède d'observations de ce genre.

En 1706, le 12 mai, vers dix heures du matin, le soleil s'obscurcit à tel point, dit la *Chronique de la Souabe*, « que les chauves-souris se mirent à voler, et qu'on fut obligé d'allumer des chandelles. »

En 1545, l'obscurcissement du soleil dura du 25 au 25 avril, le jour et le lendemain de la bataille de Muhlberg. Le phénomène fut visible en Allemagne, en France et en Angleterre. Le soleil n'offrait alors qu'une lumière mate et rougeâtre, et on vit les étoiles en plein midi. Parmi les témoins oculaires de ce phénomène, nous devons citer le célèbre astronome Képler.

Dans l'année 1208, un autre obscurcissement du soleil, présentant le même caractère, a été observé et est relaté dans l'histoire.

Un savant physicien, M. Erman, a attribué avec raison ces diverses apparences au passage de nuages de corpuscules cosmiques entre la terre et le soleil. Ces corpuscules ne sont autres que les pierres qui, en rencontrant notre atmosphère et en s'échauffant par la résistance de l'air au point de devenir lumineuses, donnent lieu aux étoiles filantes et aux globes de feu ou bolides, et parfois même tombent à la surface du sol, où elles sont alors désignées sous le nom d'aérolithes. Il est même plusieurs fois arrivé à des astronomes, lorsqu'ils observaient le soleil avec des télescopes, de voir ces corpuscules passer devant le disque solaire comme de petits points noirs. La plus remarquable des observations de ce genre a eu lieu dans le siècle dernier, et est due à Messier.

Il est évident que si un nuage des corpuscules dont je viens de parler passe entre la terre et le soleil, il intercepte une partie des rayons de ce dernier, qui alors paraît moins brillant. En même temps l'atmosphère terrestre est elle-même moins éclairée : en cela, les choses se passent comme dans une éclipse partielle de soleil, où la lune cache une portion du disque de cet astre, et alors la lumière atmosphérique n'empêche plus de voir les planètes et les étoiles les plus brillantes.

Il est aisé de comprendre que la surface de terrain sur laquelle le phénomène est visible, dépend à la fois de la grandeur du nuage cosmique et de son rapprochement de la terre. Si ce nuage est très-près, en effet, il peut d'un certain point paraître devant le soleil, et d'un autre très-voisin se projeter hors de cet astre. Tel me paraît être le cas du groupe météorique du 11 avril 1860, car jusqu'ici il n'est pas arrivé à ma connaissance que l'obscurcissement du soleil ait été observé hors de l'Amérique méridionale.

Il est donc possible que quelques-uns des corpuscules cosmiques aient rencontré l'atmosphère, et y aient déterminé une notable perturbation locale. Ainsi peut se reconnaître une connexion entre le fait météorologique que j'ai rapporté d'abord et l'obscurcissement solaire.

Des observateurs ont cru quelquefois remarquer des variations d'éclat dans les nébuleuses. Il est assez difficile de concevoir, cependant, que tous les soleils composant une nébuleuse changent d'éclat à la fois [1]. L'illustre savant populaire de la France, M. Babinet, a émis l'opinion que ces changements proviendraient plutôt de l'interposition accidentelle de nuages cosmiques, analogues à ceux dont je viens de parler.

Au reste, les faits de variabilité constatés dans les nébuleuses sont très-rares. Quelques-uns se rapportent à des nébulosités qui auraient disparu autour de certaines étoiles. Or, si les lueurs entourant les étoiles nébuleuses sont leur lumière zodiacale, on conçoit facilement que cette dernière, composée d'immenses groupes de corpuscules, puisse être plus fortement condensée dans certaines époques, où la majeure partie des corps constituants seraient à leur périhélie, que dans d'autres où ils seraient à leur aphélie. Notre lumière zodiacale me paraît même éprouver une variation de ce genre. De 1858 à 1860, elle m'a semblé plus brillante dans ses parties éloignées du soleil que postérieurement. M. Poey m'a dit avoir fait la même remarque à la Havane. Or, quand la lumière zodiacale d'une étoile s'éparpille sur une plus grande surface, son éclairage réel diminue, et, en outre, elle s'étend sur une plus vaste extension du ciel et peut se fondre pour nous dans la teinte générale de ce dernier, tandis qu'en se condensant elle devient perceptible.

Quant aux très-petites nébuleuses isolées qui ne montrent pas d'étoiles à leur centre, il peut se faire qu'elles possèdent cependant un

---

[1] Il est bon de remarquer toutefois qu'à la surface de la terre les perturbations de l'aiguille aimantée paraissent posséder des relations avec l'état magnétique du soleil et avec ses taches. Dans un système de soleils rapprochés, les grandes perturbations pourraient de la même manière se propager de l'un à l'autre de ces corps, et alors les périodes des taches pourraient en être affectées et dépendre non des révolutions des planètes de chaque corps particulier, mais d'une certaine combinaison des mouvements de l'ensemble. Dans ce cas, les augmentations et les diminutions d'éclat seraient toutes simultanées.

astre central que leur trop grand éloignement rend invisible. Nous
avons expliqué déjà la théorie d'Arago, à cet égard. Alors la variabilité
s'expliquerait comme pour les étoiles nébuleuses.

Les deux cas connus de petite nébulosité isolée et ayant disparu,
cas dont l'un a été signalé par M. Hind, l'autre par M. Chacornac,
pourraient recevoir l'explication ci-dessus. C'est dans la constellation
du Taureau que ces phénomènes ont été observés. Il est encore bon
de remarquer qu'une immense comète, passant près d'une étoile, autour de laquelle elle ferait sa révolution, pourrait nous apparaître
à son périhélie, car l'intensité superficielle est indépendante de la distance à notre globe, mais elle augmente avec l'éclairage par l'étoile,
c'est-à-dire avec le rapprochement de la dernière et de sa comète.
Toutefois cette explication ne me paraît guère admissible pour les deux
cas que je viens de citer.

Jusqu'à présent aucun signe certain de variabilité n'a été constaté
dans les nébuleuses résolubles en étoiles, ni même dans les grandes
nébulosités, d'aspect laiteux; mais si on venait à distinguer définitivement des variations, l'explication de M. Babinet me paraîtrait la
seule plausible.

Des étoiles filantes passent assez fréquemment en plein jour devant
le soleil. J'ai déjà dit que Messier en a observé un grand nombre, un
jour qu'il observait cet astre. A l'observatoire de Paris, M. Villarceau
a vu un cas semblable. M. Poey en a relaté un autre, aperçu à la
Havane en 1836. En 1820, un nuage d'étoiles filantes a été distingué
à Embrun dans la direction du soleil, et moi-même, en 1859, j'ai
vu passer un de ces météores devant le disque solaire dans le champ
de ma lunette. Enfin c'est au même phénomène qu'il faudrait rapporter
toutes les observations plus douteuses citées dans le dix-neuvième chapitre et relatives aux passages de gros bolides se projetant comme des
points noirs avec un diamètre apparent sur le soleil : il y a lieu cependant de faire une distinction venant de la grande lenteur des mouvements dans ce dernier cas, tandis que dans les autres faits que je
viens de relater ici, il s'agissait de phénomènes rapides aux limites
de l'atmosphère. Mais les différences de vitesse apparente peuvent fort

bien être dues à des différences de distance. Toutefois, il faudrait supposer les corps beaucoup plus gros dans le cas de grand éloignement que dans celui de rapprochement. Quoi qu'il en soit, les nuages d'étoiles filantes en plein jour ne sont pas très-rares, et en réfléchissant à la petitesse de l'étendue occupée par le soleil sur la sphère céleste, et à la rareté des observations de cet astre, un si grand nombre de cas de ces météores observés devant son disque a lieu d'étonner, et cela nous prouve l'extrême fréquence des passages de corpuscules aux confins de notre atmosphère, entre la terre et le soleil.

Glacier.

CHAPITRE XXIII

LA TEMPÉRATURE DE L'ESPACE PLANÉTAIRE

ÉQUILIBRE DE LA TEMPÉRATURE TERRESTRE
NATURE DE LA CHALEUR DE L'ESPACE — DÉCROISSEMENT DE LA TEMPÉRATURE
DANS LES MONTAGNES

Outre la chaleur du soleil, la terre reçoit des rayons calorifiques qui lui sont envoyés par les étoiles, les nébuleuses, la lune, les planètes, les astéroïdes, et, en général, par tous les corps de l'univers, par toute la matière que renferme l'espace indéfini dans lequel elle est plongée. Déterminer la quantité de chaleur qu'elle reçoit ainsi, la comparer avec celle que lui fournit le soleil, tel est, en réalité, le problème de la recherche de la température de l'espace planétaire. La quantité de calorique reçue de l'espace étant connue, on peut se proposer de déterminer qu'elle devrait être la température d'une enceinte de pouvoir émissif maximum, entourant le globe entier en reposant sur l'atmosphère, pour que cette enceinte fournît à la terre autant de chaleur que toute la matière renfermée dans l'univers. Cette température serait celle de l'espace, parce que c'est, en effet, à elle que serait soumis, en dehors de l'atmosphère terrestre, un corps soustrait aux rayons du soleil. D'après les lois du refroidissement, trouvées par MM. Dulong et Petit, pourvu qu'on détermine la quantité de chaleur reçue des régions célestes par la terre, on connaîtra immédiatement la température de l'espace, car ces deux éléments sont liés par une relation très-simple [1].

Au premier abord, la détermination de la quantité en question paraît très-facile, en partant de ce fait que, vu la constance de la température moyenne de la surface du sol, il y a égalité entre le calorique que celui-ci rayonne, et celui qu'il reçoit du soleil et de l'espace planétaire. Mais l'interposition de l'atmosphère entre le sol, d'une part, et le globe solaire et l'espace, de l'autre, complique cette recherche, à cause des absorptions, différentes suivant la nature des sources, que les gaz exercent sur les radiations calorifiques qui les traversent, et à cause des rayons de chaleur que l'air envoie vers le sol et vers l'extérieur.

C'est, au reste, la différence d'absorption de l'atmosphère sur les diverses radiations qui fait que la température du sol diffère de celle des régions célestes, et la différence, à partir du niveau de la mer, va en diminuant, à mesure qu'on s'élève dans les montagnes. A Rio de Janeiro, dans la chaîne des Orgues, j'ai trouvé que la valeur du décroissement est exactement de 1 degré par 200 mètres. Ce nombre diffère peu de celui qu'avait donné de Humboldt, pour la région tropicale. Sur les

---

[1] En effet, on sait quelle quantité de chaleur une surface de un mètre carré de pouvoir émissif maximum fournit pour chaque température : on connaît aussi le nombre de mètres que renferme en superficie l'enceinte fictive enveloppant l'atmosphère terrestre. Ce nombre est sensiblement égal à celui que contient la surface du globe à cause du peu d'épaisseur de l'atmosphère terrestre.

Forêt d'Araucarias (P. 575)

très-hauts massifs montagneux, même dans la zone équatoriale, on finit donc par rencontrer une limite, à laquelle le froid est assez intense pendant toute l'année pour que la glace ne puisse fondre, et les vapeurs apportées par les vents, et soulevées par ceux-ci lorsque la pente du terrain les oblige à dévier en montant, se condensent en masses neigeuses qui couvrent les sommets élevés. C'est là l'origine des glaciers des montagnes. Les plantes se rabougrissent en approchant de la hauteur où l'eau reste perpétuellement solide. Des gazons touffus, parfois des arbustes noueux et de petite taille, composent la végétation supérieure, qui peu à peu s'éteint près de la limite des neiges éternelles.

A des niveaux plus bas existent de grandes forêts, mais elles sont de nature différente de celles de la plaine ou du pied des montagnes. Les conifères, en particulier, se montrent abondantes, même sous les tropiques, où elles manquent ailleurs que dans les terres élevées. C'est aujourd'hui la patrie des rares espèces vivantes d'Araucaria, auxquelles plusieurs des conifères des époques anciennes de notre globe étaient alliées par leurs formes. Au Brésil, j'ai vu dans la chaîne de la Mantiquiera de vastes forêts de l'*Araucaria brasiliensis*, magnifique arbre d'un port remarquable. Dans ces forêts souvent inaccessibles et ornées par les fleurs des fuchsias et des Franciscæa, se réfugient encore parfois les jaguars poursuivis dans les parties basses où les plantations tendent à se multiplier.

Avec leur flore spéciale et variable dans chaque climat, les montagnes ont aussi une faune particulière et indépendante des espèces auxquelles elles donnent refuge contre la poursuite de l'homme. Mais ce n'est pas ici le lieu de traiter cette question avec détails, et je reviens à la détermination de la température de l'espace planétaire.

A la suite d'un travail sur la quantité de chaleur fournie par le soleil, M. Pouillet a attaqué la question qui nous occupe, et a fait une série d'observations intéressantes sur le refroidissement nocturne. Cette série lui a servi, sinon à fixer d'une manière absolue, au moins à restreindre entre certaines limites les valeurs de l'absorption atmosphérique sur les rayons terrestres.

La température de 142 degrés au-dessous de zéro que ce physicien assigne à l'espace comme le résultat le plus probable déduit de ses recherches, diffère beaucoup de celle de 60 degrés au-dessous du même point admise par Fourier. Mais la détermination de la température de l'espace planétaire est plus compliquée que ne l'a entrevu M. Pouillet. Diverses influences qu'il n'a pas calculées, modifient complétement son résultat.

Jaguar.

Ainsi, l'atmosphère ne rayonne pas, comme il le suppose, la même quantité de chaleur vers le sol et vers l'espace ; cette égalité n'aurait lieu que si la température était la même dans toute l'épaisseur atmosphérique, tandis qu'elle décroît de telle sorte que les régions inférieures rayonnent plus que les supérieures. Tandis que la chaleur émanée des couches basses parvient au sol sans absorption sensible; celle que les mêmes couches lancent vers l'espace est absorbée en grande partie par les portions élevées de l'atmosphère. A la vérité, un effet inverse a lieu pour le rayonnement des dernières ; mais comme leur radiation est moindre que celle des régions inférieures, il n'y a pas compensation. En calculant le rapport des deux rayonnements vers l'espace et vers le sol, au moyen de la loi du décroissement de la température avec la hauteur au-dessus du niveau de la mer et à l'aide du pouvoir d'absorption de l'air sur ses propres rayons, j'ai trouvé [1] que ce rapport est celui de 3 à 4. Ainsi les 4 septièmes de la chaleur perdue par l'atmosphère terrestre sont dirigés vers la terre, et les 3 septièmes sont envoyés vers l'espace. Il faut aussi tenir compte de l'action des vapeurs, car le sol ne perd pas toute sa chaleur par voie de rayonnement ; il perd par évaporation une énorme quantité de calorique qui passe en entier à la masse d'air dans laquelle se fait la condensation. Je ne parle pas de la rosée, c'est une petite restitution faite au terrain ; et je n'ai en vue ici que la fraction des vapeurs qui se condense en entier dans l'atmosphère et qui retombe sous forme de pluie. La quantité de vapeur qui se transforme en rosée doit être négligée, puisqu'elle rend au sol ce qu'elle lui avait pris.

La conductibilité de l'air est assez faible pour être négligeable, abstraction faite des mouvements qu'il peut acquérir pour refroidir la surface solide ou liquide du globe, car on sait que c'est par leur déplacement, plutôt que par leur conductibilité pour la chaleur, que les gaz agissent pour enlever le calorique des corps. Mais dans le cas qui nous occupe, le sol s'échauffe plus sous l'action du soleil, et se refroidit plus pendant la nuit que l'atmosphère, et par conséquent s'il abandonne à celle-ci de la chaleur par voie de contact pendant le jour, il en reçoit d'elle de la même manière pendant l'obscurité. L'expérience montre que ces deux effets se compensent à peu près. On peut donc négliger, à cause des changements de signe pendant les deux parties de la journée, les

---

[1] Voir mes recherches sur la température de l'espace planétaire (*Mémoires de la Société impériale des Sciences naturelles de Cherbourg*, tome I, page 248; Journal *la Science*, 9 et 16 août 1857, et l'analyse des mêmes mémoires, *Comptes rendus*, du 22 août 1853).

quantités de chaleur échangées au contact entre le sol et l'atmosphère. On peut également négliger l'influence des nuages sur le rayonnement, car si on considère l'année *entière*, la température moyenne des jours de ciel clair est sensiblement la même que celle des jours de temps couvert. Mais on ne peut se dispenser de tenir compte de l'action des vents sur les températures, et il est impossible d'admettre sous toutes les zones que la quantité de chaleur perdue sous forme de radiation par l'atmosphère est égale à la quantité acquise uniquement par l'absorption sur les rayons et par la condensation des vapeurs. Le mélange des masses d'air enlève, en effet, beaucoup de calorique aux régions tropicales pour le distribuer aux latitudes élevées. L'égalité en question ne peut donc avoir lieu que sous le parallèle dont les vents ne modifient pas la température moyenne, parce que l'élévation produite par les courants équatoriaux y compense le refroidissement déterminé par les courants polaires. On entrevoit *a priori* que ce parallèle doit être celui sous lequel on observe la température moyenne du globe, et j'ai démontré, en effet, dans mon mémoire sur les oscillations du baromètre, qu'à cette latitude, qui est de 38° 14′, les actions des vents de l'équateur et des pôles se compensent. Sous ce parallèle dont la température moyenne est 15°,7, et seulement là, la quantité de chaleur perdue par l'atmosphère sous forme de radiation est égale à la totalité du calorique rayonnant émané du sol, du soleil et de l'espace et absorbé dans le trajet au travers de l'air, plus la chaleur abandonnée par les vapeurs en se condensant. Cette égalité résulte de ce que la température moyenne de chaque couche atmosphérique est constante, puisque l'état thermométrique du globe ne varie pas sensiblement à l'époque actuelle.

M. Pouillet a démontré que la quantité de chaleur que la terre reçoit du soleil sur chaque centimètre carré est par minute, pour l'incidence perpendiculaire, capable d'élever de 1° la température de 1 gr. 7633 d'eau distillée [1], et ses recherches ainsi que celles de MM. de

---

[1] Afin de simplifier les expressions, nous appellerons unité de chaleur la quantité nécessaire pour élever de 1 degré la température d'un gramme d'eau. Nous pouvons dire alors que la terre reçoit par centimètre carré et par minute une quantité de chaleur représentée

Gasparin et Quételet s'accordent à prouver que l'atmosphère absorbe pour l'incidence normale les 2 dixièmes de cette quantité, et laisse passer les 8 dixièmes. Il résulte d'une série d'expériences très-curieuses faites par M. Volpicelli, que le rayonnement solaire se compose de rayons pour lesquels le pouvoir de transmission est très-variable : ainsi nous ne considérerons la valeur 0,8 que comme la moyenne des pouvoirs de transmission pour les divers rayons du soleil. Lorsque ceux-ci, arrivant obliquement, traversent une épaisseur atmosphérique ou plutôt une masse d'air différente de celle d'une colonne verticale de l'atmosphère, le pouvoir de transmission est égal à 0,8 multiplié autant de fois par lui-même que la masse traversée renferme de fois celle de la colonne verticale. En effet, la première couche de l'épaisseur nécessaire pour égaler cette dernière ne laisse passer que les 8 dixièmes de la chaleur incidente. La deuxième couche ne laissera passer que les 8 dixièmes de ces 8 dixièmes et ainsi de suite.

Pour calculer le rapport des masses d'air traversées suivant les diverses incidences et suivant la normale, il faut remarquer que plus l'atmosphère est basse, moins ce rapport diffère de la sécante de la distance zénithale, c'est-à-dire de la valeur qu'il aurait si la terre était plate et non sphérique. Pour les couches inférieures, en même temps les plus denses et celles qui absorbent le plus, le rapport en question se rapproche donc beaucoup plus de cette sécante que pour les régions supérieures.

Quoique la masse d'air traversée dépende de la hauteur de l'atmosphère, il ne faut donc pas, à cause de la variation de densité de celle-ci, considérer la masse d'air en question comme proportionnelle au chemin réellement parcouru par les rayons. Le mieux à faire, est d'agir comme si la densité était partout la même qu'à la surface du sol et de calculer dans cette hypothèse, les épaisseurs traversées pour les diverses incidences. On aura ainsi une valeur très-approchée de

par 1,7655, et cela signifiera, comme nous l'avons dit dans le texte, que cette chaleur reçue élèverait de 1 degré la température de 1ᵉʳ,7655 d'eau. Cette quantité de chaleur pourrait fondre en un an une couche de glace de 29ᵐ,3 d'épaisseur, répandue sur toute la surface du globe.

la masse aérienne rencontrée par les rayons. On trouve, de cette manière, en ayant égard à la variation de l'obliquité avec l'heure du jour, que l'atmosphère laisse passer moyennement par 38° 14' de latitude, les 59 centièmes de la chaleur solaire, et absorbe les 41 centièmes. A l'équateur, ces deux nombres deviendraient 0,61 et 0,39.

Sous le parallèle de 38° 14', en faisant abstraction de l'absorption atmosphérique, la quantité de chaleur solaire que le sol reçoit par minute sur chaque centimètre carré, moyennement dans les vingt-quatre heures, est 0,4408, en l'exprimant en fraction d'unité de chaleur, comme je l'ai dit dans une note précédente (d'après la valeur 1,7633 trouvée pour l'incidence normale). En ayant égard à l'absorption de l'air, cette quantité devient 0,4408 multiplié par 0,59 ou 0,2601, et la quantité de chaleur absorbée par l'atmosphère est alors 0,4408 multiplié par 0,41 ou 0,1807.

La quantité de pluie qui tombe moyennement par an sous le parallèle de 38° 14' est 1m30 à 1m35. Dans un mémoire adressé à l'Institut le 29 mars 1847, M. Daubrée évalue que l'eau des pluies qui tombent sur le globe ferait par année une hauteur de 1m369, c'est à peu près le résultat que j'avais trouvé pour le 38e degré. J'adopterai donc ce dernier chiffre, et il est facile de voir que la chaleur nécessaire pour évaporer cette quantité d'eau serait capable de fondre une couche de glace de 10m70 d'épaisseur, répandue sur toute la surface du globe, tandis que la chaleur reçue du soleil fondrait par an 29m3. Il résulte de là que le calorique enlevé au sol par l'évaporation sous le 38e parallèle, et aussi moyennement sur le globe, est, en fraction d'unité de chaleur, 0,1610 par minute et par centimètre carré. La quantité de chaleur que le sol perd par rayonnement sous ce parallèle est d'ailleurs 1,2927, d'après sa température moyenne de 15°,7, et d'après les lois connues du refroidissement et le pouvoir émissif[1] ou pouvoir rayonnant des terrains. La totalité de la chaleur perdue à la

---

[1] Le pouvoir rayonnant du sol est à peu-près maximum. C'est celui que les physiciens représentent par 1, et qui convient à toute la surface des mers et des terres couvertes de végétation, et même à presque toutes les roches.

fois par rayonnement et par évaporation est donc 1,2927 plus 0,1610, ou 1,4557 par minute et par centimètre carré.

Cette quantité de calorique abandonné par le sol est égale à celle qu'il reçoit et qui lui vient de la radiation solaire, de l'espace et de l'atmosphère. Celle que donne le soleil est 0,2601, ainsi que nous l'avons déjà vu. Il reste donc 1,1956 pour la quantité de chaleur reçue de l'atmosphère et de l'espace.

Quant à l'atmosphère, on peut savoir combien de chaleur elle rayonne, car la grandeur de la radiation est égale à celle de l'absorption. Or cette dernière se compose, pour chaque colonne verticale de 1 centimètre carré de base et par minute : 1° de la quantité 0,1610 perdue par le sol avec l'évaporation ; 2° de la quantité de chaleur absorbée sur le rayonnement de ce dernier ; elle est égale aux neuf dixièmes de la valeur 1,2927 de cette radiation, parce que l'atmosphère ne laisse passer que le dixième des rayons de chaleur des sources de basse température transmis sous toutes les incidences, ainsi que je l'ai démontré dans le mémoire que j'ai déjà cité plus haut. Or les neuf dixièmes de 1,2927 font 1,1634 ; 3° de la quantité de chaleur solaire absorbée, laquelle, ainsi que nous l'avons vu, est 0,1807 ; 4° de ce qu'il y a d'absorbé sur la radiation de l'espace. Cette dernière portion est égale à la chaleur fournie par l'espace planétaire multipliée par le pouvoir d'absorption de l'air sur les rayons de ce dernier.

En faisant la somme des diverses quantités de calorique que nous venons d'énumérer, on voit que le rayonnement total de l'atmosphère vers la terre et vers l'extérieur est égal à 1,5051, plus la fraction absorbée aux rayons venant de l'espace. De cette somme, les quatre septièmes, d'après ce que nous avons dit précédemment, sont envoyés au sol. La quantité fournie à ce dernier par l'atmosphère est donc égale à 0,8601, plus les quatre septièmes de la quantité de chaleur absorbée par l'air sur le rayonnement de l'espace planétaire.

Nous avons vu précédemment que la somme du calorique reçu par le sol et venant de l'atmosphère d'une part, et de l'espace de l'autre, égale 1,1956. Nous venons de reconnaître que la première partie est 0,8601, plus les quatre septièmes de la chaleur absorbée par l'air sur le rayonnement de l'espace planétaire. La chaleur fournie au sol par le dernier seulement est donc égale à la différence de ces deux quantités, mais elle n'est autre en même temps que celle que rayonne l'espace diminuée de l'absorption atmosphérique. Donc la totalité du calorique réellement rayonné par l'étendue environnant la terre, égale 0,3335 (différence des nombres 1,1936 et 0,8601), plus les 3 septièmes de la quantité absorbée par l'atmosphère sur ce calorique.

Or, quelle est la nature de cette chaleur. Devons-nous, comme M. Pouillet, supposer qu'elle provient de sources de haute température, auquel cas l'absorption exercée sur elle par les couches d'air serait la même que sur les rayons solaires, ou de 0,41 pour la moyenne des incidences. Alors on tirerait de l'égalité précédente que la quantité de chaleur rayonnée par l'espace serait égale par centimètre carré et par minute à 0,4046, ou presque égale à celle que donne moyennement le soleil, 0,4408.

Ce résultat prouve que l'hypothèse d'après laquelle le calorique en question proviendrait de sources analogues au soleil, n'est pas admissible. En effet, cette supposition est fondée sur l'analogie qui doit exister entre la chaleur solaire et celle des étoiles ; mais cette même analogie prouve précisément que la quantité de calorique reçue des dernières doit, de même que celle de la lumière, être insensible comparativement au rayonnement du soleil (c'est, au reste, ce que l'expérience directe nous apprend). Du moment où il est reconnu qu'il faut, pour l'équilibre actuel de la température terrestre, que l'espace fournisse une quantité de chaleur considérable, il n'est plus admissible que ce soient les étoiles seules qui interviennent. Alors toute analogie entre la radiation provenant de l'étendue qui nous entoure et celle des sources de haute température, des sources lumineuses, disparaît. Nous pouvons, au contraire, affirmer positivement que le calorique reçu indépendamment du rayonnement solaire ne vient pas de corps assez chauds pour donner de la lumière. C'est donc avec la chaleur rayonnée par la terre que doit être comparée celle de l'espace, car la fraction de cette dernière, provenant des étoiles, est insensible par rapport au reste. On doit conséquemment admettre que l'absorption par l'atmosphère est la même que pour la chaleur du sol, c'est-à-dire 0,9; dans tous les cas, elle n'en diffère que très-peu.

La chaleur de l'espace est donc obscure, et son origine doit être attribuée à la matière formant la lumière zodiacale dans laquelle la terre est plongée, et à toutes les autres substances cosmiques dont les bolides nous dévoilent la présence. Nous ne connaissons pas d'ailleurs tout ce que renferme l'étendue qui nous entoure, ni les relations du milieu qui transmet la lumière, avec le calorique sensible et le calorique latent.

En admettant, comme il est rationnel de le supposer, que l'atmosphère absorbe les 9 dixièmes de la chaleur de l'espace, on trouve que la quantité fournie par le dernier est 0,5429 par minute et par centimètre carré; elle est donc plus grande que celle que nous donne le soleil. Mais ici il s'agit d'une radiation obscure et non d'une radiation lumineuse comme dans le premier cas.

En calculant d'après les lois connues du rayonnement quelle doit être la température d'une enceinte pour fournir la quantité de chaleur que je viens d'indiquer, on trouve 97°,4 au-dessous de zéro. Cette température est celle de la couche limite de notre atmosphère; c'est celle à laquelle nous serions soumis si nous pouvions quitter la surface de notre globe et pénétrer dans l'espace planétaire.

Quelques personnes pourront peut-être trouver étonnant qu'avec une température aussi basse l'étendue qui nous environne puisse fournir autant de chaleur que le soleil. Mais si on réfléchit que cet astre, dont le diamètre apparent est de 32 minutes, n'occupe que la cent quatre-vingt-quatre millième partie de la surface apparente du ciel entier, on comprend qu'il suffit que chaque portion de la voûte céleste égale en superficie au disque solaire, donne une quantité de chaleur 184 000 fois moindre que ce dernier, pour que l'ensemble forme une chaleur égale à la sienne, et, malgré la basse température, les rayons reçus sont cependant toujours des rayons de chaleur.

Dans mon mémoire sur la température de l'espace planétaire, publié en 1853, j'ai fait voir que la valeur de 97 degrés au-dessous de zéro s'accorde avec ce que nous savons sur la loi de décroissement de la chaleur à partir de la surface du sol. En calculant, à l'aide de cette même valeur et de celle du rayonnement solaire, la température moyenne qu'on observerait à l'équateur sans l'action des vents, j'ai trouvé que celle-ci serait de 36°,5. Les observations ont donné 28 degrés. Donc l'action des vents polaires refroidit l'équateur de 8 degrés et demi. Un calcul semblable indique que, dans les pays où l'évaporation est très-peu abondante par suite de la sécheresse du sol, la température peut atteindre jusqu'à 47, 48 et 50 degrés. Or ce sont précisément les plus grandes chaleurs notées à la surface de la terre.

Jusqu'en 1860, la plus faible température qui eût été observée sur notre globe était celle de 56°,7 au-dessous de zéro, qui fut remarquée par Back au fort Reliance. Mais, le 5 janvier 1860, d'après Guzélin, de l'académie de Saint-Pétersbourg, on a observé à Tornéa sous la latitude de 65° 51', un abaissement de 89 degrés centigrade au-dessous de zéro. Or, la plus basse température observable à la surface de la terre ne peut être inférieure à celle de l'espace, dont elle doit peu différer. On voit donc qu'en présence de l'observation que je viens de rapporter, le chiffre de 60 degrés au-dessous de zéro, donné par Fourier, n'est plus admissible. Le nombre auquel je suis parvenu s'accorde, au contraire, aussi bien que possible, avec ce qu'on sait des froids polaires et des chaleurs équatoriales.

On conçoit, au reste, que l'équateur puisse, à cause de la vaste étendue des régions tropicales et de la grandeur du pouvoir de transmission de l'atmosphère sur les rayons du soleil, atteindre assez facilement la température qu'il aurait sans l'action des vents polaires, mais on voit aussi que les régions voisines des extrémités de l'axe terrestre doivent prendre beaucoup plus rarement la température minimum qu'elles pourraient acquérir sans l'action des vents équatoriaux, et qui serait celle de l'espace lui-même lorsque le soleil disparaît longtemps; car 1° l'action des vents de l'équateur pour échauffer les régions polaires est beaucoup plus grande que celle des vents polaires pour refroidir les contrées équatoriales, à cause de la vaste étendue de la zone tropicale par rapport à la zone glaciale; 2° la faible valeur du pouvoir de transmission atmosphérique sur les rayons terrestres, ne permettrait l'existence de cette basse température qu'au bout d'un temps excessivement long; 3° enfin il existe à l'équateur des vents qui ne mêlent pas l'air de régions très-inégalement chaudes, tandis que tout courant dans les contrées polaires mélange immédiatement l'atmosphère de points dont la chaleur est très-différente.

Remarquons encore que les températures terrestres ne dépendent pas seulement de la quantité de chaleur reçue du soleil, mais encore et surtout de la différence des pouvoirs absorbants de l'air sur les rayons des sources lumineuses et obscures. Il en est de même dans les autres planètes, et l'influence des atmosphères est telle, que, malgré son rapprochement du soleil, Mercure peut jouir d'une température plus basse que celle de la terre, si la couche de gaz qui l'entoure est constituée en conséquence, et Jupiter peut offrir à sa surface des climats plus chauds que les nôtres malgré son éloignement. Il ne faut donc attacher aucune importance à ce que disent certains traités d'astronomie sur les chaleurs de Mercure et les froids de Jupiter, Saturne, Uranus et Neptune. N'avons-nous pas la preuve que le soleil lui-même est froid dans son intérieur? Ce ne sont donc pas tant les distances à cet astre que les natures intimes des atmosphères qui règlent les climats des planètes.

Nous avons déjà rappelé, dans le commencement de ce chapitre, comment la chaleur décroît à mesure qu'on s'élève dans les montagnes. Dans la zone torride, on trouve donc, à des niveaux élevés, des climats particuliers et se rapprochant, au point de vue de la température moyenne, de ceux des zones tempérées. Mais il existe cependant plusieurs différences très-remarquables. Ces climats sont constants. Avec une même moyenne que ceux de nos régions, ils n'en ont ni les grandes chaleurs, ni les grands froids. Aussi la flore conserve son aspect tropical jusqu'à des altitudes très-considérables. Dans la chaîne des Orgues, près de Rio de Janeiro, j'ai vu des palmiers sur les sommets les plus élevés, à 2,000 mètres au-dessus du niveau de la mer; et cependant, à cette hauteur, la température moyenne, plus basse de 10 degrés que dans la plaine, ne diffère pas de celle de certaines parties de la France. Les lianes aussi abondent dans cette chaîne à ses altitudes supérieures; et, sur des plateaux à près de 1,300 mètres d'élévation, le sol est couvert de grands bambous de diverses espèces. Ces faits corroborent ce que j'ai déjà dit dans le chapitre XVI, à savoir que les formes tropicales n'exigent pas toutes des températures très-hautes, mais seulement qu'elles craignent les froids extrêmes dont des climats insulaires ont pu les préserver dans l'Europe, même à certaines époques géologiques.

L'humidité influe beaucoup, au reste, sur la nature de la flore des montagnes tropicales. En s'éloignant de la mer, et en pénétrant dans les terres élevées de Minas Geraes, un climat plus sec détermine de profondes modifications dans la végétation. C'est dans les montagnes de cette région, à 1,200 et 1,300 mètres au-dessus du niveau de l'Océan, que croissent les curieux végétaux des genres vellozia et barbacenia, et en particulier les vellozia arborescents, dont le port rappelle celui des pandanus de l'Inde, avec leurs grandes racines aériennes. A

Bambous (p. 586).

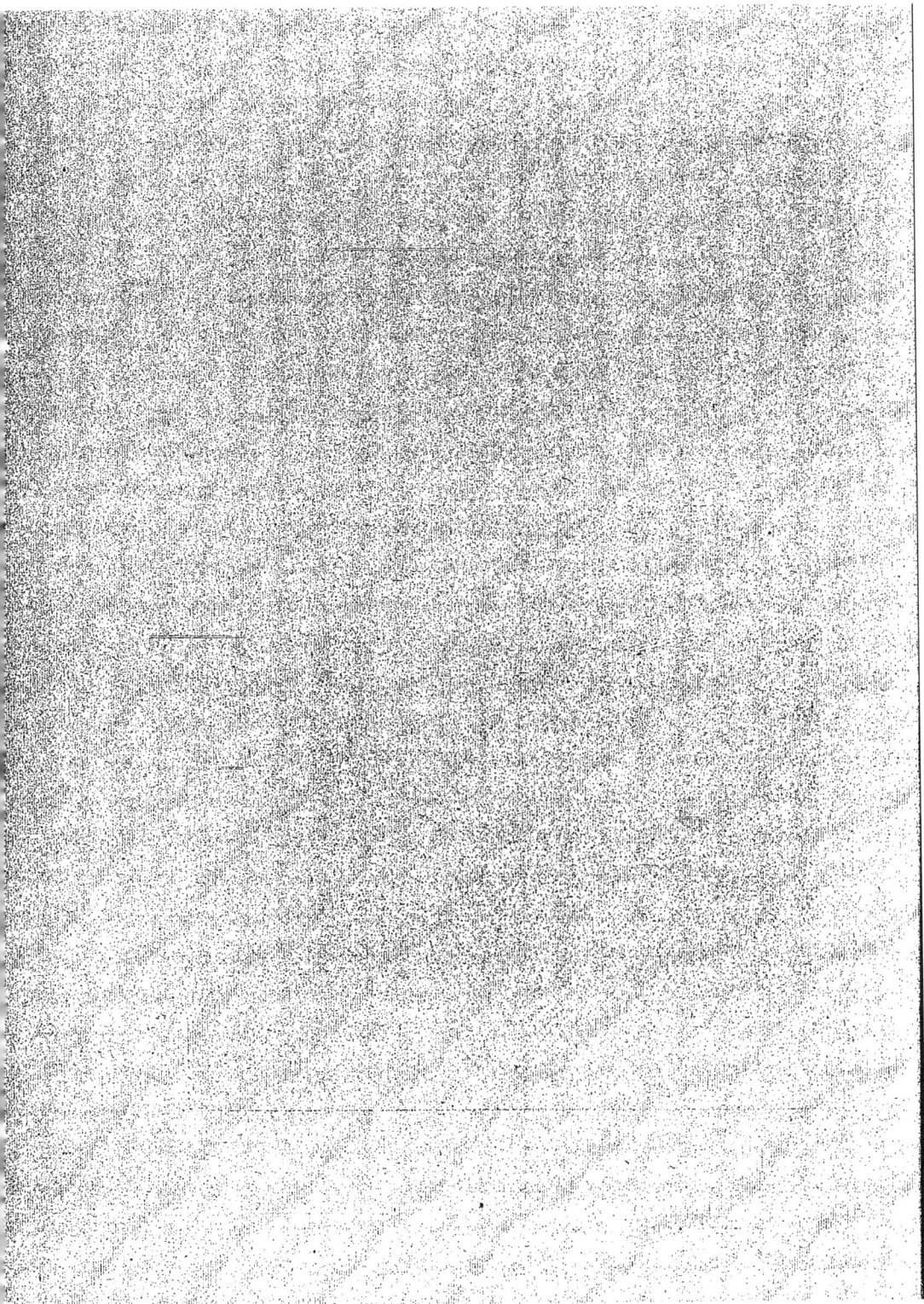

côté de ces genres, se rencontrent en grande abondance des mélastomacées à petites feuilles, entre lesquelles se distinguent les lavoisieria.
Ces charmants arbrisseaux ont de loin l'aspect de nos bruyères arborescentes, mais ils sont couverts de fleurs plus grandes et plus brillantes. Enfin, dans les lieux plus arides encore, on trouve la station
des Melocactus.

Sous des aspects divers, ce sont donc toujours des formes tropicales
qui dominent jusqu'à des niveaux voisins de 2,000 mètres. La nature
du sol, l'humidité, modifient en chaque point le caractère de la flore,
mais en lui conservant le cachet particulier aux contrées chaudes.

Vellozia arborescent.

CHAPITRE XXIV

LA LUMIÈRE

—<◇>—

VIBRATIONS DE LA LUMIÈRE — INTERFÉRENCES
LOIS DE L'HARMONIE DES COULEURS — THÉORIE DE LA LUMIÈRE
EFFETS SUR LES VÉGÉTAUX — OPTIQUE ATMOSPHÉRIQUE

Lorsque les physiciens ont voulu déterminer la nature de la lumière, on pouvait croire qu'ils se proposaient un problème insoluble. Rien, en effet, ne paraît plus difficile au premier abord, et cependant on est parvenu par de nombreuses expériences à reconnaître que la lumière est une vibration. Parmi les divers phénomènes qui militent en faveur de cette théorie, phénomènes que nous n'entreprendrons pas de développer ici, car, pour les expliquer, il faudrait faire un cours entier d'optique, il en est un que nous ne pouvons pourtant passer sous silence. Si, à l'aide de deux miroirs, on projette de la lumière émanant d'un même point lumineux sur une feuille de papier, il semble que cette feuille devra être deux fois plus éclairée que si on avait employé un seul de ces miroirs; cela cependant n'aura pas lieu toujours; suivant les positions relatives des surfaces réfléchissantes et des divers points de la feuille, tantôt les deux lumières s'ajouteront, tantôt elles s'anéantiront. Dans ce dernier cas, lorsqu'on arrête l'une d'elles avec un écran, les parties obscures de la feuille de papier apparaissent éclairées par l'autre; lorsqu'on enlève l'écran, l'obscurité se forme de nouveau par l'addition des deux faisceaux lumineux. *De la lumière ajoutée à de la lumière peut donc produire de l'obscurité.* Cette proposition qui a été mise hors de doute par le docteur Thomas Young, aurait pu passer jadis pour un des plus fameux paradoxes. Elle serait encore aujourd'hui regardée comme telle partout où la science n'a pas fait connaître ses brillantes découvertes, et il faut malheureusement l'avouer, peut-être aussi par beaucoup d'hommes réputés instruits, car, dit Arago dans une de ses admirables notices scientifiques, « sous le vernis brillant et superficiel dont les études purement littéraires de nos colléges revêtent à peu près uniformément toutes les classes de la société, on trouve presque toujours, tranchons le mot, une ignorance complète de ces beaux phénomènes, de ces grandes lois de la nature, qui sont notre meilleure sauvegarde contre les préjugés. »

Si la lumière est une émanation, il est impossible de concevoir comment deux rayons peuvent se détruire en s'ajoutant; si elle est une vibration d'un milieu élastique, le fait s'explique aisément : il vient de ce qu'au point où s'opère la destruction, les vibrations sont de sens opposé. Voilà comment la découverte du docteur Young a porté une première atteinte à la théorie des émanations. Les physiciens ne se sont pas arrêtés là : ils ont cherché quelle est la nature des mouvements vibratoires, et ils ont trouvé que ceux-ci ne s'exécutent pas dans le sens où se propagent les rayons, mais transversalement. Leur forme a même été reconnue. Lorsqu'un faisceau lumineux rencontre la surface d'un corps, il se partage en deux autres dans lesquels les vibrations se font en ligne droite; l'un est réfléchi; l'autre, qui est transmis à travers le corps, vibre perpendiculairement au premier. Enfin, dans certains cas, les mouvements sont circulaires.

Pour chaque couleur, les oscillations peuvent prendre toutes ces formes indistinctement. Différence dans leur durée, telle est l'unique cause de la coloration. Le nombre de vibrations par seconde a été déterminé pour toutes les couleurs, et son immensité effraye la pensée. Dans le rouge extrême du spectre solaire, celui de tous les rayons dont les oscillations sont les moins rapides, la quantité en est encore de 425 000 par millionième de seconde. Dans le violet extrême, il s'élève à 676 000 dans le même temps.

Comment a-t-on pu arriver à un résultat aussi étonnant? Par un moyen aussi simple que certain. Dans la propagation d'un rayon lumineux, chaque particule vibrante est en retard sur celle qui la précède. Ces retards, en s'ajoutant, font qu'à une certaine distance d'une molécule, il en existe une autre qui vibre précisément en sens contraire; à une distance double se trouve une vibration dans le sens primitif; à une distance triple, un nouveau mouvement en sens inverse, et ainsi de suite. De là le curieux phénomène dont j'ai parlé, en vertu duquel deux rayons de même couleur, émanés de la même source et dirigés sur le même point, peuvent tantôt s'ajouter, tantôt se détruire. Une petite différence dans le chemin parcouru, suffit pour qu'ils soient en concordance ou en discordance; cette différence de route est facile à mesurer, et on peut ainsi savoir à quelle distance se trouvent sur un même rayon lumineux deux molécules qui vibrent ensemble dans le même sens. Autant de fois cette distance est renfermée dans l'espace parcouru en une seconde par la lumière, autant évidemment il y a de vibrations dans cet intervalle de temps. Une simple division suffit donc pour en faire connaître le nombre, puisqu'on a déduit de phénomènes astronomiques la longueur du trajet de la lumière pendant le court instant que nous considérons, trajet qui s'élève à 75,500 lieues de 4,000 mètres.

Comme chaque vibration est composée des deux mouvements d'aller et de retour, le nombre des mouvements d'une molécule est double de celui de ses vibrations, et, pour le violet extrême, il est de un milliard trois cent cinquante-deux millions par seconde.

Simplicité des méthodes, immensité des résultats, tel est le caractère de beauté de ce gigantesque monument que l'on appelle la *Science*. Œuvre de tous les siècles, de tous les génies, du genre humain tout entier, c'est le résultat du travail produit par la somme des intelligences, et le plus grand effort de la pensée. Quelque libre cours que l'on donne à l'imagination, elle ne peut rien trouver d'aussi prodigieux. Les merveilles de la science moderne et de ses applications industrielles surpassent toutes celles des *Mille et une Nuits* et de la littérature orientale.

Tandis que le microscope, en nous montrant des millions d'êtres organisés dans un espace insensible à l'œil, nous fait, pour ainsi dire, entrevoir l'infiniment petit en étendue, la vibration lumineuse nous révèle à son tour l'infiniment petit en durée. Le plus court intervalle que nous puissions apprécier est à peine un dixième de seconde ; dans le temps de passer d'une idée à une autre, temps qui nous paraît si court, une molécule de l'éther peut donc faire cent quarante millions de mouvements. Placé comme un moyen terme entre l'infiniment grand et l'infiniment petit, chaque être, comme je l'ai déjà dit dans le chapitre premier, ne juge des grandeurs que par comparaison avec lui-même. Cette unité trop vaste pour mesurer des mondes qui lui échappent par leur petitesse, est trop minime pour donner, même par son insuffisance, une idée de l'immensité qui l'entoure.

En comparant les diverses espèces de rayons lumineux par leurs nombres de vibrations, j'ai remarqué une analogie très-curieuse entre l'accord des couleurs et l'harmonie musicale. Quand deux couleurs sont complémentaires, c'est-à-dire produisent du blanc par leur mélange, il y a toujours dans le même temps quatre oscillations pour l'une et cinq pour l'autre. Ce rapport de quatre à cinq est précisément celui qui existe entre les vibrations de deux notes formant une tierce majeure. Le blanc est donc aux couleurs ce que l'harmonie de la tierce est aux sons. La relation est d'autant plus frappante que les couleurs complémentaires, par exemple, le rouge et le vert, l'orangé et le bleu, sont, comme on sait, celles dont le rapprochement est le plus agréable. Leur voisinage accroît leur éclat réciproque. Au contraire, les colorations pour lesquelles les nombres de vibrations dans le même temps

sont dans la relation de huit à neuf, telles que le rouge extrême et
l'orangé, le rouge moyen et le jaune, se nuisent réciproquement;
or, ce rapport est précisément dans la musique celui de l'accord si
dissonant de seconde. Aux deux extrémités du spectre solaire se trouvent le rouge et le violet, deux couleurs qui ont entre elles certaines res-
semblances et qui se rapprochent beaucoup aux deux limites de la bande
spectrale. Le rapport de leurs nombres de vibrations est celui de deux
à trois, et par conséquent aussi celui de deux notes formant une quinte.
Ces relations entre le rouge et le violet rappellent celles de la tonique
et de la dominante dans la composition musicale. Les couleurs principales du spectre solaire (qui ne sont d'ailleurs, en réalité, qu'au
nombre de cinq, rouge, jaune, vert, bleu et violet) n'ont donc pas
d'analogie avec les sept notes de la gamme, mais seulement avec les
cinq premières et leurs intervalles.

Divers phénomènes manifestés par le spectre solaire prouvent qu'au
delà du violet et du rouge, il y a encore des rayons, mais le sens de la
vue n'en est plus affecté. Quelques personnes n'ont même jamais pu
distinguer la couleur rouge ou la couleur violette. Pour elles, le spectre
commence vers l'orangé ou le jaune, ou bien il finit à l'indigo ou au
bleu. Des variations semblables ont lieu pour l'étendue des sons perceptibles suivant les individus.

Dans ces analogies des sens de la vue et de l'ouïe, nous trouvons
donc encore l'unité que la science nous montre sans cesse dans les phénomènes les plus dissemblables en apparence. La considération de cette
unité est une source de hautes pensées philosophiques, mais cette philosophie, terme des sciences naturelles, n'est plus une création de
l'imagination vagabonde; elle n'est pas un système, car elle a pour
base la vérité à laquelle l'étude sérieuse et approfondie de la nature
peut seule nous conduire.

Si nous n'éprouvons aucune difficulté à admettre que la lumière soit
une vibration, lorsqu'elle se propage à la surface de la terre à travers
des milieux matériels, tels que l'air ou les corps solides et liquides
transparents, ou même tels que le vide imparfait de nos machines
pneumatiques ou le prétendu vide de nos baromètres rempli lui-même

de vapeurs de mercure et de verre, il n'en est plus de même lorsqu'il s'agit de l'espace céleste. En effet, dans le premier cas, nous pouvons admettre que la vibration réside dans des points matériels, soit dans les molécules elles-mêmes, soit dans des atomes plus petits composant ces dernières par leur réunion et leur formant des atmosphères. Mais, dans le second cas, il faut recourir à d'autres explications.

Lorsque la théorie des ondulations de la lumière a commencé à se répandre, quelques physiciens ont admis que l'espace était rempli par un milieu élastique matériel considérablement moins dense que les corps visibles, et auquel ils ont donné le nom d'éther. Bien qu'on n'ait pu démontrer directement l'existence de ce milieu, cette opinion est aujourd'hui généralement admise. Cependant il importerait de faire remarquer dans les cours de physique qu'il ne s'agit là que d'une hypothèse qui ne rend pas complétement compte de tous les faits, et en particulier, de la transmission de la lumière dans l'espace.

En effet, si, à la surface de la terre, nous suivons la propagation des rayons lumineux dans les milieux matériels, nous voyons que les diverses couleurs ne se transmettent pas avec la même vitesse. De cette différence dans la rapidité de la marche résulte la séparation des couleurs quand la lumière passe d'un corps dans un autre, phénomène connu sous le nom de dispersion et que tout le monde a pu remarquer avec un prisme de verre.

Les choses ne se passent pas ainsi dans l'espace. Une étoile variable et blanche, à variations rapides, reste blanche continuellement. Or, cela n'aurait pas lieu si dans l'intervalle des corps célestes les diverses couleurs se transmettaient avec une vitesse différente. Le blanc n'est, en effet, que la réunion des couleurs. Celles dont la propagation serait la plus rapide paraîtraient les premières, et une étoile variable pendant sa période passerait par une série de teintes successives.

Mais, en outre, il existe un phénomène connu sous le nom d'*aberration* de la lumière et consistant en ce que nous ne voyons pas les astres dans la position même où ils se trouvent, mais dans une direction légèrement modifiée par la marche de la terre, comme si la sensation lumineuse était apportée par des particules animées d'une vitesse qui

38

se combinerait avec celle de notre globe, de manière à produire un
mouvement relatif, le seul perceptible pour nous.

Ce dernier phénomène, si facilement explicable dans l'hypothèse où
la lumière serait, comme le croyait Newton, transmise par des atomes
que lanceraient les corps lumineux, présente, au contraire, de nombreuses difficultés pour son explication complète dans l'hypothèse de
vibrations transportées par l'éther.

En présence de ces obstacles et de plusieurs autres non moins sérieux, il ne faut pas s'étonner que l'un des physiciens les plus illustres de l'Angleterre, Faraday, ait cru devoir recourir, pour rendre
compte de la propagation de la lumière entre les corps célestes, non
pas aux ondulations d'un milieu matériel, mais bien à une simple
action à distance des forces déterminant la vibration, ce qui, en dernière analyse, revient à admettre que la transmission a lieu par l'espace lui-même, comme celle des forces de la gravitation et de toutes
les autres forces agissant à distance.

Mais on peut faire beaucoup d'autres hypothèses encore. Considérant, par exemple, que les corps sont composés d'une quantité innombrable de molécules situées à des distances immenses par rapport
à leurs dimensions, et que les molécules elles-mêmes semblent composées d'atomes en nombre prodigieux, et très-petits à leur tour relativement à leurs distances mutuelles, et ainsi de suite peut-être un
grand nombre de fois, on peut fort bien concevoir que des particules
d'un ordre très-petit soient lancées par les corps lumineux, et qu'en
même temps les atomes dont elles sont composées soient animés, autour de leurs positions d'équilibre, de vibrations de diverses natures
et répondant à toutes les couleurs. Lorsque ces molécules lumineuses,
après avoir traversé l'espace, arrivent à rencontrer un milieu matériel, les vibrations de leurs parties constituantes se transmettent dans
ce milieu aux atomes des molécules qui le composent, en obéissant
aux lois de la mécanique moléculaire, qui nous est parfaitement
inconnue; alors se produisent les divers phénomènes qui accompagnent le mouvement de la lumière dans la matière, et qui semblent différents de ceux de l'espace intrastellaire.

Il y aurait alors deux ordres distincts de faits à considérer dans le mouvement lumineux : la transmission dans l'espace suivant la théorie newtonienne, avec la même vitesse pour toutes les couleurs et avec l'aberration, à la rencontre des corps en mouvement ; et la propagation ondulatoire dans la matière.

Cette théorie mixte, composée à la fois de celle de l'émission et de celle des ondulations, offrirait sur chacune d'elles considérée séparément l'avantage de satisfaire à tous les phénomènes, car il est bien remarquable que les seuls faits inexplicables dans la théorie ondulatoire sont précisément ceux que l'on conçoit le mieux dans l'hypothèse de l'émission. Cette même théorie expliquerait aussi avec une très-grande facilité les propriétés d'absorption des corps sur la lumière et les phénomènes de la phosphorescence.

Je ne prétends pas, au reste, que l'hypothèse que je viens d'exposer soit la meilleure. On pourrait en faire beaucoup d'autres. Mais il suffit qu'elle explique déjà plus de faits que celle du milieu éthéré pour augmenter le doute sur l'existence de ce dernier qu'on s'est un peu trop habitué à regarder comme réel, et c'est uniquement dans ce but que je l'ai citée. Ne perdons pas de vue qu'en science on ne doit pas créer d'entités imaginaires, et concluons que rien ne prouve, quant à présent, que l'espace soit rempli par un milieu matériel élastique.

Les radiations existant dans le spectre solaire au delà du violet se manifestent par les phénomènes chimiques qu'elles déterminent. Mais ces phénomènes, quoique dominants dans la partie du spectre en question, ne sont pas limités à cette région, ils s'étendent dans toute l'étendue colorée et même au delà du rouge jusque dans la zone occupée par les rayons calorifiques. L'identité des raies du spectre lumineux et de celles du spectre de ces rayons dits chimiques tend à prouver que les deux radiations n'en font qu'une en réalité.

Quoiqu'il en soit à cet égard, les rayons de lumière, par eux-mêmes, ou par le rayonnement chimique qui leur est joint, exercent une action puissante sur les végétaux. C'est à eux que les parties vertes de ces derniers doivent la propriété de décomposer l'acide carbonique versé dans l'air par les phénomènes de respiration qui accompagnent la vie des animaux, et celle des plantes elles-mêmes. Les effets de la lumière sur les végétaux sont très-variés. Certaines espèces veulent les rayons intenses du soleil, d'autres, au contraire, recherchent les lieux ombrés et humides. À cette dernière catégorie appartient la plus grande partie du groupe des fougères. Cette belle famille végétale, qui affectionne surtout les contrées chaudes où croissent la majeure partie de ses représentants, offre sous les tropiques un développement remarquable, et elle y forme un des plus beaux ornements des forêts des pays montagneux. Là, de nombreuses espèces deviennent arborescentes et présentent à la partie supérieure d'un tronc de sept à huit mètres de hauteur un vaste et élégant parasol de frondes, dont les délicates découpures contrastent avec la vaste superficie. Plus belles encore que les palmiers, dont elles rappellent le port élégant, ces plantes admirables, parfois enlacées par d'autres fougères grimpantes, sont incontestablement les plus remarquables des végétaux. Longtemps leur mode de reproduction a été ignoré des naturalistes. Aujourd'hui, cette question commence à s'éclaircir, et les curieux phénomènes récemment découverts par la science offrent une grande analogie avec ceux de la génération alternante des polypiers et des méduses. Au lieu d'épanouir sur la plante comme dans les phanérogames, la fleur à l'état de spore se détache des feuilles comme un grain de poussière. Puis, par une sorte de germination particulière, cette spore devient un nouvel individu, le thalle des cryptogamistes ; celui-ci porte les organes floraux, et une de ses graines, germant sur lui-même sans s'en détacher, donne naissance à la fougère qui lui reste soudée.

La lune dont je donne ici la figure le jour de la pleine, nous envoie une lumière accompagnée d'une action chimique très-sensible, puisqu'on peut photographier assez facilement cet astre. On ne doit donc pas nier *a priori* l'influence lunaire sur les végétaux. C'est une opinion très-répandue dans toutes les parties du globe, que la qualité du bois des arbres n'est pas identiquement la même aux diverses phases de notre satellite, probablement à cause de l'état de la sève. Des expériences précises sont nécessaires pour vérifier ce qu'il y a de vrai dans cette manière de voir. Quoi qu'il en soit, si la lune exerce une influence sur la végétation, il

Fougère Arborescente. (p. 55)

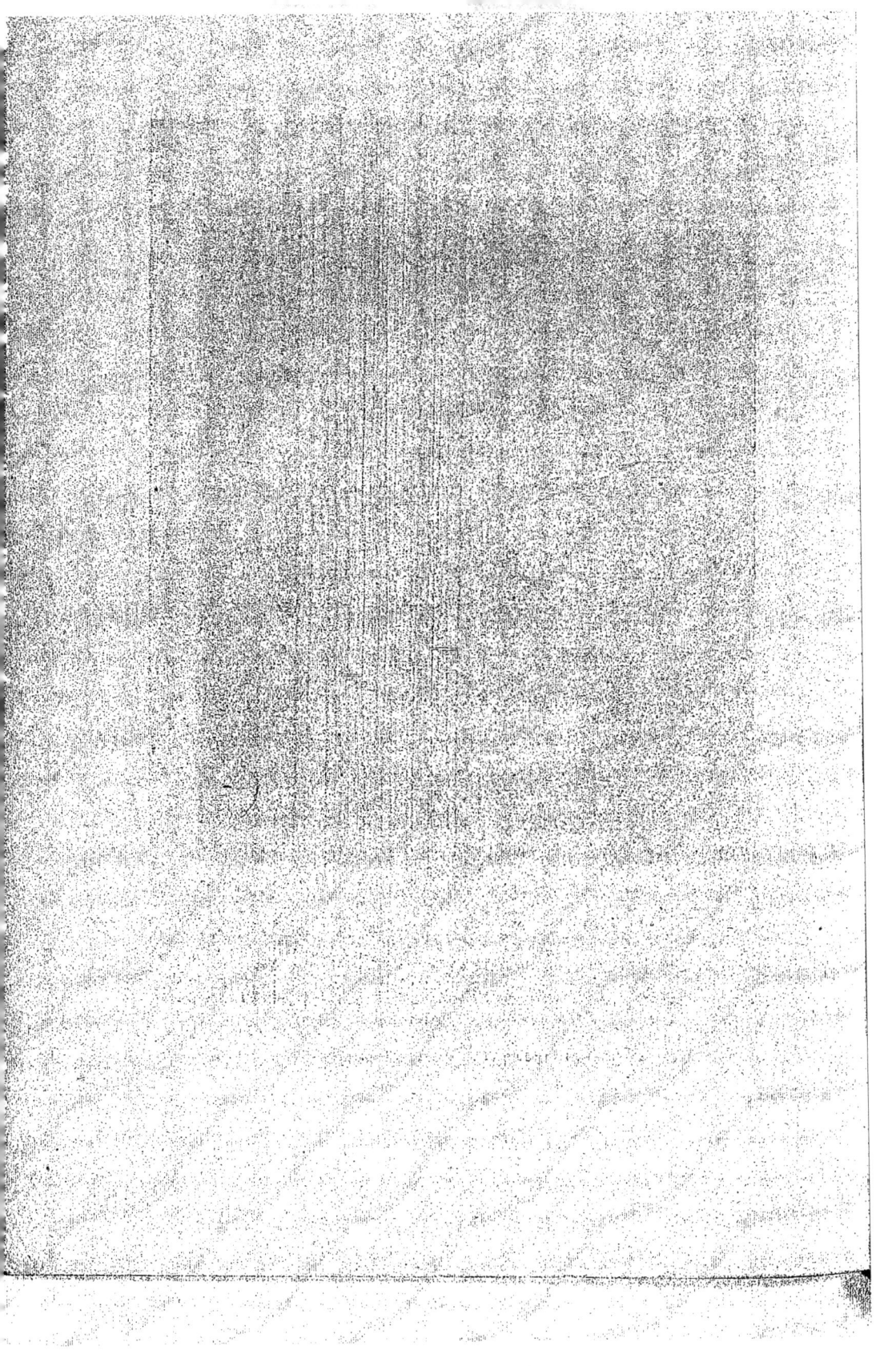

me semble qu'on doit plutôt l'attribuer à sa lumière qu'à sa chaleur, qui est à peine sensible.

En traitant des climats, nous avons déjà parlé des brillants effets

La lune. — Son aspect le jour où elle est dans son plein, sous un grossissement de 60 diamètres.

de l'aurore et du crépuscule. L'optique atmosphérique nous présente mille autres sujets intéressants d'études. C'est à des phénomènes de réfraction et de dispersion de la lumière solaire dans les gouttes d'eau qu'il faut attribuer l'arc-en-ciel, dont Newton a le premier donné l'explication reproduite dans tous les traités de physique. Je ne dé-

crirai pas ici les détails de cette théorie, mais je ne peux me dispenser de relever une erreur répandue par un voyageur qui a dit n'avoir
jamais vu, à Olinda, dans ce météore, les couleurs ou arcs surnu-
méraires qu'on y observe ordinairement dans nos climats. Cette
observation a fait croire que sous la zone torride, les gouttes d'eau
d'une même ondée offraient plus de régularité que chez nous. Mais
déjà M. Poey a signalé qu'à la Havane les arcs supplémentaires se voient
comme en France; j'ajouterai à cette dernière remarque qu'à Olinda
même, je n'ai pas vu un seul arc-en-ciel sans leur présence.

Tandis que la lumière diffractée à travers les globules aqueux des
cirro-cumulus fait naître les belles couronnes colorées de rouge et de
bleu qui entourent souvent le soleil et la lune, la réfraction dans les
cristaux glacés des cirrus produit les nombreux arcs des halos, et la
réflexion sur les facettes verticales dominantes des mêmes cristaux
donne lieu à l'arc blanc qui parfois fait le tour de l'horizon en passant par le soleil. Quelquefois, avec un fragment de cette bande, se
montre un autre arc vertical également blanc; il passe par l'astre et provient de la réflexion lumineuse sur les bases des mêmes cristaux, quand
celles-ci sont grandes. On a alors la croix solaire, qui se montre le plus
souvent accompagnée d'un halo, mais qui quelquefois aussi existe seule.

Parmi les jeux de la lumière dans notre atmosphère, nous devons encore signaler le mirage, qui provient de la réfraction par l'air quand la
température est plus élevée au contact du sol qu'à une certaine hauteur. Infléchis en passant d'une couche à une autre d'une température
un peu différente, les rayons se meuvent, suivant des lignes courbes, et
plusieurs faisceaux, émanés d'un même point, se rencontrent après
avoir parcouru des chemins différents. Comme l'œil voit les objets dans
le sens de propagation des rayons au moment où ces derniers l'atteignent, il en résulte la vision de plusieurs images du même objet dans
des directions différentes. Pour quelques-unes de ces dernières, les points
les plus élevés sont ceux que la réfraction abaisse le plus; de là naissent
alors les apparences renversées que, dans les traités de physique, on attribue à tort à une réflexion, tandis que Bravais a parfaitement fait voir dans
sa belle notice sur le mirage qu'il n'y a là qu'un effet de simple réfraction.

Le mirage est fréquent en mer, où je l'ai souvent observé. Des navires paraissent soulevés au-dessus de la surface de l'Océan, et on dirait qu'ils se réfléchissent sur une surface transparente, qui semble les supporter. D'autres fois, des rivages se montrent comme suspendus dans l'atmosphère. Souvent alors, on voit en dessous leur image renversée. Dans d'autres circonstances, cette dernière apparaît seule au-

Mirage.

dessus de l'image réelle, et les terres lointaines semblent se réfléchir dans le ciel. Quelquefois même les images directes et inverses se répètent plusieurs fois les unes au-dessus des autres.

Dans les plaines arides ou brûlées par le soleil, le mirage est aussi très-fréquent. Ordinairement une partie de l'atmosphère s'y projette au-dessous de l'horizon réel, et on croirait voir des lacs éloignés.

Je terminerai les quelques aperçus que je viens de présenter sur la lumière en faisant remarquer, comme l'a signalé M. Doppler, que si un corps éclairant s'approche ou s'éloigne d'un observateur, la longueur dès ondes lumineuses est diminuée dans le premier cas, augmentée dans le second. Or, comme la grandeur de la réfraction est en relation avec cette longueur, il est facile de reconnaître que les lignes spectrales peuvent être légèrement déplacées par le mouvement des sources de lumière. C'est un point important dont il faut tenir compte en comparant les spectres des étoiles avec le spectre solaire.

La radiation lumineuse est le lien par lequel nous pouvons saisir quelques données sur la nature des corps qui existent en dehors de notre globe. C'est donc par son étude rapide que j'ai dû achever l'exposition des faits que l'astronomie nous a révélés relativement à l'admirable harmonie de l'univers.

TABLE DES MATIÈRES

FIN DE LA TABLE DES MATIÈRES.